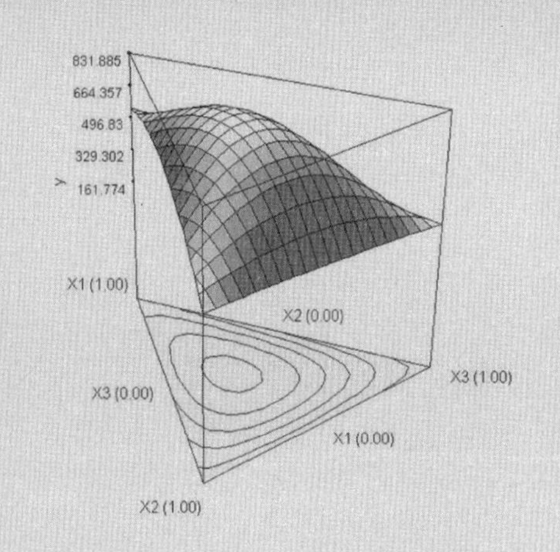

高等實驗計畫法

葉怡成 著

Advanced Design of Experiments

序

本書基本上是作者另一著作「實驗計畫法─製程與產品最佳化」(五南圖書公司)的進階版，因此省略了零階反應曲面法(因子實驗設計)、一階反應曲面法，而直接深入二階反應曲面法。讀者如未具備基礎的實驗計畫法知識，建議可從該書入門，再閱讀本書，當可更加得心應手。

本書之特點為：

1. 以一個「實驗設計、模型建構、參數優化」三程序的方法論來介紹實驗計畫法，並且盡可能將深奧的理論以淺顯但不失深度的方式介紹給讀者。
2. 除了傳統的基於迴歸分析的實驗計畫法之外，還介紹基於神經網路的實驗計畫法。
3. 提供二個試用版軟體：基於迴歸分析的實驗計畫法軟體─Design Expert，及基於神經網路的實驗計畫法軟體─CAFE。

本書分三篇：

第一篇　實驗計畫法原理

第 1 章：介紹品質設計概念。

第 2 章 ~ 第 4 章：介紹三種實驗設計法的原理：田口方法、反應曲面法、配方設計。

第 5 章 ~ 第 6 章：介紹二種模型建構法的原理：迴歸分析、神經網路。

第 7 章：介紹參數優化的原理：數學規劃法。

第二篇　基於迴歸分析的實驗計畫法

第 8 章：介紹基於迴歸分析的實驗計畫法軟體─Design Expert。

第 9 章 ~ 第 11 章：介紹 Design Expert 的田口方法、反應曲面法、配方設計實例。

第三篇　基於神經網路的實驗計畫法

第 12 章：介紹基於神經網路的實驗計畫法軟體─CAFE。

第 13 章 ~ 第 15 章：介紹 CAFE 的田口方法、反應曲面法、配方設計實例。

第 16 章：比較基於迴歸分析與基於神經網路的實驗計畫法優缺點。

此外，附錄 A 為 Design Expert 使用範例；附錄 B~D 為 CAFE 使用介面、使用範例、驗證範例；附錄 E 為光碟目錄。

此書的完成必須感謝我的研究生吳沛儒先生，他在 CAFE 程式部份居功甚偉，此外柑俊晟先生在程式早期版本功不可沒，許多研究生也幫了很多忙，在此一併致謝。另外，Stat-Ease, Inc 公司書面同意作者可隨書提供 Design Expert 試用版(45 天有效期)，再此謹致誠摯謝意。

最後，謹將完成此書的喜悅獻給父母親與始終體諒我的內人，以及二位可愛的女兒。

葉怡成
中華民國 98 年 7 月 1 日
賜教處：中華大學資訊管理學系　新竹市東香里 6 鄰東香 30 號
TEL：(03)5186511
E-Mail：icyeh@chu.edu.tw

April 24, 2006

Prof. I-Cheng Yeh
Department of Information Management
Chung-Hua University,
Hsin Chu, Taiwan 30067, Taiwan

Dear Professor,

You have our permission to put the 45-day trial of Design Expert® software in your Design of Experiments textbook.

Sincerely,

Mark J. Anderson

Principal
Stat-Ease, Inc.
2021 East Hennepin Avenue, Suite 480
Minneapolis, MN 55413 USA
Phone: 612-378-9449, Fax: 612-378-9449
Mailto:Mark@StatEase.com

Stat-Ease, Inc 公司同意作者可隨書提供 Design Expert 試用版之書面聲明

目錄

序........I
作者簡介........III
詳細目錄........III

第 1 章　概論........1
1.1 品質設計問題........2
1.2 品質設計程序........6
1.3 品質設計步驟........13
1.4 品質設計方法........16
1.5 混合(配方)設計........17
1.6 本書內容........18

第 2 章　實驗設計法一：田口方法原理........21
2.1 田口方法簡介........22
2.2 田口方法實驗設計：直交表與訊噪比........23
2.3 田口方法參數優化：主效果分析擇優........27
2.4 田口方法實例一：無不可控制因子........28
2.5 田口方法實例二：有不可控制因子(噪音因子)........30

第 3 章　實驗設計法二：反應曲面法原理........39
3.1 二階反應曲面實驗設計簡介........40
3.2 二階反應曲面實驗設計 1：中央合成設計........40
3.3 二階反應曲面實驗設計 2：Box-Behnken 設計........42
3.4 二階反應曲面實驗設計 3：最佳準則設計........45
3.5 二階反應曲面實驗設計 4：隨機產生設計........48
3.6 二階反應曲面實驗設計之比較........48

第 4 章　實驗設計法三：配方設計原理........53
4.1 配比設計簡介........54
4.2 配比設計之實驗設計........55

4.3 配比設計之模型建構 59
4.4 配比設計之參數優化 61

第 5 章 模型建構法一：迴歸分析 65
5.1 迴歸分析簡介 66
5.2 迴歸模型之建構：迴歸係數 66
5.3 迴歸模型之檢定：變異分析 72
5.4 迴歸模型之診斷：殘差分析 81
5.5 迴歸模型之應用：反應信賴區間 84
5.6 多項式函數之迴歸分析 86
5.7 非線性函數之迴歸分析 90
5.8 定性變數之迴歸分析 91

第 6 章 模型建構法二：神經網路 97
6.1 類神經網路簡介 98
6.2 類神經網路之模式：網路架構 98
6.3 類神經網路之建構：連結權值 102
6.4 類神經網路之檢定：變異分析 111
6.5 類神經網路之診斷：殘差分析 111
6.6 類神經網路之優缺點 113
6.7 類神經網路與迴歸分析之比較 113
6.8 結論 115

第 7 章 參數優化 117
7.1 簡介 118
7.2 無限制最佳化 120
7.3 限制最佳化 123
7.4 結語 130

第 8 章 Design Expert 軟體簡介 131
8.1 簡介 132
8.2 實驗設計 133

8.3 模型建構 136
8.4 參數優化 137
8.5 使用簡介 140

第 9 章 Design Expert 田口方法實例 141
9.1 簡介 142
9.2 IC 封裝黏模力之改善 142
9.3 導光板製程之改善 146
9.4 高速放電製程之改善 150
9.5 積層陶瓷電容製程之改善 153
9.6 射出成型製程之改善 156

第 10 章 Design Expert 反應曲面法實例 161
10.1 簡介 162
10.2 副乾酪乳桿菌培養基 162
10.3 醇水混合物 166
10.4 粗多醣提取 170
10.5 益生菌培養基 174
10.6 酵素合成乙酸己烯酯 176

第 11 章 Design Expert 配方設計實例 181
11.1 簡介 182
11.2 蝕刻配方最佳化 182
11.3 清潔劑配方最佳化 186
11.4 富硒酵母培養基最佳化 192
11.5 橡膠皮碗配方最佳化 196
11.6 強效清潔劑配方最佳化 199

第 12 章 CAFE 軟體簡介 205
12.1 前言 206
12.2 交叉驗證法 (cross-validation methodology) 207
12.3 模型分析 208

12.4 參數優化 214
12.5 實例一：導光板製程之改善 216
12.6 實例二：醇水混合物製程之改善 219
12.7 實例三：富硒酵母培養基最佳化 220
12.8 結論 222

第 13 章 CAFE 田口方法實例 223
13.1 簡介 224
13.2 IC 封裝黏模力之改善 224
13.3 導光板製程之改善 228
13.4 高速放電製程之改善 232
13.5 積層陶瓷電容製程之改善 236
13.6 射出成型製程之改善 239

第 14 章 CAFE 反應曲面法實例 245
14.1 簡介 246
14.2 副乾酪乳桿菌培養基 246
14.3 醇水混合物 250
14.4 粗多醣提取 254
14.5 益生菌培養基 258
14.6 酵素合成乙酸己烯酯 261

第 15 章 CAFE 配方設計實例 267
15.1 簡介 268
15.2 蝕刻配方最佳化 269
15.3 清潔劑配方最佳化 273
15.4 富硒酵母培養基最佳化 278
15.5 橡膠皮碗配方最佳化 281
15.6 強效清潔劑配方最佳化 286
15.7 重組蛋白培養基最佳化 290
15.8 高性能混凝土配比設計 295

第 16 章　結論 311

附錄 A　Design Expert 使用範例 313

A.1 簡介 314
A.2 IC 封裝黏模力之改善（L18 田口方法） 315
A.3 高速放電製程之改善（L18 田口方法） 323
A.4 副乾酪乳桿菌培養基最佳化（反應曲面法） 325
A.5 粗多醣提取最佳化（反應曲面法） 336
A.6 富硒酵母培養基混合設計最佳化（Mixture Design） 341

附錄 B　CAFE 使用介面 351

B.1 系統功能 352
B.2 系統裝機與啓動 354
B.3 使用者介面簡介 357
B.4 檔案管理 (File) 358
B.5 模型建構 (Model-Build) 361
B.6 模型分析 (Analysis) 364
B.7 參數優化 (Parameter-Opt) 368
B.8 其他功能 372

附錄 C　CAFE 使用範例 375

C.1 簡介 376
C.2 IC 封裝黏模力之改善（L18 田口方法） 377
C.3 高速放電製程之改善（L18 田口方法） 392
C.4 副乾酪乳桿菌培養基最佳化（反應曲面法） 397
C.5 粗多醣提取最佳化（反應曲面法） 403
C.6 富硒酵母培養基混合設計最佳化（Mixture Design） 406

附錄 D　CAFE 驗證範例 415

D.1 簡介 416
D.2 驗證範例 1：線性函數 416
D.3 驗證範例 2：二次函數(不同彎曲程度與方向) 419

D.4 驗證範例 3：二次函數(不同最低點) 422
D.5 驗證範例 4：線性與交互作用混合函數 425
D.6 驗證範例 5：線性、二次與交互作用混合函數 428
D.7 驗證範例 6：非線性函數 431

附錄 E 光碟目錄 435
E.1 簡介 436
E.2 第 1 片光碟：習題與 Design Expert 436
E.3 第 2 片光碟：CAFE 試用版(含例題) 439

參考文獻 443

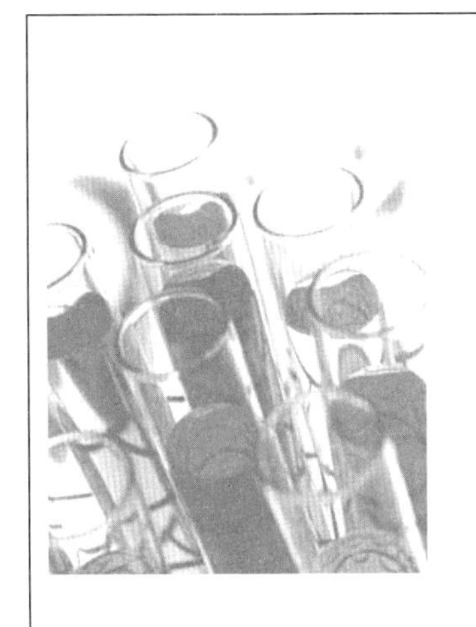

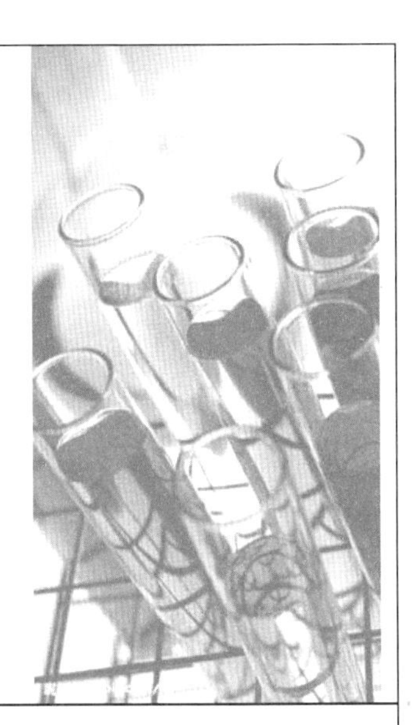

第1章　概論

1.1　品質設計問題

1.2　品質設計程序

1.3　品質設計步驟

1.4　品質設計方法

1.5　混合(配方)設計

1.6　本書內容

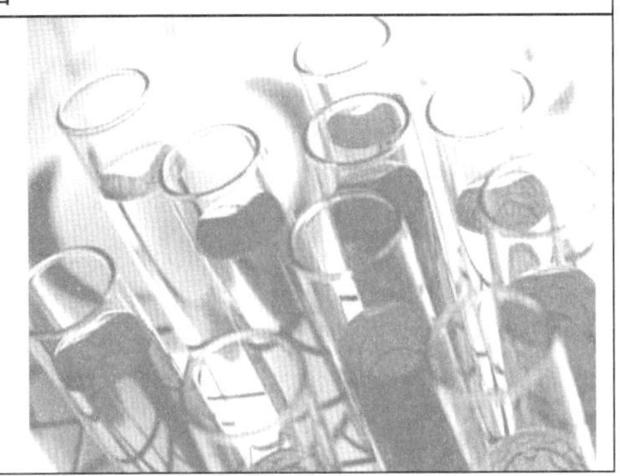

1.1 品質設計問題

傳統之品質管理比較強調**品質管制**之部分，希望藉由有系統之抽樣來控制品質。然而，這種方法只針對產品的結果進行管制，並不能釜底抽薪地改變品質。現代的品質管理更強調**品質設計**的觀念，即品質是設計出來的，而非篩選出來的。

例如，在印刷電路板製程中，需用切形刀將它切成適當的大小。當切形刀變鈍時，會產生過多的碎屑，造成後續製程很大的困擾。但經常更換切形刀亦費用不低，因此切形刀壽命增長便成爲一個重要的製程問題。切形刀的壽命取決於切形機的一些工作參數，例如吸力大小、槽深大小、速度高低、切形刀種類...等。如何調整這些參數使切形刀壽命最大化便是一個**品質設計問題**。

又如在晶片塗膜製程中，如何控制速度、壓力、距離...等製程參數，使塗膜厚度平均值達到特定目標值，並最小化塗膜厚度標準差也是一個品質設計問題。但因它除了考量到反應(塗膜厚度)的平均值外，也考量到反應的標準差(σ_y)，即有考慮到如何最小化反應的變異(variability，σ_y^2)，特稱爲**穩健品質設計問題**。

此外在土木工程中，混凝土是最重要的一種工程材料，其最重要之品質特性，在硬固前爲工作度；在硬固後爲強度。但其強度之結果，經常要等 28 天之後，才能確認。此時結構體內的混凝土早已硬固，即使發現強度不足，亦很難處理。此外，工作度不足經常導致工地現場任意加水，其結果導致硬固後強度不足，或者在澆置過程中發生析離現象，均對結構體之品質有不利之影響。與其在工地嚴格把關控制混凝土之品質，不如在生產過程中，即透過良好之品質設計，建立起能滿足強度與工作度之配比，才是正本清源之道。混凝土材料的品質主要取決於材料的配比，例如傳統的混凝土之配比成分主要爲水泥、水、砂、碎石等四種，現代之高性能混凝土常加強塑劑、飛灰、爐石或其它成份，以提高混凝土之品質(混凝土強度與工作度)及降低生產成本。無論四種或七種成份，其設計問題均爲尋求正好組成 1 立方公尺混凝土(因爲混凝土是論體積計價)之各成份的使用重量(因爲這些原料是論重量計價)。此外，要達到相同之強度與工作度經常不只一種配比，不同之配比有不同之成本，基於經濟之原則，當然以最低成本者爲最佳方案。這種問題特稱爲**配比設計問題**，它是指一個品質設計問題其各品質因子(成份)的水準(用量)間有總合限制者。

1.1.1 品質設計之定義

品質設計可定義爲：

決定**品質因子之水準**，使產品的**品質特性**盡可能滿足**需求**。

其中

1. **品質特性**：描述產品性能的基準，例如強度、濃度、純度、良率。
2. **品質因子**：可能影響產品品質特性之因素，例如製程中的溫度、壓力、流量以及材料的配比成份等，均為品質因子。
3. **水準**：品質因子的特定值，例如溫度 250°C、壓力 1MPa。
4. **需求**：對產品品質特性值的要求，例如
   (1) 品質特性值越大越好 (目標望大型)。
   (2) 品質特性值越小越好 (目標望小型)。
   (3) 品質特性值越接近某值越好 (目標望目型)。
   (4) 品質特性值必須大於某值 (下限限制型)。
   (5) 品質特性值必須小於某值 (上限限制型)。
   (6) 品質特性值必須等於某值 (相等限制型)。

1.1.2 品質設計之分類

品質設計問題依品質因子之**水準**型態可分成：

1.連續水準型之最佳化問題

一個品質設計問題的品質因子的水準均可以連續地微調，來達成製程或產品的最佳化，稱為連續水準型之最佳化問題。例如一產品的品質因子為溫度、壓力、流量等可微調的連續水準型因子，即為連續水準型之最佳化問題。

2.離散水準型之最佳化問題

一個品質設計問題的品質因子的水準均只有幾個離散水準可供選擇，來達成製程或產品的最佳化，稱為離散水準型之最佳化問題。例如一產品的品質因子為催化劑種類、加工方法等只有幾個離散水準可供選擇的離散水準型因子，或雖為溫度、壓力、流量等因子，如果這些因子的水準均無法連續地微調，只有幾個特定的水準可供選擇，即為離散水準型之最佳化問題。

3.混合水準型之最佳化問題

一個品質設計問題同時具有連續水準型品質因子與離散水準型品質因子，稱為混合水準型之最佳化問題。

品質設計問題依**限制函數**型態可分成：

1.無限制最佳化問題

一個品質設計問題只有望大、望小或望目等需求，而無品質特性值必須小於、大於或等於某值的限制，稱為無限制最佳化問題。

2.限制最佳化問題

一個品質設計問題不但有望大、望小或望目等需求，且有品質特性值必須小於、大於或等於某值的限制，稱為限制最佳化問題。

3.準無限制最佳化問題

由於限制最佳化問題遠比無限制最佳化問題難解，因此實務上有時將限制函數以一定的基準併入目標函數，變成無限制最佳化問題，稱為準無限制最佳化問題。

品質設計問題依目標函數多寡可分成：

1.單目標最佳化問題

一個品質設計問題之目標函數只有一項者稱之。

2.多目標最佳化問題

一個品質設計問題之目標函數不只一項者稱之。

3.準單目標最佳化問題

由於多目標最佳化問題遠比單目標最佳化問題難解，因此實務上有時將多個目標以一定的基準合成單一目標，變成單目標最佳化問題，稱為準單目標最佳化問題。

品質設計問題依品質設計哲學可分成：

1.平均品質最佳化問題（平均品質設計）

一個品質設計問題之品質特性只考慮其平均值者稱之。

2.穩健品質最佳化問題（穩健品質設計）

一個品質設計問題之品質特性不只考慮其平均值，亦考慮其變異值者稱之。由於顧客需要品質穩定的產品，因此穩健品質設計比平均品質設計更合理，但也更為複雜。

品質設計問題依品質因子之水準總合限制型態可分成：

1.無水準總合限制之最佳化問題

品質設計問題之各品質因子的水準間無總合限制者稱之，一般品質設計問題均屬此類。

2.具水準總合限制之最佳化問題 (配比設計問題)

品質設計問題之各品質因子的水準間有總合限制者稱之，又稱配比設計問題。

1.1.3 品質設計之應用

品質設計是產業界競爭之重要課題，以追求：品質更高、成本更低、開發更快。品質設計常用於：

1.製程品質設計

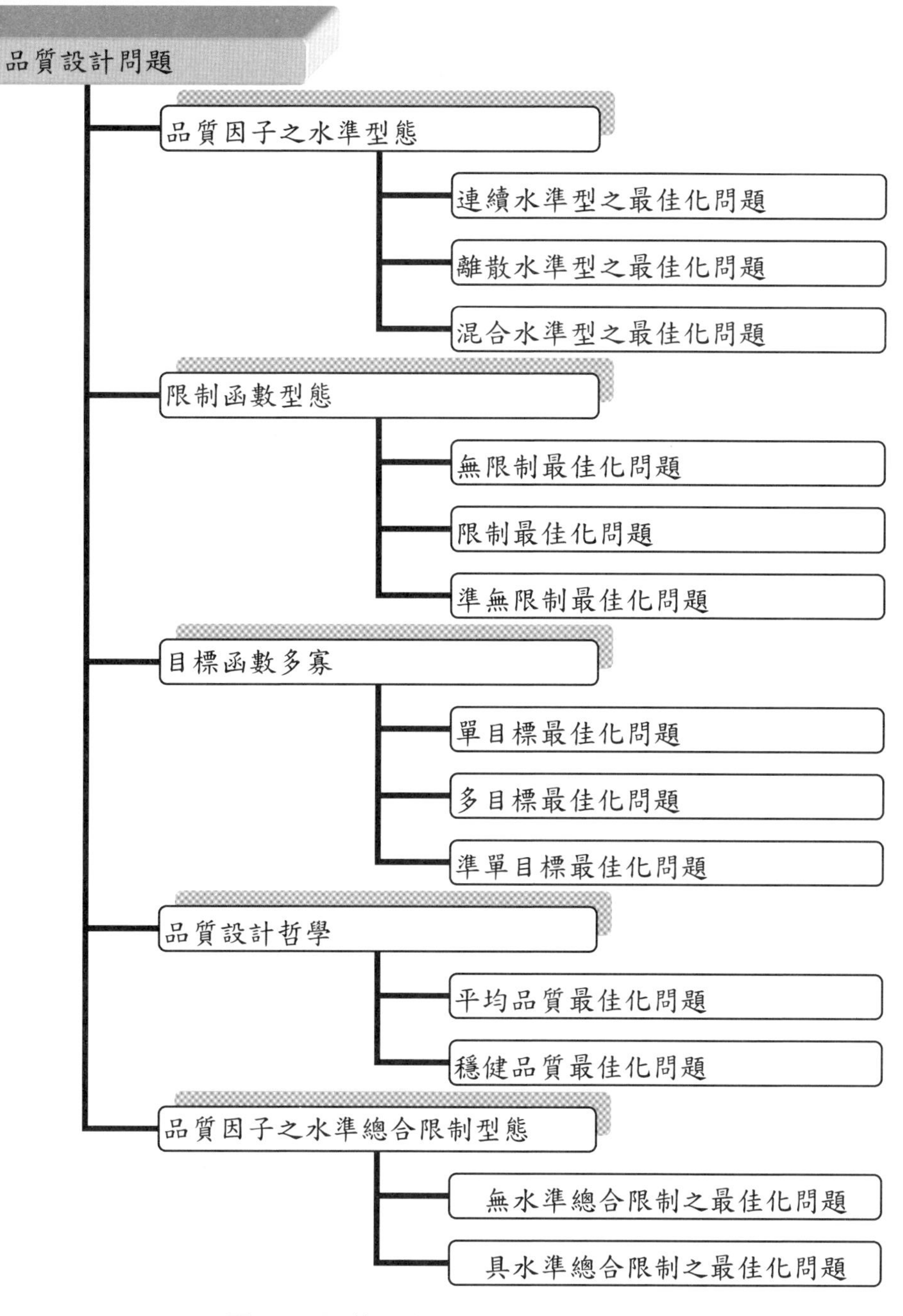

圖 1–1 品質設計問題之分類

例如「印刷電路板切形刀壽命增長」：

- 品質因子 (設計變數)：吸力、槽深、速度、切形刀...。
- 品質特性 (反應變數)：切形刀壽命。

□ 品質設計 (設計目標)：最大化切形刀壽命。

例如「晶片塗膜製程」：

□ 品質因子 (設計變數)：速度、壓力、距離...。

□ 品質特性 (反應變數)：塗膜厚度平均值、塗膜厚度標準差。

□ 品質設計 (設計目標)：在塗膜厚度平均值=900 下，最小化塗膜厚度標準差。

2.材料配比設計

例如「高性能混凝土配比設計」：

□ 品質因子 (設計變數)：水泥、飛灰、爐石等成份之單位體積產品內之使用量。

□ 品質特性 (反應變數)：強度、工作度與成本。

□ 品質設計 (設計目標)：在強度、工作度滿足規格下，最小化成本。

1.2 品質設計程序

反應曲面法 (Response Surface Methodology，RSM) 是一套用以發展、改善、優化製程的統計與數學技術。反應曲面法的重要概念包括：

1. **反應** (response) y：因變數，即品質特性。
2. **獨立變數** (independent variable) x_1，x_2，...：自變數，即品質因子，又稱實驗因子。
3. **反應曲面** (response surface)：以獨立變數爲變數，以反應爲函數值所構成之曲面，用以表達反應(即品質特性)與獨立變數(即品質因子)間的關係。
4. **等高線圖** (contour plot)：在以獨立變數爲變數之平面中，將具有相同反應(函數值)之點連線即得等高線，以一組等高線構成的圖即爲等高線圖。

例如有一化學製程之反應爲產率，影響產率的獨立變數爲反應溫度與反應時間，其反應曲面如圖 1-2(a)所示，等高線圖如圖 1-2(b)所示。然而真正的反應曲面常是未知的，必需先進行實驗設計並實作實驗，再利用實驗數據進行模型建構，得到近似的反應曲面。例如上述化學反應之近似反應曲面如圖 1-2(c)所示，等高線圖如圖 1-2(d)所示。事實上反應曲面爲一個概念，不限制只能有二個獨立變數，但只有二個獨立變數才能將反應以圖形表達。

基於反應曲面法的品質設計程序如下(圖 1-3)：

1. **實驗設計**：由於實驗是有成本的，必需以最少量的實驗，獲得最大量有用之品質特性資訊，因此產生實驗設計問題。有系統地選擇獨立變數組合，進行實驗，記錄反應值，以收集建立系統模型所需的數據之程序稱爲實驗設計。

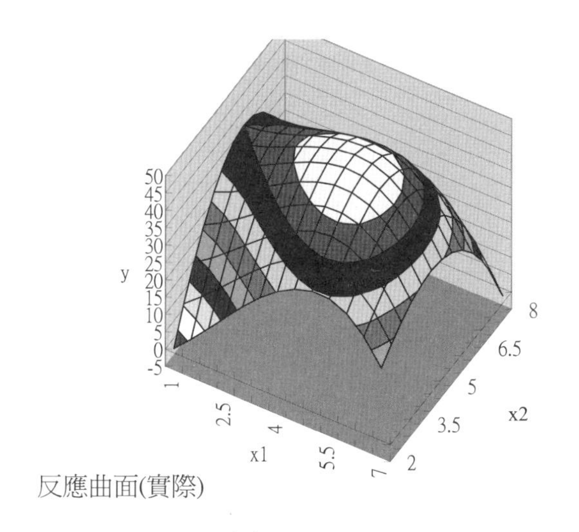

圖 1-2(a) 實際反應曲面

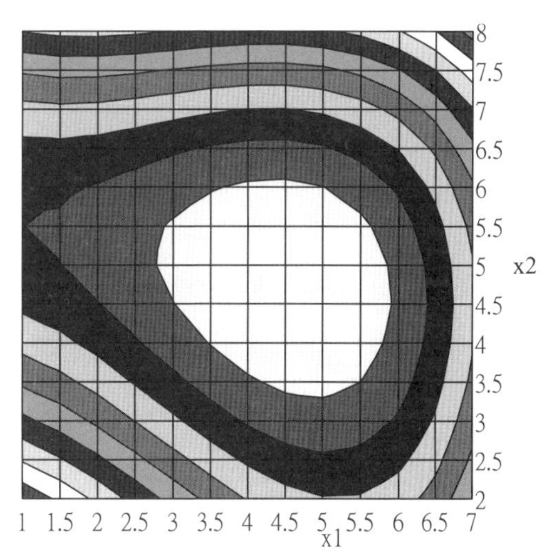

圖 1-2(b) 實際等高線圖

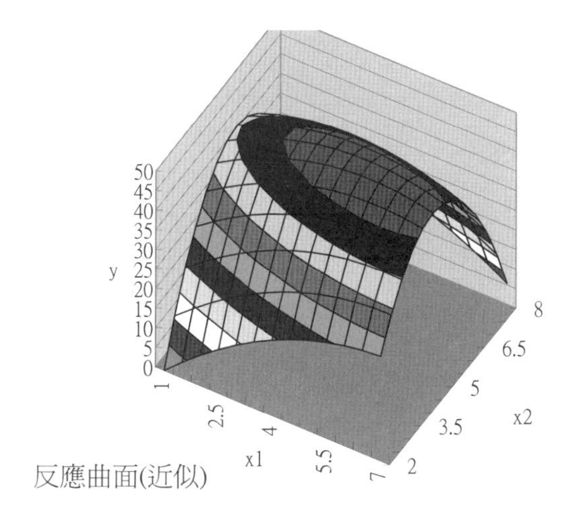

圖 1-2(c) 近似反應曲面

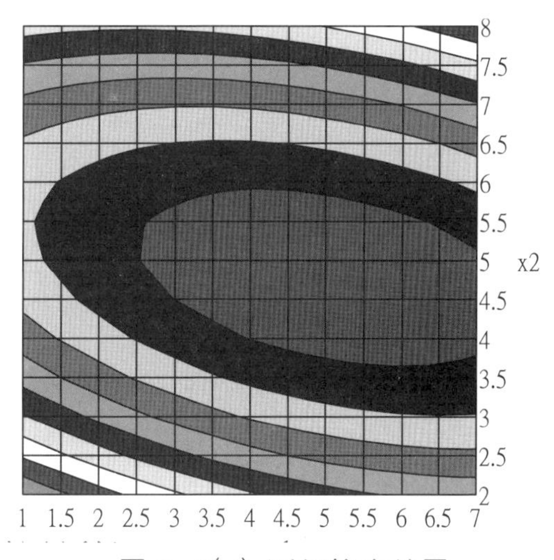

圖 1-2(d) 近似等高線圖

2. **模型建構**：透過實驗只能獲得特定獨立變數組合下的反應，必需建立獨立變數與反應間的函數關係(反應曲面)，因此產生模型建構問題。利用實驗數據建立獨立變數與反應間的函數關係之程序稱爲模型建構。模型建構常應用統計學中的迴歸分析。
3. **參數優化**：由於品質設計問題常有一定的目標需要優化，或者有一定的規格需要滿足，因此產生參數優化問題。尋找一個能滿足各種品質特性(反應)的限制，並優化某些品質特性(反應)的目標之品質因子(獨立變數)水準之方案之程序稱爲參數優化。要達成參數優化可利用在模型建構程序中得到的獨立變數與反應間的函數關係

(反應曲面)，以及應用數學中的最佳化技術。

反應曲面法具有連續性的本質，即實驗設計、模型建構與參數優化等三個程序是一個連續、循環與持續的過程。

圖 1-3 基於反應曲面法的品質設計程序

1.2.1 品質設計之假設

品質設計之基本假設包括：

1. 品質因子可以影響品質特性，即品質特性(因變數)是品質因子(自變數)的函數。
2. 品質因子之水準是可以控制的。
3. 實驗具有相當高的成本。
4. 品質特性之值是可以觀察的。

5. 品質特性函數通常是未知的。
6. 品質特性具有特定的需求。

品質因子與品質特性可以看成是一個系統的輸入與輸出。基於此一觀點，上述假設之意義如下：

假設1構成了系統模型之存在性。

假設2構成了系統之實驗設計可行性，即品質因子在特定水準下其產品品質特性之值可以藉實驗得知。

假設3構成了系統之實驗設計必要性。

假設4構成了系統之模型建構可行性。

假設5構成了系統之模型建構必要性。

假設6構成了系統之參數優化必要性。

1.2.2 品質設計程序1：實驗設計

實驗設計的目的在於以最少量的實驗成本獲得最大量有用之品質設計資訊。方法包括：

1. 田口方法設計
2. 反應曲面法設計
3. 配方設計

這三種實驗設計將在第2~4章介紹。

1.2.3 品質設計程序2：模型建構

模型建構的目的在於建立品質特性函數，常用的方法為迴歸分析。任何反應函數可用下列近似反應函數表達：

$$y=f(\xi_1, \xi_2, \ldots)+\varepsilon \quad (1\text{-}1)$$

其中 ε=誤差；ξ=自然變數 (natural variables)，即原始尺度下的自變數，例如以攝氏溫標表達之溫度。

上式之期望值如下：

$$E(y)=\eta= f(\xi_1, \xi_2, \ldots) \quad (1\text{-}2)$$

然而在模型建構時，使用自然變數有許多不利之處，包括數值處理上的一些困擾。故一般常將自然變數轉換成平均值為0，值域為(-1,+1)之編碼變數(coded variables)。例如溫度的可操作範圍為攝氏200至500度，可令200度為-1，而500度為+1，其餘線性內插，例如275度可內插得-0.5，350度可內插得0，425度可內插得+0.5。故上式又

可改寫成

η= f(x_1，x_2，...)　　其中 x=編碼變數

由於上式中的函數未知，因此常用**多項式函數**(polynomial function)來近似之。常用的多項式函數有

1. **一階多項式**(first-order polynomial function) (**參考圖** 1-4)

$$\eta = \beta_0 + \sum_{i=1}^{k} \beta_i x_i = \beta_0 + \beta_1 x_1 + \beta_2 x_2 + \ldots + \beta_k x_k \tag{1-3}$$

以二個自變數爲例

$$\eta = \beta_0 + \beta_1 x_1 + \beta_2 x_2 \tag{1-4}$$

2. **具交互作用之一階多項式**(first-order with interaction polynomial function) (參考圖 1-5)

$$\eta = \beta_0 + \sum_{i=1}^{k} \beta_i x_i + \sum_{i=1}^{k} \sum_{j>i}^{k} \beta_{ij} x_i x_j \tag{1-5}$$

以二個自變數爲例

$$\eta = \beta_0 + \beta_1 x_1 + \beta_2 x_2 + \beta_{12} x_1 x_2 \tag{1-6}$$

3. **二階多項式**(second-order polynomial function) (**參考圖** 1-6 **至圖** 1-8)

$$\eta = \beta_0 + \sum_{i=1}^{k} \beta_i x_i + \sum_{i=1}^{k} \sum_{j>i}^{k} \beta_{ij} x_i x_j + \sum_{i=1}^{k} \beta_{ii} x_i^2 \tag{1-7}$$

以二個自變數爲例

$$\eta = \beta_0 + \beta_1 x_1 + \beta_2 x_2 + \beta_{12} x_1 x_2 + \beta_{11} x_1^2 + \beta_{22} x_2^2 \tag{1-8}$$

實務上，二階多項式是最常使用的多項式函數，其理由有：

1. 彈性：二階多項式可以建構出相當多變的反應曲面，例如圖 1-6 山丘形，圖 1-7 山窪形，圖 1-8 鞍點形。
2. 易建：二階多項式可以用一般的線性迴歸分析軟體建構，迴歸分析方法將在第 5 章中詳加介紹。
3. 實用：許多實務界的實例證明，二階多項式可精確地表現反應函數。

然而在面對許多複雜的實驗模型時，迴歸分析仍有所不足，最主要的問題是它對非線性系統以及變數間有交互作用的系統較難適用。近年來**類神經網路**(Artificial Neural Network，ANN)已被視爲非常有效的非線性模型建構工具，它是一種模仿生物神經網路的資訊處理系統。由於類神經網路具有建構非線性模型的能力，因此十分適

合用來建構複雜的實驗模型。因此本書在模型建構除了介紹傳統的迴歸分析(第 5 章)之外，也用相同的篇幅來介紹先進的類神經網路(第 6 章)，並比較其優缺點。

1.2.4 品質設計程序 3：參數優化

參數優化的目的在於決定品質因子之最佳水準，使品質特性盡可能滿足需求。方法包括：

1. 窮盡搜尋法
2. 數學解析法
3. 數學規劃法

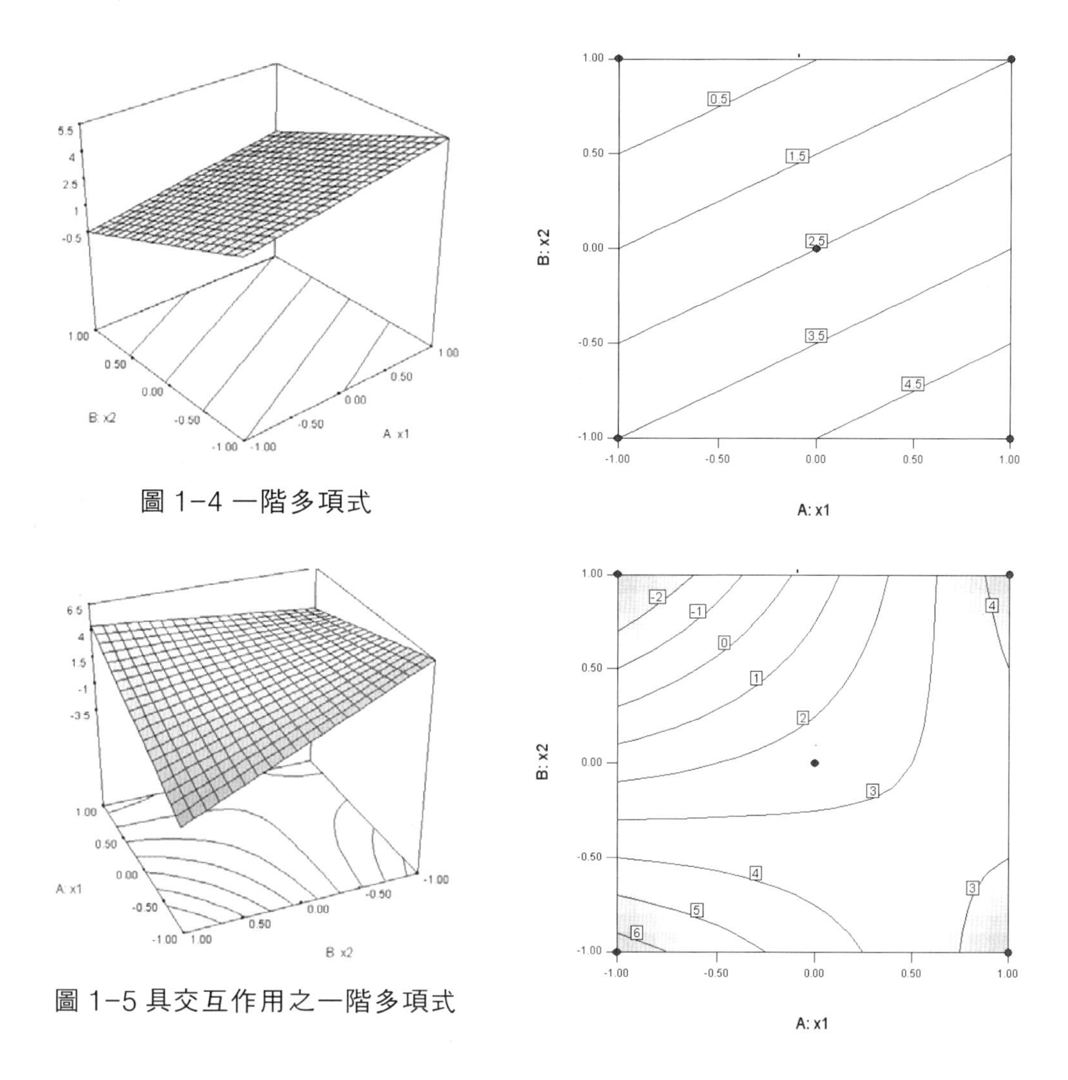

圖 1-4 一階多項式

圖 1-5 具交互作用之一階多項式

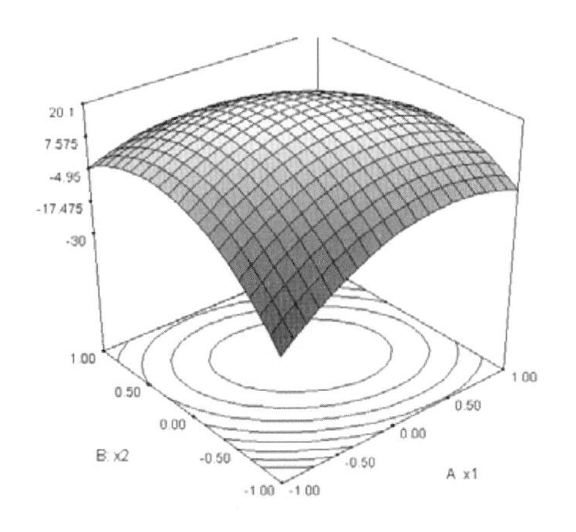

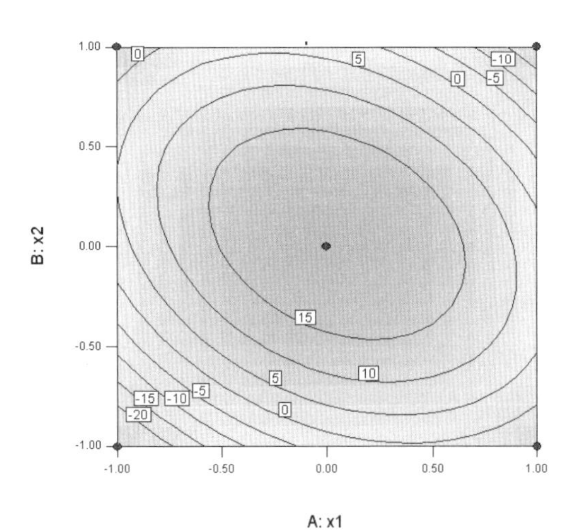

圖 1-6 二階多項式：山丘形

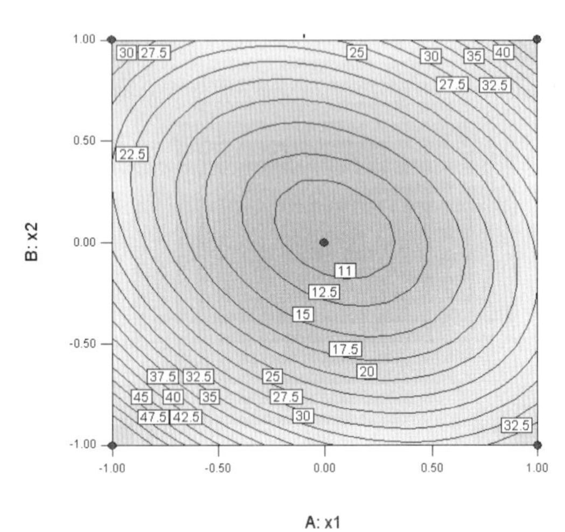

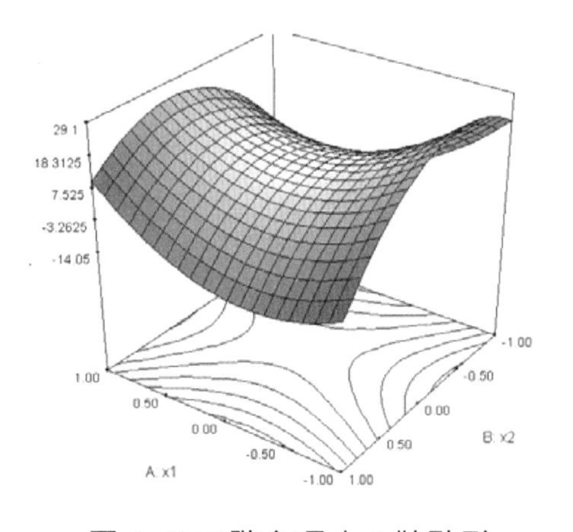

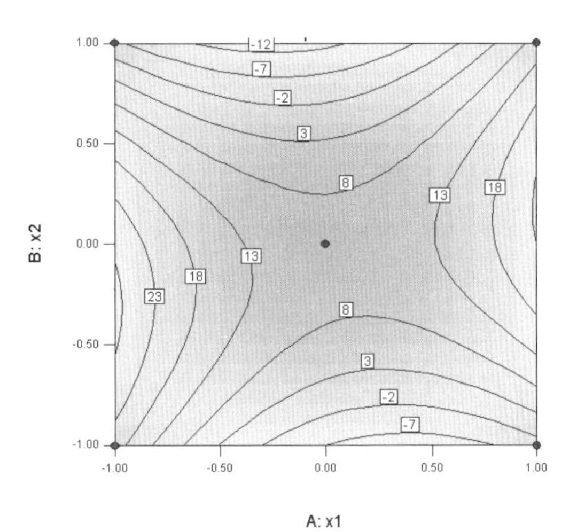

圖 1-7 二階多項式：山窪形

圖 1-8 二階多項式：鞍點形

參數優化是一個**最佳化**(optimization)問題。最佳化問題的重要概念如下：

- ☐ 設計變數 (design variable)：問題求解所需要決定設計值的變數。
- ☐ 設計限制 (design constraint)：問題求解所受到的限制條件，即分析設計方案可行性的標準。
- ☐ 設計目標 (design object)：問題求解所要達到的目的，即評估設計方案優劣的標準。
- ☐ 設計方案 (design alternative)：一個表示問題解答的設計變數的組合。
- ☐ 設計空間 (design space)：問題的所有設計方案的組合。
- ☐ 可行設計方案 (feasible design alternative)：依設計限制分析爲可行的設計方案。
- ☐ 最佳設計方案 (optimum design alternative)：依設計目標評估爲最優的可行設計方案。

上述問題架構中，當其設計變數爲數值變數，設計限制與設計目標可表示成數學函數，即**限制函數**(constraint function)與**目標函數**(object function)時，通常可以用**數學規劃法**(mathematical programming)得到答案。本書將在第 7 介紹此方法。

1.3 品質設計步驟

1.3.1 品質設計步驟

品質設計之基本步驟如下：

一、決定品質特性

決定用來判定產品品質之特性，例如強度、濃度、純度。

二、決定品質因子

決定可能影響品質特性之因素，例如製程中的溫度、壓力、流量以及材料的配比成份等，均爲品質因子。

三、實驗設計

所謂實驗設計是指建立有效率實驗的方法，它以特定的實驗配置探求系統的因果關係，其目的在於以最少的實驗次數及適當的分析技術，獲得最多有用的系統之知識。

四、進行實驗

依實驗設計之配置進行實驗，以收集實驗數據。

五、模型建構

用所收集之數據建立一個可以表達品質因子與品質特性之關係的模型。可使用**迴歸分析**或**類神經網路**做爲模型建構之工具。

六、模型分析

模型分析之主要目的有二：(1)決定品質因子之重要性，以便從眾多品質因子中篩選較重要者。(2)分析品質因子對品質特性之影響趨勢，例如正比趨勢、反比趨勢、曲線趨勢。

七、參數優化

利用前述之模型建立能表達設計需求的最佳化模式，包括目標函數與限制函數，並以最佳化技術求出在滿足所有限制函數下，目標函數爲最優之品質因子設計值。

八、驗證實驗

依據前一步驟之設計值進行實驗。如果實驗結果與預期吻合，即可產生一適當之設計；否則應回到上述七個步驟中的一個步驟，反覆進行，直到得到滿意的結果。

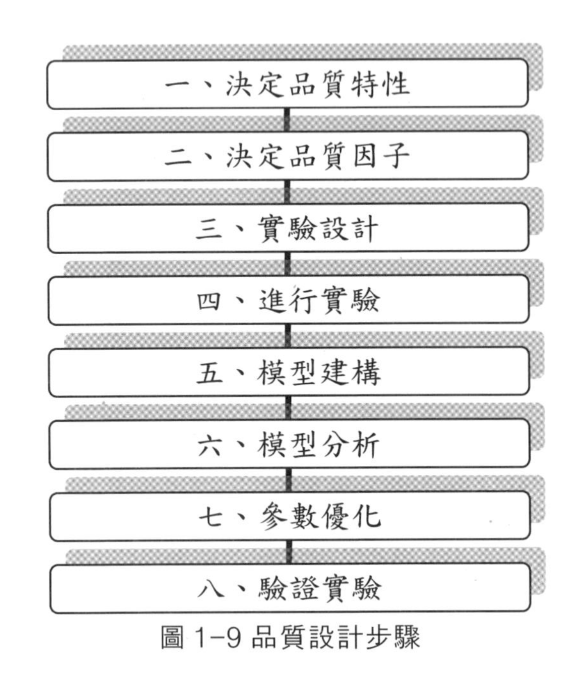

圖 1-9 品質設計步驟

1.3.2 品質設計實例

上述步驟可以混凝土配比設計爲例：

一、決定品質特性

混凝土之品質特性眾多，但最重要者爲成本、強度、工作度。

二、決定品質因子

影響上述之品質特性之因子主要爲混凝土的配比成份。傳統的混凝土之配比成分主要爲水泥、水、砂、碎石等四種。現代高性能混凝土常添加強塑劑、飛灰、爐石或其它成份，以提高混凝土之品質及降低生產成本。

三、實驗設計

可以依據實驗設計之原理，設計出若干筆具有代表性之配比。一般而言，品質因子愈多，或品質因子與品質特性之關係愈複雜，則所需之實驗數目愈多。

四、進行實驗

由於實驗具有若干之不確定性，因此有時需進行重複實驗。例如對混凝土配比設計問題而言，每一種配比可能進行 3 到 5 次實驗。

五、模型建構

有了上述實驗數據便可利用迴歸分析技術建構一個混凝土材料行爲模型，此一模型之輸入爲混凝土配比，輸出爲混凝土強度與工作度。

六、模型分析

透過模型分析，可以了解混凝土的各種成份對強度與工作度影響。例如對強度而言，水泥、飛灰、爐石、水之含量具有重大之影響；前三者通常是正比關係，水則常爲反比關係。對工作度而言，最重要之因素爲水與強塑劑之用量；一般而言，常成正比關係。

七、參數優化

對混凝土配比設計而言，可以建構下列最佳化模型：

$$\text{Min}\, F = \sum C_i \cdot X_i \tag{1-9}$$

$$f'_{cr} - f'_c(X) \le 0 \tag{1-10}$$

$$S_r - S(X) \le 0 \tag{1-11}$$

$$\sum \frac{X_i}{G_i} = 1000 \tag{1-12}$$

$$X_i \le X_i^{\max} \tag{1-13}$$

$$X_i \ge X_i^{\min} \tag{1-14}$$

其中

F=目標函數，即混凝土之成本(元)。

C_i=第 i 項成份之單位重量成本(元/kg)。

X_i=第 i 種成份之用量(kg)。

f'_{cr}=需要之混凝土強度(kg/cm^2)。

$f'_c(X)$=估計之混凝土強度(kg/cm^2)，爲各成份用量 X 之函數。

S_r=需要之混凝土坍度(cm)。

$S(X)$=估計之混凝土之坍度(cm)，爲各成份用量 X 之函數。

G_i =第 i 種成份之比重。

$X_i^{\max}$ ，$X_i^{\min}$ =第 i 種成份用量之上下限(kg)。

在(1-12)式中，各成份之重量 X_i (以公斤爲單位)除以比重 G_i 所得之數值爲該成份所佔之體積(以公升爲單位)。因爲本配比設計之目的在於決定組成體積 1 立方公尺(=1000 公升)混凝土所需之各成份之重量，故各成份之體積總合須爲 1000 公升。

上述最佳化模型可用最佳化技術得其最佳解，即滿足上述限制下，對目標函數最佳化之設計變數值之組合。

八、驗證實驗

依上述最佳配比設計進行實驗，如果與預期相吻合，即得最佳配比設計。

1.4 品質設計方法

品質設計方法可分成下列三種：

1. 零階反應曲面法(因子設計法)
2. 一階反應曲面法
3. 二階反應曲面法

這三個階段均可分成 (1)實驗設計 (2)模型建構 (3)參數優化等三個步驟，其流程如圖 1-10 所示。

零階反應曲面法(Phase Zero RSM)又稱爲篩選實驗(screening experiment)，其要點如下：

目的：選出要因。

方法：

- ☐ 實驗設計：二水準因子設計 (Factorial Design)
- ☐ 模型建構：效果分析與變異分析
- ☐ 參數優化：窮盡搜尋法

一階反應曲面法(Phase One RSM)，其要點如下：

目的：逼近最佳點。

方法：

- ☐ 實驗設計：二水準因子設計 (Factorial Design)
- ☐ 模型建構：一階多項式函數
- ☐ 參數優化：最陡坡度法

二階反應曲面法(Phase Two RSM)，其要點如下：

目的：搜尋最佳點。

方法：

- 實驗設計：中央合成設計，Box-Behnken 設計，最佳準則設計等。
- 模型建構：二階多項式函數
- 參數優化：數學解析法與數學規劃法

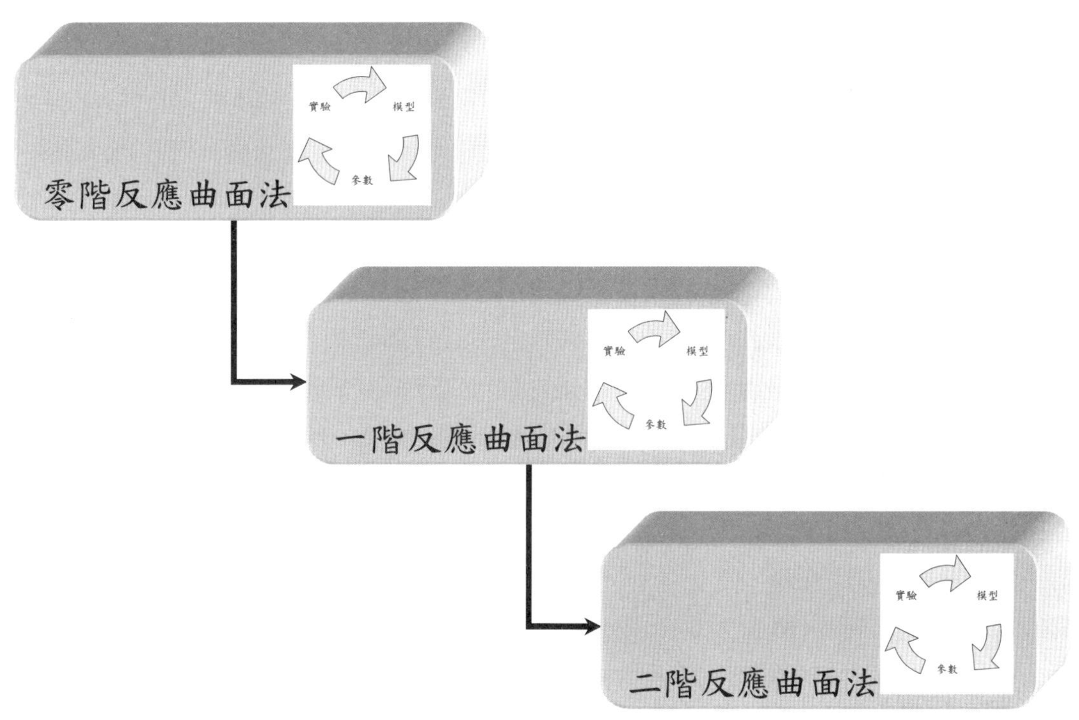

圖 1-10 品質設計流程

1.5 混合(配方)設計

配比設計問題是指一個品質設計問題之各品質因子的水準間有總合限制者稱之。例如傳統的混凝土之配比成分主要為水泥、水、砂、碎石等四種，現代之高性能混凝土常加強塑劑、飛灰、爐石或其它成份，以提高混凝土之品質(混凝土強度與工作度)及降低生產成本。無論四種或七種成份，其設計問題均為尋求正好組成 1 立方公尺混凝土(因為混凝土是論體積計價)之各成份的使用重量(因為這些原料是論重量計價)。

配比問題在製造業中相當常見，有時配比設計的對象並非產品本身，而是製程中的藥劑。例如電子產品的蝕刻製程之藥劑，也需有適當的配比設計。

配比設計問題雖然也是採用反應曲面法的設計理念，但因各品質因子的水準間有總合限制，故其實驗設計、模型建構與參數優化等三個程序之技術均與一般的品質設計問題有所不同。

1.6 本書內容

本書基本上是作者另一著作「實驗計畫法─製程與產品最佳化」(五南圖書公司)的進階版，因此省略了零階反應曲面法(因子實驗設計)、一階反應曲面法，而直接深入**二階反應曲面法**。讀者如未具備基礎的實驗計畫法知識，建議可從該書入門，再閱讀本書，當可更加得心應手。

本書之特點為：

1. 以一個「實驗設計、模型建構、參數優化」三程序的方法論來介紹實驗計畫法，並且盡可能將深奧的理論以淺顯但不失深度的方式介紹給讀者。
2. 除了傳統的基於迴歸分析的實驗計畫法之外，還介紹基於神經網路的實驗計畫法。
3. 提供二個試用版軟體：基於迴歸分析的實驗計畫法軟體─Design Expert，及基於神經網路的實驗計畫法軟體─CAFE。

本書分三篇(圖 1-11)：

第一篇　實驗計畫法原理

第 1 章：介紹品質設計概念。

第 2 章 ~ 第 4 章：介紹三種實驗設計法的原理：田口方法、反應曲面法、配方設計。

第 5 章 ~ 第 6 章：介紹二種模型建構法的原理：迴歸分析、神經網路。

第 7 章：介紹參數優化的原理：數學規劃法。

第二篇　基於迴歸分析的實驗計畫法

第 8 章：介紹基於迴歸分析的實驗計畫法軟體─Design Expert。

第 9 章 ~ 第 11 章：介紹 Design Expert 的田口方法、反應曲面法、配方設計實例。

第三篇　基於神經網路的實驗計畫法

第 12 章：介紹基於神經網路的實驗計畫法軟體─CAFE。

第 13 章 ~ 第 15 章：介紹 CAFE 的田口方法、反應曲面法、配方設計實例。

第 16 章：比較基於迴歸分析與基於神經網路的實驗計畫法優缺點。

此外，附錄 A 為 Design Expert 使用範例；附錄 B~D 為 CAFE 使用介面、使用範例、驗證範例；附錄 E 為光碟目錄。

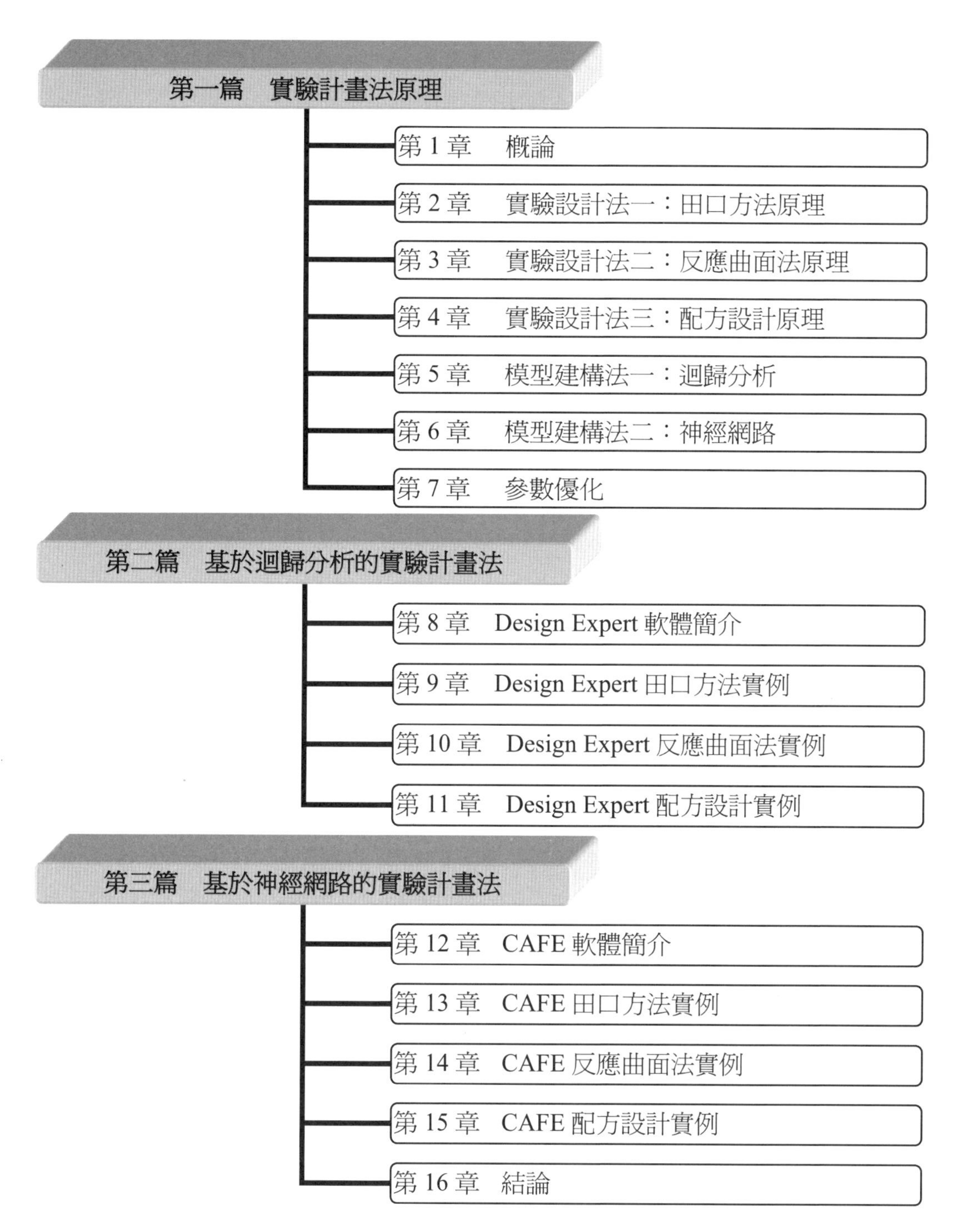
第一篇　實驗計畫法原理
第 1 章　概論
第 2 章　實驗設計法一：田口方法原理
第 3 章　實驗設計法二：反應曲面法原理
第 4 章　實驗設計法三：配方設計原理
第 5 章　模型建構法一：迴歸分析
第 6 章　模型建構法二：神經網路
第 7 章　參數優化
第二篇　基於迴歸分析的實驗計畫法
第 8 章　Design Expert 軟體簡介
第 9 章　Design Expert 田口方法實例
第 10 章　Design Expert 反應曲面法實例
第 11 章　Design Expert 配方設計實例
第三篇　基於神經網路的實驗計畫法
第 12 章　CAFE 軟體簡介
第 13 章　CAFE 田口方法實例
第 14 章　CAFE 反應曲面法實例
第 15 章　CAFE 配方設計實例
第 16 章　結論

圖 1-11 本書架構

習題

1. 試述品質設計之定義、假設、分類、應用。
2. 試述品質設計程序。
3. 試述品質設計步驟。
4. 何謂配比設計？

本章參考文獻

[1] 葉怡成，2005，*實驗計劃法 – 製程與產品最佳化*，五南書局，台北。

[2] Montgomery, D.C., 1996, *Design and Analysis of Experiments,* John Wiley & Sons, Inc, New York.

[3] Myers, R.H. and Montgomery, D.C., 1995, *Response Surface Methodology*, John Wiley & Sons, Inc., New York.

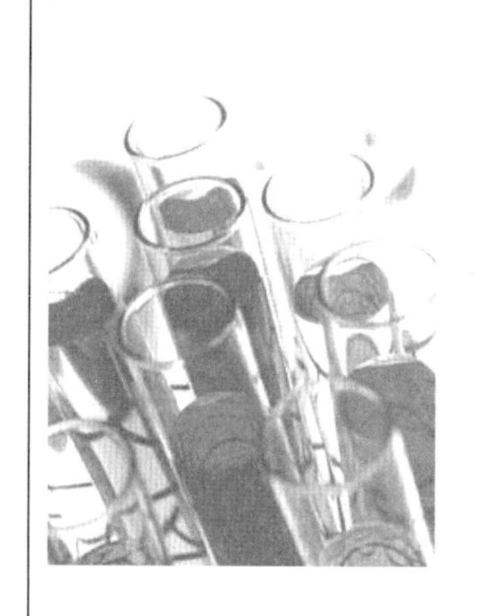

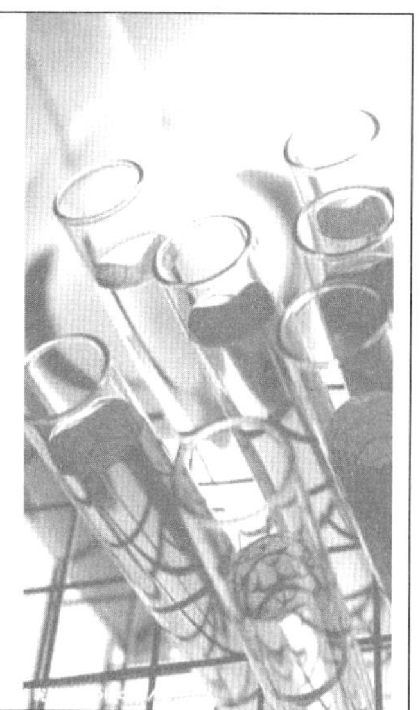

第2章 實驗設計法一：田口方法原理

2.1 田口方法簡介

2.2 田口方法實驗設計：直交表與訊噪比

2.3 田口方法參數優化：主效果分析擇優

2.4 田口方法實例一：無不可控制因子

2.5 田口方法實例二：有不可控制因子(噪音因子)

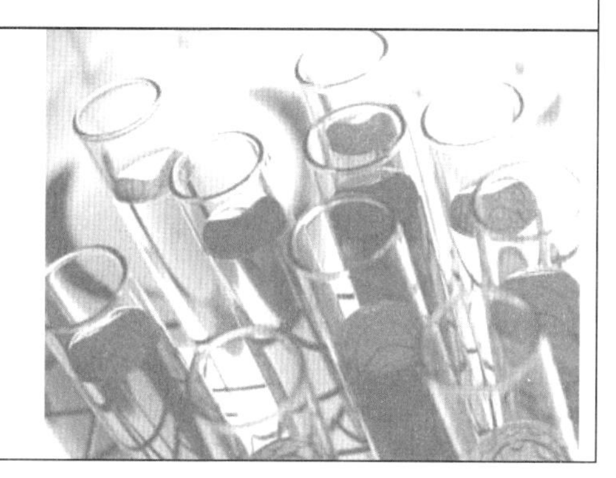

2.1 田口方法簡介

在生產過程，或消費者使用的環境中，均有許多無法控制但對產品的品質特性確實有影響的品質因子存在。例如在生產過程中，室溫即不易控制，但我們仍然希望不論大熱天或寒流來時，我們的產品仍然是合格的。同樣地，產品行銷世界各地，當地的濕度根本無法控制，但我們仍然希望不論是銷到澳洲的沙漠或巴西的雨林，消費者都能使用到高品質的產品。因此，如何使產品的品質不受這些不可控制因子的影響，便是一個重要的問題。

品質因子可分成二種：

1. **可控制變數**(controllable variable，通常以 x 爲符號)

可控制變數(或稱可控制因子)是指在製程中可以完全掌握的生產因素，我們可將它調到任何我們想要的水準，故其變異數爲 0 ($\sigma_x^2=0$)。

2. **不可控制變數**(uncontrollable variable，通常以 z 爲符號)

不可控制變數(或稱不可控制因子)是指在製程中無法完全掌握的生產因素，我們無法將它調到我們想要的水準，而具有一定的隨機性，故其變異數不爲 0 ($\sigma_z^2\neq0$)，故又稱**雜訊因子**或**噪音因子**(noise factor)。

如果有不可控制因子(噪音因子)存在時，必然會使反應(品質特性)具有一定的隨機性，即**變異**(variability，σ_y^2)。所謂的**穩健性**即指產品的品質特性具有低品質變異的特徵，即在生產過程或消費者使用的環境中，面臨許多無法控制但對產品的品質特性確有影響的因子存在時，產品仍有優良的品質。所謂**穩健設計**可定義爲：**在噪音因子存在的情況下，尋求產品具穩健性的品質設計**。

穩健設計方法最主要者有**田口方法**與**雙反應曲面法**。田口方法(Taguchi Method)爲田口玄一(Genichi Taguchi)所發明，又稱**穩健參數設計**(robust parameter design)。田口玄一在 1980 年代將此方法介紹到美國。由於其品質設計哲學重視產品的穩健性，頗受產業界重視。本章將介紹田口方法，雙反應曲面法請參閱作者另一著作「實驗計畫法—製程與產品最佳化」(五南圖書公司)。

田口方法的要點包括：

1. 實驗設計：使用**直交表**進行實驗，並以**訊噪比**觀念將反應平均值與反應變異數統合爲單一變數。
2. 參數優化：使用效果分析對訊噪比進行最佳化設計。

2.2 田口方法實驗設計：直交表與訊噪比

2.2.1 直交表(crossed array)

田口方法比較適合因子的水準是離散的情形，有二種用法：

1. 無不可控制因子(噪音因子)

使用單一表格來作實驗設計，最常用的有

- □ 二水準設計：L8, L16 等。
- □ 三水準設計：L9, L27 等。
- □ 二水準與三水準混合設計：L18 等。

工業上 L18, L27 可能是最常被採用的設計，它們分別要作 18 個與 27 個實驗。

2. 有不可控制因子(噪音因子)

使用**直交表**(crossed array)來作實驗設計，直交表分成二部份：

- □ 內表(inner array)：可控制因子 x 之實驗設計。
- □ 外表(outer array)：不可控制因子(噪音因子) z 之實驗設計。

內表與外表直交得直交表。例如一個三個控制因子(x_1，x_2，x_3)，二個噪音因子(z_1，z_2)的問題，假設內表採 2^{3-1} 部份因子設計(解析度Ⅲ)，外表採 2^2 全因子設計(解析度 V)，二表直交得 16 回合實驗，如表 2-1 所示。

表 2-1　直交表(三個控制因子，二個噪音因子)

		z_1	-1	-1	1	1
		z_2	-1	1	-1	1
x_1	x_2	x_3	y_1	y_2	y_3	y_4
-1	-1	1				
-1	1	-1				
1	-1	-1				
1	1	1				

設計解析度的定義如下(請參閱作者另一著作「實驗計畫法—製程與產品最佳化」第四章)：

- □ 解析度Ⅲ設計：主效果間不交絡。
- □ 解析度Ⅳ設計：主效果間不交絡，主效果與二因子交互作用間不交絡。

□ 解析度V設計：主效果間不交絡，主效果與二因子交互作用間不交絡，二因子交互作用間不交絡。

因爲直交表是由內表與外表以直交方式產生，故內表與外表本身不能採用解析度較高的實驗設計，否則二表直交後產生的直交表的實驗數會很大。例如內表有 16 個實驗，外表有 8 個實驗，則直交表有(16)(8)=128 個實驗。因此，內表與外表常採解析度只有Ⅲ的部份因子設計作爲實驗設計。以一個具有六個可控制因子，五個不可控制因子的問題爲例，如內表採用 2^{6-3} 部份因子實驗(解析度Ⅲ)，外表採 2^{5-2} 部份因子實驗(解析度Ⅲ)，二個表直交得$(2^{6-3})(2^{5-2})$= (8)(8)= 64 個實驗。

2.2.2 訊噪比(signal-to-noise ratio，SNR)

當有不可控制因子(噪音因子)時，田口方法在以直交表作完實驗後，接下來以**訊噪比**(signal-to-noise ratio，SNR)觀念將反應平均值與反應變異數統合爲單一指標。所謂訊噪比是指內表的每一個實驗設計(代表一個特定可控制因子組合)在外表的不同實驗環境(代表一個特定不可控制因子組合)下，其反應(品質特性)優劣之指標。這個指標同時考慮了反應平均值優化(望小或望大或望目)與反應變異數最小化的穩健設計之要求。

訊噪比依問題是望小型、望大型或望目型而有不同的定義：

1. **望小型訊噪比** (參考圖 2-1)

$$SNR_s = -10\log\sum_{i=1}^{n}\left[\frac{y_i^2}{n}\right] \qquad (2\text{-}1)$$

例 1. 例如 $y_1=0$，$y_2=2$，$y_3=4$，則

平均值 $\bar{y} = (0+2+4)/3 = 2$

變異數 $s^2 = \sum(y_i-\bar{y})^2/(n-1) = [(0-2)^2+(2-2)^2+(4-2)^2]/(3-1) = 4$

訊噪比 $SNR_s = -10\log\sum_{i=1}^{n}\left[\frac{y_i^2}{n}\right]$=(-10)log[$(0^2+2^2+4^2)/3$]= -8.24

例 2. 例如 $y_1=1$，$y_2=2$，$y_3=3$，則

平均值 $\bar{y} = (1+2+3)/3 = 2$

變異數 $s^2 = \sum(y_i-\bar{y})^2/(n-1) = [(1-2)^2+(2-2)^2+(3-2)^2]/(3-1) = 1$

訊噪比 $SNR_s = -10\log\sum_{i=1}^{n}\left[\frac{y_i^2}{n}\right]$=(-10)log[$(1^2+2^2+3^2)/3$]= -6.7

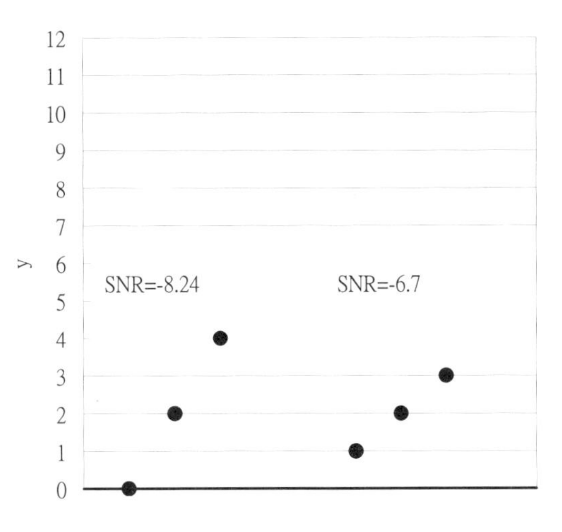

圖 2-1 望小型訊噪比

很明顯，二者之反應平均值相同，後者之反應變異數較小，故後者比較穩健。比較二者之訊噪比知，訊噪比越大者越穩健。

2. 望大型訊噪比 (參考圖 2-2)

$$SNR_1 = -10\log \sum_{i=1}^{n}\left[\frac{1}{y_i^2}\right] \Big/ n \qquad (2\text{-}2)$$

例 1. 例如 $y_1=7$，$y_2=9$，$y_3=11$，則

平均值 $\bar{y} = (7+9+11)/3 = 9$

變異數 $s^2 = \sum (y_i - \bar{y})^2 / (n-1) = [(7-9)^2 + (9-9)^2 + (11-9)^2]/(3-1) = 4$

訊噪比 $SNR_1 = -10\log \sum_{i=1}^{n}\left[\frac{1}{y_i^2}\right] \Big/ n$ =(-10)log[(1/7²+1/9²+1/11²)/3]=18.6

例 2. 例如 $y_1=8$，$y_2=9$，$y_3=10$，則

平均值 $\bar{y} = (8+9+10)/3 = 9$

變異數 $s^2 = \sum (y_i - \bar{y})^2 / (n-1) = [(8-9)^2 + (9-9)^2 + (10-9)^2]/(3-1) = 1$

訊噪比 $SNR_1 = -10\log \sum_{i=1}^{n}\left[\frac{1}{y_i^2}\right] \Big/ n$ $=(-10)\log[(1/8^2+1/9^2+1/10^2)/3]=19.0$

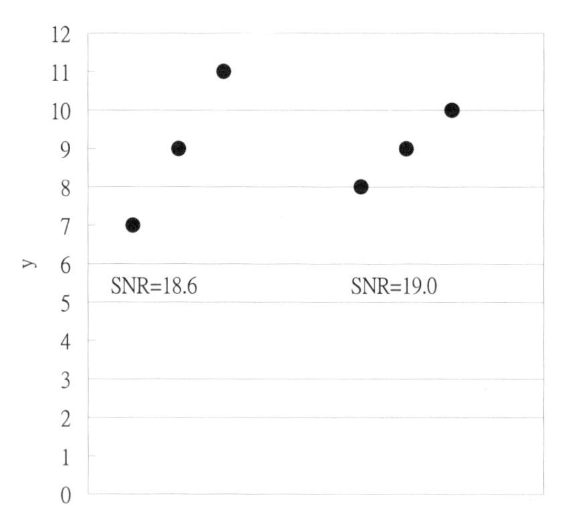

圖 2-2 望大型訊噪比

很明顯，二者之反應平均值相同，但後者之反應變異數較小，故後者比較穩健。比較二者之訊噪比知，訊噪比越大者越穩健。

3. **望目型訊噪比** (參考圖 2-3)

田口方法對望目型問題提出二階段最佳化：

(1) 將訊噪比最小化，達成反應變異最小化。

(2) 調節調整因子的值，達成反應平均值到達目標值。所謂**調整因子**(tuning factor)是指會影響反應變數的平均值，但不影響其變異數的因子。

望目型問題訊噪比有二種：

$$SNR_{T1} = -10\log s^2 \tag{2-3}$$

$$SNR_{T2} = -10\log\left(\frac{s^2}{\bar{y}^2}\right) \tag{2-4}$$

其中 $\bar{y} = \sum y_i / n$

$s^2 = \sum (y_i - \bar{y})^2 / (n-1)$

一般而言，SNR_{T2} 比 SNR_{T1} 更適合作爲望目型問題的訊噪比，因爲當二個設計的變異數 s^2 相等時，平均值 $\bar{y}$ 大者代表變異數對平均值的比例小，應是較佳的選擇，SNR_{T2} 可以反應此觀點，SNR_{T1} 則否。但 SNR_{T2} 不適合 y 值有正負號的情形，因爲 $\bar{y}$ 有可能近於 0，造成(2-4)式分母爲 0，而無法計算。

例 1. 例如 $y_1=7$，$y_2=9$，$y_3=11$，則

$$\bar{y}=(7+9+11)/3=9$$

$$s^2=\sum(y_i-\bar{y})^2/(n-1)=[(7-9)^2+(9-9)^2+(11-9)^2]/(3-1)=4$$

訊噪比 $SNR_{T1}=-10\log s^2$=(-10)log(4)= -6.02

例 2. 例如 $y_1=8$，$y_2=9$，$y_3=10$，則

$$\bar{y}=(8+9+10)/3=9$$

$$s^2=\sum(y_i-\bar{y})^2/(n-1)=[(8-9)^2+(9-9)^2+(10-9)^2]/(3-1)=1$$

訊噪比 $SNR_{T1}=-10\log s^2$=(-10)log(1)=0

例 3. 例如 $y_1=8.5$，$y_2=9$，$y_3=9.5$，則

$$\bar{y}=(8.5+9+9.5)/3=9$$

$$s^2=\sum(y_i-\bar{y})^2/(n-1)=[(8.5-9)^2+(9-9)^2+(9.5-9)^2]/(3-1)=0.25$$

訊噪比 $SNR_{T1}=-10\log s^2$=(-10)log(0.25)=6.02

很明顯，三者之反應平均值相同，最後者之反應變異數最小，故最後者最穩健。比較三者之訊噪比知，訊噪比越大者越穩健。

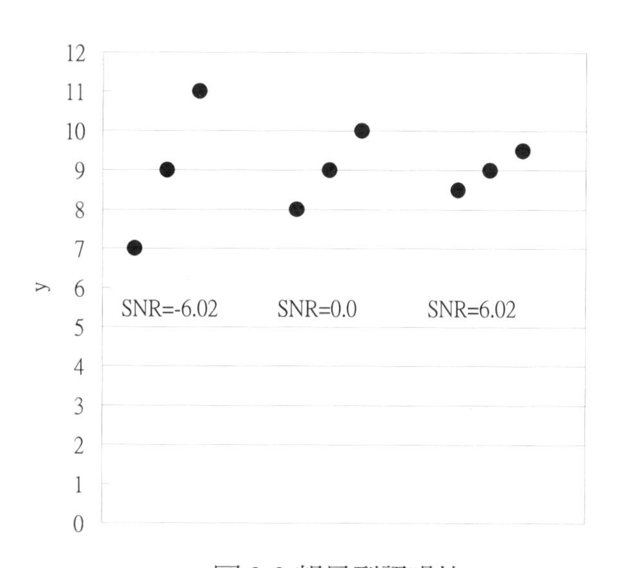

圖 2-3 望目型訊噪比

2.3 田口方法參數優化：主效果分析擇優

田口方法是以最大化訊噪比來作參數優化，因爲訊噪比越大則品質越穩健。其方法如下：

1. 計算內表的每一個實驗設計(代表一個特定可控制因子組合)在外表的不同實驗環境(代表一個特定不可控制因子組合)下之訊噪比。
2. 計算各可控制因子在各水準下訊噪比平均值。
3. 各可控制因子各自選擇訊噪比平均值最大之水準作爲最佳設計值。
4. 計算最佳設計之反應訊噪比之估計值：

反應訊噪比
=反應訊噪比總平均
+(可控制因子 1 取最佳水準下之反應訊噪比 - 反應訊噪比總平均)
+(可控制因子 2 取最佳水準下之反應訊噪比 - 反應訊噪比總平均)
:
+(可控制因子 n 取最佳水準下之反應訊噪比 - 反應訊噪比總平均)
=反應訊噪比總平均
$+\sum_{i=1}^{n}$ (可控制因子 i 取最佳水準下之反應訊噪比 - 反應訊噪比總平均)　(2-5)

這種參數優化策略有如下缺點：

1. 訊噪比不能完全反應品質的穩健性。
2. 因爲田口方法常採解析度只有Ⅲ的部份因子設計作爲內表，故效果分析以主效果爲主，很少考慮可控制因子間之交互作用。因此這種「各因子各自選擇訊噪比平均值最大之水準」的策略在可控制因子間無交互作用時，確實可以得到最佳設計。但如果可控制因子間有交互作用，則各因子各自選擇訊噪比平均值最大之水準未必構成最佳設計。

2.4 田口方法實例一：無不可控制因子

例題 2.1 田口方法：無不可控制因子(噪音因子)

文獻[1]指出，導光基板的品質因子如表 2-2，品質特性如表 2-3，採 L18 直交表，其實驗結果如表 2-4。不過在此只以「微特徵轉寫高度」(Y4)爲例。試分析之。

1. 實驗設計

表 2-2 實例 2：品質因子

名稱	品質因子	水準一	水準二	水準三
A	冷卻時間	15 sec	25 sec	
B	模溫	65 °C	75 °C	85 °C
C	料溫	220 °C	235 °C	250 °C
D	射出速度	70%	80%	90%
E	射出壓力	70%	80%	90%
F	保壓壓力	50%	70%	90%
G	保壓切換	91.25%	95.76%	100%
H	保壓時間	3 sec	5 sec	7 sec

表 2-3 實例 2：品質特性

名稱	意義	品質期望
Y1	收縮位移	望小
Y2	體積收縮	望小
Y3	輝度	望大
Y4	微特徵轉寫高度	望大
Y5	翹曲量	望小
Y6	均勻度	望大

表 2-4 實例 2：實驗設計 (L18)

No	A	B	C	D	E	F	G	H	Y1	Y2	Y3	Y4	Y5	Y6
1	1	1	1	1	1	1	1	1	0.4543	3.238	926.8	18.20	2.050	926.8
2	1	1	2	2	2	2	2	2	0.3198	2.055	919.7	19.20	2.078	919.7
3	1	1	3	3	3	3	3	3	0.2063	1.063	921.6	21.47	2.088	921.7
4	1	2	1	1	2	2	3	3	0.3198	2.193	958.9	19.33	1.728	959.0
5	1	2	2	2	3	3	1	1	0.2130	1.020	943.2	21.73	2.170	943.1
6	1	2	3	3	1	1	2	2	0.5150	3.578	861.1	21.53	2.180	861.2
7	1	3	1	2	1	3	2	3	0.2098	1.035	999.6	21.60	1.690	999.7
8	1	3	2	3	2	1	3	1	0.5015	3.800	913.4	20.20	2.130	913.7
9	1	3	3	1	3	2	1	2	0.4298	2.505	914.6	22.13	2.145	914.6
10	2	1	1	3	3	2	2	1	0.2920	1.968	968.6	18.67	1.498	968.7
11	2	1	2	1	1	3	3	2	0.1898	0.998	938.2	19.93	1.533	938.2
12	2	1	3	2	2	1	1	3	0.6060	3.570	896.7	19.87	1.563	896.6
13	2	2	1	2	3	1	3	2	0.4830	3.540	942.7	19.67	1.385	942.6
14	2	2	2	3	1	2	1	3	0.3640	2.203	929.0	21.40	1.445	929.0
15	2	2	3	1	2	3	2	1	0.2048	1.188	868.5	22.47	1.725	868.6
16	2	3	1	3	2	3	1	2	0.1968	0.898	998.4	22.47	5.250	998.3
17	2	3	2	1	3	1	2	3	0.4825	3.415	922.4	22.27	5.500	922.4
18	2	3	3	2	1	2	3	1	0.3418	2.473	879.9	22.13	1.690	879.9

2. 實驗分析

各控制因子的效果分析如下表，因子反應圖如圖 2-4：

名稱	A	B	C	D	E	F	G	H
品質因子	冷卻時間	模溫	料溫	射出速度	射出壓力	保壓壓力	保壓切換	保壓時間
水準一	20.60	19.56	19.99	20.72	20.80	20.29	20.97	20.57
水準二	20.99	21.02	20.79	20.70	20.59	20.48	20.96	20.82
水準三	NA	21.80	21.60	20.96	20.99	21.61	20.46	20.99

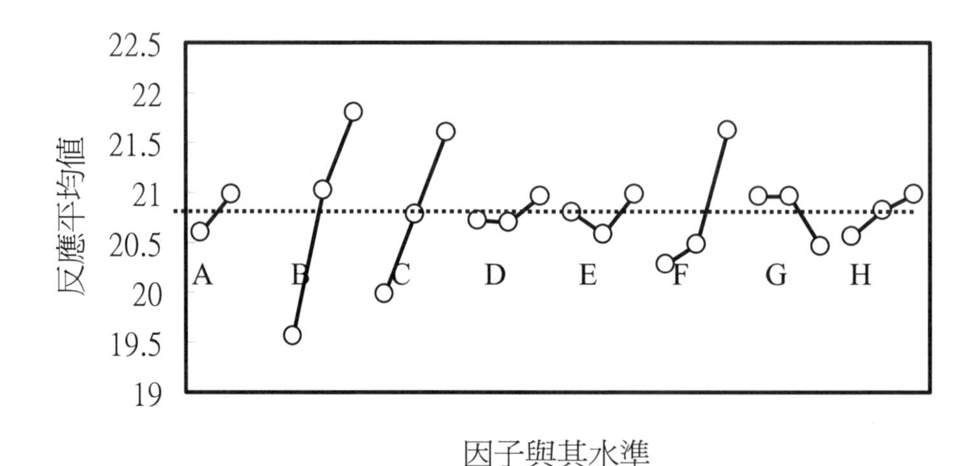

圖 2-4 實例二田口方法之因子反應圖

3. 參數優化

田口方法之參數設計採用每個因子的最佳水準，因此由圖 2-4 知其設計爲{A, B, C, D, E, F, G, H}= {2,3,3,3,3,3,1,3}，其反應訊噪比之估計值爲

反應訊噪比 = 反應訊噪比總平均

$$+\sum_{i=1}^{n} \text{(可控制因子 i 取最佳水準下之反應訊噪比 - 反應訊噪比總平均)}$$

$$= 20.793 + (20.99-20.793) + (21.80-20.793) + (21.60-20.793) + (20.96-20.793)$$

$$+ (20.99-20.793) + (21.61-20.793) + (20.97-20.793) + (20.99-20.793) = 24.35$$

2.5 田口方法實例二：有不可控制因子(噪音因子)

例題 2.2 田口方法：有不可控制因子

假設有三個具有三水準的控制因子，與二個具有二水準的噪音因子。內表採 L9 設計(此爲田口方法的三水準因子之實驗設計之一種)，外表採 2^2 全因子設計(解析度 V)，二表直交得 36 回合實驗。假設實驗數據如下表，試分析之。

		z_1	-1	-1	1	1	
		z_2	-1	1	-1	1	
x_1	x_2	x_3	y_1	y_2	y_3	y_4	訊噪比
-1	-1	-1	67.22	68.64	78.33	78.32	37.21
-1	0	0	69.79	83.68	76.89	90.78	37.97
-1	1	1	59.43	86.87	63.59	90.30	37.07
0	-1	0	150.45	155.71	168.36	173.62	44.15
0	0	1	150.79	169.24	165.39	183.84	44.41
0	1	-1	-150.34	-132.64	-138.05	-120.35	42.55
1	-1	1	293.25	303.20	318.80	328.48	49.83
1	0	-1	-95.38	-86.31	-72.27	-63.21	37.66
1	1	0	-113.38	-91.13	-93.58	-71.34	38.95
						總平均	41.09

1. **實驗分析**

以下式計算訊噪比於末欄：

望大型問題訊噪比 $SNR_1 = -10\log \sum_{i=1}^{n}\left[\frac{1}{y_i^2}\right] \Big/ n$

例如以上表第一列數據爲例，y_1=67.22，y_2=68.64，y_3=78.33，y_4=78.32，則訊噪比

$SNR_1 = -10\log \sum_{i=1}^{n}\left[\frac{1}{y_i^2}\right] \Big/ n$ =(-10)log[(1/67.22^2+1/68.64^2+1/78.33^2+1/78.32^2)/4]=37.21

各控制因子對訊噪比的效果分析如下表，以因子 x_1 爲例

在水準=-1 下其反應訊噪比之平均値爲　(37.21+37.97+37.07)/3=37.42

在水準=0 下其反應訊噪比之平均値爲　(44.15+44.41+42.55)/3=43.70

在水準=+1 下其反應訊噪比之平均値爲　(49.83+37.66+38.95)/3=42.15

訊噪比平均		可控制因子		
		x_1	x_2	x_3
水準	-1	37.42	43.73	39.14
	0	43.70	40.01	40.36
	1	42.15	39.52	43.77

2. 參數優化

由效果分析表知最佳解(x_1，x_2，x_3)=(0，-1，1)，其反應訊噪比之估計值為：

反應訊噪比 ＝ 反應訊噪比總平均

$$+\sum_{i=1}^{n}$$ (可控制因子 i 取最佳水準下之反應訊噪比 － 反應訊噪比總平均)

$$= 41.09+(43.70-41.09)+(43.73-41.09)+(43.77-41.09) = 49.02$$

實習指引

本章例題(田口設計)可使用 Excel 作解題工具，相關檔案存於光碟，參見附錄 E 說明。

習題

問答題

1. 訊噪比之缺點為何？以最大化訊噪比來作參數優化之缺點為何？
2. 田口方法之優、缺點為何？

計算題 (習題所需之數據存於光碟，參見附錄 E 說明)

試以 Excel 解下列問題：

1. 假設如下數據：7.8，8.5，8.2，試計算(1)望大訊噪比(2)望小訊噪比(3)望目訊噪比。
2. 試分析例題 2.1 除了 Y4 以外的其它五個品質特性。
3. 假設如下數據，試重作例題 2.2。

		z_1	-1	-1	1	1
		z_2	-1	1	-1	1
x_1	x_2	x_3	y_1	y_2	y_3	y_4
-1	-1	-1	17.1	9.5	21.7	16.7
-1	0	0	13.8	7.5	15.2	11.5
-1	1	1	2.9	5.6	-0.5	4.0
0	-1	0	10.2	3.8	21.2	8.1
0	0	1	7.8	2.5	14.4	6.4
0	1	-1	4.5	9.5	1.9	6.8
1	-1	1	15.6	6.2	24.2	15.4
1	0	-1	9.0	8.3	15.0	14.2
1	1	0	5.4	8.8	5.5	9.2

4. 文獻[2]指出，蛋黃酥油酥皮生產最佳化的實驗因子如下：

符號	品質因子	水準 1	水準 2	水準 3
A	高、低筋麵粉比例	1:1	1.5:1	2:1
B	油皮油量%	32	34	36
C	轉輪組高度 mm	3	5	7
D	砂糖%	15	18	21
E	油酥油量%	43	45	47
F	轉輪速 RPM	80	90	100
G	輸送帶速 RPM	80	90	100
H	麵皮水量%	40	38	36
I	油皮與油酥比	1.5:1	1.7:1	2:1

實驗數據如下表($L_{27}(3^{13})$ 直交表)，優化準則爲除了材料成本外的其餘九項都是望大。(本題無噪音因子)

No.	品質因子													品質特性									
	A	B	C	D	E	F	e	e	G	H	I	e	e	材料成本(元/千個)	生產速率個/hr	捲起率	甜味	軟硬度	酥脆度	質地	香味	風味	外觀
1	1	1	1	1	1	1	1	1	1	1	1	1	1	2356	510	0.96	7.1	7.1	7.6	8.0	6.9	7.8	7.2
2	1	1	1	1	2	2	2	2	2	2	2	2	2	2353	519	0.98	6.4	6.2	6.5	6.9	5.8	6.9	5.8
3	1	1	1	1	3	3	3	3	3	3	3	3	3	2352	528	1.00	6.2	6.2	6.3	6.6	5.6	7.1	6.2
4	1	2	2	2	1	1	1	2	2	2	3	3	3	2354	519	0.97	6.2	6.3	6.2	6.7	6.2	7.5	6.6
5	1	2	2	2	2	2	2	3	3	3	1	1	1	2386	528	0.88	6.7	7.5	6.5	7.3	6.3	7.7	6.4
6	1	2	2	2	3	3	3	1	1	1	2	2	2	2352	510	1.00	6.4	7.4	6.9	8.0	7.0	7.9	7.1
7	1	3	3	3	1	1	1	3	3	3	2	2	2	2398	528	0.86	6.5	8.6	8.0	8.6	6.7	8.4	8.4
8	1	3	3	3	2	2	2	1	1	1	3	3	3	4475	510	0.05	6.4	7.3	7.8	7.9	6.4	7.8	7.8
9	1	3	3	3	3	3	3	2	2	2	1	1	1	2360	519	0.94	6.2	6.9	7.0	7.2	5.5	7.1	6.9
10	2	1	2	3	1	2	3	1	2	3	1	2	3	4173	519	0.12	6.8	8.1	8.5	7.9	6.9	7.9	8.7
11	2	1	2	3	2	3	1	2	1	2	2	3	1	2437	528	0.81	6.5	7.4	7.6	8.0	7.1	8.1	7.8
12	2	1	2	3	3	1	1	3	2	1	3	2	1	3711	519	0.24	6.4	7.9	8.2	7.9	6.3	7.7	7.9
13	2	2	3	1	1	2	3	2	3	1	3	1	2	2360	528	0.94	6.7	7.1	6.7	7.4	6.5	7.2	6.9
14	2	2	3	1	2	3	1	3	1	2	1	2	3	2828	510	0.55	6.6	8.0	7.8	8.2	6.5	7.2	7.8
15	2	2	3	1	3	1	2	1	2	3	2	3	1	3747	519	0.23	6.7	7.9	7.6	7.1	6.7	7.4	7.7
16	2	3	1	2	1	2	3	3	1	2	2	3	1	3315	510	0.36	6.3	7.0	7.2	7.6	6.3	7.5	7.4
17	2	3	1	2	2	3	1	1	2	3	3	1	2	2499	519	0.75	6.4	7.2	7.2	7.0	6.2	7.2	6.9
18	2	3	1	2	3	1	2	2	3	1	1	2	3	4657	528	0.01	6.8	6.7	7.2	7.4	6.3	7.8	7.1
19	3	1	3	2	1	3	2	1	3	2	1	3	2	4657	528	0.01	6.6	7.1	6.4	7.2	5.7	7.0	6.4
20	3	1	3	2	2	1	3	2	1	3	2	1	3	4173	510	0.12	6.7	7.3	7.5	8.0	6.1	7.3	7.3
21	3	1	3	2	3	2	1	3	2	1	3	2	1	2367	519	0.92	6.5	6.4	5.7	6.3	5.9	6.9	5.9
22	3	2	1	3	1	3	2	2	1	3	3	2	1	2807	510	0.56	6.9	7.3	7.0	7.4	6.4	7.6	7.0
23	3	2	1	3	2	1	3	3	2	1	1	3	2	2710	519	0.61	6.4	6.8	6.5	7.2	6.1	7.1	6.1
24	3	2	1	3	3	2	1	1	3	2	2	1	3	2353	528	0.98	6.1	6.8	6.3	7.1	5.7	7.2	6.6
25	3	3	2	1	1	3	2	3	2	1	2	1	3	2371	519	0.91	6.8	6.7	7.2	7.4	6.3	7.8	7.1
26	3	3	2	1	2	1	3	1	3	2	3	2	1	2499	528	0.75	6.6	7.1	6.4	7.2	5.7	7.0	6.4
27	3	3	2	1	3	2	1	2	1	3	1	3	2	3675	510	0.25	6.7	7.5	6.5	7.3	6.3	7.7	6.4

5. 文獻[3]指出，離模放電加工製程參數最適化的實驗因子如下：

符號	品質因子	單位	水準 1	水準 2	水準 3
A	工件極性		負極	正極	
B	放電時間	μ see	20	150	300
C	效率因數		0.3	0.5	0.7
D	開路電壓	V	100	120	150
E	放電電流	A	1.5	4.0	6.0
F	加工液濃度(註)	g/1	2	4	6

實驗數據如下表(L18 直交表)，優化準則爲 Max Y1 與 Min Y2。(本題須先計算訊噪比)

No	品質因子						品質特性					
	A	B	C	D	E	F	Y1 金屬去除率(g/min)			Y2 電極磨耗率(%)		
1	1	1	1	1	1	1	0.0447	0.035	0.0416	0.3221	0.3857	0.2524
2	1	1	2	2	2	2	0.1085	0.1223	0.0828	0.2396	0.2502	0.2729
3	1	1	3	3	3	3	0.0973	0.1068	0.1082	0.2919	0.2519	0.2366
4	1	2	1	1	2	2	0.1355	0.1239	0.0966	0.0716	0.0872	0.0631
5	1	2	2	2	3	3	0.1352	0.1383	0.1153	0.0355	0.0362	0.0304
6	1	2	3	3	1	1	0.0968	0.0383	0.0401	0.3306	0.5718	0.5362
7	1	3	1	2	1	3	0.0376	0.0383	0.0422	0.4495	0.6110	0.3839
8	1	3	2	3	2	1	0.0964	0.0909	0.0969	0.1079	0.0374	0.0557
9	1	3	3	1	3	2	0.0949	0.1043	0.1036	0.0580	0.0249	0.084
10	2	1	1	3	3	2	0.0085	0.0101	0.0094	0.2471	0.0792	0.2128
11	2	1	2	1	1	3	0.0048	0.0498	0.0118	1.7917	0.0502	0.5254
12	2	1	3	2	2	1	0.0124	0.0082	0.0072	0.2823	0.3780	0.3056
13	2	2	1	2	3	1	0.0052	0.0062	0.0068	0.1731	0.2097	0.1618
14	2	2	2	3	1	2	0.0127	0.0148	0.0152	0.9921	0.7635	0.7434
15	2	2	3	1	2	3	0.0053	0.0033	0.0069	0.3962	0.6667	0.2174
16	2	3	1	3	2	3	0.0071	0.0130	0.0058	0.4789	0.2154	1.0172
17	2	3	2	1	3	1	0.0070	0.0082	0.0095	0.3000	0.5732	0.1053
18	2	3	3	2	1	2	0.0131	0.0156	0.0132	0.9466	0.9936	1.1136

6. 文獻[4]指出，面銑刀具製程參數最適化的實驗因子如下：

符號	品質因子	單位	水準 1	水準 2	水準 3
B	徑向傾角	度	-6	0	6
C	軸向傾角	度	-6	0	6
D	導角	度	0	15	45
E	刀鼻半徑	mm	0.4	0.8	1.2

實驗數據如下表(L18 直交表)，優化準則爲 Max 訊噪比。(本題已計算訊噪比 S/N)

No.	A	B	C	D	E	切削力		
	誤差	徑向傾角	軸向傾角	導角	刀鼻半徑	平均值(N)	變異數	S/N(dB)
1	1	1	1	1	1	486	5.1	-53.74
2	1	1	2	2	2	427	10.6	-52.62
3	1	1	3	3	3	542	53.7	-54.68
4	1	2	1	1	2	473	75.7	-53.51
5	1	2	2	2	3	437	154.6	-52.82
6	1	2	3	3	1	526	208.1	-54.42
7	1	3	1	2	1	314	68.3	-49.96
8	1	3	2	3	2	485	102.6	-53.72
9	1	3	3	1	3	397	147.2	-52.00
10	2	1	1	3	3	534	6.0	-54.55
11	2	1	2	1	1	529	275.8	-54.48
12	2	1	3	2	2	502	164.5	-54.02
13	2	2	1	2	3	434	29.7	-52.75
14	2	2	2	3	1	499	23.9	-53.96
15	2	2	3	1	2	448	38.4	-53.03
16	2	3	1	3	2	460	76.2	-53.27
17	2	3	2	1	3	421	1.9	-52.48
18	2	3	3	2	1	389	55.8	-51.81

7. 文獻[5]指出，銑削最佳化設計的實驗因子如下：

符號	品質因子	水準 1	水準 2	水準 3
A	不同被膜	TiN+DLC	TiCN+DLC	TiAIN+DLC
B	螺旋角	40°	45°	50°
C	側隙角	4°	6°	8°
D	刀具直徑	10mm	12mm	8mm
E	切削深度	2mm	3mm	2.5mm
F	切削寬度	2mm	3mm	2.5mm
G	進給速率	0.02mpf	0.03mpf	0.04mpf
H	主軸轉速	5000rpm	5500rpm	6000rpm

實驗數據如下表($L_{27}(3^{13})$直交表)，優化準則為 Max 訊噪比。(本題已計算訊噪比 S/N)

No.	A	B	C	D	E	F	G	H	磨耗寬度(mm)		S/N(db)
1	1	1	1	1	1	1	1	1	0.325	0.400	8.768
2	1	1	1	1	2	2	2	2	0.395	0.435	7.629
3	1	1	1	1	3	3	3	3	0.775	0.920	1.405
4	1	2	2	2	1	1	1	2	0.232	0.245	12.456
5	1	2	2	2	2	2	2	3	0.115	0.135	18.034
6	1	2	2	2	3	3	3	1	0.206	0.213	13.596
7	1	3	3	3	1	1	1	3	0.385	0.365	8.516
8	1	3	3	3	2	2	2	1	0.630	0.670	3.737
9	1	3	3	3	3	3	3	2	0.620	0.840	2.636
10	2	1	2	3	1	2	3	1	0.1375	0.150	16.839
11	2	1	2	3	2	3	1	2	0.765	0.860	1.789
12	2	1	2	3	3	1	2	3	0.720	0.845	2.103
13	2	2	3	1	1	2	3	2	0.0375	0.040	28.23
14	2	2	3	1	2	3	1	3	0.0425	0.053	26.418
15	2	2	3	1	3	1	2	1	0.0525	0.083	23.205
16	2	3	1	2	1	2	3	3	0.0675	0.070	23.253
17	2	3	1	2	2	3	1	1	0.125	0.145	17.369
18	2	3	1	2	3	1	2	2	0.275	0.175	12.747
19	3	1	3	2	1	3	2	1	0.060	0.063	24.256
20	3	1	3	2	2	1	3	2	0.360	0.395	8.452
21	3	1	3	2	3	2	1	3	0.105	0.158	17.468
22	3	2	1	3	1	3	2	2	0.650	0.610	4.009
23	3	2	1	3	2	1	3	3	0.565	0.550	5.074
24	3	2	1	3	3	2	1	1	0.325	0.325	10.096
25	3	3	2	1	1	3	2	3	0.0475	0.045	26.695
26	3	3	2	1	2	1	3	1	0.0875	0.055	22.724
27	3	3	2	1	3	2	1	2	0.045	0.050	26.454

本章參考文獻

[1] 賴懷恩，2004，「導光板成型品質與射出成型製程參數之研究」，國立清華大學，動力機械工程學系，碩士論文。

[2] 陳和賢、王志源，2001，「灰色田口法應用於蛋黃酥油酥皮生產最佳化之研究」，技術學刊，第 16 卷，第 4 期，第 549~556 頁。

[3] 黃仁聰、林江龍，2002，「結合 L18 直交表與灰關聯分析運用於雕模放電加工製程參數最適化之研究」，技術學刊，第 17 卷，第 4 期，第 659~664 頁。

[4] 高進鎰、潘亞東，2001，「模糊田口方法於面銑刀具幾何形狀最佳化之研究」，技術學刊，第 16 卷，第 4 期，第 709~716 頁。

[5] 曹中丞，2002，「以田口方法探討切削參數的銑削最佳化設計」，技術學刊，第 17 卷，第 4 期，第 551~557 頁。

[6] Wu, C., 2002, "Optimization of multiple quality characteristics based on reduction percent of Taguchi's quality loss," *International Journal of Advanced Manufacturing Technology*, 20(10), 749-753.

[7] Tong, L. I. and Su, C. T., 1997, "Optimizing multi-response problems in the Taguchi method by fuzzy multiple attribute decision making," *Quality & Reliability Engineering International*, 13(1), 25-34.

[8] Tarng, Y. S., W. H. Yang, and Juang, S. C., 2000, "The use of fuzzy logic in the Taguchi method for the optimization of the submerged arc welding process," *International Journal of Advanced Manufacturing Technology*, 16(9), 688-694.

[9] Taguchi, G.., 1990, *Introduction to Quality Engineering*, Asian Productivity Organization, Tokyo.

[10] Chen, R.S., Lee, H.H. and Yu, C.Y., 1997, "Application of Taguchi's Method on the optimal process design of an injection molded PC/PBT automobile bumper," *Composite Structures*, 39(3), 209-214.

[11] Lin, J.L., Wang, K. S., Yan, B. H., Tarng, Y. S., 2000, "Optimization of the electrical discharge machining process based on the Taguchi method with fuzzy logics," *Journal of Materials Processing Technology*, 102(1), 48-55.

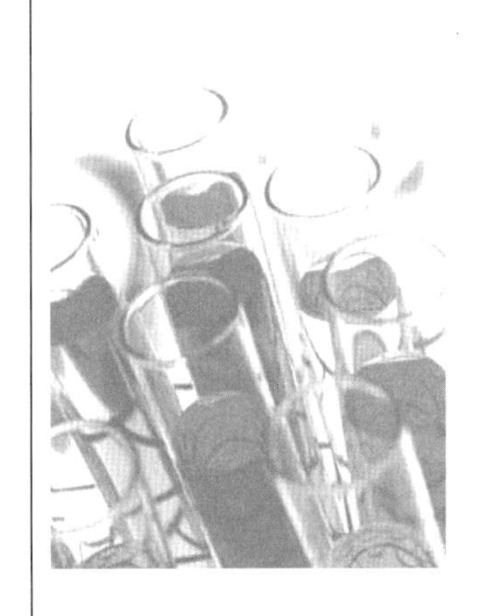

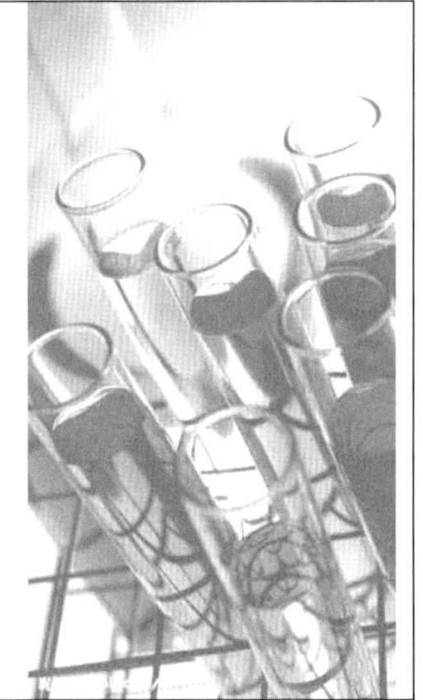

第3章　實驗設計法二：反應曲面法原理

3.1　二階反應曲面實驗設計簡介

3.2　二階反應曲面實驗設計 1：中央合成設計

3.3　二階反應曲面實驗設計 2：Box-Behnken 設計

3.4　二階反應曲面實驗設計 3：最佳準則設計

3.5　二階反應曲面實驗設計 4：隨機產生設計

3.6　二階反應曲面實驗設計之比較

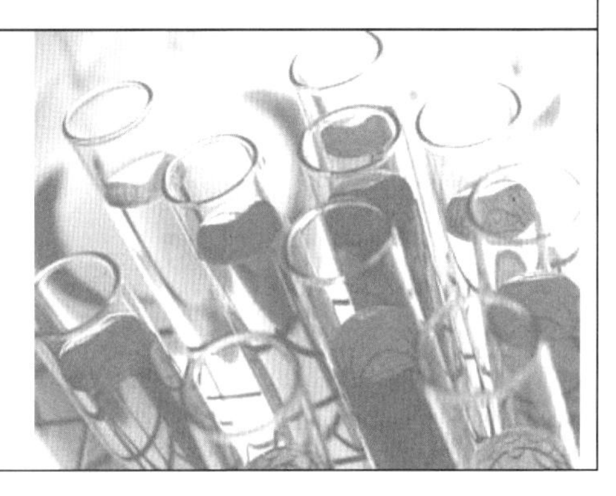

3.1 二階反應曲面實驗設計簡介

二階近似函數有 1+2k+k(k-1)/2 個參數，因此至少需 1+2k+k(k-1)/2 個設計點，且因有二次曲率項，因此因子至少要有三水準。例如 k=2，3，4，5，6，7 則至少需 6，10，15，21，28，36 個設計點。二階反應曲面實驗可由一階反應曲面實驗擴充得到，以節省實驗成本。

本章將介紹四種二階反應曲面實驗設計：(1)中央合成設計 (2)Box- Behnken 設計 (3)最佳化準則設計 (4)隨機產生設計。

3.2 二階反應曲面實驗設計 1：中央合成設計

中央合成設計由下列三種實驗構成：

1. **角點實驗**：因為二階模型含二因子交互作用，因此須採解析度 V 以上之因子設計實驗。
2. **軸點實驗**：因為二階模型含二次曲率作用，因此在軸線上距中心點α處(二端)進行實驗。又為了使實驗設計具有可旋性，須令

$$\alpha=\sqrt[4]{F} \qquad (3\text{-}1)$$

其中 F 為角點實驗之因子設計實驗數。

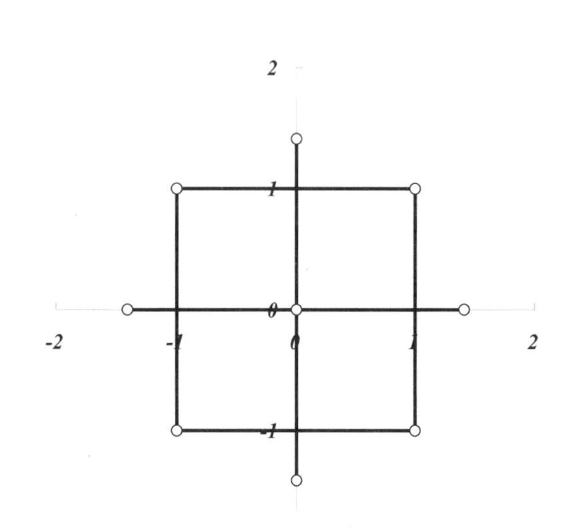

圖 3-1 二因子中央合成設計

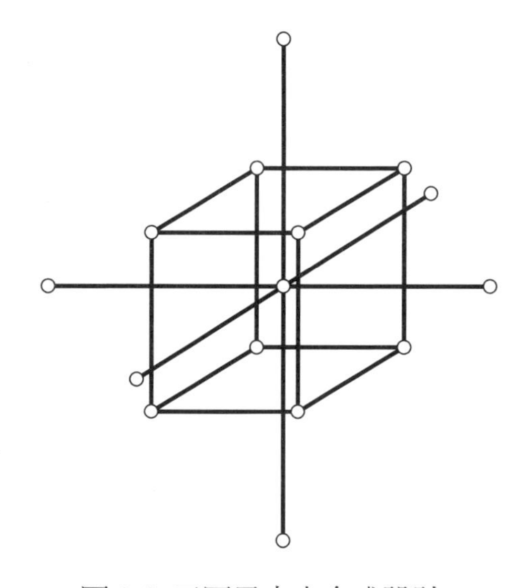

圖 3-2 三因子中央合成設計

3. **中心點實驗**：因為要使中心點之預測變異合理化，因此要有重複實驗的中心點實驗。一般而言，重複實驗次數(n_C)取 3 至 6。

以 2 因子與 3 因子為例，其中央合成設計的實驗點分佈如圖 3-1 與圖 3-2。

例題 3.1 二階模型實驗設計 1：中央合成設計

如表 3-1 的三因子中央合成設計，試作模型建構。

表 3-1 例題 3.1 的數據

No.	x_1	x_2	x_3	y	說明
1	-1	-1	-1	49.75	角點實驗
2	1	-1	-1	58.06	角點實驗
3	-1	1	-1	47.04	角點實驗
4	1	1	-1	-268.53	角點實驗
5	-1	-1	1	85.76	角點實驗
6	1	-1	1	390.50	角點實驗
7	-1	1	1	78.98	角點實驗
8	1	1	1	66.86	角點實驗
9	0	0	0	93.23	中心點實驗
10	0	0	0	79.62	中心點實驗
11	0	0	0	87.34	中心點實驗
12	0	0	0	94.29	中心點實驗
13	1.682	0	0	72.30	軸點實驗
14	-1.682	0	0	71.48	軸點實驗
15	0	1.682	0	-97.95	軸點實驗
16	0	-1.682	0	172.40	軸點實驗
17	0	0	1.682	246.34	軸點實驗
18	0	0	-1.682	-76.33	軸點實驗

[解]

反應變數 y 之二階多項式迴歸分析結果如下：

	自由度	SS	MS	F	顯著值
迴歸	9	311245.746	34582.861	1241.010	0.000
殘差	8	222.934	27.867		
總和	17	311468.680			

	係數	標準誤	t 統計	P-值
截距	88.606	2.636	33.619	0.000
x_1	-0.971	1.428	-0.680	0.516
x_2	-81.595	1.428	-57.124	0.000
x_3	93.607	1.428	65.534	0.000
x_1x_2	-80.093	1.866	-42.914	0.000
x_1x_3	74.985	1.866	40.177	0.000
x_2x_3	-0.140	1.866	-0.075	0.942
x_1^2	-5.851	1.484	-3.942	0.004
x_2^2	-18.104	1.484	-12.199	0.000
x_3^2	-1.215	1.484	-0.819	0.437

$$\begin{aligned} y=&88.6-0.97x_1-81.6\,x_2+93.6\,x_3 \\ &-80.1\,x_1x_2+75.0\,x_1x_3-0.14\,x_2x_3 \\ &-5.85\,x_1^2-18.1\,x_2^2-1.22\,x_3^2 \end{aligned} \tag{3-2}$$

3.3 二階反應曲面實驗設計 2：Box-Behnken 設計

Box-Behnken 設計是除了中央合成設計外，另一種重要的二階反應曲面實驗設計，當因子數 k 爲 3 至 6 時其設計如下：

k=3 (參考圖 3-3)

$$\mathbf{D}=\begin{bmatrix} -1 & -1 & 0 \\ -1 & 1 & 0 \\ 1 & -1 & 0 \\ 1 & 1 & 0 \\ -1 & 0 & -1 \\ -1 & 0 & 1 \\ 1 & 0 & -1 \\ 1 & 0 & 1 \\ 0 & -1 & -1 \\ 0 & -1 & 1 \\ 0 & 1 & -1 \\ 0 & 1 & 1 \\ 0 & 0 & 0 \end{bmatrix} \quad (x_1, x_2, x_3) \tag{3-3}$$

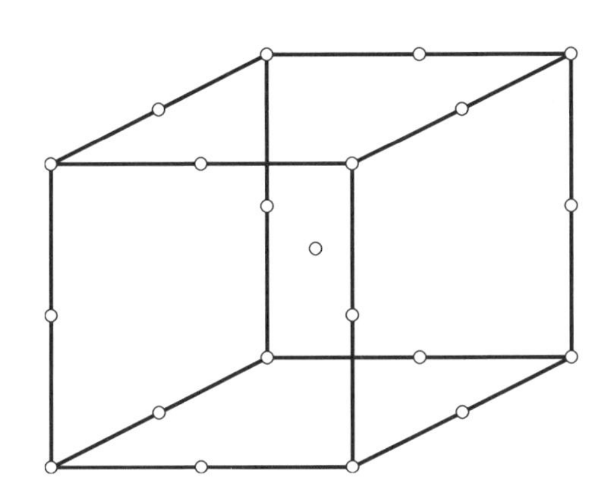

圖 3-3 三因子 Box-Behnken 設計

k=4

$$\mathbf{D}=\begin{bmatrix} -1 & -1 & 0 & 0 \\ -1 & 1 & 0 & 0 \\ 1 & -1 & 0 & 0 \\ 1 & 1 & 0 & 0 \\ -1 & 0 & -1 & 0 \\ -1 & 0 & 1 & 0 \\ 1 & 0 & -1 & 0 \\ 1 & 0 & 1 & 0 \\ -1 & 0 & 0 & -1 \\ -1 & 0 & 0 & 1 \\ 1 & 0 & 0 & -1 \\ 1 & 0 & 0 & 1 \\ 0 & -1 & -1 & 0 \\ 0 & -1 & 1 & 0 \\ 0 & 1 & -1 & 0 \\ 0 & 1 & 1 & 0 \\ 0 & -1 & 0 & -1 \\ 0 & -1 & 0 & 1 \\ 0 & 1 & 0 & -1 \\ 0 & 1 & 0 & 1 \\ 0 & 0 & -1 & -1 \\ 0 & 0 & -1 & 1 \\ 0 & 0 & 1 & -1 \\ 0 & 0 & 1 & 1 \\ 0 & 0 & 0 & 0 \end{bmatrix} \quad (x_1, x_2, x_3, x_4) \tag{3-4}$$

k=5

$$\mathbf{D}=\begin{array}{c} \begin{array}{ccccc} x_1 & x_2 & x_3 & x_4 & x_5 \end{array} \\ \begin{bmatrix} \pm\mathbf{1} & \pm\mathbf{1} & \mathbf{0} & \mathbf{0} & \mathbf{0} \\ \pm\mathbf{1} & \mathbf{0} & \pm\mathbf{1} & \mathbf{0} & \mathbf{0} \\ \pm\mathbf{1} & \mathbf{0} & \mathbf{0} & \pm\mathbf{1} & \mathbf{0} \\ \pm\mathbf{1} & \mathbf{0} & \mathbf{0} & \mathbf{0} & \pm\mathbf{1} \\ \mathbf{0} & \pm\mathbf{1} & \pm\mathbf{1} & \mathbf{0} & \mathbf{0} \\ \mathbf{0} & \pm\mathbf{1} & \mathbf{0} & \pm\mathbf{1} & \mathbf{0} \\ \mathbf{0} & \pm\mathbf{1} & \mathbf{0} & \mathbf{0} & \pm\mathbf{1} \\ \mathbf{0} & \mathbf{0} & \pm\mathbf{1} & \pm\mathbf{1} & \mathbf{0} \\ \mathbf{0} & \mathbf{0} & \pm\mathbf{1} & \mathbf{0} & \pm\mathbf{1} \\ \mathbf{0} & \mathbf{0} & \mathbf{0} & \pm\mathbf{1} & \pm\mathbf{1} \\ \mathbf{0} & \mathbf{0} & \mathbf{0} & \mathbf{0} & \mathbf{0} \end{bmatrix} \end{array} \quad (3\text{-}5)$$

(除中心點實驗外，其餘 10 列每列均有二個二水準因子，故共有 $2^2\times10=40$ 個實驗)

k=6

$$\mathbf{D}=\begin{array}{c} \begin{array}{cccccc} x_1 & x_2 & x_3 & x_4 & x_5 & x_6 \end{array} \\ \begin{bmatrix} \pm\mathbf{1} & \pm\mathbf{1} & \mathbf{0} & \pm\mathbf{1} & \mathbf{0} & \mathbf{0} \\ \mathbf{0} & \pm\mathbf{1} & \pm\mathbf{1} & \mathbf{0} & \pm\mathbf{1} & \mathbf{0} \\ \mathbf{0} & \mathbf{0} & \pm\mathbf{1} & \pm\mathbf{1} & \mathbf{0} & \pm\mathbf{1} \\ \pm\mathbf{1} & \mathbf{0} & \mathbf{0} & \pm\mathbf{1} & \pm\mathbf{1} & \mathbf{0} \\ \mathbf{0} & \pm\mathbf{1} & \mathbf{0} & \mathbf{0} & \pm\mathbf{1} & \pm\mathbf{1} \\ \pm\mathbf{1} & \mathbf{0} & \pm\mathbf{1} & \mathbf{0} & \mathbf{0} & \pm\mathbf{1} \\ \mathbf{0} & \mathbf{0} & \mathbf{0} & \mathbf{0} & \mathbf{0} & \mathbf{0} \end{bmatrix} \end{array} \quad (3\text{-}6)$$

(除中心點實驗外，其餘 6 列均有三個二水準因子，故共有 $2^3\times6=48$ 個實驗)

中央合成設計與 Box-Behnken 設計之比較如表 3-2 所示，可以看出二者的實驗次數大致接近。

表 3-2 中央合成設計與 Box-Behnken 設計之比較

因子數	實驗次數(不含中心點實驗)	
	中央合成設計	Box-Behnken 設計
2	8 ($=2^2+2\times2$)	無此設計
3	14 ($=2^3+2\times3$)	12
4	24 ($=2^4+2\times4$)	24
5	26 ($=2^{5-1}+2\times5$)	40
6	44 ($=2^{6-1}+2\times6$)	48
7	78 ($=2^{7-1}+2\times7$)	56

例題 3.2　二階模型實驗設計 2：Box-Behnken 設計

延續例題 3.1，但改採 Box-Behnken 設計如表 3-3，試作模型建構。

表 3-3　例題 3.2 的數據

No.	x_1	x_2	x_3	y
1	-1	-1	0	62.6
2	-1	1	0	175.2
3	1	-1	0	84.1
4	1	1	0	72.7
5	-1	0	-1	75.5
6	-1	0	1	-81.6
7	1	0	-1	-14.7
8	1	0	1	53.3
9	0	-1	-1	391.5
10	0	-1	1	89.5
11	0	1	-1	230.9
12	0	1	1	62.6
13	0	0	0	1.2
14	0	0	0	-269.5
15	0	0	0	97.3
16	0	0	0	79.9

反應變數 y 之二階多項式迴歸分析結果如下：

	自由度	SS	MS	F	顯著值
迴歸	9	168652	18739	482.7	7.01E-08
殘差	6	232.9	38.82		
總和	15	168885			

	係數	標準誤	t 統計	P-值
截距	86.906	3.115	27.896	1.4E-07
x_1	-2.638	2.202	-1.197	0.276154
x_2	-80.505	2.202	-36.546	2.8E-08
x_3	91.222	2.202	41.411	1.33E-08
x_1x_2	-79.758	3.115	-25.602	2.34E-07
x_1x_3	76.312	3.115	24.496	3.04E-07
x_2x_3	-4.717	3.115	-1.514	0.180727
x_1^2	-6.494	3.115	-2.084	0.082195
x_2^2	-17.051	3.115	-5.473	0.001553
x_3^2	-1.784	3.115	-0.572	0.587658

$$y=86.9-2.6x_1-80.5x_2+91.2x_3-79.8x_1x_2+76.3x_1x_3-4.7x_2x_3-6.5x_1^2-17.1x_2^2-1.8x_3^2 \quad (3\text{-}7)$$

3.4 二階反應曲面實驗設計 3：最佳準則設計

當實驗預算十分有限的情況下，前二節所提的方法可能都無法實施。例如五因子之二階實驗設計，假設中心點實驗重複次數 5 次，由表 3-2 知，至少要進行 26+5=31 次實驗。如果實驗預算只允許作 25 次實驗，這時需仰賴電腦依一定的準則來設計實驗。

本章前面曾提到二階函數有 1+2k+k(k-1)/2 個參數，因此至少需 1+2k+k(k-1)/2 個設計點，故 k=5 則至少需 21 個設計點。因此以 25 次實驗來建構二階反應曲面是可行的，它尚保存自由度 25-21=4 之誤差方差估計能力。

反應曲面實驗設計的目的在於以最少的實驗次數，獲致最精確的模型。最精確的模型的定義很多，但一個比較簡單實用的定義爲「估計係數變異 Var **b** 最小的模型」：

$$Min\ \mathrm{Var}\mathbf{b} \tag{3-8}$$

例如假設模型爲

$$y=\beta_0+\beta_1x_1+\beta_2x_2+\beta_{11}x_1^2+\beta_{22}x_2^2+\beta_{12}x_1x_2+\varepsilon \tag{3-10}$$

則

$$\mathbf{b}=\begin{Bmatrix} b_0\\ b_1\\ b_2\\ b_{12}\\ b_{11}\\ b_{22}\end{Bmatrix} \qquad \mathbf{X}=\begin{bmatrix} 1 & x_{11} & x_{12} & x_{11}x_{12} & x_{11}^2 & x_{12}^2\\ 1 & x_{21} & x_{22} & x_{21}x_{22} & x_{21}^2 & x_{22}^2\\ \vdots & \vdots & \vdots & & \vdots & \\ 1 & x_{n1} & x_{n2} & x_{n1}x_{n2} & x_{n1}^2 & x_{n2}^2 \end{bmatrix} \tag{3-11}$$

其中 x_{ij} =爲第 i 筆數據之第 j 個自變數之值。一個具有 p 個項(不含常數項)的多項式函數模型之實驗矩陣 **X** 具有 p+1 個 n 維向量，n 爲實驗回合。其中第一個向量爲 1 構成之常數向量，其餘 p 個向量爲各個因子構成之變數向量。

由迴歸分析一章(第五章)可知估計係數協方差的公式如下：

$$\mathrm{Cov}\ \mathbf{b}=\sigma^2(\mathbf{X}'\mathbf{X})^{-1} \tag{3-9}$$

其中 σ^2=殘差之變異數；**X**=實驗數據所構成的矩陣(實驗矩陣)。

估計係數變異 Var **b** 即 Cov **b** 的對角元素，故由(3-9)式可知模型變異 Var **b** 要越小，則 $(\mathbf{X}'\mathbf{X})^{-1}$ 對角元素要越小；$(\mathbf{X}'\mathbf{X})^{-1}$ 對角元素要越小，則 $\mathbf{X}'\mathbf{X}$ 的行列值要越大。所謂 D-最佳化準則(D-Optimality)實驗設計即行列值最大化實驗設計：

$$Max\ |\mathbf{X}'\mathbf{X}| \tag{3-12}$$

簡言之，D-最佳化準則透過 $Max|\mathbf{X}'\mathbf{X}|$ 達到 $Min\mathrm{Var}\mathbf{b}$ 的目的。有了最佳化準則，電腦即可靠著強大的計算能力，循最佳化準則來設計實驗。電腦產生實驗設計之輸入參數包括：

1. 模型：指定特定模型，例如具交互作用一階模型、二階模型等。
2. 實驗數：指定實驗設計之實驗次數。
3. 候選實驗設計點：指定候選的實驗設計點，通常可採用中央合成設計或 Box-Behnken 設計之實驗點。

4. 實驗範圍：指定每個實驗因子的最小最大值範圍。
5. 設計準則：指定最佳化準則，例如 D-最佳化準則。
6. 其它需求：例如區集設計之需求。

例題 3.3　二階模型實驗設計 3：最佳化準則設計

延續例題 3.1，但因經費限制，只能作 14 次實驗，改採 D 最佳化準則設計如表 3-4，試作模型建構。

表 3-4　例題 3.3 的數據

No.	x_1	x_2	x_3	y
1	1	1	1	67.9
2	0	0	1	65.8
3	-1	0	0	220.5
4	-1	-1	0	-100.7
5	-1	-1	1	63.7
6	1	0	-1	97.2
7	0	1	0	-92.5
8	-1	1	-1	246.2
9	1	-1	1	54.1
10	-1	1	1	242.4
11	1	-1	0	-96.8
12	0	-1	-1	72.6
13	0	0	-1	89.4
14	1	1	-1	81.0

反應變數 y 之二階多項式迴歸分析結果如下：

	自由度	SS	MS	F	顯著值
迴歸	9	291238.2	32359.79	1925.9	6.58E-07
殘差	4	67.20993	16.80248		
總和	13	291305.4			

	係數	標準誤	t 統計	P-值
截距	86.85796	3.243702	26.77742	1.16E-05
x_1	-2.68785	1.348095	-1.99381	0.11694
x_2	-82.6136	1.3499	-61.1998	4.27E-07
x_3	88.49723	1.395183	63.43055	3.7E-07
x_1x_2	-84.2708	1.509888	-55.8126	6.17E-07
x_1x_3	74.80769	1.694476	44.14798	1.57E-06
x_2x_3	3.215601	1.692306	1.90013	0.130219
x_1^2	-1.79685	2.751056	-0.65315	0.5493
x_2^2	-18.1257	2.611336	-6.94116	0.002263
x_3^2	-0.5624	2.558826	-0.21979	0.836798

$$y=86.9-2.7x_1-82.6x_2+88.5x_3-84.3x_1x_2+74.8x_1x_3+3.2x_2x_3-1.8x_1^2-18.1x_2^2-0.6x_3^2 \tag{3-13}$$

一般而言，採用 D-最佳化準則的電腦產生之實驗設計有下列缺點：

1. 模型錯估時，所產生的模型會有較大的誤差，故較不強健。
2. 未考慮預測變異分佈之性質(例如可旋性)，因此預測變異分佈情形可能不是很理想。

3. 常未選用中心點實驗，因此在中心點處可能有大的預測變異。

3.5 二階反應曲面實驗設計 4：隨機產生設計

二階反應曲面實驗設計也可用隨機產生的方式得到，但這種設計效率甚低，因爲在相同的實驗次數下，所獲致的模型最不精確。

例題 3.4 二階模型實驗設計 4：隨機產生之實驗設計

延續例題 3.1，但改採隨機產生之實驗設計如表 3-5，試作模型建構。

表 3-5 例題 3.4 的數據

No.	x_1	x_2	x_3	y
1	1	-1	0	218.9
2	0	1	-1	-111.7
3	0	0	-1	2.5
4	-1	-1	-1	47.2
5	0	0	0	82.9
6	-1	1	1	74.1
7	0	1	0	-5.7
8	1	0	0	73.5
9	0	0	1	179.8
10	1	-1	1	398.6
11	-1	-1	0	75.6
12	1	0	1	251.4
13	0	-1	-1	48.1
14	0	-1	1	238.2

反應變數 y 之二階多項式迴歸分析結果如下：

	自由度	SS	MS	F	顯著值
迴歸	9	222442.9	24715.88	304.73	2.62E-05
殘差	4	324.43	81.1075		
總和	13	222767.4			

	係數	標準誤	t 統計	P-值
截距	91.1051	7.3284	12.431	0.000241
x_1	-8.7147	7.8943	-1.103	0.331568
x_2	-80.798	3.8255	-21.120	2.97E-05
x_3	93.3381	3.9838	23.429	1.97E-05
x_1x_2	-83.673	8.5114	-9.830	0.0006
x_1x_3	84.7830	8.5439	9.923	0.000579
x_2x_3	-3.5589	5.1287	-0.693	0.525927
x_1^2	-5.3914	6.5255	-0.826	0.455123
x_2^2	-22.077	7.2290	-3.053	0.037881
x_3^2	-5.1000	6.5040	-0.784	0.476793

$$y=91.1-8.7x_1-80.8x_2+93.3x_3-83.7x_1x_2+84.8x_1x_3-3.6x_2x_3-5.4x_1^2-22.1x_2^2-5.1x_3^2 \quad (3\text{-}14)$$

3.6 二階反應曲面實驗設計之比較

本章以一個三因子問題爲例，以四種方法作二階實驗設計，包括：

例題 3.1　中央合成設計(CCD)

例題 3.2 Box-Behnken 設計(BBD)

例題 3.3　最佳化準則設計(D-opt)

例題 3.4　隨機產生設計

比較例題 3.1 至 3.4 如下：

1. 迴歸係數之比較

由表 3-6 知，隨機產生設計所得之迴歸係數與其它三法有明顯差距，可能較不準確。

2. 迴歸係數顯著性(t 統計量)之比較

由表 3-7 知，隨機產生設計所得之迴歸係數 t 統計量遠低於其它三法，較不顯著。

3. 迴歸模型顯著性(F 統計量)之比較

由表 3-8 知，隨機產生設計所得之迴歸模型顯著性明顯低於實驗數目同爲 14 之 D-最佳化準則設計。至於中央合成設計、Box-Behnken 設計、D-最佳化準則設計三者實驗數目不同，由於實驗數目大者，迴歸模型的 F 統計量越高，故不能直接比較 F 統計量。但從顯著值 P 來看，中央合成設計最顯著，其次依序爲 Box-Behnken 設計、D-最佳化準則設計、隨機產生設計。

表 3-6 迴歸係數之比較

	中央合成設計	Box-Behnken設計	D-最佳化準則設計	隨機產生設計
截距	88.6	86.9	86.9	91.1
x_1	-1.0	-2.6	-2.7	-8.7
x_2	-81.6	-80.5	-82.6	-80.8
x_3	93.6	91.2	88.5	93.3
x_1x_2	-80.1	-79.8	-84.3	-83.7
x_1x_3	75.0	76.3	74.8	84.8
x_2x_3	-0.1	-4.7	3.2	-3.6
x_1^2	-5.9	-6.5	-1.8	-5.4
x_2^2	-18.1	-17.1	-18.1	-22.1
x_3^2	-1.2	-1.8	-0.6	-5.1

表 3-7　迴歸係數 t 統計量之比較

	中央合成設計	Box-Behnken設計	D-最佳化準則設計	隨機產生設計
截距	33.6	27.9	26.8	12.4
x_1	-0.7	-1.2	-2.0	-1.1
x_2	-57.1	-36.5	-61.2	-21.1
x_3	65.5	41.4	63.4	23.4
x_1x_2	-42.9	-25.6	-55.8	-9.8
x_1x_3	40.2	24.5	44.1	9.9
x_2x_3	-0.1	-1.5	1.9	-0.7
x_1^2	-3.9	-2.1	-0.7	-0.8
x_2^2	-12.2	-5.5	-6.9	-3.1
x_3^2	-0.8	-0.6	-0.2	-0.8

表 3-8 迴歸模型顯著性(F 統計量)之比較

	中央合成設計	Box-Behnken設計	D-最佳化準則設計	隨機產生設計
實驗數	18	16	14	14
F統計量	1241	483	1926	305
顯著值P	1.32E-11	7.01E-08	6.58E-07	2.62E-05

實習指引

本章的D-最佳化準則設計可用Design Expert軟體來處理。模型建構(迴歸分析)部份除了使用Design Expert軟體外，也可使用Excel迴歸分析工具，但它有二個缺點：(1) 具交互作用之一階多項式迴歸分析與二階多項式迴歸分析之交互作用項與平方項需自己編輯。(2) 最多只能作16個變數項的迴歸分析，當有五個自變數時，使用二階模型有20個變數項(x_1，x_2，x_3，x_4，x_5，x_1x_2，x_1x_3，x_1x_4，x_1x_5，…，x_4x_5，x_1^2，…，x_5^2)，已經超過16個變數項的上限。

本章例題的迴歸分析部份均採 Excel 迴歸分析工具，相關檔案存於光碟，參見附錄 E 說明。

習題

問答題

1. 中央合成設計由那三種實驗構成？中心點宜取多少次重複實驗？α宜取多少？
2. D 最佳化準則之原理爲何？(提示：Min 何值？)
3. 電腦產生之實驗設計之輸入參數爲何？其產生之實驗設計之特性爲何？

計算題 (習題所需之數據存於光碟，參見附錄 E 說明)

1. 文獻[1]指出，以乙醇提取銀杏葉的總黃酮類含量的實驗因子如下：

Factor	Levels	-1.4	-1	0	1	1.4
A	Concentration (%)	46	50	60	70	74
B	Volume (ml)	112	120	140	160	168
C	Time (hr)	2.2	3	5	7	7.8

實驗數據如下表，試以 Excel 迴歸分析工具作模型建構。

No.	FactorA	FactorB	FactorC	總黃酮類重(mg)
1	-1	-1	-1	73.70
2	1	-1	-1	84.64
3	-1	1	-1	87.56
4	1	1	-1	108.02
5	-1	-1	1	99.09
6	1	-1	1	61.71
7	-1	1	1	97.36
8	1	1	1	105.86
9	0	0	0	100.66
10	0	0	0	97.62
11	0	0	0	97.69
12	0	0	0	105.02
13	1.4	0	0	88.46
14	-1.4	0	0	91.38
15	0	1.4	0	95.35
16	0	-1.4	0	62.33
17	0	0	1.4	101.06
18	0	0	-1.4	80.74

本章參考文獻

[1] 賴世明、謝美君、陳瑞龍，2002，「以實驗設計法選取最佳提取銀杏葉中活性成分的條件，技術學刊，第 17 卷，第 1 期，第 129~136 頁。

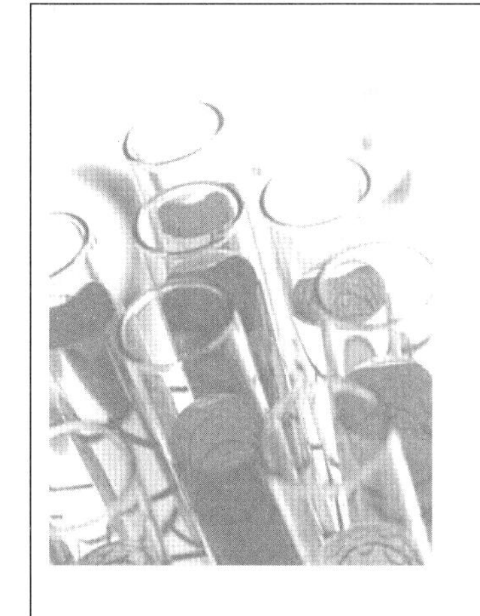
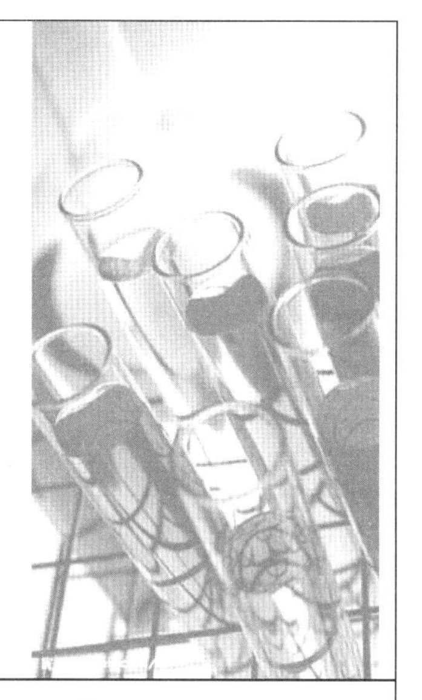

第4章　實驗設計法三：配方設計原理

4.1 配比設計簡介

4.2 配比設計之實驗設計

4.3 配比設計之模型建構

4.4 配比設計之參數優化

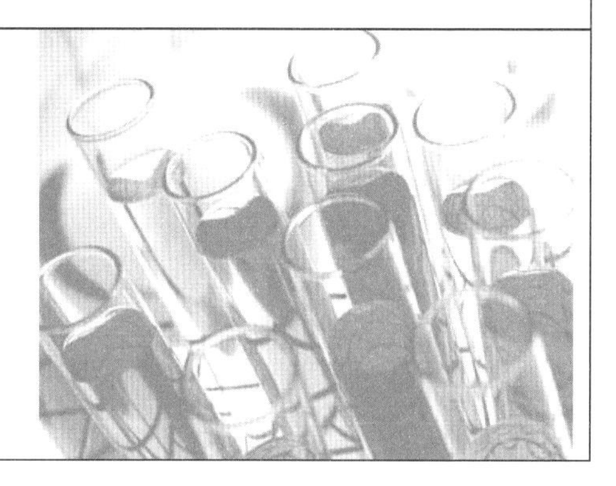

4.1 配比設計簡介

配比設計問題是指一個品質設計問題之各品質因子的水準間有總和限制者。例如傳統的混凝土之配比成分主要爲水泥、水、砂、碎石等四種，現代高性能混凝土常加強塑劑、飛灰、爐石或其他成份，以提高混凝土之品質(混凝土強度與工作度)及降低生產成本。無論四種或七種成份，其設計問題均爲尋求正好組成 1 立方公尺混凝土(因爲混凝土是論體積計價)之各成份的使用重量(因爲原料是論重量計價)。

配比問題在製造業中十分常見。有時配比設計的對象並非產品本身，而是製程中的藥劑。例如電子產品的蝕刻製程之藥劑，也需有適當的配比設計。

配比設計問題的特性是具有下列限制：

$$x_i \geq 0, \qquad i=1，2，\ldots，q \tag{4-1}$$

$$\sum_{i=1}^{q} x_i = x_1 + x_2 + \cdots + x_q = 1 \tag{4-2}$$

由於配比設計問題具有水準總和限制，使用直角座標系來表達設計空間並不適宜，一般常用如圖 4-1 的*單體座標系*(Simplex Coordinate System)。

配比設計問題雖然也是採用反應曲面法的設計理念，但因各品質因子的水準間有總和限制，故其實驗設計、模型建構與參數優化等三個程序之技術均與一般的品質設計問題有所不同，這些均將在本章中詳加介紹。

在此要補充的是，並非混合多種成份的問題即配比設計問題。例如假設有一個問題具有 5 種成份，其上下限如下：

$0.05<x_1<0.1$; $0.05<x_2<0.1$; $0.05<x_3<0.1$; $0.05<x_4<0.1$; $0.5<x_5<0.9$

此題如果只以 x_1，x_2，x_3，x_4 四種成份的使用量爲品質因子，而令 $x_5=1-(x_1+x_2+x_3+x_4)$ 爲一個依賴變數，即可用一般的品質設計問題來處理。因爲即使這四種成份的使用量均達其下限時，x_5 將達最大値，$x_5=1-(x_1+x_2+x_3+x_4)=0.8$，仍然未超過 x_5 之上限値 0.9；這四種成份均達其上限時，x_5 將達最小値，$x_5=1-(x_1+x_2+x_3+x_4)=0.6$ 仍然未超過 x_5 之下限値 0.5。因此，品質因子總和限制對此題而言根本不是問題，故此題可以使用一般品質設計問題所使用的實驗設計(例如中央合成設計)。許多由多種成份混合而成的產品具有一種成份是填充料，它的用量雖大，但對品質特性的影響卻小。將此種成份之用量以依賴變數視之，產品即可用一般的品質設計方法來設計，而不必將它用配比設計方法來設計。

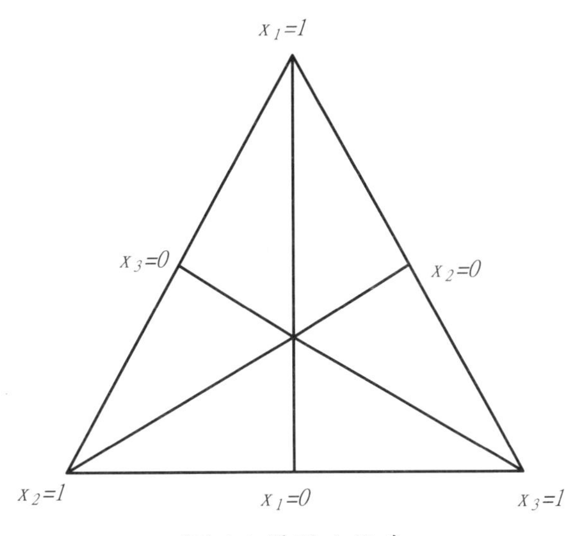

圖 4-1 單體座標系

4.2 配比設計之實驗設計

4.2.1 單體格子設計 (Simplex Lattice Design)

配比設計之實驗設計常採單體格子設計(Simplex Lattice Design)，它令每種成份均離散成 m+1 個水準：

$$x_i = \frac{0}{m}, \frac{1}{m}, \frac{2}{m}, \ldots, \frac{m}{m} \qquad i=1，2，\cdot\cdot\cdot，q \qquad (4\text{-}3)$$

所有能用上述水準組成 1.0 之組合均為實驗點，一般 m 可取 2 至 3。例如一個三成份，m=2 的單體格子設計如下：

$$x_i = 0, \frac{1}{2}, 1, \quad i=1，2，3$$

$$(x_1, x_2, x_3) = (1,0,0), (0,1,0), (0,0,1), (\frac{1}{2}, \frac{1}{2}, 0), (\frac{1}{2}, 0, \frac{1}{2}), (0, \frac{1}{2}, \frac{1}{2})$$

其實驗點在單體座標系的分佈如圖 4-2 所示。同理，一個三成份，m=3 的單體格子設計其實驗點在單體座標系的分佈如圖 4-3 所示。

單體格子設計實驗點數為

$$N = \frac{(q+m-1)!}{m\,!(q-1)!} \qquad (4\text{-}4)$$

其中 q=成份數目；m=單體格子。

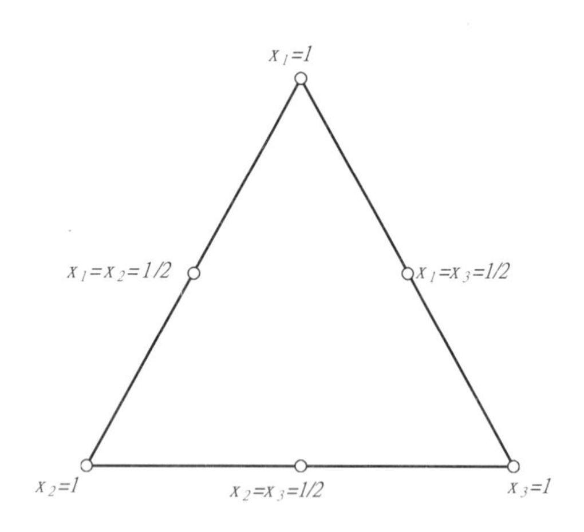

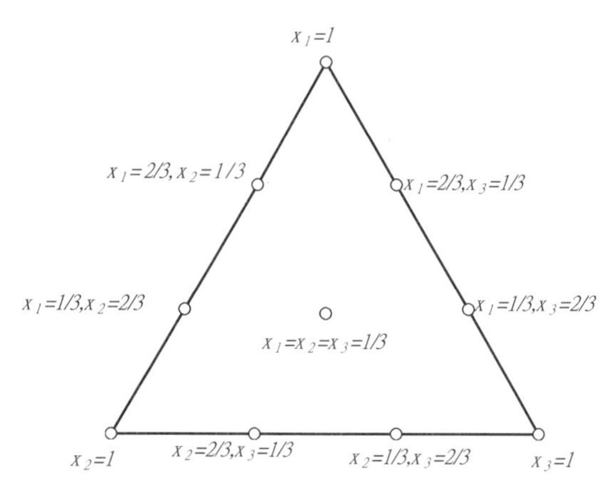

圖 4-2 單體格子設計(三成份，m=2)　　圖 4-3 單體格子設計(三成份，m=3)

單體格子設計所對應的多項式函數如下：

線性(Linear)多項式函數：

$$E(y) = \sum_{i=1}^{q} \beta_i x_i \tag{4-5}$$

二次(Quadratic)多項式函數：

$$E(y) = \sum_{i=1}^{q} \beta_i x_i + \sum_{i<j}^{q}\sum \beta_{ij} x_i x_j \tag{4-6}$$

完全三次(Full Cubic)多項式函數：

$$E(y) = \sum_{i=1}^{q} \beta_i x_i + \sum_{i<j}^{q}\sum \beta_{ij} x_i x_j + \sum_{i<j}^{q}\sum \delta_{ij} x_i x_j (x_i - x_j) + \sum_{i<j<k}^{q}\sum\sum \beta_{ijk} x_i x_j x_k \tag{4-7}$$

特殊三次(Special Cubic)多項式函數：

$$E(y) = \sum_{i=1}^{q} \beta_i x_i + \sum_{i<j}^{q}\sum \beta_{ij} x_i x_j + \sum_{i<j<k}^{q}\sum\sum \beta_{ijk} x_i x_j x_k \tag{4-8}$$

4.2.2 單體形心設計 (Simplex Centroid Design)

配比設計的另一常用實驗設計為**單體形心設計**(Simplex Centroid Design)。在一個 q 種成份的單體形心設計中，共有 $2^q - 1$個實驗點，包括一元混合：(1，0，0，…，0)，(0，1，0，…，0)，…，(0，0，0，…，1)等設計。
二元混合：(1/2，1/2，0，0，…，0)，(1/2，0，1/2，0，…，0)等由 1/2 與 0 組成的設計。
三元混合：(1/3，1/3，1/3，0，0，…，0)，(1/3，1/3，0，1/3，0，…，0)等由 1/3 與 0 組成的設計。

⋮

q 元混合：(1/q，1/q，…，1/q)之中心點設計。

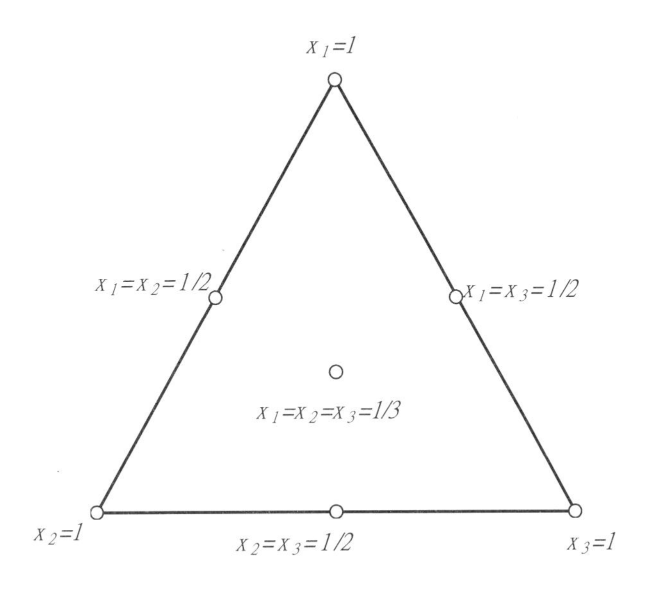

圖 4-4 單體形心設計(三成份)

一個三成份的單體形心設計其實驗點在單體座標系的分佈如圖 4-4 所示。單體形心設計所對應的多項式函數如下：

$$E(y)=\sum_{i=1}^{q}\beta_i x_i+\sum_{i<j}^{q}\sum\beta_{ij}x_i x_j+\sum_{i<j<k}^{q}\sum\sum\beta_{ijk}x_i x_j x_k+\cdots+\beta_{12\cdots q}x_1 x_2\cdots x_q \tag{4-9}$$

例如當 q=3 時

$$E(y)=\beta_1 x_1+\beta_2 x_2+\beta_3 x_3+\beta_{12}x_1 x_2+\beta_{13}x_1 x_3+\beta_{23}x_2 x_3+\beta_{123}x_1 x_2 x_3 \tag{4-10}$$

當 q=4 時

$$E(y)=\sum_{i=1}^{4}\beta_i x_i+\sum_{i<j}^{4}\sum\beta_{ij}x_i x_j+\sum_{i<j<k}^{4}\sum\sum\beta_{ijk}x_i x_j x_k+\beta_{1234}x_1 x_2 x_3 x_4 \tag{4-11}$$

4.2.3 軸回合擴充設計

對於上述的單體設計的一個批評就是大多數的實驗點都是在邊界上，因此這些實驗點最多只包含了 q-1 種成份。一般都希望以增加內部點(用到全部的 q 種成份)來擴大「單體格子設計」或「單體形心設計」。例如一個三元配比，格子數 m=3 之單體格子設計，共有 10 個實驗點，包括 3 個頂點，6 個在邊上離頂點 1/3 處的邊點，和 1 個在單體形心的中心點。這樣的設計說明有 3 個點提供一元混合，6 個點提供二元混合，只有 1 個點提供三元混合(對三元配比而言爲完全混合)的訊息，其分佈型態爲 3：6：1。如果要更精確地估計完全混合配比之性質，則應在單體設計中增加內部點的數目。一般而言，內部點的選擇可放置於形心點與頂點的中間。因形心點與頂點的距離爲 1-(1/q)，故內部點與形心點的距離 Δ 爲

$$\Delta=(1-(1/q))/2=(q-1)/2q \qquad (4\text{-}12)$$

例如 q=3 時Δ=2/6=1/3

q=4 時Δ=3/8

q=5 時Δ=4/10=2/5

q=6 時Δ=5/12

一個三成份的具軸回合擴充設計之單體形心設計的實驗點在單體座標系的分佈如圖 4-5 所示。

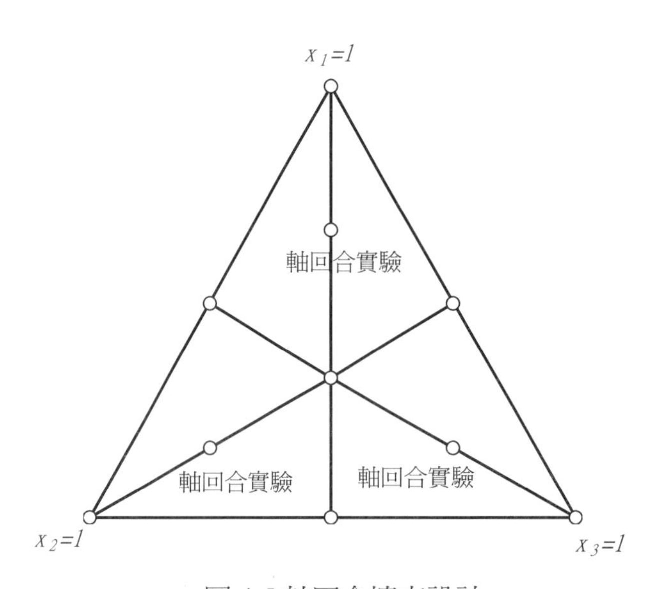

圖 4-5 軸回合擴充設計

例題 4.1　配比設計實驗設計：三元混合

有一種 IC 晶圓製程必備的化學藥劑，其最重要的品質特性爲 y，此一藥劑由三種成份構成，試作其實驗設計。

採用單體形心設計，中心點採三次重複實驗，加上軸回合擴充設計，其實驗設計如下表，並假設實驗結果如末欄所示：

No.	x_1	x_2	x_3	y
1	1	0	0	0.3676
2	0	1	0	1.2419
3	0	0	1	0.6611
4	1/2	1/2	0	1.2561
5	0	1/2	1/2	1.4052
6	1/2	0	1/2	1.3046
7	2/3	1/6	1/6	1.3733
8	1/6	2/3	1/6	1.6583
9	1/6	1/6	2/3	1.5639
10	1/3	1/3	1/3	1.6517
11	1/3	1/3	1/3	1.7769
12	1/3	1/3	1/3	1.4061

4.3 配比設計之模型建構

利用配比設計實驗設計與迴歸分析可建構本章所述之多項式函數，但因這些多項式函數沒有常數項，因此不能使用正規的迴歸分析。雖然一般迴歸分析軟體可選擇強迫令常數項爲 0，而獲得正確的迴歸係數，但此作法會使得迴歸方差和不正確。爲使迴歸方差和正確，上述多項式函數可改寫成具常數項之多項式函數，再使用正規的迴歸分析來建構函數。例如線性函數多項式函數

$$E(y)=\beta_1 x_1+\beta_2 x_2+\cdots+\beta_q x_q \tag{4-13}$$

因爲配比設計問題的自變數間有下列關係

$$\sum_{i=1}^{q} x_i = x_1+x_2+\cdots+x_q=1$$

因此事實上只有 q-1 個獨立自變數，故(4-13)式可改寫成含常數項但不含 x_1 的形式

$$E(y)=\beta_0+\beta_2^* x_2+\beta_3^* x_3+\ldots+\beta_q^* x_q \tag{4-14}$$

可以證得(證明略)：

$b_i = b_i^* + b_0$ i=2，3，4，…，q (4-15)

$b_1 = b_0$ (4-16)

上式即可用正規的迴歸分析求得其係數，且有正確的迴歸方差和。

例題 4.2 配比設計模型建構：三元混合

延續例題 11.1 之 IC 晶圓製程化學藥劑問題，試作模型建構。

分別以一次、二次、特殊三次多項式等三種模式，用正規的迴歸分析得其變異分析如下：

一次多項式

	自由度	SS	MS	F	顯著值
迴歸	2	0.381632	0.190816	1.16	0.355666
殘差	9	1.477739	0.164193		
總和	11	1.859372			

二次多項式

	自由度	SS	MS	F	顯著值
迴歸	5	1.718791	0.34376	14.67	0.002599
殘差	6	0.140581	0.02343		
總和	11	1.859372			

特殊三次多項式

	自由度	SS	MS	F	顯著值
迴歸	6	1.732883	0.288814	11.42	0.008606
殘差	5	0.126489	0.025298		
總和	11	1.859372			

由變異分析知二次多項式爲最佳的模型。其含常數項但不含 x_1 的形式之迴歸係數如下：

	係數	標準誤	t 統計	P-值
截距	0.373	0.147	2.535	0.044
x_2	0.864	0.206	4.185	0.006
x_3	0.306	0.206	1.481	0.189
x_1x_2	2.129	0.657	3.240	0.018
x_1x_3	3.530	0.657	5.372	0.002
x_2x_3	2.161	0.657	3.289	0.017

由(4-15)與(4-16)式知，其二次多項式函數之迴歸公式如下：

$$y = 0.373x_1 + (0.864+0.373)\,x_2 + (0.306+0.373)x_3 + 2.129\,x_1x_2 + 3.530\,x_1x_3 + 2.161\,x_2x_3$$
$$= 0.373x_1 + 1.237\,x_2 + 0.679\,x_3 + 2.129\,x_1x_2 + 3.530\,x_1x_3 + 2.161\,x_2x_3$$

4.4 配比設計之參數優化

利用配比設計之實驗設計與迴歸分析可建立前述近似函數，接下來的問題則爲各個成份之值應爲多少以使反應最大化或最小化。

配比設計問題的參數優化與一般品質設計問題的參數優化本質上並無不同，最大的差異在於具有水準總和限制

$$\sum_{i=1}^{q} x_i = x_1 + x_2 + \cdots + x_q = 1 \qquad (4\text{-}17)$$

因爲有這個限制，配比設計問題的參數優化在解法上必須採用「數學規劃法」。數學規劃法雖無法得正解，但應用上較廣，無論「無限制最佳化問題」或者「限制最佳化問題」均可解。數學規劃法是一種最佳化技術，包括線性規劃、非線性規劃、整數規劃等。因爲配比設計問題的反應曲面常爲非線性連續值問題，因此以使用非線性規劃爲主。非線性規劃依其用途可分成二類：

(1)無限制最佳化

(2)限制最佳化

這些方法可參考「參數優化」一章。但要注意的是在求解演算法中須處理水準總和限制，因此演算法須作一些修改。數學規劃法需大量計算，因此需使用電腦。目前這些方法均有很多軟體可供使用，品質設計者並沒有了解這些演算法細節的必要，因此本

節不再贅述。如要了解這些演算法的細節請參考相關專門書籍。

例題 4.3 配比設計參數優化：三元混合

延續例題 4.2 之 IC 晶圓製程化學藥劑問題，試作參數優化：

Max $y=0.373x_1+1.237x_2+0.679x_3+2.129x_1x_2+3.530x_1x_3+2.161x_2x_3$

使用 Design Expert 軟體解得

最佳解之配比設計(x_1，x_2，x_3)=(0.238，0.433，0.329)

最佳解之反應估計值 y=1.65

將例題 11.1 之全部 12 筆實驗配比設計代入上述迴歸公式得各實驗之反應估計值，其中反應估計值最大者爲中心點實驗(x_1，x_2，x_3)=(0.333，0.333，0.333)，反應估計值 y=1.629，低於上述最佳解之反應估計值(y=1.65)，可見透過參數優化可以得到比所有實驗配比設計中之最佳者還要好的配比設計。

習題

問答題

1. 試列 q=4，m=2 之單體格子設計。
2. 試列 q=4 之單體形心設計。

計算題 (習題所需之數據存於光碟，參見附錄 E 說明)

1. 文獻[1]提出一個人工甜味劑的四種成份配比設計問題，採單體形心設計，數據如下，求使反應最小化的配比。

No.	x1	x2	x3	x4	y
1	1	0	0	0	19
2	0	1	0	0	8
3	0	0	1	0	15
4	0	0	0	1	10
5	1/2	1/2	0	0	13
6	1/2	0	1/2	0	16
7	1/2	0	0	1/2	12
8	0	1/2	1/2	0	11

No.	x1	x2	x3	x4	y
9	0	1/2	0	1/2	5
10	0	0	1/2	1/2	10
11	1/3	1/3	1/3	0	14
12	1/3	1/3	0	1/3	10
13	1/3	0	1/3	1/3	14
14	0	1/3	1/3	1/3	8
15	1/4	1/4	1/4	1/4	12

2.　有四種成份採單體格子設計，假設如下數據，求使反應最大化的配比。

No.	x_1	x_2	x_3	x_4	y
1	1	0	0	0	2.15
2	0	1	0	0	1.84
3	0	0	1	0	0.57
4	0	0	0	1	2.75
5	0.5	0.5	0	0	3.11
6	0.5	0	0.5	0	2.16
7	0.5	0	0	0.5	1.49
8	0	0.5	0.5	0	3.24
10	0	0	0.5	0.5	1.53
11	0.625	0.125	0.125	0.125	2.40
12	0.125	0.625	0.125	0.125	2.65
13	0.125	0.125	0.625	0.125	2.26
14	0.125	0.125	0.125	0.625	2.12
15	0.25	0.25	0.25	0.25	2.69
16	0.25	0.25	0.25	0.25	2.75
17	0.25	0.25	0.25	0.25	2.63

本章參考文獻

[1] Myers, R. H. & Montgomery, D. C., 1995, *Response Surface Methodology*, John Wiley & Sons, Inc, New York, pp.563.

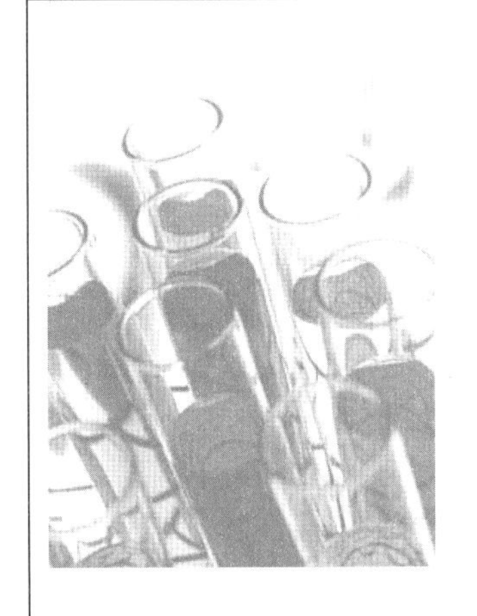

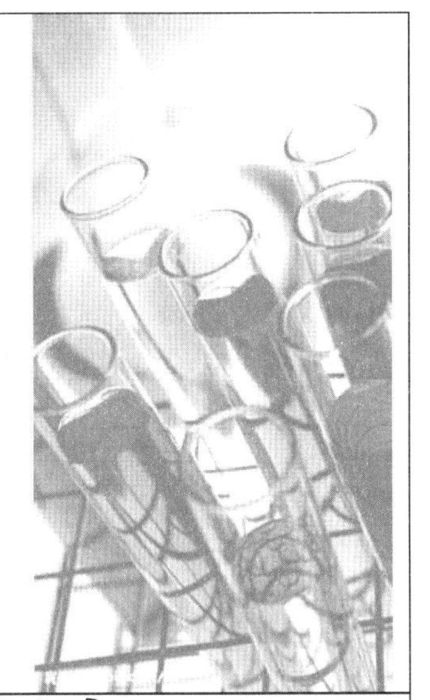

第5章　模型建構法一：迴歸分析

5.1 迴歸分析簡介

5.2 迴歸模型之建構：迴歸係數

5.3 迴歸模型之檢定：變異分析

5.4 迴歸模型之診斷：殘差分析

5.5 迴歸模型之應用：反應信賴區間

5.6 多項式函數之迴歸分析

5.7 非線性函數之迴歸分析

5.8 定性變數之迴歸分析

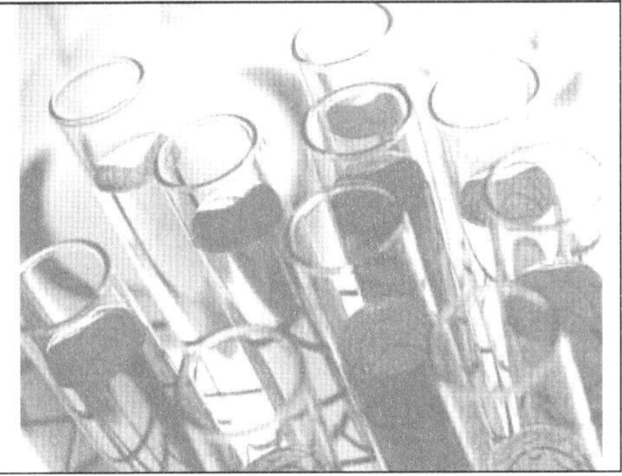

5.1 迴歸分析簡介

認識真實世界的方法有二種：數理模式與經驗模式 (empirical model)，前者是建立在演繹法的基礎上；後者則是建立在歸納法的基礎上。建構經驗模式的最主要工具是**迴歸分析**。本章將迴歸分析依其過程分成四節來介紹：

1. 迴歸模型之**建構**：介紹以最小平方法建構迴歸模型，即估計迴歸係數。
2. 迴歸模型之**檢定**：介紹以變異分析作迴歸模型之顯著性檢定與充份性檢定。
3. 迴歸模型之**診斷**：介紹以殘差分析作迴歸模型之診斷。
4. 迴歸模型之**應用**：介紹以反應信賴區間來表達預測值。

本章最後三節介紹特殊型態的迴歸分析，包括：

1. 多項式函數之迴歸分析：包括一階、具交互作用之一階、二階模型。
2. 非線性函數之迴歸分析：包括因變數轉換、自變數轉換。
3. 定性變數之迴歸分析。

5.2 迴歸模型之建構：迴歸係數

5.2.1 迴歸模型係數之估計

設一因變數 y，具有 k 個自變數 x_1，x_2，…x_k，已收集 n 組數據：

第 1 組：x_{11}，x_{12}，…，x_{1k}　y_1
第 2 組：x_{21}，x_{22}，…，x_{2k}　y_2
　：　　：　：　…　：　：　　(5-1)
第 n 組：x_{n1}，x_{n2}，…，x_{nk}　y_n

要建立下列迴歸公式：

$$y = \beta_0 + \beta_1 x_1 + \beta_2 x_2 + ... + \beta_k x_k + \varepsilon \qquad (5\text{-}2)$$

試求使殘差之平方和最小之迴歸係數，即

$$\text{Min } L = \sum_{i=1}^{n} \varepsilon_i^2 \qquad (5\text{-}3)$$

[推導]

(1) 將所有數據代入迴歸公式(5-2)式得

$$y_i = \beta_0 + \beta_1 x_{i1} + \beta_2 x_{i2} + ... + \beta_k x_{ik} + \varepsilon_i$$

$$= \beta_0 + \sum_{j=1}^{k} \beta_j x_{ij} + \varepsilon_i, \qquad i=1, 2, \ldots, n \tag{5-4}$$

得殘差

$$\varepsilon_i = y_i - \beta_0 - \sum_{j=1}^{k} \beta_i x_{ij} \tag{5-5}$$

(2) 計算殘差之平方和

$$L = \sum_{i=1}^{n} \varepsilon_i^2 \tag{5-6}$$

$$= \sum_{i=1}^{n} \left(y_i - \beta_0 - \sum_{j=1}^{k} \beta_j x_{ij} \right)^2 \tag{5-7}$$

(3) 由上式可知，殘差之平方和爲迴歸係數的函數。依據**極值定理**，一函數在極值處之微分爲 0，並以估計係數 b 取代模型係數**β** 得

$$\left. \frac{\partial L}{\partial \beta_0} \right|_{b_0,\ b_1,\ldots\ldots b_k} = -2 \sum_{i=1}^{n} \left(y_i - b_0 - \sum_{j=1}^{k} b_j x_{ij} \right) = 0 \tag{5-8}$$

與

$$\left. \frac{\partial L}{\partial \beta_j} \right|_{b_0,\ b_1,\ldots\ldots b_k} = -2 \sum_{i=1}^{n} \left(y_i - b_0 - \sum_{j=1}^{k} b_j x_{ij} \right) x_{ij} = 0, \qquad j=1，2，3 \ldots，k \tag{5-9}$$

(4) 將上二式展開得下列聯立方程式：

$$\begin{array}{l}
nb_0 + b_1 \sum_{i=1}^{n} x_{i1} + b_2 \sum_{i=1}^{n} x_{i2} + \ldots. + b_k \sum_{i=1}^{n} x_{ik} = \sum_{i=1}^{n} y_i \\
b_0 \sum_{i=1}^{n} x_{i1} + b_1 \sum_{i=1}^{n} x_{i1}^2 + b_2 \sum_{i=1}^{n} x_{i1} x_{i2} + \ldots. + b_k \sum_{i=1}^{n} x_{i1} x_{ik} = \sum_{i=1}^{n} x_{i1} y_i \\
\quad \vdots \qquad\quad \vdots \qquad\quad \vdots \qquad\qquad\quad \vdots \qquad\quad \vdots \\
b_0 \sum_{i=1}^{n} x_{ik} + b_1 \sum_{i=1}^{n} x_{ik} x_{i1} + b_2 \sum_{i=1}^{n} x_{ik} x_{i2} + \ldots. + b_k \sum_{i=1}^{n} x_{ik}^2 = \sum_{i=1}^{n} x_{ik} y_i
\end{array} \tag{5-10}$$

解上述聯立方程式即可得使殘差之平方和最小之迴歸係數。

上述推導過程如改爲矩陣形式則更爲簡潔：

(1) 將迴歸公式寫成矩陣形式

$$\mathbf{y} = \mathbf{X}\boldsymbol{\beta} + \boldsymbol{\varepsilon} \tag{5-11}$$

其中

$$\mathbf{y}=\begin{bmatrix} y_1 \\ y_2 \\ \vdots \\ y_n \end{bmatrix} \quad \mathbf{X}=\begin{bmatrix} 1 & x_{11} & x_{12} & \cdots & x_{1k} \\ 1 & x_{21} & x_{22} & \cdots & x_{2k} \\ \vdots & \vdots & \vdots & & \vdots \\ 1 & x_{n1} & x_{n2} & \cdots & x_{nk} \end{bmatrix} \quad \boldsymbol{\beta}=\begin{bmatrix} \beta_0 \\ \beta_1 \\ \vdots \\ \beta_k \end{bmatrix} \quad \boldsymbol{\varepsilon}=\begin{bmatrix} \varepsilon_1 \\ \varepsilon_2 \\ \vdots \\ \varepsilon_n \end{bmatrix}$$

故

$$\boldsymbol{\varepsilon}=\mathbf{y}-\mathbf{X}\boldsymbol{\beta} \tag{5-12}$$

(2) 計算殘差之平方和

$$L=\sum_{\mathbf{i}=1}^{\mathbf{n}}\varepsilon_{\mathbf{i}}^{2}=\boldsymbol{\varepsilon}'\boldsymbol{\varepsilon}=(\mathbf{y}-\mathbf{X}\boldsymbol{\beta})'(\mathbf{y}-\mathbf{X}\boldsymbol{\beta}) \tag{5-13}$$

將上式展開得

$$L=\mathbf{y}'\mathbf{y}-\boldsymbol{\beta}'\mathbf{X}'\mathbf{y}-\mathbf{y}'\mathbf{X}\boldsymbol{\beta}+\boldsymbol{\beta}'\mathbf{X}'\mathbf{X}\boldsymbol{\beta} \tag{5-14}$$

上式第三項 $\mathbf{y}'\mathbf{X}\boldsymbol{\beta}$ 是一個 1×1 矩陣，即純量，其轉置亦爲純量，故

$$\mathbf{y}'\mathbf{X}\boldsymbol{\beta}=(\mathbf{y}'\mathbf{X}\boldsymbol{\beta})'=\boldsymbol{\beta}'\mathbf{X}'\mathbf{y} \tag{5-15}$$

故(5-14)式第二項與第三項可合併，得

$$L=\mathbf{y}'\mathbf{y}-2\boldsymbol{\beta}'\mathbf{X}'\mathbf{y}+\boldsymbol{\beta}'\mathbf{X}'\mathbf{X}\boldsymbol{\beta} \tag{5-16}$$

(3) 由上式可知，殘差之平方和爲迴歸係數的函數。依據極值定理，一函數在極值處之微分爲 0，並以估計係數 **b** 取代模型係數 $\boldsymbol{\beta}$ 得

$$-2\mathbf{X}'\mathbf{y}+2\mathbf{X}'\mathbf{X}\mathbf{b}=0 \tag{5-17}$$

$$\mathbf{X}'\mathbf{X}\mathbf{b}=\mathbf{X}'\mathbf{y} \tag{5-18}$$

(4) 解上述聯立方程式即可得使殘差之平方和最小之迴歸係數。

$$\boxed{\mathbf{b}=(\mathbf{X}'\mathbf{X})^{-1}\mathbf{X}'\mathbf{y}} \tag{5-19}$$

5.2.2 迴歸模型係數之隨機性

由於數據具隨機性，因此從數據估計得到的迴歸係數也是隨機變數。首先定義 $\boldsymbol{\beta}$ 爲模型之係數，**b** 爲估計之係數。估計之迴歸係數 **b** 之期望值如下：

$$\mathrm{E}(\mathbf{b})=\boldsymbol{\beta} \tag{5-20}$$

估計之係數 **b** 之期望值恰爲模型之係數 $\boldsymbol{\beta}$，故上節所推導之迴歸係數爲不偏估計。

至於估計之係數之協方差 Cov(**b**)爲

$$\text{Cov}(\mathbf{b})=\sigma^2(\mathbf{X'X})^{-1} \tag{5-21}$$

其中 σ^2 爲殘差之變異數，即

$$\text{Var}(\varepsilon)=\sigma^2 \tag{5-22}$$

σ^2 代表模型誤差，此一誤差稱爲模型相依誤差(model-dependent)，因其值與選用的模型有關。至於模型獨立誤差(model-independent)只能靠重複實驗才能得到。

殘差之變異數的估計值如下：

$$\hat{\sigma}^2=\frac{SS_E}{n-p} \tag{5-23}$$

其中

n=數據數目

p=模型係數之數目

SS_E =殘差之平方和

$$SS_E=\sum_{i=1}^{n}(y_i-\hat{y}_i)^2 \tag{5-24}$$

其中

y_i =因變數實際值

$\hat{y}_i$ =因變數估計值

5.2.3 迴歸模型係數之顯著性檢定：t 檢定

線性迴歸係數顯著性檢定是指對個別迴歸係數 β_j 是否顯著的測試，即虛無假說與對立假說如下：

$H_0:\beta_j=0$

$H_1:\beta_j\neq 0$

迴歸係數顯著性檢定可用 **t** 統計量判定

$$t_0=\frac{b_j}{se(b_j)} \tag{5-25}$$

其中 $se(b_j)$爲 b_j 的標準差

因爲

$$se(b_j)=\sqrt{\hat{\sigma}^2C_{jj}} \tag{5-26}$$

其中C_{jj}爲$(\mathbf{X'X})^{-1}$的對角元素

故 $$t_0 = \frac{b_j}{\sqrt{\hat{\sigma}^2 C_{jj}}} \tag{5-27}$$

當上式的絕對值大於 t 統計量臨界值 $t_{\alpha/2, n-p}$時，迴歸係數顯著，此臨界值爲自由度 n-p 與顯著水準α的函數。其中 n 爲數據數目，p 爲模型係數之數目(含常數項)。

5.2.4 迴歸模型係數之信賴區間

個別迴歸係數值β_j的信賴區間公式如下：

$$b_j - t_{\alpha/2, n-p} se(b_j) \le \beta_j \le b_j + t_{\alpha/2, n-p} se(b_j)$$

因$se(b_j) = \sqrt{\hat{\sigma}^2 C_{jj}}$故

$$b_j - t_{\alpha/2, n-p} \sqrt{\hat{\sigma}^2 C_{jj}} \le \beta_j \le b_j + t_{\alpha/2, n-p} \sqrt{\hat{\sigma}^2 C_{jj}} \tag{5-28}$$

例題 5.1 迴歸模型之建構

有一生化製藥的一種新產品其最重要的品質特性爲活性(y)，影響此一品質特性的二個品質因子爲二種成份的含量百分比(x_1，x_2)，其實驗結果如下表，試計算

(1)線性迴歸模型係數之估計

(2)線性迴歸模型係數之隨機性

(3)線性迴歸模型係數之顯著性檢定(α=0.05)

(4)線性迴歸模型係數之信賴區間

	x_1	x_2	y
1	1.496	4.549	-44.337
2	6.553	3.418	31.358
3	5.354	2.809	26.307
4	0.083	4.957	-72.780
5	4.338	0.247	27.005
6	5.696	1.474	33.931

	x_1	x_2	y
8	4.790	3.706	9.886
9	2.795	2.240	9.680
10	2.917	2.864	4.099
11	6.855	3.105	37.394
12	1.207	4.014	-33.909
13	1.653	2.559	-4.283

[解]

(1) 線性迴歸模型係數之估計

已知

$$\mathbf{X}=\begin{bmatrix}1 & 1.496 & 4.549\\ 1 & 6.553 & 3.418\\ \vdots & \vdots & \vdots\\ 1 & 9.684 & 1.036\end{bmatrix}\qquad \mathbf{y}=\begin{bmatrix}-44.337\\ 31.358\\ \vdots\\ 53.517\end{bmatrix}$$

故得

$$\mathbf{X'X}=\begin{bmatrix}14.00 & 58.99 & 39.31\\ 58.99 & 340.36 & 139.89\\ 39.31 & 139.89 & 132.85\end{bmatrix}\qquad (\mathbf{X'X})^{-1}=\begin{bmatrix}1.3107 & -0.1195 & -0.2621\\ -0.1195 & 0.0161 & 0.0184\\ -0.2621 & 0.0184 & 0.0657\end{bmatrix}$$

$$\mathbf{X'y}=\begin{Bmatrix}108.91\\ 1570.28\\ -157.62\end{Bmatrix}$$

由(5-20)式得 $\mathbf{b}=(\mathbf{X'X})^{-1}\mathbf{X'y}=\begin{Bmatrix}-3.51\\ 9.31\\ -9.95\end{Bmatrix}$

線性迴歸模型爲

$y=-3.51+9.31x_1-9.95x_2$

(2) 線性迴歸模型係數之隨機性

$SS_E=\sum_{i=1}^{n}(y_i-\hat{y}_i)^2$ =1610.93

$\hat{\sigma}^2=\dfrac{SS_E}{n-p}$ =1610.929/(14-3)=146.45

$\hat{\sigma}=12.10$

$$\mathrm{Cov}(\mathbf{b})=\sigma^2(\mathbf{X'X})^{-1}=146.45\begin{bmatrix}1.3107 & -0.1195 & -0.2621\\ -0.1195 & 0.0161 & 0.0184\\ -0.2621 & 0.0184 & 0.0657\end{bmatrix}$$

(3) 線性迴歸模型係數之顯著性檢定：t 檢定

	係數 b_j	C_{jj}為$(\mathbf{X'X})^{-1}$的對角元素	標準差 $se(b_j)=\sqrt{\hat{\sigma}^2 C_{jj}}$	$t_0=\frac{b_j}{se(b_j)}$
截距	-3.51	1.3107	13.85	-0.253
x_1	9.31	0.0161	1.53	6.071
x_2	-9.95	0.0657	3.10	-3.209

$t_{\alpha/2,n-p}=t_{0.05/2,14-3}=t_{0.025,11}=2.201$

常數項 t 統計量絕對值 0.253<2.201，故不顯著；

b_1 係數 t 統計量絕對值 6.071>2.201，故顯著；

b_2 係數 t 統計量絕對值 3.209>2.201，故顯著。

(4) 線性迴歸模型係數之信賴區間

$$b_j - t_{\alpha/2,n-p}\sqrt{\hat{\sigma}^2 C_{jj}} \le \beta_j \le b_j + t_{\alpha/2,n-p}\sqrt{\hat{\sigma}^2 C_{jj}}$$

$t_{\alpha/2,n-p}=t_{0.05/2,14-3}=t_{0.025,11}=2.201$

	係數 b_j	標準差 $se(b_j)=\sqrt{\hat{\sigma}^2 C_{jj}}$	下限 95% β_j	上限 95% β_j
截距	-3.51	13.85	-34.00	26.98
x_1	9.31	1.53	5.93	12.68
x_2	-9.95	3.10	-16.77	-3.12

5.3 迴歸模型之檢定：變異分析

5.3.1 迴歸模型之顯著性檢定

在使用預測模型前必須先知道此模型是否顯著，即這個預測模型是否是一個有價值的模型，亦只是一種巧合的產物？因為即使是拿隨機產生的數據也可以建立一預測模型，但這樣的模型顯然沒有意義。在介紹顯著性檢定前，需先了解變異分析。

有了觀測值即可用上節方法建立預測模型，再由預測模型產生預測值，觀測值與預測值免不了有誤差。誤差的大小可用方差和來表達。對方差的來源作分析稱**變異分析**。

首先定義(參考圖 5-1)

(1) **總方差和**：用觀測值之平均值與觀測值相較的方差和。

(2) **未解釋方差和(殘差方差和)**：用預測模型產生的預測值與觀測值相較的方差和。

(3) **解釋方差和(迴歸方差和)**：用預測模型產生的預測值與觀測值之平均值相較的方差和。

公式如下：

$$總方差和S_{yy}=\sum_{i=1}^{n}(y_i-\bar{y})^2 \tag{5-29}$$

$$未解釋方差和SS_E=\sum_{i=1}^{n}(y_i-\hat{y}_i)^2 \tag{5-30}$$

$$解釋方差和SS_R=\sum_{i=1}^{n}(\hat{y}_i-\bar{y})^2 \tag{5-31}$$

其中y_i = 反應觀測值; $\bar{y}$ = 反應觀測值之平均值; $\hat{y}_i$ = 反應預測值

這三種方差和間的關係式如下：

$$S_{yy}=SS_R+SS_E \tag{5-32}$$

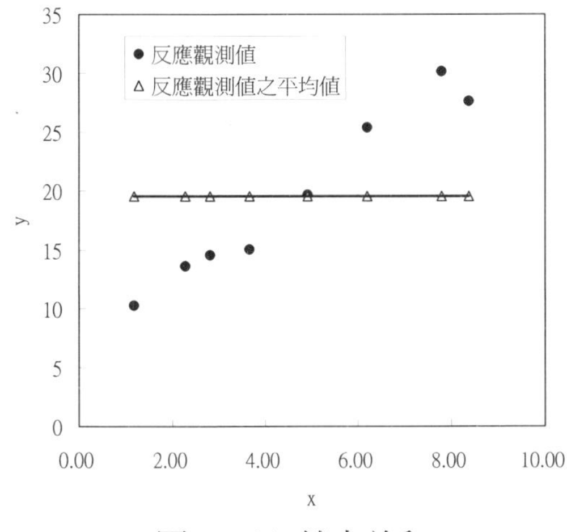

圖 5-1 (a) 總方差和

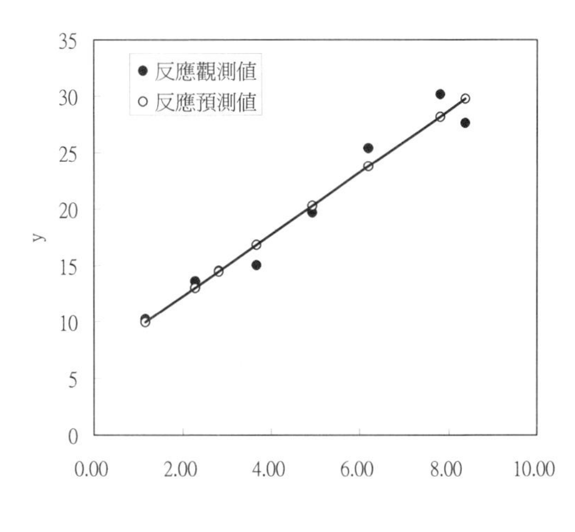

圖 5-1 (b) 未解釋方差和(殘差方差和)

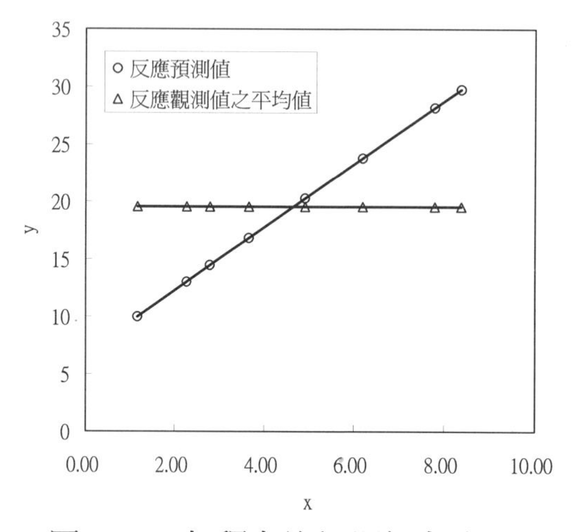

圖 5-1 (c) 解釋方差和(迴歸方差和)

判定係數 R^2 定義爲解釋方差和佔總方差和之比例：

$$R^2 = \frac{SS_R}{S_{yy}} = \frac{S_{yy} - SS_E}{S_{yy}} = 1 - \frac{SS_E}{S_{yy}} \tag{5-33}$$

判定係數介於 0 到 1 之間，判定係數越大代表模型對變異的解釋能力越大。由於判定係數總是隨著模型的複雜度的增加而增加，因此複雜度高的模型會有高估模型對變異的解釋能力之傾向，因此有**調整判定係數**的提出

$$R_{adj}^2 = 1 - \frac{SS_E/(n-p)}{S_{yy}/(n-1)} = 1 - \left(\frac{n-1}{n-p}\right)(1 - R^2) \tag{5-34}$$

其中 n=數據數目；p=模型係數之數目。

迴歸模型顯著性檢定是指判定因變數 y 與自變數 x 間是否存有線性關係之測試，即虛無假說與對立假說如下：

$$H_0: \beta_1 = \beta_2 = \text{........} = \beta_k = 0$$
$$H_1: \beta_j \neq 0 \quad \text{for at least one j} \tag{5-35}$$

其中β_j 爲模型之係數

迴歸模型顯著性檢定可用 **F 統計量**判定

$$F_0 = \frac{SS_R/k}{SS_E/(n-k-1)} = \frac{MS_R}{MS_E} \tag{5-36}$$

其中 n=數據數目，k=模型獨立變數之數目，MS_R=解釋均方差，MS_E=未解釋均方差。

由上式可知 F 統計量相當於解釋均方差 MS_R 對未解釋均方差 MS_E 之比例。F 統計量越大代表越顯著，即因變數 y 與自變數 x 間越可能存有線性關係。當 F 統計量大於 F 統計量臨界值 $F_{\alpha, v1, v2}$ 時，迴歸模型顯著，此臨界值爲分子自由度 v_1，分母自由度 v_2 與顯著水準α的函數。

上述分析經常以表 5-1 之變異分析表來表達，一般而言，其計算程序爲

(1)總自由度=n-1,其中 n=觀測數

(2)迴歸自由度 k=模型獨立變數之數目

(3)殘差自由度= 總自由度 - 迴歸自由度= (n-1)-k = n-k-1

(4)計算總方差和 $S_{yy} = \sum_{i=1}^{n}(y_i - \bar{y})^2$

(5)計算殘差方差和 $SS_E = \sum_{i=1}^{n}(y_i - \hat{y}_i)^2$

(6)計算迴歸方差和 $SS_R = \sum_{i=1}^{n}(\hat{y}_i - \bar{y})^2$

或由(5-32)式 $S_{yy} = SS_R + SS_E$ 得速算公式 $SS_R = S_{yy} - SS_E$ 計算。

(7)計算迴歸均方差 $MS_R= SS_R/k$

(8)計算殘差均方差 $MS_E= SS_E/(n-k-1)$

(9)$F= MS_R/ MS_E$

(10) 以 F 值，F 值分子自由度 k，F 值分母自由度 n-k-1，計算得顯著值 P(此值越低代表越顯著，其計算可用電子試算表之函數)。

表 5-1 變異分析表

	自由度	方差和	均方差	F統計量	顯著值
迴歸	k	SS_R	MS_R	F	P
殘差	n-k-1	SS_E	MS_E		
總和	n-1	S_{yy}			

例題 5.2 迴歸模型之檢定：顯著性

延續例題 5.1 的生化製藥問題，試作其顯著性檢定。

預測值 $\hat{y}_i$ 可由例題 5.1 之線性迴歸模型求得

$$y = -3.51 + 9.31x_1 - 9.95x_2$$

平均值 $\bar{y} = \dfrac{\sum_{i=1}^{n} y_i}{n} = 7.780$

列表如下：

No.	x_1	x_2	觀察值 y_i	預測值 $\hat{y}_i$	平均值 $\bar{y}$
1	1.496	4.549	-44.337	-34.855	7.780
2	6.553	3.418	31.358	23.494	7.780
3	5.354	2.809	26.307	18.392	7.780
4	0.083	4.957	-72.780	-52.076	7.780
5	4.338	0.247	27.005	34.426	7.780
6	5.696	1.474	33.931	34.872	7.780
7	5.570	2.335	31.048	25.120	7.780
8	4.790	3.706	9.886	4.205	7.780
9	2.795	2.240	9.680	0.227	7.780
10	2.917	2.864	4.099	-4.854	7.780
11	6.855	3.105	37.394	29.417	7.780
12	1.207	4.014	-33.909	-32.227	7.780
13	1.653	2.559	-4.283	-13.587	7.780
14	9.684	1.036	53.517	76.363	7.780

(1) 變異分析

總方差和 $S_{yy} = \sum_{i=1}^{n}(y_i - \bar{y})^2 = 16574.1$

未解釋方差和 $SS_E = \sum_{i=1}^{n}(y_i - \hat{y}_i)^2 = 1610.9$

解釋方差和 $SS_R = \sum_{i=1}^{n}(\hat{y}_i - \bar{y})^2 = 14963.2$

(解釋方差和也可計算 S_{yy} 與 SS_E 之差額得到

$SS_R = S_{yy} - SS_E = 16574.1 - 1610.9 = 14963.2$)

(2) 判定係數

$R^2 = \dfrac{SS_R}{S_{yy}} = 1 - \dfrac{SS_E}{S_{yy}}$ =1-(1610.9/16574.1)=0.9028

$$R^2_{adj} = 1 - \frac{SS_E/(n-p)}{S_{yy}/(n-1)} = 1 - \left(\frac{n-1}{n-p}\right)(1-R^2)$$ =1-[(14-1)/(14-3)](1-0.9028)=0.8851

(3) F 統計量

$$F_0 = \frac{SS_R/k}{SS_E/(n-k-1)} = \frac{MS_R}{MS_E}$$ =(14963.17/2)/(1610.929/(14-2-1))=51.09

(4) 變異分析表

	自由度	SS	MS	F	顯著值
迴歸	2	14963.2	7481.58	51.09	2.7E-06
殘差	11	1610.9	146.45		
總和	13	16574.1			

5.3.2 迴歸模型之充份性檢定

在使用預測模型前除了必須先知道此模型是否顯著外，還要判定這個預測模型是否是一個夠充份的模型，亦只是個有用但還不是最好的次級品？因爲即使拿一個真實模型是二次多項式函數的數據，卻以線性多項式函數來作迴歸分析，也可以建立一預測模型，而且有可能是顯著的，但這樣的模型顯然不是最好的。在介紹充份性檢定前，需先了解未解釋方差和之變異分析。

首先定義

y_{ij} = 第i個實驗的第j次反應觀測值

$\bar{y}_i$ = 第i個實驗的反應觀測值之平均值

$\hat{y}_i$ = 第i個實驗的反應預測值

m = 實驗點數目

n_i = 第 i 個實驗點的重複試驗次數

當所收集的數據有重複時，即在完全相同的自變數下有多次反應值記錄下，上節所述之未解釋方差和 SS_E (殘差方差和)可分解成純誤差方差和 SS_{PE} 與配適度方差和 SS_{LOF} (參考圖 5-2)：

$$SS_E = SS_{PE} + SS_{LOF}$$

其中

(1) 未解釋方差和(殘差方差和)SS_E

未解釋方差和等於預測模型產生的預測值與觀測值相較的方差和，即

$$SS_E = \sum_{i=1}^{m}\sum_{j=1}^{n_i} (y_{ij} - \hat{y}_i)^2 \quad (5\text{-}37)$$

(2) 純誤差方差和 SS_{PE}

純誤差方差和反映了數據本身的隨機性之大小，即數據觀測不準確所造成的變異。純誤差方差和等於重複實驗的平均值與觀測值相較的方差和，即

$$SS_{PE} = \sum_{i=1}^{m}\sum_{j=1}^{n_i} (y_{ij} - \bar{y}_i)^2 \quad (5\text{-}38)$$

(3) 配適度方差和 SS_{LOF}

配適度方差和反映了扣除數據本身的隨機性所造成的變異之外的變異，即模型配適不準確所造成的變異。配適度方差和等於預測模型產生的預測值與重複實驗的平均值相較的方差和，即

$$SS_{LOF} = \sum_{i=1}^{m} n_i (\bar{y}_i - \hat{y}_i)^2 \quad (5\text{-}39)$$

上述配適度方差和SS_{LOF}的計算較繁，所幸純誤差方差和SS_{PE}與配適度方差和SS_{LOF}的總和爲未解釋方差和 SS_E，即

$$SS_E = SS_{PE} + SS_{LOF} \quad (5\text{-}40)$$

因此計算配適度方差和的簡易公式爲

$$SS_{LOF} = SS_E - SS_{PE} \quad (5\text{-}41)$$

純誤差方差的大小反應了數據本身的隨機性，配適度方差的大小反應了迴歸公式預測值與重複實驗的平均值間的差異程度。如果配適度均方差對純誤差均方差的比例越小，則代表迴歸公式越充份地解釋了數據，模型已無改善的空間；反之，則代表迴歸公式尚未充份地解釋數據，模型尚有改善空間。

線性迴歸模型充份性檢定之 F 統計量的公式如下：

$$F_0 = \frac{SS_{LOF}/(m-p)}{SS_{PE}/(n-m)} = \frac{MS_{LOF}}{MS_{PE}} \quad (5\text{-}42)$$

其中

m=實驗點數目

n=實驗總次數(各試驗點的重複試驗次數之總和)

p=模型係數之數目(含常數項)。

當 F 統計量大於臨界值，配適度方差和顯著，代表迴歸公式尚未充份地解釋數據，模型尚有改善空間。

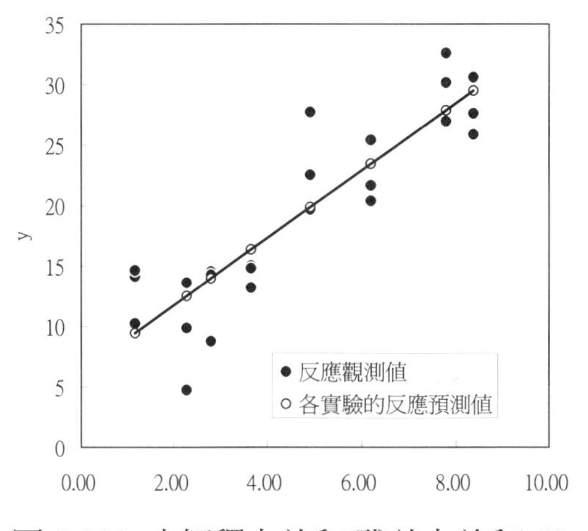

圖 5-2(a) 未解釋方差和(殘差方差和)SS_E

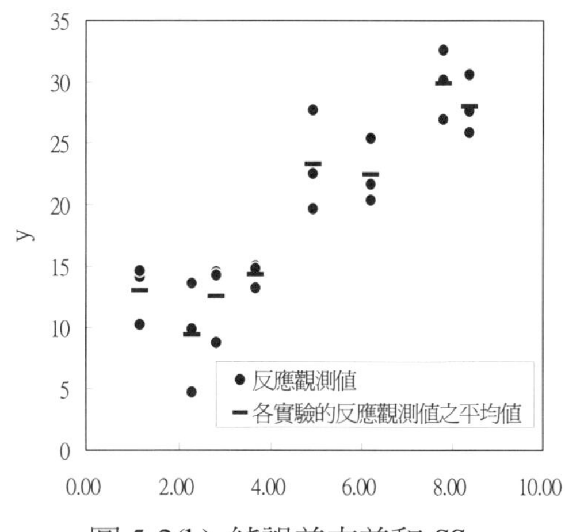

圖 5-2(b) 純誤差方差和 SS_{PE}

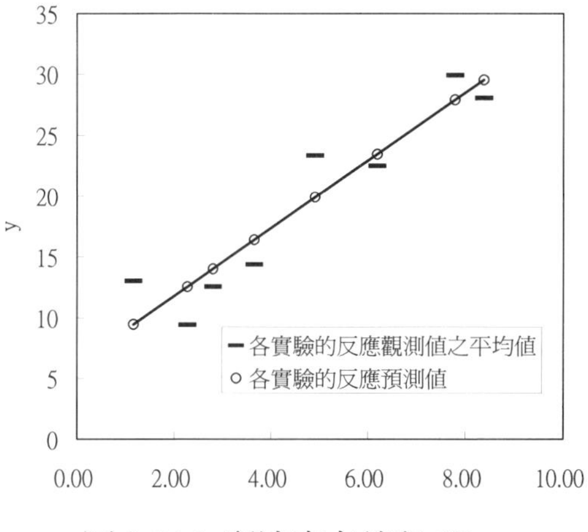

圖 5-2(c) 配適度方差和 SS_{LOF}

> **例題 5.3 迴歸模型之檢定：充份性**
>
> 延續例題 5.1，但實驗改爲三次重複實驗，數據如下表，試作其充份性檢定。

[解]

平均值 $\bar{y}_i$ 可由下式求得

$$\bar{y}_i = \frac{\sum_{i=1}^{n_i} y_{ij}}{n_i}$$

預測值 $\hat{y}_i$ 可由全部 42 筆數據以線性迴歸分析所得之迴歸模型求得

$\hat{y} = -3.447 + 9.225x_1 - 9.951x_2$

列表如下：

	x_1	x_2	y_{i1}	y_{i2}	y_{i3}	$\bar{y}_i$	$\hat{y}_i$
1	1.496	4.549	-44.337	-42.923	-43.384	-43.548	-34.913
2	6.553	3.418	31.358	31.012	29.652	30.674	22.988
3	5.354	2.809	26.307	25.409	26.096	25.937	17.990
4	0.083	4.957	-72.780	-73.914	-73.107	-73.267	-52.008
5	4.338	0.247	27.005	26.195	26.324	26.508	34.108
6	5.696	1.474	33.931	32.423	32.552	32.968	34.437
7	5.570	2.335	31.048	28.536	29.405	29.663	24.698
8	4.790	3.706	9.886	9.332	10.297	9.839	3.855
9	2.795	2.240	9.680	10.897	8.361	9.646	0.049
10	2.917	2.864	4.099	4.211	4.152	4.154	-5.041
11	6.855	3.105	37.394	36.055	35.084	36.178	28.884
12	1.207	4.014	-33.909	-33.611	-33.858	-33.793	-32.261
13	1.653	2.559	-4.283	-4.665	-3.235	-4.061	-13.663
14	9.684	1.036	53.517	53.474	54.408	53.800	75.575

(1) 未解釋方差和 SS_E

$$SS_E = \sum_{i=1}^{m}\sum_{j}^{n_i} (y_{ij} - \hat{y}_i)^2 = 4719.942$$

(2) 純誤差方差和 SS_{PE}

$$SS_{PE} = \sum_{i=1}^{m}\sum_{j=1}^{n_i} (y_{ij} - \bar{y})^2 = 16.904$$

(3) 配適度方差和 SS_{LOF}

$$SS_{LOF} = \sum_{i=1}^{m}\sum_{j=1}^{n_i} n_i(\bar{y}_i - \hat{y}_i)^2 = 3(1567.68) = 4703.04$$

或用速算公式

$SS_{LOF}=SS_E-SS_{PE}=(4719.942-16.904)=4703.04$

(4) F 統計量

實驗總次數 n=42; 實驗點數目 m=14; 模型係數之數目 p=3

$$F_0 = \frac{SS_{LOF}/(m-p)}{SS_{PE}/(n-m)} = \frac{MS_{LOF}}{MS_{PE}} = (4703.04/(14-3))/(16.904/(42-14)) = 258.1$$

F 值極大，代表迴歸公式尚未充份地解釋數據，模型尚有改善的空間。

5.4 迴歸模型之診斷：殘差分析

5.4.1 迴歸模型殘差之計算

觀測值與迴歸公式配適值間的差值稱爲殘差(residual)

$$e_i = y_i - \hat{y}_i \tag{5-43}$$

其中y_i = 反應觀測值; $\hat{y}_i$ = 反應預測值

殘差之變異數的估計值如下：

$$\hat{\sigma}^2 = \frac{SS_E}{n-p} \tag{5-44}$$

其中SS_E = 未解釋方差和 $= \sum_{i=1}^{n} e_i^2 = \sum_{i=1}^{n} (y_i - \hat{y}_i)^2$

5.4.2 迴歸模型殘差之正規化

正規化殘差可使殘差的意義更爲清楚，常用的正規化殘差爲標準化殘差，其定義如下：

$$d_i = \frac{e_i}{\hat{\sigma}}, \quad i=1，2，.....，n \tag{5-45}$$

其中 $\hat{\sigma}$ =殘差標準差，即殘差變異數之開根號值。

標準化殘差的優點是其大小與反應的標準差大小無關，只要其值在-3 至 3 之間，則殘差值在合理範圍。標準化殘差可以判別是否有數據偏離模型預測值，是可疑的數據。如果某數據的標準化殘差偏離 0 特別大，例如大於 3 或小於-3，則屬可疑的數據，可考慮檢查或刪除該數據，或者重作該實驗。

5.4.3 迴歸模型殘差之分析

在建立迴歸公式後，除了要檢驗模型的顯著性與充份性外，分析殘差是否滿足迴歸分析理論的基本假設也很重要。迴歸分析理論有四項基本假設：

(1) 殘差變異常態假設：殘差變異之分佈爲常態分佈。

(2) 殘差變異常數假設：殘差變異之大小與自變數值無關。

(3) 殘差變異獨立假設：殘差變異之大小與實驗順序無關。

(4) 因果線性關係假設：因變數與自變數間爲線性關係。

要驗證這四個假設可用常態機率圖與殘差圖。

常態機率圖是一種縱座標以標準常態分佈 Z 值爲刻度的圖表，可以用來判定某數據組是否呈常態分佈。其作法如下：

(1) 排序：數據由小到大排序。

(2) 繪點：將數據依下列座標繪於圖上：

縱座標=Z=$\Phi^{-1}\left(\left(j-0.5\right)/n\right)$，其中$\Phi^{-1}$爲標準常態分佈累積機率函數之反函數；n=數據數目; j=數據之排序後之序號，最小値序號 1，最大値序號 n。

橫座標=數據値。

(3) 繪線：繪一能通過多數正常點之直線。

(4) 判讀：如點均在直線附近則爲常態分佈。

將殘差數據繪於常態機率圖上即可判定是否滿足殘差變異常態假設。

殘差圖可以用來判定殘差是否符合迴歸分析之「殘差變異常數假設」與「殘差變異獨立假設」。其作法如下：

(1)繪點：縱軸爲殘差，橫軸爲自變數 x 値 (或因變數 y 値，或數據之實驗順序)。如果橫軸爲 x 値稱 x 殘差圖，爲 y 値稱 y 殘差圖，爲數據之實驗順序稱時序殘差圖。

(2)判讀：

(a)如果 x 殘差圖及 y 殘差圖中點之分佈與橫軸無關，則符合殘差變異常數假設。

(b)如果時序殘差圖中點之分佈與橫軸無關，則符合殘差變異獨立假設。

如果殘差變異不是常數，可利用將 y 値取對數的方式來消減這種現象。如果在時序殘差圖中有特殊型態，則代表殘差變異不是獨立，其原因可能是未對實驗順序進行隨機化安排。

此外分析 x 殘差圖是否有特殊型態，可提供改進模型的參考。例如在 x 殘差圖中點之分佈呈曲線散佈，則代表自變數與因變數間不爲線性關係，必需使用非線性模型。

例題 5.4 迴歸模型之診斷：殘差分析

延續例題 5.1 的生化製藥問題，試作其殘差分析。

(1) **殘差之計算**

預測値 $\hat{y}_i$ 可由例題 5.2 得。

標準化殘差可由(5-45)式求得，其中標準差可由例題 5.1 得 $\hat{\sigma}=12.10$

(2) **殘差常態機率圖**

殘差數據共有 n=14 筆，其殘差常態機率圖如圖 5-3。例如編號 14 之殘差值爲 -1.89，其之排序後之序號爲 1(因爲它是最小値)，故

縱座標=Z=$\Phi^{-1}\left(\left(j-0.5\right)/n\right)$=$\Phi^{-1}\left(\left(1-0.5\right)/14\right)=$-1.80

橫座標=數據値=-1.89

即圖 5-3 中最左下角之點。

編號	x_1	x_2	觀察值 y_i	預測值 $\hat{y}_i$	殘差 $e_i = y_i - \hat{y}_i$	標準化殘差
1	1.496	4.549	-44.337	-34.855	-9.481	-0.78
2	6.553	3.418	31.358	23.494	7.863	0.65
3	5.354	2.809	26.307	18.392	7.915	0.65
4	0.083	4.957	-72.780	-52.076	-20.704	-1.71
5	4.338	0.247	27.005	34.426	-7.421	-0.61
6	5.696	1.474	33.931	34.872	-0.942	-0.08
7	5.570	2.335	31.048	25.120	5.927	0.49
8	4.790	3.706	9.886	4.205	5.682	0.47
9	2.795	2.240	9.680	0.227	9.453	0.78
10	2.917	2.864	4.099	-4.854	8.953	0.74
11	6.855	3.105	37.394	29.417	7.977	0.66
12	1.207	4.014	-33.909	-32.227	-1.682	-0.14
13	1.653	2.559	-4.283	-13.587	9.305	0.77
14	9.684	1.036	53.517	76.363	-22.846	-1.89

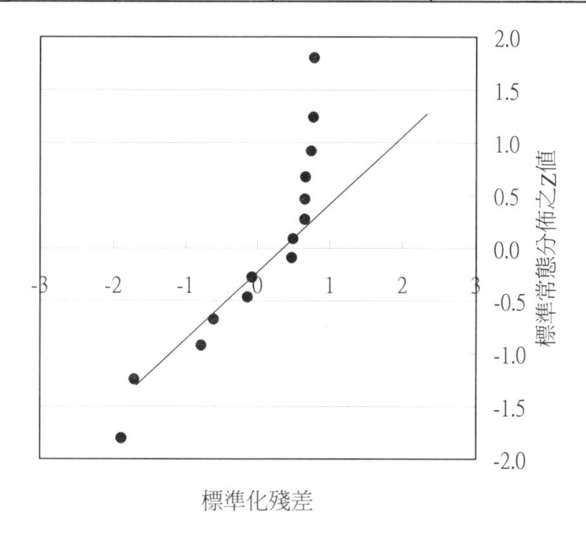

圖 5-3　常態機率圖

繪一能通過多數正常點之直線，發現點並未全在直線附近，顯示殘差有偏態分佈情形，不滿足殘差變異常態假設。

(3) x 殘差圖

如圖 5-4，x_1 殘差圖顯示滿足殘差變異常數假設，但 x_2 殘差圖顯示 x_2 值偏小或偏大時，變異有偏大的情形，不滿足殘差變異常數假設。此外 x_2 殘差圖中點之分佈呈曲線散佈，代表自變數與因變數間不為線性關係，必需使用非線性模型。

(4) y 殘差圖

如圖 5-5，顯示 y 值偏小或偏大時，變異有偏大的情形，不滿足殘差變異常數假設。

(5) 時序殘差圖

如圖 5-6，顯示殘差之值具有時間上的連續性，不滿足殘差變異獨立假設。

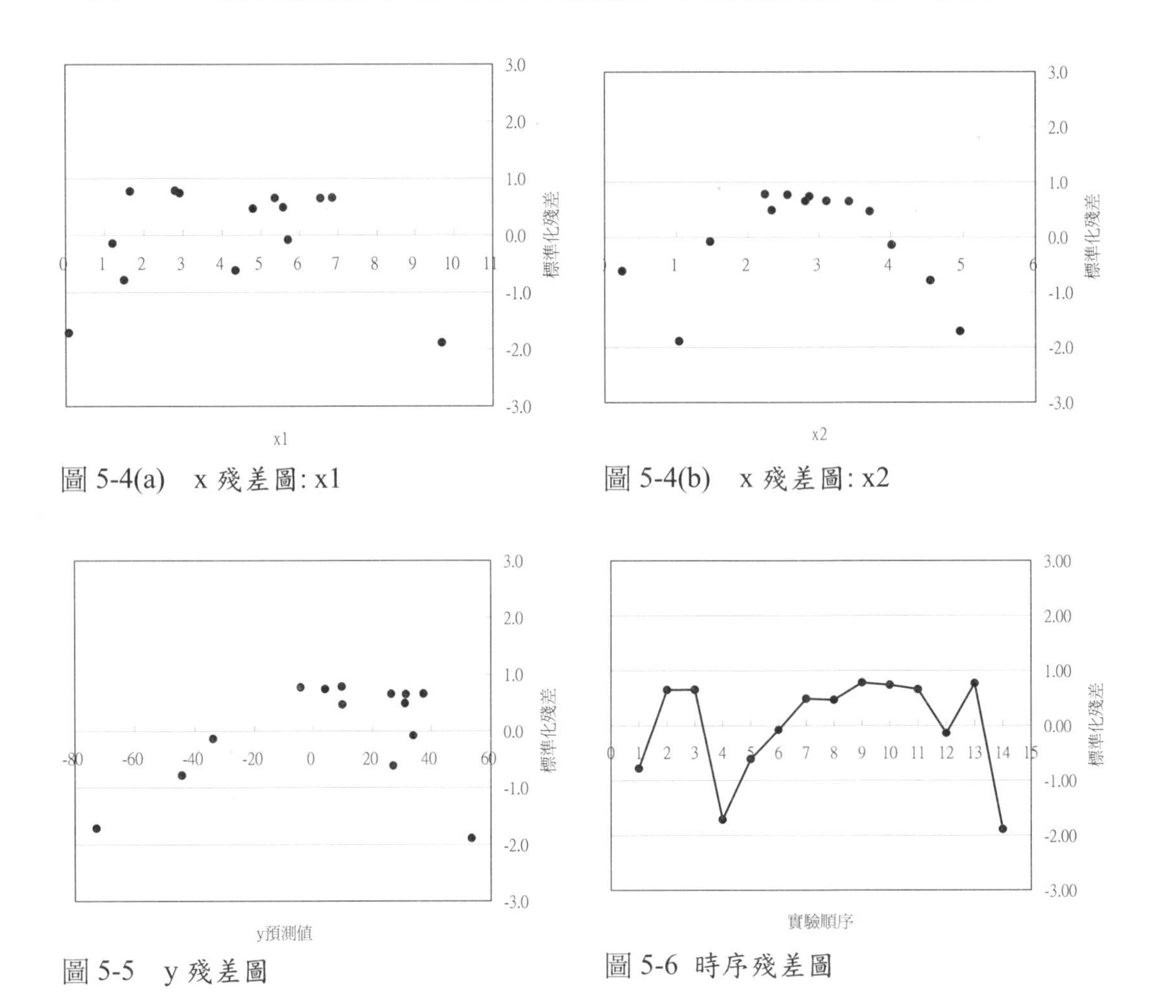

圖 5-4(a)　x 殘差圖: x1

圖 5-4(b)　x 殘差圖: x2

圖 5-5　y 殘差圖

圖 5-6 時序殘差圖

5.5 迴歸模型之應用：反應信賴區間

在建立迴歸公式，並檢驗模型的顯著性與充份性，分析殘差後，如果已得到一個顯著、充份又有合理殘差的預測模型後，即可用於實際的預測。但由於模型具有不確定性，因此反應也有不確定性，故有信賴區間的產生。

5.5.1 反應平均值之信賴區間

反應平均值之信賴區間公式如下：

$$\hat{y}(x_0)-t_{\alpha/2,n-p}\sqrt{\hat{\sigma}^2 x_0'(X'X)^{-1}x_0} \le \mu_{y|x_0} \le \hat{y}(x_0)+t_{\alpha/2,n-p}\sqrt{\hat{\sigma}^2 x_0'(X'X)^{-1}x_0} \qquad (5\text{-}46)$$

其中

$\hat{y}(x_0)$ = 預測值

$\hat{\sigma}^2$ = 殘差變異數

x_0 = 預測點之自變數向量(第一個元素爲1) = $\{1, x_1, x_2, ..., x_k\}$

X = 實驗數據構成之矩陣

$\mu_{y|x_0}$ = 反應平均值之預測值

$t_{\alpha/2,n-p}$ = t統計量

5.5.2 反應預測值之信賴區間

反應預測值的信賴區間公式如下：

$$\hat{y}(x_0)-t_{\alpha/2,n-p}\sqrt{\hat{\sigma}^2(1+x_0'(X'X)^{-1}x_0)} \le y_0 \le \hat{y}(x_0)+t_{\alpha/2,n-p}\sqrt{\hat{\sigma}^2(1+x_0'(X'X)^{-1}x_0)} \quad (5\text{-}47)$$

反應預測值的信賴區間與預測之位置有關，在自變數平均值處信賴區間最窄。

反應預測值與前節反應平均值有些相似，但二者仍有區別：

1. 反應平均值 $\mu_{y|x_0}$ 是指在 $x=x_0$ 下，反應值之平均值。
2. 反應預測值 y_0 是指在 $x=x_0$ 下之反應值。

因此反應預測值的信賴區間要比反應平均值的信賴區間來得寬。這可用個例子來說明，如果要您猜一個班級內隨機指定的十個學生之平均身高，您可能答有 95%把握在 165-175 公分之間；如果要您猜一個班級內隨機指定的一個學生之身高，您可能答有 95%把握在 160-180 公分之間，後者的範圍比前者大是很自然的。

例題 5.5 迴歸模型之應用：反應信賴區間

延續例題 5.1 的生化製藥問題，試求在 x_1，x_2 均爲其實驗數據平均值時之反應之 95%信賴區間。

由例題 5.1 知

$$(X'X)^{-1} = \begin{bmatrix} 1.3107 & -0.1195 & -0.2621 \\ -0.1195 & 0.0161 & 0.0184 \\ -0.2621 & 0.0184 & 0.0657 \end{bmatrix}$$

已知實驗數據平均值$\bar{x}_1 = 4.213, \bar{x}_2 = 2.808$，故

$x_0' = \{1,4.213,2.808\}$

$x_0'(X'X)^{-1} = \{0.0714,0.00,0.00\}$

$x_0'(X'X)^{-1}x_0 = 0.0714$

由例題 5.1 知$\hat{\sigma}^2 = \dfrac{SS_E}{n-p} = 146.448$

由例題 5.1 所得之迴歸公式知

$\hat{y}(x_0) = -3.51 + 9.31\bar{x}_1 - 9.95\bar{x}_2 = -3.51 + 9.31(4.213) - 9.95(2.808) = 7.78$

由例題 5.1 知

$t_{\alpha/2,n-p} = t_{0.05/2,14-3} = t_{0.025,11} = 2.201$

反應平均值之信賴區間

$\hat{y}(x_0)\text{-}t_{\alpha/2,n-p}\sqrt{\hat{\sigma}^2 x_0'(X'X)^{-1}x_0} \le \mu_{y|x_0} \le \hat{y}(x_0) + t_{\alpha/2,n-p}\sqrt{\hat{\sigma}^2 x_0'(X'X)^{-1}x_0}$

$\hat{y}(x_0)\text{-}2.201\sqrt{(146.448)(0.0714)} \le \mu_{y|x_0} \le \hat{y}(x_0) + 2.201\sqrt{(146.448)(0.0714)}$

$7.78\text{-}(2.201)(3.23) \le \mu_{y|x_0} \le 7.78 + (2.201)(3.23)$

$7.78\text{-}7.11 \le \mu_{y|x_0} \le 7.78 + 7.11$

$0.66 \le \mu_{y|x_0} \le 14.9$

反應預測值的信賴區間

$\hat{y}(x_0)\text{-}t_{\alpha/2,n-p}\sqrt{\hat{\sigma}^2(1 + x_0'(X'X)^{-1}x_0)} \le y_0 \le \hat{y}(x_0) + t_{\alpha/2,n-p}\sqrt{\hat{\sigma}^2(1 + x_0'(X'X)^{-1}x_0)}$

$\hat{y}(x_0)\text{-}2.201\sqrt{(146.448)(1+0.0714)} \le y_0 \le \hat{y}(x_0) + 2.201\sqrt{(146.448)(1+0.0714)}$

$7.78\text{-}(2.201)(12.53) \le y_0 \le 7.78 + (2.201)(12.53)$

$-19.8 \le y_0 \le 35.4$

5.6 多項式函數之迴歸分析

經驗模式中以多項式函數最爲通用，多項式函數可分成

(1) 一階模型 (first-order)：

$$y = \beta_0 + \sum_{i=1}^{k} \beta_i x_i + \varepsilon = \beta_0 + \beta_1 x_1 + \beta_2 x_2 + ... + \beta_k x_k + \varepsilon \tag{5-48}$$

(2) 具交互作用之一階模型 (first-order with interaction)：

$$y = \beta_0 + \sum_{i=1}^{k} \beta_i x_i + \sum_{i=1}^{k} \sum_{j>i}^{k} \beta_{ij} x_i x_j + \varepsilon \tag{5-49}$$

(3) 二階模型 (second-order)：

$$y = \beta_0 + \sum_{i=1}^{k} \beta_i x_i + \sum_{i=1}^{k} \sum_{j>i}^{k} \beta_{ij} x_i x_j + \sum_{i=1}^{k} \beta_{ii} x_i^2 + \varepsilon \tag{5-50}$$

其中 y=因變數；x=自變數；β=模型係數；ε=模型殘差。

一般而言，較複雜的模型因爲有較多的迴歸係數可以調整以配適數據，故有較低的殘差，但並非較複雜的模型就一定較準確可靠。可用 F 統計量顯著值 P 之大小作爲參考，顯著值 P 小者較準確可靠。但如果一個複雜的模型與一個簡單的模型準確性相差不大，亦可採用簡單的模型。

例題 5.6 多項式函數之迴歸分析:生化製藥數據

延續例題 5.1 的生化製藥問題，試求其最佳化模型。

(1) 無交互作用一階模式

	自由度	SS	MS	F	顯著值
迴歸	2	14963.2	7481.58	51.087	2.7E-06
殘差	11	1610.9	146.45		
總和	13	16574.1			

	係數	標準誤	t 統計	P-值
截距	-3.511	13.85	-0.253	0.80461
x_1	9.313	1.53	6.071	8.06E-05
x_2	-9.953	3.10	-3.209	0.008313

迴歸公式 $y = -3.511 + 9.313x_1 - 9.953x_2$

(2) 具交互作用一階模式

	自由度	SS	MS	F	顯著值
迴歸	3	16421.06	5473.686	357.67	1.81E-10
殘差	10	153.03	15.303		
總和	13	16574.1			

	係數	標準誤	t 統計	P-值
截距	31.874	5.762	5.531	0.00025
x_1	1.179	0.969	1.215	0.251952
x_2	-20.938	1.507	-13.891	7.29E-08
x_1x_2	2.975	0.305	9.760	1.98E-06

迴歸公式 $y = 31.874 + 1.179x_1 - 20.938x_2 + 2.975x_1x_2$

(3) 二階模式

	自由度	SS	MS	F	顯著值
迴歸	5	16570.68	3314.136	7764.688	1.63E-14
殘差	8	3.41	0.426		
總和	13	16574.1			

	係數	標準誤	t 統計	P-值
截距	9.638	3.043	3.167	0.013254
x_1	4.109	0.862	4.766	0.001415
x_2	-4.549	1.149	-3.959	0.004183
x_1x_2	1.928	0.140	13.758	7.51E-07
x_1^2	-0.082	0.054	-1.511	0.169191
x_2^2	-2.494	0.137	-18.078	9E-08

迴歸公式 $y = 9.638 + 4.109x_1 - 4.549x_2 + 1.928x_1x_2 - 0.082x_1^2 - 2.494x_2^2$

(4) 結論：二階模式的 F 統計量顯著值遠小於另二個模型，故爲最佳模型。

例題 5.7 多項式函數之迴歸分析：二階實驗設計

延續例題 3.1 的三因子中央合成設計，試以多項式迴歸建構模型，並決定求其最佳化模型。

(1) 無交互作用一階模式

	自由度	SS	MS	F	顯著值
迴	3	210624	70208	9.75	1.0E-03
殘	14	100844	7203		
總	17	311468			

	係數	標準誤	t 統計	P-值
截距	69.51	20.0	3.47	0.00372
x_1	-0.97	22.9	-0.04	0.96687
x_2	-81.60	22.9	-3.55	0.00318
x_3	93.61	22.9	4.08	0.00113

(2) 具交互作用一階模式

	自由度	SS	MS	F	顯著值
迴	6	306925.2	51154.2	123.8	1.89E-09
殘	11	4543.5	413.0		
總	17	311468.7			

	係數	標準誤	t 統計	P-值
截距	69.51	4.79	14.51	0.00000
x_1	-0.97	5.50	-0.18	0.86307
x_2	-81.60	5.50	-14.84	0.00000
x_3	93.61	5.50	17.02	0.00000
x_1x_2	-80.09	7.19	-11.15	0.00000
x_1x_3	74.99	7.19	10.44	0.00000
x_2x_3	-0.14	7.19	-0.02	0.98480

(3) 二階模式

	係數	標準誤	t 統計	P-值
截距	88.606	2.636	33.619	0.000
x_1	-0.971	1.428	-0.680	0.516
x_2	-81.595	1.428	-57.124	0.000
x_3	93.607	1.428	65.534	0.000
x_1x_2	-80.093	1.866	-42.914	0.000
x_1x_3	74.985	1.866	40.177	0.000
x_2x_3	-0.140	1.866	-0.075	0.942
x_1^2	-5.851	1.484	-3.942	0.004
x_2^2	-18.104	1.484	-12.199	0.000
x_3^2	-1.215	1.484	-0.819	0.437

	自由度	SS	MS	F	顯著值
迴	9	311245.7	34582.86	1241.0	1.32E-11
殘	8	222.9	27.867		
總	17	311468.6			

(4) 結論：二階模式的 F 統計量顯著值遠小於另二個模型，故爲最佳模型。

5.7 非線性函數之迴歸分析

線性迴歸分析理論有自變數與因變數間爲線性關係的假設。當由經驗知識或殘差分析中發現此假設不成立時，除了以前節的多項式迴歸來解決此問題外，另一個方法爲利用變數轉換將非線性關係轉成線性關係。變數轉換可分成：(1) 因變數轉換 (2) 自變數轉換。常用的轉換方式有：(1) 取平方 (2) 取根號 (3) 取倒數。

變數轉換可能可以達成三個目的：(1) 提高模型精度 (2) 簡化反應模型 (3) 對因變數取對數轉換可改善殘差不均勻。以下舉一個實例。

例題 5.8 非線性函數之迴歸分析：因變數轉換

延續例題 5.1 的生化製藥問題，但實驗數據如下表。

	x_1	x_2	y
1	1.496	4.549	7.461
2	6.553	3.418	11.461
3	5.354	2.809	11.239
4	0.083	4.957	5.217
5	4.338	0.247	11.270
6	5.696	1.474	11.573

	x_1	x_2	y
8	4.790	3.706	10.483
9	2.795	2.240	10.473
10	2.917	2.864	10.203
11	6.855	3.105	11.722
12	1.207	4.014	8.130
13	1.653	2.559	9.784

(1) 反應取原值下之迴歸分析

	自由度	SS	MS	F	顯著值
迴歸	2	43.356	21.678	29.97	3.53E-05
殘差	11	7.955	0.723		
總和	13	51.311			

(2) 反應取平方下之迴歸分析

	自由度	SS	MS	F	顯著值
迴歸	2	14963.17	7481.583	51.08	2.7E-06
殘差	11	1610.92	146.448		
總和	13	16574.1			

(3) 反應取根號下之迴歸分析

	自由度	SS	MS	F	顯著值
迴歸	2	1.205	0.6026	23.280	0.000111
殘差	11	0.284	0.0258		
總和	13	1.490			

(4) 反應取倒數下之迴歸分析

	自由度	SS	MS	F	顯著值
迴歸	2	0.007701	0.00385	11.62	0.001935
殘差	11	0.003642	0.000331		
總和	13	0.011343			

(5) 反應取對數下之迴歸分析

	自由度	SS	MS	F	顯著值
迴歸	2	0.103565	0.051782	18.26	0.00032
殘差	11	0.031189	0.002835		
總和	13	0.134754			

(6) 結論：反應取平方下之迴歸分析的 F 統計量顯著值遠小於另四個模型，故爲最佳模型。可見將因變數 y 作適當的轉換可得更準確之模型。

5.8 定性變數之迴歸分析

前面提到的均爲定量變數，但實務上有些變數是定性的，稱**定性變數**(qualitative variable)。例如一產品的品質因子可能爲催化劑種類、加工方法等只有幾個離散水準可供選擇的離散水準型因子。如果要以這些因子作爲迴歸分析的自變數，可使用**指標變數**(indicator variable)。指標變數以 L-1 個 0/1 變數代表具有 L 個水準之定性變數。例如催化劑有 A 與 B 二種(L=2)時，需一個指標變數

x_1

0　(代表催化劑 A)

1　(代表催化劑 B)

催化劑有 A，B 與 C 三種(L=3)時，需二個指標變數

x_1	x_2	
0	0	(代表催化劑 A)
1	0	(代表催化劑 B)
0	1	(代表催化劑 C)

例題 5.9 定性變數之迴歸分析

延續例題 5.1 的生化製藥問題，但多出一個二水準之定性變數(L=2)，實驗數據如下表。

	x_1	x_2	x_3	y
1	1.496	4.549	1	-47.443
2	6.553	3.418	0	31.674
3	5.354	2.809	1	26.867
4	0.083	4.957	1	-77.609
5	4.338	0.247	0	24.324
6	5.696	1.474	0	33.456

	x_1	x_2	x_3	y
8	4.790	3.706	0	6.278
9	2.795	2.240	1	15.822
10	2.917	2.864	1	2.237
11	6.855	3.105	0	34.855
12	1.207	4.014	0	-33.416
13	1.653	2.559	1	-1.740

(1) 無交互作用一階模式

	自由度	SS	MS	F	顯著值
迴歸	3	15187.87	5062.62	23.11	8.14E-05
殘差	10	2189.82	218.98		
總和	13	17377.69			

	係數	標準誤	t 統計	P-值
截距	-7.293	19.158	-0.380	0.711399
x_1	9.766	2.121	4.603	0.000975
x_2	-10.829	3.792	-2.855	0.017082
x_3	7.536	9.377	0.803	0.440249

(2) 具交互作用一階模式

	自由度	SS	MS	F	顯著值
迴歸	6	17316.41	2886.069	329.6844	3.2E-08
殘差	7	61.27826	8.754037		
總和	13	17377.69			

	係數	標準誤	t 統計	P-值
截距	14.760	6.177	2.389	0.04822
x_1	3.171	0.949	3.339	0.01243
x_2	-15.795	1.853	-8.521	6.08E-05
x_3	36.103	8.692	4.153	0.00427
x_1x_2	2.192	0.329	6.651	0.00029
x_1x_3	-0.076	0.973	-0.078	0.93961
x_2x_3	-10.290	2.183	-4.711	0.00217

(3) 二階模式

	自由度	SS	MS	F	顯著值
迴歸	8	17344.38	2168.048	325.457	2.31E-06
殘差	5	33.30	6.661		
總和	13	17377.69			

	係數	標準誤	t 統計	P-值
截距	10.950	20.520	0.5336	0.6164
x_1	3.199	6.197	0.5162	0.6277
x_2	-5.380	5.826	-0.9234	0.3981
x_3	13.298	20.265	0.6562	0.5406
x_1x_2	1.956	0.853	2.2931	0.0703
x_1x_3	0.534	1.533	0.3486	0.7415
x_2x_3	-4.291	4.905	-0.8748	0.4216
x_1^2	-0.030	0.371	-0.0827	0.9372
x_2^2	-2.263	1.179	-1.9195	0.113

註：因爲 x_3 爲指標變數，只有 0 或 1 二種值，故迴歸分析時無其平方項。

(4) 結論：具交互作用一階模式比二階模式有更小的 F 統計量顯著值，故爲最佳模型。可見並非較複雜的模型就一定更準確。

實習指引

本章例題可使用 Excel 作解題工具，相關檔案存於光碟，參見附錄 E 說明。

檔名	例題	內容
EX5-1.XLS	例題 5.1	迴歸模型之建構
EX5-2.XLS	例題 5.2	迴歸模型之檢定：顯著性
EX5-3.XLS	例題 5.3	迴歸模型之檢定：充份性
EX5-4.XLS	例題 5.4	迴歸模型之診斷：殘差分析
EX5-5.XLS	例題 5.5	迴歸模型之應用：反應信賴區間
EX5-6.XLS	例題 5.6	多項式函數之迴歸分析：生化製藥數據
EX5-7.XLS	例題 5.7	多項式函數之迴歸分析：二階實驗設計
EX5-8.XLS	例題 5.8	非線性函數之迴歸分析：因變數轉換
EX5-9.XLS	例題 5.9	定性變數之迴歸分析

習題

問答題

1. 迴歸模型係數之估計的原理爲何？
2. 試以矩陣列出迴歸係數之推導過程(提示：最小平方法)。
3. t 檢定之用途爲何？
4. 何謂變異分析？
5. 何謂總方差和？未解釋方差和？解釋方差和？
6. 迴歸模型之顯著性之意義爲何？如何檢定？
7. F 檢定之定義？判定係數之定義？調整判定係數之定義？
8. 何謂純誤差方差和？配適度方差和？
9. 迴歸模型之充份性之意義爲何？如何檢定？
10. 迴歸模型之顯著性與充份性之意義有何區別？
11. 迴歸模型之殘差如何計算與分析？
12. 殘差之變異數的估計式爲何？
13. 常態機率圖之用途爲何？如何繪製？

14. 迴歸模型之反應平均值信賴區間與反應預測值信賴區間之意義有何不同？
15. 多項式函數之迴歸分析之最佳化的原則爲何？
16. 迴歸模型之變數轉換的目的與方法爲何？
17. 迴歸模型之定性變數如何處理？

本章參考文獻

[1] 葉怡成，2005，*實驗計劃法 – 製程與產品最佳化*，五南書局，台北。
[2] 黎正中(譯)，Montgomery, D.C.(原著)，1998，*實驗設計與分析*，高立圖書，台北。

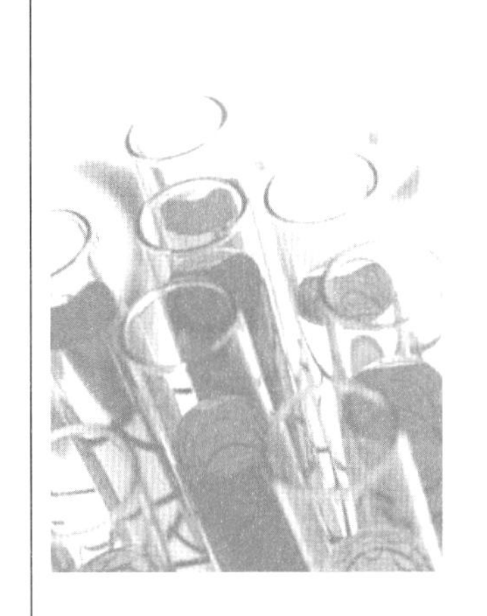

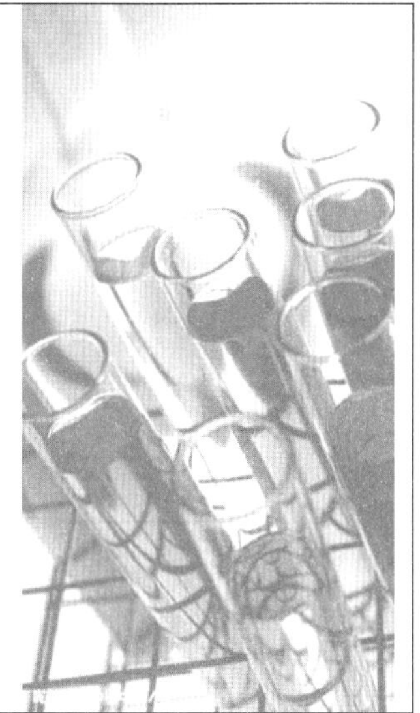

第6章　模型建構法二：神經網路

6.1 類神經網路簡介
6.2 類神經網路之模式：網路架構
6.3 類神經網路之建構：連結權值
6.4 類神經網路之檢定：變異分析
6.5 類神經網路之診斷：殘差分析
6.6 類神經網路之優缺點
6.7 類神經網路與迴歸分析之比較
6.8 結論

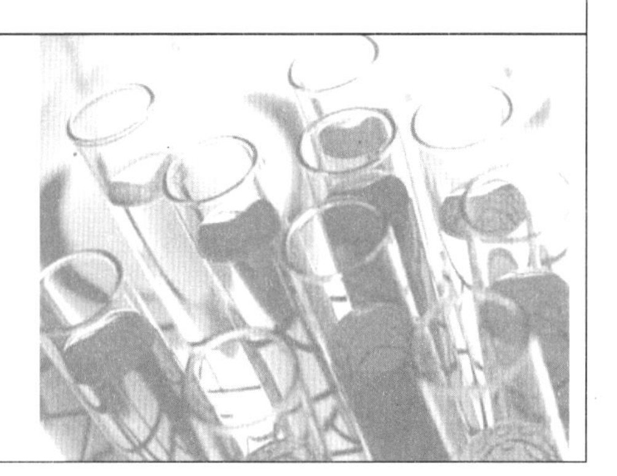

6.1 類神經網路簡介

傳統上常用統計學上的迴歸分析作爲建立迴歸模型預測的工具，這些方法經過多年的研究已頗具成效，然而在面對許多複雜的問題時，這些方法仍有所不足，最主要的問題是傳統統計學方法對非線性系統以及變數間有交互作用的系統較難適用。

近年來類神經網路 (Artificial Neural Network，ANN)已被視爲非常有效的非線性模型建構工具，是指模仿生物神經網路的資訊處理系統，其較精確的定義爲：「類神經網路是一種計算系統，包括軟體與硬體，它使用大量簡單的相連人工神經元來模仿生物神經網路的能力。人工神經元是生物神經元的簡單模擬，它從外界環境或者其他人工神經元取得資訊，並加以非常簡單的運算，並輸出其結果到外界環境或者其他人工神經元。」

由於類神經網路具有建構非線性模型、模擬平行處理、訊息分散式儲存、高度容錯性和自我學習能力等特性，已廣泛應用於迴歸、預測、診斷、控制...等問題，而實驗計畫法的模型建構屬於迴歸問題，因此也是類神經網路重要的應用領域。

雖然類神經網路適用於非線性系統以及變數間有交互作用的系統，但應用在實驗計畫法迴歸問題時有二個問題必須克服：

1. 類神經網路在數據數目不大時，容易出現「過度學習」，即統計學上的迴歸分析所稱的「過度配適」。但實驗數據的取得通常十分費時或昂貴，因此實驗設計收集到的數據數目經常十分有限。而因此單純將數據分割爲樣本內(訓練範例)、樣本外(測試範例)的作法會遭遇樣本不足的問題。交叉驗證法是一個解決此問題的良方。
2. 相對於迴歸分析可以由迴歸係數正負號判定因子與反應之間的正負向關係，並以 t 統計量判定因子是否顯著，類神經網路因爲有隱藏層的關係，不易從網路中的連結加權值作到相同的分析，被批評是「黑箱模型」。但實驗計畫法的使用者除了想建構精確的迴歸模型外，經常也想知道實驗因子反應變數之間的因果關係。敏感性分析是一個解決此問題的良方。

本章將介紹類神經網路的基本原理，上述「交叉驗證法」與「敏感性分析」將留待第 12 章時再介紹。

6.2 類神經網路之模式：網路架構

6.2.1 處理單元

類神經網路是由許多人工神經元（artificial neuron）所組成，人工神經元又稱處理單元（processing element）（圖 6-1）。每一個處理單元的輸出，成爲許多處理單元的輸入。處理單元其輸出值與輸入值之間的關係式，一般可用輸入值的加權乘積和之函數來表示，公式如下：

$$Y_j = f(\sum_i W_{ij} X_i - \theta_j) \tag{6-1}$$

其中

Y_j = 模仿生物神經元模型的 輸出訊號。

f = 模仿生物神經元模型的 轉換函數。

W_{ij} = 模仿生物神經元模型的 神經節強度，又稱連結 加權值 。

X_i = 模仿生物神經元模型的 輸入訊號。

θ_j = 模仿生物神經元的型的 閥值。

介於處理單元間的訊號傳遞路徑稱爲連結（connection）。每一個連結上有一個數值的加權值 W_{ij}，用以表示第 i 處理單元對第 j 個處理單元之影響強度。一個類神經網路是由許多個人工神經元與其連結所組成，並且可以組成各種網路模式（network model）。其中以倒傳遞網路（Back-Propagation Network，BPN）應用最普遍。一個 BPN 包含許多層，每一層包含若干個處理單元。輸入層處理單元用以輸入外在的環境訊息，輸出層處理單元用以輸出訊息給外在環境。此外，另包含一重要之處理層，稱爲隱藏層（hidden layer），隱藏層提供神經網路各神經元交互作用，與問題的內在結構處理能力。

轉換函數通常被設爲一個具有雙向彎曲的指數函數：

$$f(x) = \frac{1}{1 + e^{-x}} \tag{6-2}$$

此函數在自變數趨近負正無限大 $(-\infty, +\infty)$ 時，函數值趨近(0,1)，如圖 6-2 所示。

6.2.2 網路架構

倒傳遞類神經網路架構如圖6-3所示，包括：

輸入層：用以表現的輸入變數，其處理單元數目依問題而定。使用線性轉換函數，即 f(x)=x。

隱藏層：用以表現輸入處理單元間的交互影響，其處理單元數目並無標準方法可以決定，經常需以試驗方式決定其最佳數目。使用非線性轉換函數。網路可以不只一層隱藏層，也可以沒有隱藏層。

輸出層：用以表現輸出變數，其處理單元數目依問題而定。使用非線性轉換函數。

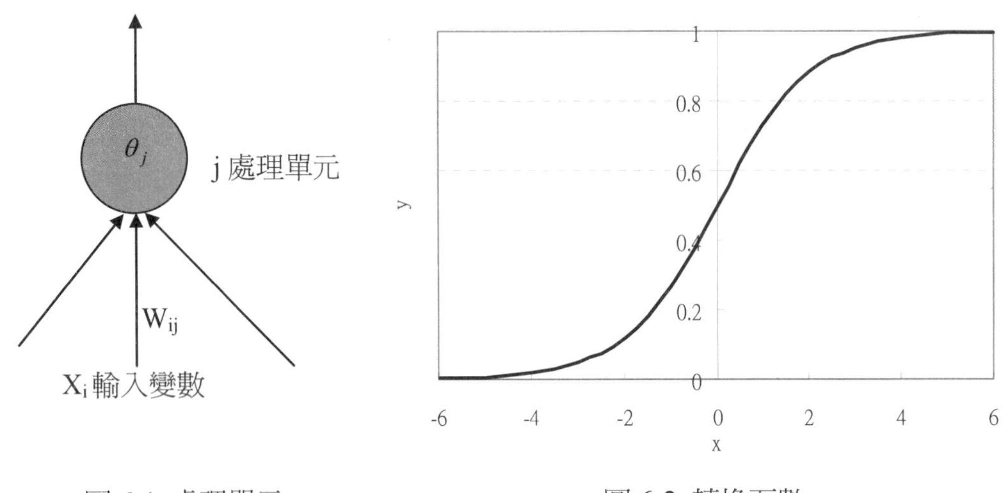

圖 6-1 處理單元

圖 6-2 轉換函數

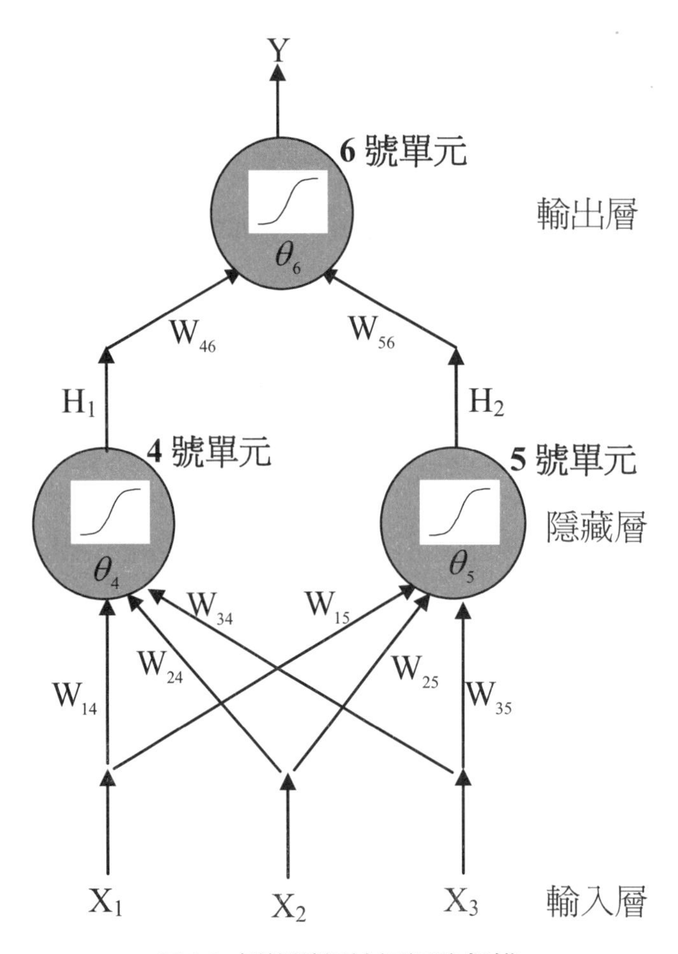

圖6-3 倒傳遞類神經網路架構

例題6-1由穩定液成份預估黏度

穩定液的黏度主要取決於穩定液成份，已知此模式：

輸入變數：

X_1 = 高分子濃度 (kg/1000 kg 穩定液)：實數數值變數，0.5-3

X_2 = 分散劑濃度 (kg/1000 kg 穩定液)：實數數值變數，0.5-2

X_3 = 皂土濃度　(kg/1000 kg 穩定液)：實數數值變數，10-35

輸出變數：

Y = 漏斗黏滯度 (秒)：實數數值變數，20-50。

因範例來自實驗數據，因此以

- □ 高分子濃度：0.5，1.0，2.0，3.0 等四種，
- □ 分散劑濃度：0.5，1.0，2.0 等三種，
- □ 皂土濃度　：10，15，20，25，30，35 等六種

作實驗，合計 4・3・6=72個實驗，即72個數據 (表6-1)。

表6-1 實驗數據 (部份)

高分子X_1	分散劑X_2	皂土X_3	漏斗黏滯度Y
0.5	0.5	10	21.2
0.5	0.5	20	22.2
0.5	0.5	25	22.6
0.5	0.5	35	23.9
0.5	1.0	10	21.5
0.5	1.0	15	22.0
0.5	1.0	20	22.3
0.5	1.0	25	22.5
0.5	1.0	30	22.9
0.5	1.0	35	23.5
0.5	2.0	10	21.4

經線性迴歸分析得迴歸公式：

$$Y=14.84 + 4.79X_1 - 0.0233X_2 + 0.216X_3$$

類神經網路也可處理上述問題，但其威力更強。假設取一層中間變數 (即一層隱藏層)，數目為二個 (參考圖6-3)，則

$$Y = f(H_1, H_2) = \frac{1}{1+\exp(-(W_{46}H_1 + W_{56}H_2 - \theta_6))} \quad (6\text{-}3)$$

$$H_1 = f(X_1, X_2, X_3) = \frac{1}{1+\exp(-(W_{14}X_1 + W_{24}X_2 + W_{34}X_3 - \theta_4))} \quad (6\text{-}4.a)$$

$$H_2 = f(X_1, X_2, X_3) = \frac{1}{1+\exp(-(W_{15}X_1 + W_{25}X_2 + W_{35}X_3 - \theta_5))} \quad (6\text{-}4.b)$$

因此這個模型中有 W_{14}，W_{24}，W_{34}，W_{15}，W_{25}，W_{35}，W_{46}，W_{56}，θ_4，θ_5，θ_6等 11 個參數，遠比線性迴歸分析中的 a_0，a_1，a_2，a_3 四個參數爲多。

6.3 類神經網路之建構：連結權值

倒傳遞類神經網路模式(Back-propagation Network，BPN)是目前類神經網路學習模式中最具代表性，應用最普遍的模式。倒傳遞類神經網路基本原理與迴歸分析一樣是最小化誤差平方和，而不同之處有：

1. 誤差函數的組成：誤差平方和不是迴歸係數的函數，而是連結加權值與閥值的函數。
2. 誤差函數最小化：因爲類神經網路是非線性系統，無法同迴歸分析一樣用極值定理最小化誤差函數，進而推導出一組線性聯立方程式求解迴歸係數，而是利用最陡坡降法 (Gradient Steepest Descent Method) 以迭代的方式將誤差函數予以最小化，而解得連結加權值與閥值。

6.3.1 網路演算法

以下用一個具有單層隱藏層的層狀類神經網路爲例 (如圖6-3所示)，說明倒傳遞演算法如何應用一個訓練範例的一組輸入值，與一組目標輸出值，修正網路連結加權值與門限值，而達到學習的目的。下列推導需具初等微積分知識，讀者如不熟悉，請直接跳到結論。

首先，應用訓練範例的輸入處理單元的輸入值 {X}，計算隱藏層隱藏處理單元的輸出值 {H} 如下：

$$H_k = f(net_k) = \frac{1}{1+\exp(-net_k)} \quad (6\text{-}5(a))$$

$$net_k = \sum_i W_{ik} X_i - \theta_k \qquad k = 1,2,...,N_{hidden} \tag{6-5(b)}$$

其中 H_k 爲隱藏層的第 k 個單元的輸出值；net_k 爲隱藏層的第 k 個單元的淨值；W_{ik} 爲第 i 個輸入單元與隱藏層的第 k 個單元間的連結強度；θ_k 爲隱藏層的第 k 個單元的門限值。

同理，應用隱藏層隱藏處理單元的輸出值 {H}，計算輸出層處理單元的推論輸出值 {Y}如下：

$$Y_j = f(net_j) = \frac{1}{1+\exp(-net_j)} \tag{6-6(a)}$$

$$net_j = \sum_k W_{kj} H_k - \theta_j \tag{6-6(b)}$$

其中 H_k 爲隱藏層的第 k 個隱藏單元的輸出值；net_j 爲輸出層的第 j 個單元的淨值；Y_j 爲第 j 個輸出單元的輸出值；W_{kj} 爲隱藏層的第 k 單元與輸出層第 j 個單元間的連結強度；θ_j 爲輸出層第 j 個單元的門限值。

網路推得的「推論輸出值」與訓練範例原有的「目標輸出值」相較可得網路誤差。網路即利用此誤差作爲修正連結中的加權值的依據，以從訓練範例中，學習隱涵的分類知識。因爲監督式學習旨在降低網路輸出單元目標輸出值與推論輸出值之差距，所以一般以下列誤差函數 (或稱能量函數) 表示學習的品質：

$$E = \frac{1}{2}\sum\left(T_j - Y_j\right)^2 \tag{6-7}$$

其中 T_j 爲訓練範例輸出層第 j 個輸出單元的目標輸出值；Y_j 爲訓練範例輸出層第 j 個輸出單元的推論輸出值。

顯然網路學習的目的爲：修正網路連結上的加權值，使網路誤差函數達到最小值，即使推論輸出值趨近目標輸出值，如此，網路已經從訓練範例中學習到隱涵在訓練範例中的系統模型。因此，網路的學習過程變成使上述誤差函數最小化的過程。因爲誤差函數是網路連結加權值的函數，所以爲了使誤差函數達到最小值，可用「最陡坡降法」來使能量函數最小化，即每當輸入一個訓練範例，網路即小幅調整連結加權值的大小，調整的幅度和誤差函數對該加權值的敏感程度成正比，即與誤差函數對加權值的偏微分值大小成正比：

$$\Delta W = -\eta \frac{\partial E}{\partial W} \tag{6-8}$$

其中 η 稱爲學習速率(learning rate)，控制每次加權值修改的幅度。

以下分成二部份推導連結加權值修正量公式：

1.隱藏層與輸出層間之連結加權值

2.輸入層與隱藏層間之連結加權值

分述如下：

1. 隱藏層與輸出層間之連結加權值

網路輸出層與隱藏層間之連結加權值之修正量可用偏微分的連鎖率(chain rule)得到：

$$\Delta W_{kj} = -\eta \frac{\partial E}{\partial W_{kj}} = -\eta \cdot \frac{\partial E}{\partial net_j} \cdot \frac{\partial net_j}{\partial W_{kj}} \tag{6-9}$$

其中

$$\frac{\partial net_j}{\partial W_{kj}} = \frac{\partial}{\partial W_{kj}} (\sum_k W_{kj} H_k - \theta_j) = H_k \tag{6-10}$$

$$\frac{\partial E}{\partial net_j} = \frac{\partial E}{\partial Y_j} \cdot \frac{\partial Y_j}{\partial net_j} \tag{6-11}$$

因

$$\frac{\partial E}{\partial Y_j} = \frac{\partial}{\partial Y_j} (\frac{1}{2} \sum (T_j - Y_j)^2) = -(T_j - Y_j) \tag{6-12}$$

$$\frac{\partial Y_j}{\partial net_j} = \frac{\partial}{\partial net_j} (f(net_j)) = f'(net_j) = f_j' \tag{6-13}$$

將(6-12)(6-13)代入(6-11)得

$$\frac{\partial E}{\partial net_j} = -(T_j - Y_j) \cdot f_j' \tag{6-14}$$

定義

$$\delta_j \equiv (T_j - Y_j) \cdot f_j' \tag{6-15}$$

則

$$\frac{\partial E}{\partial net_j} = -\delta_j \tag{6-16}$$

將(6-10)(6-16)代入(6-9)得

$$\Delta W_{kj} = -\eta \cdot (-\delta_j) \cdot H_k = \eta \cdot \delta_j \cdot H_k \tag{6-17}$$

同理，輸出單元的門限值修正量：

$$\Delta\theta_j = -\eta\frac{\partial E}{\partial\theta_j} = -\eta\delta_j \tag{6-18}$$

2. 輸入層與隱藏層間之連結加權值

$$\Delta W_{ik} = -\eta\frac{\partial E}{\partial W_{ik}} = -\eta\frac{\partial E}{\partial net_k}\frac{\partial net_k}{\partial W_{ik}} \tag{6-19}$$

其中

$$\frac{\partial net_k}{\partial W_{ik}} = X_i \tag{6-20}$$

$$\frac{\partial E}{\partial net_k} = \frac{\partial E}{\partial H_k}\frac{\partial H_k}{\partial net_k} = \left(\sum_j \frac{\partial E}{\partial net_j}\cdot\frac{\partial net_j}{\partial H_k}\right)f_k^{'} = -\left(\sum_j \delta_j W_{kj}\right)\cdot f_k^{'} \tag{6-21}$$

定義

$$\delta_k \equiv \left(\sum_j \delta_j \cdot W_{kj}\right)\cdot f_k^{'} \tag{6-22}$$

則

$$\frac{\partial E}{\partial net_k} = -\delta_k \tag{6-23}$$

故

$$\Delta W_{ik} = -\eta\cdot(-\delta_k)\cdot X_i = \eta\delta_k X_i \tag{6-24}$$

同理，隱藏層單元的門檻限制值修正量：

$$\Delta\theta_k = -\eta\frac{\partial E}{\partial\theta_k} = -\eta\cdot\delta_k \tag{6-25}$$

通常公式 (2-17)、(2-18)、(2-24)、(2-25)在應用時會加上一個慣性(momemtum) 項，即加上某比例的上次加權值的修正量以改善收斂過程中振盪的現。因此可改寫成

$$\Delta W_{kj}(n) = \eta\cdot\delta_j\cdot H_k + \alpha\cdot\Delta W_{kj}(n-1) \tag{6-26}$$

$$\Delta\theta_j(n) = -\eta\cdot\delta_j + \alpha\cdot\Delta\theta_j(n-1) \tag{6-27}$$

$$\Delta W_{ik}(n) = \eta\cdot\delta_k\cdot X_i + \alpha\cdot\Delta W_{ik}(n-1) \tag{6-28}$$

$$\Delta\theta_k(n) = -\eta\cdot\delta_k + \alpha\cdot\Delta\theta_k(n-1) \tag{6-29}$$

其中 α 稱爲慣性因子，控制慣性項之比例；$\Delta W_{kj}(n)$ 與 $\Delta W_{kj}(n-1)$ 表示加權值 W_{kj} 第n與n-1次之修正量；其餘依此類推。

結論：(6-26)、(6-27)、(6-28)、(6-29)式即倒傳遞演算法之關鍵公式，這種學習法

則稱之為「通用差距法則」(General Delta Rule)。至於沒有隱藏層時，輸入層與輸出層間的加權值修正量和隱藏單元的閥值修正量與(6-26)式及(6-27)式相近。當隱藏層不只一層時，可依(6-28)式與(6-29)式類推。

如果非線性轉換函數使用雙彎曲函數，即(6-2)式，則

$$f'(x)=\frac{df(x)}{dx}=\frac{d}{dx}\left(\frac{1}{1+e^{-x}}\right)=\frac{e^{-x}}{(1+e^{-x})^2}=\left(\frac{1}{1+e^{-x}}\right)\left(\frac{e^{-x}}{1+e^{-x}}\right)$$

$$=\left(\frac{1}{1+e^{-x}}\right)\left(1-\frac{1}{1+e^{-x}}\right)=f(x)\cdot(1-f(x)) \quad (6\text{-}30)$$

故

$$f_k'=f(net_k)(1-f(net_k))=H_k(1-H_k) \quad (6\text{-}31)$$

$$f_j'=f(net_j)(1-f(net_j))=Y_j(1-Y_j) \quad (6\text{-}32)$$

此學習過程通常以一次一個訓練範例的方式進行 (稱之為「逐例學習」)，直到學習完所有的訓練範例，稱為一個學習循環 (learning cycle)。 一個網路可以將訓練範例反復學習數個學習循環，直至達到收斂。如果學習過程改以一次多個訓練範例的方式進行，即累積多個訓練範例後再修改權值一次的方式進行，稱之為「加權值累積式更新」或稱「批次學習」(batch learning)。

倒傳遞網路演算法整理如下 (單層隱藏層倒傳遞網路)：

學習過程：

1.設定網路參數。

2.以均佈隨機亂數設定加權值矩陣與閥值向量初始值。

3.輸入一個訓練範例的輸入向量 X，與目標輸出向量 T。

4.計算推論輸出向量 Y

(a) 計算隱藏層輸出向量 H

$$net_k=\sum_i W_{ik}X_i-\theta_k$$

$$H_k=f(net_k)=\frac{1}{1+\exp(-net_k)}$$

(b) 計算推論輸出向量 Y

$$net_j=\sum_k W_{kj}H_k-\theta_j$$

$$Y_j=f(net_j)=\frac{1}{1+\exp(-net_j)}$$

5.計算差距量δ

(a) 計算輸出層差距量δ

$$\delta_j = (T_j - Y_j) \cdot Y_j (1 - Y_j)$$

(b) 計算隱藏層差距量δ

$$\delta_k = \left(\sum_j \delta_j \cdot W_{kj} \right) \cdot H_k (1 - H_k)$$

6.計算加權值矩陣修正量，及閥值向量修正量

(a) 計算輸出層加權值矩陣修正量，及閥值向量修正量

$$\Delta W_{kj}(n) = \eta \cdot \delta_j \cdot H_k + \alpha \cdot \Delta W_{kj}(n-1)$$

$$\Delta \theta_j(n) = -\eta \cdot \delta_j + \alpha \cdot \Delta \theta_j(n-1)$$

(b) 計算隱藏層加權值矩陣修正量，及閥值向量修正量

$$\Delta W_{ik}(n) = \eta \cdot \delta_k \cdot X_i + \alpha \cdot \Delta W_{ik}(n-1)$$

$$\Delta \theta_k(n) = -\eta \cdot \delta_k + \alpha \cdot \Delta \theta_k(n-1)$$

7.更新加權值矩陣，及閥值向量

(a) 更新輸出層加權值矩陣，及閥值向量

$$W_{kj} = W_{kj} + \Delta W_{kj}$$

$$\theta_j = \theta_j + \Delta \theta_j$$

(b) 更新隱藏層加權值矩陣，及閥值向量

$$W_{ik} = W_{ik} + \Delta W_{ik}$$

$$\theta_k = \theta_k + \Delta \theta_k$$

8.重覆步驟 3 至步驟 7，直到收斂。

回想過程：

1.設定網路參數。

2.讀入加權值矩陣與閥值向量。

3.輸入一個未知資料的輸入向量 X。

4.計算推論輸出向量 Y

(a) 計算隱藏層輸出向量 H

$$net_k = \sum_i W_{ik} X_i - \theta_k$$

$$H_k = f(net_k) = \frac{1}{1+\exp(-net_k)}$$

(b) 計算推論輸出向量 Y

$$net_j = \sum_k W_{kj} H_k - \theta_j$$

$$Y_j = f(net_j) = \frac{1}{1+\exp(-net_j)}$$

6.3.2 網路參數

倒傳遞網路有幾個重要參數，包括

1. 隱藏層層數
2. 隱藏層處理單元數目
3. 學習速率
4. 慣性因子

進一步說明如下：

1. 隱藏層層數

通常隱藏層之數目為一層或二層時有最好的收斂性質，而少於一層或多於二層時，誤差逐漸增高。這可解釋成：沒有隱藏層不能建構問題輸出入間的非線性關係，因而有較大的誤差；而有一、二層隱藏層已足以反應問題的輸入單元間的交互作用；更多的隱藏層反而使網路過度複雜，減緩收斂速度。依據經驗，範例較少、雜訊較多、非線性程度較低的問題可取一層隱藏層；反之，可取二層隱藏層。一般而言，對大多數實際的應用問題來說，用一層隱藏層就已足夠。

2. 隱藏層處理單元數目

通常隱藏層處理單元之數目越多收斂越慢，但可達到更小的誤差值，特別是「訓練範例」誤差。但超過一定數目後，再增加則對降低「測試範例」誤差幾乎沒幫助，甚至反而有害。這可解釋成：隱藏層處理單元之數目太少，則不足以建構問題輸出入間的非線性關係，因而有較大的誤差；數目越多，則網路的連結加權值與閥值越多，網路的可塑性越高，可以建立充份反應輸入變數間的交互作用的模式，因此使網路對訓練範例有較小的誤差值。但也更可能發生「過度學習」(overlearning) 現象， 即網路對訓練範例的誤差越來越小，對測試範例的誤差卻越來越大的現象。因此，隱藏層處理單元數目以取適當的數目為宜。一般而言，隱藏層處理單元數目的選取原則如下：

(1) 建議：

簡單問題：= (輸入層處理單元數 + 輸出層處理單元數)/2　　(平均法)

一般問題：= (輸入層處理單元數 + 輸出層處理單元數)　　(總和法)

困難問題：= (輸入層處理單元數 + 輸出層處理單元數)・2　　(加倍法)

(2) 問題雜訊高，隱藏層單元數目宜少。

(3) 問題複雜性高，即非線性、交互作用程度高，隱藏層單元數目宜多。

(4) 測試範例誤差遠高於訓練範例誤差，則發生「過度學習」，隱藏層單元數目宜減少；反之，可增加。

3. 學習速率

通常學習速率太大或太小對網路的收斂性質均不利。這可解釋成：較大的學習速率有較大的網路加權值修正量，可較快逼近誤差函數最小值，但過大的學習速率將導致網路加權值修正過量，而發生誤差振盪現象，因此學習速率的大小對學習有很大的影響。通常在學習過程中，學習速率可採先取較大的初始值，再於網路的訓練過程中逐漸減小的方式來設定，以兼顧收斂速度及避免振盪現象。一般採用在每一個學習循環完畢即將學習速率乘以一個小於1.0的係數(例如0.95) 的方式，逐漸縮小學習速率，但不小於一預設的學習速率下限值。依據經驗：初始值= 5.0，折減係數= 0.95，下限值= 0.1；大都可得到良好的收斂性。但是仍有些問題的適當學習速率可能低到0.1以下，或高到10以上。

4. 慣性因子

通常學慣性因子太大或太小對網路的收斂性質均不利。通常在學習過程中，慣性因子可採先取較大的初始值，再於網路的訓練過程中逐漸減小的方式來設定。一般採用在每一個學習循環完畢即將慣性因子乘以一個小於1.0的係數(例如0.95)的方式，逐漸縮小慣性因子，但不小於一預設的慣性因子下限值。依據經驗：初始值= 0.5，折減係數= 0.95，下限值= 0.1；大都可得到良好的收斂性。

6.3.3 變數尺度化與反尺度化

由於神經元所用的轉換函數之值域固定，例如(6-2)式值域為[0,1]，但真實的輸出變數的尺度可能遠大或遠小於此值域，因此在將數據載入網路進行學習前，輸出變數必須先行尺度化，以不超過轉換函數之值域. 一般而言，可先統計輸出變數的值域[Y_{min}，Y_{max}]，依下式作尺度化(圖6-4(a))：

$$y = \frac{Y - Y_{\min}}{Y_{\max} - Y_{\min}}(D_{\max} - D_{\min}) + D_{\min} \qquad (6\text{-}33(a))$$

$Y_{\min}, Y_{\max}$=尺度化前輸出變數的最小值與最大值；

$D_{\min}, D_{\max}$=尺度化後輸出變數的最小值與最大值；

Y=尺度化前輸出變數的值；

y=尺度化後輸出變數的值。

通常[$D_{\min}, D_{\max}$]不會取轉換函數之值域[0,1]，而取較小的範圍，例如[0.2，0.8]，以預留空間給當網路在應用時，可能出現尺度化前輸出變數的值超出原先統計的[$Y_{\min}, Y_{\max}$]情形。

在網路學習完畢後，必須將網路計算所得的輸出變數預測值作反尺度化，公式爲上式之反運算：

$$Y = \frac{y - D_{\min}}{D_{\max} - D_{\min}}(Y_{\max} - Y_{\min}) + Y_{\min} \qquad (6\text{-}33(b))$$

由於輸入層與隱藏層間的連結權植之修正公式爲

$$\Delta W_{ik}(n) = \eta \cdot \delta_k \cdot X_i \qquad (6\text{-}34)$$

與數入變數 X_i 有關，但真實的輸入變數間的尺度可能相去甚遠，例如一變數值域可能在[0,0.001]，但另一變數可能在[0,1000]，雖然在理論仍可讓網路學習，但實際上可能造成連結權植之修正的幅度過小或過大，導致網路的學習過程停滯或發散而無法收斂，因此在將數據載入網路進行學習前，輸入變數必須先行尺度化，使各輸入變數的值域能落入合宜的範圍。一般而言，可先統計輸出變數的平均值與標準差，依下式作尺度化(圖6-4(b))：

$$x = \frac{X - \mu}{k\sigma} \qquad (6\text{-}35)$$

μ=尺度化前輸入變數的平均值；

σ=尺度化前輸入變數的標準差；

k=尺度化參數；

X=尺度化前輸入變數的值；

x=尺度化後輸入變數的值。

通常 k 值可取 1.96，如此可使尺度化後輸入變數的值有 95%的機率落入[-1,1]的範圍。

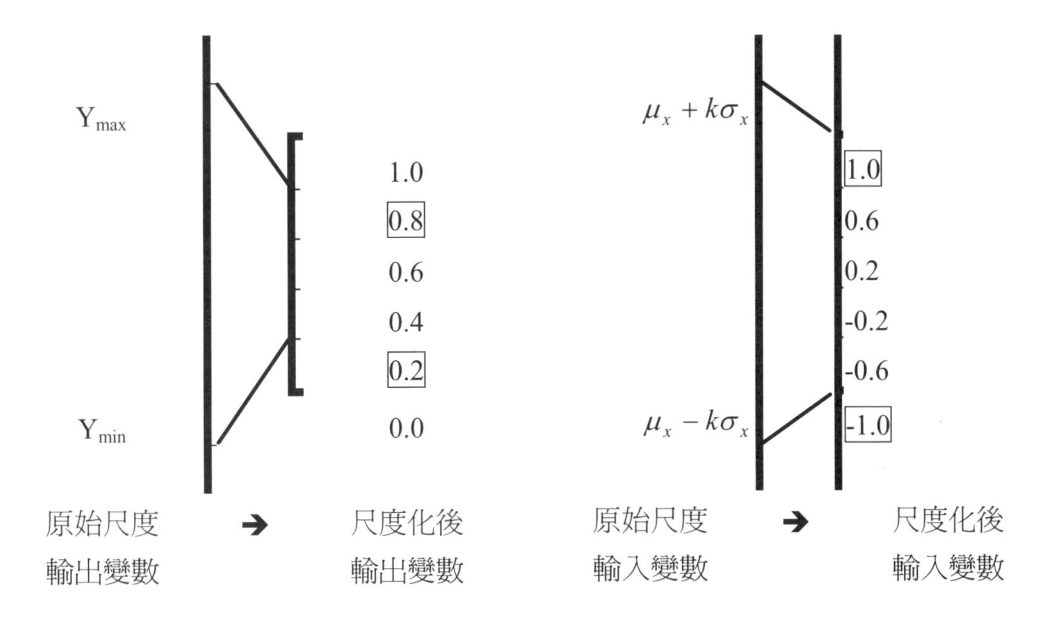

圖 6-4(a) 輸出變數的尺度化　　圖 6-4(b) 輸入變數的尺度化

6.4 類神經網路之檢定：變異分析

類神經網路本質上就是一個非線性系統，因此許多迴歸分析適用的檢定並不適用在類神經網路上。但如果把其預測值與實際值作比較，仍可計算出誤差均方根與誤差平方和，因此判定係數仍可算出。但因為很難定義類神經網路的自由度有多少，因此調整之判定係數與 F 檢定就不再適用了。

由於類神經網路有極大的彈性，如果同迴歸分析一樣將所有數據供其作為調整網路權值之用，以降低誤差的最小平方和，則往往會有過度配適的問題。為了能可靠地檢驗學習的成果，通常必須將數據分成二個部份，一部份作訓練範例，另一部份作測試範例，在網路學習階段，可每學習幾個學習循環，即將測試範例載入網路，測試網路的誤差是否收斂。如此則因測試範例不被用來供作調整網路權值之用，因此其誤差便能真實地反應類神經網路的預測能力。

6.5 類神經網路之診斷：殘差分析

把類神經網路的預測值與實際值作比較，可計算出誤差，因此在迴歸分析中的殘差診斷的觀念大都仍然適用：

1. 殘差估計

在迴歸分析中，殘差標準差的估計值如下：

$$\hat{\sigma}=\sqrt{\frac{SS_E}{\text{n - p}}}=\sqrt{\frac{\sum_{i=1}^{n}(y_i-\hat{y}_i)^2}{\text{n - p}}} \qquad (6\text{-}36)$$

其中 SS_E=未解釋方差和$=\sum_{i=1}^{n}e_i^2=\sum_{i=1}^{n}(y_i-\hat{y}_i)^2$

p=模型係數之數目

n=數據數目。

但在類神經網路中，模型係數之數目很難定義，雖然可考慮用權值與閥值的總數來估計，但因類神經網路是以迭代的方式調整權值與閥值，故並非每個權值與閥值都對模型有效用，因此這種作法可能高估了模型係數之數目，因而高估了殘差之變異數。對大型網路而言，權值與閥值的總數經常很大，甚至可能比數據數目還多，因此此一方法常不可行。因此，通常必須將數據分成二個部份，一部份作訓練範例，另一部份作測試範例。在網路學習階段，可每學習幾個學習循環，即將測試範例載入網路，測試網路的誤差是否收斂。因測試範例不被用來供作調整網路權值之用，因此其模型係數之數目可假設為 0，故(6-36)式可修改為「誤差均方根」(Root of Mean Square，RMS)：

$$\text{誤差均方根}=\sqrt{\frac{\sum_{p=1}^{n}\sum_{j=1}^{m}(y_{jp}-\hat{y}_{jp})^2}{n\cdot m}} \qquad (6\text{-}37)$$

其中　y_{jp}= 第 p 個範例的第 j 個輸出單元之目標輸出值；

$\hat{y}_{jp}$= 第 p 個範例的第 j 個輸出單元之推論輸出值；

n= 範例數目；

m= 輸出層處理單元的數目。

測試範例的誤差均方根能真實地反應類神經網路的預測能力，可與迴歸分析中之殘差標準差 $\hat{\sigma}$ 作比較。

2. 殘差正規化

正規化殘差大於 3 或小於-3 者屬可疑的數據，可考慮檢查或刪除該數據，或者重作該實驗。

3. 常態機率圖

可用來判定殘差是否為常態分佈。

4. 殘差圖

(a) 如果 y 殘差圖中點之分佈寬度與橫軸無關，則符合殘差變異常數假設。如果殘差變異不是常數，可利用將 y 值取對數的方式來消減這種現象。

(b) 如果 x 殘差圖是否有特殊型態，可提供改進模型的參考。例如在 x 殘差圖中點之分佈呈曲線散佈，則代表還有曲線關係尚未被學習到，可能要增加學習循環，使網路能學到此關係。

(c) 如果時序殘差圖中點之分佈與橫軸無關，則符合殘差變異獨立假設。

但類神經網路本質上就是一個非線性系統，迴歸分析理論中的一些假設它必不需要遵守，但也使得迴歸分析理論中的一些推論它也無法適用，例如預測值的信賴區間之估計。

6.6 類神經網路之優缺點

類神經網路與迴歸分析相比其優點有：

1. 類神經網路可以建構非線性模型，模型的準確度高。
2. 類神經網路可以表達輸入變數間的交互作用，模型的準確度高。
3. 類神經網路可以接受數值、邏輯、分類變數作輸入變數，適應性強。
4. 類神經網路可以用於函數映射、數列預測、樣本分類等問題，應用廣泛。

簡單的說類神經網路的優點就是「模型建構能力強」。

類神經網路與迴歸分析相比其缺點有：

1. 類神經網路因爲是非線性模式，要用迭代方式多次逼近最佳的連結加權值與門限值，因此計算量大，相當耗費電腦資源。
2. 類神經網路因爲其中間變數(即隱藏層)可以是一層或二層，數目也可設定爲任意數目，而且有學習速率等參數需設定，因此網路優化的工作相當費時。
3. 類神經網路因爲具有大量可調參數(連結加權值與門限值)，因此容易發生過度學習現象，即網路對訓練範例的誤差很小，對測試範例的誤差卻很大的現象。
4. 類神經網路因爲是非線性模式，其連結加權值與門限值無唯一解，因此很難證明所得的解是最佳的一組解。
5. 類神經網路以含權的網路來表達模型，其模型是複雜的，無法用套公式的方式來應用；迴歸分析以公式來表達模型，其模型是簡易的，可用套公式的方式來應用。

簡單的說類神經網路的缺點就是「模型建構成本高」。

6.7 類神經網路與迴歸分析之比較

迴歸問題可定義為：從一個或一個以上的已知自變數X來預測另一未知的因變數Y。線性迴歸分析是假定自變數X與因變數Y之間可用線性公式來表示：

$$Y = a_0 + a_1X_1 + a_2X_2 + ... + a_nX_n \quad (6\text{-}38)$$

當已知許多組自變數X與因變數Y的資料，可用迴歸分析得到參數a_0，a_1，a_2，....，a_n 值。一般假定使線性公式的因變數預測值與資料中的因變數實測值之誤差平方和最小的參數為最佳參數。

線性迴歸分析的缺點有二：

1. 自變數X與因變數Y之間的非線性關係無法表達。例如真實的模型可能是

$$Y=a_0+a_1X_1^2+a_2\exp(X_2) \quad (6\text{-}39)$$

2. 自變數X間的交互作用無法表達。例如真實的模型可能是

$$Y=a_0+a_1X_1+a_2X_2+a_3X_1X_2 \quad (6\text{-}40)$$

雖然可以透過變數轉換的方式將一預設的非線性模型轉為線性模型，再用線性迴歸分析解得迴歸係數，再透過變數轉換的方式將線性模型轉回預設的非線性模型，但此種方法將遭遇「非線性模型」如何預設 (猜想) 的問題，特別是高維次 (即自變數很多) 模型其非線性模型難以猜想的問題。

類神經網路也可處理上述問題，但其威力更強。它不直接用輸入變數組成輸出變數函數，而是先將輸入變數組成中間變數函數，再由中間變數組成輸出變數函數。中間變數的數目可設為任意數目，而且中間變數也不限於一層，有時也有用二層。由於類神經網路具有中間變數，且每個函數均為非線性函數，因此是一個「非線性」模式，即輸入變數與輸出變數間的函數關係可以是非線性，且輸入變數間的交互作用也可表達出來，可以建立複雜的函數關係，有效解決了線性迴歸分析的缺點。

類神經網路與迴歸分析相比其相同之處有：

1. 都是依數據建模型。
2. 都有可調整參數。在迴歸分析中為迴歸係數 a_0，a_1，a_2，...等；在類神經網路中為網路的連結加權值與門限值。

類神經網路與線性迴歸分析相比其相異之處有：

1. 線性迴歸分析為線性模式(但可擴充為非線性模式)；類神經網路為非線性模式。
2. 線性迴歸分析無法表達輸入變數間的交互作用(但可擴充為具交互作用模式)；類神

經網路爲具交互作用模式。

3. 線性迴歸分析的可調參數(迴歸係數)的數目是固定的；類神經網路因爲其中間變數(即隱藏層)可以是一層或二層，數目也可設定爲任意數目。因此其可調參數(連結加權值與門限值)的數目是可變的，而且經常遠多於迴歸分析。
4. 線性迴歸分析用解矩陣的方式一次解出迴歸係數；類神經網路因爲是非線性模式，要用迭代方式逼近最佳的連結加權值與門限值。
5. 線性迴歸分析的迴歸係數有唯一解；類神經網路因爲是非線性模式，其連結加權值與門限值無唯一解，也很難證明所得的解是最佳的組解。
6. 線性迴歸分析的變數限爲連續值之變數；類神經網路不受此限制，數值、分類變數均可。

6.8 結論

本章的例題顯示，類神經網路是一種非線性建模能力很強的工具，因此如果一個預測問題本質上是一個非線性模式，則類神經網路是很好的選擇。但它並非沒有缺點，例如網路建構的工作相當費時等。因此，如果一個預測問題本質上是一個線性模式或二階多項式模式，則類神經網路就不是很好的選擇，此時傳統的迴歸分析等才是較好的選擇。

本章參考文獻

[1] 葉怡成，2006，*類神經網路模式應用與實作*，儒林圖書公司，台北。

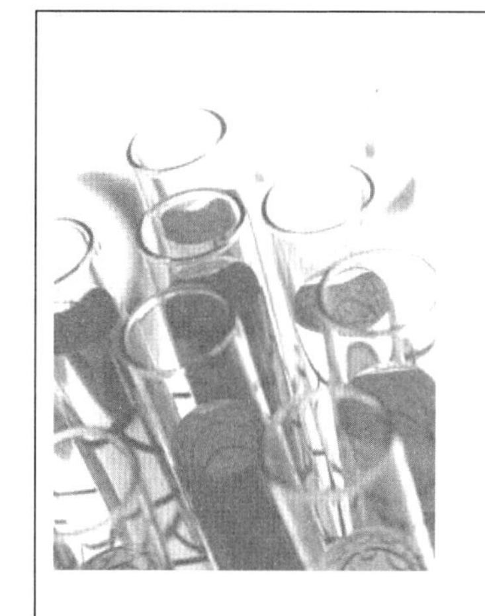

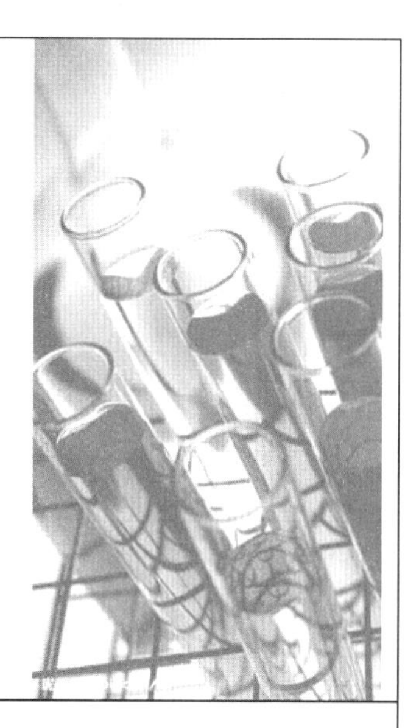

第7章 參數優化

7.1 簡介

7.2 無限制最佳化

7.3 限制最佳化

7.4 結語

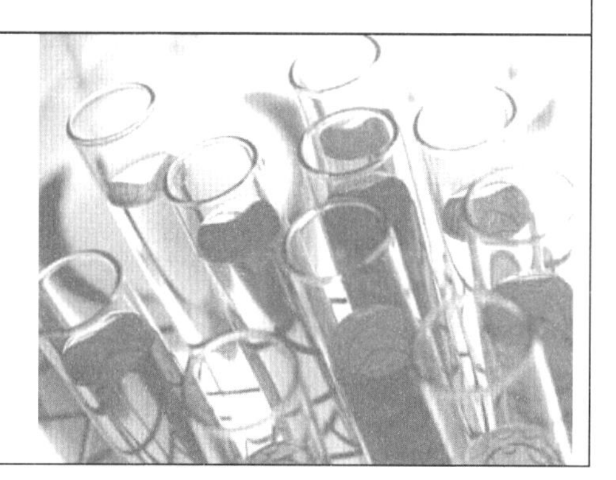

7.1 簡介

在品質設計問題中，其設計目標經常是追求反應最大化或最小化，但有時尚有某些反應必須滿足某些限制的要求。例如一產品的研發目標可能是成本最小化，但必須滿足強度(反應變數之一)大於 100，勁度(反應變數之一)大於 500 的品質要求。又如一塗料由 5 種成份(A，B，C，D，E)混合而成，研發的目標可能是最小化「正好組成一公升的塗料所需的各種成份之用量之成本總和」，且必須滿足(1)成份 A 與成份 B 的總含量小於 15%，(2)硬化時間(反應變數之一)小於 8 小時，(3)表面硬度(反應變數之一)大於 5 等限制。此一塗料混合問題因爲是在尋求「正好組成一公升的塗料所需的各種成份之用量」，即有「各種成份之用量必須正好組成一公升的塗料」之限制，這類具有因子(成份)間的組合必須等於某值的限制之問題特稱爲**配比設計問題**。

品質設計問題依限制函數型態可分成：

1.無限制最佳化問題

一個品質設計問題只有望大、望小或望目等需求，而無品質特性值必須小於、大於或等於某值的限制，稱爲「無限制最佳化問題」。其最佳化模式爲

望大型：Max $F(\boldsymbol{x})$	(7-1a)
望小型：Min $F(\boldsymbol{x})$	(7-1b)
望目型：Min $(F(\boldsymbol{x})-m)^2$	(7-1c)

其中 F=目標函數；$\boldsymbol{x}$ =設計變數；m =望目型問題目標值。

例如下式爲一個典型的無限制最佳化問題(目標函數見圖 7-1)：

$$\text{Min } F=80-2x_1-3x_2+x_1x_2+1.5x_1^2+2x_2^2 \qquad (7\text{-}2)$$

2.限制最佳化問題

一個品質設計問題不但有望大、望小或望目等需求，且有品質特性值必須小於、大於或等於某值的限制，或者品質因子間的組合必須滿足某些限制，稱爲「限制最佳化問題」。其最佳化模式爲

Min $F(\boldsymbol{x})$ (或 Max $F(\boldsymbol{x})$ 或 Min $(F(\boldsymbol{x})-m)^2$)	(7-3)
Subject $g_j(\boldsymbol{x})\leqq 0$ $\quad$ j=1，2，…，m	(7-4)

其中 F=目標函數；$\boldsymbol{x}$ =設計變數；$g_j(\boldsymbol{x})$=限制函數。

例如下式爲一個典型的限制最佳化問題(限制函數見圖 7-2)：

$$\text{Min } F=80-2x_1-3x_2+x_1x_2+1.5x_1^2+2x_2^2 \qquad (7\text{-}5)$$

$$\text{Subject } g_1=-6.25+5x_1-22.5x_2+0.25x_1^2+0.75x_2^2\leqq 0 \qquad (7\text{-}6)$$

$$g_2=46.875-9x_1-10.5x_2+0.3x_1^2+0.7x_2^2\leqq 0 \qquad (7\text{-}7)$$

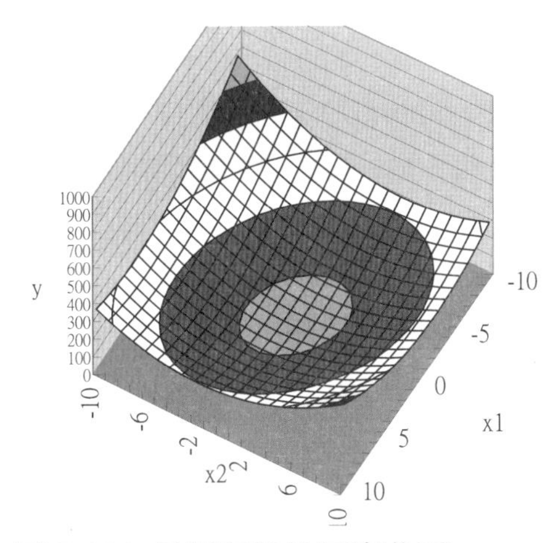

圖 7-1(a) 目標函數的反應曲面

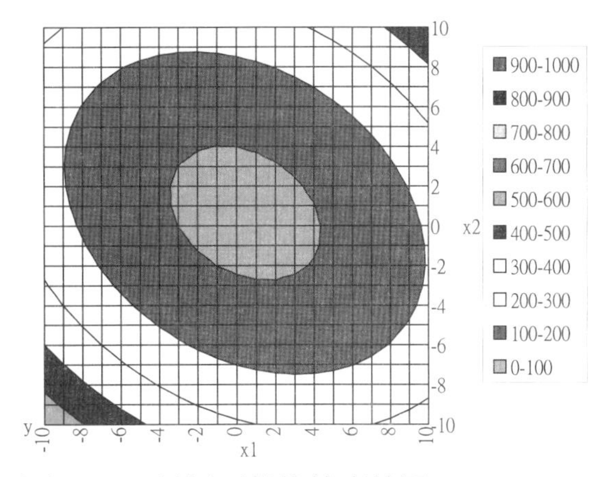

圖 7-1(b) 目標函數的等高線圖

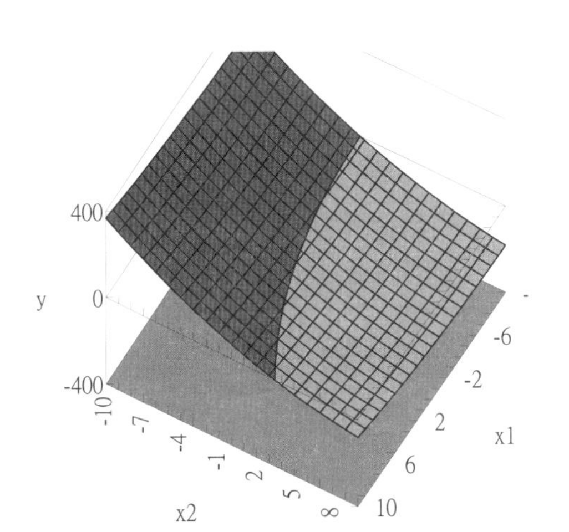

圖 7-2(a) 限制函數 g_1 的反應曲面

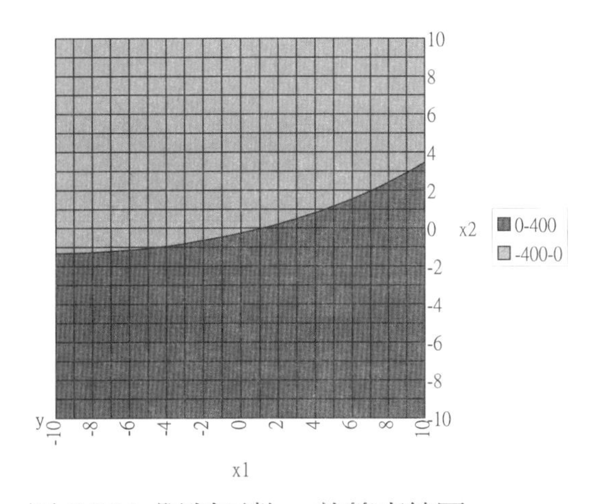

圖 7-2(b) 限制函數 g_1 的等高線圖

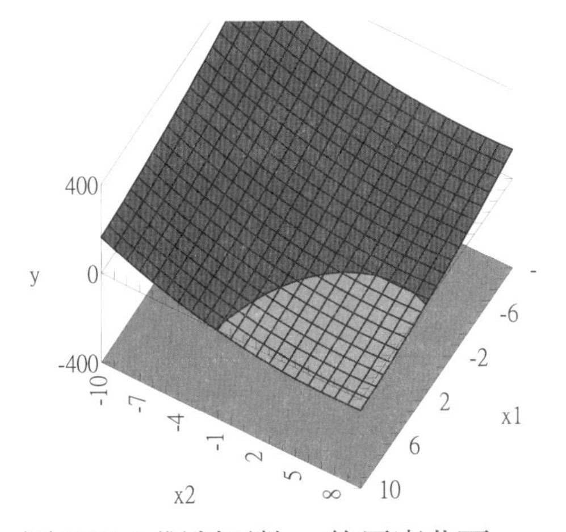

圖 7-2(c) 限制函數 g_2 的反應曲面

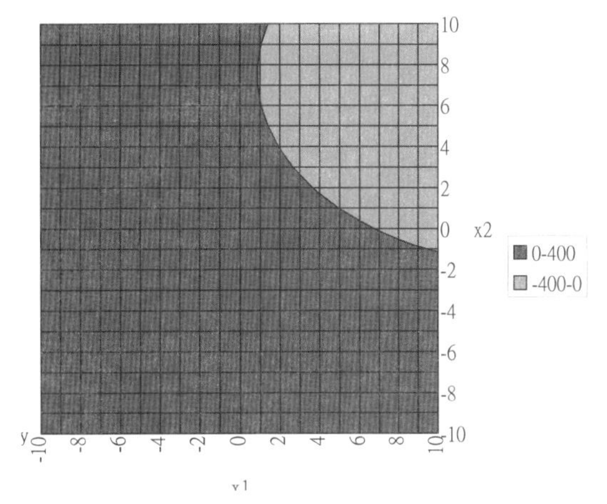

圖 7-2(d) 限制函數 g_2 的等高線圖

3.準無限制最佳化問題

由於限制最佳化問題遠比無限制最佳化問題難解，因此實務上常將限制函數以一定的基準併入目標函數，變成無限制最佳化問題，稱爲「準無限制最佳化問題」。

數學規劃法是一種最佳化技術，包括線性規劃(Linear Programming)，非線性規劃(Nonlinear Programming)，整數規劃(Integer Programming)等。因爲二階反應曲面爲非線性連續值函數，因此以使用非線性規劃爲主。非線性規劃依其用途可分成二類：

(1)無限制最佳化

(2)限制最佳化

以下分二節來介紹。

7.2 無限制最佳化

無限制最佳化問題是指只有目標函數需優化(最大化或最小化)的最佳化問題：

Min F($\boldsymbol{x}$) (或 Max F($\boldsymbol{x}$) 或 Min (F($\boldsymbol{x}$)-m)^2) (7-8)

非線性規劃中用以解無限制最佳化問題的技術依其原理可分成三類：

(1)零階方法

不使用微分導數來搜尋最佳解，典型的方法如區間搜尋法與共軛方向法(The Conjugate Direction Method，又稱 Powell's Method)。

(2)一階方法

使用一階微分導數來搜尋最佳解，典型的方法如最陡坡度法(The Steepest Descent Method)與共軛梯度法。

(3)二階方法

使用二階微分導數來搜尋最佳解，典型的方法如牛頓法(Newton's Method)與準牛頓法(Quasi- Newton's Method)。

目前這些方法均有很多軟體可供使用，品質設計者並沒有了解這些最佳化的演算法細節的必要，因此本節只就幾個具代表性的演算法作簡介。要了解這些演算法的細節請參考相關專門書籍。

以下簡介三個具代表性的演算法：

1.區間搜尋法

區間搜尋法的演算法如下：

(1)在搜尋範圍內以隨機方式產生設計變數設計值，形成一個設計點。

(2)計算目標函數。

(3)重複(1)到(2) M 次。

(4)依目標函數值找出最佳解。

(5)以最佳解爲中心縮小搜尋範圍，重複(1)到(4) N 次，輸出最佳解。

簡言之，其搜尋過程爲以隨機搜尋所得的最佳解爲中心，縮小搜尋範圍，迭代進行，逐步逼近最佳解。以下列無限制最佳化問題爲例

$$\text{Min } F=80-2x_1-3x_2+x_1x_2+1.5x_1^2+2x_2^2 \quad (7\text{-}9)$$

以區間搜尋法可得最佳解爲 X={0.45，0.64}，F=78.6

2.最陡坡度法

使用一階微分導數來搜尋最佳解，典型的方法如最陡坡度法(the steepest descent method)與共軛梯度法(conjugate gradient method)。即第 q 次的解答爲以第 q-1 次的解答爲基礎，沿著某一方向搜尋：

$$X^q = X^{q-1} + \alpha_q^* S^q \quad (7\text{-}10)$$

其中 α_q^*=最佳步幅，由單變數最佳化決定； S^q=搜尋方向向量。

對最陡坡度法而言：

$$S^q = -\nabla F(X^q) \quad (7\text{-}11)$$

對共軛坡度法而言：

$$S^q = -\nabla F(X^q) + \beta_q S^{q-1} \quad (7\text{-}12)$$

其中 $\beta_q = \dfrac{\left|\nabla F(X^q)\right|^2}{\left|\nabla F(X^{q-1})\right|^2}$ (7-13)

3.牛頓法

使用二階微分導數來搜尋最佳解，典型的方法爲牛頓法(Newton’s Method)。牛頓法是將一般函數(非二階函數)以二階級數展開近似成「二階函數」，以數學解析法中的極值分析求極值；得到極值後，再於此極值點用二階級數展開，再以極值分析求極值；如此迭代，直到收斂。

首先多變數函數可用二階函數展開，並以矩陣式表達如下：

$$F(X) \cong F(X^q) + \nabla F(X^q)\cdot \delta X + \frac{1}{2}\delta X^T \cdot H(X^q)\cdot \delta X \quad (7\text{-}14)$$

其中 $\delta X = X^{q+1} - X^q$ (7-15)

依據極值定理，一函數在極值處之微分爲 0，即

$$\nabla F(X) = 0 \quad (7\text{-}16)$$

將(7-14)式微分得

$$\nabla F(X) \cong \nabla F(X^q) + H(X^q) \cdot \delta X \tag{7-17}$$

將(7-17)代入(7-16)得

$$\nabla F(X^q) + H(X^q) \cdot \delta X = 0 \tag{7-18}$$

$$H(X^q) \cdot \delta X = -\nabla F(X^q) \tag{7-19}$$

$$\delta X = -H^{-1}(X^q) \cdot \nabla F(X^q) \tag{7-20}$$

由(7-15)式知

$$X^{q+1} = X^q + \delta X \tag{7-21}$$

將(7-20)代入(7-21)得

$$X^{q+1} = X^q - H^{-1}(X^q) \cdot \nabla F(X^q) \tag{7-22}$$

比較上式與(7-10)式得

$$\alpha_q^* = 1 \tag{7-23}$$

$$S^q = -H^{-1}(X^q) \cdot \nabla F(X^q) \tag{7-24}$$

但實際上，因多變數函數只是以二階函數展開，並非真正的二階函數，因此實務上，α_q^* 仍要用單變數最佳化決定。此外，因解反矩陣困難，S^q 常以解聯立方程式求得

$$H(X^q) \cdot S^q = -\nabla F(X^q) \tag{7-25}$$

由於上述牛頓法有許多缺點，因此有與準牛頓法(Quasi- Newton's Method)的提出，但其原理相當複雜，在此不再介紹。

本節所有例題均使用下列三個迴歸函數

$$y_1=88.6-0.97\,x_1-81.6\,x_2+93.6\,x_3-80.1\,x_1x_2+75.0\,x_1x_3-0.14\,x_2x_3-5.85\,x_1^2-18.1\,x_2^2-1.22\,x_3^2 \tag{7-26}$$

$$y_2=-0.38-0.57\,x_1+1.24\,x_2+0.12\,x_3+1.25\,x_1x_2-0.46\,x_1x_3-0.28\,x_2x_3+1.32\,x_1^2+1.25\,x_2^2+0.29\,x_3^2 \tag{7-27}$$

$$y_3=1.31+0.10\,x_2+1.96\,x_3+1.25\,x_1x_2+0.63\,x_1x_3-0.43\,x_2x_3+0.225\,x_1^2-0.113\,x_2^2+1.072\,x_3^2 \tag{7-28}$$

自變數值域限制

$$-1.5 \leqq x_1 \leqq 1.5 \tag{7-29a}$$

$$-1.5 \leqq x_2 \leqq 1.5 \tag{7-29b}$$

$$-1.5 \leqq x_3 \leqq 1.5 \tag{7-29c}$$

本節例題均以區間搜尋法求解，演算法中的參數設定如下：

每次搜尋的點數(M)=1000

搜尋的次數(N)=100

設計變數之值域縮小係數=0.90

例題 7.1 無限制最佳化數學規劃法(望大)

假設 y_1 望大，其最佳化模式如下：

Max $F=y_1$

[解]

最佳設計(x_1，x_2，x_3) =(1.50，-1.50，1.50)

目標函數 F=642.56

例題 7.2 無限制最佳化數學規劃法(望小)

假設 y_2 望小，其最佳化模式如下：

Min $F=y_2$

[解]

最佳設計(x_1，x_2，x_3) =(0.567，-0.799，-0.149)

目標函數 F=-1.051

例題 7.3 無限制最佳化數學規劃法(望目)

假設 y_3 的望目值為 3，其最佳化模式如下：

Min $F=(y_3-3)^2$

[解]

最佳設計(x_1，x_2，x_3) =(0.054，-0.522，0.626)

目標函數 F=0.0

本題可解得最佳解(但此題之解不只一個)，即 y_3 正好達到望目值 3。

7.3 限制最佳化

限制最佳化問題是指有目標函數需優化(最大化或最小化)，且有限制函數須滿足的最佳化問題：

Min $F(\boldsymbol{x})$ (或 Max $F(\boldsymbol{x})$ 或 Min $(F(\boldsymbol{x})-m)^2$)　　(7-30a)

Subject $g_j(\boldsymbol{x}) \leq 0$　　$j=1，2，\ldots，m$　　(7-30b)

非線性規劃中用以解限制最佳化問題的技術依其原理可分成二類：

1. **間接法**

當一設計點違反限制函數時，加一「懲罰函數」(penalty function)於目標函數，形成「準目標函數」(pseudo-objective function)：

最小化問題：$\text{Min}\,\varphi(\mathbf{x}) = F(\mathbf{x}) + \kappa P(\mathbf{x})$ (7-31a)

最大化問題：$\text{Max}\,\varphi(\mathbf{x}) = F(\mathbf{x}) - \kappa P(\mathbf{x})$ (7-31b)

其中 $\varphi(\mathbf{x})$=準目標函數；$P(\mathbf{x})$=懲罰函數；κ=懲罰係數。

這種將限制最佳化問題轉換成限制最佳化問題來求解的方法稱「間接法」。典型的方法如**懲罰函數法**(Penalty-Function Methods)。

要注意間接法與前述「準無限制最佳化問題」不同：

(1) 間接法

間接法所解者本質上(戰略上)仍是一個「限制最佳化問題」，只是在技巧上(戰術上)借用「無限制最佳化」方法。

(2) 準無限制最佳化問題

「準無限制最佳化問題」已經將「限制最佳化問題」改變成「無限制最佳化問題」，本質上(戰略上)已經是一個「無限制最佳化問題」。

2. **直接法**

除了間接法以外的方法統稱「直接法」，典型的方法如可行方向法(Method of Feasible Directions)與序列線性規劃法(Sequential Linear Programming)。

目前這些方法均有很多軟體可供使用，品質設計者並沒有了解這些最佳化的演算法細節的必要。要了解這些演算法的細節請參考相關專門書籍。上述方法中以「懲罰函數法」最爲簡單可行，懲罰函數法依其採用之懲罰函數之不同分成許多變形，其中以「**外懲罰函數法**」(Exterior Penalty-Function Method)最爲簡單可行，本章只介紹這種方法。

外懲罰函數法之演算法如下：

(1) 將限制最佳化問題轉換成無限制最佳化問題：

最小化問題：$\text{Min}\,\varphi(\mathbf{x}) = F(\mathbf{x}) + \kappa P(\mathbf{x})$ (7-32a)

最大化問題：$\text{Max}\,\varphi(\mathbf{x}) = F(\mathbf{x}) - \kappa P(\mathbf{x})$ (7-32b)

其中懲罰函數 $P(\mathbf{x})$

$$P(\mathbf{x}) = \sum_{j=1}^{m}\left(Max\left(0, g_j(\mathbf{x})\right)\right)^2 \quad (7\text{-}33)$$

(2)　以無限制最佳化方法求解。

(3)　放大懲罰係數κ=cκ (其中 c>1)，回到步驟(1)，直到收斂爲止。

以下列限制最佳化問題爲例

$$\text{Min } F=80-2x_1-3x_2+x_1x_2+1.5x_1^2+2x_2^2 \qquad (7\text{-}34)$$

$$\text{Subject } g_1=-6.25+5x_1-22.5x_2+0.25x_1^2+0.75x_2^2 \leq 0 \qquad (7\text{-}35)$$

$$g_2=46.875-9x_1-10.5x_2+0.3x_1^2+0.7x_2^2 \leq 0 \qquad (7\text{-}36)$$

其搜尋過程如圖 7-3 至圖 7-7。由圖可以看出懲罰係數由 0.01，0.1，1.0，10，100 的變化過程中，一個限制最佳化問題如何因限制函數不滿足而被懲罰修改成準目標函數的無限制最佳化問題。隨著懲罰係數的增加，此種修正的無限制最佳化問題的最佳解會逐步逼近合法域，最後終於得到合法且最佳(嚴格來說是近似最佳)的解答。其解列表於表 7-1，由表可知當懲罰係數達 100 時可得合法解，且爲最佳解。

表 7-1 懲罰函數法示範例題在不同的懲罰係數下之解。

懲罰係數	設計變	設計變	準目標	目標函數	限制函數	限制函數	解答性質
0.01	1.41	1.34	86.4	81.6	-27.5	22.0	非法解
0.1	2.68	2.15	97.1	94.0	-36.0	5.57	非法解
1.0	3.10	2.40	100.5	100.0	-38.0	0.69	非法解
10.0	3.15	2.43	100.9	100.8	-38.3	0.12	非法解
100.0	3.16	2.44	100.9	100.9	-38.4	-0.02	合法最佳解
理論解	*3.16*	*2.44*	*100.9*	*100.9*	*-38.4*	*-0.02*	

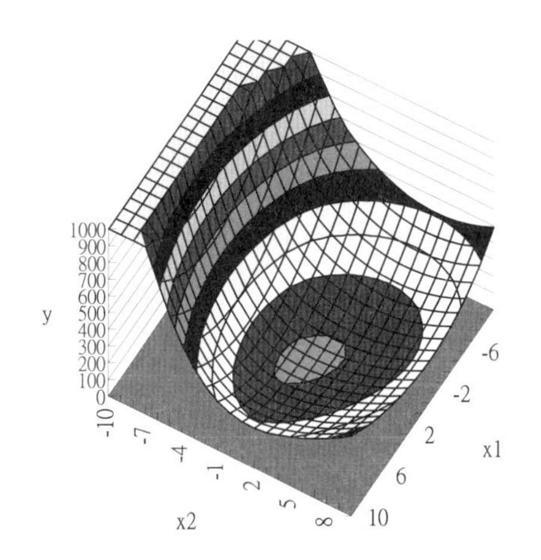

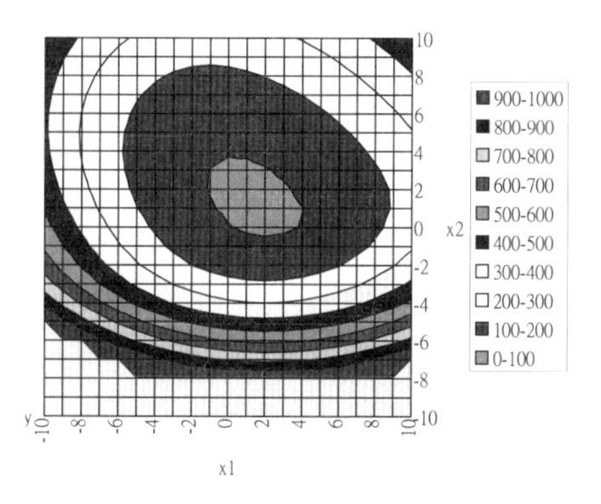

圖 7-3 準目標函數(懲罰係數κ=0.01)

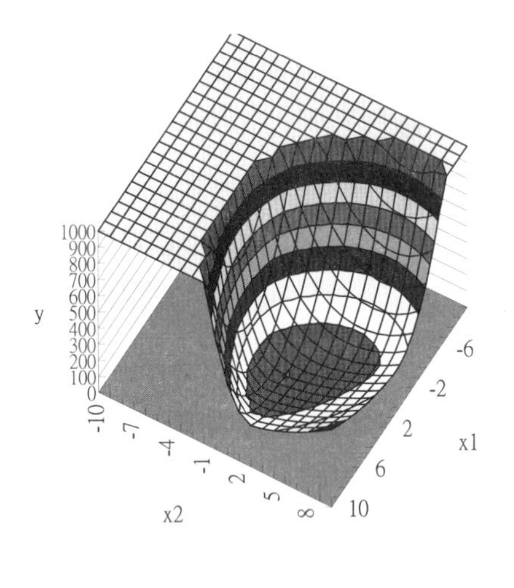

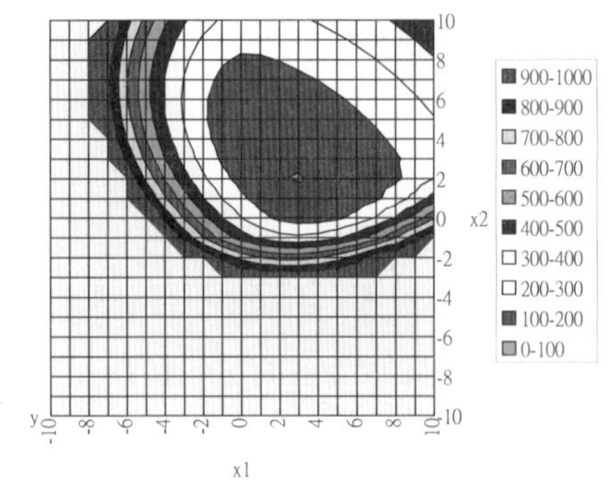

圖 7-4 準目標函數(懲罰係數κ=0.1)

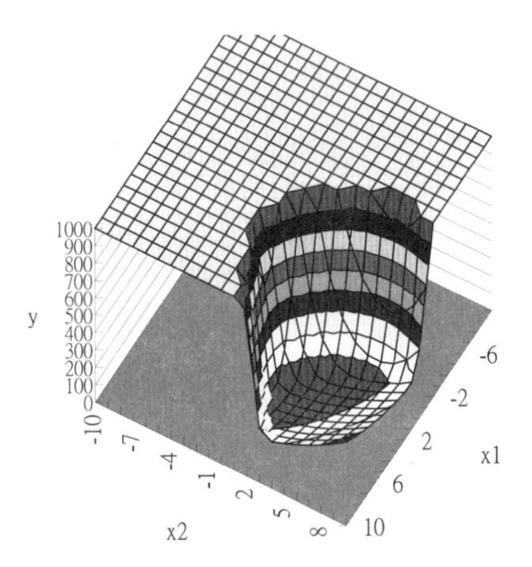

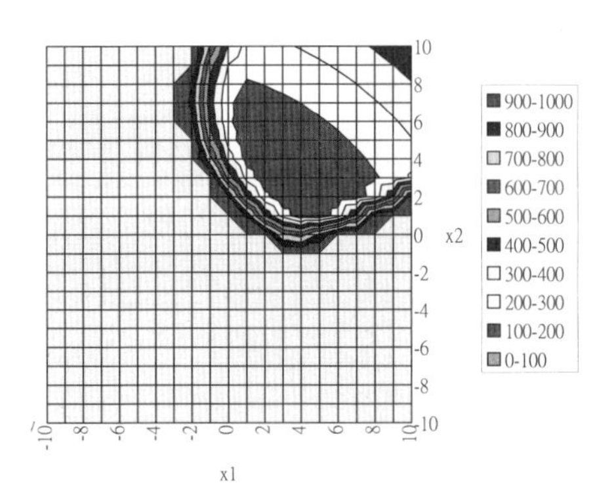

圖 7-5 準目標函數(懲罰係數κ=1)

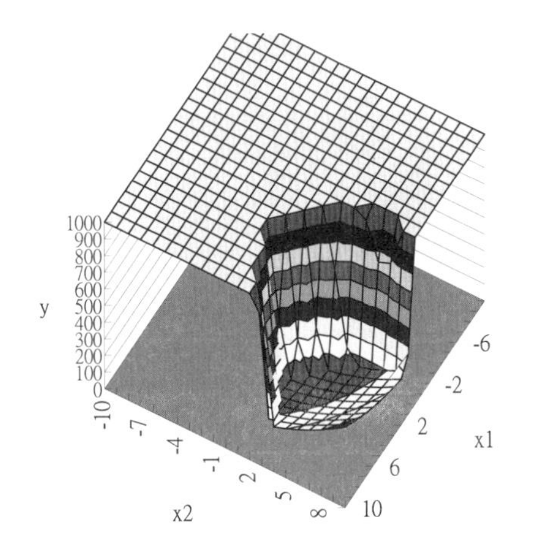

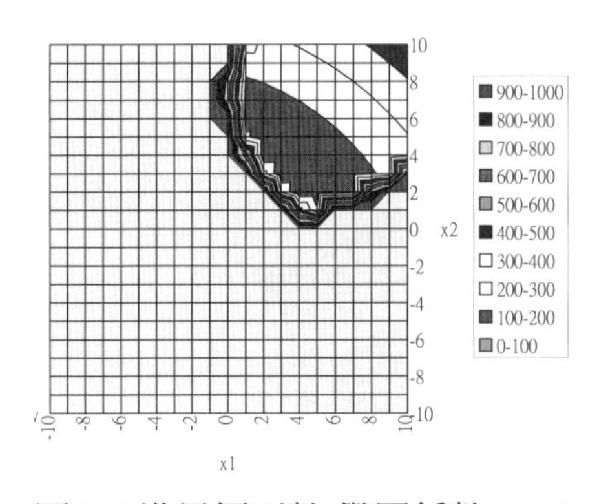

圖 7-6 準目標函數(懲罰係數κ=10)

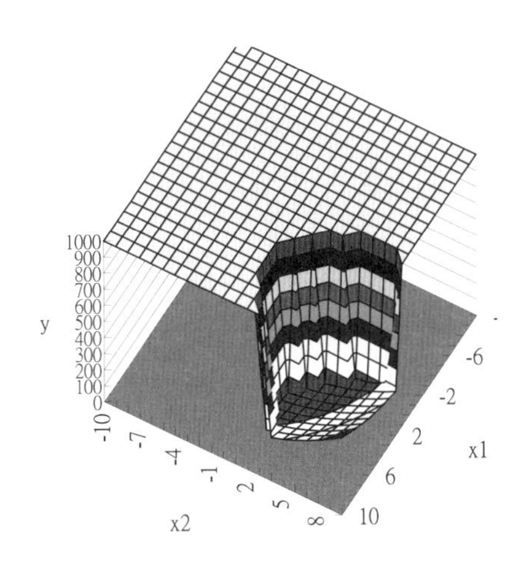

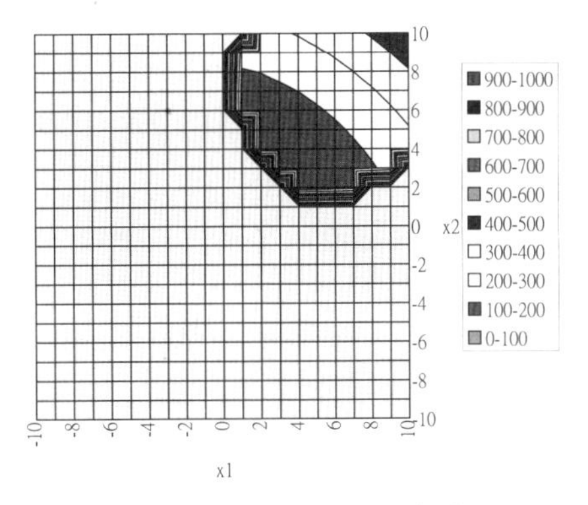

圖 7-7 準目標函數(懲罰係數κ=100)

本章所有例題均使用下列三個迴歸函數

$$y_1=88.6-0.97\,x_1-81.6\,x_2+93.6\,x_3-80.1\,x_1\,x_2+75.0\,x_1\,x_3-0.14\,x_2\,x_3-5.85\,x_1^2-18.1\,x_2^2-1.22\,x_3^2 \quad (7\text{-}37)$$

$$y_2=-0.38-0.57\,x_1+1.24\,x_2+0.12\,x_3+1.25\,x_1\,x_2-0.46\,x_1\,x_3-0.28\,x_2\,x_3+1.32\,x_1^2+1.25\,x_2^2+0.29\,x_3^2 \quad (7\text{-}38)$$

$$y_3=1.31+0.10\,x_2+1.96\,x_3+1.25\,x_1\,x_2+0.63\,x_1\,x_3-0.43\,x_2\,x_3+0.225\,x_1^2-0.113\,x_2^2+1.072\,x_3^2 \quad (7\text{-}39)$$

此外，成本函數定義如下

$$\text{Cost}=10+2.5\,x_1+1.0\,x_2+1.5\,x_3 \quad (7\text{-}40)$$

本節例題均以「外懲罰函數法」求解，其中無限制最佳化部份使用前一節的「區間搜尋法」。演算法中的參數設定如下：

每次搜尋的點數(M)=1000

搜尋的次數(N)=100

設計變數之值域縮小係數=0.90

懲罰係數初始值(κ)=1.0

懲罰係數之放大係數(c)=1.1

例題 7.4 限制最佳化數學規劃法(成本優化與品質限制)

考慮限制 y_1 品質特性的下限值，並最小化成本：

Min F=Cost

Subject $g_1=150-y_1\leqq 0$

[解]

最佳設計(x_1，x_2，x_3) =(-0.236，-1.500，0.107)

目標函數 F=Cost=8.07

限制函數 g_1=150-y_1=0 (即 y_1=150)

例題 7.5 限制最佳化數學規劃法(品質優化與成本限制)

考慮最大化 y_1 品質特性，並限制成本上限值：

Max F=y_1

Subject g_1=Cost-8.07≦0

[解]

最佳設計(x_1，x_2，x_3) =(-0.228，-1.500，0.095)

目標函數 F=y_1=150.1

限制函數 g_1=Cost-8.07=0.0 (即 Cost=8.07)

本題與前題是對偶的二題：

	最佳化模式	最佳設計(x_1，x_2，x_3)	目標函數 F	限制函數 g_1
例題 7.4	Min F=Cost Subject g_1=150-y_1≦0	(-0.236，-1.500，0.107)	F=Cost=8.07	g_1=150-y_1=0 (即 y_1=150)
例題 7.5	Max F=y_1 Subject g_1=Cost-8.07≦0	(-0.228，-1.500，0.095)	F=y_1=150.1	g_1=Cost-8.07=0 (即 Cost=8.07)

結果如預期，具有極爲相近之最佳設計。

例題 7.6 限制最佳化數學規劃法(品質優化與品質限制)

考慮最大化 y_1 品質特性，並限制 y_2 品質特性上限值：

Max F=y_1

Subject g_1=y_2-2≦0

[解]

最佳設計(x_1，x_2，x_3) =(1.50，-1.50，1.50)

目標函數 F=y_1=642.56

限制函數 g_1=y_2-2=-1.71<0 (即 y_2=0.29)

例題 7.7 限制最佳化數學規劃法(品質優化與品質限制)

考慮最小化 y_2 品質特性，並限制 y_1 品質特性下限值：

Min $F=y_2$

Subject $g_1=150-y_1\leqq 0$

[解]

最佳設計$(x_1，x_2，x_3)$ =(0.567，-0.799，-0.149)

目標函數 $F=y_2=-1.051$

限制函數 $g_1=150-y_1=-5.76<0$ (即 $y_1=155.76$)

例題 7.8 限制最佳化數學規劃法(品質優化與品質限制)

考慮最大化 y_1 品質特性，並限制 y_3 品質特性近似於目標值 3：

Max $F=y_1$

Subject $2.9\leqq y_3\leqq 3.1$

[解]

改寫最佳化模式為

Max $F=y_1$

$g_1= 2.9 -y_3\leqq 0$

$g_2= y_3 -3.1\leqq 0$

最佳設計$(x_1，x_2，x_3)$ =(1.50，-1.50，0.98)

目標函數 $F=y_1=536.84$

限制函數 $g_1= 2.9 -y_3= -0.2\leqq 0$ (即 $y_3=3.1$)

$g_2= y_3 -3.1=0.0 \leqq 0$ (即 $y_3=3.1$)

例題 7.9 限制最佳化數學規劃法(品質優化與品質限制)

考慮使 y_3 品質特性盡量接近目標值 3，並限制 y_1 品質特性下限值：

Min $F=(y_3-3)^2$

Subject $g_1=150-y_1\leqq 0$

[解]

最佳設計$(x_1，x_2，x_3)$ =(0.089，-0.604，0.630)

目標函數 $F=(y_3-3)^2=0$ (即 $y_3=3.0$)

限制函數 $g_1=150-y_1=-48.2\leqq 0$ (即 $y_1=198.2$)

例題 7.10 限制最佳化數學規劃法(成本優化與品質限制)

考慮限制三種品質特性上限值或下限值，並最小化成本：

Min F=Cost

Subject $g_1=150-y_1\leqq 0$

$g_2=y_2-2\leqq 0$

$g_3=2.9-y_3\leqq 0$

$g_4=y_3-3.1\leqq 0$

[解]

最佳設計(x_1，x_2，x_3) =(-0.395，-1.468，0.434)

目標函數 F= Cost =8.2

限制函數 $g_1=150-y_1=0\leqq 0$ (即 $y_1=150.0$)

$g_2=y_2-2=0\leqq 0$ (即 $y_2=2.0$)

$g_3=2.9-y_3=0\leqq 0$ (即 $y_3=2.9$)

$g_4=y_3-3.1=-0.2\leqq 0$ (即 $y_3=2.9$)

7.4 結語

本章介紹了參數優化求解的基本原理，但對實驗計畫的使用者而言，決定最佳化的準則或模式才是最重要的工作，求解的過程交給軟體就行了。本書提供二個試用版軟體：基於迴歸分析的實驗計畫法軟體 －Design Expert，及基於神經網路的實驗計畫法軟體 －CAFE。

當問題爲「無限制最佳化問題」時，這二個軟體的求解方法無甚區別，但當問題爲「限制最佳化問題」時，這二個軟體的求解方法略有不同。Design Expert 傾向將「限制最佳化問題」以「準則」轉爲「準無限制最佳化問題」，而 CAFE 則依照本章的作法來求解。

這二種求解方法各有優劣，前者理論上不會有無解的問題，但有可能出現許多無法區分優劣的解。後者正好相反，當限制函數設得不合理時，會有無解的問題產生，但不會出現許多無法區分優劣的解。本書將在第八與第十二章分別介紹這二個軟體的參數優化求解方法。

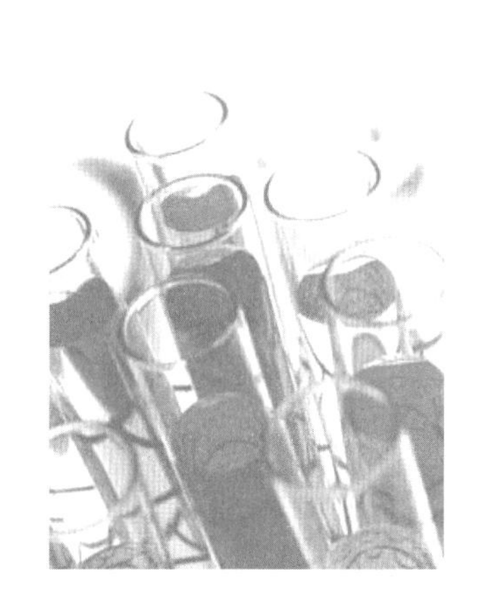

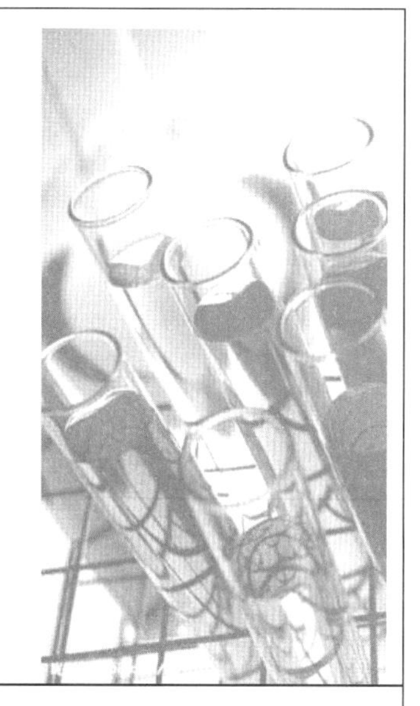

第8章 Design Expert 軟體簡介

8.1 簡介

8.2 實驗設計

8.3 模型建構

8.4 參數優化

8.5 使用簡介

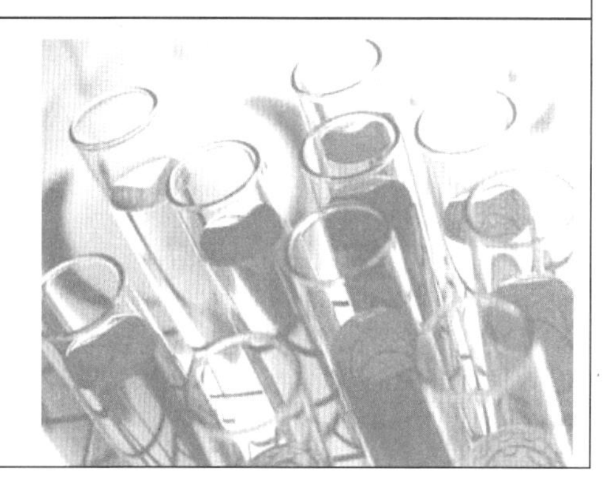

8.1 簡介

Design Expert 為 Stat-Ease, Inc 公司出品的一套基於迴歸分析的實驗設計軟體，其友善的使用環境可提供使用者快速且便利地完成(參考圖 8-1)：

- 實驗設計：設計實驗因子(自變數)的組合，以進行實驗，收集反應變數(因變數)的數據。
- 模型建構：
  - □ 以迴歸分析建立實驗因子(自變數)與反應變數(因變數)之間的關係之模型；
  - □ 以 ANOVA 分析模型中各實驗因子所能解釋的反應變數變異。
  - □ 以常態機率圖、殘差圖等工具診斷反應變數的殘差是否正常。
  - □ 以等高線圖、3D 曲面圖等圖形展示實驗因子與反應變數的預測值的關係。

圖 8-1 Design Expert 的程序

- 參數優化：尋找能滿足特定限制(由實驗因子、反應變數組成)，並最佳化特定目標(由反應變數組成)的品質改善方案(實驗因子組合)。

本書提供 Design Expert 軟體 45 天試用版，本章將簡單介紹 Design Expert 的功能，詳細的使用方法請參考附錄 A。

8.2 實驗設計

Design Expert 提供四大類實驗設計(參考圖 8-2~圖 8-6)：

- Factorial (因子設計)：含二水準因子設計、田口設計(Taguchi OA)、D-Optimal 等。
- Response (反應曲面法)：含中央合成設計、Box-Behnken 設計、D-Optimal 等。
- Mixture (混合設計)：含單體格子設計、單體形心設計、D-Optimal 等
- Crossed Design (交叉設計)：即有製程因子的混合設計，含 D-Optimal、User Defined。

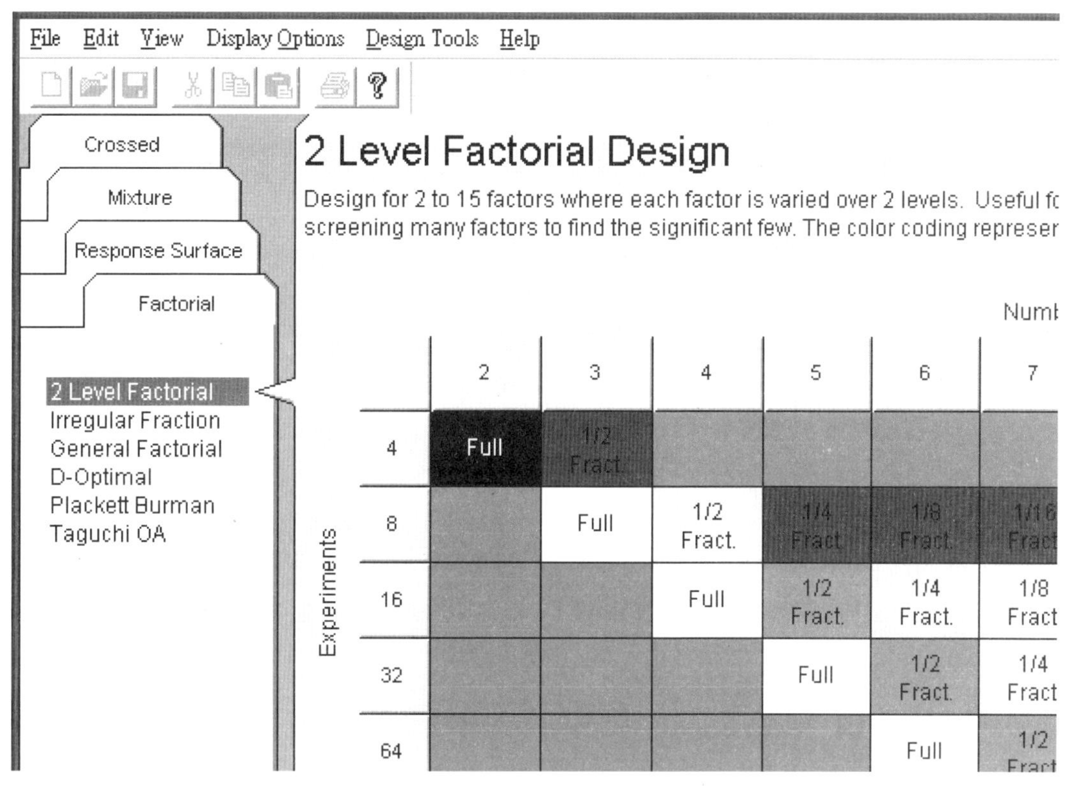

圖 8-2 Design Expert 的因子實驗設計：二水準因子設計

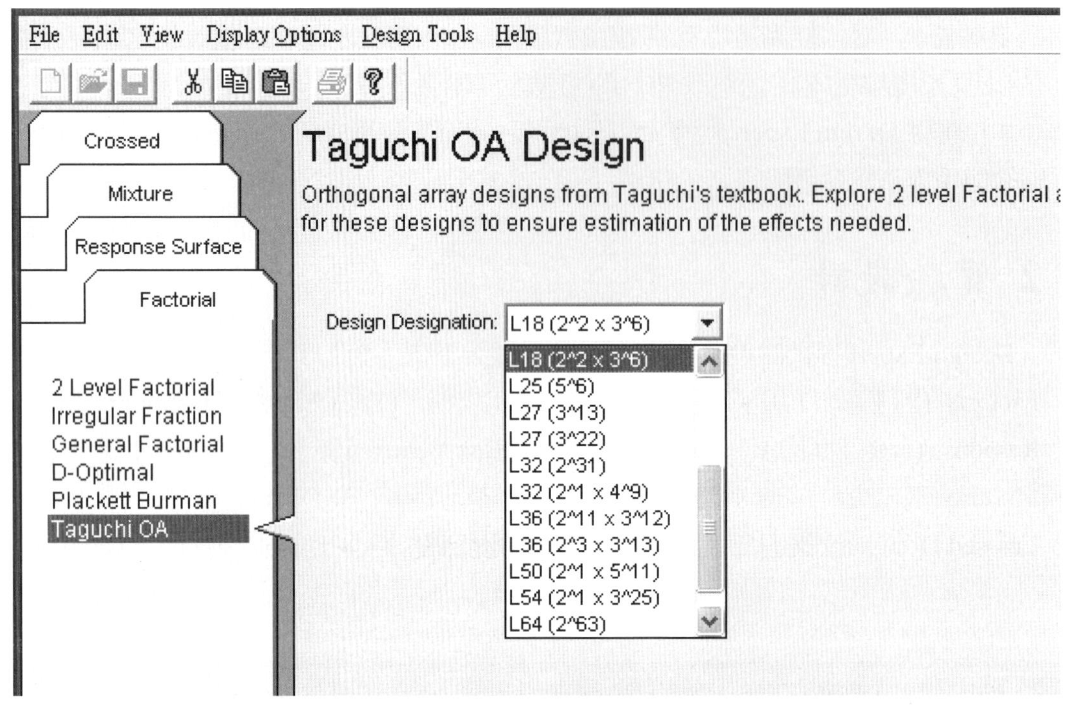

圖 8-3 Design Expert 的因子實驗設計：田口直交表設計

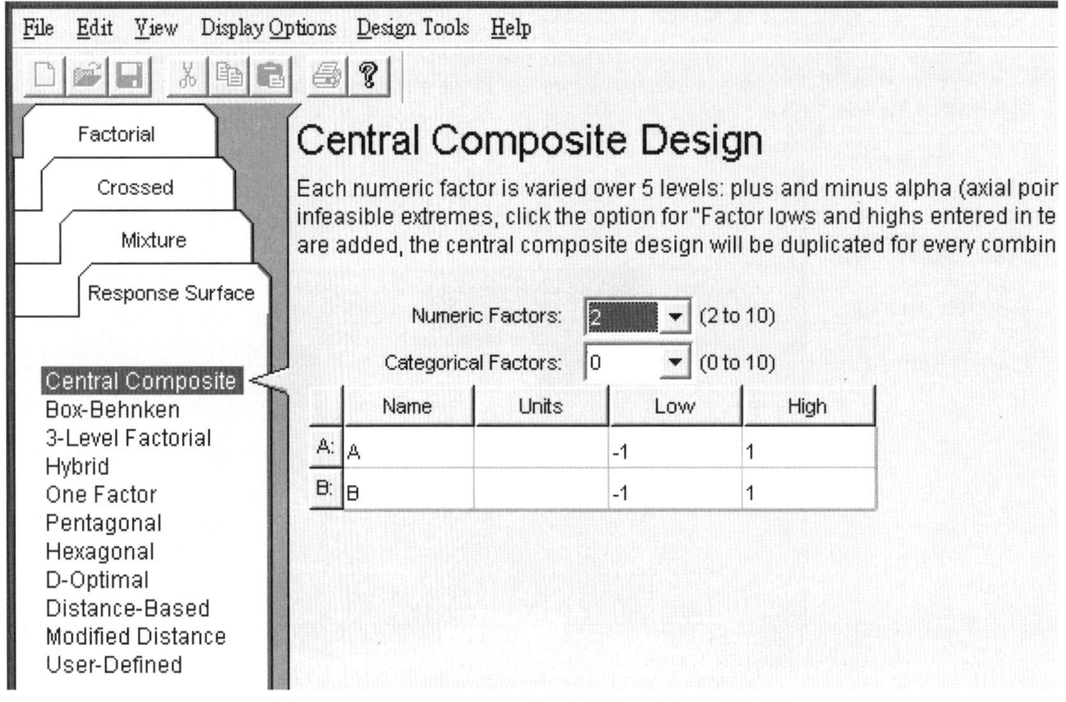

圖 8-4 Design Expert 的反應曲面法實驗設計

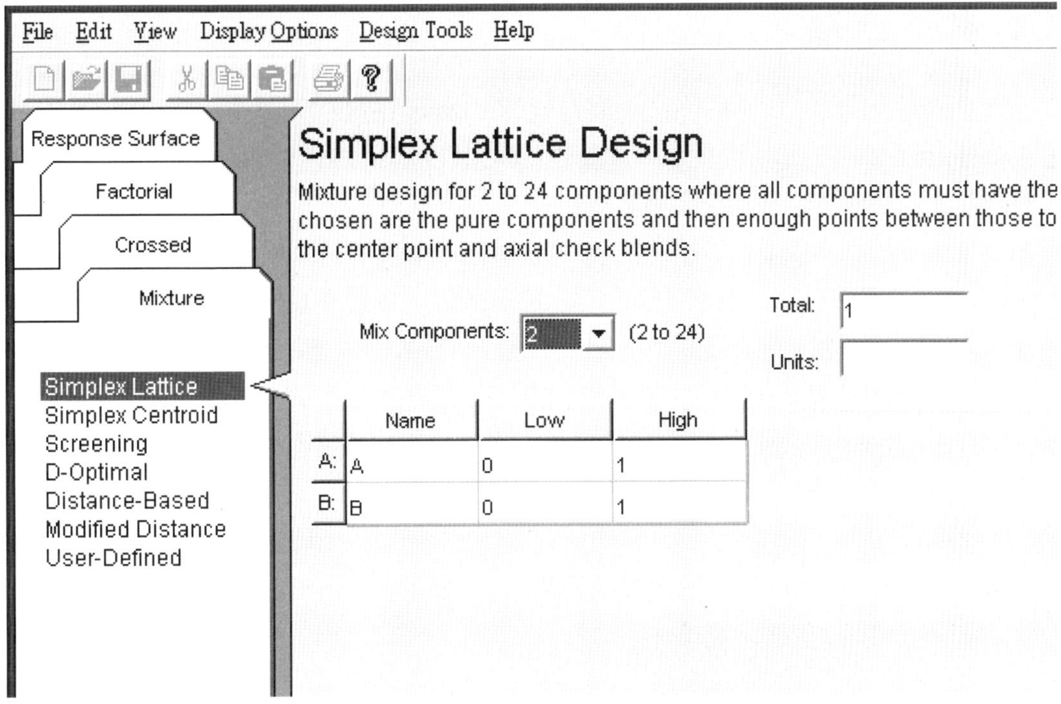

圖 8-5 Design Expert 的配方實驗設計(混合設計)

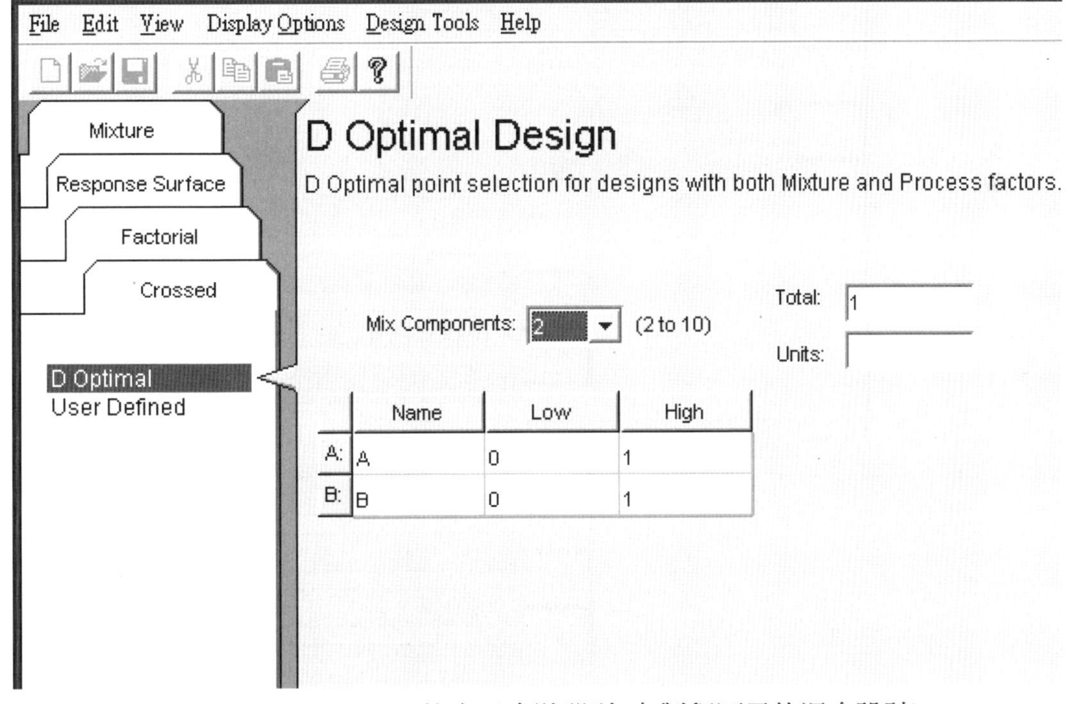

圖 8-6 Design Expert 的交叉實驗設計(有製程因子的混合設計)

8.3 模型建構

無論是因子設計、反應曲面法、混合設計，Design 提供下列功能：

- Transform (變數轉換)：提供將反應變數(因變數)進行非線性變數轉換的功能，例如 log 轉換。但通常不需使用此功能。
- Fit Summary (配適摘要)：分析模型中各實驗因子所能解釋的反應變數變異。
- Model (模型選擇)：大多數實際應用中，顯著的因子以及交互作用並不多，特別是高階的交互作用經常是不顯著的，因此可以挑選變異較大的因子與交互作用留在模型之中，其餘因子與交互作用的變異累加起來視為殘差變異。
- ANOVA (變異分析)：分析模型中各實驗因子所能解釋的反應變數變異，並產生迴歸公式。
- Diagnostics (殘差診斷)：提供常態機率圖、殘差圖等工具診斷殘差是否正常。
- Model Graphs (模型圖形)：提供等高線圖、3D 曲面圖等圖形展示迴歸模型。

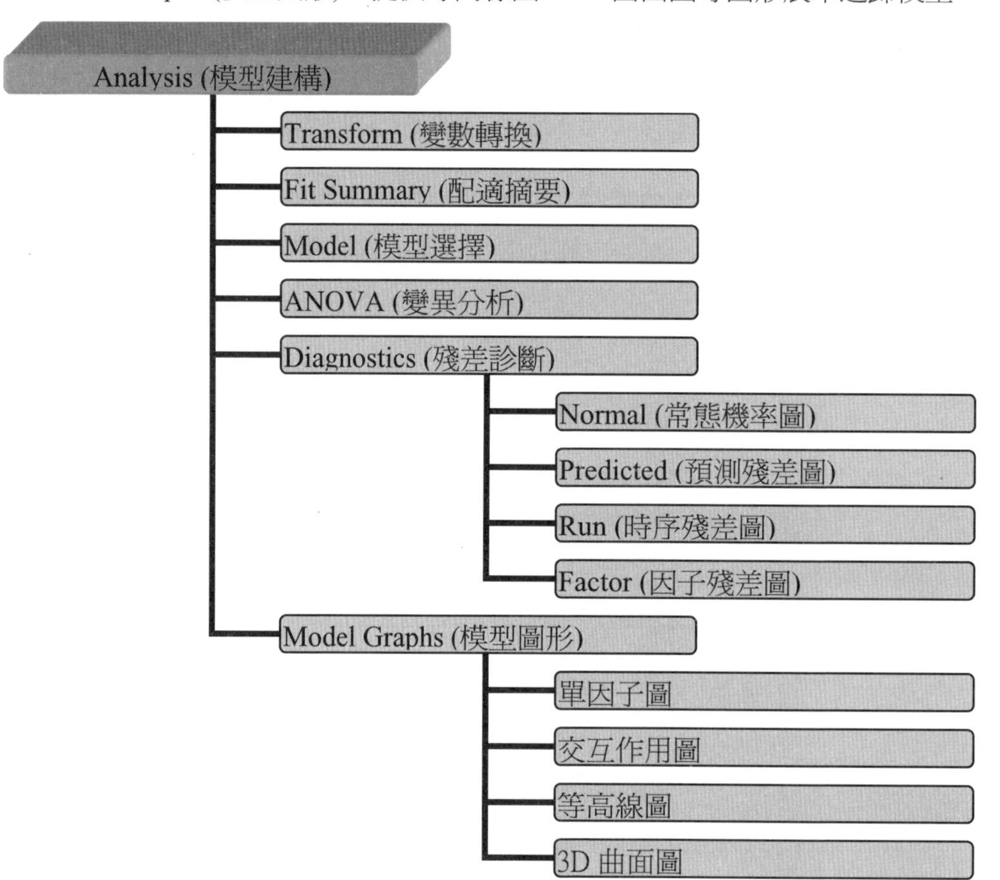

圖 8-7 Design Expert 的 Analysis 功能的架構 (以反應曲面法為例)

8.4 參數優化

Design Expert 提供 Numerical 與 Graphical 二種參數優化法，但實際上只有 Numerical 是實用方法。Numerical 參數優化法有三個功能：

1. Criteria(準則)

可對所有實驗因子(自變數)與反應變數(因變數)設定四種優化準則：

□ Max：低於下限滿意度為 0，高於上限滿意度為 1，中間以斜坡連接。適用於望大或有「大於」限制的因子。

(a) 望大型：系統的內定值是以實驗數據中該變數的最小、最大為下限、上限，但因為最佳值可能超越實驗數據中該變數的最大值，因此可將上限調整到比預期的最佳值還要大的值。可參考圖 8-8 的例子。

(b) 限制型：要用 Max 來表達「>V」的限制時，可用 V 為上限，用比 V 略小一點的值為下限，例如在圖 8-9 中要表達「>55.6」的限制，可取 55.6 為上限，55.5 為下限。

□ Min：低於下限滿意度為 1，高於上限滿意度為 0，中間以斜坡連接。適用於望小或有「小於」限制的因子。Min 用法與 Max 相似。可參考圖 8-10 與 11 的例子。

□ Target：低於下限或高於上限滿意度為 0，在目標值滿意度為 1，兩側以斜坡連接。適用於望目的因子。至於下限與上限可依需求自行設定略小於、大於目標值的數字。例如在圖 8-12 中要表達「=1.0」的限制，可取 1.0 為目標，1.02 為上限，0.98 為下限。

□ In Range：在下限與上限之內滿意度為 1；在下限與上限之外滿意度為 0。通常用在限制實驗因子(自變數)的可用值域。系統的內定值是以實驗數據中該變數的編碼變數-1 與+1 所對應的值為下限、上限。但可自行設定為其他值，例如實驗數據中該變數的最小、最大值為下限、上限。但不宜超過此範圍，因為距實驗的中心點越遠，模型越不可靠，且超過最小、最大值之外屬於外插，可靠度低。例如在圖 8-13 中，編碼變數-1 與+1 所對應的值為 2.24 與 2.72，但可採實驗數據中該變數的最小、最大值 2.08 與 2.88 為下限、上限。

設定準則後，系統即可對設計方案評估其「綜合滿意度」。首先，系統計算所有實驗因子(自變數)與反應變數(因變數)的滿意度，例如使用 Max 準則時，其滿意度公式如下：

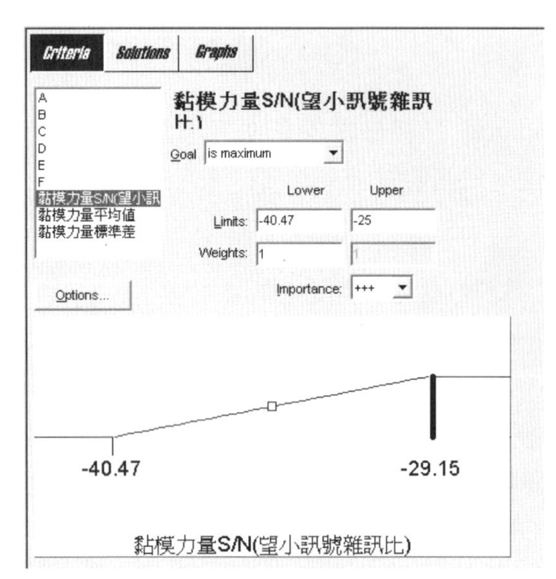

圖 8-8 Max 準則實例：用於望大的情形(表示：Max 黏模力量 S/N)

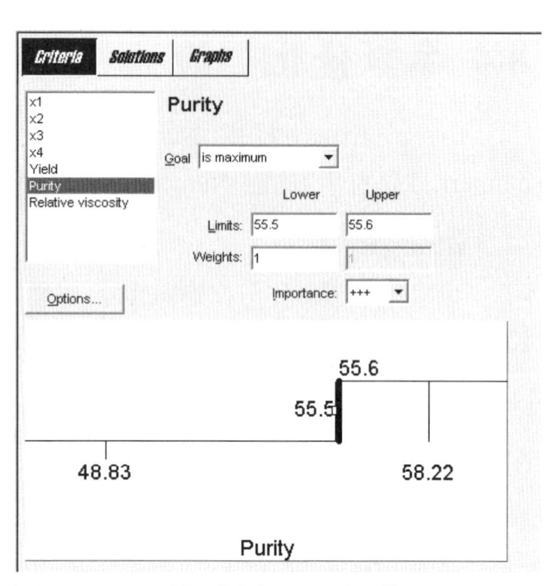

圖 8-9 Max 準則實例：用於「大於」限制的情形(表示：Purity>55.6 的限制，故以 55.6 爲上限，55.5 爲下限)

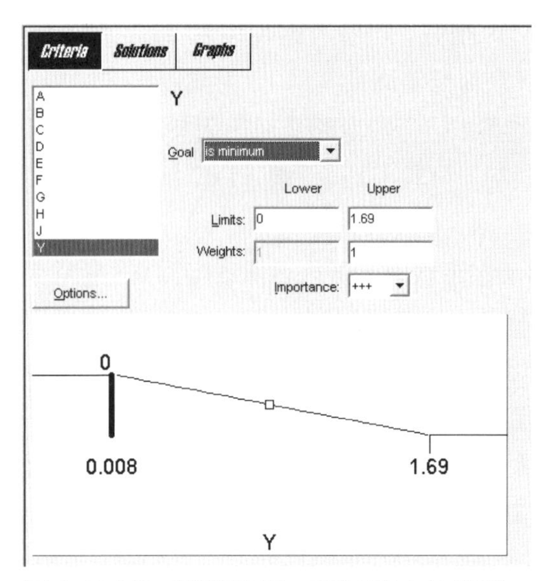

圖 8-10 Min 準則實例：用於望小的情形(表示：Min Y)

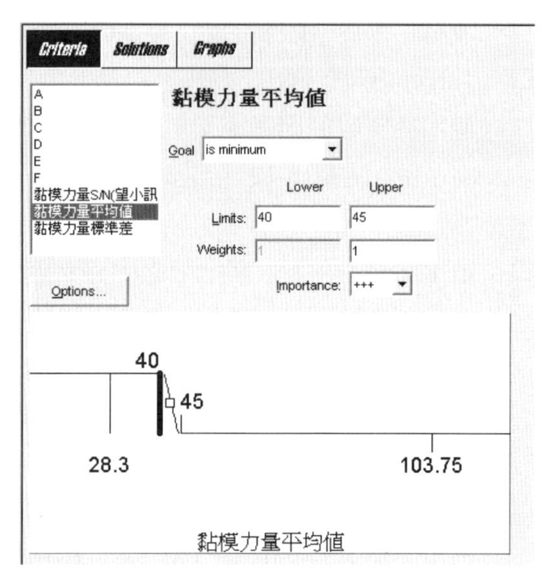

圖 8-11 Min 準則實例：用於「小於」限制的情形 (表示：黏模力量平均值<40 的限制，故以 40 爲下限，45 爲上限)

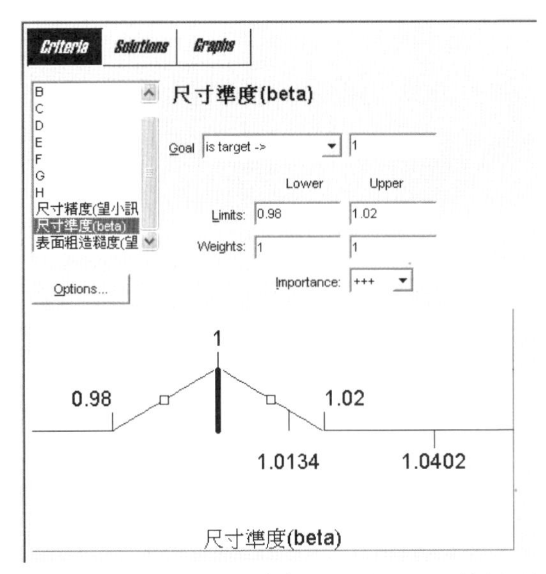

圖 8-12 Target 準則實例：用於望目的情形(表示：尺寸準度=1 的限制，故以 1.0 爲目標，1.02 爲上限，0.98 爲下限)

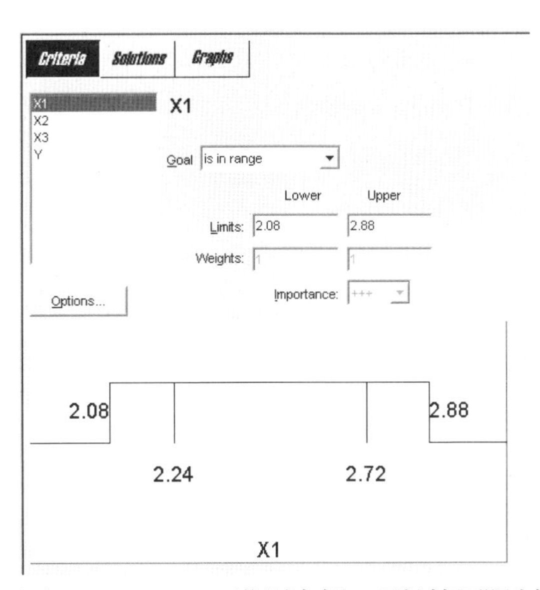

圖 8-13 In Range 準則實例：用於範圍限制的情形 (表示：2.08<X1<2.88)

$$d_i = \left[\frac{Y_i - Low_i}{High_i - Low_i} \right]^{W_i} \tag{8-1}$$

其中W_i爲第 i 個因子的滿意度的加權值，它影響上述準則中斜坡的形狀。通常爲 1，即直線斜坡。

接著，系統以幾何平均法計算綜合滿意度，公式如下：

$$D = (d_1 \times d_2 \times \ldots \times d_n)^{1/n} \tag{8-2}$$

此外還可設定第 i 個因子的滿意度的重要性(Importance)，綜合滿意度公式改成：

$$D = (d_1^{I1} \times d_2^{I2} \times \ldots \times d_n^{In})^{1/(I1+I2+\ldots+In)} \tag{8-3}$$

其中I_i爲第 i 個因子的滿意度的重要性，它影響因子的滿意度的影響力，通常爲 1。當重要性全部設爲 1 時，(8-3)式退化爲(8-2)式。

2. Solutions(求解)

系統會以內建演算法解算能使「綜合滿意度」最大化的解答。解答可能不只一個。解答可以下述三種方式表示：

- ☐ Report(報告)
- ☐ Ramps(坡道圖)
- ☐ Histogram(直條圖)

3. Graphs(圖示)

   在等高線圖上標示最佳解的位置。

8.5 使用簡介

在 Design Expert 建立一個應用的標準步驟如下：

實驗設計階段

步驟 1. 實驗設計：選擇一種實驗設計，設定實驗因子(自變數)的數目與值域，與反應變數(因變數)的數目。系統會產生一個由實驗因子(自變數)組成的實驗表。

步驟 2. 實驗實施：依實驗表實驗因子(自變數)進行實驗，記錄反應變數(因變數)。

步驟 3. 數據輸入：將實驗得到的反應變數(因變數)數據填入實驗表。

模型建構階段

步驟 4. 變數轉換：對反應變數(因變數)進行非線性變數轉換。但通常不使用此功能。

步驟 5. 配適摘要：分析模型中各實驗因子所能解釋的反應變數變異。

步驟 6. 模型選擇：挑選變異較大的實驗因子與交互作用留在模型之中。

步驟 7. 變異分析：分析模型中各實驗因子所能解釋的變異，並產生迴歸公式。

步驟 8. 殘差診斷：診斷反應變數的殘差是否正常。

步驟 9. 模型圖示：以圖形展示迴歸模型。

參數優化階段

步驟 10. 準則設定：對所有實驗因子(自變數)與反應變數(因變數)設定優化準則。

步驟 11. 優化求解：系統以內建演算法尋找使「綜合滿意度」最大化的解答。

步驟 12. 解答圖示：在等高線圖上標示最佳解的位置。

Design Expert 的使用範例與詳細的使用方法請參考附錄 A，在田口設計、反應曲面法、配方設計(混合設計)的應用實例請參考以下三章。

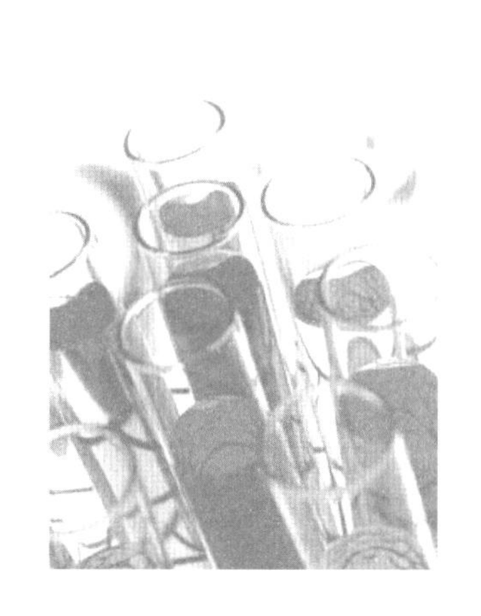
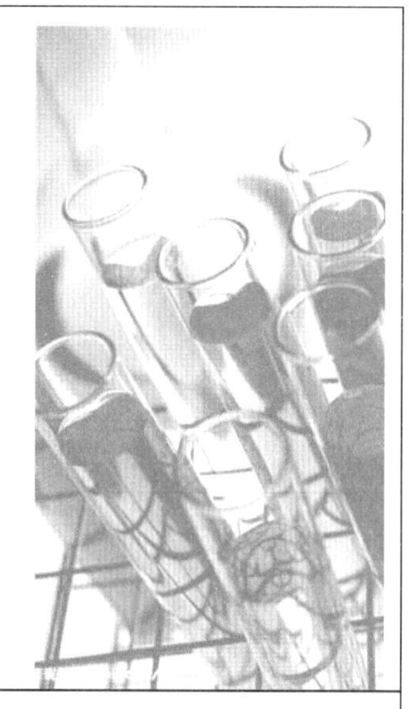

第9章 Design Expert 田口方法實例

9.1 簡介

9.2 IC 封裝黏模力之改善

9.3 導光板製程之改善

9.4 高速放電製程之改善

9.5 積層陶瓷電容製程之改善

9.6 射出成型製程之改善

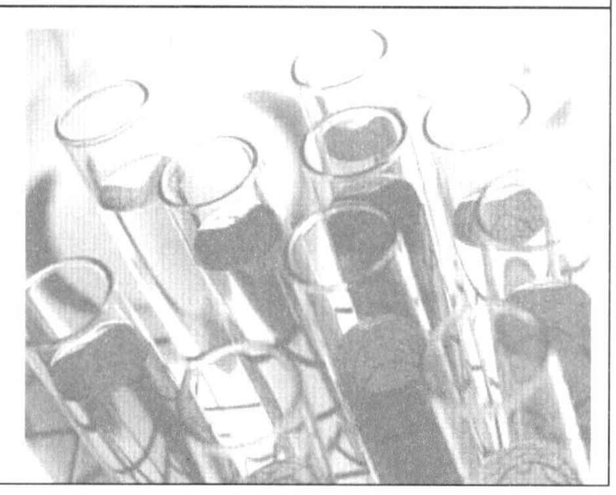

9.1 簡介

本章將介紹 Design Expert 在田口方法上的應用實例，包括：

- ☐ IC 封裝黏模力之改善 (L18)
- ☐ 導光板製程之改善 (L18)
- ☐ 高速放電製程之改善 (L18)
- ☐ 積層陶瓷電容製程之改善 (L18)
- ☐ 射出成型製程之改善 (L27)

顯示田口方法大多應用在電子、機械產業的製程改善，實驗以 L18 與 L27 最普遍。

本章每一題都分成五個部份來介紹：

1. 問題描述
2. 品質因子與品質特性
3. 實驗設計
4. 模型建構
5. 最佳化

表 9-1 應用實例摘要表

應用實例	品質因子	品質特性	實驗設計	專案名稱
IC 封裝黏模力之改善	6	3	L18	IC_Adhesion
導光板製程之改善	8	6	L18	導光板
高速放電製程之改善	8	3	L18	高速放電
積層陶瓷電容製程之改善	8	1	L18	積層陶瓷電容
射出成型製程之改善	9	1	L27	射出成型

9.2 IC 封裝黏模力之改善

1. **問題描述**

文獻[1]指出，在電子 IC 構裝封膠製程中，封膠材料（EMC；Epoxy Molding Compound）在熟化成型過程中會與 IC 模具表面產生黏著的現象，稱之爲黏著效應（Adhesion Effects）；而此黏著效應對於脫模作業過程會有所影響，甚至可能會造成封膠失敗、可靠度不佳與生產良率降低等結果。文獻以田口實驗設計法，針對影響 IC

封裝模具與塑料膠體間黏著力可控制之重要製程參數進行因子效應的研究，發現模具的表面處理對黏模效應的貢獻度最大。在此將以 Design Expert 軟體重作此問題，並加以比較。

2. 品質因子與品質特性

表 9-2 實例 1：品質因子

名稱	品質因子	水準一	水準二	水準三
A	模具表面粗糙度(Mold Surface Roughness)	Ra2.0	Ra0.5	
B	模具表面處理(Mold Surface Treatment)	Cr-Flon 鍍層	電鍍硬鉻	
C	灌膠壓力(Filling Pressure) (kgf/cm^2)	75	90	105
D	模具溫度(Mold Temperature)	160 ˚C	170 ˚C	180 ˚C
E	預熱時間(ResinPreheat Time)	8 sec	15 sec	22 sec
F	固化時間(Curing Time)	100 sec	150 sec	200 sec

表 9-3 實例 1：品質特性

名稱	意義	品質期望
Y1	黏模力量 S/N(望小訊號雜訊比)	最大化訊號雜訊比
Y2	黏模力量平均值	(望小)
Y3	黏模力量標準差	(望小)

3. 實驗設計

本問題共有六因子，選用 L_{18} 直交表實驗(表 9-4)。

4. 模型建構

本題只建構 Y1(黏模力量訊噪比)的模型。實驗數據配適結果如圖 9-1，選擇 A, B, C, D, E, F 項的效果建構模型。其變異分析如圖 9-2，可見因子 A, B, C, E 顯著。摘要統計如表 9-5，可知調整判定係數 0.86。實際值與預測值的散佈圖如圖 9-3，二者相當一致。

表 9-4 實例 1：實驗設計

標準順序	A	B	C	D	E	F	Y1	Y2	Y3
1	1	1	1	1	1	1	-36.78	68.52	8.02
2	1	1	2	2	2	2	-35.62	59.71	9.22
3	1	1	3	3	3	3	-29.15	28.3	4.6
4	1	2	1	1	2	2	-38.62	84.89	8.38
5	1	2	2	2	3	3	-33.75	48.14	7.33
6	1	2	3	3	1	1	-37.7	75.94	11.21
7	1	1	1	2	1	3	-39.67	95.61	10.83
8	1	1	2	3	2	1	-34.45	52.43	6.23
9	1	1	3	1	3	2	-31.35	35.99	8.36
10	2	1	1	3	3	2	-36.93	70.14	4.02
11	2	1	2	1	1	3	-38.42	82.81	9.81
12	2	1	3	2	2	1	-34.69	53.65	8.17
13	2	2	1	2	3	1	-37.21	72.4	4.7
14	2	2	2	3	1	2	-39.92	97.94	15.18
15	2	2	3	1	2	3	-37.07	71.07	6.93
16	2	2	1	3	2	3	-38.93	88.04	7.96
17	2	2	2	1	3	1	-36.28	65.1	2.66
18	2	2	3	2	1	2	-40.47	103.75	19.64

Source		**Squares**	**DF**	**Square**	**Value**	**Prob > F**	
Model		141.93	10	14.19	11.55	0.0019	significant
	A	*14.44*	*1*	*14.44*	*11.75*	*0.0110*	
	B	*14.59*	*1*	*14.59*	*11.88*	*0.0107*	
	C	*26.22*	*2*	*13.11*	*10.67*	*0.0075*	
	D	*1.62*	*2*	*0.81*	*0.66*	*0.5465*	
	E	*66.73*	*2*	*33.36*	*27.15*	*0.0005*	
	F	*3.82*	*2*	*1.91*	*1.55*	*0.2766*	
Residual		8.60	7	1.23			
Cor Total		150.53	17				

圖 9-2 變異分析

Term	DF	Sum of Squares	Mean Square	F Value	Prob > F	% Contribution
Intercept						
A	1	28.96	28.96			19.24
B	1	14.59	14.59			9.69
C	2	26.22	13.11			17.42
D	2	1.62	0.81			1.08
E	2	66.73	33.36			44.33
F	2	3.82	1.91			2.54
AB	1	0.31	0.31			0.20
AC		Aliased				
AD	2	5.25	2.63			3.49
AE		Aliased				
AF		Aliased				
BC		Aliased				
BD		Aliased				
BE		Aliased				
BF		Aliased				
CD		Aliased				
CE		Aliased				
CF		Aliased				
DE		Aliased				
DF	4	3.04	0.76			2.02
EF		Aliased				
ABC		Aliased				
ABD		Aliased				
ABE		Aliased				
ABF		Aliased				
ACD		Aliased				
ACE		Aliased				

圖 9-1 選擇 A, B, C, D, E, F 項的效果建構模型

表 9-5 實例 1 的摘要統計

Std. Dev.	1.11
Mean	-36.50
C.V.	-3.04
R^2	0.9429
Adj. R^2	0.8612
Pred. R^2	0.6232

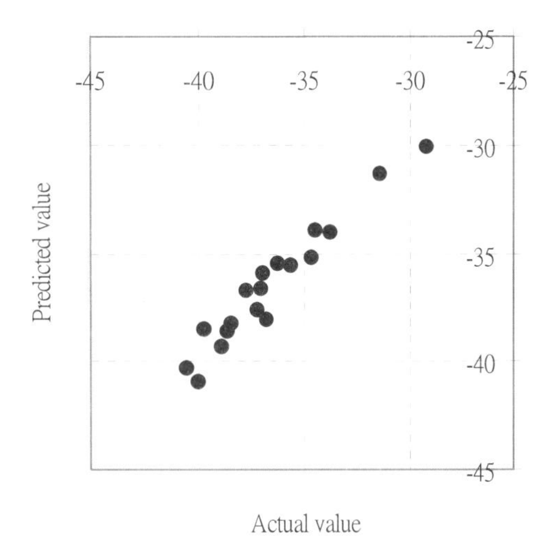

圖 9-3 實例 1 的散佈圖

5. 最佳化

最大化「黏模力量 S/N(望小訊號雜訊比)」，即

Max Y1

故在 Design Expert 的 Criteria 設定如圖 9-4。優化求解如表 9-6，顯示文獻最佳解為{A1,B1,C3,D3E3,F3}，與文獻結果完全相同。

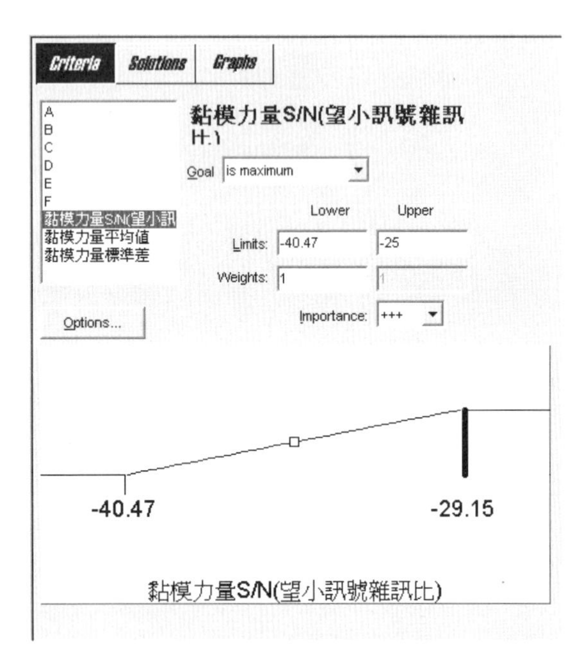

圖 9-4 Design Expert 的 Criteria 設定

表 9-6 實例 1：最佳化結果的比較

因子	因子下限值	因子上限值	文獻結果	Design Expert 結果
A	1	2	1	1
B	1	2	1	1
C	1	3	3	3
D	1	3	3	3
E	1	3	3	3
F	1	3	3	3
Y1	-40.47	-29.15	NA	-30.1

9.3 導光板製程之改善

1. 問題描述

文獻[2]指出，背光模組(Backlight Module)被廣泛地應用在各種資訊、通訊、消費產品上，是液晶顯示器(LCD)的主要零組件，為液晶顯示器提供穩定之光源；其基本結構包括導光板、反射板、擴散板、稜鏡片和發光器。其中導光板之功能是控制光的散射方向，提高顯示器的輝度，並確保顯示器的亮度均勻性。因此導光板的設計與製造攸關背光模組光學特性之成效，亦是背光模組的關鍵技術與主要製造成本。射出成型中影響產品品質之參數眾多，各參數之影響程度均不相同，本論文以田口式品質工程

法評估成型參數與導光基板品質之關係。在此將以 Design Expert 軟體重作此問題，並加以比較。

2. 品質因子與品質特性

表 9-7 實例 2：品質因子

名稱	品質因子	水準一	水準二	水準三
A	冷卻時間	15 sec	25 sec	
B	模溫	65 °C	75 °C	85 °C
C	料溫	220 °C	235 °C	250 °C
D	射出速度	70%	80%	90%
E	射出壓力	70%	80%	90%
F	保壓壓力	50%	70%	90%
G	保壓切換	91.25%	95.76%	100%
H	保壓時間	3 sec	5 sec	7 sec

表 9-8 實例 2：品質特性

名稱	意義	品質期望
Y1	收縮位移 (幾何外型)	望小
Y2	體積收縮 (幾何外型)	望小
Y3	輝度 (光學特性)	望大
Y4	微特徵轉寫高度 (光學特性)	望大
Y5	翹曲量 (幾何外型)	望小
Y6	均勻度 (光學特性)	望大

3. 實驗設計階段

本問題共有八因子，選用 $L_{18}(2^1 \times 3^7)$直交表實驗(表 9-9)。

4. 模型建構階段

本題雖有六個品質特性(反應變數)，但在此只考慮「微特徵轉寫高度」(Y4)，因此只建立一個模型。實驗數據配適結果如圖 9-5，選擇 A~H 項的效果建構模型(圖 9-5)。其變異分析如圖 9-6，可見因子 B, C, F 顯著。摘要統計如表 9-10，可知調整判定係數

0.76。實際值與預測值的散佈圖如圖 9-7，二者相當一致。因子效果圖如圖 9-8，可發現 B, C, F 是最顯著的因子。

表 9-9 實例 2：實驗設計

No	A	B	C	D	E	F	G	H	Y1	Y2	Y3	Y4	Y5	Y6
1	1	1	1	1	1	1	1	1	0.4543	3.238	926.8	18.20	2.050	926.8
2	1	1	2	2	2	2	2	2	0.3198	2.055	919.7	19.20	2.078	919.7
3	1	1	3	3	3	3	3	3	0.2063	1.063	921.6	21.47	2.088	921.7
4	1	2	1	1	2	2	3	3	0.3198	2.193	958.9	19.33	1.728	959.0
5	1	2	2	2	3	3	1	1	0.2130	1.020	943.2	21.73	2.170	943.1
6	1	2	3	3	1	1	2	2	0.5150	3.578	861.1	21.53	2.180	861.2
7	1	3	1	2	1	3	2	3	0.2098	1.035	999.6	21.60	1.690	999.7
8	1	3	2	3	2	1	3	1	0.5015	3.800	913.4	20.20	2.130	913.7
9	1	3	3	1	3	2	1	2	0.4298	2.505	914.6	22.13	2.145	914.6
10	2	1	1	3	3	2	2	1	0.2920	1.968	968.6	18.67	1.498	968.7
11	2	1	2	1	1	3	3	2	0.1898	0.998	938.2	19.93	1.533	938.2
12	2	1	3	2	2	1	1	3	0.6060	3.570	896.7	19.87	1.563	896.6
13	2	2	1	2	3	1	3	2	0.4830	3.540	942.7	19.67	1.385	942.6
14	2	2	2	3	1	2	1	3	0.3640	2.203	929.0	21.40	1.445	929.0
15	2	2	3	1	2	3	2	1	0.2048	1.188	868.5	22.47	1.725	868.6
16	2	3	1	3	2	3	1	2	0.1968	0.898	998.4	22.47	5.250	998.3
17	2	3	2	1	3	1	2	3	0.4825	3.415	922.4	22.27	5.500	922.4
18	2	3	3	2	1	2	3	1	0.3418	2.473	879.9	22.13	1.690	879.9

Term	DF	Sum of Squares	Mean Square	F Value	Prob > F	% Contribution
Intercept						
A	1	0.67	0.67			2.00
B	2	15.59	7.79			46.66
C	2	7.79	3.89			23.31
D	2	0.24	0.12			0.72
E	2	0.48	0.24			1.44
F	2	6.14	3.07			18.37
G	2	1.02	0.51			3.06
H	2	0.54	0.27			1.62
AB	2	0.94	0.47			2.81
AC		Aliased				
AD		Aliased				
AE		Aliased				
AF		Aliased				
AG		Aliased				

圖 9-5 選擇 A~H 項的效果建構模型

Response:　　**Y4**

ANOVA for Selected Factorial Model

Analysis of variance table [Partial sum of squares]

Source		Sum of Squares	DF	Mean Square	F Value	Prob > F	
Model		32.47	15	2.16	4.61	0.1924	not significant
	A	*0.67*	*1*	*0.67*	*1.42*	*0.3552*	
	B	*15.59*	*2*	*7.79*	*16.61*	*0.0568*	
	C	*7.79*	*2*	*3.89*	*8.30*	*0.1075*	
	D	*0.24*	*2*	*0.12*	*0.26*	*0.7960*	
	E	*0.48*	*2*	*0.24*	*0.51*	*0.6613*	
	F	*6.14*	*2*	*3.07*	*6.54*	*0.1326*	
	G	*1.02*	*2*	*0.51*	*1.09*	*0.4785*	
	H	*0.54*	*2*	*0.27*	*0.58*	*0.6335*	
Residual		0.94	2	0.47			
Cor Total		33.40	17				

圖 9-6 變異分析

表 9-10 實例 2 的摘要統計

Std. Dev.	0.68	R-Squared	0.9719
Mean	20.79	Adj R-Squared	0.7612
C.V.	3.29	Pred R-Squared	-1.2753
PRESS	76.00	Adeq Precision	7.066

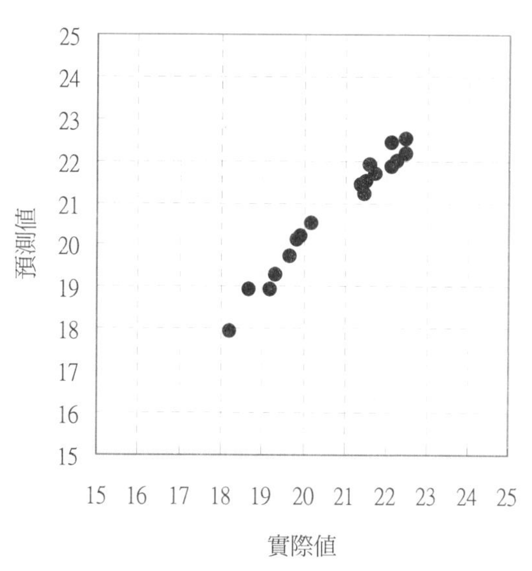

圖 9-7 實例 2 的散佈圖

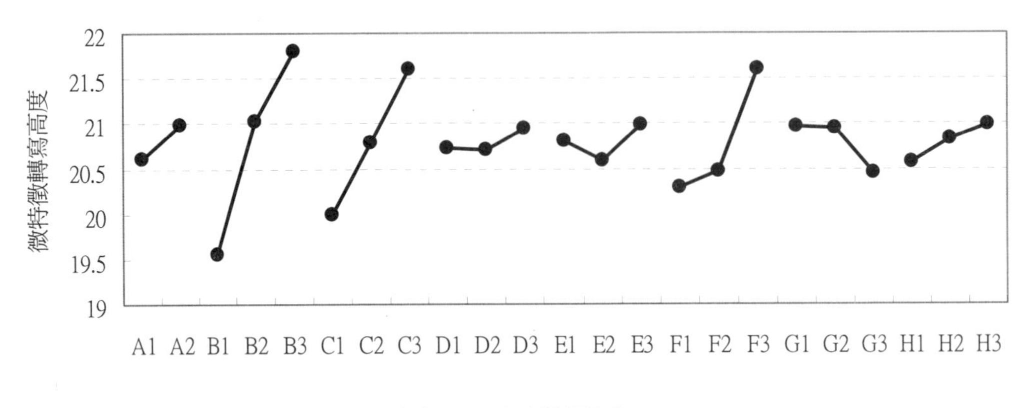

圖 9-8 因子效果圖

5. **參數優化**

最大化「微特徵轉寫高度(Y4)」，即

Max Y4

Design Expert的準則設定如圖9-9，優化求解如表9-11，顯示文獻結果與Design Expert結果幾乎完全相同，只有一個不顯著的因子(G)不同。事實上，由圖 9-8 的因子效果圖可看出最佳解爲{A2,B3,C3,D3,E3,F3,G1,H3}，與 Design Expert 結果相同。

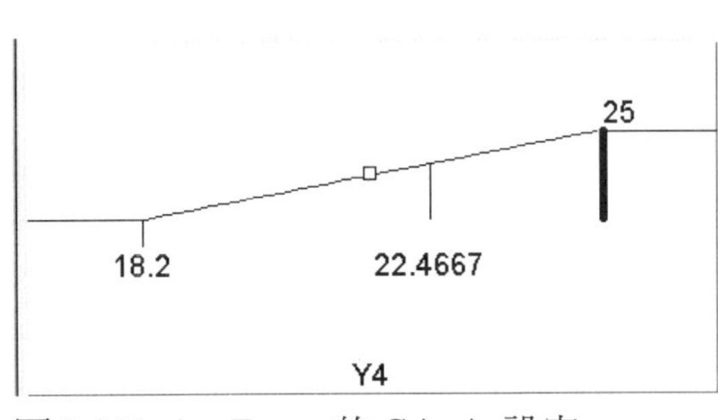

圖 9-9 Design Expert 的 Criteria 設定

表 9-11 實例 2：最佳化結果的比較

因子	因子下限值	因子上限值	文獻結果	Design Expert 結果
A	1	2	2	2
B	1	3	3	3
C	1	3	3	3
D	1	3	3	3
E	1	3	3	3
F	1	3	3	3
G	1	3	2	1
H	1	3	3	3
Y4	18.2	22.5	NA	24.3

9.4 高速放電製程之改善

1. 問題描述

文獻[3]指出，放電加工為目前廣泛使用的切削加工方法之一，在機械加工中佔有重要地位，本文獻以結合田口法及主成份分析來設計具有能同時滿足多重品質特性之最佳參數組合。在此將以 Design Expert 軟體重作此問題，並加以比較。

2. 品質因子與品質特性

表 9-12 實例 3：品質因子

名稱	品質因子	水準一	水準二	水準三	
A	Open circuit Voltage(V)	123	230		
B	Pluse time(Ton:Us)	12	75	400	
C	Duty cycle(CD:%)	33	50	66	
D	Peak value of discharge current(Ip:A)	12	18	24	for C1
		8	12	16	for C2
		6	9	12	for C3
E	Powder concentration(Al:cm3/1)	0.1	0.3	0.5	
F	Regular distance for electrode lift(mm)	1	6	12	
G	Time interval for electrode lift(sec)	0.6	2.5	4	
H	Powder size (Um)	1	15	40	

表 9-13 實例 3：品質特性

名稱	意義	品質期望
Y1	尺寸精度　(望小訊號雜訊比)	最大化訊號雜訊比
Y2	尺寸準度　(beta)	望目 1.0
Y3	表面粗造糙度 (望小訊號雜訊比)	>-16

3. 實驗設計

本問題共有八因子，選用 $L_{18}(2^1\times3^7)$直交表實驗(表 9-14)。

4. 模型建構

本題有三個品質特性(反應變數)，因此需建立三個模型。請參考光碟中的檔案。

表 9-14 實例 3：實驗設計

No	A	B	C	D	E	F	G	H	Y1	Y2	Y3
1	1	1	1	1	1	1	1	1	16.837	1.0203	-14.257
2	1	1	2	2	2	2	2	2	17.393	1.0197	-13.493
3	1	1	3	3	3	3	3	3	20.573	1.0134	-14.423
4	1	2	1	1	2	2	3	3	15.157	1.0244	-18.866
5	1	2	2	2	3	3	1	1	16.1011	1.0216	-18.849
6	1	2	3	3	1	1	2	2	14.577	1.0288	-20.008
7	1	3	1	2	1	3	2	3	12.868	1.0327	-24.023
8	1	3	2	3	2	1	3	1	11.676	1.0382	-24.359
9	1	3	3	1	3	2	1	2	17.917	1.0178	-14.627
10	2	1	1	3	3	2	2	1	14.755	1.0242	-16.226
11	2	1	2	1	1	3	3	2	18.433	1.0175	-11.937
12	2	1	3	2	2	1	1	3	17.486	1.0193	-14.029
13	2	2	1	2	3	1	3	2	12.94	1.0327	-20.861
14	2	2	2	3	1	2	1	3	14.485	1.0275	-20.421
15	2	2	3	1	2	3	2	1	16.13	1.0212	-15.17
16	2	3	1	3	2	3	1	2	11.435	1.0402	-25.538
17	2	3	2	1	3	1	2	3	14.525	1.0258	-17.209
18	2	3	3	2	1	2	3	1	13.473	1.0303	-18.82

5. **最佳化**

最大化「黏模力量 S/N(望小訊號雜訊比)」，即

Max Y1

0.980<Y2<1.02

Y3>-16

Design Expert 的準則設定如圖 9-10，優化求解如表 9-15，顯示文獻結果與 Design Expert 結果在重要變數方面幾乎完全相同。

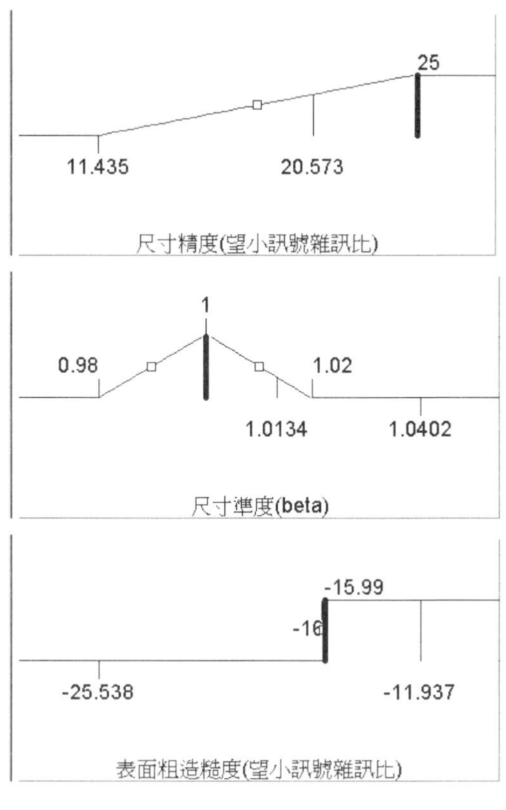

圖 9-10 Design Expert 的 Criteria 設定

表 9-15 實例 3：最佳化結果的比較

因子	因子 下限値	因子 上限値	文獻 結果	Design Expert 結果
A	1	2	1	1
B	1	3	1	1
C	1	3	3	3
D	1	3	1	1
E	1	3	3	3
F	1	3	2	3
G	1	3	1	1
H	1	3	3	3
Y1	11.4	20.6	NA	22.7
Y2	1.0134	1.0402	NA	NA
Y3	-25.5	-11.9	NA	NA

9.5 積層陶瓷電容製程之改善

1. 問題描述

文獻[4]指出，在極端複雜的積層陶瓷電容（Multi-layer Ceramic Capacitor, MLCC）生產製程中，電性為一重要的品質指標。根據過去的生產數據資料顯示及業界資深工程師的經驗得知，MLCC 製程的電性品質不良率達 5% ~ 40%，而其不良要因有 70% ~ 80%是來自於 Pd/Ag 膏印刷製程。文獻針對 Pd/Ag 膏印刷製程機器參數設定，首先進行田口實驗以找出穩健的參數設定；然而田口方法所找之解為一局部最佳解，故利用田口實驗的資料分別運用反應曲面法、類神經網路結合基因演算法(Genetic Algorithms, GA）建構模型。在此將以 Design Expert 軟體重作此問題，並加以比較。

2. 品質因子與品質特性

表 9-16 實例 4：品質因子

名稱	品質因子	單位	水準一	水準二	水準三
A	張力	(Newton	24	28	
B	印刷壓力	(Kg/cm2)	2	2.4	2.8
C	網版厚度	(X10-6M)	43	46	49
D	刷把角度	(degree)	65	70	75
E	回墨刀間隙	(X10-6M)	150	250	
F	引刷速度	(mm/sec)	150	250	
G	回墨刀速度	(mm/sec)	100	250	
H	印刷間隙	(mm/Sec)	1.6	1.8	2

表 9-17 實例 4：品質特性

名稱	意義	品質期望
Y	print quality	望大

3. 實驗設計

本問題共有八因子，選用 $L_{18}(2^1 \times 3^7)$直交表實驗(表 9-18)。

4. 模型建構

實驗數據配適結果如圖 9-11，選擇 A~H 項的效果建構模型。其變異分析如圖 9-12，可見因子 A, C 顯著。

	Term	DF	Sum of Squares	Mean Square	F Value	Prob > F	% Contribution
	Intercept						
M	A	1	2.96	2.96			17.86
M	B	2	0.58	0.29			3.51
M	C	2	11.70	5.85			70.59
M	D	2	0.18	0.091			1.09
M	E	1	4.444E-003	4.444E-003			0.027
M	F	1	4.444E-003	4.444E-003			0.027
M	G	1	6.077E-003	6.077E-003			0.037
M	H	2	0.18	0.091			1.10
~	AB		Aliased				
~	AC		Aliased				
~	AD		Aliased				
~	AE		Aliased				
~	AF		Aliased				
~	AG		Aliased				

圖 9-11 選擇 A~H 項的效果建構模型

表 9-18 實例 4：實驗設計

No	A	B	C	D	E	F	G	H	Y
1	24	2	43	65	150	150	150	1.6	1.2
2	24	2	46	70	250	250	250	1.8	2.3
3	24	2	49	75	250	150	250	2	3.3
4	24	2.4	43	65	250	250	250	2	1.7
5	24	2.4	46	70	250	150	150	1.6	2
6	24	2.4	49	75	150	150	250	1.8	4.1
7	24	2.8	43	70	150	150	250	2	1.7
8	24	2.8	46	75	250	150	250	1.6	1.6
9	24	2.8	49	65	250	250	150	1.8	3
10	28	2	43	75	250	250	250	1.6	2.5
11	28	2	46	65	150	150	250	1.8	2.5
12	28	2	49	70	250	150	150	2	4.3
13	28	2.4	43	70	250	150	150	1.8	2.1
14	28	2.4	46	75	150	250	250	2	3.3
15	28	2.4	49	65	250	150	150	1.6	4.6
16	28	2.8	43	75	250	150	150	1.8	2.4
17	28	2.8	46	65	250	150	150	2	2.8
18	28	2.8	49	70	150	250	250	1.6	3.7

Response: Y

ANOVA for Selected Factorial Model

Analysis of variance table [Partial sum of squares]

Source		Sum of Squares	DF	Mean Square	F Value	Prob > F	
Model		15.62	12	1.30	6.81	0.0228	significant
	A	*2.61*	*1*	*2.61*	*13.65*	*0.0141*	
	B	*0.58*	*2*	*0.29*	*1.52*	*0.3058*	
	C	*11.64*	*2*	*5.82*	*30.47*	*0.0016*	
	D	*0.13*	*2*	*0.065*	*0.34*	*0.7257*	
	E	*3.980E-003*	*1*	*3.980E-003*	*0.021*	*0.8909*	
	F	*3.980E-003*	*1*	*3.980E-003*	*0.021*	*0.8909*	
	G	*1.613E-004*	*1*	*1.613E-004*	*8.441E-004*	*0.9779*	
	H	*0.18*	*2*	*0.091*	*0.48*	*0.6469*	
Residual		0.96	5	0.19			
Cor Total		16.58	17				

圖 9-12 變異分析

5. 最佳化

最大化「print quality」，即

Max Y

Design Expert 的準則設定如圖 9-13，優化求解如表 9-19，顯示文獻結果與 Design Expert 結果在重要變數方面相似。

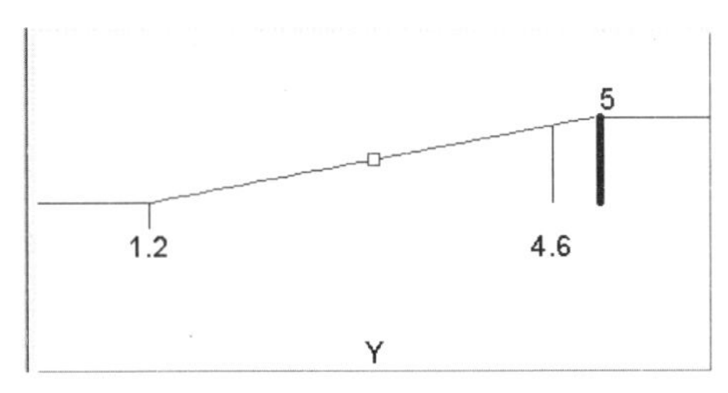

圖 9-13 Design Expert 的 Criteria 設定

表 9-19 實例 4：最佳化結果的比較

因子	因子下限值	因子上限值	文獻結果田口方法	文獻結果RSM	文獻結果規劃求解	文獻結果NN-GA	Design Expert 結果	因子重要性
A	24	28	28	28	28	28.0	28	非常重要
B	2	2.8	2.4	2.5	2.53	2.6	2.4	重要
C	43	49	49	49.0	43	46.0	49	非常重要
D	65	75	65	75.0	75	72.2	75	重要
E	150	250	150	250.0	150	150.0	150	不重要
F	150	250	200	250.0	250	205.2	250	不重要
G	100	250	100	250.0	100	179.3	100	重要
H	1.6	2	1.8	1.7	1.8	2.0	2	不重要
Y	1.2	4.6	4.11	5.0	4.71	5.0	4.80	

9.6 射出成型製程之改善

1. 問題描述

文獻[5]指出，傳統上，在調整射出成型機製程參數設定時，是以試誤法來決定適合的製程參數組合，此方式不但耗費時間且耗費原物料成本。故本文獻針對塑膠光學

透鏡射出成型之問題，利用倒傳遞類神經網路建立調控參數與曲率半徑差值之預測模型，並將此模型嵌入基因演算法中(GA)，作爲適應值求取機制，並求得一最適解。在此將以 Design Expert 軟體重作此問題，並加以比較。

2. 品質因子與品質特性

表 9-20 實例 5：品質因子

名稱	品質因子	水準一	水準二	水準三
A	射出速度(mm/sec)	15	25	35
B	射出壓力(kg/cm2)	1300	1400	1500
C	保壓壓力(kg/cm2)	1200	1300	1400
D	保壓時間(sec)	30	40	50
E	模具溫度(C)	90	100	110
F	料管溫度(C)	275	295	315
G	冷卻時間(sec)	40	50	60
H	壓縮速度(mm/sec)	100	200	300
J	合模延遲時間(sec)	0.5	0.75	1

表 9-21 實例 5：品質特性

名稱	意義	品質期望
Y	曲率半徑差值(原始值)	望小

3. 實驗設計

本問題共有九因子三水準，L27 實驗。

4. 模型建構

實驗數據配適結果如圖 9-14，選擇 A~H 項的效果建構模型。其變異分析如圖 9-15，可見因子 E, F 顯著。

表 9-22 實例 5：實驗設計

No	A	B	C	D	E	F	G	H	J	Y
1	1	130	120	3	90	27	4	10	0.5	0.86
2	1	130	120	4	10	29	5	10	0.7	0.72
3	1	130	120	5	11	31	6	10	1	0.83
4	1	140	130	4	90	29	5	20	0.5	0.37
5	1	140	130	5	10	31	6	20	0.7	0.69
6	1	140	130	3	11	27	4	20	1	1.61
7	1	150	140	5	90	31	6	30	0.5	0.15
8	1	150	140	3	10	27	4	30	0.7	1.14
9	1	150	140	4	11	29	5	30	1	1.69
1	2	140	120	3	90	31	5	30	1	0.00
1	2	140	120	4	10	27	6	30	0.5	1.25
1	2	140	120	5	11	29	4	30	0.7	1.34
1	2	150	130	4	90	27	6	10	1	0.83
1	2	150	130	5	10	29	4	10	0.5	0.99
1	2	150	130	3	11	31	5	10	0.7	0.76
1	2	130	140	5	90	29	4	20	1	0.53
1	2	130	140	3	10	31	5	20	0.5	0.75
1	2	130	140	4	11	27	6	20	0.7	1.42
1	3	150	120	3	90	29	6	20	0.7	0.49
2	3	150	120	4	10	31	4	20	1	0.60
2	3	150	120	5	11	27	5	20	0.5	1.58
2	3	130	130	4	90	31	4	30	0.7	0.24
2	3	130	130	5	10	27	5	30	1	1.14
2	3	130	130	3	11	29	6	30	0.5	1.08
2	3	140	140	5	90	27	5	10	0.7	1.15
2	3	140	140	3	10	29	6	10	1	1.09
2	3	140	140	4	11	31	4	10	0.5	0.89

Source		Sum of Squares	DF	Mean Square	F Value	Prob > F	
Model		4.64	18	0.26	5.53	0.0093	significant
	A	*8.023E-003*	*2*	*4.011E-003*	*0.086*	*0.9184*	
	B	*0.040*	*2*	*0.020*	*0.43*	*0.6651*	
	C	*0.091*	*2*	*0.045*	*0.98*	*0.4176*	
	D	*0.023*	*2*	*0.011*	*0.24*	*0.7904*	
	E	*2.42*	*2*	*1.21*	*25.93*	*0.0003*	
	F	*2.04*	*2*	*1.02*	*21.88*	*0.0006*	
	G	*8.581E-003*	*2*	*4.290E-003*	*0.092*	*0.9130*	
	H	*6.907E-004*	*2*	*3.454E-004*	*7.408E-003*	*0.9926*	
	J	*0.011*	*2*	*5.660E-003*	*0.12*	*0.8873*	
Residual		0.37	8	0.047			
Cor Total		5.01	26				

圖 9-15 變異分析

Term	DF	Sum of Squares	Mean Square	F Value	Prob > F	% Contribution
Intercept						
A	2	8.023E-003	4.011E-003			0.16
B	2	0.040	0.020			0.80
C	2	0.091	0.045			1.82
D	2	0.023	0.011			0.45
E	2	2.42	1.21			48.23
F	2	2.04	1.02			40.69
G	2	8.581E-003	4.290E-003			0.17
H	2	6.907E-004	3.454E-004			0.014
J	2	0.011	5.660E-003			0.23
AB		Aliased				
AC		Aliased				

圖 9-14 選擇 A~H 項的效果建構模型

5. **最佳化**

最小化「曲率半徑差值(原始值)」，即

Min Y

Design Expert 的準則設定如圖 9-16，優化求解如表 9-23，顯示在模型分析中確認重要的三個品質因子：E, F, C，文獻結果與 Design Expert 結果在重要變數方面完全相同。

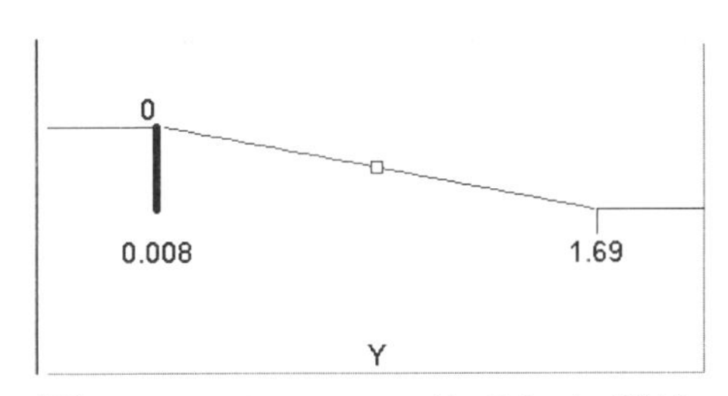

圖 9-16 Design Expert 的 Criteria 設定

表 9-23 實例 5：最佳化結果的比較

因子	因子下限值	因子上限值	文獻結果	Design Expert 結果	因子重要性
A	15	35	15	25	不重要
B	1300	1500	1423	1300	不重要
C	1200	1400	1200	1200	輕微重要
D	30	50	50	30	不重要
E	90	110	90	90	非常重要
F	275	315	315	315	非常重要
G	40	60	60	60	不重要
H	100	300	100	100	不重要
I	0.5	1	1	0.5	不重要
Y	0.008	1.69	0.157	-0.01	

本章參考文獻

[1] 張祥傑，2004，「IC 封裝黏模力之量測與分析」，國立成功大學，機械工程學系，碩士論文。

[2] 賴懷恩，2004，「導光板成型品質與射出成型製程參數之研究」，國立清華大學，動力機械工程學系，碩士論文。

[3] 黃信銘，2005，「機械加工法多重品質特性最佳化製程參數研究」，國立高雄第一科技大學，機械與自動化工程所，碩士論文。

[4] 陳夢倫，2003，「積層陶瓷電容印刷製程機器參數最佳化之研究 」，國立成功大學，製造工程研究所，碩士論文。

[5] 陳偉正，2006，「應用資料探勘與模糊理論於製程參數調控之研究－以射出成型機爲例」，雲林科技大學，工業工程與管理研究所，碩士論文。

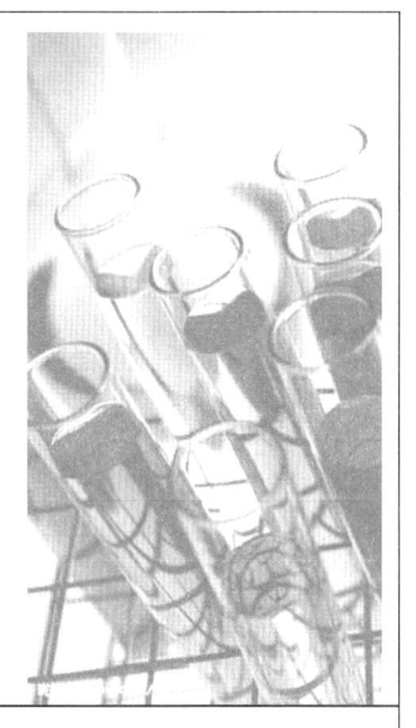

第10章 Design Expert 反應曲面法實例

10.1 簡介

10.2 副乾酪乳桿菌培養基

10.3 醇水混合物

10.4 粗多醣提取

10.5 益生菌培養基

10.6 酵素合成乙酸己烯酯

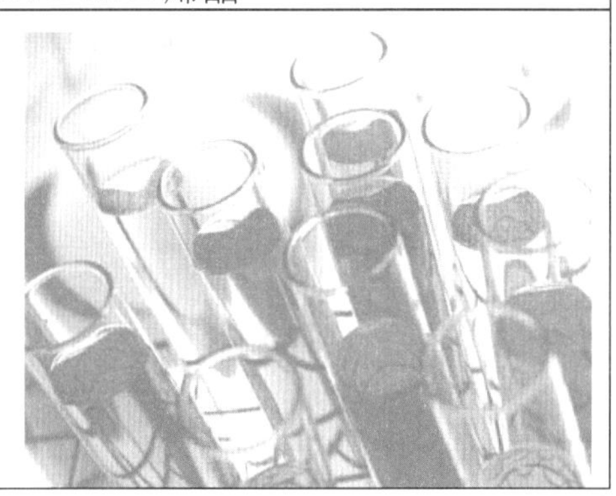

10.1 簡介

本章將介紹 Design Expert 在反應曲面法上的應用實例，如表 10-1。顯示反應曲面法大多應用在食品、製藥、化工產品的設計與製造，實驗以 CCD 最普遍。

本章每一題都分成五個部份來介紹：

1. 問題描述
2. 品質因子與品質特性
3. 實驗設計
4. 模型建構
5. 最佳化

表 10-1 應用實例摘要表

應用實例	品質因子	品質特性	實驗設計	角點實驗	軸點實驗	中心點實驗	實驗數目
副乾酪乳桿菌培養基	3	1	CCD	8	6	6	20
醇水混合物	3	2	CCD	8	6	6	20
粗多醣	4	3	CCD	16	8	7	31
益生菌培養基	5	2	CCD	32	10	8	50
酵素合成乙酸己烯酯	5	1	CCD	16	10	6	32

10.2 副乾酪乳桿菌培養基

1. 問題描述

文獻[1]以 MRS 培養基爲基礎對副乾酪乳桿菌 HDl.7 的液體培養基進行優化。首先採用 Plackett—Burman 試驗設計篩選顯著因子，確定了影響細菌素產生的主要成分：牛肉膏、葡萄糖、酵母粉；運用最陡爬坡試驗逼近最大細菌素產生區域；再利用 RSM 法對培養基進行優化。在此將以 Design Expert 重作 RSM 優化，並加以比較。

2. 品質因子與品質特性

表 10-3 實例 1：品質特性

名稱	意義	品質期望
Y	細菌素的效價(IU/mL)	最大化

表 10-2 實例 1：品質因子

名稱	品質因子	編碼變數與實際變數對照				
		-1.682	-1	0	1	1.682
X1	葡萄糖	2.08	2.24	2.48	2.72	2.88
X2	酵母粉	0.206	0.22	0.24	0.26	0.274
X3	牛肉膏	0.763	0.79	0.83	0.88	0.897

3. **實驗設計**

本問題共有三因子，選用 CCD 實驗設計，8 個角點實驗，6 個軸點實驗，6 個中心點實驗，合計 20 個實驗。

表 10-4 實例 1：實驗設計

No	X1	X2	X3	x1(%)	x2(%)	x3(%)	Y
1	-1	-1	-1	2.24	0.22	0.79	67.88
2	-1	-1	1	2.24	0.22	0.87	100.07
3	-1	1	-1	2.24	0.26	0.79	122.22
4	-1	1	1	2.24	0.26	0.87	390.15
5	1	-1	-1	2.72	0.22	0.79	285.13
6	1	-1	1	2.72	0.22	0.87	163.99
7	1	1	-1	2.72	0.26	0.79	184.46
8	1	1	1	2.72	0.26	0.87	385.28
9	-1.682	0	0	2.07632	0.24	0.83	160.18
10	1.682	0	0	2.88368	0.24	0.83	262.5
11	0	-1.682	0	2.48	0.20636	0.83	169.88
12	0	1.682	0	2.48	0.27364	0.83	265.6
13	0	0	-1.682	2.48	0.24	0.76272	220.04
14	0	0	1.682	2.48	0.24	0.89728	410.4
15	0	0	0	2.48	0.24	0.83	435.26
16	0	0	0	2.48	0.24	0.83	425.13
17	0	0	0	2.48	0.24	0.83	445.61
18	0	0	0	2.48	0.24	0.83	435.26
19	0	0	0	2.48	0.24	0.83	440.17
20	0	0	0	2.48	0.24	0.83	400.41

4. 模型建構

由圖 10-1 的 Design Expert 的配適摘要可知，二階模型是最適當的模型。其變異分析如圖 10-2。因子的擾動圖如圖 10-3，可見三個因子都是開口朝下的曲線，故反應變數有可能出現局部最大值。圖 10-4 的反應曲面圖進一步確定反應變數有局部最大值。迴歸公式如下：

$$Y = -33739.4+11051.2X_1+40845.4X_2+35097.8X_3-1434.34X_1^2-200888.0X_2^2$$
$$-28681.8X_3^2\ -5828.1X_1X_2-2870.3X_1X_3+87140.6X_2X_3$$

Sequential Model Sum of Squares

Source	Sum of Squares	DF	Mean Square	F Value	Prob > F	
Mean	1.664E+006	1	1.664E+006			
Linear	83662.09	3	27887.36	1.80	0.1872	
2FI	51213.69	3	17071.23	1.13	0.3728	
Quadratic	1.884E+005	3	62798.72	80.17	< 0.0001	Suggested
Cubic	4591.41	4	1147.85	2.12	0.1955	Aliased
Residual	3241.71	6	540.29			
Total	1.996E+006	20	99776.54			

圖 10-1 Design Expert 的配適摘要

Source		Sum of Squares	DF	Mean Square	F Value	Prob > F	
Model		3.233E+005	9	35919.10	45.86	< 0.0001	significant
	A	*19091.79*	*1*	*19091.79*	*24.37*	*0.0006*	
	B	*28696.40*	*1*	*28696.40*	*36.63*	*0.0001*	
	C	*35873.89*	*1*	*35873.89*	*45.80*	*< 0.0001*	
	A^2	*98367.90*	*1*	*98367.90*	*125.58*	*< 0.0001*	
	B^2	*93053.49*	*1*	*93053.49*	*118.79*	*< 0.0001*	
	C^2	*30349.93*	*1*	*30349.93*	*38.75*	*< 0.0001*	
	AB	*6260.81*	*1*	*6260.81*	*7.99*	*0.0179*	
	AC	*6074.22*	*1*	*6074.22*	*7.75*	*0.0193*	
	BC	*38878.66*	*1*	*38878.66*	*49.63*	*< 0.0001*	
Residual		7833.12	10	783.31			
	Lack of Fit	*6531.97*	*5*	*1306.39*	*5.02*	*0.0506*	*not significant*
	Pure Error	*1301.16*	*5*	*260.23*			
Cor Total		3.311E+005	19				

圖 10-2 Design Expert 的變異分析

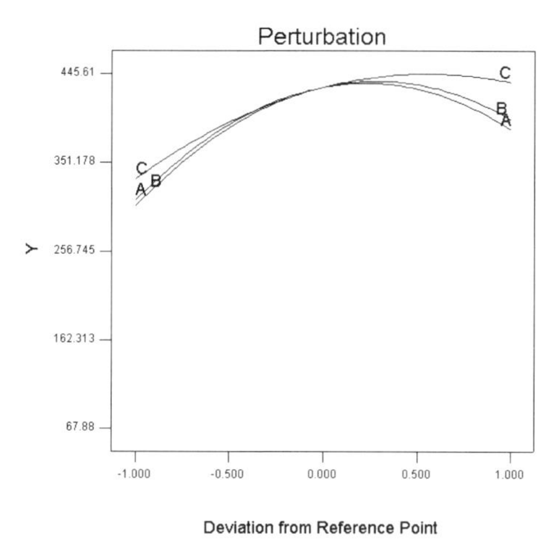

圖 10-3 因子的擾動圖

圖 10-4 反應曲面圖(x3 固定在 0 的水準)

5. **最佳化**

最大化「細菌素的效價(IU/mL)」，即

Max Y

Design Expert 的準則設定如圖 10-5(a)與(b)，因爲有很多解都可達到超過圖(b)的上限 445.61，爲避免產生「多解」的情形，將 Y 的 Max 準則的上限放大到 500，如圖 10-5(c)。優化求解如表 10-5，顯示文獻結果與 Design Expert 結果完全相同。

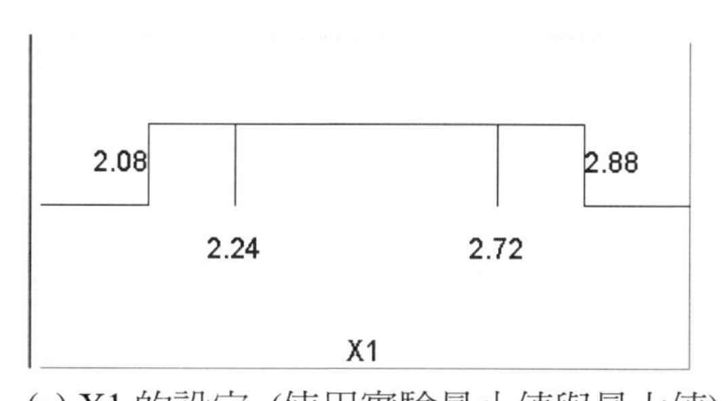

(a) X1 的設定 (使用實驗最小值與最大值)

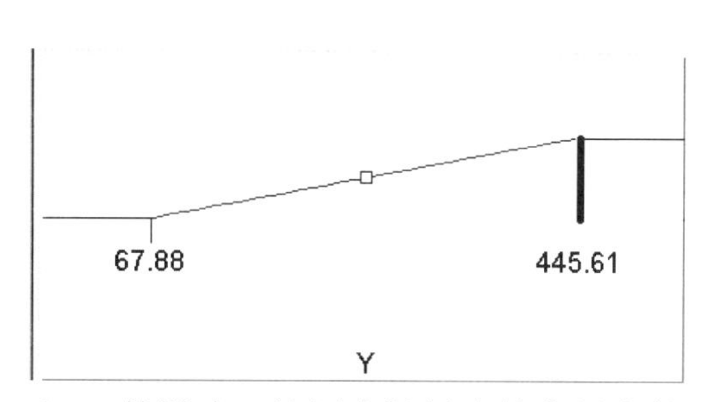

(b) Y 的設定 (使用實驗最小值與最大值)

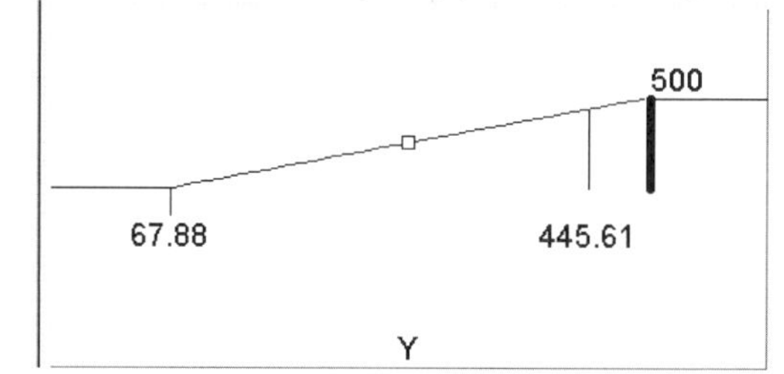

(c) Y 的設定 (使用實驗最小值與一個比最大值大更大的值 500)

圖 10-5 Design Expert 的 Criteria 設定

表 10-5 實例 1：最佳化結果的比較

因子	因子下限值	因子上限值	文獻結果	Design Expert 結果	因子重要性
X1	2.08	2.88	2.45	2.45	重要
X2	0.206	0.274	0.26	0.26	重要
X3	0.763	0.897	0.88	0.88	重要
Y	67.88	445.61	479.8	479.8	

10.3 醇水混合物

1. 問題描述

文獻[2]探討以反應曲面法來分析聚乙烯醇(PVA）膜的滲透汽化(pervaporation)性能，包括滲透通量和選擇性二種性能，而操作條件包括：溫度，濃度和流速。在此將以 Design Expert 軟體重作此問題，並加以比較。

2. 品質因子與品質特性

表 10-6 實例 2：品質因子

名稱	品質因子	編碼變數與實際變數對照				
		-1.682	-1	0	1	1.682
X1	Temperature(◦C)	33	40	50	60	67
X2	Concentration(wt%)	83	85	87.5	90	92
X3	Flow-rate(L/h)	46	60	80	100	114

表 10-7 實例 2：品質特性

名稱	意義	品質期望
Y1	Flux	最大化
Y2	Selectivity	65-116

3. 實驗設計

本問題共有三因子，選用 CCD 實驗設計，8 個角點實驗，6 個軸點實驗，6 個中心點實驗，合計 20 個實驗。

表 10-8 實例 2：實驗設計

No	X1	X2	X3	x1	x2	x3	Y1	Y2
1	-1	-1	-1	40	85	60	71.11	105.89
2	-1	-1	1	40	85	100	60.21	111.77
3	-1	1	-1	40	90	60	31.06	142.9
4	-1	1	1	40	90	100	41.86	137.44
5	1	-1	-1	60	85	60	91.62	88.81
6	1	-1	1	60	85	100	85.27	69.11
7	1	1	-1	60	90	60	68.3	92.11
8	1	1	1	60	90	100	97.72	87.81
9	-1.682	0	0	33	87.5	80	53.76	120.46
10	1.682	0	0	67	87.5	80	113.9	60.83
11	0	-1.682	0	50	83	80	76.41	103.3
12	0	1.682	0	50	92	80	35.65	148.27
13	0	0	-1.682	50	87.5	46	48.73	98.1
14	0	0	1.682	50	87.5	114	58.7	95.27
15	0	0	0	50	87.5	80	54.8	98.09
16	0	0	0	50	87.5	80	53.52	92.23
17	0	0	0	50	87.5	80	55.03	96.37
18	0	0	0	50	87.5	80	52.8	105.46
19	0	0	0	50	87.5	80	48.41	95.29
20	0	0	0	50	87.5	80	54.59	100.58

4. 模型建構

由圖 10-6 的 Design Expert 的 Y1 配適摘要可知，二階模型是最適當的模型。其變異分析如圖 10-7。因子的擾動圖如圖 10-8，等高線圖如圖 10-9。

由圖 10-10 的 Design Expert 的 Y2 配適摘要可知，二階模型是最適當的模型。其變異分析如圖 10-11。因子的擾動圖如圖 10-12，等高線圖如圖 10-13。

Source	Sum of Squares	DF	Mean Square	F Value	Prob > F	
Mean	78556.85	1	78556.85			
Linear	5732.38	3	1910.79	10.96	0.0004	
2FI	762.34	3	254.11	1.63	0.2307	
Quadratic	1902.23	3	634.08	50.90	< 0.0001	Suggested
Cubic	50.58	4	12.64	1.03	0.4648	Aliased
Residual	73.99	6	12.33			
Total	87078.37	20	4353.92			

圖 10-6 Design Expert 的配適摘要：Y1

Source	Sum of Squares	DF	Mean Square	F Value	Prob > F	
Model	8396.96	9	933.00	74.90	< 0.0001	significant
A	*4211.66*	*1*	*4211.66*	*338.09*	*< 0.0001*	
B	*1405.08*	*1*	*1405.08*	*112.79*	*< 0.0001*	
C	*115.64*	*1*	*115.64*	*9.28*	*0.0123*	
A^2	*1899.65*	*1*	*1899.65*	*152.49*	*< 0.0001*	
B^2	*37.92*	*1*	*37.92*	*3.04*	*0.1116*	
C^2	*12.18*	*1*	*12.18*	*0.98*	*0.3460*	
AB	*282.39*	*1*	*282.39*	*22.67*	*0.0008*	
AC	*67.11*	*1*	*67.11*	*5.39*	*0.0427*	
BC	*412.85*	*1*	*412.85*	*33.14*	*0.0002*	
Residual	124.57	10	12.46			
Lack of Fit	93.53	5	18.71	3.01	*0.1257*	*not significant*
Pure Error	31.05	5	6.21			
Cor Total	8521.53	19				

圖 10-7 Design Expert 的變異分析：Y1

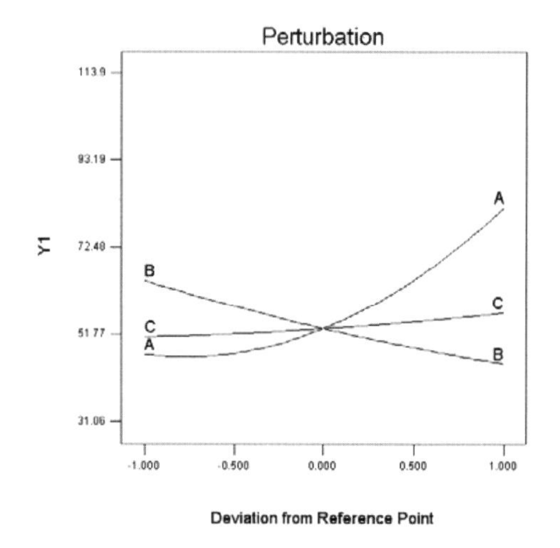

圖 10-8 因子的擾動圖：Y1

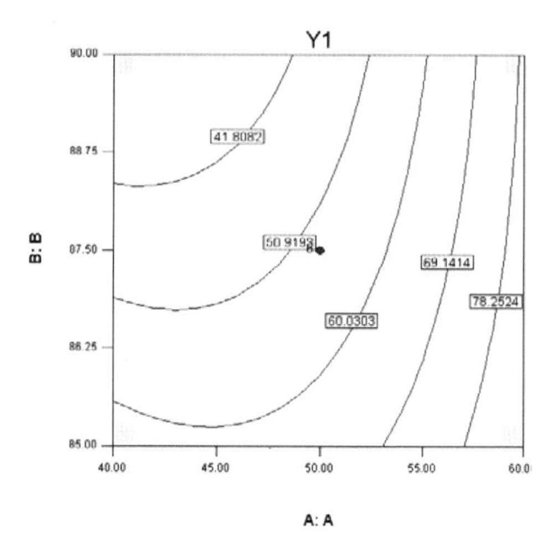

圖 10-9 等高線圖(x3 固定在 0 的水準)：Y1

Source	Sum of Squares	DF	Mean Square	F Value	Prob > F	
Mean	2.101E+005	1	2.101E+005			
Linear	6916.57	3	2305.52	17.46	< 0.0001	
2FI	283.46	3	94.49	0.67	0.5846	
Quadratic	1582.98	3	527.66	21.41	0.0001	Suggested
Cubic	138.07	4	34.52	1.91	0.2281	Aliased
Residual	108.41	6	18.07			
Total	2.192E+005	20	10958.65			

圖 10-10 Design Expert 的配適摘要：Y2

Source	Sum of Squares	DF	Mean Square	F Value	Prob > F	
Model	8783.01	9	975.89	39.59	< 0.0001	significant
A	*4963.60*	*1*	*4963.60*	*201.38*	*< 0.0001*	
B	*1894.47*	*1*	*1894.47*	*76.86*	*< 0.0001*	
C	*58.49*	*1*	*58.49*	*2.37*	*0.1545*	
A^2	*82.51*	*1*	*82.51*	*3.35*	*0.0972*	
B^2	*1364.91*	*1*	*1364.91*	*55.38*	*< 0.0001*	
C^2	*1.09*	*1*	*1.09*	*0.044*	*0.8379*	
AB	*206.86*	*1*	*206.86*	*8.39*	*0.0159*	
AC	*74.54*	*1*	*74.54*	*3.02*	*0.1127*	
BC	*2.06*	*1*	*2.06*	*0.084*	*0.7784*	
Residual	246.48	10	24.65			
Lack of Fit	*140.87*	*5*	*28.17*	*1.33*	*0.3798*	*not significant*
Pure Error	*105.61*	*5*	*21.12*			
Cor Total	9029.49	19				

圖 10-11 Design Expert 的變異分析：Y2

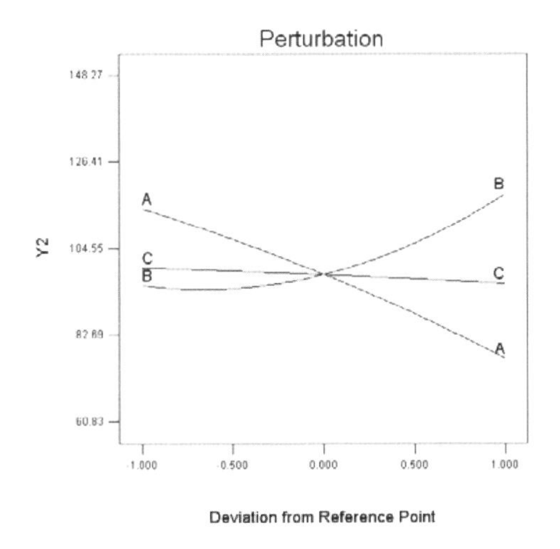

圖 10-12 因子的擾動圖：Y2

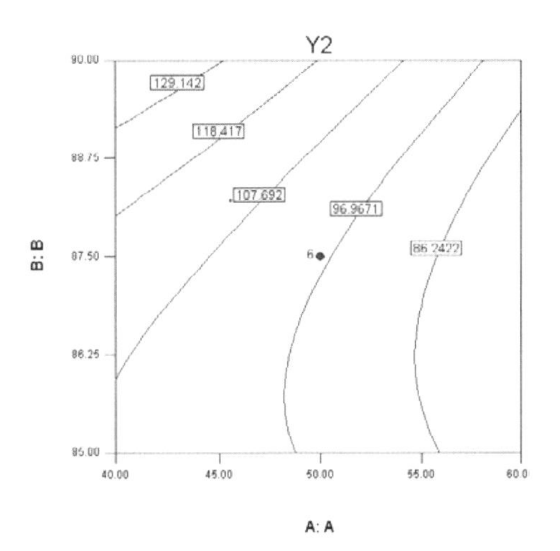

圖 10-13 等高線圖(x3 固定在 0 的水準)：Y2

5. 最佳化

Max Y1

65<Y2<116

Design Expert 的準則設定如圖 10-14，優化求解如表 10-9。

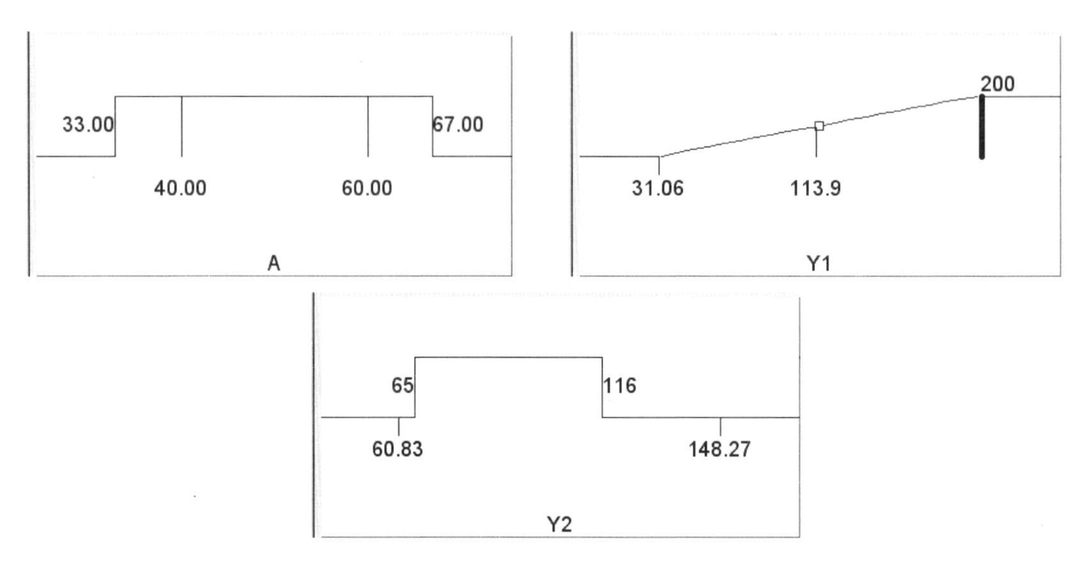

圖 10-14 Design Expert 的 Criteria 設定

表 10-9 實例 2：最佳化結果的比較

因子	因子下限值	因子上限值	Design Expert 結果
X1	33	67	67.0
X2	83	92	92.0
X3	46	114	113.2
Y1	32.8	110.0	157.7
Y2	41.1	115.2	80.9

10.4 粗多醣提取

1. 問題描述

文獻[3]探討以反應曲面法來優化從 boat-fruited sterculia 種子提取粗多醣的製程。在此將以 Design Expert 軟體重作此問題，並加以比較。

2. 品質因子與品質特性

表 10-10 實例 3：品質因子

名稱	品質因子	編碼變數與實際變數對照				
		-2	-1	0	1	2
X1	溫度	30	45	60	75	90
X2	pH	3.5	5	6.5	8	9.5
X3	時間	0.5	1.5	2.5	3.5	4.5
X4	Water to seed ratio	45	60	75	90	105

表 10-11 實例 3：品質特性

名稱	意義	品質期望
Y1	產率(Yield) (%)	Max Y1
Y2	純度(Purity) (%)	Y2>55.6
Y3	相對粘度(Relative viscosity)	Y3>2.1

3. 實驗設計

選用四因子 CCD 實驗設計，16 個角點，8 個軸點，7 個中心點，合計 31 個實驗。

表 10-12 實例 3：實驗設計

No	X1	X2	X3	X4	x1	x2	x3	x4	Y1	Y2	Y3
1	-1	-1	-1	-1	45	5	1.5	60	11.81	53.12	2.01
2	-1	-1	-1	1	45	5	1.5	90	12.84	55.43	2.18
3	-1	-1	1	-1	45	5	3.5	60	13.03	52.66	2.05
4	-1	-1	1	1	45	5	3.5	90	14.64	55.03	2.24
5	-1	1	-1	-1	45	8	1.5	60	12.06	54.32	1.83
6	-1	1	-1	1	45	8	1.5	90	13.51	55.75	1.98
7	-1	1	1	-1	45	8	3.5	60	13.66	52.96	1.96
8	-1	1	1	1	45	8	3.5	90	15.23	54.74	2.14
9	1	-1	-1	-1	75	5	1.5	60	15.26	54.63	1.46
10	1	-1	-1	1	75	5	1.5	90	15.71	53.22	1.53
11	1	-1	1	-1	75	5	3.5	60	16.88	53.91	1.52
12	1	-1	1	1	75	5	3.5	90	17.34	52.63	1.66
13	1	1	-1	-1	75	8	1.5	60	16.33	55.61	1.3
14	1	1	-1	1	75	8	1.5	90	17.45	53.42	1.34
15	1	1	1	-1	75	8	3.5	60	18.14	54.54	1.39

表 10-12 實例 3：實驗設計(續)

No	X1	X2	X3	X4	x1	x2	x3	x4	Y1	Y2	Y3
16	1	1	1	1	75	8	3.5	90	19.02	52.42	1.41
17	-2	0	0	0	30	6.5	2.5	75	10.24	48.83	2.04
18	2	0	0	0	90	6.5	2.5	75	18.06	49.11	1.12
19	0	-2	0	0	60	3.5	2.5	75	15.15	58.22	1.68
20	0	2	0	0	60	9.5	2.5	75	17.52	57.12	1.7
21	0	0	-2	0	60	6.5	0.5	75	13.14	53.74	1.8
22	0	0	2	0	60	6.5	4.5	75	17.92	52.83	2.13
23	0	0	0	-2	60	6.5	2.5	45	13.63	54.55	2.04
24	0	0	0	2	60	6.5	2.5	105	17.02	55.02	2.12
25	0	0	0	0	60	6.5	2.5	75	17.21	56.13	2.16
26	0	0	0	0	60	6.5	2.5	75	17.63	56.42	2.18
27	0	0	0	0	60	6.5	2.5	75	17.42	56.21	2.21
28	0	0	0	0	60	6.5	2.5	75	17.07	56.11	2.15
29	0	0	0	0	60	6.5	2.5	75	17.55	56.22	2.26
30	0	0	0	0	60	6.5	2.5	75	17.54	56.15	2.27
31	0	0	0	0	60	6.5	2.5	75	17.12	56.84	2.13

4. 模型建構

模型建構結果請參考光碟中的檔案。在此只展示因子的擾動圖(圖 10-15~圖 10-17)。

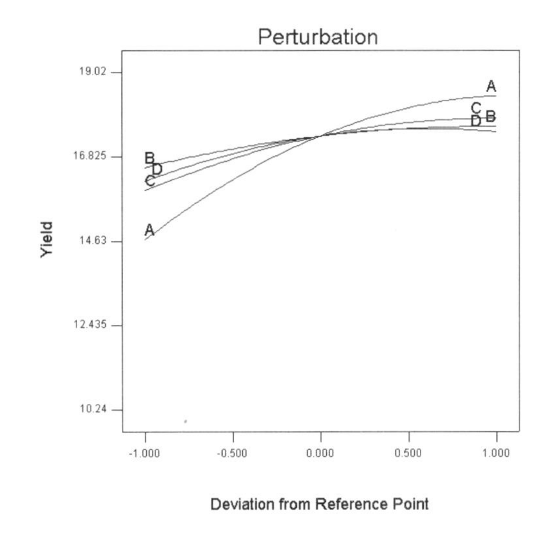

圖 10-15 因子的擾動圖：Y1

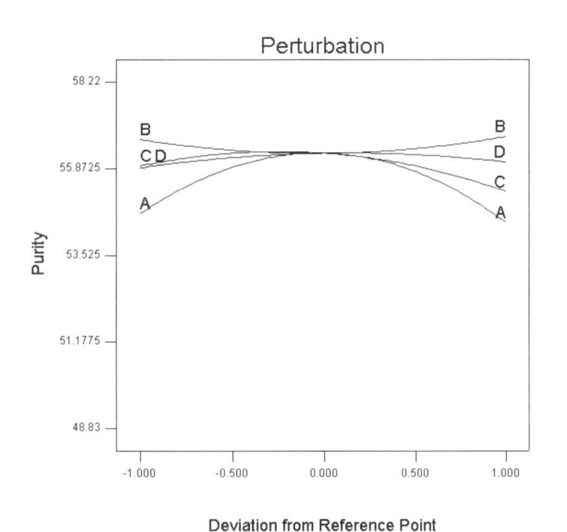

圖 10-16 因子的擾動圖：Y2

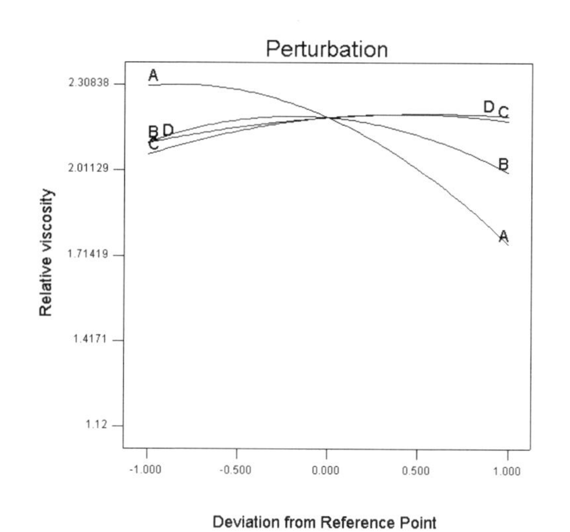

圖 10-17 因子的擾動圖：Y3

5. 最佳化

Max Y1

Y2>55.6

Y3>2.1

Design Expert 的準則設定如圖 10-18，爲避免產生「多解」的情形，將 Y1 (Yield) 的 Max 準則的上限放大到 25。優化求解如表 10-13，顯示文獻結果與 Design Expert 結果相近。

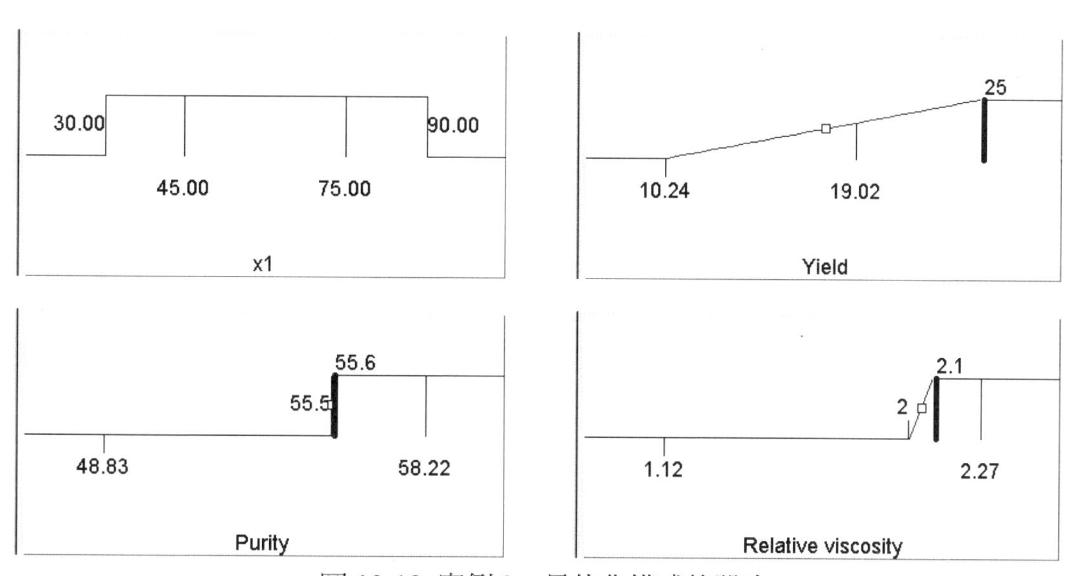

圖 10-18 實例 3：最佳化模式的設定

表 10-13 實例 3：最佳化結果的比較

因子	因子下限值	因子上限值	文獻結果	Design Expert 結果	因子重要性
X1	30	90	60-65	63.55	非常重要
X2	3.5	9.5	7.0	7.07	重要
X3	0.5	4.5	2.3-3.1	3.08	重要
X4	45	105	75	82.14	重要
Y1	10.24	19.02	17.62	18.5	
Y2	48.83	58.22	56.4	55.6	
Y3	1.12	2.27	2.15	2.10	

10.5 益生菌培養基

1. 問題描述

文獻[4]探討以反應曲面法來研發培養基，以提高益生菌與 antagonistic 化合物的產率。在此將以 Design Expert 軟體重作此問題，並加以比較。

2. 品質因子與品質特性

表 10-14 實例 4：品質因子

名稱	品質因子	編碼變數與實際變數對照				
		-2	-1	0	1	2
X1	Mannitol	0	2	11	20	32
X2	Glycerol	0	2	11	20	32.4
X3	Sodium chloride	0	5	10	15	21.9
X4	Urea	0	1	2.5	4	6.1
X5	Mineral salts solution	0	5	12.5	20	30.3

表 10-15 實例 4：品質特性

名稱	意義	品質期望
Y1	益生菌 Biomass	最大化
Y2	Antagonistic compound	最大化

3. 實驗設計

本問題共有五因子，選用 CCD 實驗設計，32 個角點實驗，10 個軸點實驗，8 個中心點實驗，合計 50 個實驗。實驗表省略，請參考光碟中的檔案。

4. 模型建構

由圖 10-19 與圖 10-20 的配適摘要可知，Y1 與 Y2 的最適模型為二階模型。其因子的擾動圖如圖 10-21 與圖 10-22。

Source	Sum of Squares	DF	Mean Square	F Value	Prob > F	
Mean	28.93	1	28.93			
Linear	7.12	5	1.42	65.49	< 0.0001	
2FI	0.15	10	0.015	0.62	0.7865	
Quadratic	0.63	5	0.13	19.69	< 0.0001	Suggested
Cubic	0.18	16	0.011	45.94	< 0.0001	Aliased
Residual	3.202E-003	13	2.463E-004			
Total	37.01	50	0.74			

圖 10-19 Design Expert 的配適摘要：Y1

Sequential Model Sum of Squares

Source	Sum of Squares	DF	Mean Square	F Value	Prob > F	
Mean	1.433E+005	1	1.433E+005			
Linear	30382.90	5	6076.58	42.10	< 0.0001	
2FI	1982.42	10	198.24	1.54	0.1670	
Quadratic	1222.70	5	244.54	2.25	0.0754	Suggested
Cubic	2808.18	16	175.51	6.76	0.0006	Aliased
Residual	337.30	13	25.95			
Total	1.800E+005	50	3599.77			

圖 10-20 Design Expert 的配適摘要：Y2

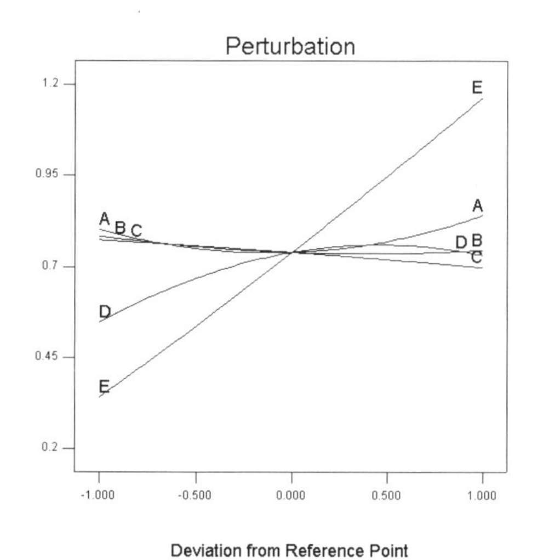

圖 10-21 因子的擾動圖：Y1

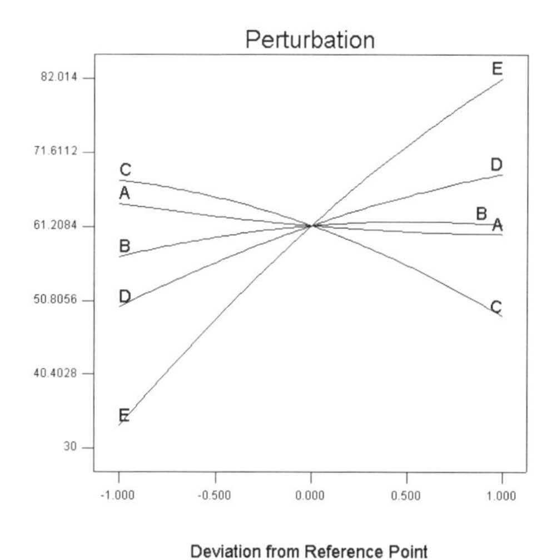

圖 10-22 因子的擾動圖：Y2

5. 最佳化

Max Y1

Design Expert 的準則設定如圖 10-23，爲避免產生「多解」的情形，將 Y1 (Yield) 的 Max 準則的上限放大到 2。優化求解如表 10-16，顯示文獻結果與 Design Expert 結果相近。

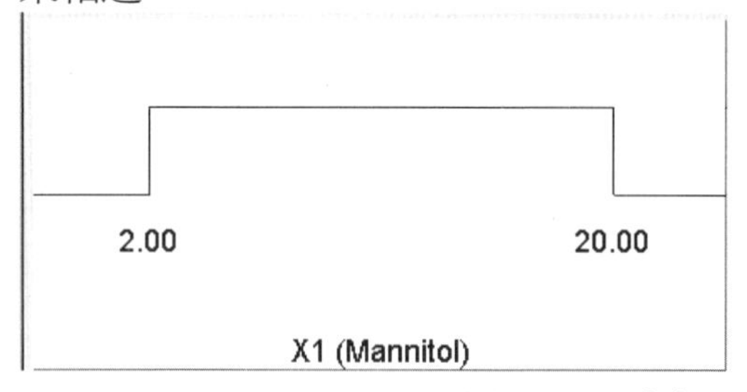

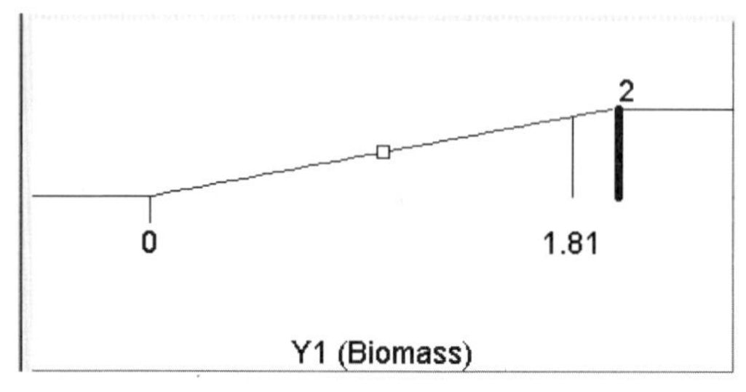

圖 10-23 實例 3：最佳化模式的設定

表 10-16 實例 4：最佳化結果的比較

因子	因子下限值	因子上限值	文獻結果	Design Expert 結果	因子重要性
X1	2	20	20	20	重要
X2	2	20	20	20	重要
X3	5	15	5	5	重要
X4	1	4	3.3	3.02	非常重要
X5	5	20	20	20	非常重要
Y1	0.2	1.38	1.4	1.42	
Y2	5.07	98.4	na	na	

10.6 酵素合成乙酸己烯酯

1. 問題描述

文獻[5]指出，傳統之香料來源—直接萃取法，大部分已被低成本之化學合成法所取代，但仍無法符合消費市場對「天然」香料之需求，進而發展出以酵素等生合成方式來生產安全性高之天然香料，成爲香料工業未來之主要發展趨勢。故本文獻以酯化反應合成己醇酯類，並利用反應曲面法求得最優化合成條件。在此將以 Design Expert 軟體重作此問題，並加以比較。

2. 品質因子與品質特性

表 10-17 實例 5：品質因子

名稱	品質因子	編碼變數與實際變數對照				
		-2	-1	0	1	2
X1	反應時間	8	12	16	20	24
X2	溫度	25	35	45	55	65
X3	酵素用量	0.02	0.04	0.06	0.08	0.10
X4	基質莫耳比	1	1.5	2	2.5	3
X5	水分添加量	0	5	10	15	20

表 10-18 實例 5：品質特性

名稱	意義	品質期望
Y	產出(yield)	最大化

3. 實驗設計

本問題共有五因子，選用 CCD 實驗設計，16 個角點實驗，10 個軸點實驗，6 個中心點實驗，合計 32 個實驗。

表 10-19 實例 5：實驗設計

No	X1	X2	X3	X4	X5	Y
1	12	55	0.08	2.5	5	55.024
2	20	35	0.08	1.5	15	32.251
3	16	45	0.06	2	0	58.128
4	20	35	0.04	2.5	15	25.24
5	16	45	0.06	3	10	61.503
6	12	35	0.04	2.5	5	45.985
7	12	35	0.04	1.5	15	25.636
8	20	55	0.04	2.5	5	39.322
9	16	45	0.06	1	10	8.412
10	16	45	0.06	2	10	43.005
11	16	45	0.02	2	10	38.088
12	12	35	0.08	1.5	5	31.298
13	12	55	0.04	2.5	15	0.599
14	16	45	0.06	2	10	54.564
15	16	65	0.06	2	10	20.826
16	12	55	0.04	1.5	5	0.673
17	16	45	0.06	2	20	41.103
18	24	45	0.06	2	10	66.208
19	20	35	0.08	2.5	5	56.113
20	16	45	0.06	2	10	51.413
21	20	35	0.04	1.5	5	16.796
22	12	35	0.08	2.5	15	56.851
23	12	55	0.08	1.5	15	0.372
24	8	45	0.06	2	10	40.352
25	20	55	0.08	2.5	15	58.45
26	16	25	0.06	2	10	28.91
27	20	55	0.08	1.5	5	34.625
28	16	45	0.06	2	10	52.139
29	16	45	0.1	2	10	66.367
30	16	45	0.06	2	10	51.482
31	20	55	0.04	1.5	15	1.03
32	16	45	0.06	2	10	46.183

4. 模型建構

由圖 10-24 的配適摘要可知，最適模型爲二階模型。其因子的擾動圖如圖 10-25。

Sequential Model Sum of Squares

Source	Sum of Squares	DF	Mean Square	F Value	Prob > F	
Mean	45673.60	1	45673.60			
Linear	7418.84	5	1483.77	7.39	0.0002	Suggested
2FI	1532.11	10	153.21	0.66	0.7406	
Quadratic	2804.02	5	560.80	6.98	0.0036	Suggested
Cubic	236.74	5	47.35	0.44	0.8079	Aliased
Residual	647.20	6	107.87			
Total	58312.52	32	1822.27			

圖 10-24 Design Expert 的配適摘要

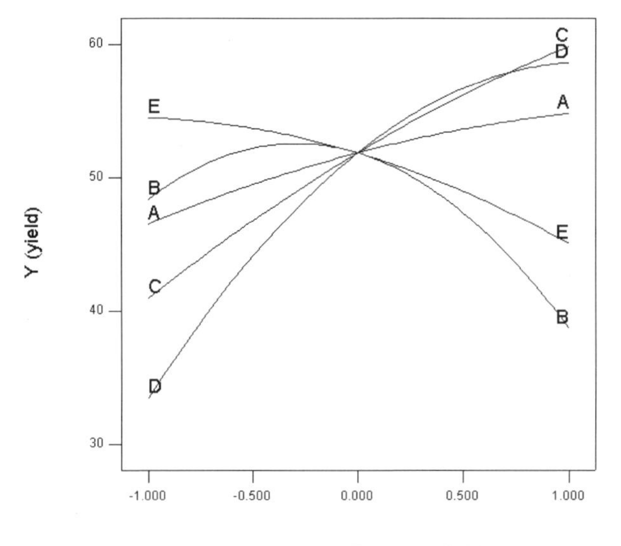

圖 10-25 因子的擾動圖

5. 最佳化

Max Y

Design Expert 的準則設定如圖 10-18，爲避免產生「多解」的情形，將 Y1 (Yield) 的 Max 準則的上限放大到 200。優化求解如表 10-13，顯示文獻結果與 Design Expert 結果有些差距。

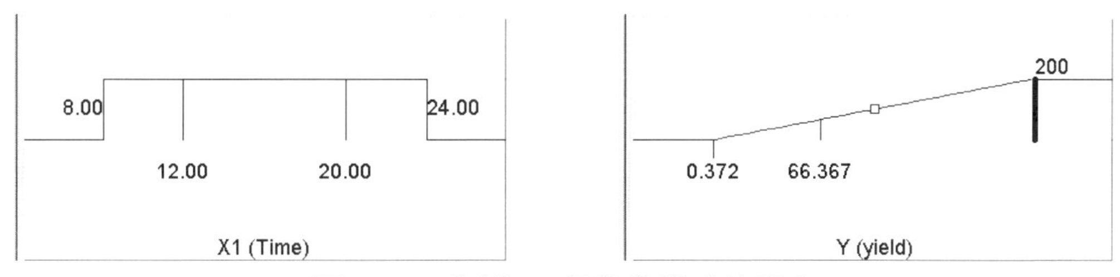

圖 10-26　實例 5：最佳化模式的設定

表 10-20 實例 5：最佳化結果的比較

因子	因子下限值	因子上限值	文獻結果	Design Expert 結果	因子重要性
X1	8	24	19.2	24.0	重要
X2	25	65	48.5	60.1	非常重要
X3	0.02	0.10	0.10	0.10	重要
X4	1	3	2.5	3.00	非常重要
X5	0	20	7.9	0.00	重要
Y	0.37	66.37	82.1	110.6	

本章參考文獻

[1] 李秀涼、 陳建偉、 張玉娟、 平文祥，2008，「利用 RSM 法優化副乾酪乳桿菌 HDl · 7 產細菌素發酵培養基」，黑龍江大學自然科學學報，第 25 卷，第 5 期，第 621-624 頁。

[2] Hyder, M.N., Huang, R.Y.M., and Chen, P., 2009, "Pervaporation dehydration of alcohol - water mixtures: Optimization for permeate flux and selectivity by central composite rotatable design," *Journal of Membrane Science*, 326, 343–353.

[3] Wu, Y., Cui, S. W., Tang, J., and Gua, X., 2007, "Optimization of extraction process of crude polysaccharides from boat-fruited sterculia seeds by response surface methodology," *Food Chemistry*, 105, 1599–1605.

[4] Preetha, R., Jayaprakash, N. S., Philip, R., and Bright Singh, I. S., 2007, "Optimization of carbon and nitrogen sources and growth factors for the production of an aquaculture probiotic (Pseudomonas MCCB 103) using response surface methodology," *Journal of Applied Microbiology*, 102, 1043–1051.

[5] 張淑微，2002，「以反應曲面法研究酵素合成己醇酯類之最優化」，大葉大學，食品工程學系，碩士論文。

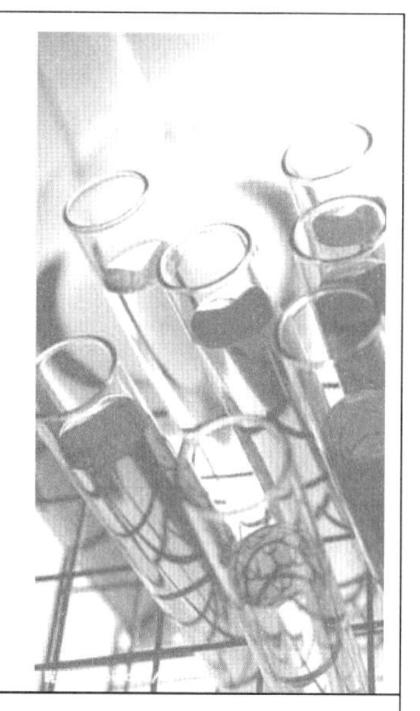

第11章 Design Expert 混合設計實例

11.1 簡介

11.2 蝕刻配方最佳化

11.3 清潔劑配方最佳化

11.4 富硒酵母培養基最佳化

11.5 橡膠皮碗配方最佳化

11.6 強效清潔劑配方最佳化

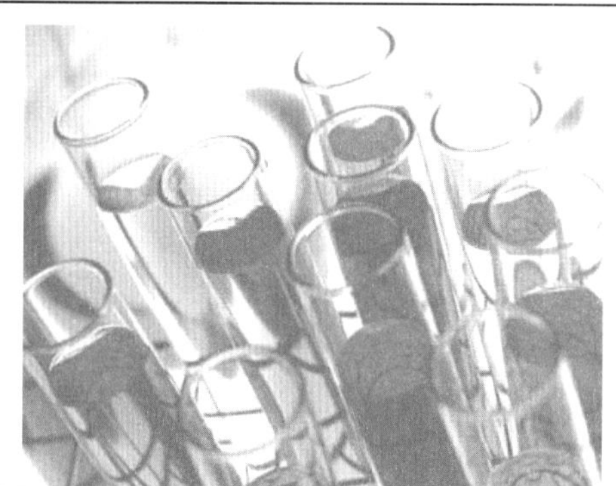

11.1 簡介

本章將介紹 CAFE 在混合設計(mixture design)，即配方設計上的應用實例，包括：

- ☐ 蝕刻配方最佳化
- ☐ 清潔劑配方最佳化
- ☐ 富硒酵母培養基配方最佳化
- ☐ 橡膠皮碗配方最佳化
- ☐ 強效清潔劑配方最佳化

顯示混合設計大多應用在食品、製藥、化工產品的設計與製造，實驗設計以單體格子設計、D-optimal 最普遍。

本章每一題都分成五個部份來介紹：

1. 問題描述
2. 品質因子與品質特性
3. 實驗設計
4. 模型建構
5. 最佳化

表 11-1 應用實例摘要表

應用實例	成份	品質特性	實驗設計	實驗數目
蝕刻配方最佳化	3	1	單體格子設計	14
清潔劑配方最佳化	3	2	單體格子設計	14
富硒酵母培養基配方最佳化	3	2	D-optimal	14
橡膠皮碗配方最佳化	4	1	D-optimal	15
強效清潔劑配方最佳化	4	4	D-optimal	20

11.2 蝕刻配方最佳化

1. 問題描述

文獻[1]舉出一個蝕刻(etch)的例子，反應變數是蝕刻率(etch rate)，自變數爲三種酸的用量。在此將以 Design Expert 軟體重作此問題，並加以比較。

2. 品質因子與品質特性

表 11-2 實例 1：品質因子

名稱	成份或製程因子	Min	Max
x1	Acid A	0	1
x2	Acid B	0	1
x3	Acid C	0	1

表 11-3 實例 1：品質特性

名稱	意義	品質期望
y	蝕刻率(etch rate)	望大

3. 實驗設計

三個成份，以 m=2 單體格子設計(6 點)，並加上軸擴充設計(3 點)，一個中心點(1 點)，此外三個一元組成與中心點各重複一次(4 點)，共 6+3+1+4=11 個實驗。

表 11-4 實例 1：實驗設計

No	x1	x2	x3	y
1	1	0	0	540
2	1	0	0	560
3	0	1	0	350
4	0	1	0	330
5	0	0	1	260
6	0	0	1	295
7	0.5	0.5	0	610
8	0	0.5	0.5	330
9	0.5	0	0.5	425
10	0.667	0.167	0.167	710
11	0.167	0.667	0.167	640
12	0.167	0.167	0.667	460
13	0.333	0.333	0.333	850
14	0.333	0.333	0.333	800

4. 模型建構

由表 11-5 的 Design Expert 的配適摘要可知，Special Cubic 模型是最適當的模型。其變異分析如表 11-6。因子的等高線圖、反應曲面圖、軌跡圖如圖 11-1~圖 11-3，顯示反應變數有局部最大值。迴歸公式如下：

Y=550.196*x1+344.698*x2+268.284*x3+689.430*x1*x2-9.2217*x1*x3+57.848*x2*x3+9240.891*x1*x2*x3

表 11-5 Design Expert 的配適摘要

Source	Sum of Squares	DF	Mean Square	F Value	Prob > F	
Mean	3.662E+006	1	3.662E+006			
Linear	1.337E+005	2	66871.34	2.13	0.1650	
Quadratic	2.294E+005	3	76459.04	5.29	0.0266	
Special Cubic	1.078E+005	1	1.078E+005	96.04	< 0.0001	Suggested
Cubic	4246.45	2	2123.23	2.94	0.1433	Aliased
Residual	3613.65	5	722.73			
Total	4.141E+006	14	2.958E+005			

表 11-6 Design Expert 的變異分析

Source	Sum of Squares	DF	Mean Square	F Value	Prob > F	
Model	4.710E+005	6	78493.55	69.90	< 0.0001	*顯著*
Linear Mixture	*3.382E+005*	*2*	*1.691E+005*	*150.59*	*< 0.0001*	
AB	*24748.14*	*1*	*24748.14*	*22.04*	*0.0022*	
AC	*4.43*	*1*	*4.43*	*3.943E-003*	*0.9517*	
BC	*174.24*	*1*	*174.24*	*0.16*	*0.7054*	
ABC	*1.078E+005*	*1*	*1.078E+005*	*96.04*	*< 0.0001*	
Residual	7860.10	7	1122.87			
Lack of Fit	*5597.60*	*3*	*1865.87*	*3.30*	*0.1395*	*不顯著*
Pure Error	*2262.50*	*4*	*565.63*			
Cor Total	4.788E+005	13				

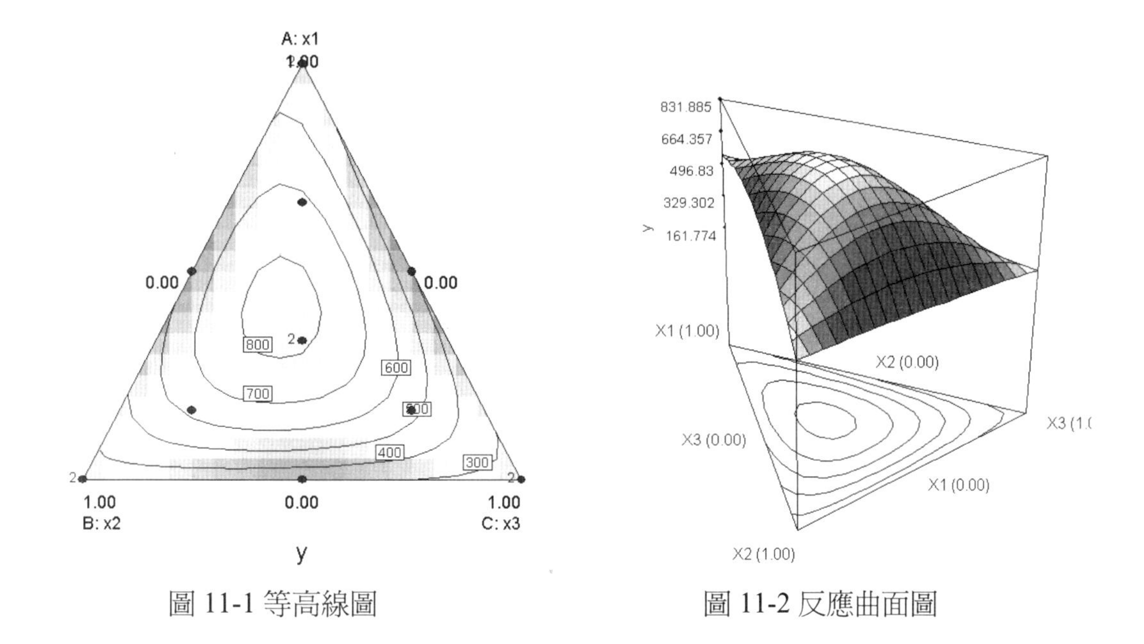

圖 11-1 等高線圖　　　　圖 11-2 反應曲面圖

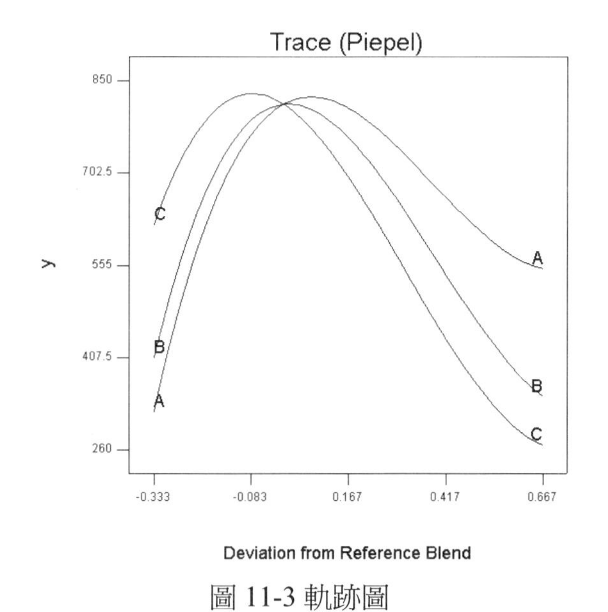

圖 11-3 軌跡圖

5. 最佳化

最佳化模式爲

Max Y

$x_1 + x_2 + x_3 = 1$

優化求解如表 11-7，顯示文獻結果與 Design Expert 結果相同。

表 11-7 實例 1：最佳化結果的比較

因子	因子下限值	因子上限值	文獻結果	Design Expert 結果
X1	0	1	0.41	0.41
X2	0	1	0.34	0.34
X3	0	1	0.25	0.25
Y	260	850	832.0	832.0

11.3 清潔劑配方最佳化

1. 問題描述

文獻[2]舉出一個清潔劑的例子，反應變數是 Viscosity(黏度)與 Turbidity(濁度)，三種成份爲 Water(水)、Alcohol(乙醇)、Urea(尿素)三成份，合計爲 9%，其餘 91%爲其他成份。在此將以 Design Expert 軟體重作此問題，並加以比較。

2. 品質因子與品質特性

Water(水)、Alcohol(乙醇)、Urea(尿素)三成份的上下限如表 11-8。且 $x_1 + x_2 + x_3 = 9$

表 11-8 實例 2：品質因子

名稱	成份或製程因子	Min	Max
x1	Water(水)	3%	8%
x2	Alcohol(乙醇)	2%	4%
x3	Urea(尿素)	2%	4%

表 11-9 實例 2：品質特性

名稱	意義	品質期望
Y1	Viscosity(黏度)	望目 (目標值 43)
Y2	Turbidity(濁度)	望小 (<800)

3. 實驗設計

本例題共有三個成份，以 m=2 單體格子設計(6 點)，並加上軸擴充設計(3 點)，一個中心點(1 點)，此外三個一元組成與中心點各重複一次(4 點)，共 6+3+1+4=11 個實驗。

表 11-10 實例 2：實驗設計

No	x1	x2	x3	Y1	Y2
1	5.00	2.00	2.00	40.8	436
2	4.00	3.00	2.00	67.9	436
3	4.00	2.00	3.00	46.5	630
4	3.00	4.00	2.00	87.8	323
5	3.00	3.00	3.00	45.3	949
6	3.00	2.00	4.00	130	786
7	4.33	2.33	2.33	35.1	671
8	3.33	3.33	2.33	51.7	730
9	3.33	2.33	3.33	70.7	874
10	3.67	2.67	2.67	46	1122
11	3.00	4.00	2.00	91.6	546
13	3.00	2.00	4.00	144	641
13	5.00	2.00	2.00	37.2	378
14	3.67	2.67	2.67	34.8	984

4.　模型建構

由圖 11-4 的 Design Expert 的配適摘要可知，二次模型是 Y1 最適當的模型。其變異分析如圖 11-5。迴歸公式如下：

Viscosity=10.533*Water+87.445*Alcoho+240.321*Urea+1.502*Water*Alcohol
-41.326*Water*Urea-67.855*Alcohol*Urea

Sequential Model Sum of Squares

Source	Sum of Squares	DF	Mean Square	F Value	Prob > F	
Mean	61698.88	1	61698.88			
Linear	8217.68	2	4108.84	5.70	0.0200	
Quadratic	7684.87	3	2561.62	86.24	< 0.0001	Suggested
Special Cubic	1.12	1	1.12	0.033	0.8609	
Cubic	62.01	2	31.00	0.89	0.4676	Aliased
Residual	174.50	5	34.90			
Total	77839.06	14	5559.93			

圖 11-4 Design Expert 的配適摘要：Y1 (Viscosity)

Source	Sum of Squares	DF	Mean Square	F Value	Prob > F	
Model	15902.55	5	3180.51	107.07	< 0.0001	significant
Linear Mixture	*8217.68*	*2*	*4108.84*	*138.33*	*< 0.0001*	
AB	*2.37*	*1*	*2.37*	*0.080*	*0.7849*	
AC	*1792.26*	*1*	*1792.26*	*60.34*	*< 0.0001*	
BC	*4831.78*	*1*	*4831.78*	*162.67*	*< 0.0001*	
Residual	237.63	8	29.70			
Lack of Fit	*63.21*	*4*	*15.80*	*0.36*	*0.8254*	*not significant*
Pure Error	*174.42*	*4*	*43.61*			
Cor Total	16140.18	13				

圖 11-5 Design Expert 的變異分析：Y1 (Viscosity)

由圖 11-6 的 Design Expert 的配適摘要可知，二次模型是 Y2 最適當的模型。其變異分析如圖 11-7。迴歸公式如下：

Turbidity=2891.72*Water+4418.31*Alcohol+4402.12*Urea-2103.16*Water*Alcohol
-2051.59*Water*Urea-2814.12*Alcohol*Urea+1055.66*Water*Alcohol*Urea

Sequential Model Sum of Squares

Source	Sum of Squares	DF	Mean Square	F Value	Prob > F	
Mean	6.455E+006	1	6.455E+006			
Linear	2.041E+005	2	1.021E+005	1.98	0.1844	
Quadratic	4.158E+005	3	1.386E+005	7.33	0.0111	
Special Cubic	90055.12	1	90055.12	10.29	0.0149	Suggested
Cubic	2372.11	2	1186.06	0.10	0.9060	Aliased
Residual	58888.06	5	11777.61			
Total	7.226E+006	14	5.161E+005			

圖 11-6 Design Expert 的配適摘要：Y2 (Turbidity)

Source	Sum of Squares	DF	Mean Square	F Value	Prob > F	
Model	7.100E+005	6	1.183E+005	13.52	0.0015	significant
Linear Mixture	*5.132E+005*	*2*	*2.566E+005*	*29.32*	*0.0004*	
AB	*55.52*	*1*	*55.52*	*6.345E-003*	*0.9387*	
AC	*2972.62*	*1*	*2972.62*	*0.34*	*0.5783*	
BC	*1.037E+005*	*1*	*1.037E+005*	*11.85*	*0.0108*	
ABC	*90055.12*	*1*	*90055.12*	*10.29*	*0.0149*	
Residual	61260.17	7	8751.45			
Lack of Fit	*14679.17*	*3*	*4893.06*	*0.42*	*0.7489*	*not significant*
Pure Error	*46581.00*	*4*	*11645.25*			
Cor Total	7.713E+005	13				

圖 11-7 Design Expert 的變異分析：Y2 (Turbidity)

因子的等高線圖、反應曲面圖、軌跡圖如圖 11-8~圖 11-13。

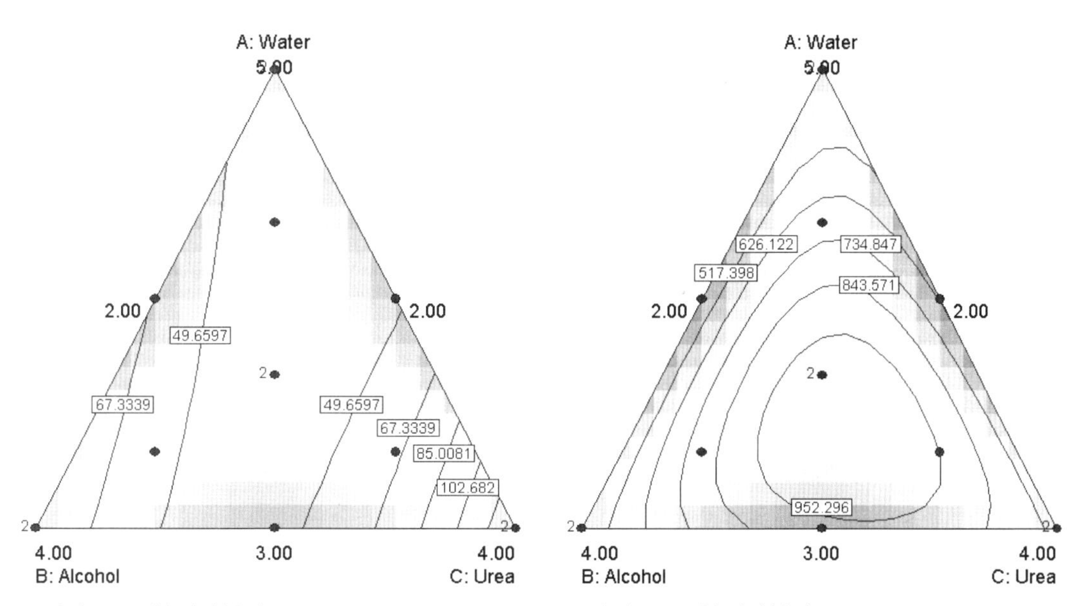

圖 11-8 等高線圖：Y1 (Viscosity)　　圖 11-9 等高線圖：Y2 (Turbidity)

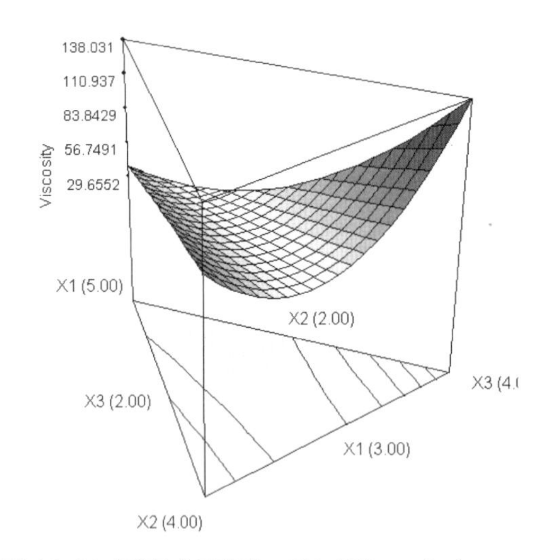

圖 11-10 反應曲面圖：Y1 (Viscosity)

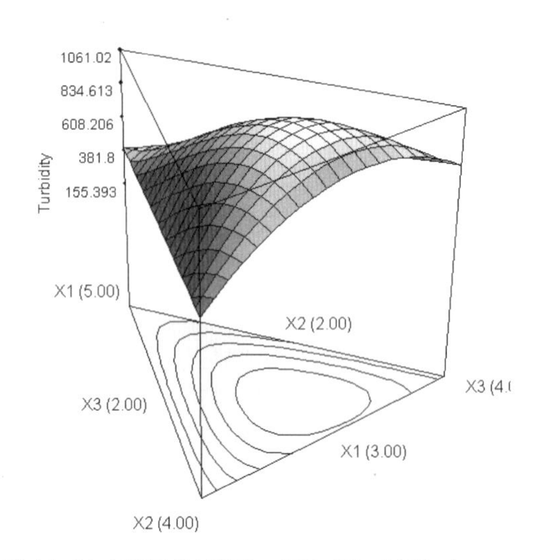

圖 11-11 反應曲面圖：Y2 (Turbidity)

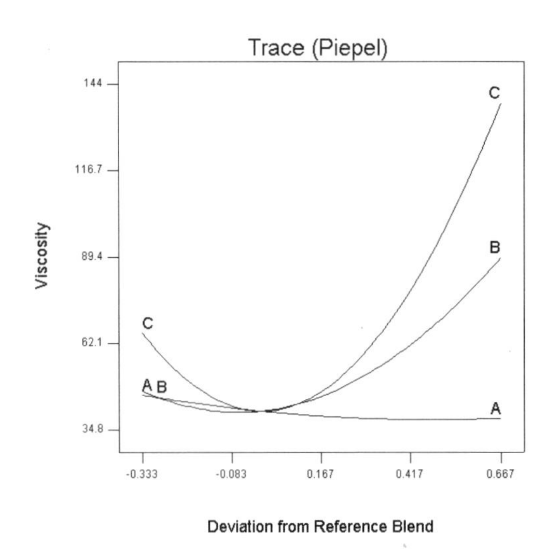

圖 11-12 軌跡圖：Y1 (Viscosity)

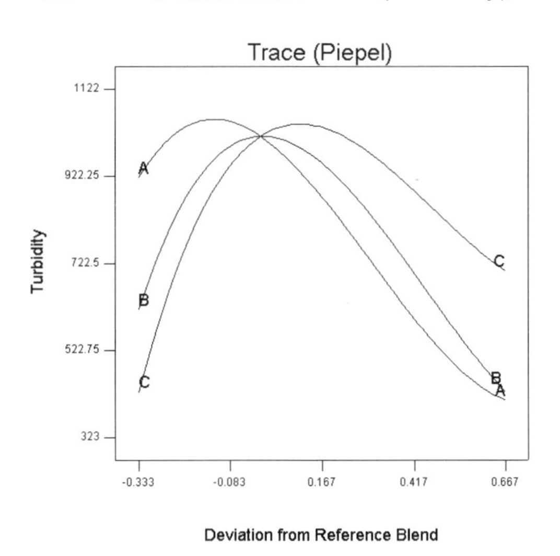

圖 11-13 軌跡圖：Y2 (Turbidity)

5. **最佳化**

最佳化模式為

Y1=43

Y2<800

$x_1 + x_2 + x_3 = 9$

Design Expert 的準則設定如圖 11-14。綜合滿意度等高線圖如圖 11-15，顯示在圖的左上方與右上方有二區域滿足 Y1=43, Y2<800。表 11-11 顯示其中二個解。

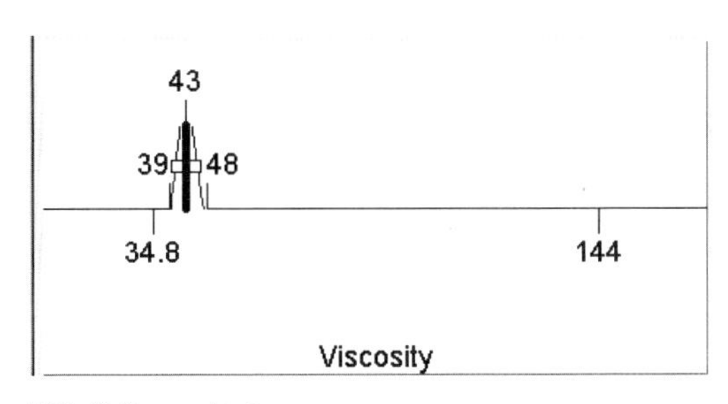

Y1 (Viscosity)

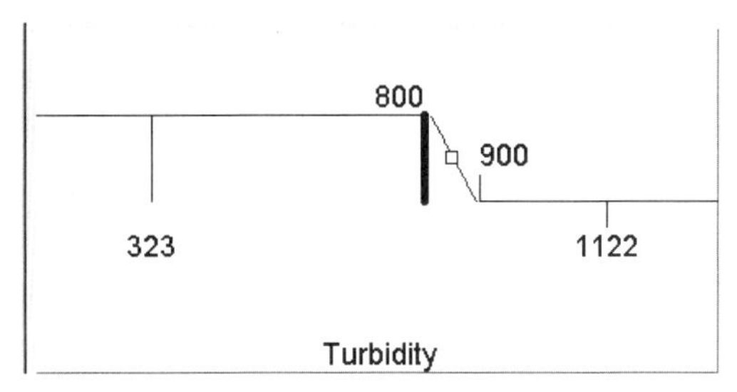

Y2 (Turbidity)

圖 11-14 實例 2：最佳化模式的設定

表 11-11 實例 2：最佳化結果的比較

因子	因子下限值	因子上限值	文獻結果		Design Expert 結果	
			1	2	1	2
X1	3	8	3.97	4.09	3.97	4.09
X2	2	4	2.12	2.58	2.12	2.58
X3	2	4	2.91	2.32	2.91	2.32
Y1	34.8	144	43.0	43.0	43.0	43.0
Y2	323	1122	748.3	771.7	748.3	771.7

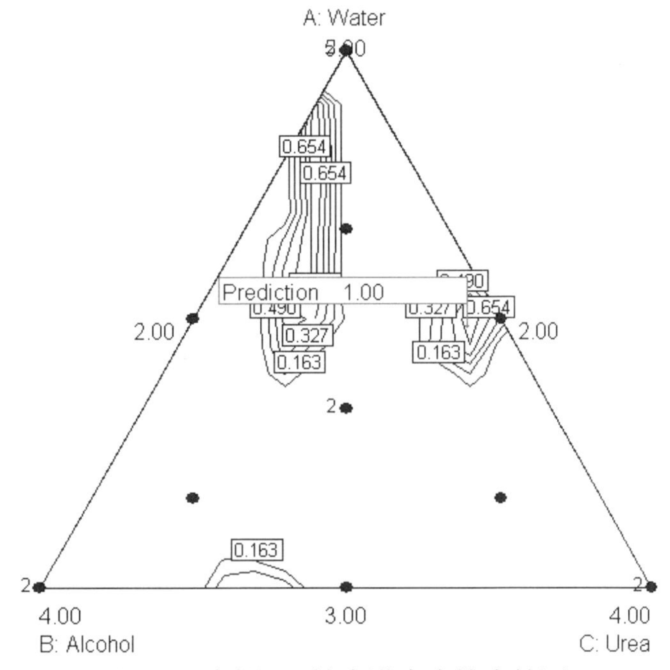

圖 11-15 實例 2：綜合滿意度等高線圖

11.4 富硒酵母培養基最佳化

1. 問題描述

文獻[3]探討以反應曲面法來研發富硒酵母自然發酵培養基，以最大化生物產率和總硒產率。在此將以 Design Expert 軟體重作此問題，並加以比較。

2. 品質因子與品質特性

表 11-12 實例 3：品質因子

名稱	成份	編碼變數與實際變數對照					
		1	2/3	1/2	1/3	1/6	0
x1	Germinated brown rice juice (發芽糙米汁)	0.80	0.67	0.60	0.53	0.47	0.40
x2	Beerwort (麥芽汁)	0.50	0.37	0.30	0.23	0.17	0.10
x3	Soybean sprout (大豆發芽)	0.50	0.37	0.30	0.23	0.17	0.10

表 11-13 實例 3：品質特性

名稱	單位	意義	品質期望
Biomass	g/L	biomass yield	最大化
Total_Se	mg/L	total selenium yield	最大化

3. 實驗設計

本例題共有三成份，選用 D-optimal 實驗設計，14 個實驗。

表 11-14 實例 3：實驗設計

No	x1	x2	x3	Biomass	Total_Se
1	0.4	0.5	0.1	8.35	3.53
2	0.6	0.1	0.3	7.59	3.08
3	0.4	0.3	0.3	8.49	3.51
4	0.4	0.1	0.5	7.57	2.78
5	0.6	0.3	0.1	7.59	3.28
6	0.8	0.1	0.1	6.19	2.6
7	0.47	0.37	0.17	8.13	3.25
8	0.67	0.17	0.17	7.21	2.84
9	0.53	0.23	0.23	8.09	3.37
10	0.47	0.17	0.37	7.85	3.08
11	0.4	0.5	0.1	8.35	3.53
12	0.6	0.1	0.3	7.59	3.08
13	0.4	0.1	0.5	7.57	2.78
14	0.8	0.1	0.1	6.19	2.6

4. 模型建構

由圖 11-16 的 Design Expert 的配適摘要可知，二次模型是 Y1 最適當的模型。其變異分析如圖 11-17。迴歸公式如下：

Biomass=3.994*x1+7.887*x2+1.802*x3+6.817*x1*x2+17.128*x1*x3+11.424*x2*x3

Source	Sum of Squares	DF	Mean Square	F Value	Prob > F	
Mean	814.12	1	814.12			
Linear	5.54	2	2.77	28.12	< 0.0001	
Quadratic	1.02	3	0.34	45.13	< 0.0001	Suggested
Special Cubic	5.004E-003	1	5.004E-003	0.63	0.4528	
Cubic	6.887E-003	2	3.443E-003	0.35	0.7178	Aliased
Residual	0.049	5	9.710E-003			
Total	820.74	14	58.62			

圖 11-16 Design Expert 的配適摘要：Y1 (Biomass)

Source	Sum of Squares	DF	Mean Square	F Value	Prob > F	
Model	6.56	5	1.31	173.69	< 0.0001	significant
Linear Mixture	*5.54*	*2*	*2.77*	*366.53*	*< 0.0001*	
AB	*0.077*	*1*	*0.077*	*10.17*	*0.0128*	
AC	*0.70*	*1*	*0.70*	*92.20*	*< 0.0001*	
BC	*0.22*	*1*	*0.22*	*28.55*	*0.0007*	
Residual	0.060	8	7.555E-003			
Lack of Fit	*0.060*	*4*	*0.015*			
Pure Error	*0.000*	*4*	*0.000*			
Cor Total	6.62	13				

圖 11-17 Design Expert 的變異分析：Y1 (Biomass)

由圖 11-18 的 Design Expert 的配適摘要可知，二次模型是 Y2 最適當的模型。其變異分析如圖 11-19。迴歸公式如下：

Total_Se=1.7073*x1+3.491*x2-0.8127*x3+2.4823*x1*x2+8.6720*x1*x3+6.5358*x2*x3

因子的等高線圖、反應曲面圖、軌跡圖如圖 11-20~圖 11-25。

Sequential Model Sum of Squares

Source	Sum of Squares	DF	Mean Square	F Value	Prob > F	
Mean	133.98	1	133.98			
Linear	1.06	2	0.53	15.65	0.0006	
Quadratic	0.27	3	0.089	6.62	0.0147	Suggested
Special Cubic	0.020	1	0.020	1.60	0.2458	
Cubic	9.191E-003	2	4.596E-003	0.29	0.7575	Aliased
Residual	0.078	5	0.016			
Total	135.42	14	9.67			

圖 11-18 Design Expert 的配適摘要：Y2 (Total_Se)

Source	Sum of Squares	DF	Mean Square	F Value	Prob > F	
Model	1.33	5	0.27	19.83	0.0003	significant
Linear Mixture	*1.07*	*2*	*0.54*	*39.91*	*< 0.0001*	
AB	*0.010*	*1*	*0.010*	*0.76*	*0.4092*	
AC	*0.18*	*1*	*0.18*	*13.30*	*0.0065*	
BC	*0.071*	*1*	*0.071*	*5.26*	*0.0510*	
Residual	0.11	8	0.013			
Lack of Fit	*0.11*	*4*	*0.027*			
Pure Error	*0.000*	*4*	*0.000*			
Cor Total	1.44	13				

圖 11-19 Design Expert 的變異分析：Y2 (Total_Se)

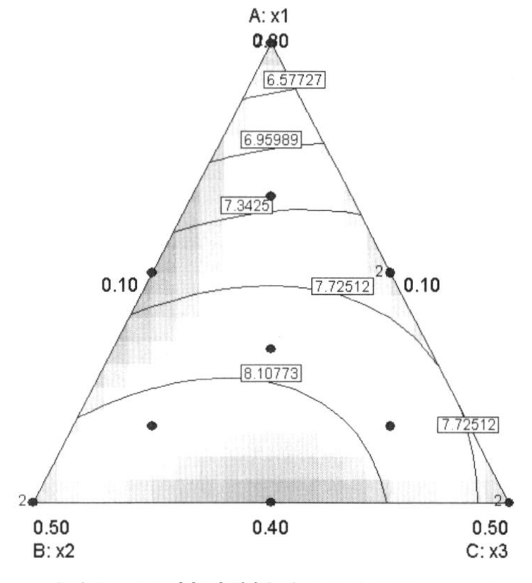

圖 11-20 等高線圖：Y1 (Biomass)

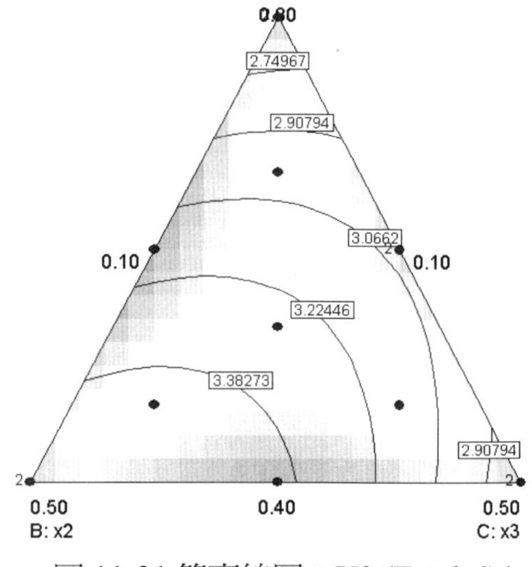

圖 11-21 等高線圖：Y2 (Total_Se)

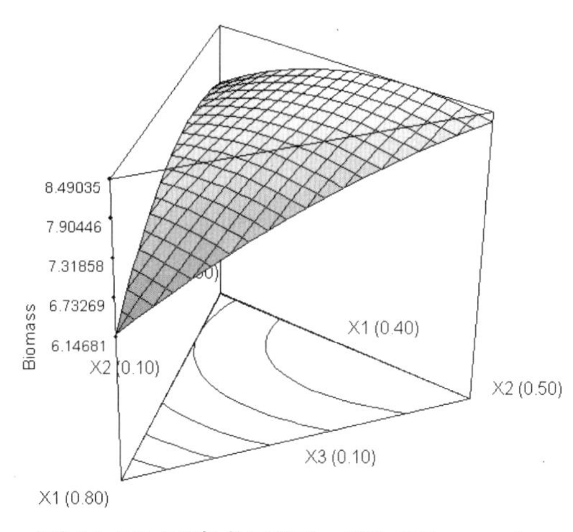

圖 11-22 反應曲面圖：Y1 (Biomass)

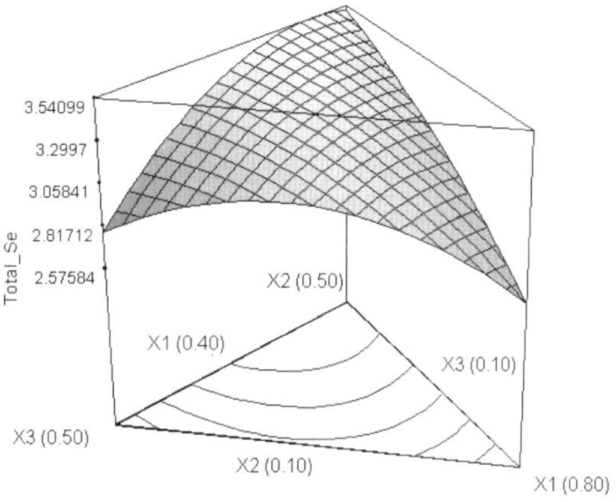

圖 11-23 反應曲面圖：Y2 (Total_Se)

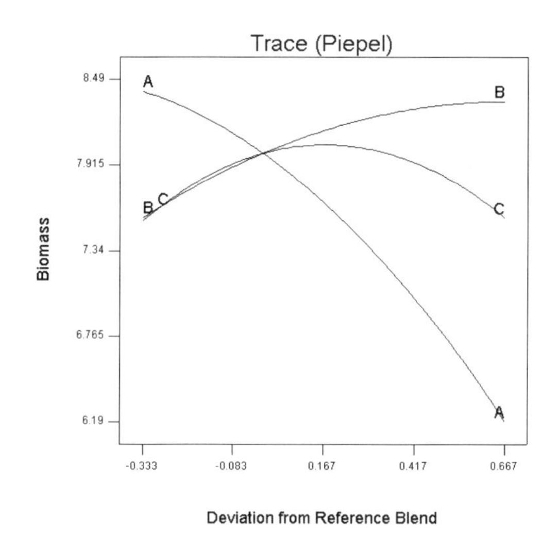

圖 11-24 軌跡圖：Y1 (Biomass)

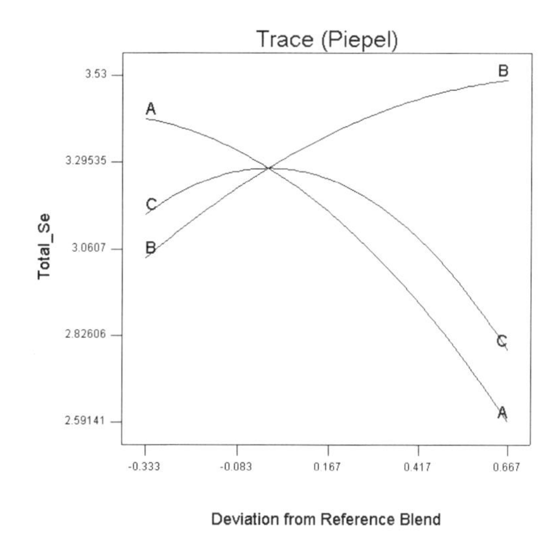

圖 11-25 軌跡圖：Y2 (Total_Se)

5. **最佳化**

由於 Y1 與 Y2 都最大化，但多目標最佳化較難解，在此將 Y2 改爲具有「大於」限制的反應變數。故最佳化模式改爲

Max Y1(Biomass)

Y2(Total_Se)>3.5

$x_1 + x_2 + x_3 = 1$

優化求解如表 11-13，顯示文獻結果與 Design Expert 結果十分相近。

表 11-15 實例 3：最佳化結果的比較

因子	因子下限	因子上限	文獻結果	Design Expert 結果
x1	0.4	0.8	0.4	0.40
x2	0.1	0.5	0.4	0.39
x3	0.1	0.5	0.2	0.21
Biomass	6.19	8.49	8.5	8.49
Total Se	2.60	3.53	3.53	3.52

11.5 橡膠皮碗配方最佳化

1. 問題描述

文獻[3,4]提出一種多品質特性混合實驗問題之最佳化演算法，並以台灣某公司汽車煞車用橡膠皮碗之案例驗證。本文獻希望能夠找出讓橡膠皮碗能夠長時間正常運作之最佳配方。橡膠皮碗由多種原料混合而成，根據專家經驗，影響橡膠皮碗之強度與耐用性之主要因素爲製造過程中加入的老防劑、流動助劑 A、流動助劑 B 與架橋劑等化學成份之比例。本案例之品質特性有硬度、抗拉強度、伸長率、壓縮永久變形率及體積變化率等，這些反應變數以灰色多屬性決策法(VIKOR)整合成單一反應變數。在此將以 Design Expert 軟體重作此問題，並加以比較。

2. 品質因子與品質特性

表 11-16 實例 4：品質因子

名稱	成份	Min	Max
X1	老防劑(X1)	0.06	0.167
X2	流動助劑 A(X2)	0.133	0.25
X3	流動助劑 B(X3)	0.133	0.25
X4	架橋劑(X4)	0.333	0.667

表 11-17 實例 4：品質特性

名稱	意義	品質期望
Y	VIKOR	望大

3. 實驗設計

四成份，選用D-最佳化實驗設計，15個實驗。

表 11-18 實例 4：實驗設計

No.	x1	x2	x3	x4	Y
1	0.167	0.133	0.133	0.567	0.421892
2	0.1135	0.25	0.1915	0.445	0.384763
3	0.06	0.1915	0.25	0.4985	0.65
4	0.06	0.133	0.195	0.612	0.511735
5	0.167	0.25	0.133	0.45	0.375084
6	0.167	0.25	0.25	0.333	0.539173
7	0.167	0.1915	0.1915	0.45	0.424108
8	0.167	0.133	0.25	0.45	0.299094
9	0.06	0.25	0.133	0.557	0.495388
10	0.167	0.133	0.1915	0.5085	0.280805
11	0.067	0.133	0.133	0.667	0.607282
12	0.1042	0.1812	0.133	0.5816	0.539232
13	0.06	0.25	0.133	0.557	0.510343
14	0.167	0.25	0.133	0.45	0.347973
15	0.06	0.1915	0.25	0.4985	0.559855

4. 模型建構

由圖 11-26 的 Design Expert 的配適摘要可知，二次模型是最適當的模型。其變異分析如圖 11-27。迴歸公式如下：

Y=+11.986*x1-17.142*x2+7.294*x3+1.6359*x4+12.6719*x1*x2-29.657*x1*x3
-18.780*x1*x4+26.952*x2*x3+23.056*x2*x4-16.824*x3*x4

Source	Sum of Squares	DF	Mean Square	F Value	Prob > F	
Mean	3.22	1	3.22			
Linear	0.099	3	0.033	4.87	0.0215	
Quadratic	0.069	6	0.011	10.24	0.0110	Suggested
Special Cubic	1.040E-003	2	5.200E-004	0.34	0.7340	Aliased
Cubic	0.000	0				Aliased
Residual	4.542E-003	3	1.514E-003			
Total	3.39	15	0.23			

圖 11-26 Design Expert 的配適摘要

Source	Sum of Squares	DF	Mean Square	F Value	Prob > F	
Model	0.17	9	0.019	16.64	0.0032	significant
Linear Mixture	*0.099*	3	*0.033*	*29.44*	*0.0013*	
AB	*1.243E-003*	*1*	*1.243E-003*	*1.11*	*0.3397*	
AC	*8.629E-003*	*1*	*8.629E-003*	*7.73*	*0.0389*	
AD	*3.534E-003*	*1*	*3.534E-003*	*3.17*	*0.1354*	
BC	*6.539E-003*	*1*	*6.539E-003*	*5.86*	*0.0601*	
BD	*0.011*	*1*	*0.011*	*9.81*	*0.0259*	
CD	*8.152E-003*	*1*	*8.152E-003*	*7.30*	*0.0427*	
Residual	5.582E-003	5	1.116E-003			
Lack of Fit	*1.040E-003*	*2*	*5.200E-004*	*0.34*	*0.7340*	*not significant*
Pure Error	*4.542E-003*	3	*1.514E-003*			
Cor Total	0.17	14				

圖 11-27 Design Expert 的變異分析

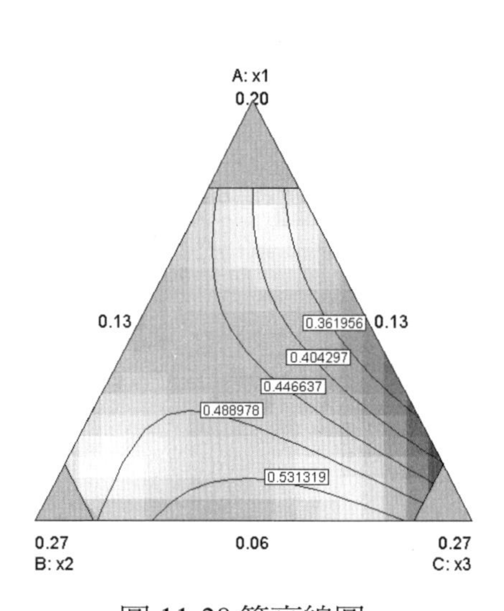

圖 11-28 等高線圖

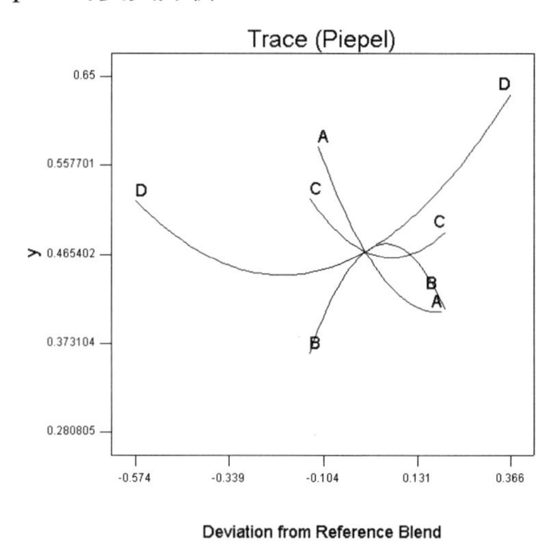

圖 11-29 軌跡圖

5. 最佳化

最佳化模式為

Max Y

$x_1 + x_2 + x_3 + x_4 = 1$

優化求解如表 11-19。

表 11-19 實例 4：最佳化結果的比較

因子	因子下限	因子上限	Design Expert 結果
老防劑(x1)	0.06	0.167	0.06
流動助劑 A(x2)	0.133	0.25	0.16
流動助劑 B(x3)	0.133	0.25	0.13
架橋劑(x4)	0.333	0.667	0.64
VIKOR (Y)	0.280	0.65	0.67

11.6 強效清潔劑配方最佳化

1. 問題描述

文獻[6]舉出一個清潔劑的例子，在此將以 Design Expert 軟體重作此問題，並加以比較。

2. 品質因子與品質特性

本例題共有四種成份，各成份合計 1 單位，上下限如表 11-20。

表 11-20 實例 5：品質因子

名稱	成份或製程因子	Min	Max
x1	成份1	0.5	1
x2	成份1	0	0.5
x3	成份1	0	0.5
x4	成份1	0	0.05

表 11-21 實例 5：品質特性

名稱	意義	品質期望
Y1	Product Life	望大
Y2	Soil Pellets	望大
Y3	Foam Height	望大
Y4	Total Foam	望大

3. 實驗設計

本例題共有四個成份，以 D-optimal 選出 20 個實驗。

表 10-22 實例 5：實驗設計

No.	x1	x2	x3	x4	X1	X2	X3	X4	y1	y2	y3	y4
1	1	0	0	0	1	0	0	0	7.17	7	95	559
2	0.5	0.5	0	0	0	1	0	0	2.68	20	92	1320
3	0.5	0	0.5	0	0	0	1	0	3.08	3	44	275
4	0.95	0	0	0.05	0.9	0	0	0.1	6.99	7	73	508
5	0.5	0.45	0	0.05	0	0.9	0	0.1	2.92	20	105	1436
6	0.5	0	0.45	0.05	0	0	0.9	0.1	2.89	5	45	371
7	0.75	0.25	0	0	0.5	0.5	0	0	4.83	20	88	12.1
8	0.75	0	0.25	0	0.5	0	0.5	0	3.85	8	53	510
9	0.5	0.25	0.25	0	0	0.5	0.5	0	3.13	20	70	1123
10	0.725	0.225	0	0.05	0.45	0.45	0	0.1	4.43	20	80	1196
11	0.725	0	0.225	0.05	0.45	0	0.45	0.1	3.6	8	75	581
12	0.65	0.15	0.15	0.05	0.3	0.3	0.3	0.1	3.75	20	58	1061
13	0.65	0.15	0.15	0.05	0.3	0.3	0.3	0.1	3.26	20	59	1087
14	0.829	0.0792	0.0792	0.0125	0.658	0.158	0.158	0.025	5.39	8	65	546
15	0.658	0.1583	0.1583	0.025	0.317	0.317	0.317	0.05	4.31	20	55	1069
16	0.579	0.3292	0.0792	0.0125	0.158	0.685	0.158	0.025	2.64	20	80	1310
17	0.579	0.0792	0.3292	0.0125	0.158	0.158	0.658	0.025	3.56	20	57	1011
18	0.804	0.0792	0.0792	0.0375	0.608	0.158	0.158	0.075	5.23	20	68	1039
19	0.579	0.3042	0.0792	0.0375	0.158	0.608	0.158	0.075	3.22	20	76	1192
20	0.579	0.0792	0.3042	0.0375	0.158	0.158	0.608	0.075	3.52	20	59	1087

4. 模型建構

模型建構結果請參考光碟中的檔案。Y1 與 Y2 的最適模型為 Quadratic；Y3 與 Y4 為 Special Cubic。在此只展示因子的擾動圖(圖 11-30~圖 11-33)。

本題的 Y1~Y4 的優化目標都是最大化，但由圖可知，Y1~Y4 的優化常常是矛盾的，例如調高因子 A(x1)到最大，傾向增大 Y1，但也傾向減小 Y2 與 Y4。反之，調低因子 A 到最小，傾向增大 Y2 與 Y4，減小 Y1。因此很難同時最大化這四種反應，必須有所取捨。

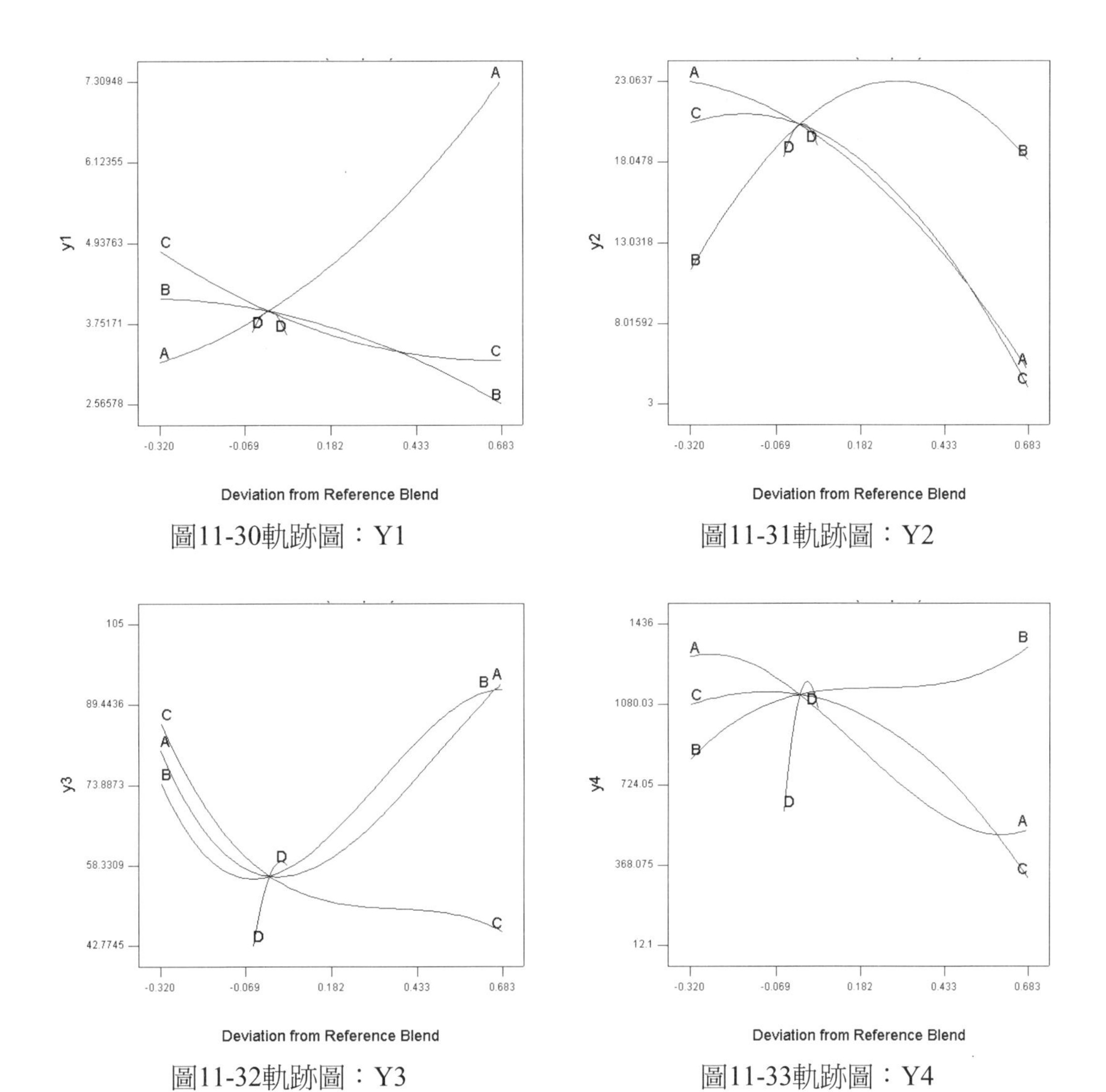

圖11-30軌跡圖：Y1

圖11-31軌跡圖：Y2

圖11-32軌跡圖：Y3

圖11-33軌跡圖：Y4

5. 最佳化

最佳化模式爲

Max Y1, Y2, Y3, Y4

$$x_1 + x_2 + x_3 + x_4 = 1$$

由於 Y1~Y4 都希望最大化，在此用 Design Expert 的 Max 優化準則設定如圖 11-34。系統會以內建演算法解算能使「綜合滿意度」最大化的解答。優化求解結果如表 11-23。可見只有 Y2 達到 1.0 的滿意度，這是因爲 Y1~Y4 的優化常常是矛盾的，因此很難同時最大化這四種反應，必定會有所取捨。

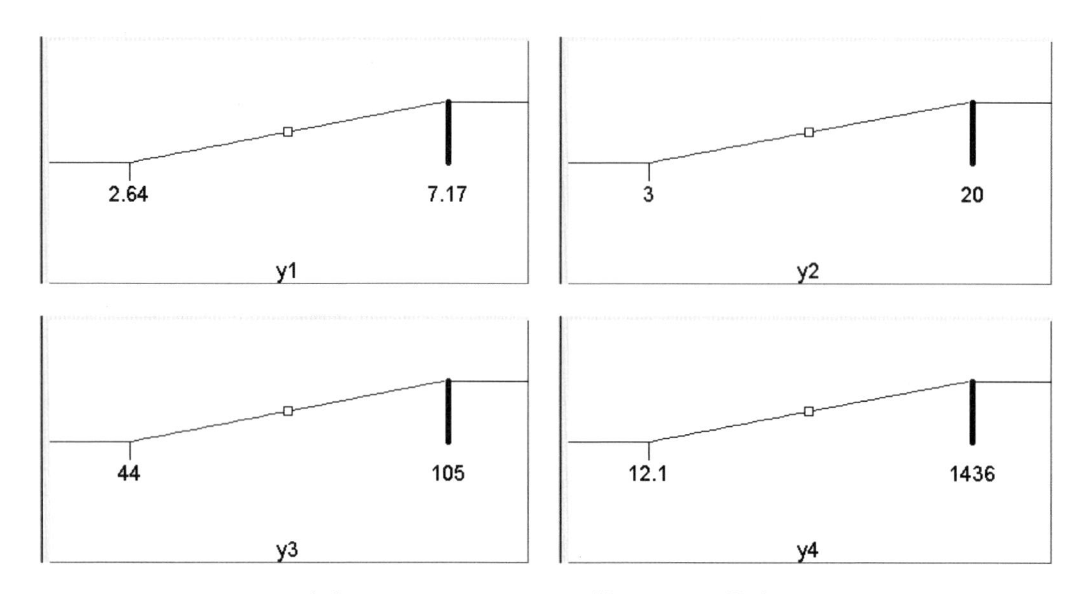

圖 11-34 Design Expert 的 Criteria 設定

表 11-23 實例 4：最佳化結果的比較

因子	因子下限值	因子上限值	Design Expert 結果
X1	0.5	1	0.75
X2	0	0.5	0.21
X3	0	0.5	0.00
X4	0	0.05	0.03
Y1	2.64	7.17	5.00
Y2	3	20	20.0
Y3	44	105	85.3
Y4	12.1	1436	1032

本章參考文獻

[1] Myers, R. H. & Montgomery, D. C., 1995, *Response Surface Methodology*, John Wiley & Sons, Inc, New York, 553.

[2] Stat-Ease, *Design Expert Version 6 User's Guide*, Section 7.

[3] Yin, H., Chen, Z., Gu, Z., and Han, Y., 2009, "Optimization of natural fermentative medium for selenium-enriched yeast by D-optimal mixture design," LWT - Food Science and Technology, 42, 327–331.

[4] 壽正琪，2006，「成本受限下混合實驗之最佳化演算法」，國立交通大學，工業工程與管理學系，碩士論文。

[5] 蘇俊榮，2005，「應用灰色多屬性決策演算法於混合實驗最佳化之研究」，國立交通大學，工業工程與管理學系，碩士論文。

[6] Myers, R. H. & Montgomery, D. C., 1995, *Response Surface Methodology*, John Wiley & Sons, Inc, New York, 621.

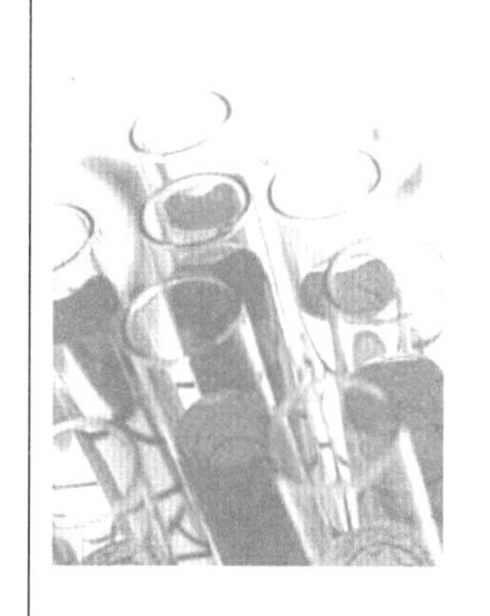

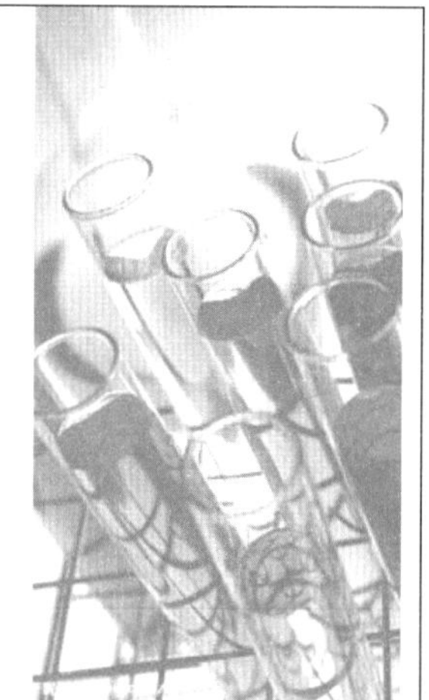

第12章 CAFE軟體簡介

12.1 前言

12.2 交叉驗證法

12.3 模型分析

12.4 參數優化

12.5 實例一：導光板製程之改善

12.6 實例二：醇水混合物製程之改善

12.7 實例三：富硒酵母培養基最佳化

12.8 結論

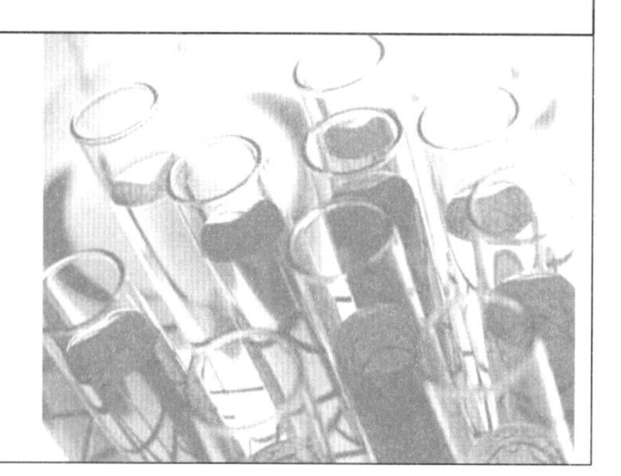

12.1 前言

田口方法與反應曲面法分別適合解決變數爲離散值與連續值之問題。這二種方法的重要的概念有二：

(1) 模型建構：以迴歸的方式建構一個預測模型，來表達品質因子與品質特性之間的關係。

(2) 參數優化：利用數值最佳化方法，對品質因子進行參數設計，即尋找一組能滿足各種品質特性的限制，並對某些品質特性達到最佳化之品質因子之組合。

然而當品質因子之間具有高度的交互作用，以及品質因子與品質特性之間具有複雜的非線性關係時，迴歸分析經常無法建立精確之模型。由於模型不夠精確，下一階段之數值最佳化，無論做得再如何精巧，亦將徒勞無功。此外，這些方法未區分樣本內與樣本外的數據，因此其估計的模型誤差可能低估。

類神經網路(Artificial Neural Network，ANN)爲一新興之非線性模型之建構工具，可以克服迴歸分析模型不夠精確的缺點。許多學者均提出結合類神經網路與田口方法或反應曲面法的研究。但應用在實驗計畫法時有二個問題必須克服：

(1) 類神經網路需要區分樣本內(訓練集)與樣本外(測試集)的數據，以準確估計其模型誤差，以避免「過度配適」或稱「過度學習」現象。在不增加實驗數目下，區分訓練集與測試集會導致訓練集的數據不足，難以產生精確的模型。反之，需要額外收集測試集所需的數據，故需要的數據比傳統的基於迴歸分析的實驗計畫法多很多。但實驗數據的取得通常十分費時或昂貴，故需要較大量的實驗數據是一個嚴重的缺點。

(2) 相對於迴歸分析可以由迴歸係數正負號判定因子與反應之間的正負向關係，並以 t 統計量判定因子是否顯著，類神經網路因爲有隱藏層的關係，不易從網路中的連結加權值作到相同的分析，被批評是「黑箱模型」。

CAFE是一套基於類神經網路與交叉驗證法的實驗計畫法軟體，爲了克服上述問題，軟體作了一些改進：

(1) 採用「交叉驗證法」以克服類神經網路必須區隔實驗數據集爲訓練集、測試集，導致訓練集數據不足的缺點。

(2) 提出「敏感性分析」與「帶狀主效果圖」以改善類神經網路黑箱模型的缺點。

(3) 採用「非線性規劃」以設計最佳品質因子的組合。

本章以下三節將詳細介紹這三點改進。爲了證明本法可行，本章以三個實例進行實證。此外，本章之後的三章分別爲：

- 第 13 章 CAFE 田口方法實例
- 第 14 章 CAFE 反應曲面法實例
- 第 15 章 CAFE 配方設計實例

這三章分別對應第 9、10、11 等三章，即以類神經網路重作這三章的例題，從中可以發現一些無法用傳統的迴歸分析建構準確的預測模型，但可以用類神經網路方法達成的實例，顯示它在建模方面有其優勢。

關於 CAFE 軟體的詳細介紹可參考：

- 附錄 B：CAFE 使用介面
- 附錄 C：CAFE 使用範例
- 附錄 D：CAFE 驗證範例

本書光碟中的 CAFE 軟體爲試用版，其功能有以下限制：

- 輸入變數數目：不超過 6 個。
- 輸出變數數目：不超過 3 個。
- 資料數據筆數：訓練範例不超過 25 個。
- 試用期 30 天。

本書多數的例題滿足上述限制，因此讀者可以使用試用版來進行實習。

12.2 交叉驗證法 (cross-validation methodology)

在類神經網路的相關研究中，經常會將資料集分爲訓練跟測試這兩個子集，前者用以建立模型，後者則用來評估該模型對未知樣本進行預測時的精確度。因此只有訓練的資料才可以用在模型的訓練過程中，測試資料則必須在模型完成之後才被用來評估模型優劣的依據。這種方法可稱爲「訓練與測試集法」(train-and-test methodology)。將資料集分爲訓練子集與測試子集時必須滿足兩個要求：(1) 測試子集中樣本數量必須夠多才能準確估計誤差，例如 30 個以上。(2) 測試子集必須從完整集合中均勻取樣。

交叉驗證法(cross-validation methodology)是一種可有效的估計模型普遍性(generalization)的誤差評估法。它將資料集切成 k 個大小相等的子集，每次取一個子集做爲測試集，其餘子集做爲訓練集，如此進行 k 次，建立 k 個模型，最後整合這 k 次的測試集的預測值來估算誤差。故此方法可稱之爲 leave-some-out cross-validation (LSO-CV)，或 k-fold cross-validation。交叉驗證法用全體資料的 $(k-1)/k$ 的資料做爲訓練資料；當 k 很大(例如 k=10)時，(k-1)/k 接近 1，故在資料集很小的情況下，仍可保有足夠的資料做爲訓練集。此外，在 k 次建模中，每次用全體資料的 1/k 的資料做爲測試資料，最後整合這 k 個獨立於訓練集之外的測試集來評估模型的誤差，即用全體資料的 $k \times (1/k) = 1$ 的資料做爲測試資料，誤差的評估是建立在數目等同全體資料集內的資料數的基礎上，故在資料集很小的情況下，仍可保有足夠的資料做爲測試集。但其缺點是需要建立 k 個模型，較爲耗時。

交叉驗證法的 k 的極限即等於資料集的資料數，此時可稱之爲 leave-one-out cross-validation (LOO-CV)。即將每一個樣本單獨作爲一次測試集，剩餘 n-1 個樣本做爲訓練集，如此進行 n 次，建立 n 個模型，最後整合這 n 次的測試集的預測值來估算誤差。相較於前面介紹的 LSO-CV，LOO-CV 有兩個明顯的優點：(1) 每一回合中幾乎所有的樣本皆用於訓練模型，因此最接近母體樣本的分佈，估測所得的普遍化誤差比較可靠。(2) 實驗過程中沒有隨機因素會影響實驗數據，確保實驗過程是可以被複製的。但 LOO-CV 的缺點則是計算成本高，因爲需要建立的模型數量與總樣本數量相同。當總樣本數量相當多時，LOO-CV 在實作上便有困難，除非每次訓練模型的速度很快，或是可以用平行化計算減少計算所需的時間。

由於在產業界實施實驗可能費時且昂貴，因此無法取得大量的實驗數據。而交叉驗證法在 k 夠大的情況下(例如 10)，可以充份應用實驗資料，達到不增加實驗數目，但能達到將資料分割爲訓練集與測試集的效果，相當於以計算時間與成本，換取實驗時間與成本。在當今電腦的計算時間與成本已相當低廉的情況下，交叉驗證法十分具有應用價值。

12.3 模型分析

模型分析的主要目的在於了解各輸入變數對輸出變數的影響。不同於迴歸分析模型是一個由迴歸係數組成的簡明函數，類神經網路模型是由節點間的連結權值及節點的門限值組成的複雜函數，它由輸入變數構成隱藏節點的函數，再由隱藏節點函數構成輸出變數的函數。因此，無法直接從這些連結權值及門限值中明瞭輸入變數與輸出變數的關係。

CAFE 採用二種方法來解決此一問題：

(一) 帶狀主效果圖

帶狀主效果圖的橫軸爲各輸入變數之大小，縱軸爲輸出變數的大小。圖中有三條

「影響曲線」，一條曲線代表該輸入變數固定在特定值之下，其它輸入變數爲各自值域內之隨機值之下，一定數目之組合下，模型所預測之該輸出變數之值的平均值 μ。另外兩根曲線爲前述之平均曲線，加減一個前述預測值之標準差 σ。

帶狀主效果圖可顯示各個輸入變數對各個輸出變數影響之傾向關係，亦可明白該輸入變數在不同的值下輸出變數之變異。X 與 Y 之斜率代表 X 與 Y 之間的關係是呈現正相關或負相關；如果斜率幾乎呈現水平，代表 X 與 Y 之間沒有關係；如果平均值曲線與標準差曲線之間的寬度大，代表輸出變數之變異大，也就是除了該輸入變數之外的其他輸入變數可能對該輸出變數也有很大的影響力。

以一個「十變數人爲函數例題」爲例：

$$Y = (X_1 - 0.25)^2 - (X_3 - 0.75)^2 + X_5 - X_7 + (X_9 - 0.25)(X_{10} - 0.75) \qquad (12\text{-}1)$$

注意上式中雖然未出現 X_2, X_4, X_6, X_8，但仍視其爲 Y 的自變數。假設 $X_1 \sim X_{10}$ 的值域都是 0.0~1.0，則其帶狀主效果圖如圖 12-1 所示。將圖 12-1 與(12-1)式比較可發現十分吻合各自變數與因變數間的關係，例如 X_1, X_3 的影響線分別爲開口朝上與朝下的二次曲線，且其極值一偏左、一偏右；X_5, X_7 分別爲上升與下降的直線；而 X_2, X_4, X_6, X_8 爲斜率幾乎呈現水平的直線，代表與 Y 之間沒有關係。至於 X_9, X_{10} 爲曲線，顯示與 Y 之間有曲線關係，但實際上它們是一組具有交互作用的變數。因此帶狀主效果圖只能顯示包括一次或二次甚至更高次的「主效果」，但無法鑑定那些變數之間具有「交互作用」。不過由此例可看出帶狀主效果圖仍能判斷具有交互作用的變數爲有影響的變數。

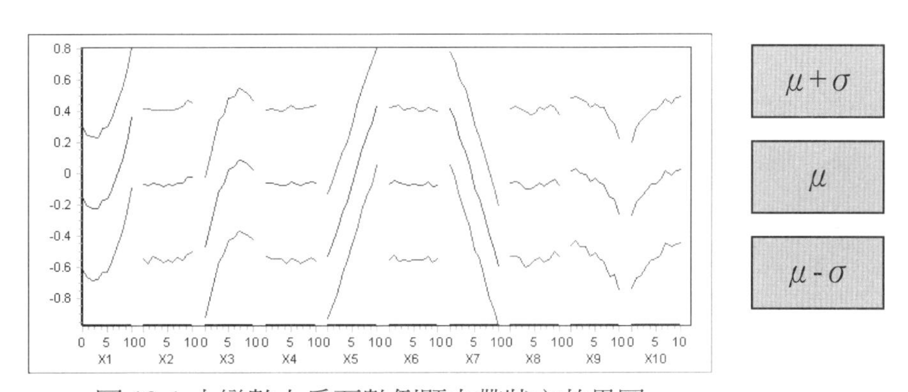

圖 12-1 十變數人爲函數例題之帶狀主效果圖

(二) 敏感性分析

倒傳遞網路的隱藏層輸出值公式如下：

$$h_k = \frac{1}{1+\exp(-net_k)} \tag{12-2}$$

$$net_k = \sum_i W_{ik} x_i - \theta_k \tag{12-3}$$

其中 h_k ＝第 k 個隱藏單元的輸出值；net_k ＝輸入值之加權乘積和；x_i ＝第 i 個輸入單元的輸入值；W_{ik} ＝第 i 個輸入單元與第 k 個隱藏單元間的連結加權值；θ_k=第 k 個隱藏單元的門限值。

輸出層輸出值公式如下：

$$y_j = \frac{1}{1+\exp(-net_j)} \tag{12-4}$$

$$net_j = \sum_k W_{kj} h_k - \theta_j \tag{12-5}$$

其中 net_j ＝隱藏值之加權乘積和；W_{kj} ＝第 k 個隱藏單元與第 j 個輸出單元間的連結加權值；θ_j ＝第 j 個輸出單元的門限值。

因此，第 j 個輸出變數的第 i 個輸入變數之一次微分如下：

$$\frac{\partial y_j}{\partial x_i} = \sum_k \frac{\partial y_j}{\partial net_j} \frac{\partial net_j}{\partial h_k} \frac{\partial h_k}{\partial net_k} \frac{\partial net_k}{\partial x_i} = \sum_k f_j^{'} \cdot W_{kj} \cdot f_k^{'} \cdot W_{ik} \tag{12-6}$$

其中 $f_j^{'}$ ＝第 j 個輸出單元轉換函數一階微分；$f_k^{'}$ ＝第 k 個隱藏單元轉換函數一階微分。

而第 j 個輸出變數的第 i 個及第 l 個輸入變數的二次偏微分如下：

$$\frac{\partial^2 y_j}{\partial x_i \partial x_l} = \frac{\partial}{\partial x_l}\left(\frac{\partial y_j}{\partial x_i}\right) \tag{12-7}$$

將(12-6)代入上式得

$$\frac{\partial^2 y_j}{\partial x_i \partial x_l} = \frac{\partial}{\partial x_l}\left(\sum_k f_j^{'} \cdot W_{kj} \cdot f_k^{'} \cdot W_{ik}\right) = \sum_k W_{kj} \cdot W_{ik} \cdot \left(\frac{\partial f_j^{'}}{\partial x_l} \cdot f_k^{'} + f_j^{'} \cdot \frac{\partial f_k^{'}}{\partial x_l}\right)$$

$$= \sum_k W_{kj} \cdot W_{ik} \cdot \left(f_k^{'} \cdot \left(\sum_{k2} \frac{\partial f_j^{'}}{\partial net_j} \frac{\partial net_j}{\partial h_{k2}} \frac{\partial f_{k2}}{\partial net_{k2}} \frac{\partial net_{k2}}{\partial x_l} \right) + f_j^{'} \frac{\partial f_k^{'}}{\partial net_k} \frac{\partial net_k}{\partial x_l} \right)$$

$$= \sum_k W_{ik} \cdot W_{kj} \cdot \left(f_k^{'} \cdot \left(\sum_{k2} f_j^{''} \cdot W_{k2j} \cdot f_{k2}^{'} \cdot W_{lk2} \right) + f_j^{'} f_k^{''} W_{lk} \right) \tag{12-8}$$

其中 $f_j^{''}$ ＝第 j 個輸出單元轉換函數二階微分；$f_k^{''}$ ＝第 k 個隱藏單元轉換函數二階微分。

上述的轉換函數的一階、二階微分在轉換函數採(12-2)、(12-4)式的 sigmoid 函數時，由微分導得其公式如下：

$$f_j^{'} = y_j \cdot (1 - y_j) \tag{12-9}$$

$$f_k^{'} = h_k \cdot (1 - h_k) \tag{12-10}$$

$$f_j^{''} = y_j \cdot (1 - y_j) \cdot (1 - 2y_j) \tag{12-11}$$

$$f_k^{''} = h_k \cdot (1 - h_k) \cdot (1 - 2h_k) \tag{12-12}$$

雖然(12-6)式與(12-8)式可以定量衡量輸入變數對輸出變數的一次與二次作用，但由公式可知，其一次、二次微分值與樣本的輸入變數值有關。因此爲了消除個別樣本的差異，輸入變數對輸出變數的影響力應以全體訓練樣本的一次、二次微分值的平均值衡量：

$$L_i^j = \frac{\sum_{p=1}^{P} \left(\left. \frac{\partial y_j}{\partial x_i} \right|_p \right)}{P} \tag{12-13}$$

其中 L_i^j =第 j 個輸出變數的第 i 個輸入變數的「線性作用指標」。P =訓練樣本的數目。

$\left. \frac{\partial y_j}{\partial x_i} \right|_p$ =在第 p 個樣本下的一次微分值。

$$Q_{il}^j = \frac{\sum_{p=1}^{P} \left(\left. \frac{\partial^2 y_j}{\partial x_i \partial x_l} \right|_p \right)}{P} \tag{12-14}$$

其中 Q_{il}^j =第 j 個輸出變數的第 i 個與第 l 個輸入變數的「二次作用指標」。

$\left. \frac{\partial^2 y_j}{\partial x_i \partial x_l} \right|_p$ =在第 p 個樣本下的二次微分值。

「線性作用指標」與「二次作用指標」可以定量衡量輸入變數對輸出變數的線性

與二次作用(曲率作用與交互作用)。此外，無論輸入變數對輸出變數有何種作用，只要輸入變數對輸出變數具有作用，則至少在部份樣本中它對輸出變數的一次微分值必定顯著異於 0，因此定義下列指標：

$$I_i^j = \sqrt{\frac{\sum_{p=1}^{P}\left(\left.\frac{\partial y_j}{\partial x_i}\right|_p\right)^2}{P}} \tag{12-15}$$

其中 I_i^j =第 j 個輸出變數的第 i 個輸入變數的「通用重要性指標」。

當「通用重要性指標」越大，代表輸入變數的作用越顯著。因為這三個指標可以定量衡量每一個輸入變數對輸出變數的作用與重要程度，因此在網路訓練完畢後，計算這三種指標可以使倒傳遞網路在具有預測能力之外，也能具有解釋因果關係與找出重要變數的能力，提高其模型的透明度，改善其黑箱模型的缺點。雖然這三個指標的絕對大小並無明確的意義，但它們至少表達了相對大小，比只看到一大堆加權值與門限值時，對二者之間的關係完全無知要好得多。

以前述的「十變數人為函數例題」為例，其敏感性分析如圖 12-2~4 所示，將圖與(12-1)式比較可發現十分吻合各自變數與因變數間的關係，例如

- □ 圖 12-2 顯示重要變數有 $X_1, X_3, X_5, X_7, X_9, X_{10}$；不重要變數有 X_2, X_4, X_6, X_8。
- □ 圖 12-3 顯示 $X_1, X_3, X_5, X_7, X_9, X_{10}$ 具有斜率，將此結果與圖 12-1 的影響線比較可發現斜率的大小、方向均相符。
- □ 圖 12-4 顯示 $X_1, X_3,\ X_9, X_{10}$ 具有曲率，將此結果與圖 12-1 的影響線比較可發現曲率的大小、方向均相符。

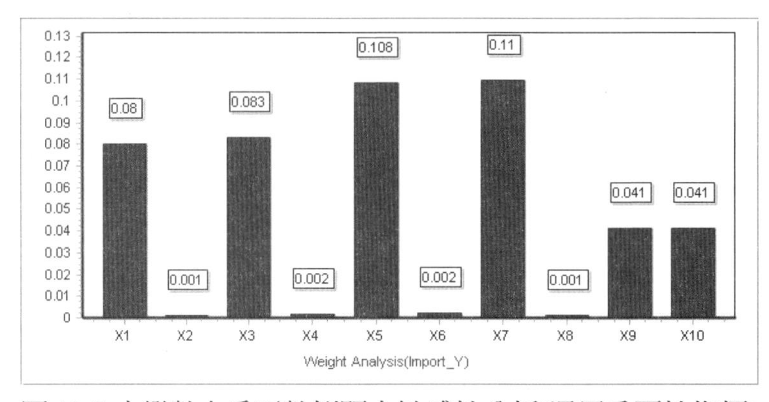

圖 12-2 十變數人為函數例題之敏感性分析(通用重要性指標)

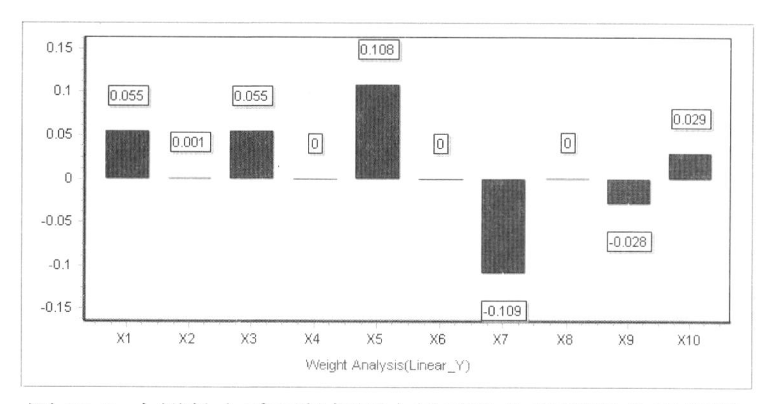

圖 12-3　十變數人爲函數例題之敏感性分析(線性作用指標)

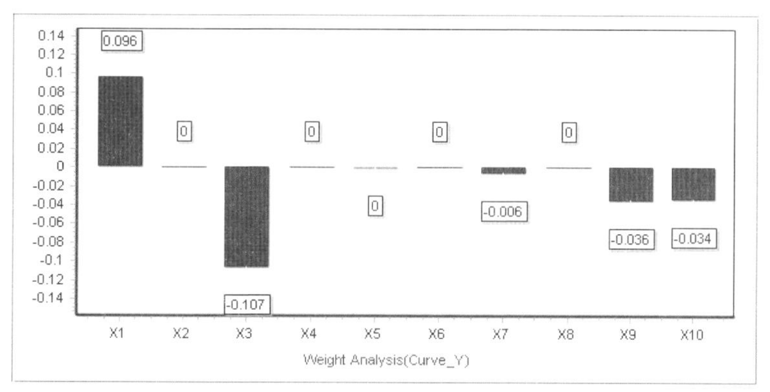

圖 12-4　十變數人爲函數例題之敏感性分析(二次作用指標)

此外，在傳統的實驗設計法中，我們無法對因子效果設定一個顯著與否的標準，但可以透過第五章介紹的常態機率圖(normal probability plot)判定是否有因子其效果偏離常態分佈可解釋的範圍，如果有，即可視此因子的效果是「顯著」的。同理，這三個指標也可透過常態機率圖來判定是否有變數其指標是顯著的。例如，將圖 12-2~圖 12-4 的指標繪於常態機率圖，其結果如圖 12-5~圖 12-7，可以發現與上述相同的發現。例如圖 12-5 顯示重要變數有 $X_1, X_3, X_5, X_7, X_9, X_{10}$；圖 12-6 顯示 $X_1, X_3, X_5, X_7, X_9, X_{10}$ 具有斜率；圖 12-7 顯示 X_1, X_3, X_9, X_{10} 具有曲率，進一步地以統計的觀點確認了上述結論。

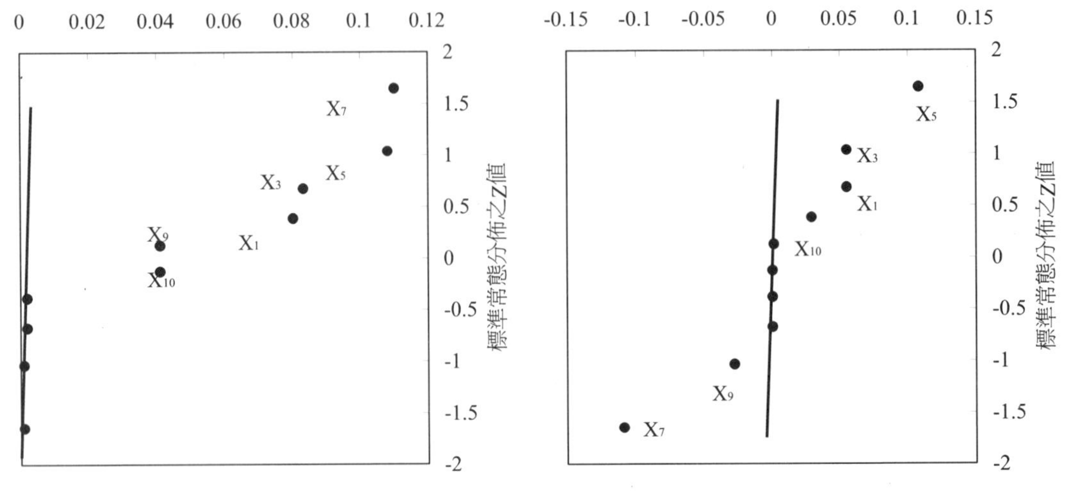

圖 12-5 通用重要性指標之常態機率圖　　圖 12-6 線性作用指標之常態機率圖

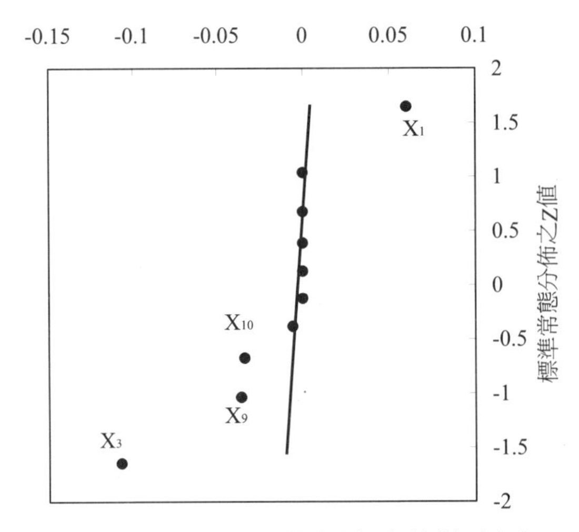

圖 12-7 二次作用指標之常態機率圖

12.4 參數優化

參數優化的目的在於決定品質因子之最佳水準，以最大化(或最小化)某一品質特性，並使其他品質特性滿足限制。傳統的反應曲面法將品質上的限制與目標混為一談，採用不科學的方法整合限制與目標；傳統的田口方法只能處理單一品質目標。但實務上，製程效能、產品品質經常有許多限制(如成本上限及品質特性上限、下限)與目標(如成本、不良率最小化，良率、產率最大化)。CAFE 採用下列品質改善模式，可以解決上述問題：

$$Find\ X_1, X_2, ...X_m$$

$$Min\ (or\ Max)\ F(X) = C + \sum_{i=1}^{m} D_i X_i + \sum_{i=1}^{n} E_j Y_j(X)$$

受限於

$$G_k(X) = \sum_{i=1}^{m} Q_{ik} X_i + \sum_{j=1}^{n} R_{jk} Y_j(X) - P_k \le 0 \quad 其中\ k = 1,2,...,L$$

$$X_i^{Min} \le X_i \le X_i^{Max} \quad 其中\ i = 1,2,...,m$$

$$\sum_{i=1}^{m} A_i X_i = B$$

其中

$X_1, X_2, ...X_m$ 為 m 個實驗因子(品質因子)。

$Y_1(X), Y_2(X), ...Y_n(X)$ 為 n 個品質特性，為實驗因子的函數，其函數由實驗數據經建模後產生。

$F(X)$ 為目標函數，為由實驗因子、品質特性與使用者指定的係數組成的線性函數。

$G_1(X), G_2(X), ...G_L(X)$ 為 L 個限制函數，為由實驗因子、品質特性與使用者指定的係數組成的線性函數。

$A_1, A_1, ...A_m$ 為成份總合限制的係數。

B 為成份總合限制的總合值。

如此一來，使用者有極大的彈性來設定能滿足實務上的各式各樣需求的最佳化模式。例如：

- ☐ 成本導向模式：最小化成本，且品質特性滿足某些限制(上限或下限或區間限制)。
- ☐ 品質優化模式：最優化某一重要品質特性，且其他品質特性滿足某些限制(上限或下限或區間限制)。
- ☐ 成本限制品質優化模式：最優化某一重要品質特性，且其他品質特性滿足某些限制(上限或下限或區間限制)，且成本低於上限。

在神經網路模型中，輸入變數(因子)與輸出變數(反應)之間是一個連續函數，理論上所有的非線性規劃方法都可用來決定能優化輸出變數(反應)的輸入變數(因子)設計值的組合。CAFE 的參數優化採用區間搜尋法，演算法請參考第七章。本法之優點為具有良好的穩健性，對於複雜的函數，或者具有局部最小值的問題，仍可適用；缺點為求解過程較缺乏效率。不過由於品質設計問題中的變數數目通常很少超過 10 個，因此對於現代電腦而言，其效率並不構成問題。

12.5 實例一：導光板製程之改善

第 9 章實例二示範了以田口方法改善導光基板品質的過程。在此將以交叉驗證法重作此題，採用的軟體為

- 基於迴歸分析的 Design Expert
- 基於類神經網路的 CAFE

CAFE 可以選擇以交叉驗證法建模，但 Design Expert 無此功能，替代方法是每次暫時使一個樣本「失效」，利用其餘樣本建模並預測該失效樣本，如此操作 n 次(n=樣本數)，即可得到交叉驗證法的效果。

(一) 基於迴歸分析的 Design Expert

未區隔資料集為測試集、訓練集下，其測試資料的預測值與實際值如圖 12-8 所示，由圖可知，其預測值十分接近實際值，誤差均方根為 0.23。為了評估其真實的預測誤差，在此採用交叉驗證法，其測試資料的預測值與實際值如圖 12-9 所示，其預測值十分偏離實際值，誤差均方根為 2.05。由此可見，傳統的田口方法潛藏低估誤差的問題。

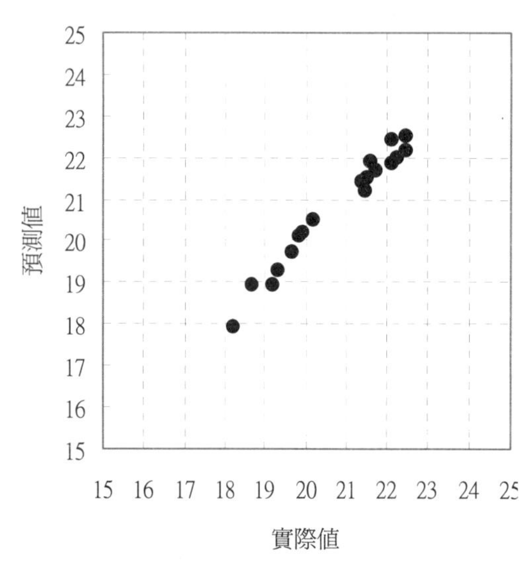

圖 12-8 基於迴歸分析的 Design Expert 之散佈圖：未區隔資料集為測試集、訓練集

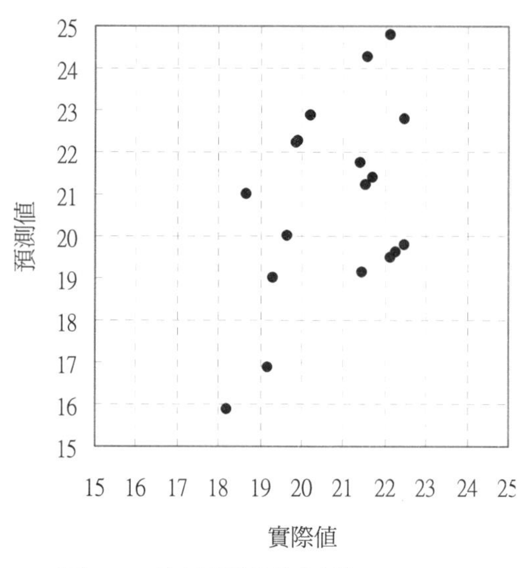

圖 12-9 基於迴歸分析的 Design Expert 之散佈圖：交叉驗證法

(二) 基於類神經網路的 CAFE

CAFE 其測試資料的預測值與實際值如圖 12-10 與圖 12-11 所示。未區隔資料集爲測試集、訓練集的誤差均方根爲 0.067，交叉驗證法爲 0.87。比較圖 12-9 與圖 12-11 可知，在交叉驗證法下，類神經網路的預測值遠比傳統的田口方法更接近實際值。

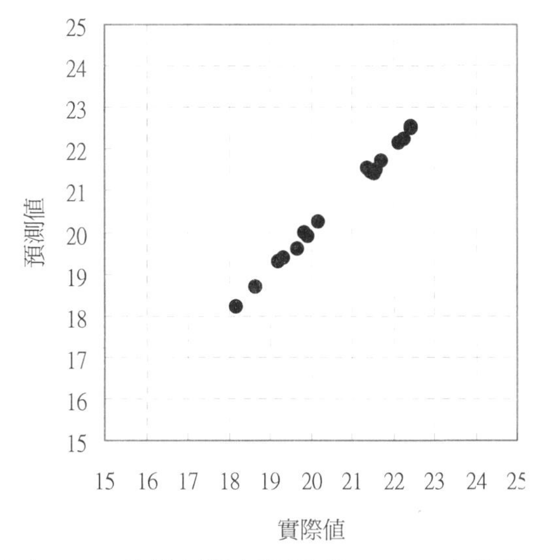

圖 12-10 基於類神經網路的 CAFE 之散佈圖：未區隔資料集爲測試集、訓練集

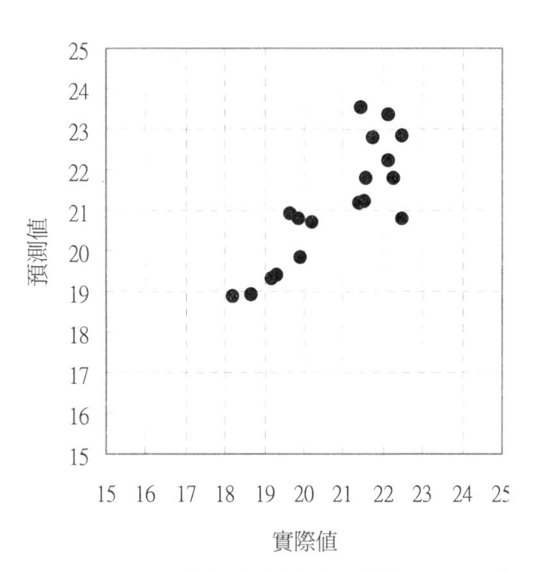

圖 12-11 基於類神經網路的 CAFE 之散佈圖：交叉驗證法

此外，爲了充分利用實驗資料，此次將所有資料均做爲訓練集，以得到最佳的預測模型。其帶狀主效果圖如圖 12-12。與圖 9-8 相較可知，兩者的結果十分相近。

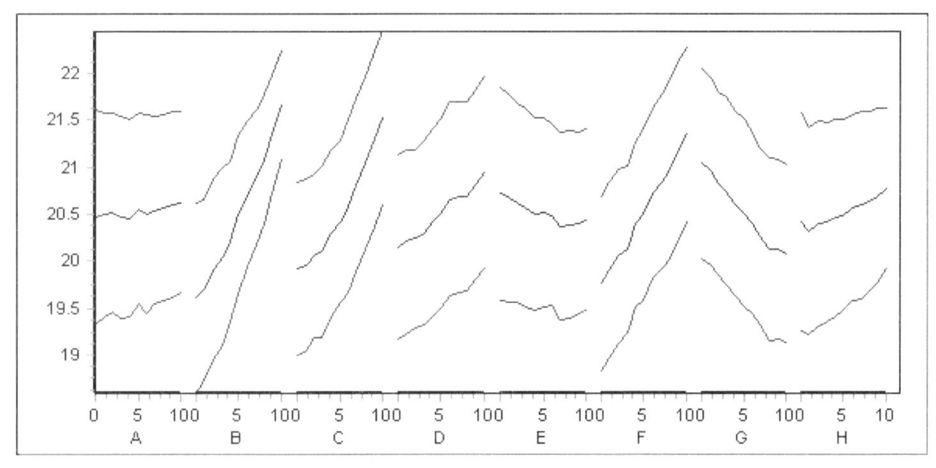

圖 12-12 實例 1 的帶狀主效果圖

敏感性分析如圖 12-13~圖 12-15。通用重要性指標指出，因子 B、C、F 有最顯著的影響，此判斷與帶狀主效果圖(圖 12-12)完全相符，也與圖 9-6 的變異分析結果完全相符。線性作用指標指出，因子 B、C、D 與 F 對反應有正向關係，因子 G 有負向關係，此判斷與帶狀主效果圖完全相符。二次作用指標指出，只有因子 C 對反應有明顯的曲率影響，此判斷與帶狀主效果圖完全相符。

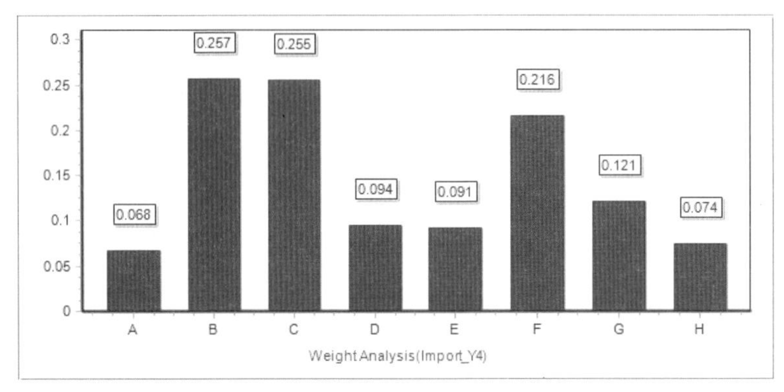

圖 12-13 實例 1 敏感性分析(通用重要性指標)

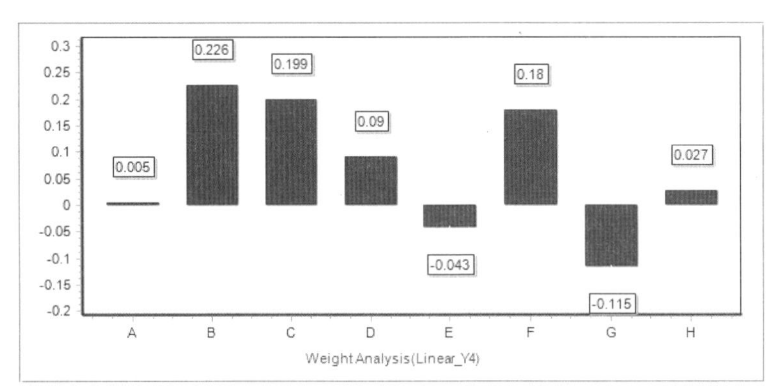

圖 12-14 實例 1 敏感性分析(線性作用指標)

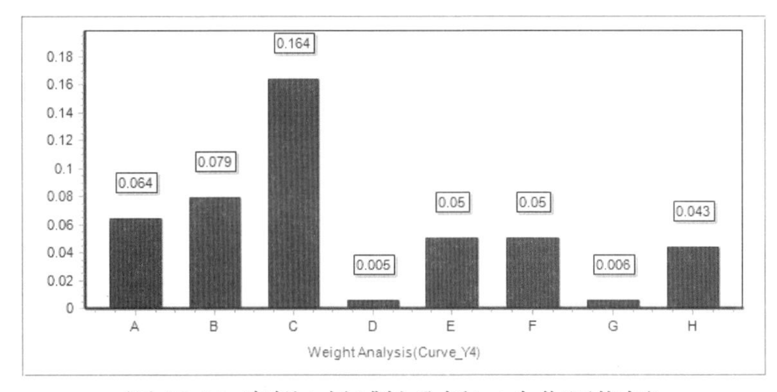

圖 12-15 實例 1 敏感性分析(二次作用指標)

12.6 實例二：醇水混合物製程之改善

第 10 章實例二示範了以反應曲面法改善醇水混合物製程的過程。在此將以交叉驗證法重作此題。

(一) 基於迴歸分析的 Design Expert

未區隔資料集為測試集、訓練集下，其測試資料的預測值與實際值如圖 12-16 所示，可知其預測值十分接近實際值，誤差均方根為 2.54。在交叉驗證法下，其測試資料的預測值與實際值如圖 12-17 所示，其預測值偏離實際值，誤差均方根為 6.43。由此可見，傳統的基於迴歸分析的方法潛藏低估誤差的問題。

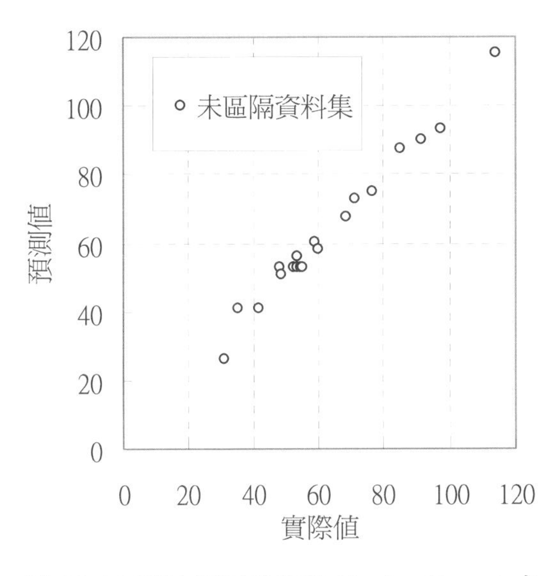

圖 12-16 基於迴歸分析的 Design Expert 之散佈圖：未區隔資料集為測試集、訓練集

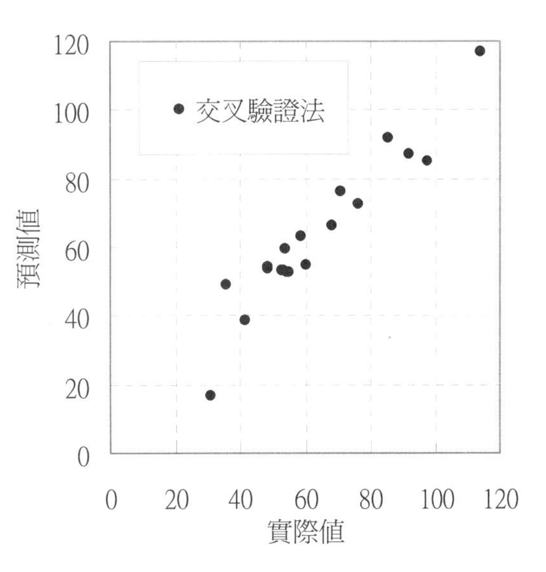

圖 12-17 基於迴歸分析的 Design Expert 之散佈圖：交叉驗證法

(二) 基於類神經網路的 CAFE

CAFE 其測試資料的預測值與實際值如圖 12-18 與圖 12-19 所示。未區隔資料集為測試集、訓練集誤差均方根為 1.62，交叉驗證法為 4.13。比較圖 12-17 與圖 12-19 可知，在交叉驗證法下，類神經網路的預測值遠比傳統的基於迴歸分析的方法更接近實際值。

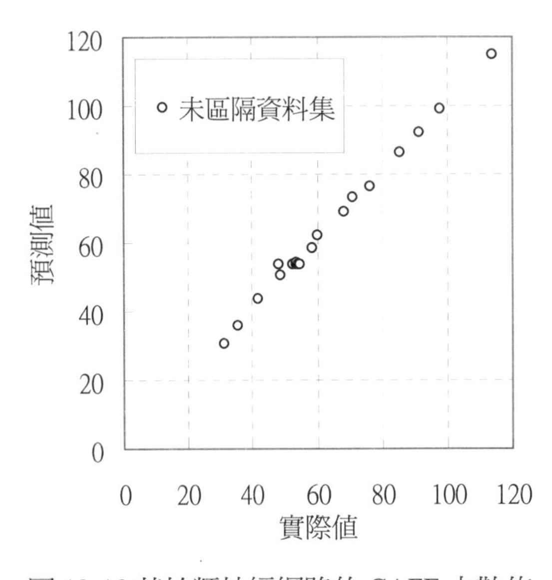

圖 12-18 基於類神經網路的 CAFE 之散佈圖：未區隔資料集爲測試集、訓練集

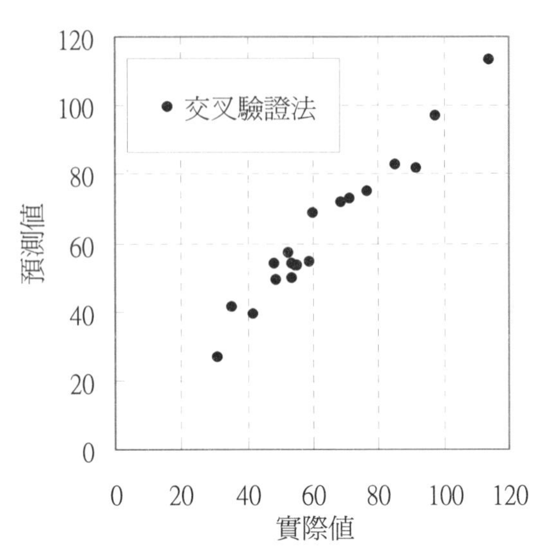

圖 12-19 基於類神經網路的 CAFE 之散佈圖：交叉驗證法

12.7 實例三：富硒酵母培養基最佳化

第 11 章實例三示範了以配方設計最佳化富硒酵母培養基的過程。在此將以交叉驗證法重作此題。

(一) 基於迴歸分析的 Design Expert

未區隔資料集爲測試集、訓練集下，其測試資料的預測值與實際值如圖 12-20 所示，可知其預測值接近實際值，誤差均方根爲 0.14。在交叉驗證法下，其測試資料的預測值與實際值如圖 12-21 所示，其預測值偏離實際值，誤差均方根爲 0.20。由此可見，傳統的基於迴歸分析的方法潛藏低估誤差的問題。

(二) 基於類神經網路的 CAFE

CAFE 其測試資料的預測值與實際值如圖 12-22 與圖 12-23 所示。未區隔資料集爲測試集、訓練集誤差均方根爲 0.067，交叉驗證法爲 0.13。比較圖 12-21 與圖 12-23 可知，在交叉驗證法下，類神經網路的預測值遠比傳統的基於迴歸分析的方法更接近實際值。

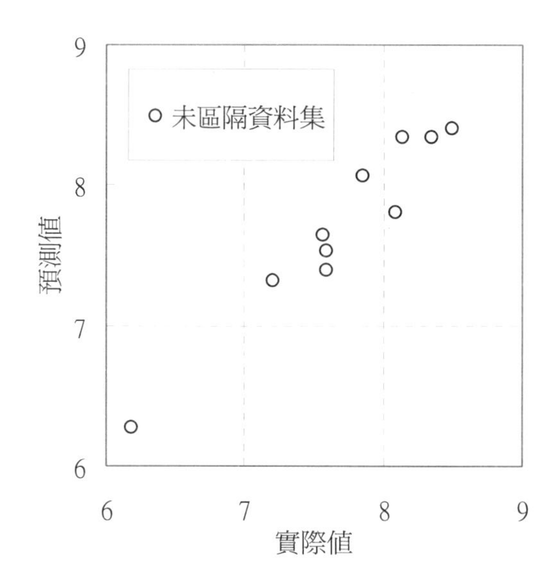

圖 12-20 基於迴歸分析的 Design Expert 之散佈圖：未區隔資料集為測試集、訓練集

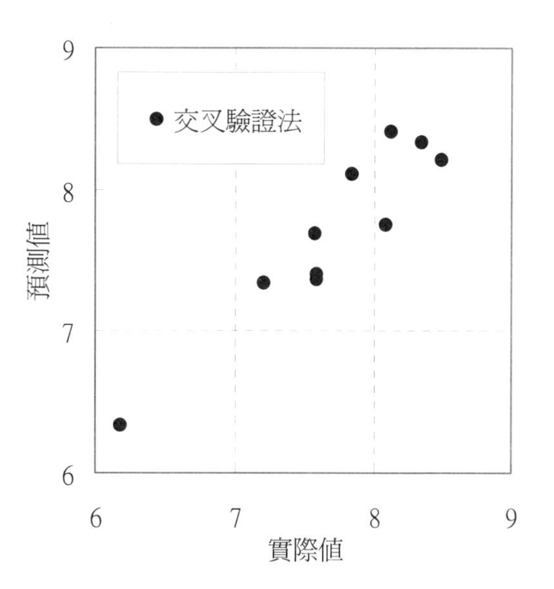

圖 12-21 基於迴歸分析的 Design Expert 之散佈圖：交叉驗證法

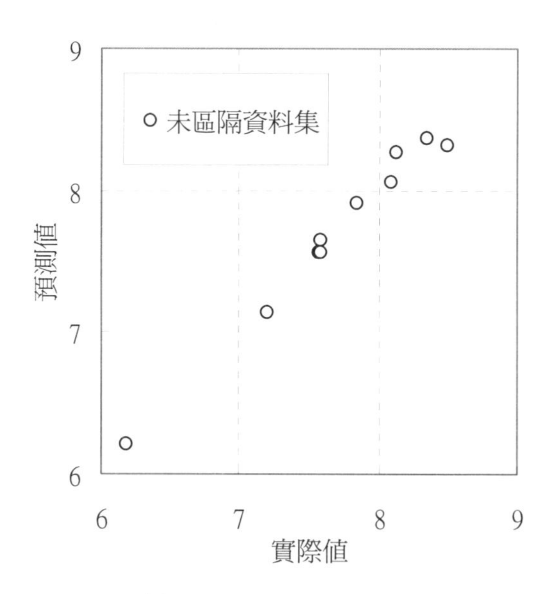

圖 12-22 基於類神經網路的 CAFE 之散佈圖：未區隔資料集為測試集、訓練集

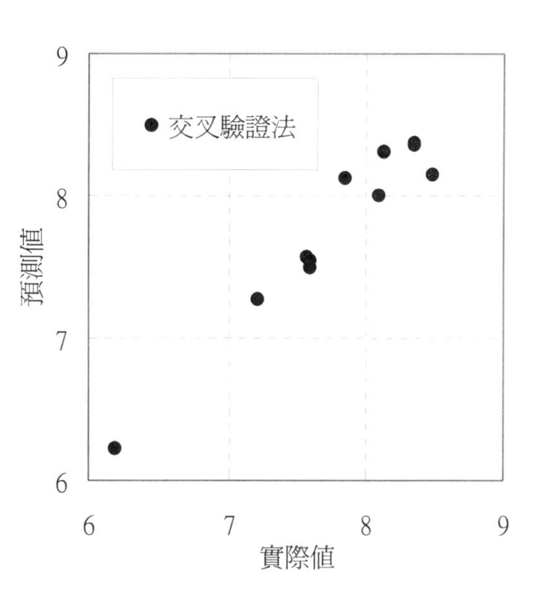

圖 12-23 基於類神經網路的 CAFE 之散佈圖：交叉驗證法

12.8 結論

爲了改善傳統的基於迴歸分析的建模方法準確度不足的缺點，CAFE採用類神經網路做爲建模方法，又爲了克服以類神經網路建模的缺點，CAFE軟 (1) 採用交叉驗證法以克服類神經網路必須區隔實驗數據集爲訓練集、測試集，導致訓練集數據不足的缺點。(2) 採用敏感性分析與帶狀主效果圖以改善類神經網路黑箱模型的缺點。

本章的例題顯示：

1. 傳統的基於迴歸分析的未區隔資料集爲測試集、訓練集之建模方法，其誤差被嚴重低估。
2. 在同樣使用可正確評估模型誤差的交叉驗證法下，基於類神經網路的建模方法可能比傳統的基於迴歸分析的方法準確。
3. 「敏感性分析」與「帶狀主效果圖」確實可以表現因子與反應間的關係，改善類神經網路黑箱模型的缺點。

本章參考文獻

[1] Yanga, T., Linb, H. C., and Chena, M. L., 2006, “Metamodeling approach in solving the machine parameters optimization problem using neural network and genetic algorithms: A case study,” *Robotics and Computer-Integrated Manufacturing*, 22(4), 322-331.

[2] Wang, G. J. and Chou, M. H., 2005, “A neural-Taguchi-based quasi time-optimization control strategy for chemical-mechanical polishing processes,” *The International Journal of Advanced Manufacturing Technology*, 26(7), 759-765.

[3] Su, C. T. and Chiang, T. L., 2003, “Optimizing the IC wire bonding process using a neural networks/genetic algorithms approach,” *Journal of Intelligent Manufacturing*, 14(2), 229-238.

[4] Miyamoto, M., 2004, “Theoretical study on design method combining the Taguchi Method and neural networks for machine systems - combine harvester as a system example,” *Agricultural Information Research*, 13(3), 247-254.

[5] Yeh, I-Cheng, 2009, “Optimization of concrete mix proportioning using flatted simplex-centroid mixture design and neural networks,” *Engineering with Computers*, 25(2), 179-190.

[6] Yeh, I-Cheng, 2007, “Computer-aided design for optimum concrete mixture,” *Cement and Concrete Composites*, 29(3), 193-202.

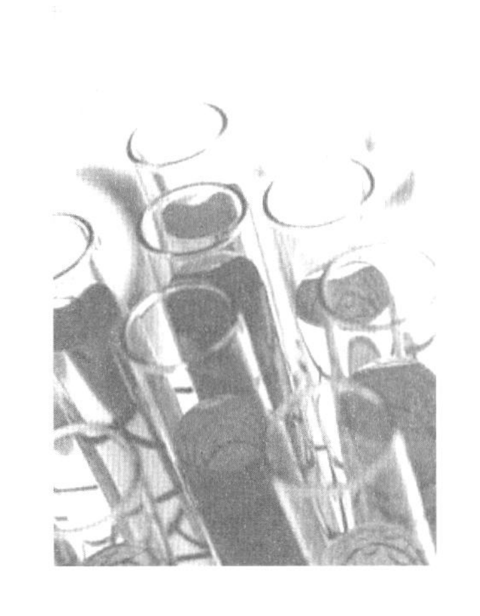

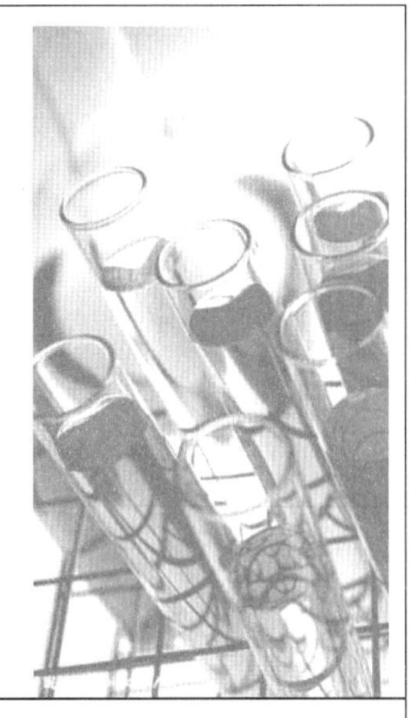

第13章 CAFE 田口方法實例

13.1 簡介

13.2 IC 封裝黏模力之改善

13.3 導光板製程之改善

13.4 高速放電製程之改善

13.5 積層陶瓷電容製程之改善

13.6 射出成型製程之改善

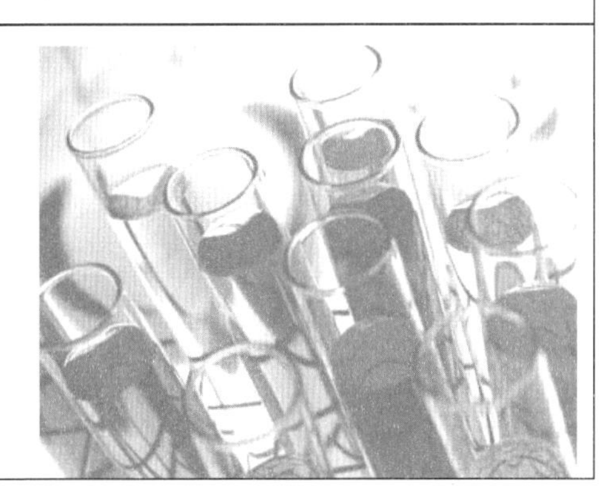

13.1 簡介

本章將介紹 CAFE 在田口方法上的應用實例，如表 13-1 所示。每一題都分成八個部份來介紹：

1. 問題描述
2. 品質因子與品質特性
3. 實驗設計
4. 模型建構
5. 模型分析 1：因子的敏感性分析
6. 模型分析 2：因子的效果線(Effect Line)
7. 模型分析 3：模型評估(散佈圖與誤差評估)
8. 最佳化

這些題目都選用 leave-one-out 的「交叉驗證法」來測試，以評估模型的真實誤差。由於本法會產生 n 個模型(n=實驗樣本數)，因此 CAFE 在作完「交叉驗證法」法後，會將所有樣本做爲訓練範例，並複製所有樣本做爲測試範例，再作一次「訓練測試法」，以產生單一最終模型。此模型可用來作上述步驟 5~7 的模型分析，以及步驟 8 的最佳化。本書光碟中的 CAFE 軟體爲試用版，其功能有以下限制：

- 輸入變數數目：不超過 6 個。
- 輸出變數數目：不超過 3 個。
- 資料數據筆數：訓練範例不超過 25 個。

因此本章第 2~5 題無法執行模型建構與最佳化功能，但仍可載入已建好的使用範例(專案)，並執行模型分析功能。

表 13-1 應用實例摘要表

應用實例	品質因子	品質特性	實驗設計
IC 封裝黏模力之改善	6	3	L18
導光板製程之改善	8	6	L18
高速放電製程之改善	8	3	L18
積層陶瓷電容製程之改善	8	1	L18
射出成型製程之改善	9	1	L27

13.2 IC 封裝黏模力之改善

1. 問題描述

同第 9 章實例 1。文獻[1]以田口方法，針對影響 IC 封裝模具與塑料膠體間黏著力可控制之重要製程參數進行研究。在此將以 CAFE 軟體重作此問題，並加以比較。

2. 品質因子與品質特性

同第 9 章實例 1。

3. 實驗設計

同第 9 章實例 1。CAFE 對變數會自動進行尺度化，因此在輸入實驗數據時可使用編碼變數(如 1, 2, 3) 或自然變數(如 100, 150, 200)，建議使用自然變數會較方便。

4. 模型建構

模型建構所用的參數如圖 13-1，「交叉驗證法」與「訓練測試法」的誤差收斂曲線如圖 13-2 與圖 13-3。可以看出在「交叉驗證法」中，測試範例的誤差大於訓練範例者。「訓練測試法」的誤差又小於「交叉驗證法」中訓練範例的誤差。但「交叉驗證法」的測試範例誤差才是模型預測能力的合理估計值。

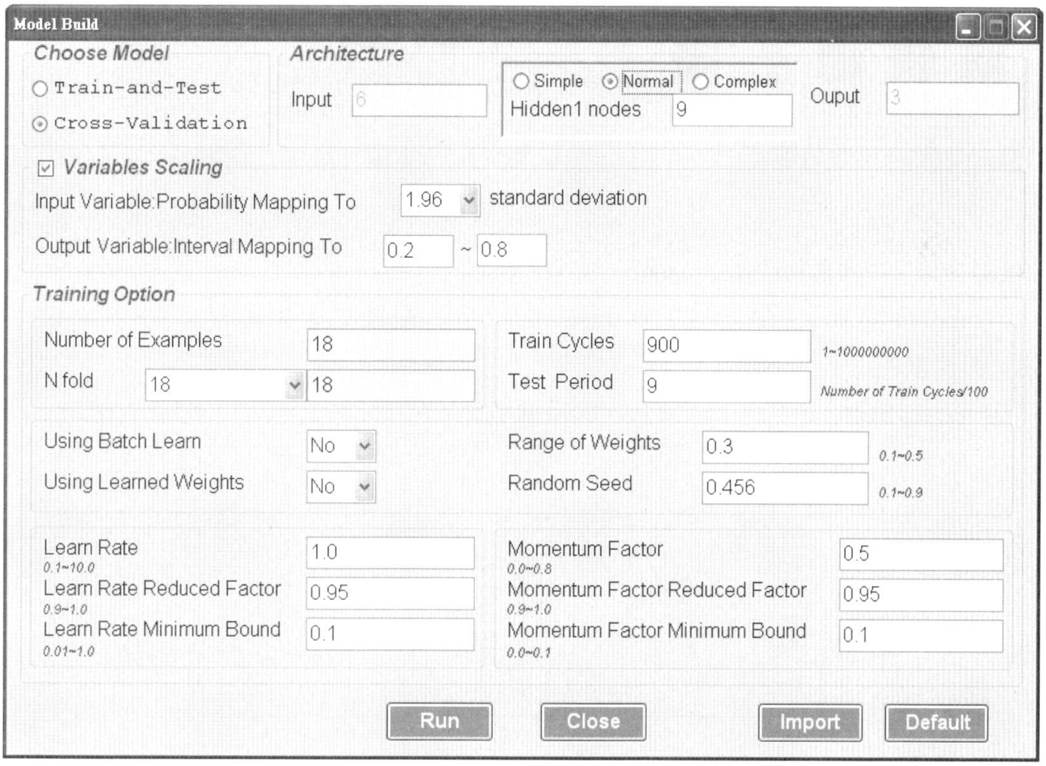

圖 13-1 實例 1：模型建構所用的參數

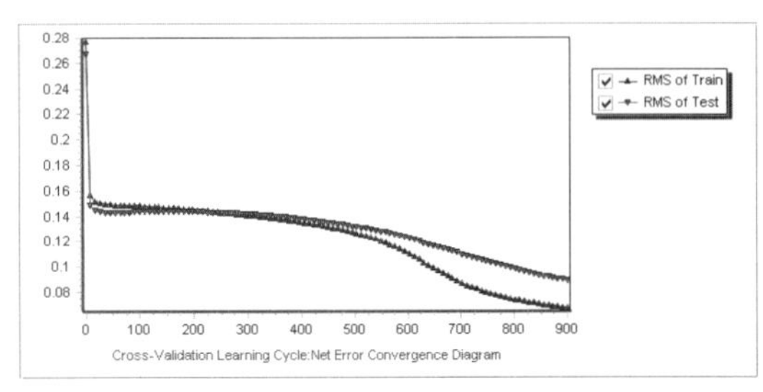

圖 13-2 交叉驗證法的誤差收斂曲線
(圖中測試範例的誤差大於訓練範例誤差)

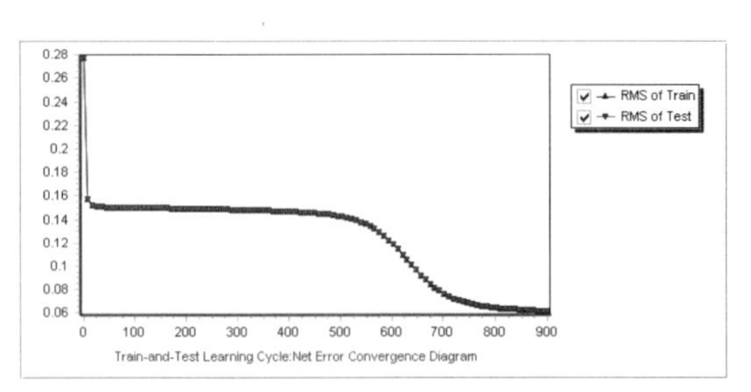

圖 13-3 訓練測試法的誤差收斂曲線
(注意：樣本被複製，一份訓練樣本，一份測試樣本，故二者重疊)

5. 模型分析 1：因子的分析

CAFE 的敏感性分析如圖 13-4~圖 13-5。顯示因子 A, B, C, E 是重要因子，其中 E 最重要，因子 C 與 E 對品質特性成正比，A 與 B 對品質特性成反比，都與文獻相符。

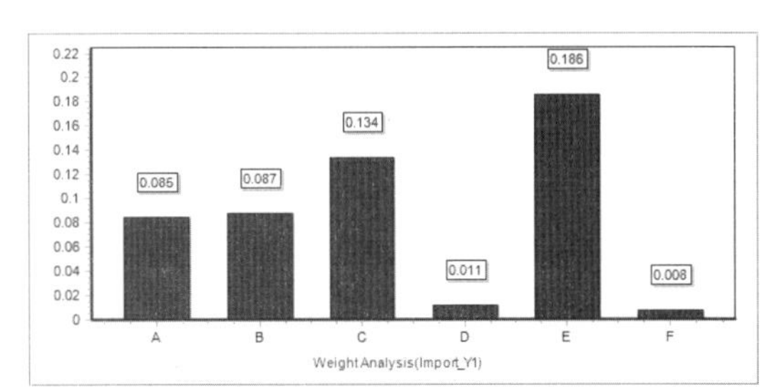

圖 13-4 Y1 重要性直條圖

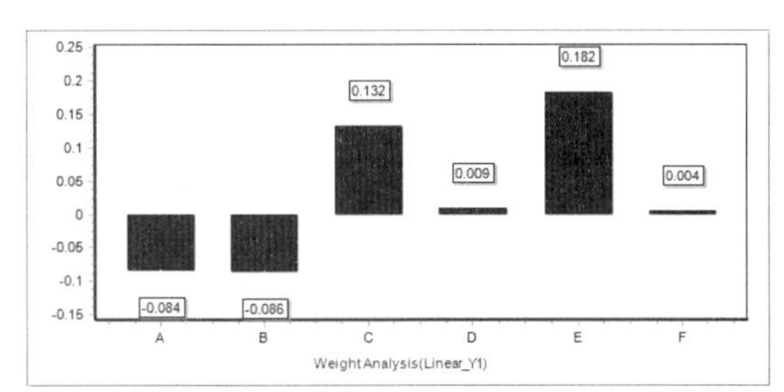

圖 13-5 Y1 線性敏感性直條圖

6. 模型分析 2：效果線(Effect Line)

CAFE 的品質因子效果線圖如圖 13-6，顯示因子 A, B, C, E 是重要因子，其中 E 最重要，與文獻相符。

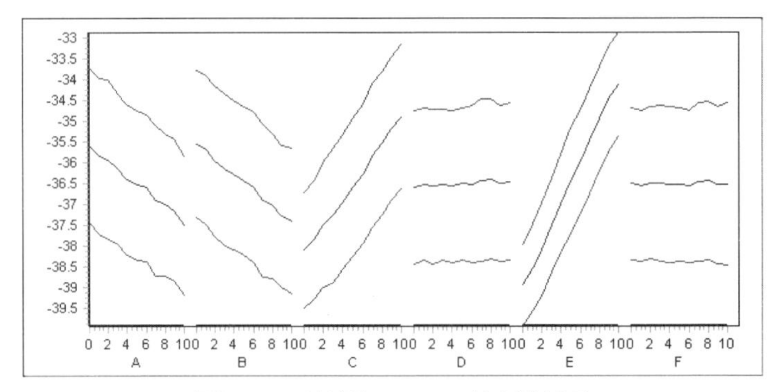

圖 13-6 實例 1：Y1 效果線圖

7. 模型分析 3：模型評估(散佈圖與誤差評估)

CAFE 的 Y1 的交叉驗證法的測試範例誤差均方根(Test Root Mean Sqrt, RMS)爲 1.74，而 Design Expert 的 RMS 可用變異分析中的殘差(Residual)之 Mean Square 開根號來估計，由圖 9-2 可知，RMS= $\sqrt{1.23}=1.11$。雖然 CAFE 的 RMS 高於 Design Expert 的 RMS，但不能斷定 CAFE 的預測能力低於 Design Expert，因爲 CAFE 採用交叉驗證法，是相當保守的估計；Design Expert 則未區分樣本內、樣本外數據，雖已經考慮到殘差自由度，但其 RMS 估計值仍可能偏低很多。在前一章中已舉過三個實例說明此一現象。

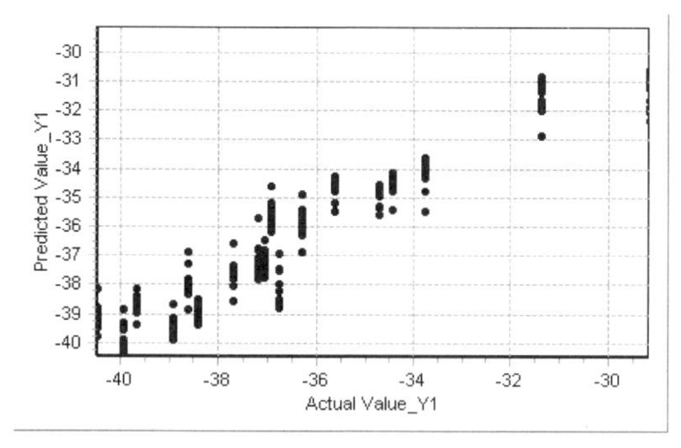

圖 13-7 Y1 交叉驗證法的訓練樣本散佈圖 (顯示實際值與預測值集中在對角線)

圖 13-8 Y1 交叉驗證法的測試樣本散佈圖 (顯示實際值與預測值集中在對角線)

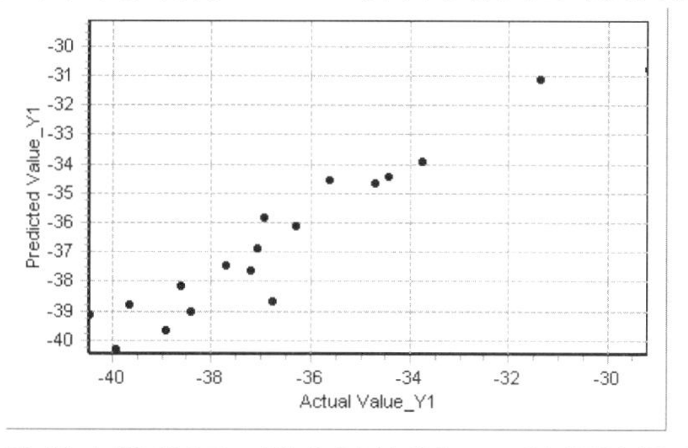

圖 13-9 Y1 訓練測試法的樣本散佈圖 (樣本被複製，一份訓練樣本，一份測試樣本)

表 13-2 實例 1：交叉驗證法的評估

Output Variable	Train Corre. Coef.	Train Root Mean Sqrt	Test Corre. Coef.	Test Root Mean Sqrt
Y1	0.9441	0.9639	0.8050	1.7424
Y2	0.9419	6.9121	0.8307	11.4810
Y3	0.7606	2.5718	0.4766	3.4823

表 13-3 實例 1：訓練測試法的評估 (樣本被複製，一份訓練樣本，一份測試樣本)

Output Variable	Train Corre. Coef.	Train Root Mean Sqrt	Test Corre. Coef.	Test Root Mean Sqrt
Y1	0.9557	0.8510	0.9557	0.8510
Y2	0.9506	6.3168	0.9506	6.3168
Y3	0.8118	2.3325	0.8118	2.3325

8. **最佳化**

最大化「黏模力量 S/N(望小訊號雜訊比)」，即

Max Y1

優化求解如表 13-4，顯示 CAFE 結果與 Design Expert 結果幾乎完全一樣。CAFÉ 視所有實驗因子為連續值，因此實驗因子的最佳解為實數，但用最近的整數代替，例如表 13-4 中的實驗因子 F 的最佳解為 2.9，可用整數 3 代替。

表 13-4 實例 1：最佳化結果的比較

因子	因子下限值	因子上限值	文獻結果	Design Expert 結果	CAFE 結果	因子重要性
A	1	2	1	1	1.0	重要
B	1	2	1	1	1.0	重要
C	1	3	3	3	3.0	非常重要
D	1	3	3	3	3.0	不重要
E	1	3	3	3	3.0	非常重要
F	1	3	3	3	2.9	不重要
Y1	-40.47	-29.15	NA	-30.1	-30.8	

13.3 導光板製程之改善

1. **問題描述**

同第 9 章實例 2。文獻[2]以田口式品質工程法評估成型參數與導光基板品質之關係。在此將以 CAFE 軟體重作此問題，並加以比較。

2. **品質因子與品質特性**　同第 9 章實例 2。

3. **實驗設計**　同第 9 章實例 2。

4. 模型建構

模型建構所用的參數如圖 13-10，「交叉驗證法」與「訓練測試法」的誤差收斂曲線如圖 13-11 與圖 13-12。

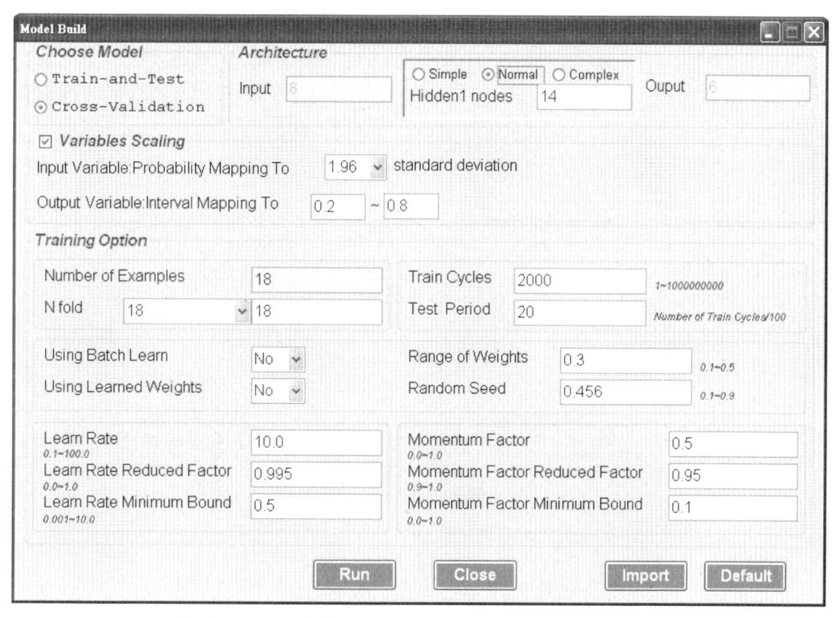

圖 13-10 實例 2：模型建構所用的參數

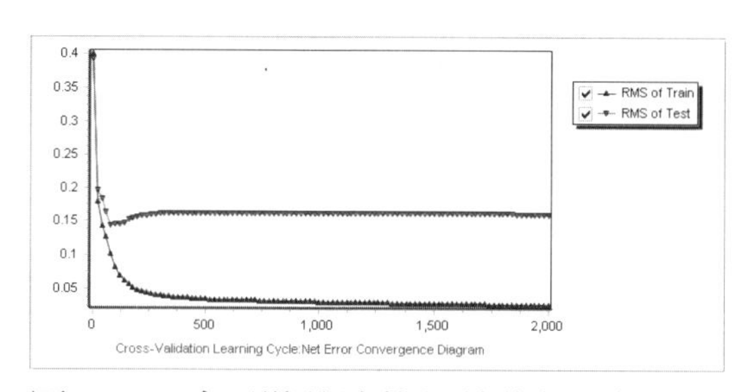

圖 13-11　交叉驗證法的誤差收斂曲線

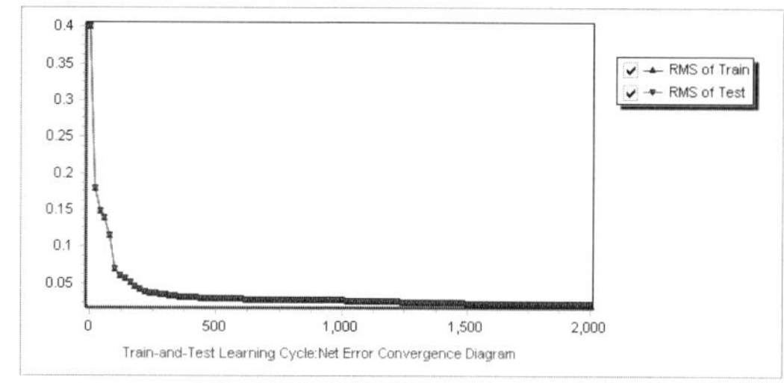

圖 13-12　訓練測試法的誤差收斂曲線

5. 模型分析 1：因子的分析

CAFE 的敏感性分析如圖 13-4~圖 13-5。顯示因子 B, C, F 是最重要因子，並且與反應成正比，這些都與文獻相符。

6. 模型分析 2：效果線(Effect Line)

CAFE 的品質因子效果線圖如圖 13-6，顯示因子 B, C, F 是最重要因子，且與反應成正比，與文獻相符，也與第 9 章的圖 9-8 因子效果圖相當一致。

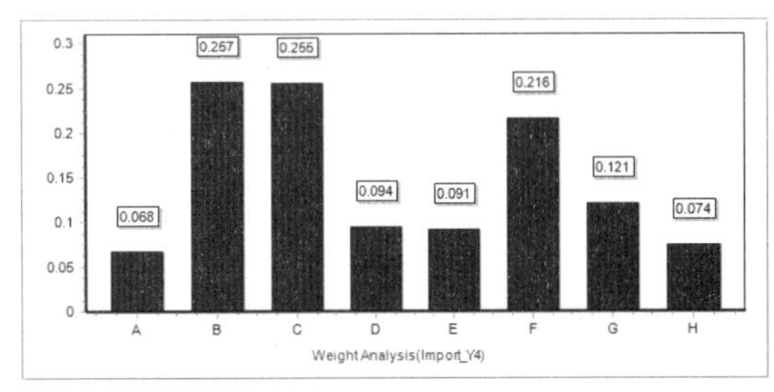

圖 13-13 Y4 重要性直條圖

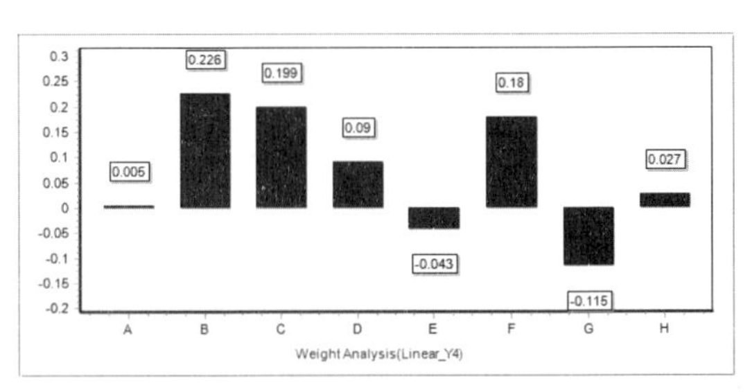

圖 13-14 Y4 線性敏感性直條圖

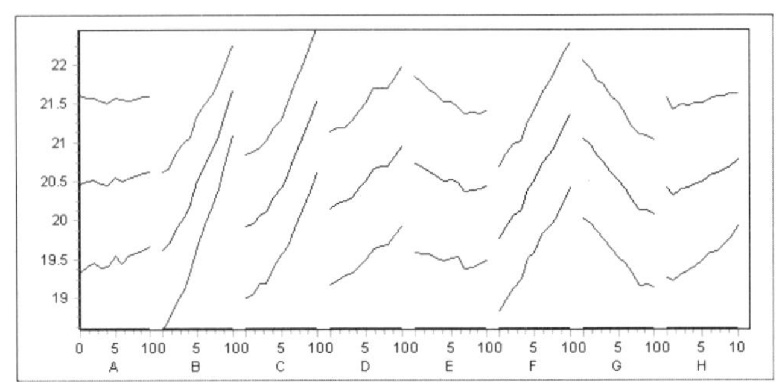

圖 13-15 Y4 效果線圖

7. 模型分析 3：模型評估(散佈圖與誤差評估)

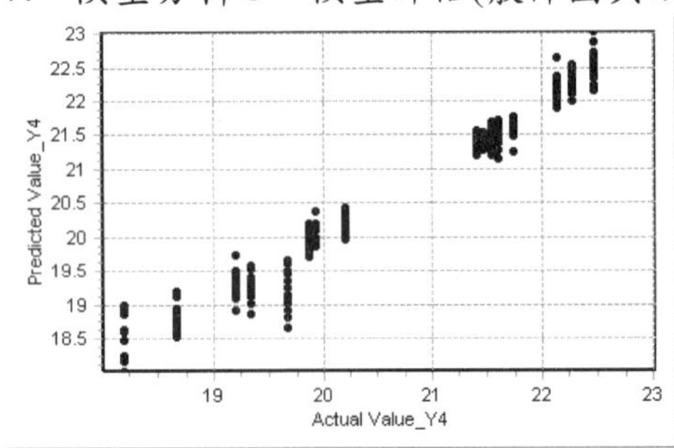

圖 13-16 Y4 交叉驗證法的訓練樣本散佈圖

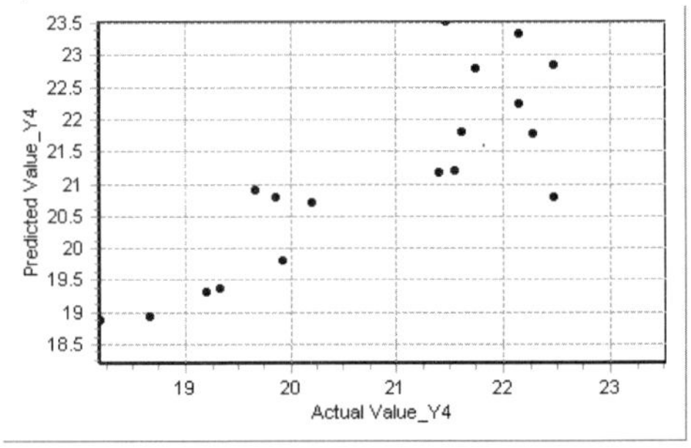

Predicted Value_Y4
Actual Value_Y4

圖 13-17 Y4 交叉驗證法的測試樣本散佈圖

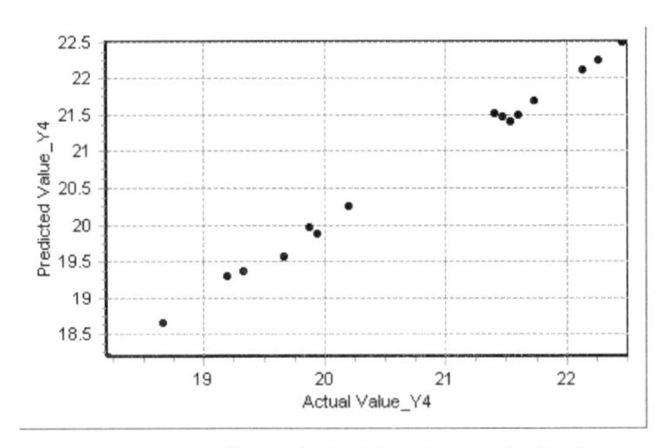

圖 13-18 Y4 訓練測試法的樣本散佈圖

表 13-5 實例 2：交叉驗證法的評估

Output Variable	Train Corre. Coef.	Train Root Mean Sqrt	Test Corre. Coef.	Test Root Mean Sqrt
Y1	0.9899	0.0184	0.7360	0.1082
Y2	0.9947	0.1052	0.8115	0.7243
Y3	0.9925	4.5667	0.6854	30.3770
Y4	0.9852	0.2336	0.8369	0.8664
Y5	0.9798	0.2297	-0.0021	2.0040
Y6	0.9925	4.5513	0.6875	30.2400

表 13-6 實例 2：訓練測試法的評估 (樣本被複製，一份訓練樣本，一份測試樣本)

Output Variable	Train Corre. Coef.	Train Root Mean Sqrt	Test Corre. Coef.	Test Root Mean Sqrt
Y1	0.9842	0.0230	0.9842	0.0230
Y2	0.9950	0.1029	0.9950	0.1029
Y3	0.9897	5.3736	0.9897	5.3736
Y4	0.9988	0.0669	0.9988	0.0669
Y5	0.9957	0.1055	0.9957	0.1055
Y6	0.9898	5.3386	0.9898	5.3386

8. 最佳化

最大化「微特徵轉寫高度(Y4)」，即

Max Y4

結果顯示，文獻結果與 CAFE 結果在三個重要變數(B, C, F)完全相同。

表 13-7 實例 2：最佳化結果的比較

因子	因子下限值	因子上限值	文獻結果	Design Expert 結果	CAFE 結果	因子重要性
A	1	2	2	2	1	次要
B	1	3	3	3	3	非常重要
C	1	3	3	3	3	非常重要
D	1	3	3	3	3	不重要
E	1	3	3	3	1	次要
F	1	3	3	3	3	重要
G	1	3	2	1	1	次要
H	1	3	3	3	1	不重要
Y4	18.2	22.5	NA	24.3	23.8	

13.4 高速放電製程之改善

1. 問題描述

同第 9 章實例 3。文獻[3]以結合田口法及主成份分析來設計具有能同時滿足多重品質特性之最佳參數組合。在此將以 CAFE 軟體重作此問題，並加以比較。

2. 品質因子與品質特性

同第 9 章實例 3。

3. 實驗設計

同第 9 章實例 3。

4. 模型建構

模型建構所用的參數如圖 13-19，「交叉驗證法」與「訓練測試法」的誤差收斂曲線如圖 13-20 與圖 13-21。

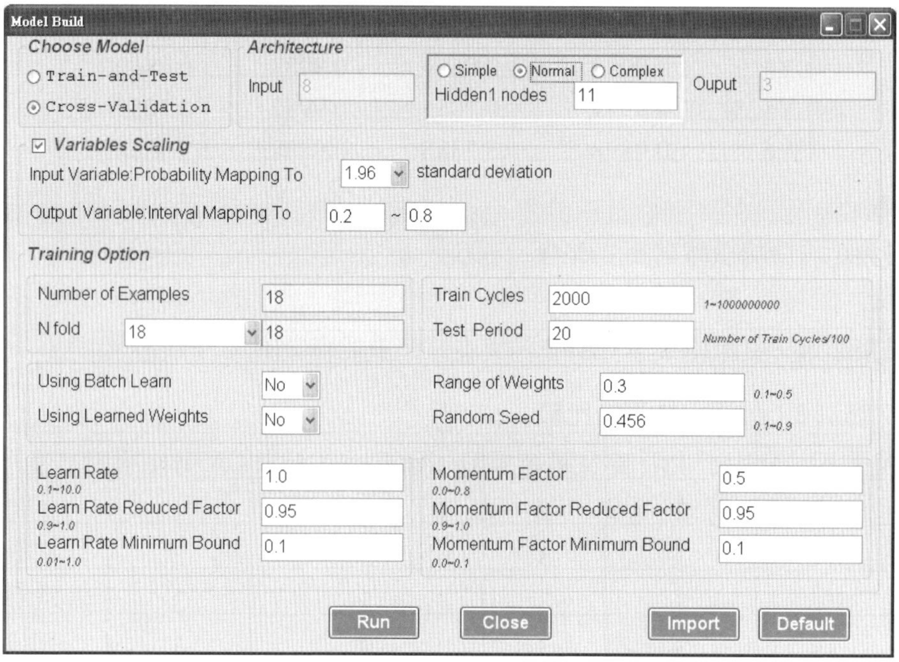

圖 13-19 實例 3：模型建構所用的參數

5. 模型分析 1：因子的分析

省略。

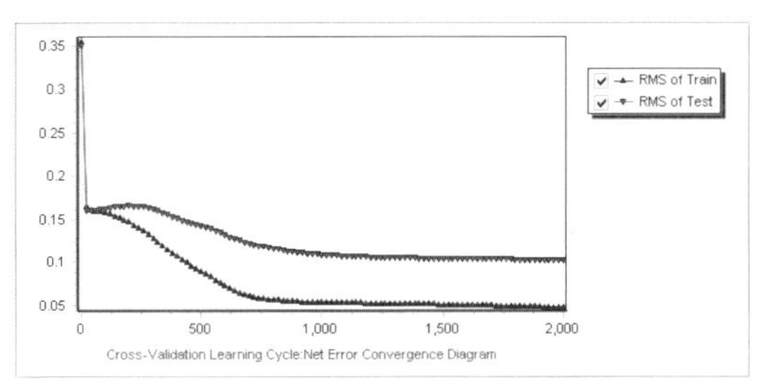

圖 13-20 交叉驗證法的誤差收斂曲線

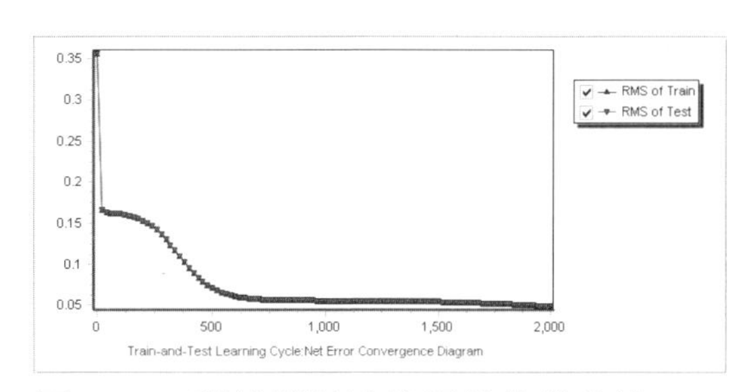

圖 13-21 訓練測試法的誤差收斂曲線

6. 模型分析 2：效果線(Effect Line)

CAFE 的品質因子效果線圖如圖 13-22~24，與文獻相符。

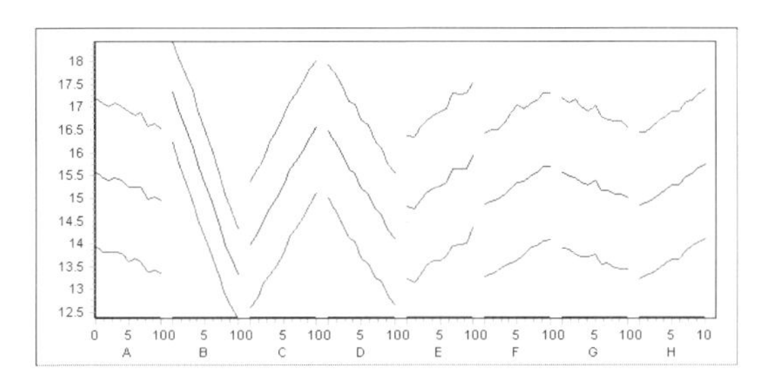

圖 13-22 Y1 的品質因子效果線圖 (顯示因子 B, C, D 是重要因子)

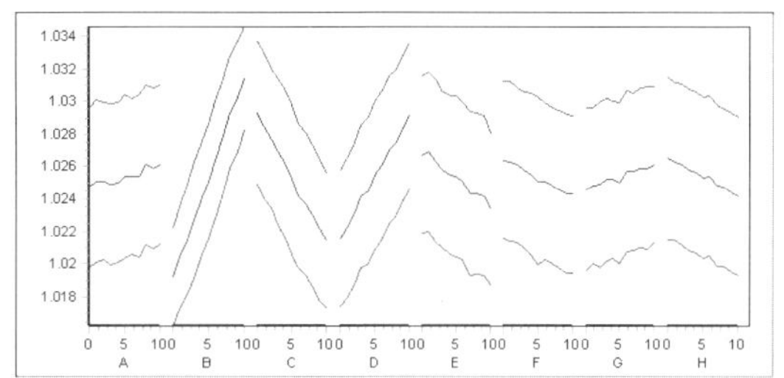

圖 13-23 Y2 的品質因子效果線圖 (顯示因子 B, C, D 是重要因子)

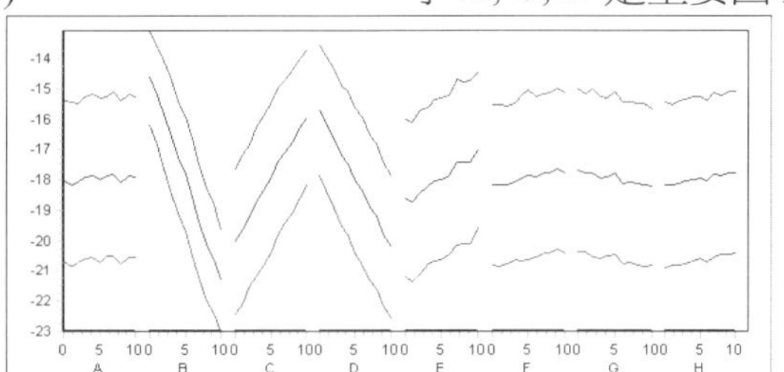

圖 13-24 Y3 的品質因子效果線圖 (顯示因子 B, C, D 是重要因子)

7. 模型分析 3：模型評估(散佈圖與誤差評估)

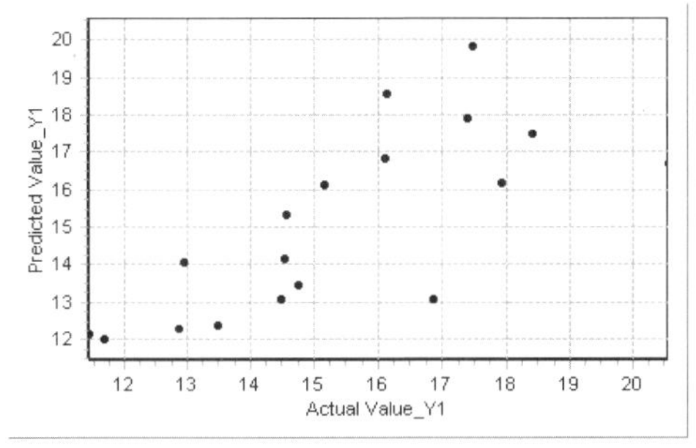

圖 13-25 Y1 交叉驗證法的測試樣本散佈圖

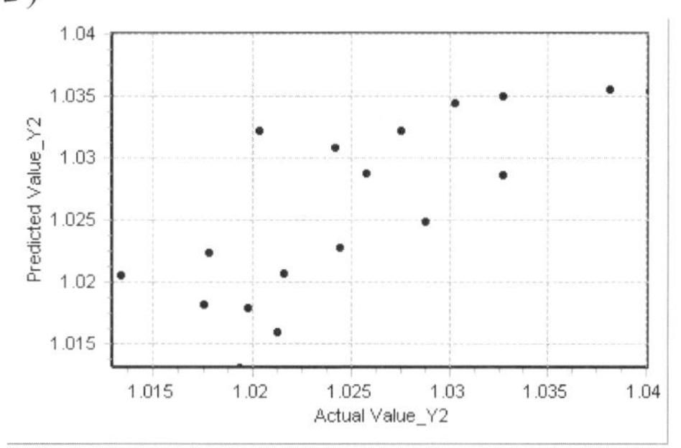

圖 13-26 Y2 交叉驗證法的測試樣本散佈圖

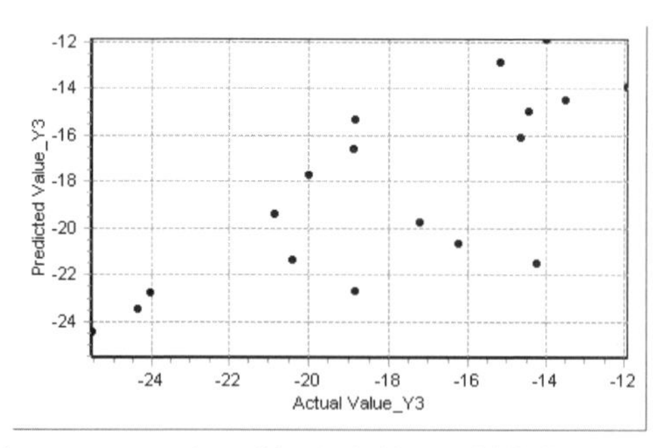

圖 13-27 Y3 交叉驗證法的測試樣本散佈圖

表 13-8 交叉驗證法的評估

Output Variable	Train Corre. Coef.	Train Root Mean Sqrt	Test Corre. Coef.	Test Root Mean Sqrt
Y1	0.9563	0.6980	0.7422	1.7384
Y2	0.9625	0.0019	0.7640	0.0050
Y3	0.9485	1.2439	0.7442	2.7945

表 13-9 訓練測試法的評估 (注意：樣本被複製，一份訓練樣本，一份測試樣本)

Output Variable	Train Corre. Coef.	Train Root Mean Sqrt	Test Corre. Coef.	Test Root Mean Sqrt
Y1	0.9548	0.7108	0.9548	0.7108
Y2	0.9578	0.0021	0.9578	0.0021
Y3	0.9508	1.2194	0.9508	1.2194

8. **最佳化**

最大化「黏模力量 S/N(望小訊號雜訊比)」，即

Max Y1

0.980<Y2<1.02

Y3>-16

上述二個限制可改寫為三個限制

g_1=0.980-Y2≤0

g_2=Y2-1.02≤0

g_3=-16-Y3 ≤ 0

由於 CAFE 解限制最佳化問題是用外懲罰函數法，其懲罰函數

$$P(\mathbf{x}) = \sum_{j=1}^{m} \left(Max\left(0, g_j(\mathbf{x})\right) \right)^2$$

由上式可知懲罰函數是所有被違反的限制的平方和。由於 g_1 與 g_2 的值域遠小於 g_3，造成懲罰函數的大小由 g_3 控制，最佳化過程中會忽略 g_1 與 g_2 限制的重要性。因此改用以下二式來代替：

$$g_1 = 980 - 1000 \cdot Y2 \leq 0$$

$$g_2 = 1000 \cdot Y2 - 1020 \leq 0$$

以便使 g_1 與 g_2 的值域接近 g_3。結果顯示，文獻結果與 CAFE 結果除了一個不重要變數(F)外，完全相同。

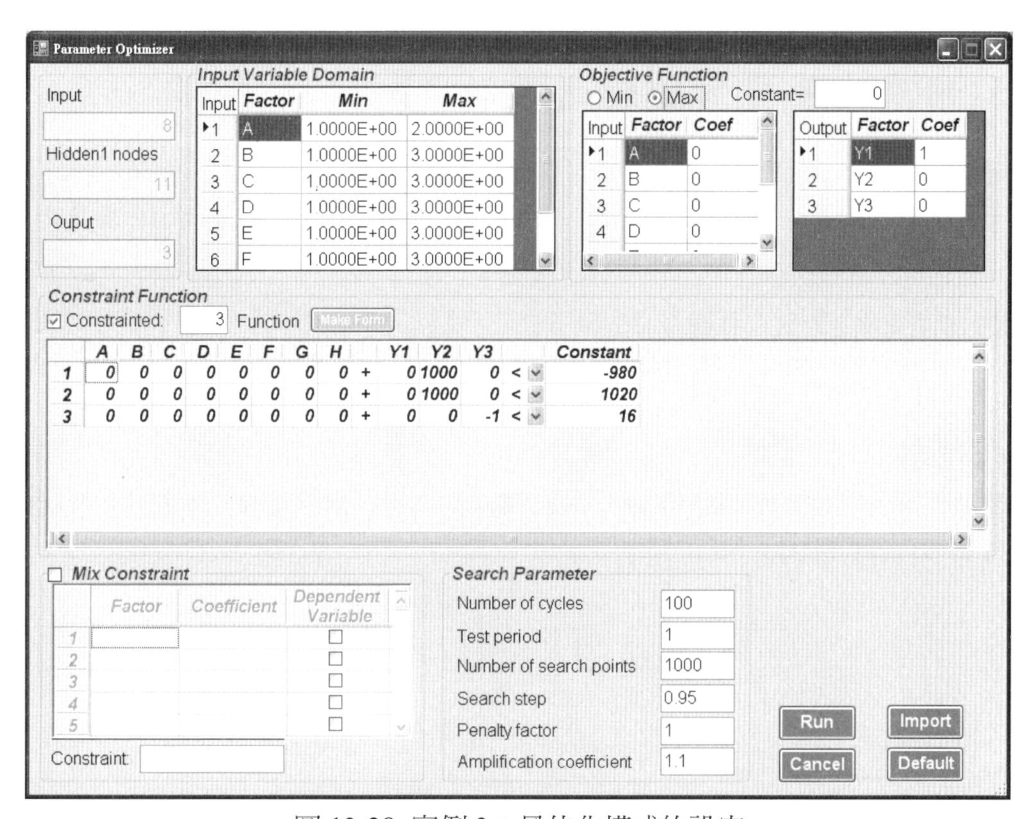

圖 13-28　實例 3：最佳化模式的設定

表 13-10 實例 3：最佳化結果的比較

因子	因子下限值	因子上限值	文獻結果	Design Expert 結果	CAFE 結果	因子重要性
A	1	2	1	1	1.0	
B	1	3	1	1	1.0	重要
C	1	3	3	3	3.0	重要
D	1	3	1	1	1.0	重要
E	1	3	3	3	3.0	
F	1	3	2	3	3.0	
G	1	3	1	1	1.0	
H	1	3	3	3	3.0	
Y1	11.4	20.6	NA	22.7	20.269	
Y2	1.0134	1.0402	NA	NA	1.0119	
Y3	-25.5	-11.9	NA	NA	-11.26	

13.5 積層陶瓷電容製程之改善

1. 問題描述

同第 9 章實例 4。文獻[4]針對 Pd/Ag 膏印刷製程機器參數設定使用田口實驗等技術進行最佳化。在此將以 CAFE 軟體重作此問題，並加以比較。

2. 品質因子與品質特性　同第 9 章實例 4。

3. 實驗設計　同第 9 章實例 4。

4. 模型建構

模型建構所用的參數如圖 13-29，「交叉驗證法」與「訓練測試法」的誤差收斂曲線如圖 13-30 與圖 13-31。

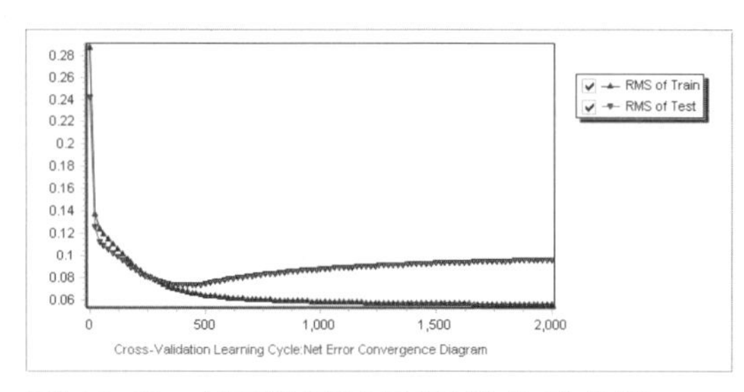

圖 13-30 交叉驗證法的誤差收斂曲線

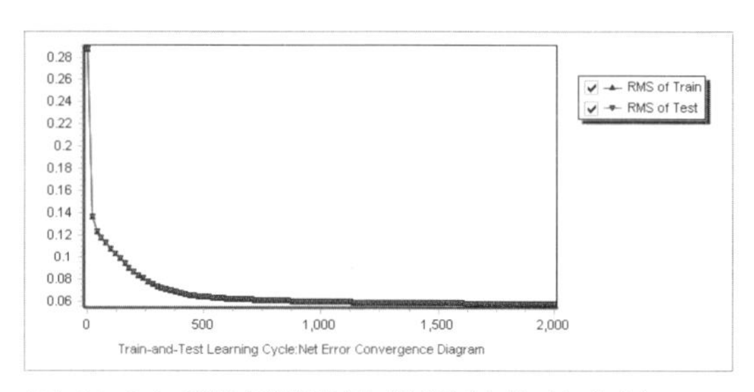

圖 13-31 訓練測試法的誤差收斂曲線

Model Build
Choose Model
Train-and-Test
Cross-Validation
Architecture
Input 8
Simple　Normal　Complex
Hidden1 nodes 9
Ouput 1
Variables Scaling
Input Variable:Probability Mapping To 1.96 standard deviation
Output Variable:Interval Mapping To 0.2 ~ 0.8
Training Option
Number of Examples 18
N fold 18 18
Train Cycles 2000 1~1000000000
Test Period 20 Number of Train Cycles/100
Using Batch Learn No
Using Learned Weights No
Range of Weights 0.3 0.1~0.5
Random Seed 0.456 0.1~0.9
Learn Rate 0.1~10.0 1.0
Learn Rate Reduced Factor 0.9~1.0 0.95
Learn Rate Minimum Bound 0.01~1.0 0.1
Momentum Factor 0.0~0.8 0.5
Momentum Factor Reduced Factor 0.9~1.0 0.95
Momentum Factor Minimum Bound 0.0~0.1 0.1
Run　Close　Import　Default

圖 13-29 實例 4：模型建構所用的參數

5. 模型分析 1：因子的分析

CAFE 的敏感性分析如圖 13-32~圖 13-33。顯示因子 A, B, C, D, G 是重要因子，C 與 A 最重要，因子 A, C 與 D 對品質特性成正比，B 與 G 對品質特性成反比，與文獻相符。

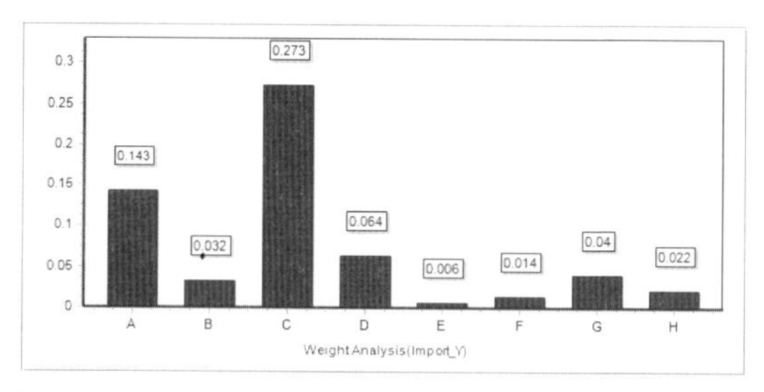

圖 13-32　品質因子重要性直條圖

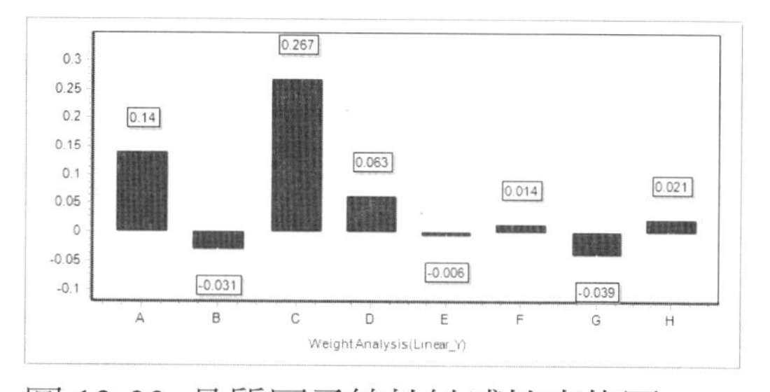

圖 13-33　品質因子線性敏感性直條圖

6. 模型分析 2：效果線(Effect Line)

CAFE 的品質因子效果線圖如圖 13-34，因子 A, B, C, D, G 是重要因子，C 與 A 最重要，因子 A, C 與 D 對品質特性成正比，B 與 G 對品質特性成反比，與文獻相符。

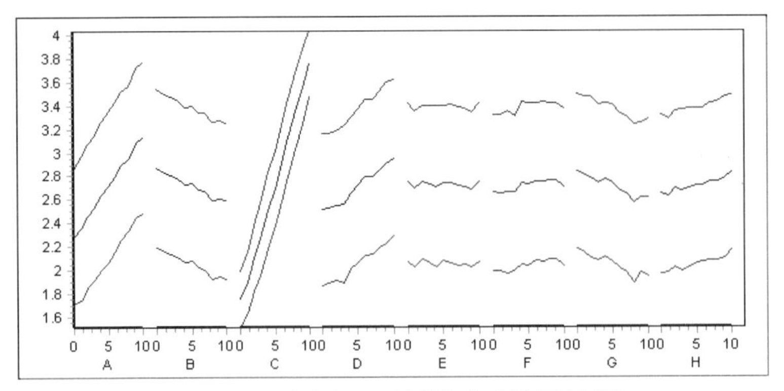

圖 13-34 實例 4：品質因子效果線圖

7. 模型分析 3：模型評估(散佈圖與誤差評估)

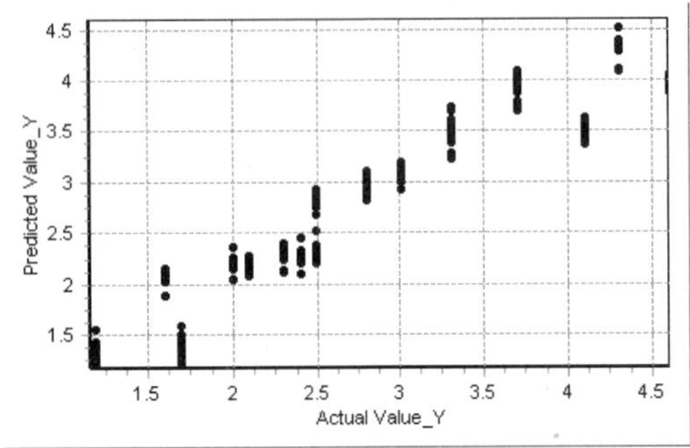

圖 13-35 交叉驗證法的訓練樣本散佈圖

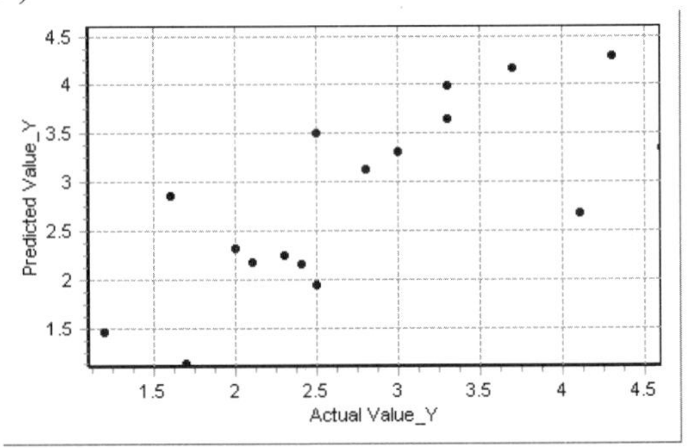

圖 13-36 交叉驗證法的測試樣本散佈圖

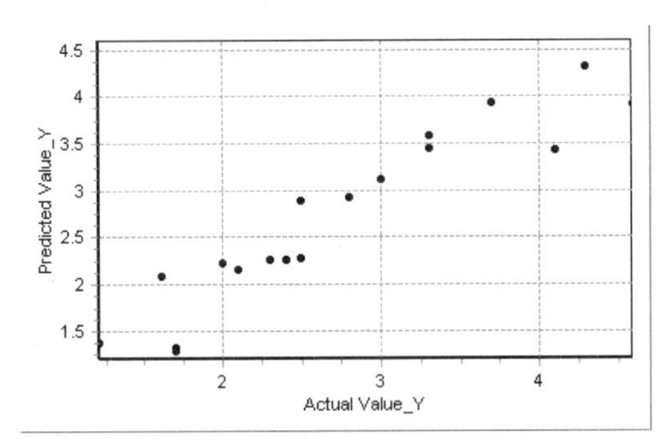

圖 13-37 訓練測試法的樣本散佈圖

表 13-11 實例 4：交叉驗證法的評估

Output Variable	Train Corre. Coef.	Train Root Mean Sqrt	Test Corre. Coef.	Test Root Mean Sqrt
Y	0.9431	0.3194	0.7479	0.6845

表 13-12 實例 4：訓練測試法的評估 (樣本被複製，一份訓練樣本，一份測試樣本)

Output Variable	Train Corre. Coef.	Train Root Mean Sqrt	Test Corre. Coef.	Test Root Mean Sqrt
Y	0.9396	0.3288	0.9396	0.3288

8. 最佳化

最大化「print quality」，即

Max Y

結果顯示，Design Expert 結果與 CAFE 結果在二個最重要變數(A, C)完全相同。雖然 CAFE 最佳設計的反應之預測值(4.54)低於 Design Expert 預測值(4.80)，但不能斷定其最佳設計不如後者，因為二者都是一種預測值。

表 13-13 實例 4：最佳化結果的比較

因子	下限值	上限值	文獻結果				Design Expert	CAFE	因子重要性
			田口	RSM	規劃求解	NN-GA			
A	24	28	28	28	28	28.0	28	28.0	非常重要
B	2	2.8	2.4	2.5	2.53	2.6	2.4	2.0	重要
C	43	49	49	49.0	43	46.0	49	49.0	非常重要
D	65	75	65	75.0	75	72.2	75	75.0	重要
E	150	250	150	250.0	150	150.0	150	152.5	不重要
F	150	250	200	250.0	250	205.2	250	250	不重要
G	100	250	100	250.0	100	179.3	100	150	重要
H	1.6	2	1.8	1.7	1.8	2.0	2	2.0	不重要
Y	1.2	4.6	4.11	5.0	4.71	5.0	4.80	4.54	

13.6 射出成型製程之改善

1. 問題描述

同第 9 章實例 5。文獻[5]利用類神經網路建立射出成型機曲率半徑差值之預測模型，並將此模型嵌入基因演算法中，作為適應值求取機制，以求得調控參數的最適解。在此將以 CAFE 軟體重作此問題，並加以比較。

2. **品質因子與品質特性**　同第 9 章實例 5。

3. **實驗設計**　同第 9 章實例 5。

4. **模型建構**

模型建構所用的參數如圖 13-38，「交叉驗證法」與「訓練測試法」的誤差收斂曲線如圖 13-39。

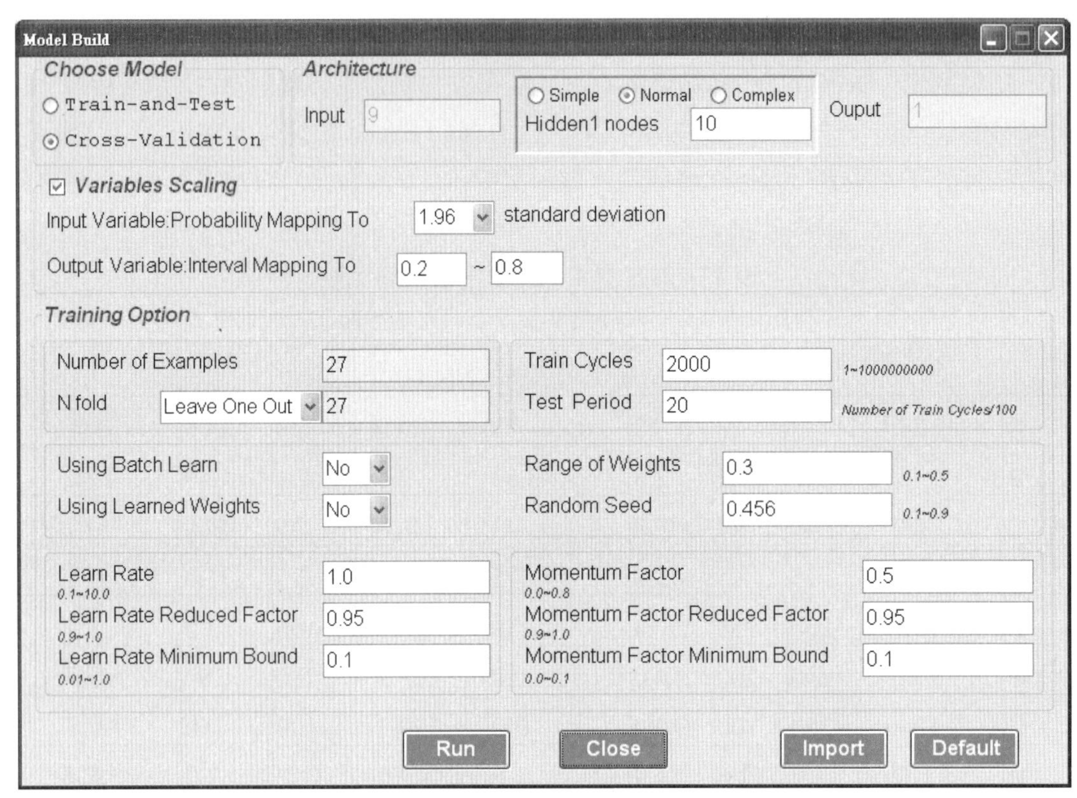

圖 13-38 實例 5：模型建構所用的參數

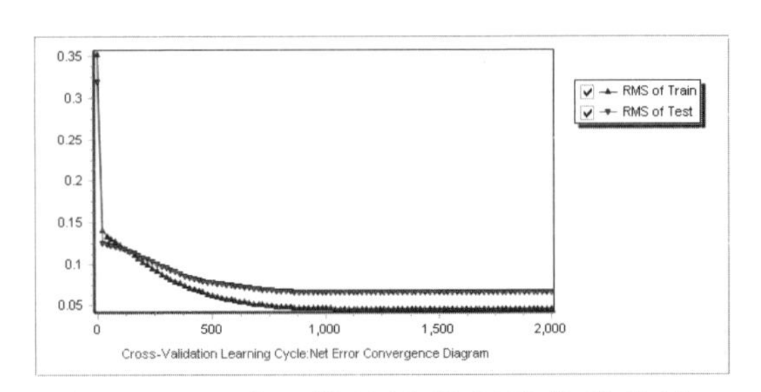

圖 13-39(a) 交叉驗證法的誤差收斂曲線

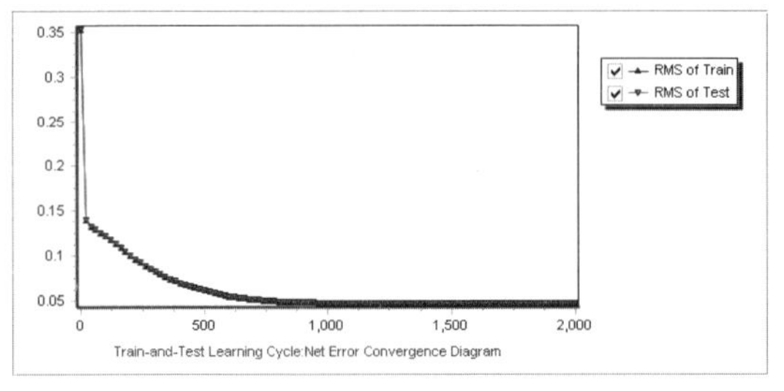

圖 13-39(b) 訓練測試法的誤差收斂曲線

5. 模型分析 1：因子的分析

CAFE 的敏感性分析如圖 13-40~圖 13-41。顯示因子 E 與 F 是重要因子，因子 E 對品質特性成正比，F 成反比，與文獻相符。

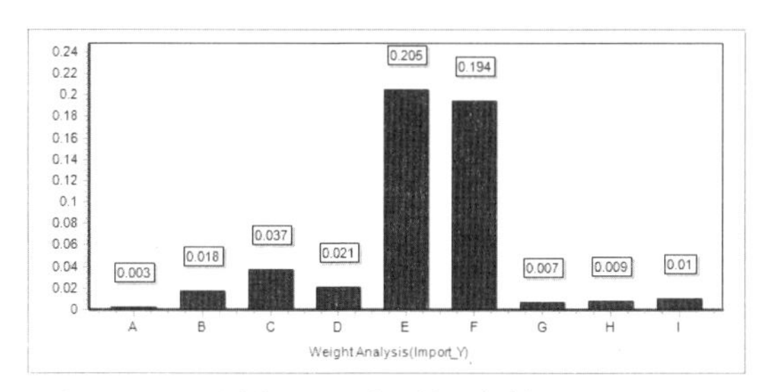

圖 13-40　品質因子重要性直條圖

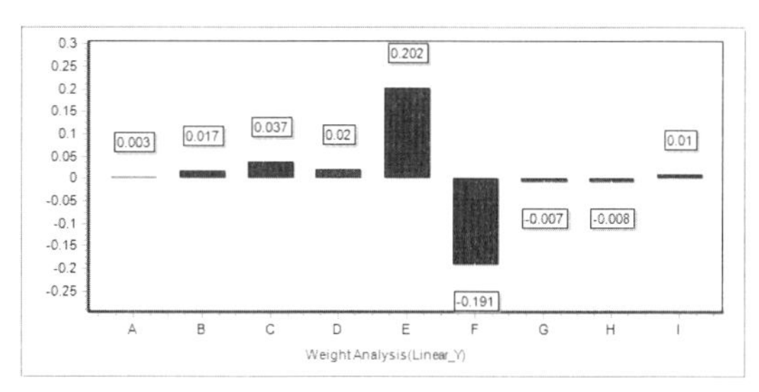

圖 13-41　品質因子線性敏感性直條圖

6. 模型分析 2：效果線(Effect Line)

CAFE 的品質因子效果線圖如圖 13-42，顯示因子 E 對品質特性成正比，F 對品質特性成反比，與文獻相符。

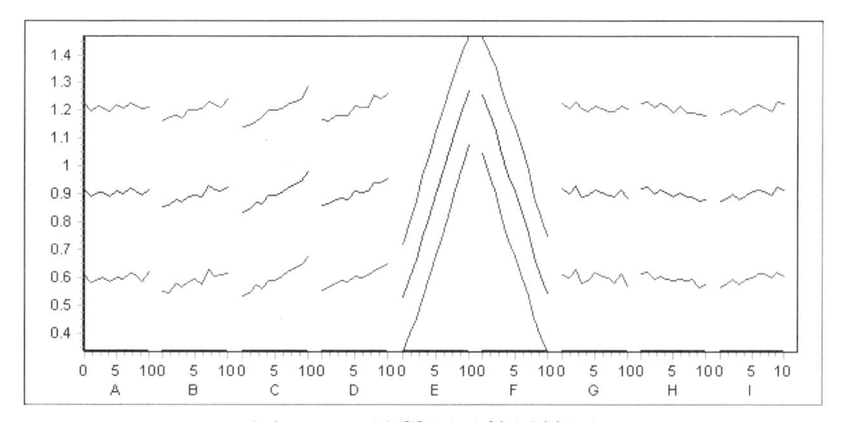

圖 13-42　品質因子效果線圖

7. 模型分析 3：模型評估(散佈圖與誤差評估)

交叉驗證法的訓練樣本、測試樣本散佈圖如圖 13-43 與圖 14-44。訓練測試法的樣本散佈圖如圖 13-45。交叉驗證法、訓練測試法的評估如表 13-14 與表 13-15。訓練測試法的誤差雖較小，但交叉驗證法的誤差才是誤差的合理估計值。

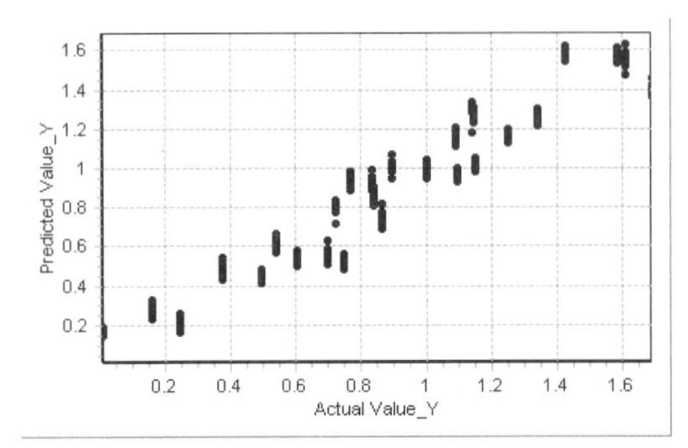

圖 13-43 交叉驗證法的訓練樣本散佈圖

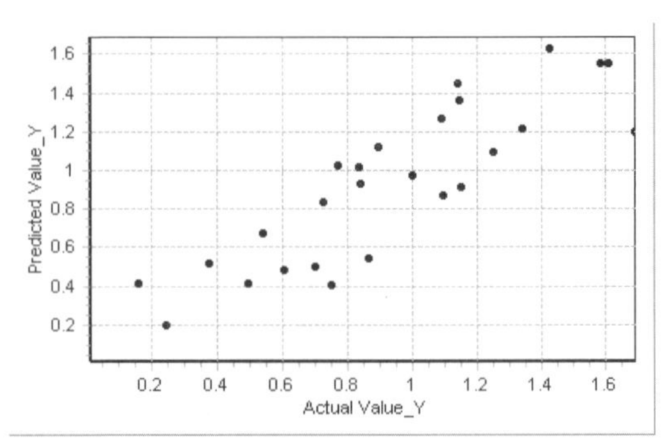

圖 13-44 交叉驗證法的測試樣本散佈圖

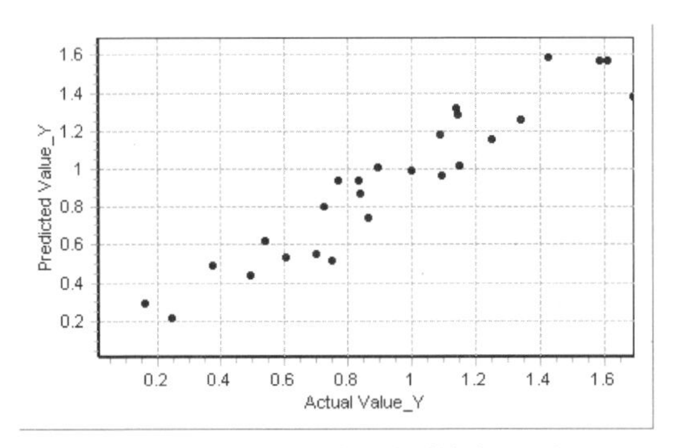

圖 13-45 訓練測試法的樣本散佈圖

表 13-14 實例 5：交叉驗證法的評估

Output Variable	Train Corre. Coef.	Train Root Mean Sqrt	Test Corre. Coef.	Test Root Mean Sqrt
Y	0.9539	0.1293	0.8747	0.2125

表 13-15 實例 5：訓練測試法的評估 (樣本被複製，一份訓練樣本，一份測試樣本)

Output Variable	Train Corre. Coef.	Train Root Mean Sqrt	Test Corre. Coef.	Test Root Mean Sqrt
Y	0.9526	0.1311	0.9526	0.1311

8. **最佳化**

最小化「曲率半徑差值(原始值)」，即

Min Y

結果顯示，在模型分析中確認重要的二個品質因子(E, F)，文獻結果與 CAFE 結果幾乎完全相同。

表 13-16 實例 5：最佳化結果的比較

因子	因子下限值	因子上限值	文獻結果	Design Expert 結果	CAFE 結果	因子重要性
A	15	35	15	25	17.6	不重要
B	1300	1500	1423	1300	1300.8	不重要
C	1200	1400	1200	1200	1200.3	輕微重要
D	30	50	50	30	30.1	不重要
E	90	110	90	90	90.0	非常重要
F	275	315	315	315	315.0	非常重要
G	40	60	60	60	56.6	不重要
H	100	300	100	100	299.2	不重要
I	0.5	1	1	0.5	0.5	不重要
Y	0.008	1.69	0.157	-0.01	0.125	

本章參考文獻

[1] 張祥傑，2004，「IC 封裝黏模力之量測與分析」，國立成功大學，機械工程學系，碩士論文。

[2] 賴懷恩，2004，「導光板成型品質與射出成型製程參數之研究」，國立清華大學，動力機械工程學系，碩士論文。

[3] 黃信銘，2005，「機械加工法多重品質特性最佳化製程參數研究」，國立高雄第一科技大學，機械與自動化工程所，碩士論文。

[4] 陳夢倫，2003，「積層陶瓷電容印刷製程機器參數最佳化之研究 」，國立成功大學，製造工程研究所，碩士論文。

[5] 陳偉正，2006，「應用資料探勘與模糊理論於製程參數調控之研究－以射出成型機爲例」，雲林科技大學，工業工程與管理研究所，碩士論文。

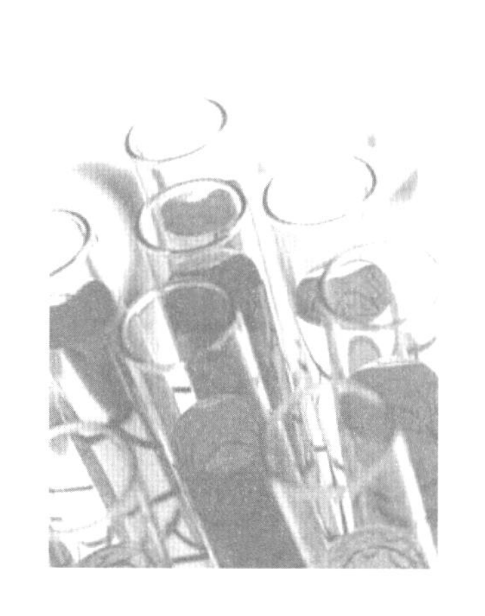

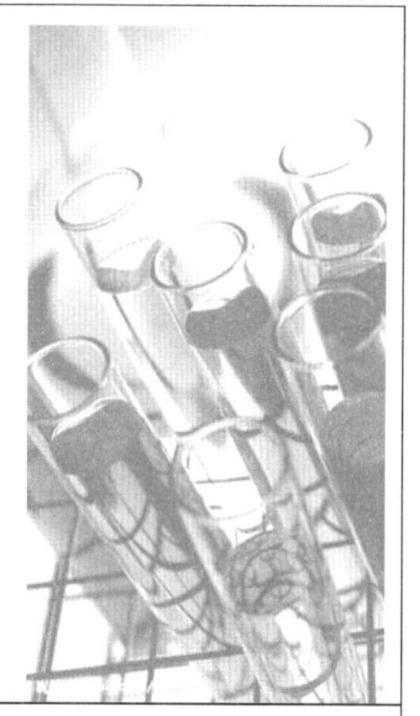

第14章 CAFE 反應曲面法實例

14.1 簡介

14.2 副乾酪乳桿菌培養基

14.3 醇水混合物

14.4 粗多醣提取

14.5 益生菌培養基

14.6 酵素合成乙酸己烯酯

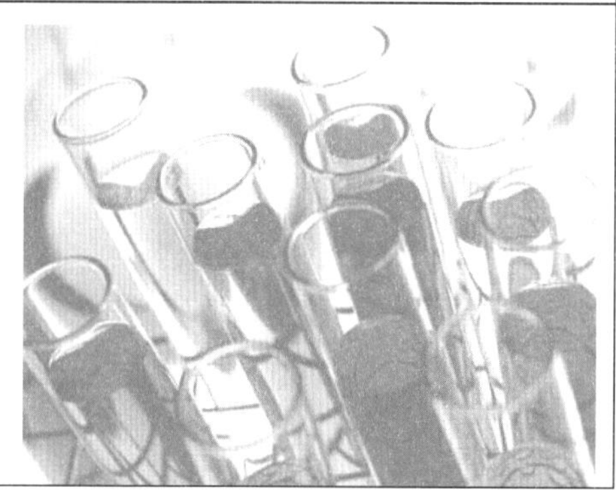

14.1 簡介

本章將介紹 CAFE 在反應曲面法上的應用實例，如表 14-1 所示。每一題都分成八個部份來介紹：

1. 問題描述
2. 品質因子與品質特性
3. 實驗設計
4. 模型建構
5. 模型分析 1：因子的敏感性分析
6. 模型分析 2：因子的效果線(Effect Line)
7. 模型分析 3：模型評估(散佈圖與誤差評估)
8. 最佳化

這些題目都選用 leave-one-out 的「交叉驗證法」來測試，以評估模型的真實誤差。本書光碟中的 CAFE 軟體為試用版，受到資料數據筆數不超過 25 個的限制，本章第 3~5 題無法執行模型建構與最佳化功能，但仍可載入已建好的使用範例(專案)，並執行模型分析功能。

表 14-1 應用實例摘要表

應用實例	品質因子	品質特性	實驗設計	角點	軸點	中心點	實驗數目
副乾酪乳桿菌培養基	3	1	CCD	8	6	6	20
醇水混合物	3	2	CCD	8	6	6	20
粗多醣	4	3	CCD	16	8	7	31
益生菌培養基	5	2	CCD	32	10	8	50
酵素合成乙酸已烯酯	5	1	CCD	16	10	6	32

14.2 副乾酪乳桿菌培養基

1. 問題描述

同第 10 章實例 1。文獻[1]以 MRS 培養基為基礎對副乾酪乳桿菌 HDl.7 的液體培養基進行優化。在此將以 CAFE 軟體重作此問題，並加以比較。

2. 品質因子與品質特性

　同第 10 章實例 1。

3. 實驗設計

　同第 10 章實例 1。CAFE 對變數會自動進行尺度化，因此在輸入實驗數據時可使用編碼變數(如-1,0,1) 或自然變數(如 0.22, 0.24, 0.26)，建議使用自然變數會較方便。

4. 模型建構

　模型建構所用的參數如圖 14-1，「交叉驗證法」與「訓練測試法」的誤差收斂曲線如圖 14-2 與圖 14-3。可以看出在「交叉驗證法」中，測試範例的誤差遠大於訓練範例者。「訓練測試法」的誤差又小於「交叉驗證法」中訓練範例的誤差。但「交叉驗證法」的測試範例誤差才是模型預測能力的合理估計值。

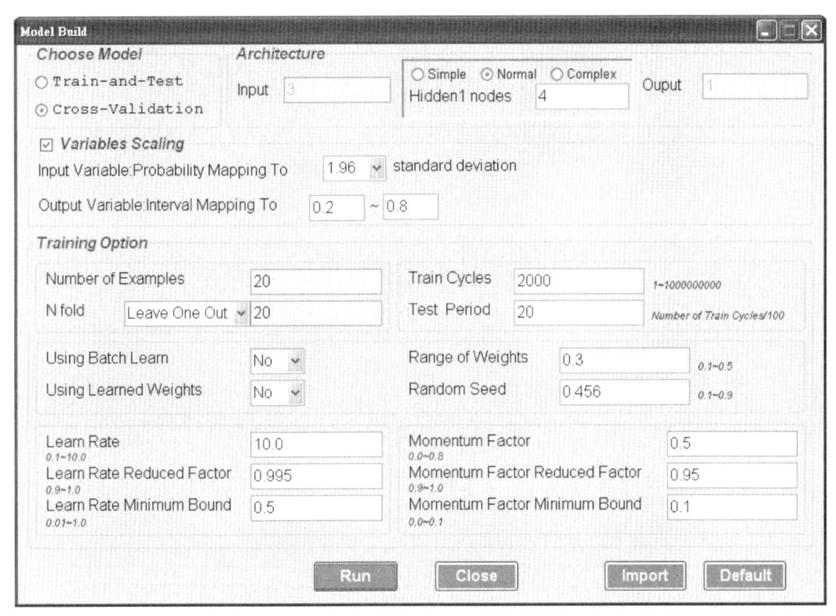

圖 14-1 實例 1：模型建構所用的參數

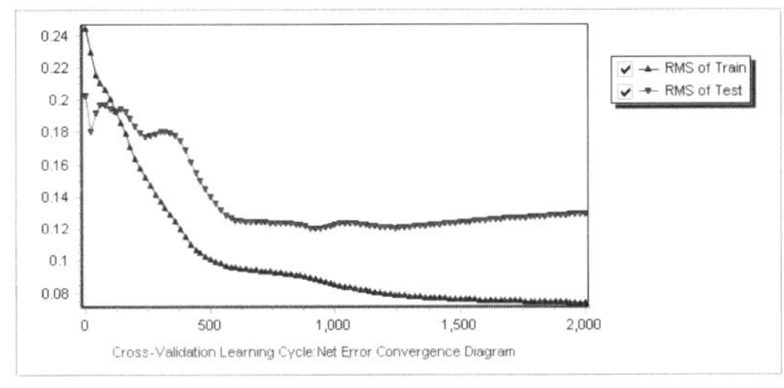

圖 14-2 交叉驗證法的誤差收斂曲線

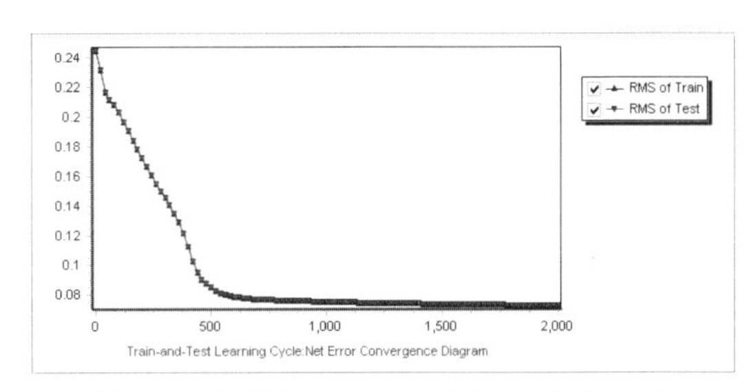

圖 14-3 訓練測試法的誤差收斂曲線

5. 模型分析 1：因子的分析

CAFE 的敏感性分析如圖 14-4~圖 14-6。可知因子 A 是最重要的因子，因子 B, C 對品質特性成正比，A 無線性關係，但因子 A 對品質特性有負曲率作用，即開口朝下。

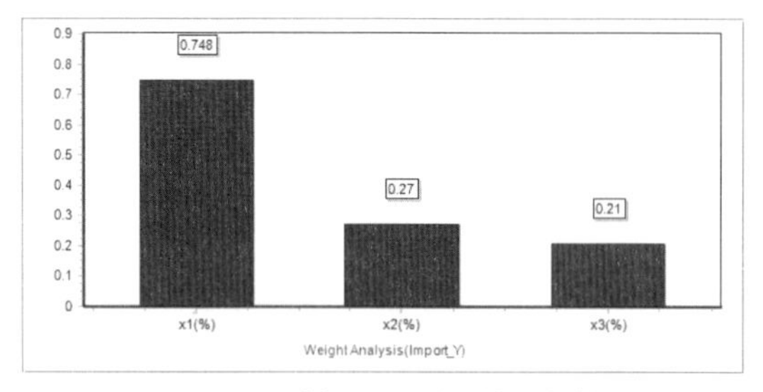

圖 14-4 品質因子重要性直條圖

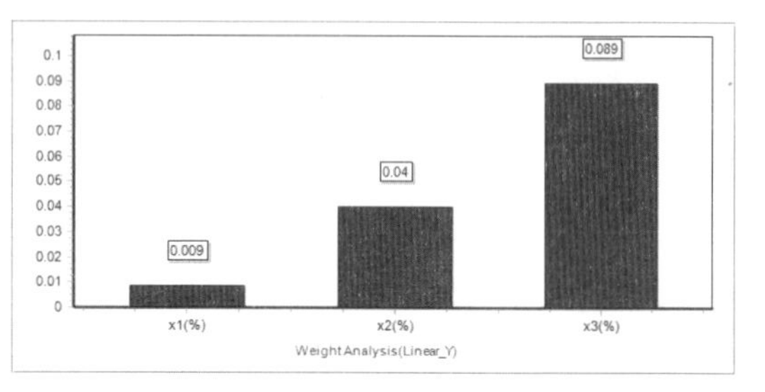

圖 14-5 品質因子線性敏感性直條圖

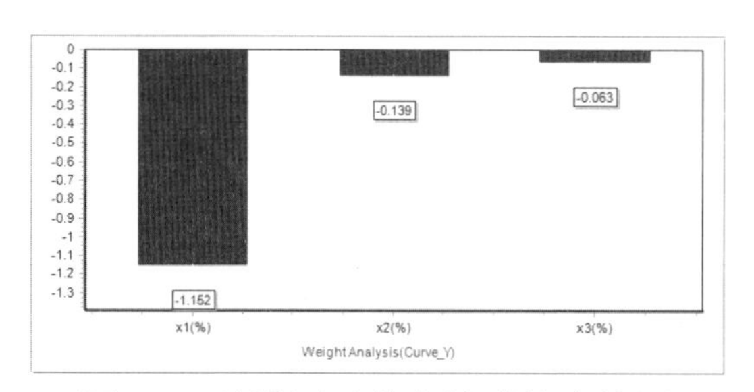

圖 14-6 品質因子曲率敏感性直條圖

6. 模型分析 2：效果線(Effect Line)

CAFE 的品質因子效果線圖如圖 14-7，與第 10 章的實例 1 的軌跡圖相較，可發現差異頗大，x1 的曲線並非單純的二次曲線，而 x2 與 x3 與反應則是線性正相關。

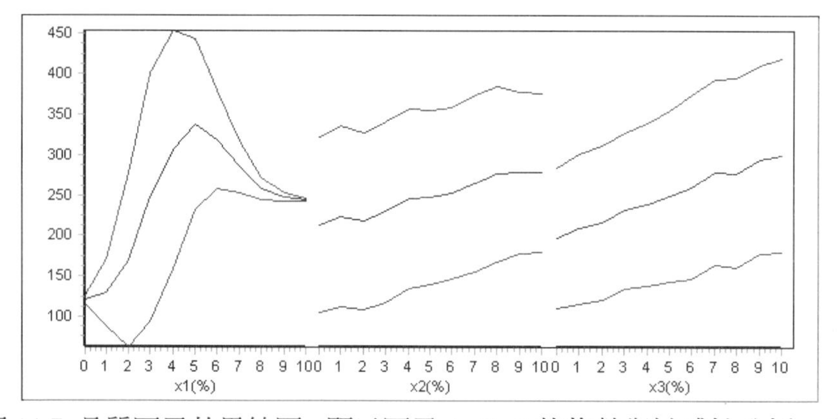

圖 14-7 品質因子效果線圖 (顯示因子 A, B, C 的趨勢與敏感性分析一致)

7. 模型分析 3：模型評估(散佈圖與誤差評估)

CAFE 的交叉驗證法的測試範例誤差均方根(Test Root Mean Sqrt, RMS)爲 106.4，而 Design Expert 的 RMS 可用變異分析中的殘差(Residual)之 Mean Square 開根號來估計，由圖 10-2 可知，RMS= $\sqrt{783.31}=28.0$。雖然 CAFE 的 RMS 遠高於 Design Expert 的 RMS，但不能斷定 CAFE 的預測能力低於 Design Expert，因爲 CAFE 採用交叉驗證法，是相當保守的估計；Design Expert 則未區分樣本內、樣本外數據，雖已經考慮到殘差自由度，但其 RMS 估計值仍可能偏低很多。在第 12 章中已舉過三個實例說明此一現象。如果以交叉驗證法的訓練範例誤差均方根(Train Root Mean Sqrt, RMS) 49.6 來看，它又遠低於 Design Expert 的 RMS。但因爲訓練範例的預測值很可能有過度學習的問題，故其誤差經常過於低估。因此，交叉驗證法的「測試範例」誤差均方根才是模型的可靠的誤差估計值。

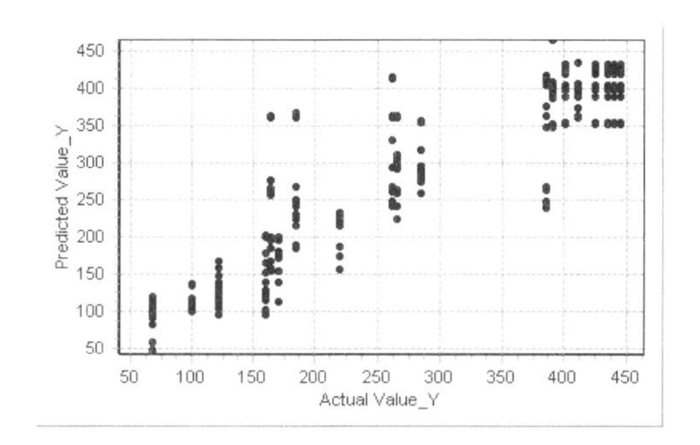

圖 14-8 交叉驗證法的訓練樣本散佈圖

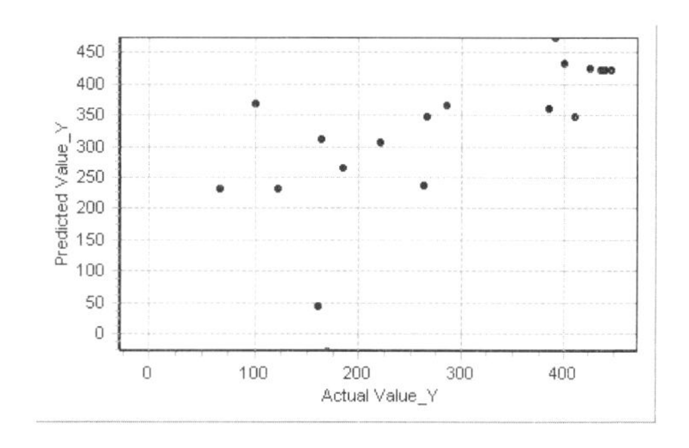

圖 14-9 交叉驗證法的測試樣本散佈圖

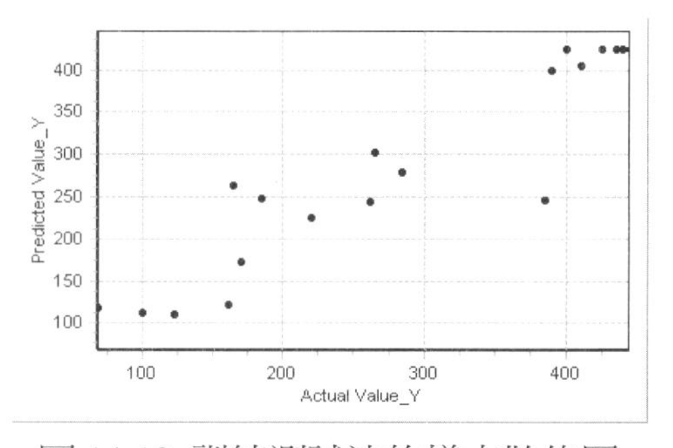

圖 14-10 訓練測試法的樣本散佈圖

表 14-2 實例 1：交叉驗證法的評估

Output Variable	Train Corre. Coef.	Train Root Mean Sqrt	Test Corre. Coef.	Test Root Mean Sqrt
Y	0.9230	49.5510	0.6822	106.4000

表 14-3 實例 1：訓練測試法的評估 (注意：樣本被複製，一份訓練樣本，一份測試樣本)

Output Variable	Train Corre. Coef.	Train Root Mean Sqrt	Test Corre. Coef.	Test Root Mean Sqrt
Y	0.9358	45.4050	0.9358	45.4050

8. 最佳化

最大化「細菌素的效價(IU/mL)」，即

Max Y

優化求解如表 14-4，顯示 CAFE 結果與 Design Expert 結果略有差異。雖然其最佳設計的反應之預測值(522.3)高於 Design Expert 預測值(479.8)，但不能斷定其最佳設計優於後者，因爲二者都是一種預測值。

表 14-4 實例 1：最佳化結果的比較

因子	因子下限值	因子上限值	文獻結果	Design Expert 結果	CAFE 結果
X1	2.08	2.88	2.45	2.45	2.23
X2	0.206	0.274	0.26	0.26	0.274
X3	0.763	0.897	0.88	0.88	0.897
Y	67.88	445.61	479.8	479.8	522.3

14.3 醇水混合物

1. 問題描述

同第 10 章實例 2。文獻[2]探討以反應曲面法來分析聚乙烯醇(PVA)膜的滲透汽化(pervaporation)性能，包括滲透通量和選擇性二種性能，而操作條件包括：溫度，濃度和流速。在此將以 CAFE 軟體重作此問題，並加以比較。

2. 品質因子與品質特性

同第 10 章實例 2。

3. 實驗設計

同第 10 章實例 2。

4. 模型建構

模型建構所用的參數如圖 14-11，「交叉驗證法」與「訓練測試法」的誤差收斂曲線如圖 14-12 與圖 14-13。

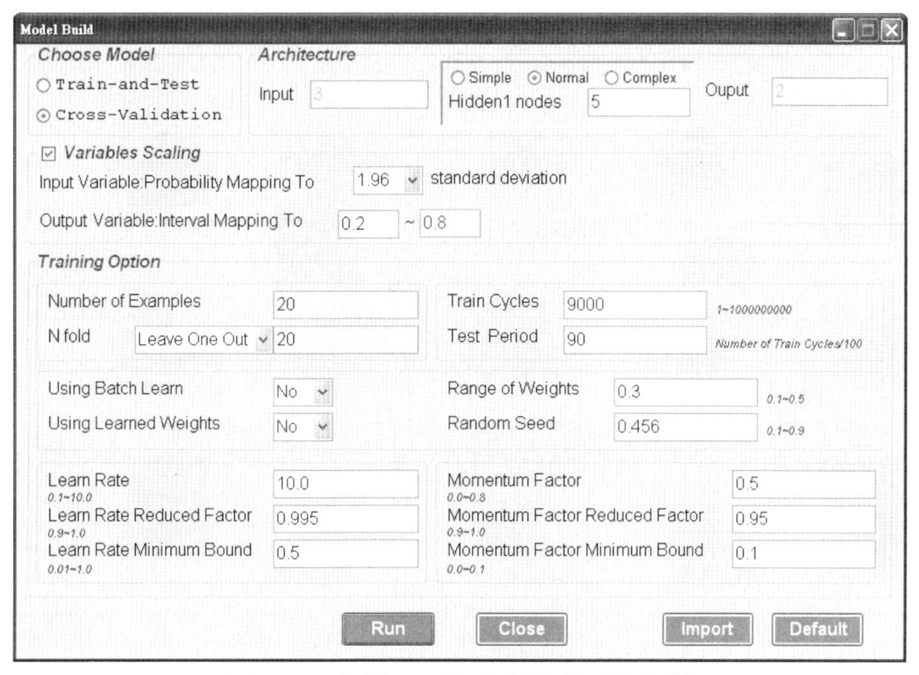

圖 14-11 實例 2：模型建構所用的參數

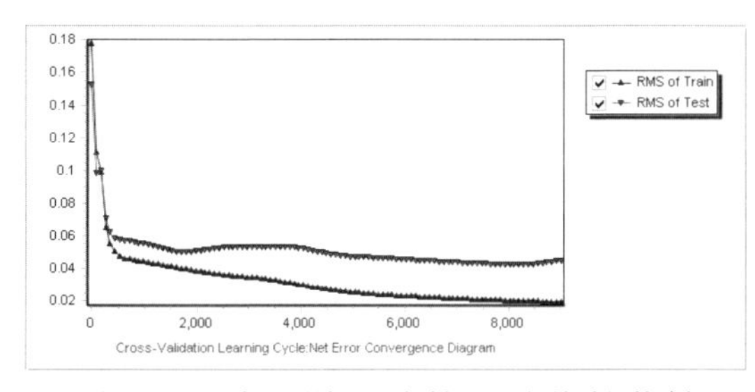

圖 14-12 交叉驗證法的誤差收斂曲線

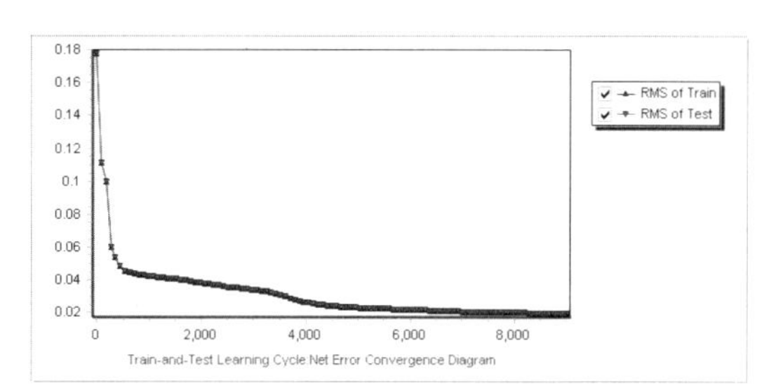

圖 14-13 訓練測試法的誤差收斂曲線

5. 模型分析 1：因子的分析

CAFE 的敏感性分析如圖 14-14。顯示因子 A, B 是重要的因子。

6. 模型分析 2：效果線(Effect Line)

CAFE 的品質因子效果線圖如圖 14-15 與圖 14-16，與第 10 章的實例 2 的軌跡圖相較，可發現相當相似。

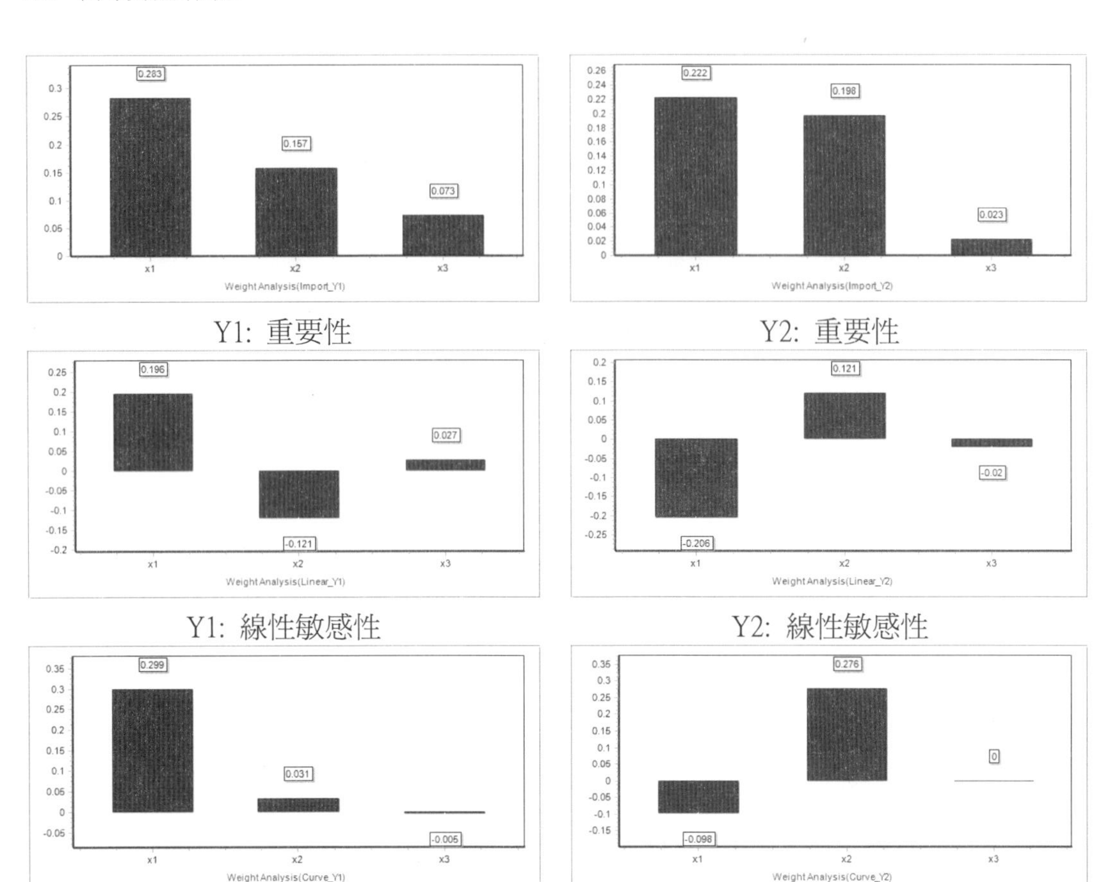

圖 14-14 品質因子直條圖

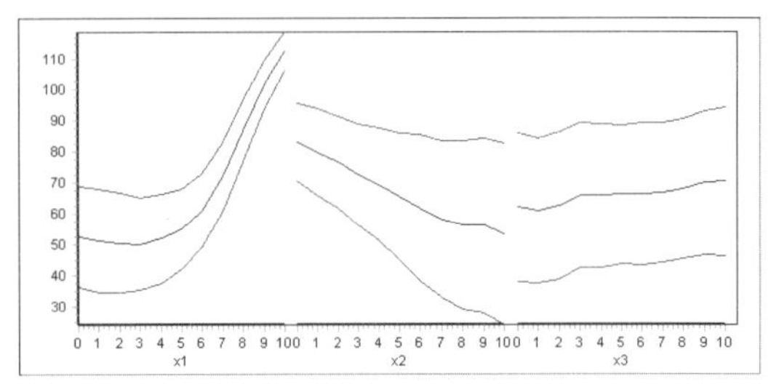

圖 14-15 品質因子效果線圖：Y1 (顯示因子 A, B, C 的趨勢與敏感性分析一致)

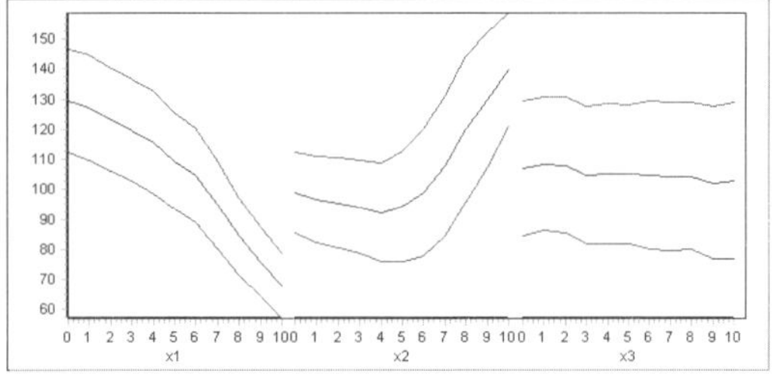

圖 14-16 品質因子效果線圖：Y2 (顯示因子 A, B, C 的趨勢與敏感性分析一致)

7. 模型分析 3：模型評估(散佈圖與誤差評估)

交叉驗證法測試樣本散佈圖如圖 14-17 與 14-18，誤差評估如表 14-5 與 14-6。顯示模型預測值相當接近實際值。

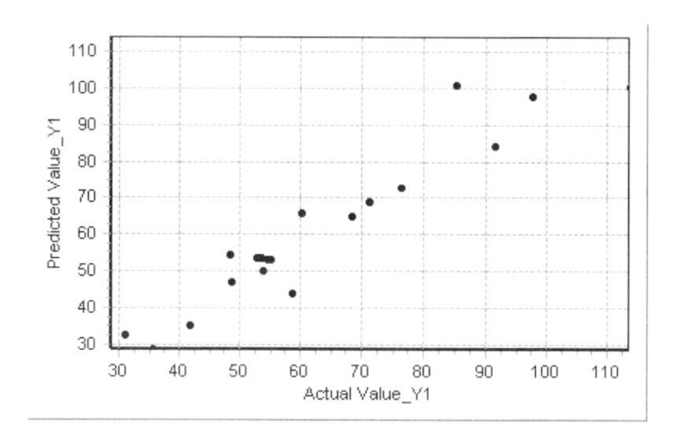

圖 14-17 交叉驗證法測試樣本散佈圖：Y1

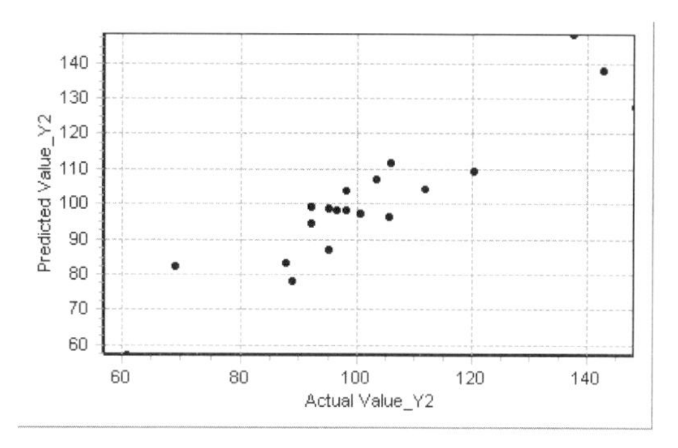

圖 14-18 交叉驗證法測試樣本散佈圖：Y2

表 14-5 實例 2：交叉驗證法的評估

Output Variable	Train Corre. Coef.	Train Root Mean Sqrt	Test Corre. Coef.	Test Root Mean Sqrt
Y1	0.9954	1.9727	0.9520	6.7106
Y2	0.9867	3.4494	0.9232	8.3014

表 14-6 實例 2：訓練測試法的評估 (注意：樣本被複製，一份訓練樣本，一份測試樣本)

Output Variable	Train Corre. Coef.	Train Root Mean Sqrt	Test Corre. Coef.	Test Root Mean Sqrt
Y1	0.9966	1.6797	0.9966	1.6797
Y2	0.9865	3.4789	0.9865	3.4789

8. 最佳化

Max Y1

65<Y2<116

參數優化所用的參數如圖 14-19，優化求解如表 14-7，顯示 CAFE 結果與 Design Expert 結果十分相近。雖然其最佳設計的反應 Y1 之預測值(125.4)低於 Design Expert 預測值(157.7)，但不能斷定其最佳設計不如後者，因爲二者都是一種預測值。

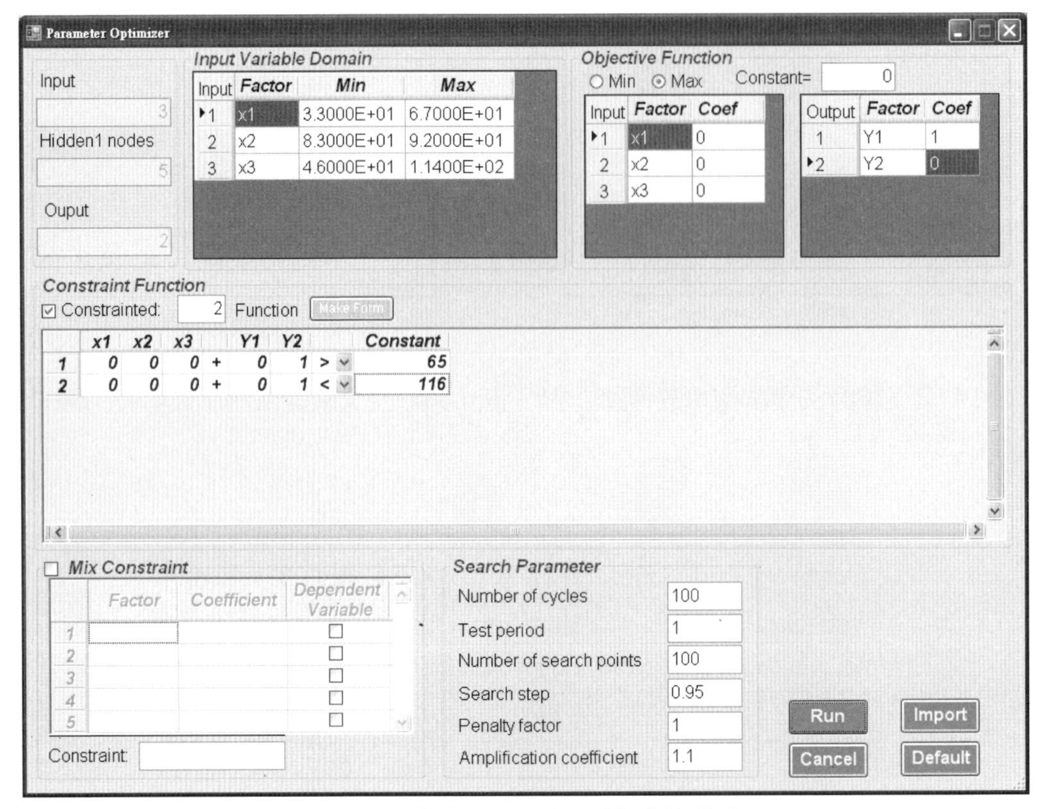

圖 14-19　實例 2：最佳化模式的設定

表 14-7 實例 2：最佳化結果的比較

因子	因子下限值	因子上限值	Design Expert 結果	CAFE 結果
X1	33	67	67.0	67.0
X2	83	92	92.0	91.8
X3	46	114	113.2	113.9
Y1	32.8	110.0	157.7	125.4
Y2	41.1	115.2	80.9	96.3

14.4 粗多醣提取

1.　問題描述

同第 10 章實例 3。文獻[3]探討以反應曲面法來優化從 boat-fruited sterculia 種子提取粗多醣。在此將以 CAFE 軟體重作此問題，並加以比較。

2. **品質因子與品質特性**

　同第 10 章實例 3。

3. **實驗設計**

　同第 10 章實例 3。

4. **模型建構**

模型建構所用的參數如圖 14-20，「交叉驗證法」與「訓練測試法」的誤差收斂曲線如圖 14-21 與圖 14-22。

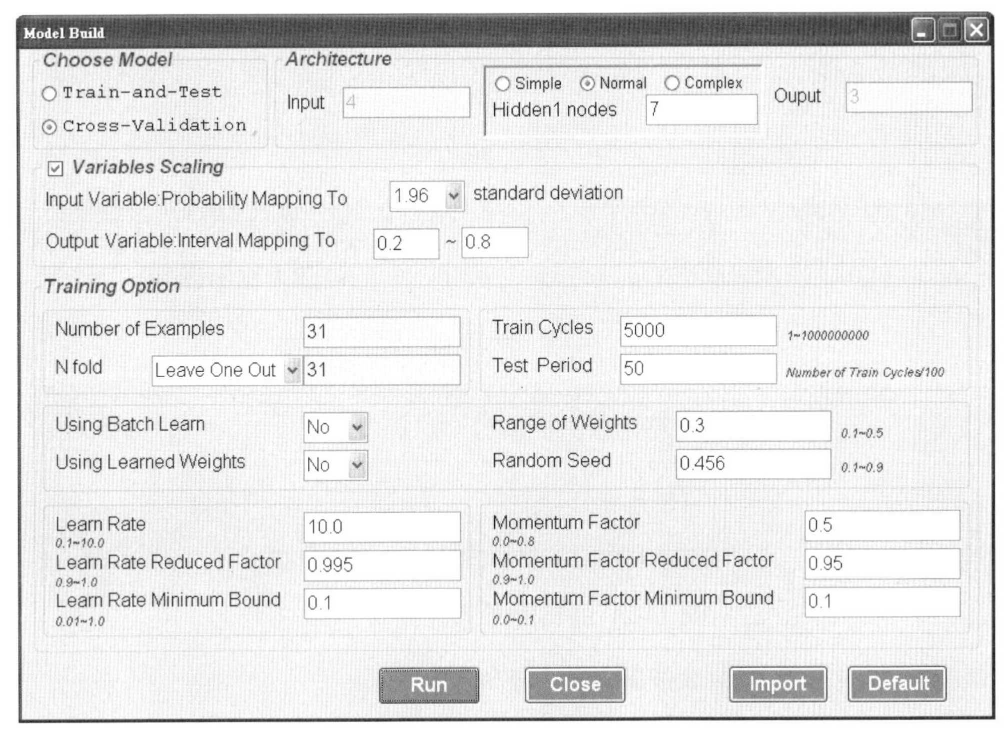

圖 14-20 實例 3：模型建構所用的參數

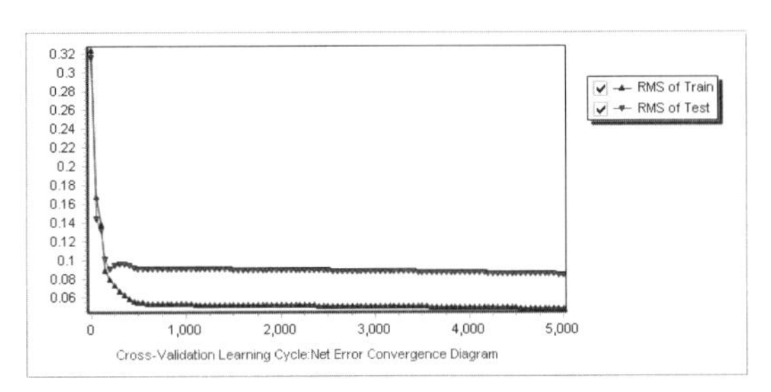

圖 14-21 交叉驗證法的誤差收斂曲線

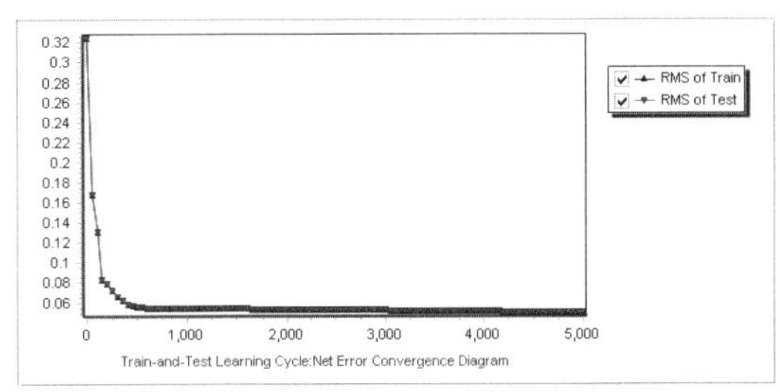

圖 14-22 訓練測試法的誤差收斂曲線

5. **模型分析 1：因子的分析**

請參考光碟中的檔案，在此省略。

6. **模型分析 2：效果線(Effect Line)**

CAFE 的品質因子效果線圖如圖 14-23~25，與第 10 章的實例 3 的軌跡圖相較，可發現相當相似。例如 x1 對 Y1 爲開口朝下最高點在右的曲線關係；對 Y2 爲開口朝下最高點居中的曲線關係；對 Y3 爲開口朝下最高點偏左的曲線關係，這些與實例 3 的軌跡圖全部吻合。

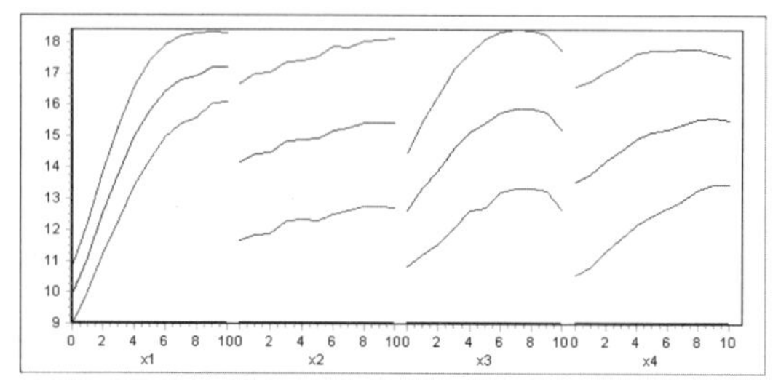

圖 14-23 品質因子效果線圖：Y1

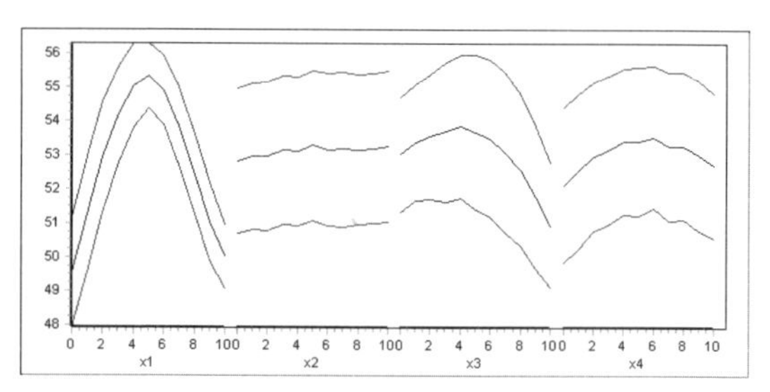

圖 14-24 品質因子效果線圖：Y2

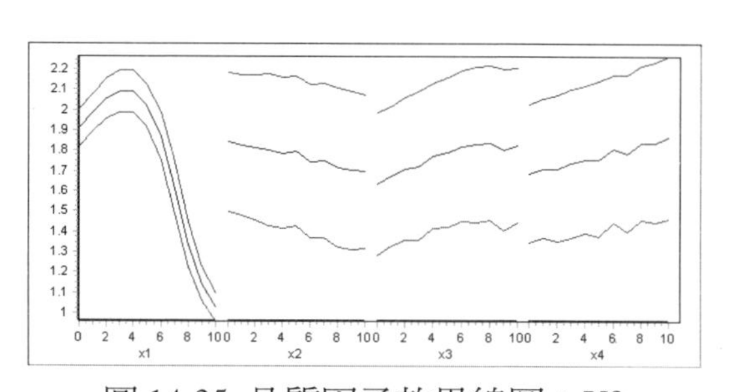

圖 14-25 品質因子效果線圖：Y3

7. **模型分析 3：模型評估(散佈圖與誤差評估)**

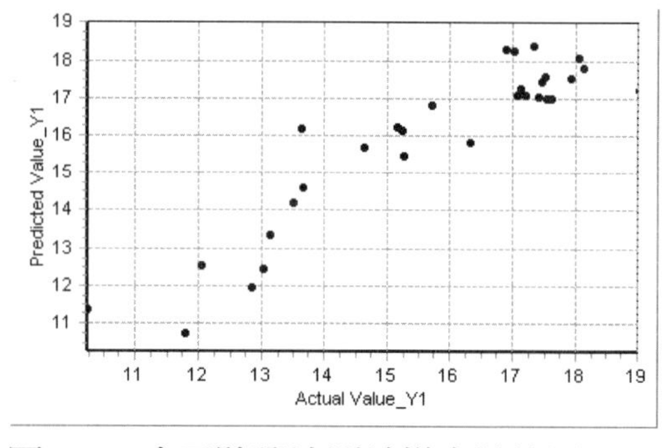

圖 14-26 交叉驗證法測試樣本散佈圖：Y1

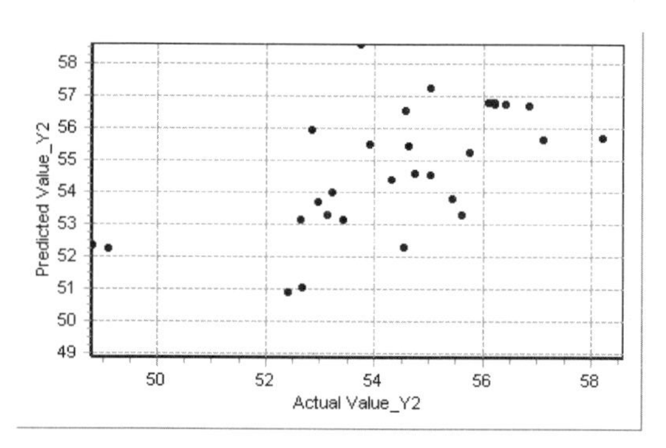

圖 14-27 交叉驗證法測試樣本散佈圖：Y2

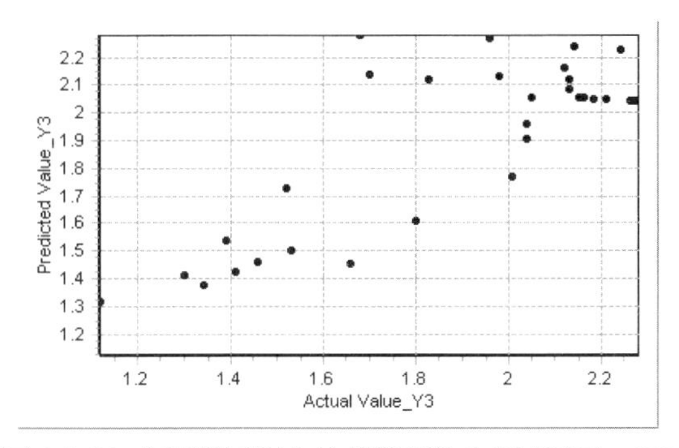

圖 14-28 交叉驗證法的測試樣本散佈圖：Y3

表 14-8 實例 3：交叉驗證法的評估

Output Variable	Train Corre. Coef.	Train Root Mean Sqrt	Test Corre. Coef.	Test Root Mean Sqrt
Y1	0.9774	0.4724	0.9189	0.9111
Y2	0.9295	0.7587	0.6235	1.7812
Y3	0.9376	0.1160	0.8116	0.1991

表 14-9 實例 3：訓練測試法的評估

Output Variable	Train Corre. Coef.	Train Root Mean Sqrt	Test Corre. Coef.	Test Root Mean Sqrt
Y1	0.9776	0.4703	0.9776	0.4703
Y2	0.9347	0.7309	0.9347	0.7309
Y3	0.9255	0.1263	0.9255	0.1263

8. 最佳化

Max Y1

Y2>55.6

Y3>2.1

參數優化所用的參數如圖 14-29，優化求解如表 14-10，顯示 CAFE 結果與 Design Expert 結果除 x2 外差距較大外，十分相似。雖然其最佳設計的反應 Y1 之預測值(17.8)低於 Design Expert 預測值(18.5)，但不能斷定其最佳設計不如後者，因爲二者都是一種預測值。

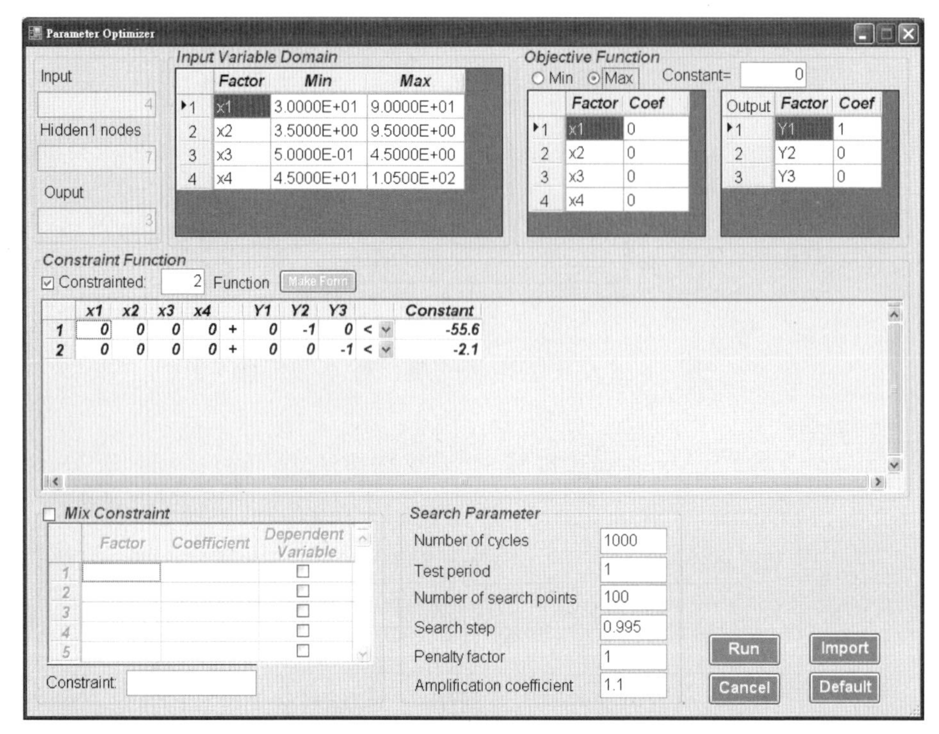

圖 14-29　實例 3：最佳化模式的設定

表 14-10 實例 3：最佳化結果的比較

因子	因子下限值	因子上限值	文獻結果	Design Expert 結果	CAFE 結果
X1	30	90	60-65	63.55	62.4
X2	3.5	9.5	7.0	7.07	6.18
X3	0.5	4.5	2.3-3.1	3.08	3.27
X4	45	105	75	82.14	86.6
Y1	10.24	19.02	17.62	18.5	17.8
Y2	48.83	58.22	56.4	55.6	55.8
Y3	1.12	2.27	2.15	2.10	2.10

14.5 益生菌培養基

1. 問題描述

同第 10 章實例 4。文獻[4]探討以反應曲面法來研發培養基，以提高益生菌的產率。在此將以 CAFE 軟體重作此問題，並加以比較。

2. 品質因子與品質特性

　同第 10 章實例 4。

3. 實驗設計

　同第 10 章實例 4。

4. 模型建構

　模型建構所用的參數如圖 14-30，「交叉驗證法」與「訓練測試法」的誤差收斂曲線如圖 14-31 與圖 14-32。

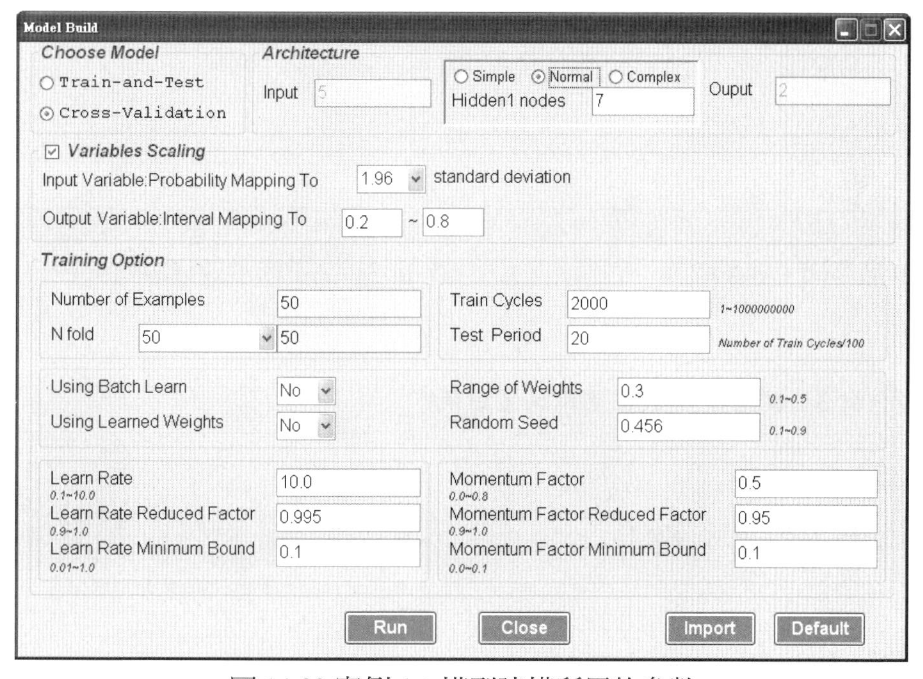

圖 14-30 實例 4：模型建構所用的參數

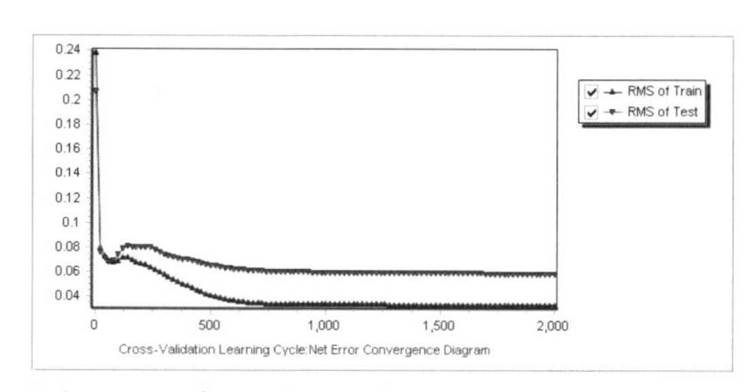

圖 14-31 交叉驗證法的誤差收斂曲線

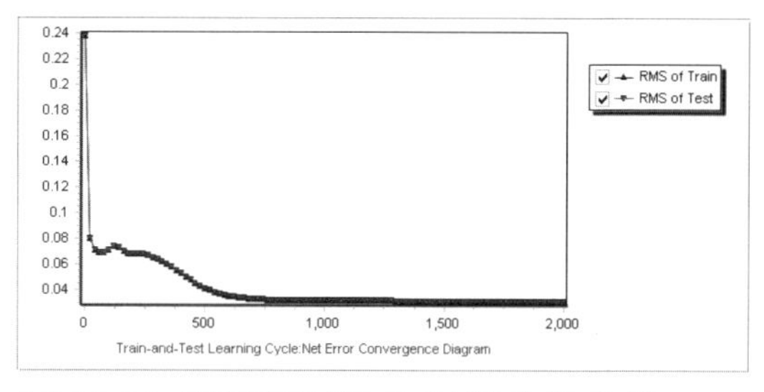

圖 14-32 訓練測試法的誤差收斂曲線

5. 模型分析 1：因子的分析

請參考光碟中的檔案，在此省略。

6. 模型分析 2：效果線(Effect Line)

CAFE 的品質因子效果線圖如圖 14-33~34，與第 10 章的實例 4 的軌跡圖相較，可發現相當相似。例如 x5 對 Y1 與 Y2 都是強烈正比關係；x4 對 Y1 與 Y2 都是開口朝下曲線關係，這些與實例 3 的軌跡圖都相當吻合。

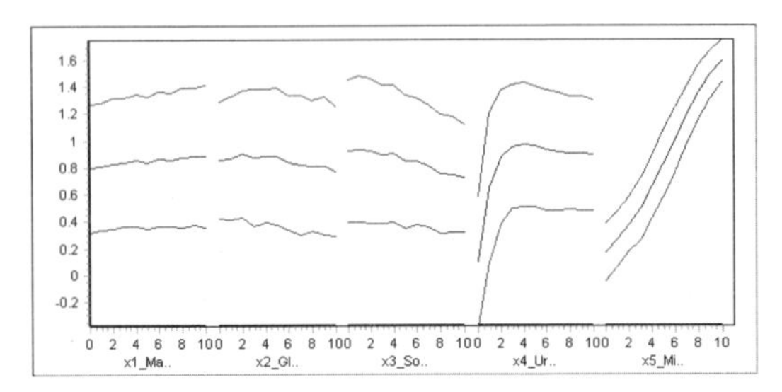

圖 14-33 品質因子效果線圖：Y1

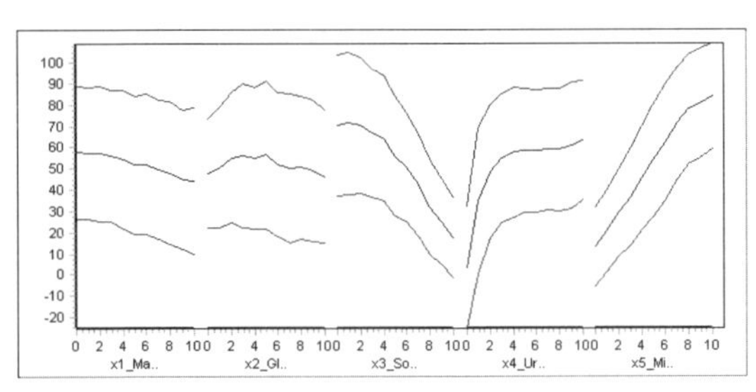

圖 14-34 品質因子效果線圖：Y2

7. 模型分析 3：模型評估(散佈圖與誤差評估)

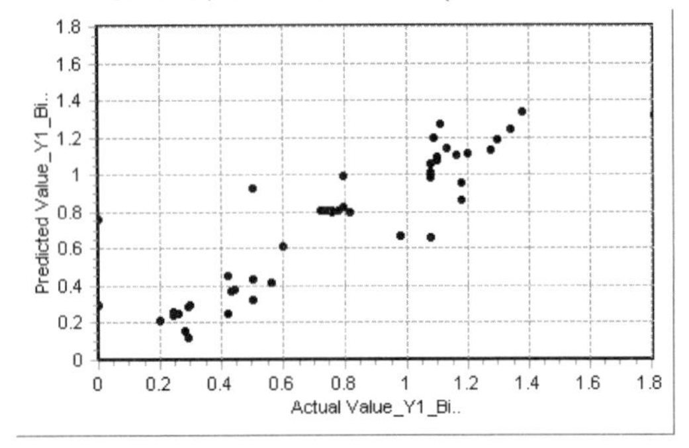

圖 14-35 交叉驗證法測試樣本散佈圖：Y1

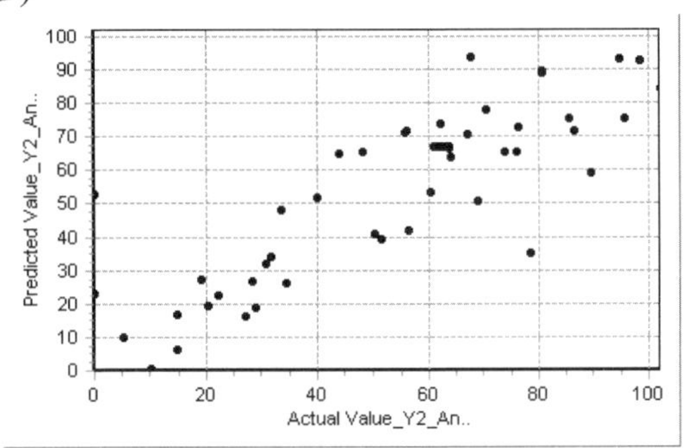

圖 14-36 交叉驗證法測試樣本散佈圖：Y2

表 14-11 實例 4：交叉驗證法的評估

Output Variable	Train Corre. Coef.	Train Root Mean Sqrt	Test Corre. Coef.	Test Root Mean Sqrt
Y1_Bi..	0.9739	0.0916	0.8805	0.1917
Y2_An..	0.9728	6.2740	0.8328	15.2080

表 14-12 實例 4：訓練測試法的評估

Output Variable	Train Corre. Coef.	Train Root Mean Sqrt	Test Corre. Coef.	Test Root Mean Sqrt
Y1_Bi..	0.9764	0.0869	0.9764	0.0869
Y2_An..	0.9790	5.5285	0.9790	5.5285

8. 最佳化

Max Y1

優化求解如表 14-13，顯示 CAFE 結果與 Design Expert 結果除 x2 與 x4 外稍有差距外，十分相同。其中 x2 是不顯著變數，故其最佳值不同是正常的現象；而 x4 雖有差異，基本上都在 x4 值域的中間左右。x4 的差異可由 CAFE 品質因子效果線圖與軌跡圖的差異即可看出，對 CAFE 的模型而言，x4 的 Y1 值的最高點比較偏左；對 Design Expert 的模型而言，x4 的 Y1 值的最高點比較偏右。

表 14-13 實例 4：最佳化結果的比較

因子	因子下限值	因子上限值	文獻結果	Design Expert 結果	CAFE 結果
X1	2	20	20	20	20.0
X2	2	20	20	20	14.8
X3	5	15	5	5	5.00
X4	1	4	3.3	3.02	1.95
X5	5	20	20	20	20.0
Y1	0.2	1.38	1.4	1.42	1.42
Y2	5.07	98.4	NA	NA	99.2

14.6 酵素合成乙酸己烯酯

1. 問題描述

同第 10 章實例 5。文獻[5]以酯化反應合成己醇酯類，並利用反應曲面法求得最優化合成條件。在此將以 CAFE 軟體重作此問題，並加以比較。

2. **品質因子與品質特性**

同第 10 章實例 5。

3. **實驗設計**

同第 10 章實例 5。

4. **模型建構**

模型建構所用的參數如圖 14-37，「交叉驗證法」與「訓練測試法」的誤差收斂曲線如圖 14-38 與圖 14-39。

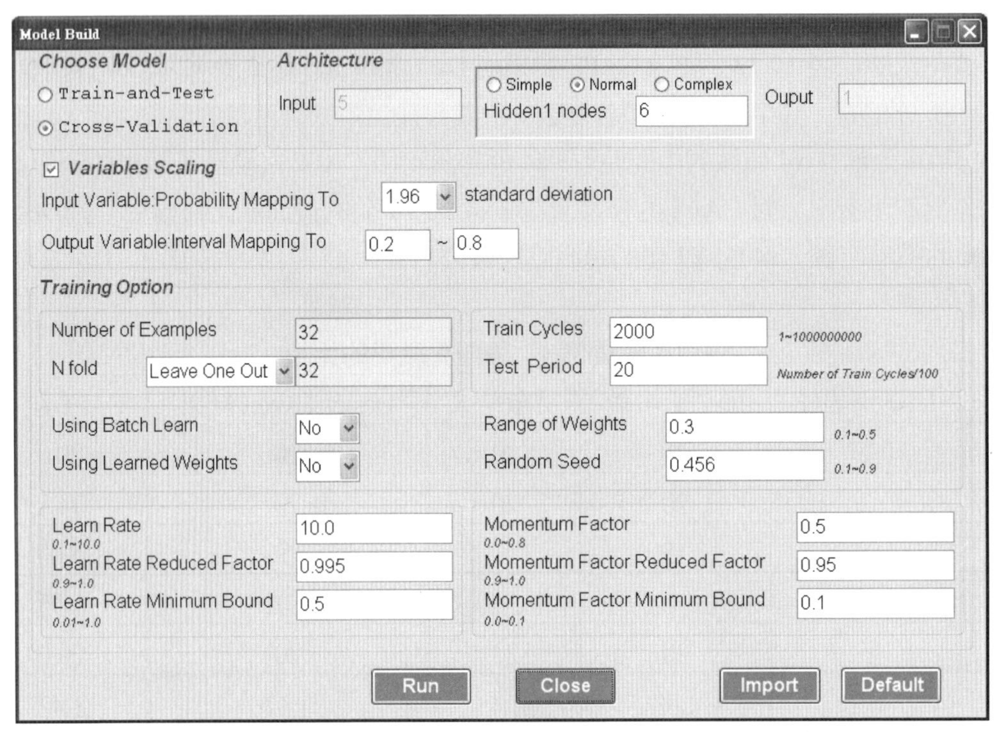

圖 14-37 實例 5：模型建構所用的參數

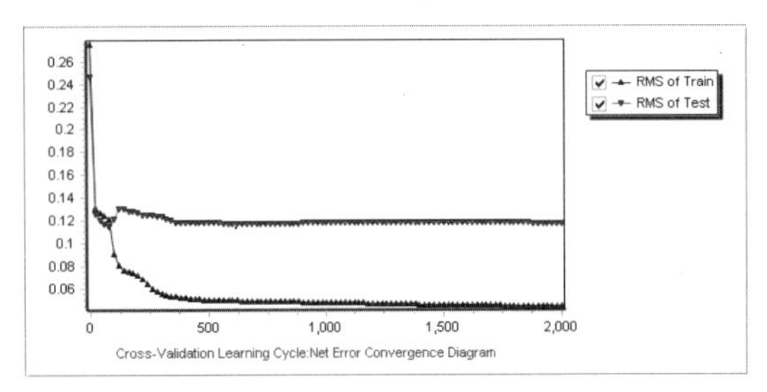

圖 14-38 交叉驗證法的誤差收斂曲線

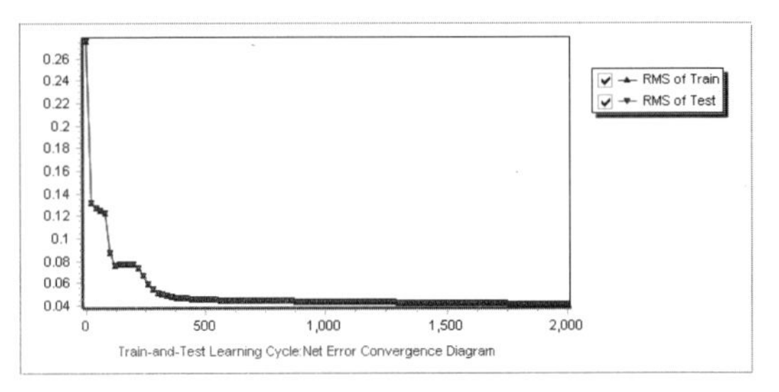

圖 14-39 訓練測試法的誤差收斂曲線

5. 模型分析 1：因子的分析

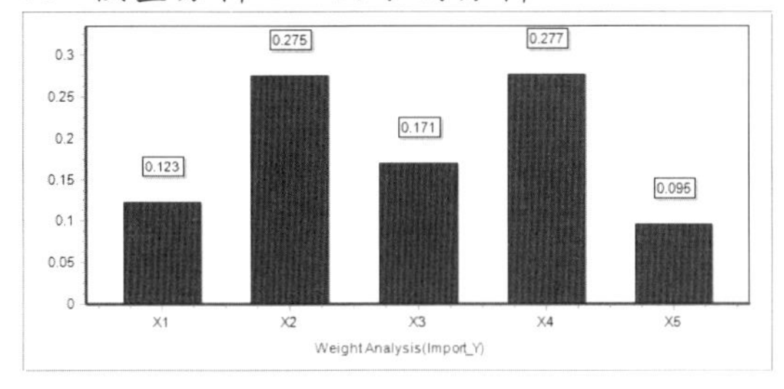

圖 14-40 品質因子重要性直條圖

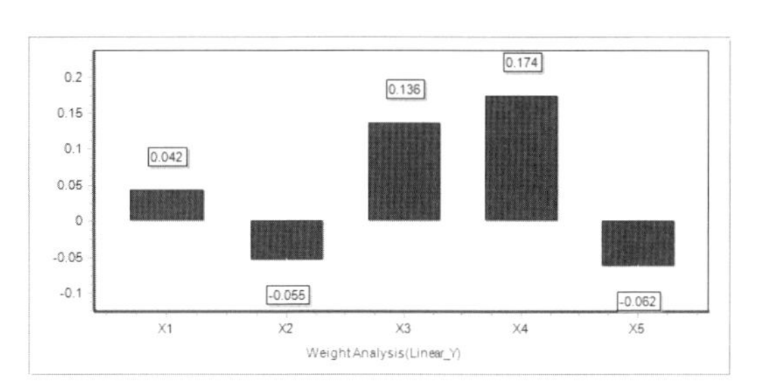

圖 14-41 品質因子線性敏感性直條圖

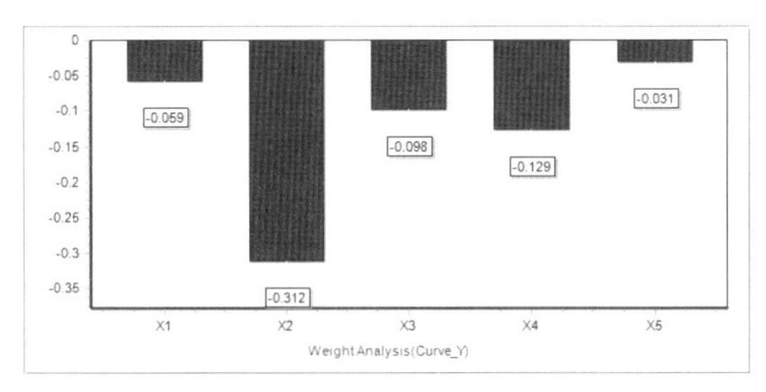

圖 14-42 品質因子曲率敏感性直條圖

6. 模型分析 2：效果線(Effect Line)

CAFE 的品質因子效果線圖如圖 14-43，與第 10 章的實例 5 的軌跡圖相較，可發現相當相似。例如 x1 對反應爲輕微開口朝下彎曲的正比關係；x2 爲十分強烈的開口朝下曲線關係；x3 爲輕微開口朝下彎曲的正比關係；x4 開口朝下最高點偏右曲線關係；x5 爲輕微開口朝下彎曲的反比關係，這些與實例 5 的軌跡圖都相當吻合。

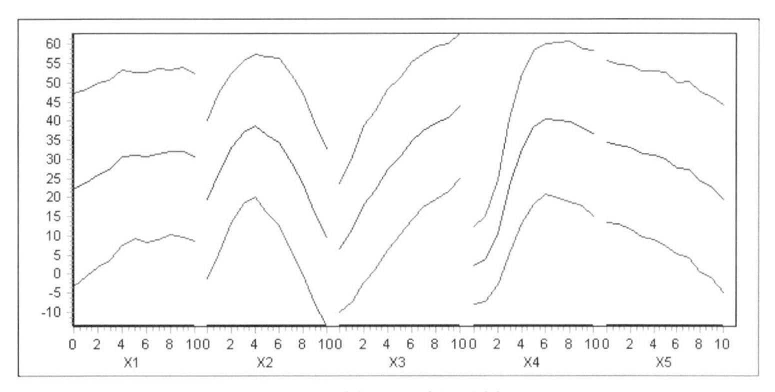

圖 14-43 品質因子效果線圖：Y

7. 模型分析 3：模型評估(散佈圖與誤差評估)

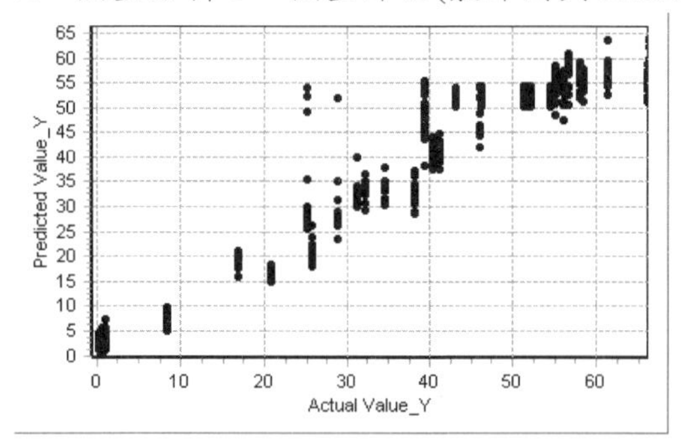

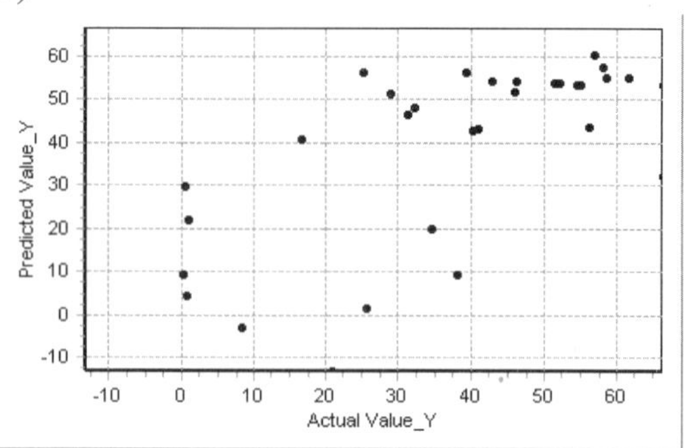

圖 14-44 交叉驗證法的訓練樣本散佈圖　　圖 14-45 交叉驗證法的測試樣本散佈圖

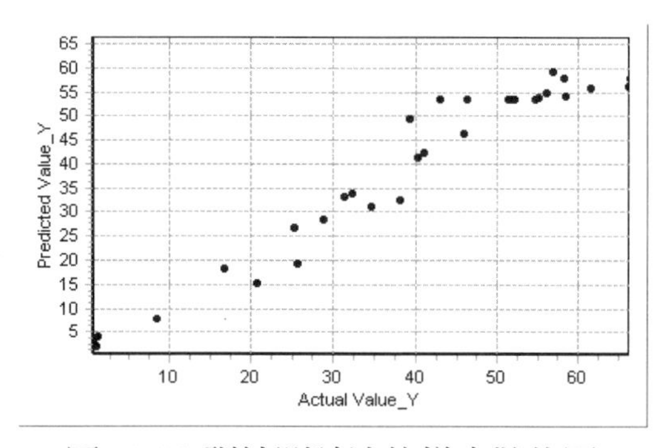

圖 14-46 訓練測試法的樣本散佈圖

表 14-14 實例 5：交叉驗證法的評估

Output Variable	Train Corre. Coef.	Train Root Mean Sqrt	Test Corre. Coef.	Test Root Mean Sqrt
Y	0.9686	4.9392	0.6660	16.6630

表 14-15 實例 5：訓練測試法的評估

Output Variable	Train Corre. Coef.	Train Root Mean Sqrt	Test Corre. Coef.	Test Root Mean Sqrt
Y	0.9737	4.5266	0.9737	4.5266

8. 最佳化

Max Y

優化求解如表 14-16，顯示 CAFE 結果與 Design Expert 結果除 x2 與 x4 外稍有差距外，十分相同。x4 的差異可由 CAFE 品質因子效果線圖與軌跡圖的差異即可看出，對 CAFE 的模型而言，x4 的 Y 值的最高點在中間偏右處；對 Design Expert 的模型而言，x4 的 Y 值的最高點在最右端。

表 14-16 實例 5：最佳化結果的比較

因子	因子下限值	因子上限值	文獻結果	Design Expert 結果	CAFE 結果
X1	8	24	19.2	24.0	24.0
X2	25	65	48.5	60.1	51.8
X3	0.02	0.10	0.10	0.10	0.10
X4	1	3	2.5	3.00	2.69
X5	0	20	7.9	0.00	0.01
Y	0.37	66.37	82.1	110.6	62.7

本章參考文獻

[1] 李秀涼、 陳建偉、 張玉娟、 平文祥，2008，「利用 RSM 法優化副乾酪乳桿菌 HDl · 7 產細菌素發酵培養基」，黑龍江大學自然科學學報，第 25 卷，第 5 期，第 621-624 頁。

[2] Hyder, M.N., Huang, R.Y.M., and Chen, P., 2009, "Pervaporation dehydration of alcohol - water mixtures: Optimization for permeate flux and selectivity by central composite rotatable design," *Journal of Membrane Science*, 326, 343–353.

[3] Wu, Y., Cui, S. W., Tang, J., and Gua, X., 2007, "Optimization of extraction process of crude polysaccharides from boat-fruited sterculia seeds by response surface methodology," *Food Chemistry*, 105, 1599–1605.

[4] Preetha, R., Jayaprakash, N. S., Philip, R., and Bright Singh, I. S., 2007, "Optimization of carbon and nitrogen sources and growth factors for the production of an aquaculture probiotic (Pseudomonas MCCB 103) using response surface methodology," *Journal of Applied Microbiology*, 102, 1043–1051.

[5] 張淑微，2002，「以反應曲面法研究酵素合成己醇酯類之最優化」，大葉大學，食品工程學系，碩士論文。

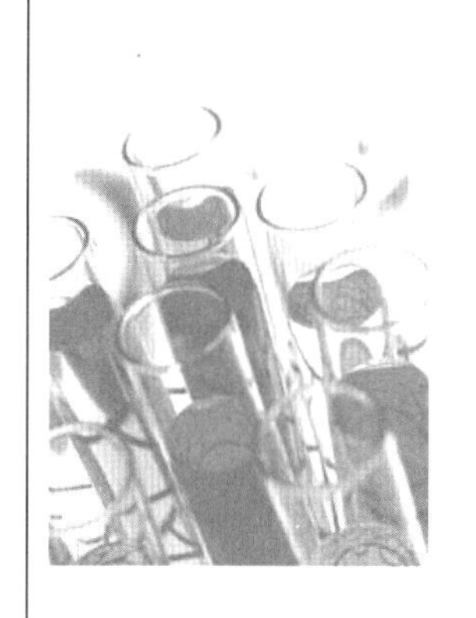

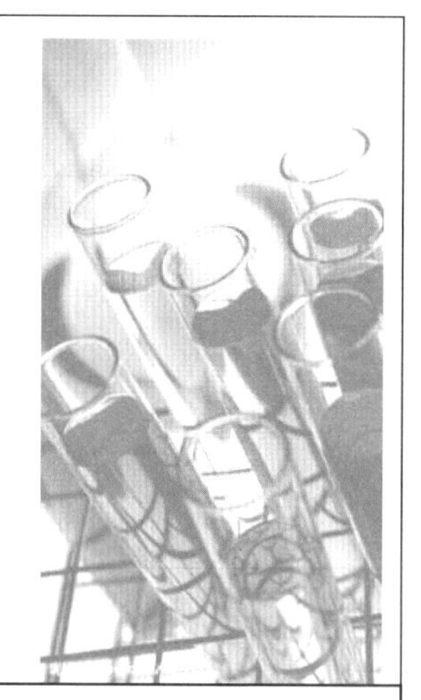

第15章 CAFE 混合設計實例

15.1 簡介

15.2 蝕刻配方最佳化

15.3 清潔劑配方最佳化

15.4 富硒酵母培養基最佳化

15.5 橡膠皮碗配方最佳化

15.6 強效清潔劑配方最佳化

15.7 重組蛋白培養基最佳化

15.8 高性能混凝土配比設計

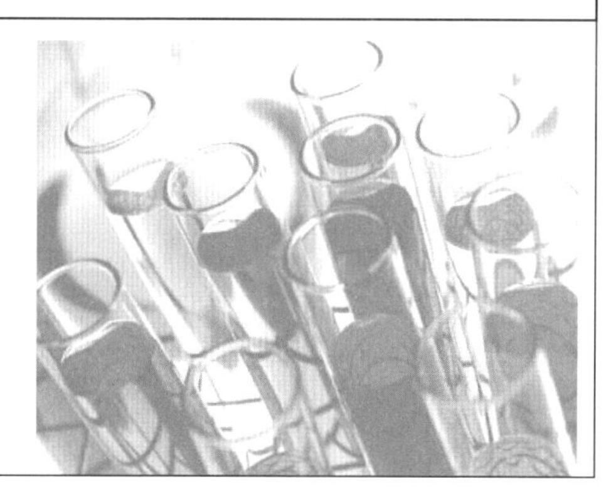

15.1 簡介

本章將介紹 CAFE 在混合設計(mixture design)上的應用實例，如表 15-1 所示。其中前五題與第 11 章相同，後二題因最佳化模式獨特，無法以 Design Expert 求解，是新題目。每一題都分成八個部份來介紹：

1. 問題描述
2. 品質因子與品質特性
3. 實驗設計
4. 模型建構
5. 模型分析 1：因子的分析
6. 模型分析 2：效果線(Effect Line)
7. 模型分析 3：模型評估(散佈圖與誤差評估)
8. 最佳化

本書光碟中的 CAFE 軟體為試用版，其功能有以下限制：

- 輸入變數數目：不超過 6 個。
- 輸出變數數目：不超過 3 個。
- 資料數據筆數：訓練範例不超過 25 個。

因此本章第 5~7 題無法執行模型建構與最佳化功能，但仍可載入已建好的使用範例(專案)，並執行模型分析功能。

表 15-1 應用實例摘要表

應用實例	成份	品質特性	實驗設計	實驗數目
蝕刻配方最佳化	3	1	單體格子設計	14
清潔劑配方最佳化	3	2	單體格子設計	14
富硒酵母培養基配方最佳化	3	2	D-optimal	14
橡膠皮碗配方最佳化	4	1	D-optimal	15
強效清潔劑配方最佳化	4	4	D-optimal	20
重組蛋白培養基配方最佳化	6	5	交叉設計	65
高性能混凝土配比設計	7	10	單體形心	103

15.2 蝕刻配方最佳化

1. 問題描述

同第 11 章實例 1。文獻[1]舉出一個蝕刻(etch)的例子，反應變數是蝕刻率(etch rate)，自變數爲三種酸的用量。在此將以 CAFE 軟體重作此問題，並加以比較。

2. 品質因子與品質特性

同第 11 章實例 1。

3. 實驗設計

同第 11 章實例 1。CAFE 對變數會自動進行尺度化，因此在輸入實驗數據時可使用虛擬變數(0~1)或成份變數，建議使用成份變數會較方便。本題因成份變數的值域爲(0~1)，因此兩種變數相同。

4. 模型建構

模型建構所用的參數如圖 15-1，「交叉驗證法」與「訓練測試法」的誤差收斂曲線如圖 15-2 與圖 15-3。可以看出在「交叉驗證法」中，測試範例的誤差遠大於訓練範例者。「訓練測試法」的誤差又小於「交叉驗證法」中訓練範例的誤差。但「交叉驗證法」的測試範例誤差才是模型預測能力的合理估計值。

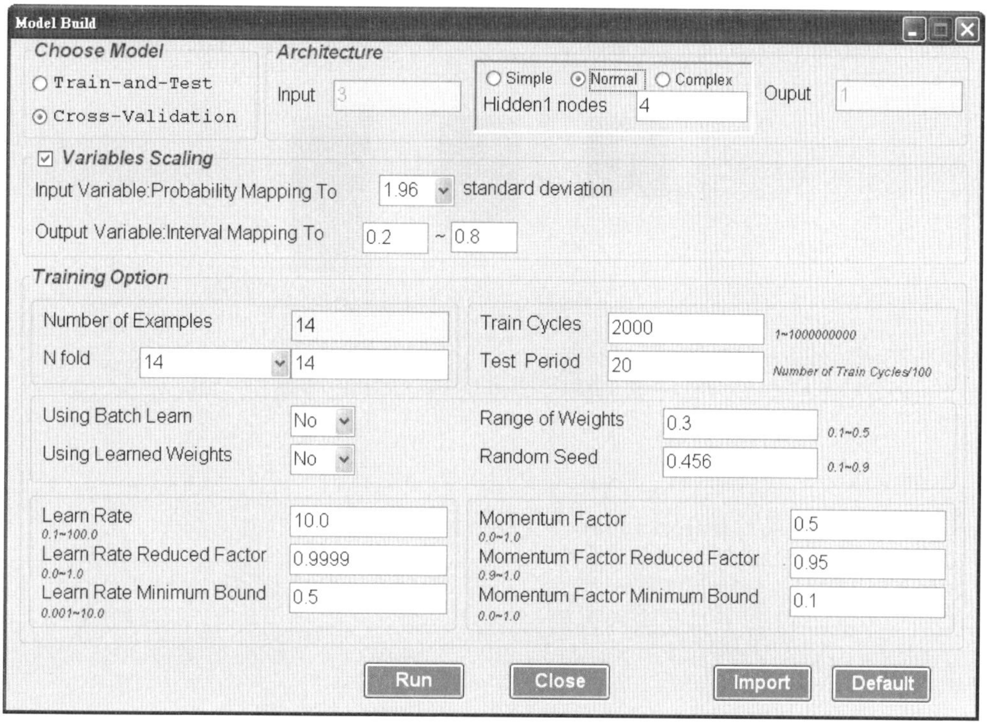

圖 15-1 實例 1：模型建構所用的參數

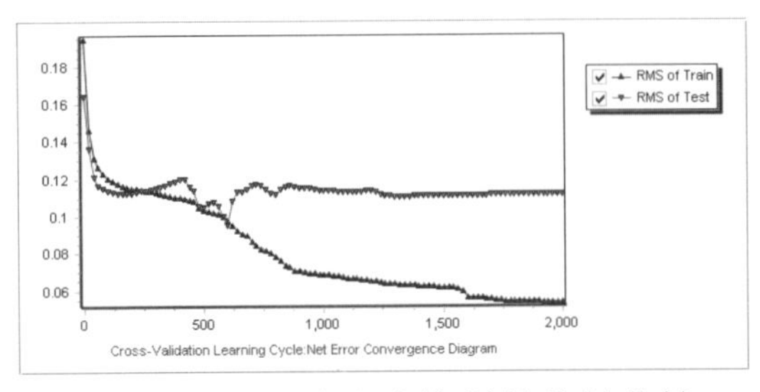

圖 15-2 交叉驗證法的誤差收斂曲線

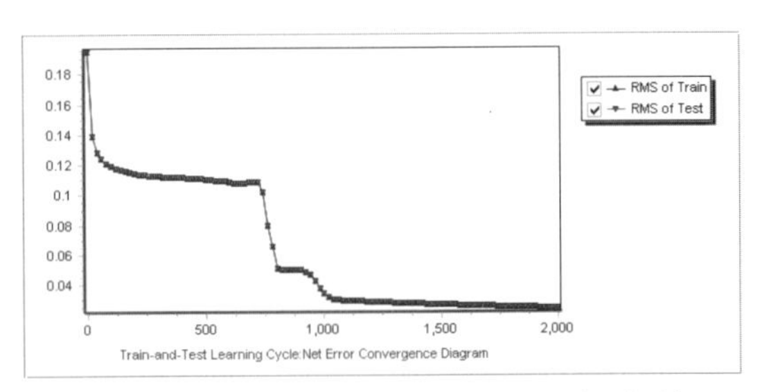

圖 15-3 訓練測試法的誤差收斂曲線

5. 模型分析 1：因子的分析

CAFE 的敏感性分析如圖 15-4~圖 15-6。比較圖 15-5 的線性敏感性的絕對值遠小於曲率敏感性的絕對值，可以推測因子與反應是曲線關係。

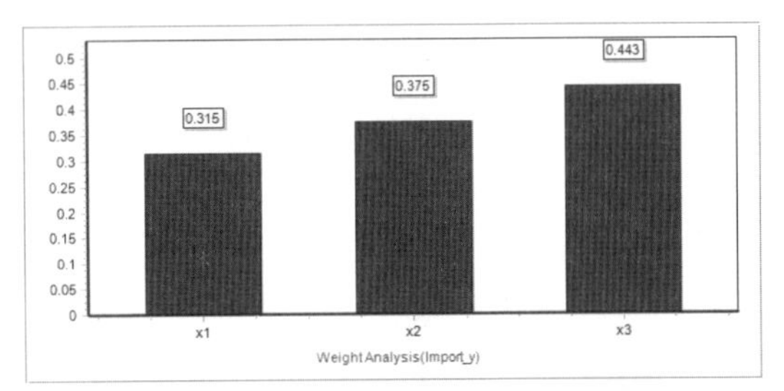

圖 15-4 品質因子重要性直條圖

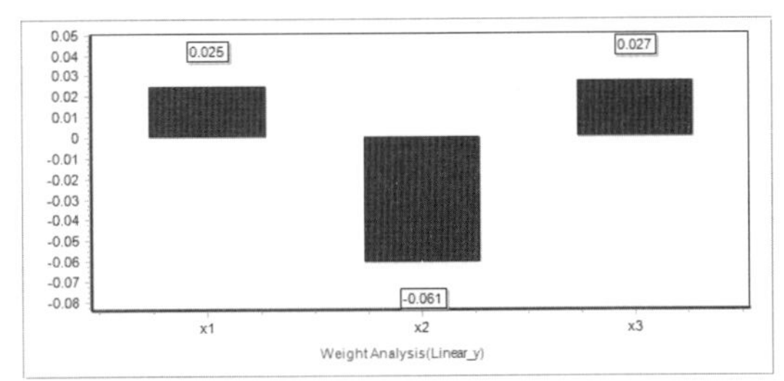

圖 15-5 品質因子線性敏感性直條圖

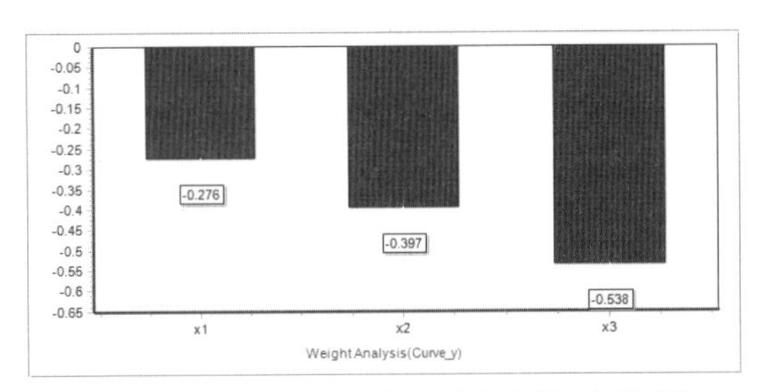

圖 15-6 品質因子曲率敏感性直條圖

6. 模型分析 2：效果線(Effect Line)

CAFE 的品質因子效果線圖如圖 15-7，與第 11 章的實例 1 的軌跡圖相較，可發現相當相似，三個品質因子對反應的影響都是開口朝下的曲線，且 x1 左側較低，x3 則右側較低，最高點偏左。

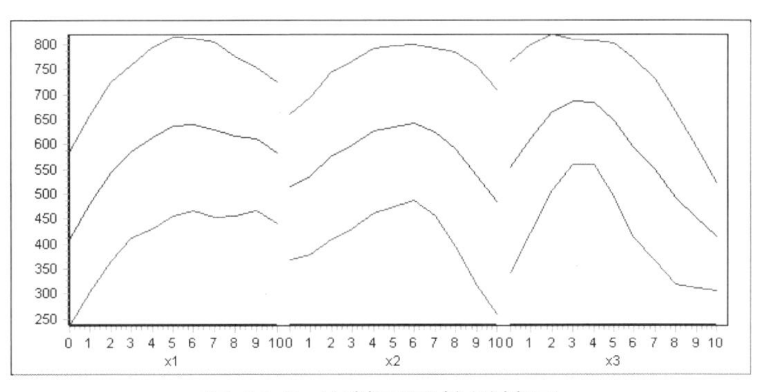

圖 15-7 品質因子效果線圖

7. 模型分析 3：模型評估(散佈圖與誤差評估)

CAFE 的交叉驗證法的測試範例誤差均方根(RMS)為 152.78，而 Design Expert 的 RMS 可用變異分析中的殘差(Residual)之 Mean Square 開根號來估計，由表 11-6 可知，$RMS = \sqrt{1122.87} = 33.5$。雖然 CAFE 的 RMS 遠高於 Design Expert 的 RMS，但不能斷定 CAFE 的預測能力低於 Design Expert，因為 CAFE 採用交叉驗證法，是相當保守的估計；Design Expert 則未區分樣本內、樣本外數據，雖已經考慮到殘差自由度，但其 RMS 估計值仍可能偏低很多。在第 12 章中已舉過三個實例說明此一現象。

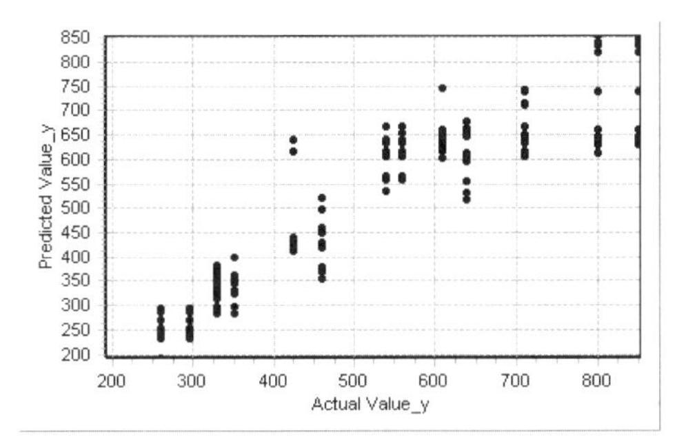

圖 15-8 交叉驗證法的訓練樣本散佈圖

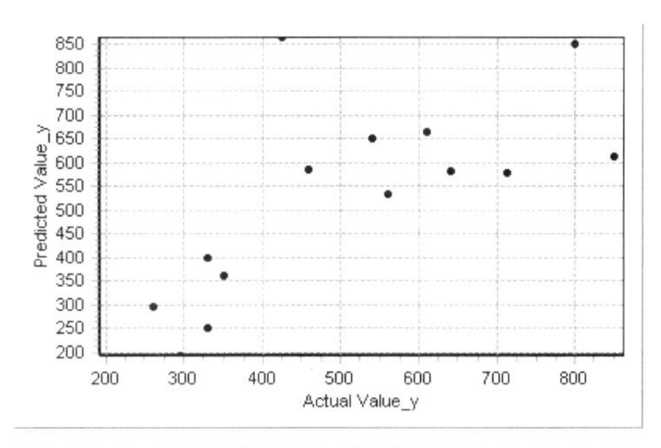

圖 15-9 交叉驗證法的測試樣本散佈圖

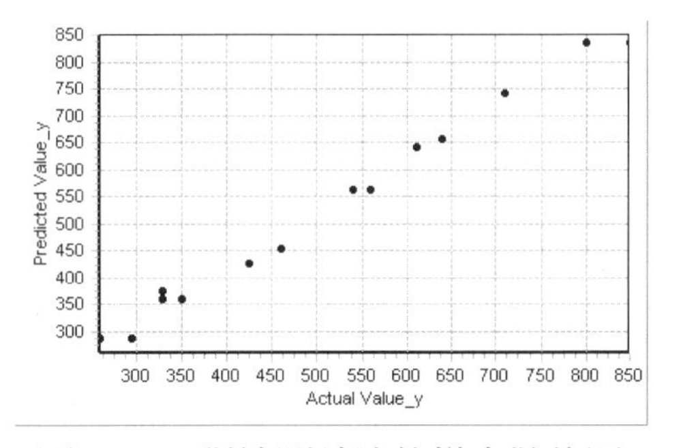

圖 15-10 訓練測試法的樣本散佈圖

表 15-2 交叉驗證法的評估

Output Variable	Train Corre. Coef.	Train Root Mean Sqrt	Test Corre. Coef.	Test Root Mean Sqrt
y	0.9419	62.2760	0.6910	152.7800

表 15-3 訓練測試法的評估 (注意：樣本被複製，一份訓練樣本，一份測試樣本)

Output Variable	Train Corre. Coef.	Train Root Mean Sqrt	Test Corre. Coef.	Test Root Mean Sqrt
y	0.9953	24.2740	0.9953	24.2740

8. 最佳化

本題最佳化目標是最大化「蝕刻率」，即

Max Y

$x_1 + x_2 + x_3 = 1$

參數優化所用的參數如圖 15-11，優化求解結果如表 15-4，顯示 CAFE 結果與 Design Expert 結果略有差異。雖然其最佳設計的反應之預測值(896.7)高於 Design Expert 預測值(832.0)，但不能斷定其最佳設計優於後者，因為二者都是一種預測值。

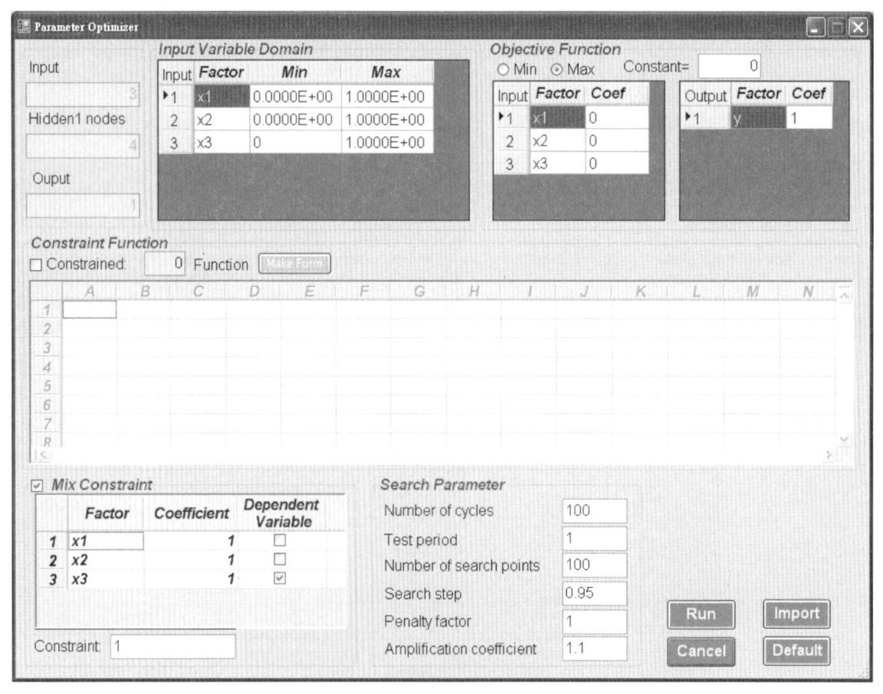

圖 15-11 實例 1：參數優化所用的參數

表 15-4 最佳化結果的比較

因子	因子下限值	因子上限值	文獻結果	Design Expert 結果	CAFE 結果
x1	0	1	0.41	0.41	0.33
x2	0	1	0.34	0.34	0.42
x3	0	1	0.25	0.25	0.25
Y	260	850	832.0	832.0	896.7

15.3 清潔劑配方最佳化

1.　問題描述

同第 11 章實例 2。文獻[2]舉出一個清潔劑的例子，反應變數是 Viscosity(黏度)與 Turbidity(濁度)，三種成份爲 Water(水)、Alcohol(乙醇)、Urea(尿素)三成份。

2.　品質因子與品質特性　同第 11 章實例 2。

3.　實驗設計　同第 11 章實例 2。本題在輸入實驗數據時直接使用成份變數。

4.　模型建構

模型建構所用的參數如圖 15-12，「交叉驗證法」與「訓練測試法」的誤差收斂曲線如圖 15-13 與圖 15-14。

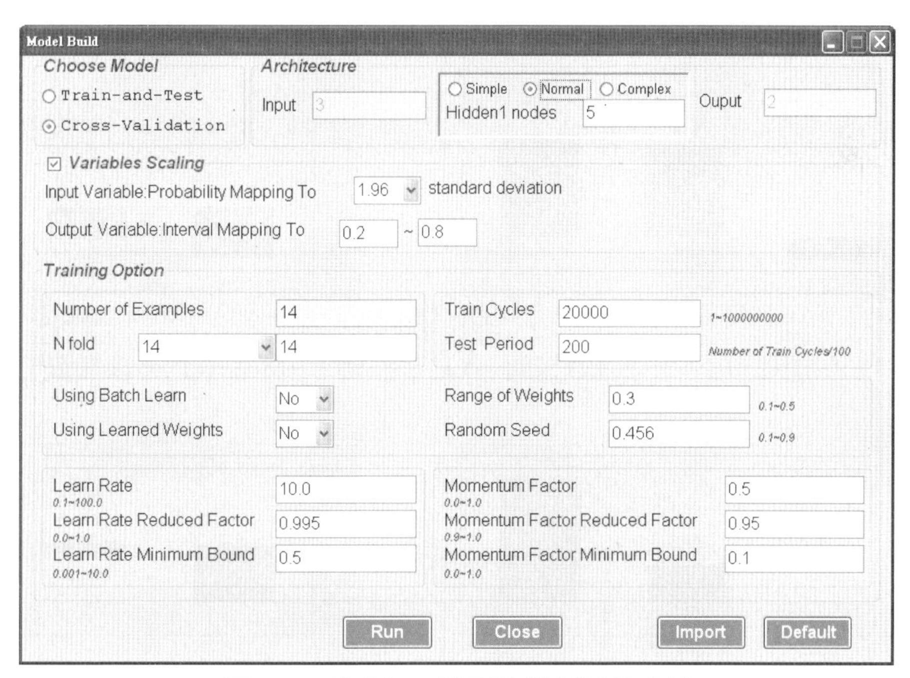

圖 15-12 實例 2：模型建構所用的參數

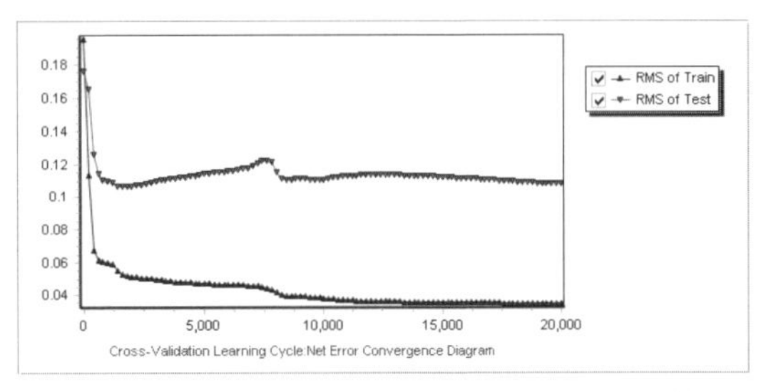

圖 15-13 交叉驗證法的誤差收斂曲線

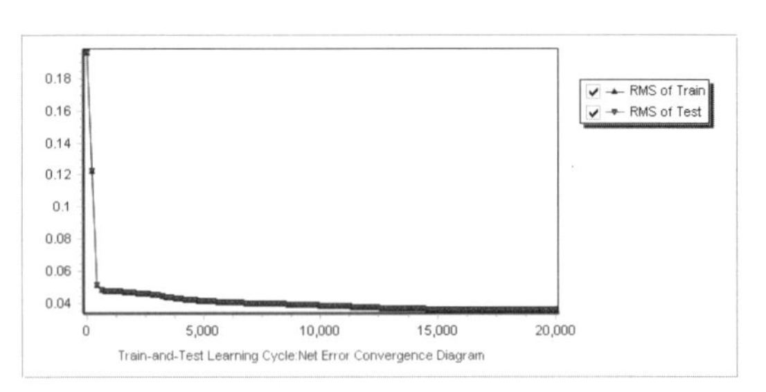

圖 15-14 訓練測試法的誤差收斂曲線

5. 模型分析 1：因子的分析

CAFE 的敏感性分析如圖 15-15~圖 15-20。可知因子 x2, x3 對 Y1 (Viscosity)的重要性遠高於 x1，這與 Design Expert 的變異分析相符。

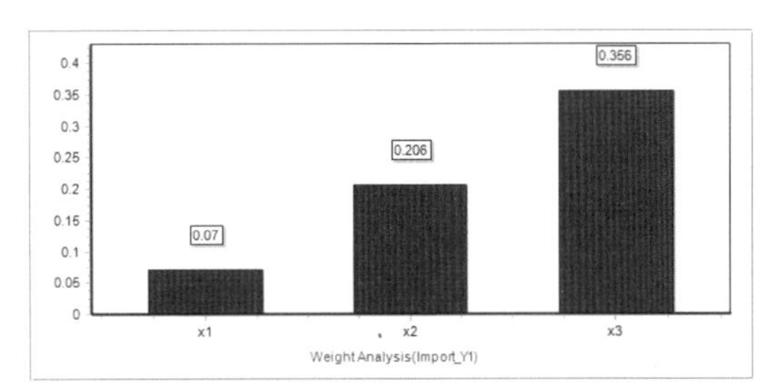

圖 15-15 品質因子重要性直條圖：Y1

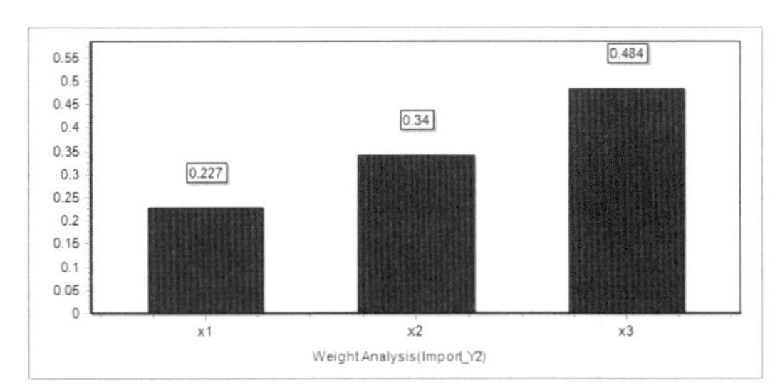

圖 15-16 品質因子重要性直條圖：Y2

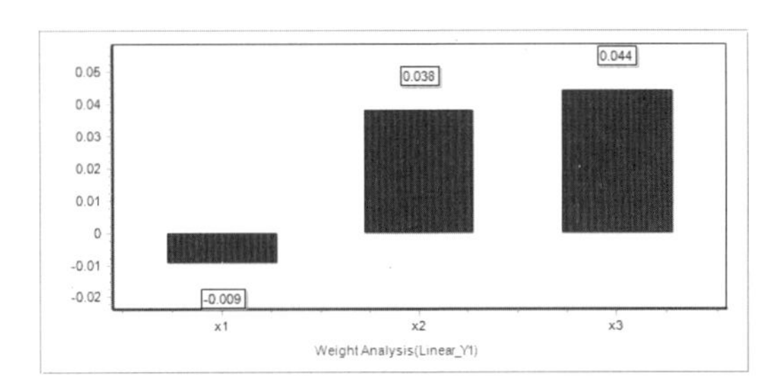

圖 15-17 品質因子線性敏感性直條圖：Y1

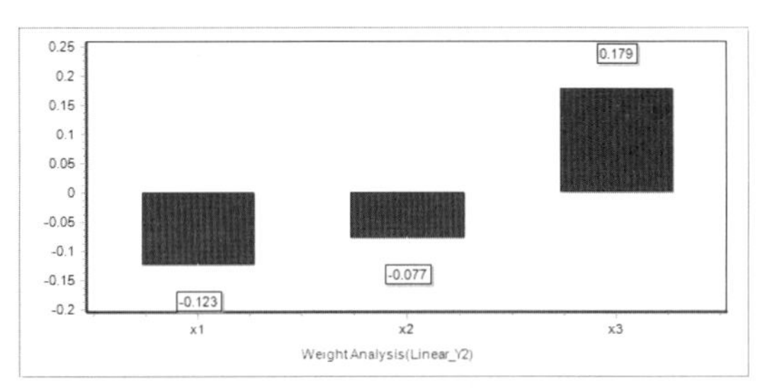

圖 15-18 品質因子線性敏感性直條圖：Y2

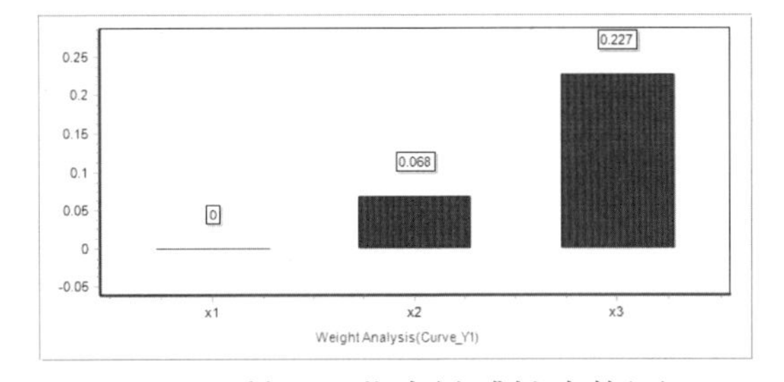

圖 15-19 品質因子曲率敏感性直條圖：Y1

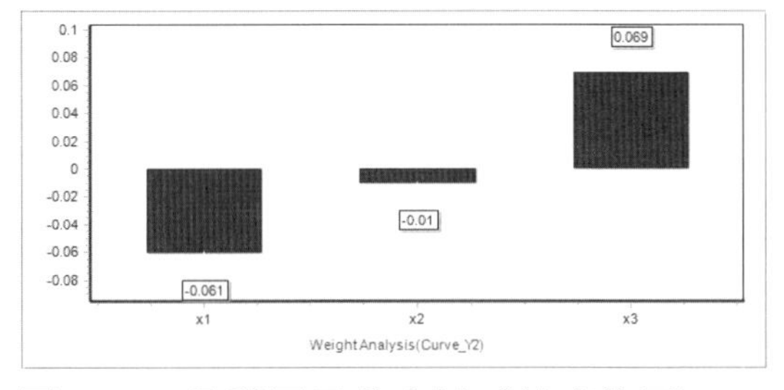

圖 15-20 品質因子曲率敏感性直條圖：Y2

6. 模型分析 2：效果線(Effect Line)

CAFE 的品質因子效果線圖如圖 15-21 與圖 15-22，與第 11 章的實例 2 的軌跡圖相較，可發現相當相似，因子 x2, x3 對 Y1 (Viscosity)的影響都是開口朝上的曲線，且 x3 的彎曲程度最大；因子 x1, x2, x3 對 Y2 (Turbidity)的影響都是開口朝下的曲線，且 x1, x2, x3 的曲線頂點分別偏左、居中、偏右，這些都與 Design Expert 的軌跡圖趨勢相符。

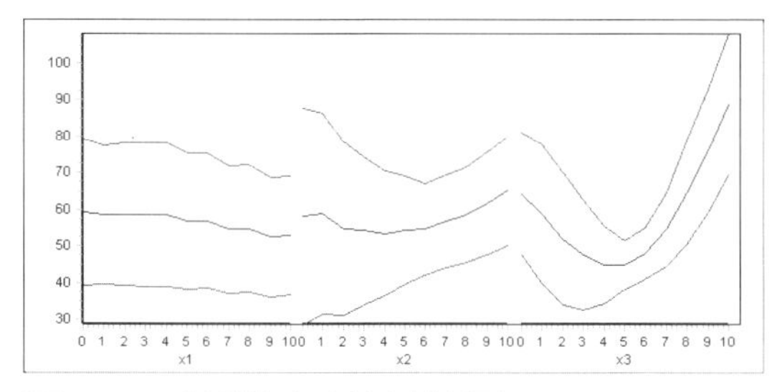

圖 15-21 品質因子效果線圖：Y1 (Viscosity)

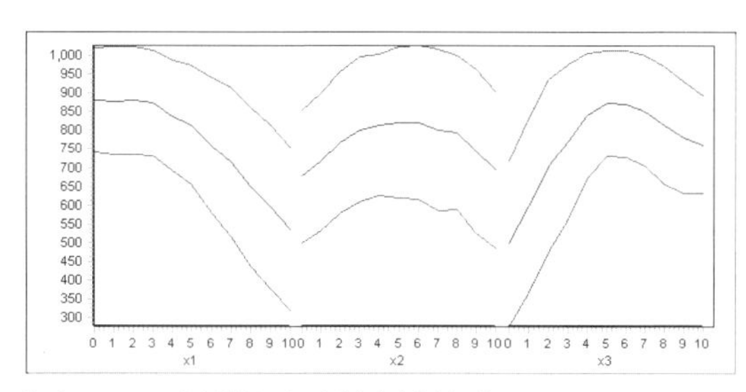

圖 15-22 品質因子效果線圖：Y2 (Turbidity)

7. 模型分析 3：模型評估(散佈圖與誤差評估)

CAFE 的交叉驗證法的 RMS 為 12.156，而 Design Expert 的 RMS 可用變異分析中的殘差(Residual)之 Mean Square 開根號來估計，由圖 11-5 可知，$RMS = \sqrt{29.7} = 5.45$。雖然 CAFE 的 RMS 遠高於 Design Expert 的 RMS，但不能斷定 CAFE 的預測能力低於 Design Expert，因為 CAFE 採用交叉驗證法，是相當保守的估計；Design Expert 則未區分樣本內、樣本外數據，雖已經考慮到殘差自由度，但其 RMS 估計值仍可能偏低很多。

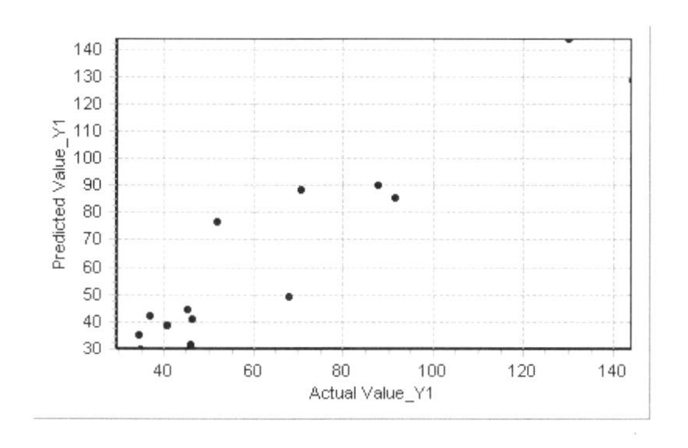

圖 15-23 交叉驗證法測試樣本散佈圖：Y1

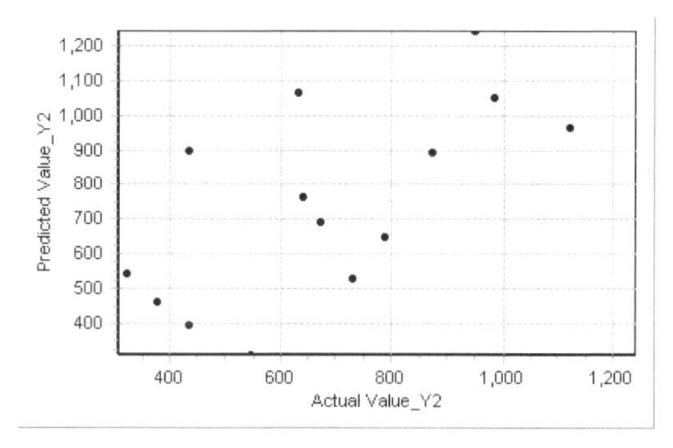

圖 15-24 交叉驗證法測試樣本散佈圖：Y2

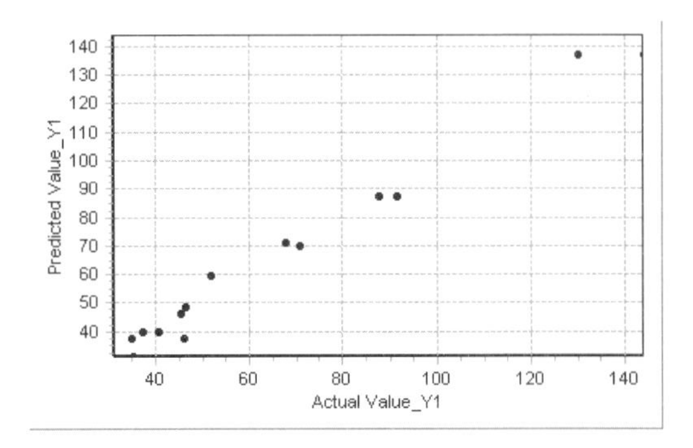

圖 15-25 Y1 訓練測試法的樣本散佈圖

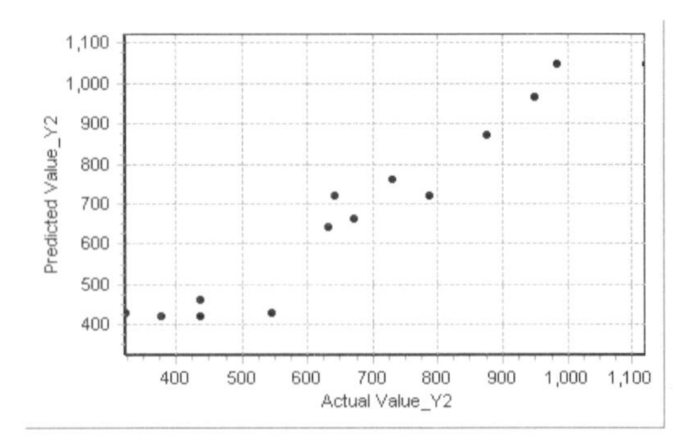

圖 15-26 Y2 訓練測試法的樣本散佈圖

表 15-5 交叉驗證法的評估

Output Variable	Train Corre. Coef.	Train Root Mean Sqrt	Test Corre. Coef.	Test Root Mean Sqrt
Y1	0.9920	4.2696	0.9398	12.1560
Y2	0.9692	58.0360	0.6533	224.0700

表 15-6 訓練測試法的評估 (注意：樣本被複製，一份訓練樣本，一份測試樣本)

Output Variable	Train Corre. Coef.	Train Root Mean Sqrt	Test Corre. Coef.	Test Root Mean Sqrt
Y1	0.9906	4.6312	0.9906	4.6312
Y2	0.9679	59.3560	0.9679	59.3560

8. **最佳化**

最佳化模式為

Y1=43

Y2<800

$x_1 + x_2 + x_3 = 9$

CAFE 的最佳化模式一定要有目標函數，且限制函數要改成標準型($g_j \le 0$)，故最佳化模式改為

Min Y2

$g_1 = 42 - Y1 \le 0$

$g_2 = Y1 - 44 \le 0$

$$g_3 = Y2 - 750 \le 0$$

$$x_1 + x_2 + x_3 = 9$$

參數優化所用的參數如圖 15-27，優化求解結果如表 15-7，顯示 CAFE 結果與 Design Expert 的解答 1 十分一致。

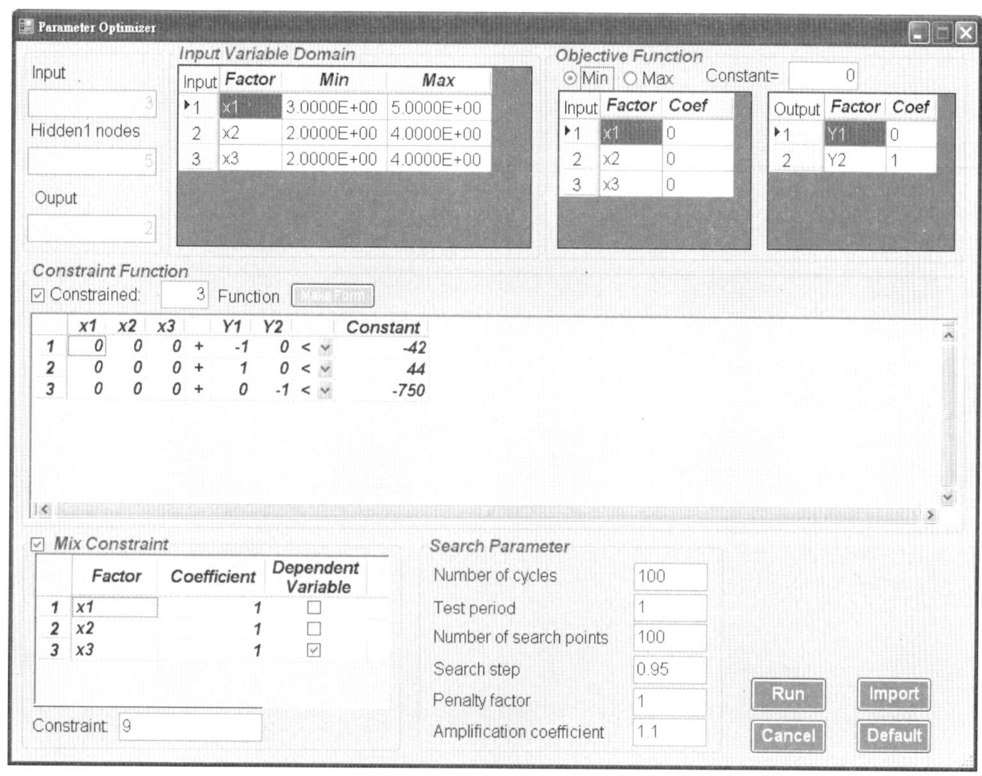

圖 15-27 實例 2：參數優化所用的參數

表 15-7 實例 2：最佳化結果的比較

因子	因子下限值	因子上限值	文獻結果		Design Expert 結果		CAFE 結果
			解答 1	解答 2	解答 1	解答 2	
X1	3	8	3.97	4.09	3.97	4.09	3.95
X2	2	4	2.12	2.58	2.12	2.58	2.13
X3	2	4	2.91	2.32	2.91	2.32	2.92
Y1	34.8	144	43.0	43.0	43.0	43.0	44.0
Y2	323	1122	748.3	771.7	748.3	771.7	750.2

15.4 富硒酵母培養基最佳化

1. 問題描述

同第 11 章實例 3。文獻[3]探討以反應曲面法來研發富硒酵母自然發酵培養基，以最大化生物產率和總硒產率。

2. 品質因子與品質特性　同第 11 章實例 3。

3. 實驗設計　同第 11 章實例 3。

4. 模型建構

模型建構所用的參數如圖 15-28，「交叉驗證法」與「訓練測試法」的誤差收斂曲線如圖 15-29 與圖 15-30。

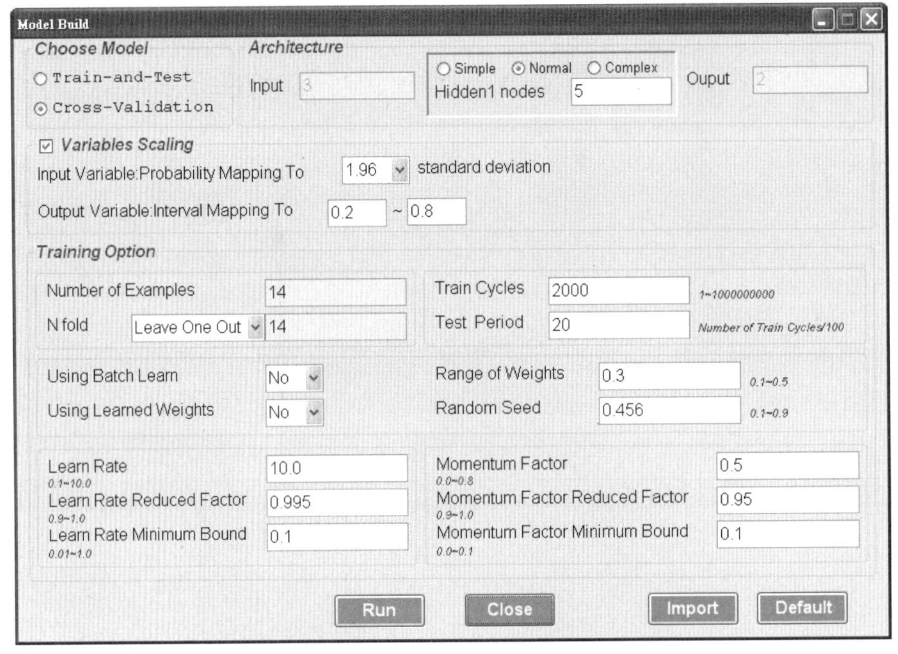

圖 15-28 實例 3：模型建構所用的參數

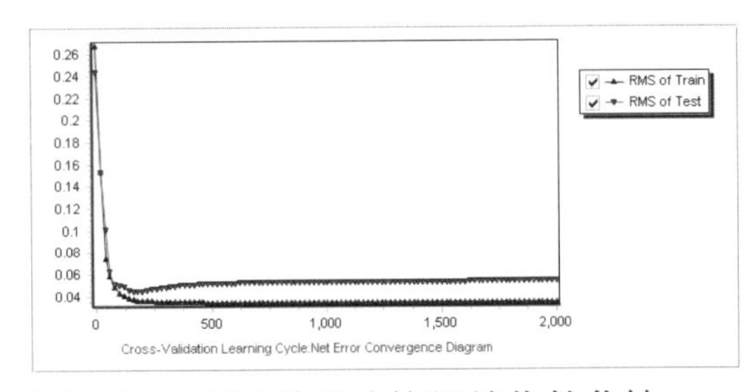

圖 15-29 交叉驗證法的誤差收斂曲線

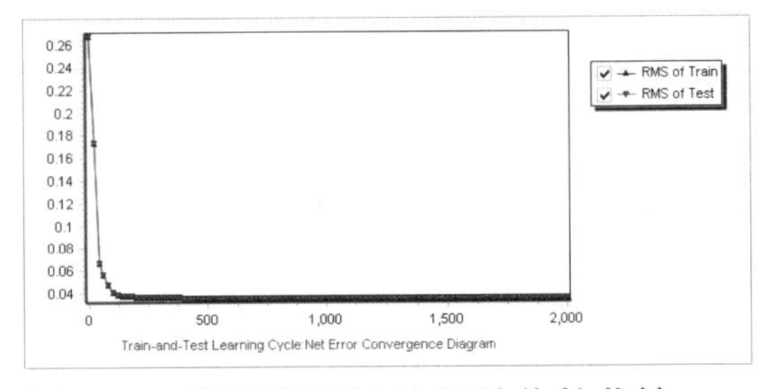

圖 15-30 訓練測試法的誤差收斂曲線

5. 模型分析 1：因子的分析

請參考光碟中的檔案，在此省略。

6. 模型分析 2：效果線(Effect Line)

CAFE 的品質因子效果線圖如圖 15-31 與圖 15-32，與第 11 章的實例 3 的軌跡圖相較，可發現相當相似。

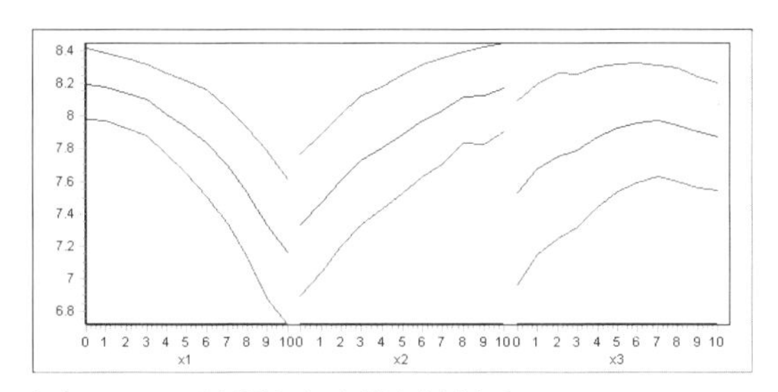

圖 15-31 品質因子效果線圖：Biomass

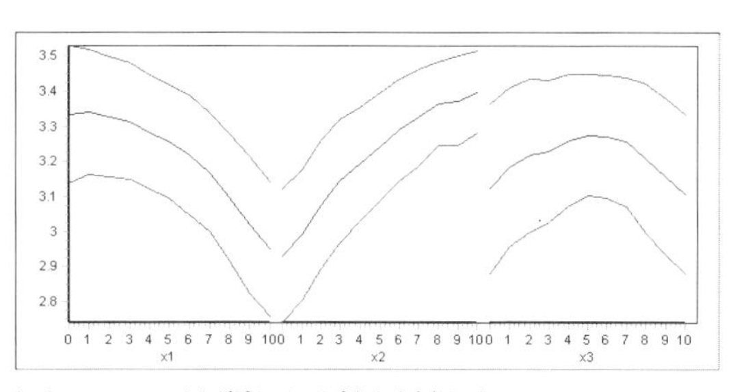

圖 15-32 品質因子效果線圖：Total_Se

7. 模型分析 3：模型評估(散佈圖與誤差評估)

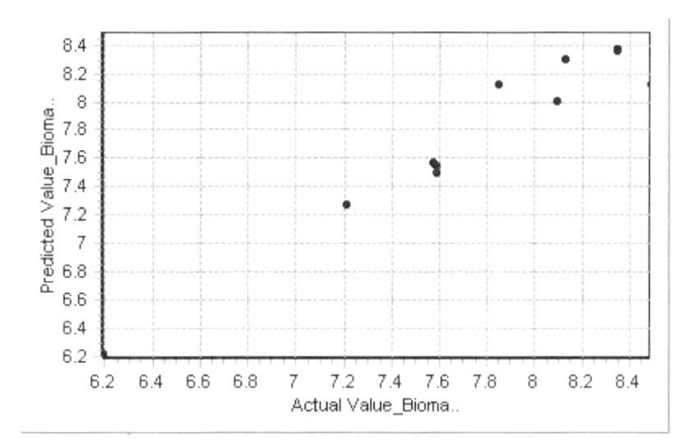

圖 15-33 交叉驗證法的測試樣本散佈圖：Biomass

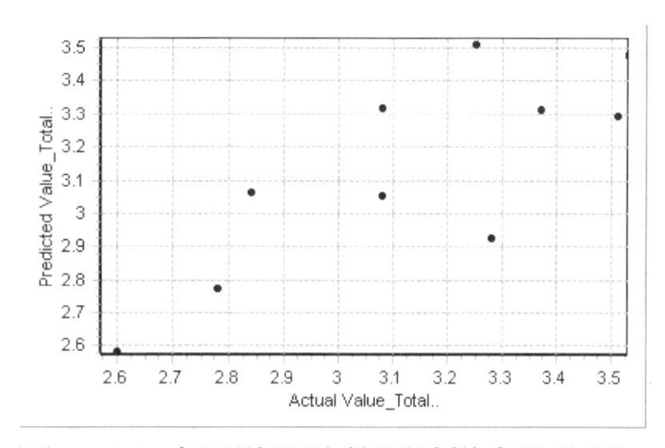

圖 15-34 交叉驗證法的測試樣本散佈圖：Total_Se

表 15-8 實例 3：交叉驗證法的評估

Output Variable	Train Corre. Coef.	Train Root Mean Sqrt	Test Corre. Coef.	Test Root Mean Sqrt
Bioma..	0.9949	0.0690	0.9805	0.1348
Total..	0.9754	0.0705	0.8844	0.1528

表 15-9 實例 3：訓練測試法的評估

Output Variable	Train Corre. Coef.	Train Root Mean Sqrt	Test Corre. Coef.	Test Root Mean Sqrt
Bioma..	0.9952	0.0672	0.9952	0.0672
Total..	0.9740	0.0726	0.9740	0.0726

8. **最佳化**

考量四種模式：

Model 1：最大化「Biomass」，且限 Total_Se>3.5，即

Max Y1(Biomass)

Y2(Total_Se)>3.5

$x_1 + x_2 + x_3 = 1$

Model 2：最大化「Total_Se」，且限 Biomass>8.3，即

Max Y2(Total_Se)

Y1(Biomass)>8.3

$x_1 + x_2 + x_3 = 1$

Model 3：最小化「成本」，且限 Biomass>8.3, Total_Se>3.5，即

Min Cost= $3x_1 + 2x_2 + 1x_3$

Y1>8.3

Y2>3.5

$x_1 + x_2 + x_3 = 1$

Model 4：最大化「Biomass+ Total_Se」，且限成本<2.23，即

Min Y1+Y2

Cost= $3x_1 + 2x_2 + 1x_3$ <2.23

$x_1 + x_2 + x_3 = 1$

其中 Model 1 同第 11 章實例 3。參數優化所用的參數如圖 15-35(以 Model 2 爲例)。優化求解結果如表 15-10，顯示 Model 1 的 CAFE 結果與 Design Expert 結果十分一致。

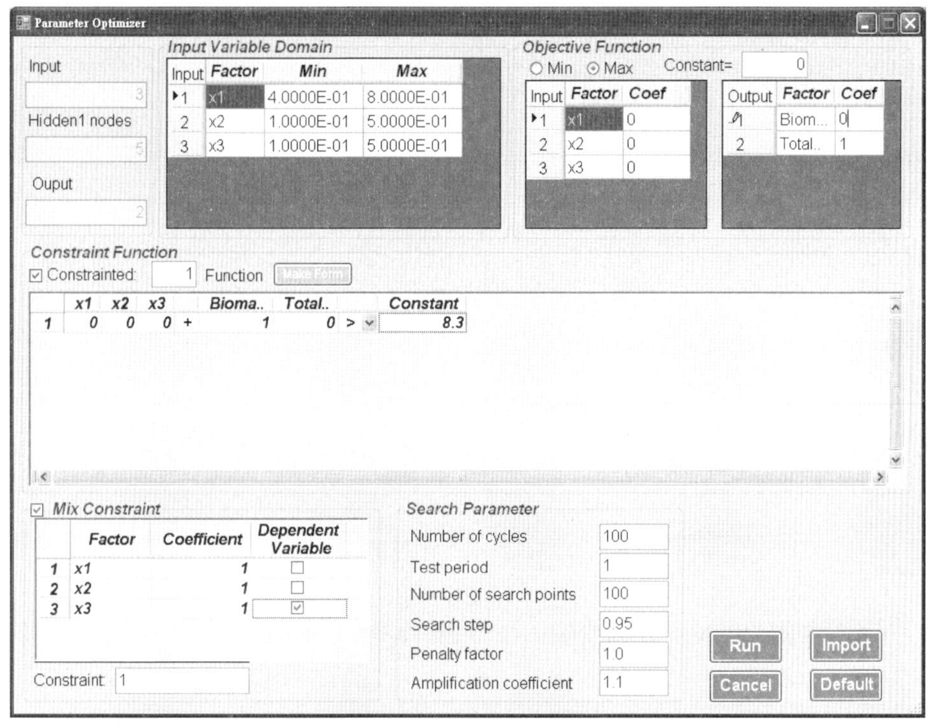

圖 15-35 實例 3：參數優化所用的參數 (以 Model 2 爲例)

表 15-10 實例 3：最佳化結果的比較

因子	因子下限	因子上限	Model 1			Model 2	Model 3	Model 4
			文獻結果	Design Expert	CAFE	CAFE	CAFE	CAFE
x1	0.4	0.8	0.4	0.40	0.400	0.400	0.4000	0.4000
x2	0.1	0.5	0.4	0.39	0.432	0.4316	0.4286	0.4198
x3	0.1	0.5	0.2	0.21	0.168	0.1684	0.1714	0.1802
Biomass	6.19	8.49	8.5	8.49	8.3765	8.3765	8.3766	8.3768
Total Se	2.60	3.53	3.53	3.52	3.4918	3.4918	3.4918	3.4917
目標函數	NA	NA	NA	NA	NA	NA	2.23	11.869

15.5 橡膠皮碗配方最佳化

1. 問題描述

同第 11 章實例 4。文獻[3,4]的主要目的在找出製造生產橡膠皮碗過程中，各化學成份比例之最佳配方。

2. **品質因子與品質特性**　同第 11 章實例 4。

3. **實驗設計**　同第 11 章實例 4。

4. **模型建構**

模型建構所用的參數如圖 15-36，「交叉驗證法」與「訓練測試法」的誤差收斂曲線如圖 15-37 與圖 15-38。

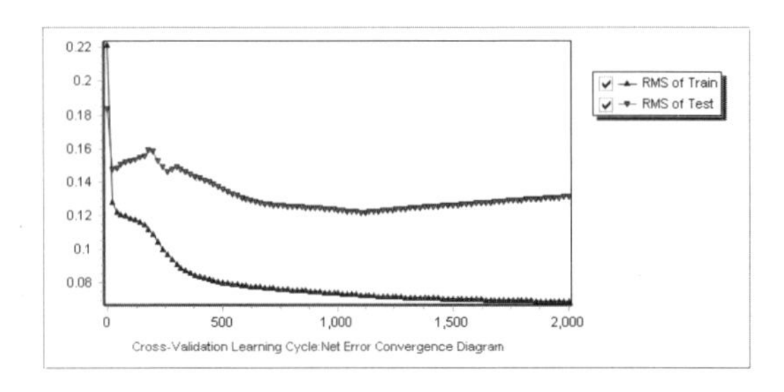

圖 15-37　交叉驗證法的誤差收斂曲線

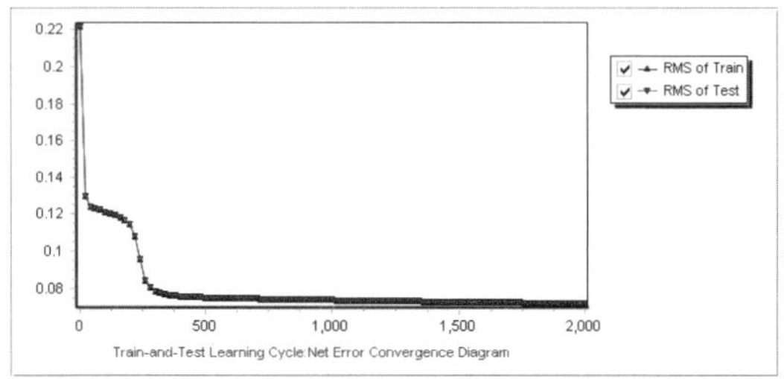

圖 15-38　訓練測試法的誤差收斂曲線

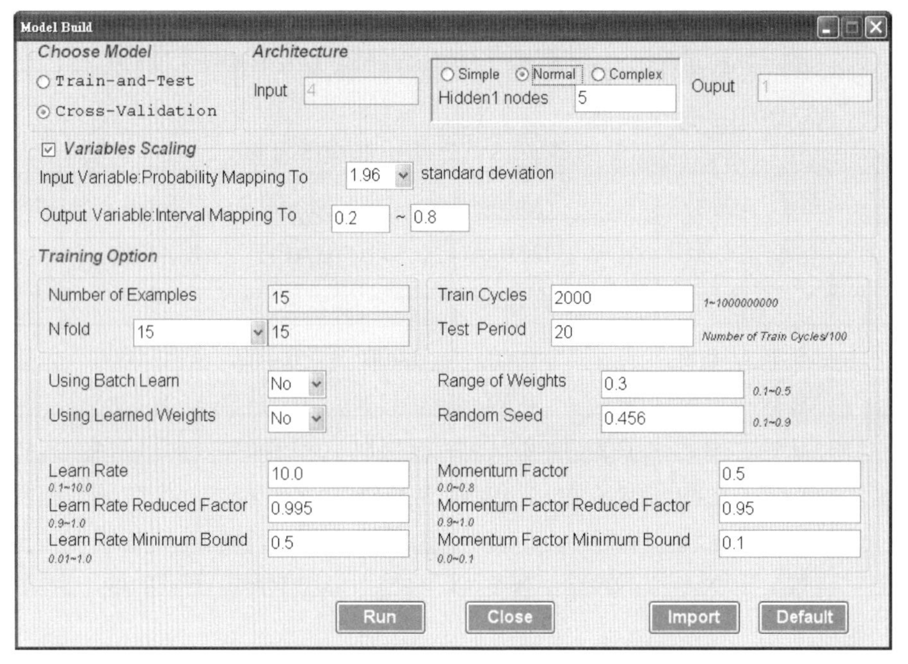

圖 15-36 實例 3：模型建構所用的參數

5. **模型分析 1：因子的分析**

CAFE 的敏感性分析如圖 15-39~圖 15-41。

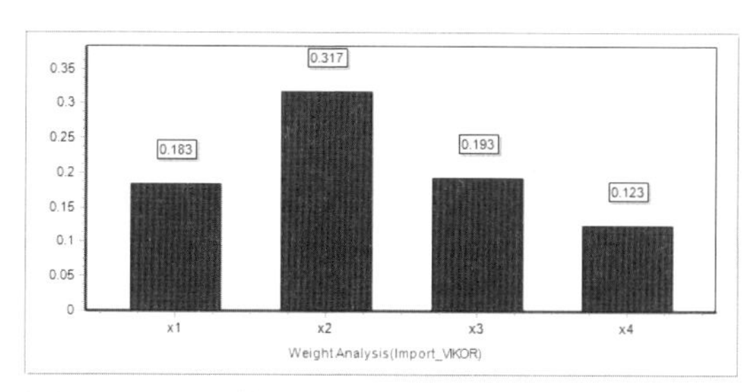

圖 15-39　品質因子重要性直條圖

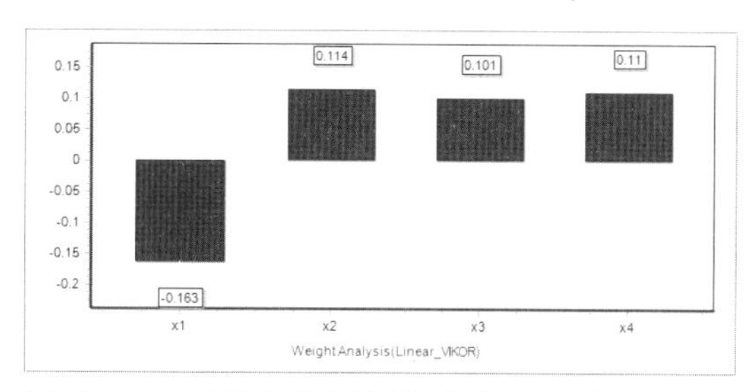

圖 15-40　品質因子線性敏感性直條圖

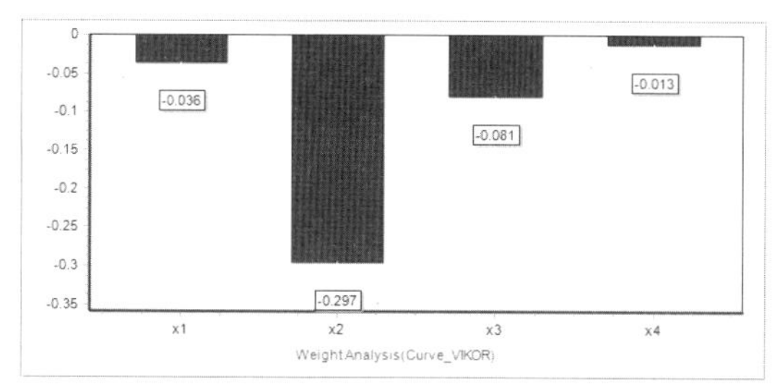

圖 15-41　品質因子曲率敏感性直條圖

模型分析 2：效果線(Effect Line)CAFE 的品質因子效果線圖如圖 15-42，與第 11 章的實例 4 的軌跡圖相較，可發現 x2 都是開口朝下的曲線，x1 都是反比近似直線。

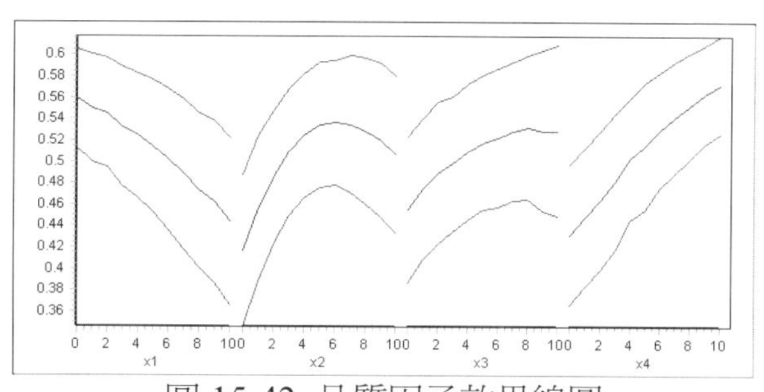

圖 15-42　品質因子效果線圖

6. 模型分析 3：模型評估(散佈圖與誤差評估)

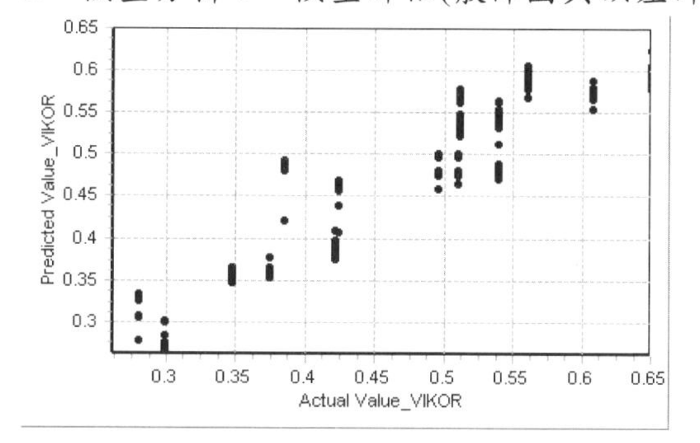

圖 15-43　交叉驗證法的訓練樣本散佈圖

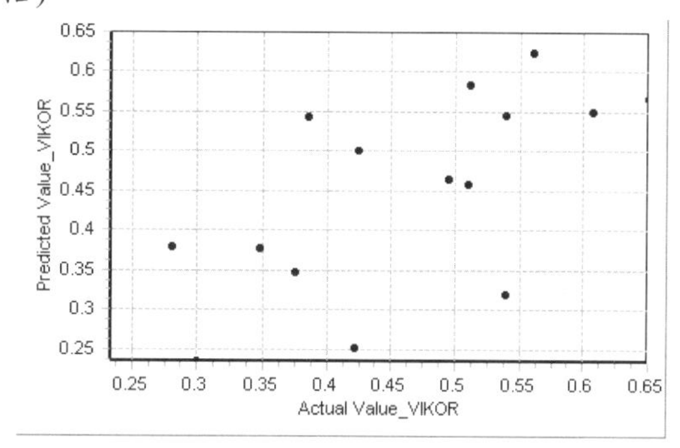

圖 15-44　交叉驗證法的測試樣本散佈圖

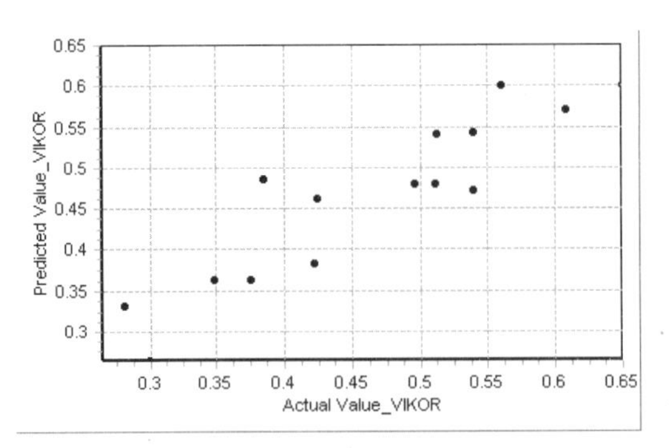

圖 15-45 訓練測試法的樣本散佈圖

表 15-11 實例 4：交叉驗證法的評估

Output Variable	Train Corre. Coef.	Train Root Mean Sqrt	Test Corre. Coef.	Test Root Mean Sqrt
VIKOR	0.9169	0.0428	0.6333	0.0990

表 15-12 實例 4：訓練測試法的評估

Output Variable	Train Corre. Coef.	Train Root Mean Sqrt	Test Corre. Coef.	Test Root Mean Sqrt
VIKOR	0.9114	0.0442	0.9114	0.0442

7. **最佳化**

考量六種模式：

Model 1：最大化「VIKOR」，即

Max Y

$x_1 + x_2 + x_3 + x_4 = 1$

Model 2：最小化「成本」，且限 VIKOR>0.54

Min Cost=$120x_1 + 150x_2 + 80x_3 + 300x_4$

VIKOR>0.54

$x_1 + x_2 + x_3 + x_4 = 1$

Model 3：最小化「成本」，且限 VIKOR>0.50

Min Cost=$120x_1 + 150x_2 + 80x_3 + 300x_4$

VIKOR>0.50

$$x_1 + x_2 + x_3 + x_4 = 1$$

Model 4：最小化「成本」，且限 VIKOR>0.50，但成本結構不一樣

Min Cost=$120x_1 + 300x_2 + 160x_3 + 150x_4$

VIKOR>0.50

$$x_1 + x_2 + x_3 + x_4 = 1$$

Model 5：最大化「VIKOR」，且限成本<180

Max VIKOR

Cost=$120x_1 + 150x_2 + 80x_3 + 300x_4 < 180$

$$x_1 + x_2 + x_3 + x_4 = 1$$

Model 6：最大化「VIKOR」，且限成本<185

Max VIKOR

Cost=$120x_1 + 150x_2 + 80x_3 + 300x_4 < 185$

$$x_1 + x_2 + x_3 + x_4 = 1$$

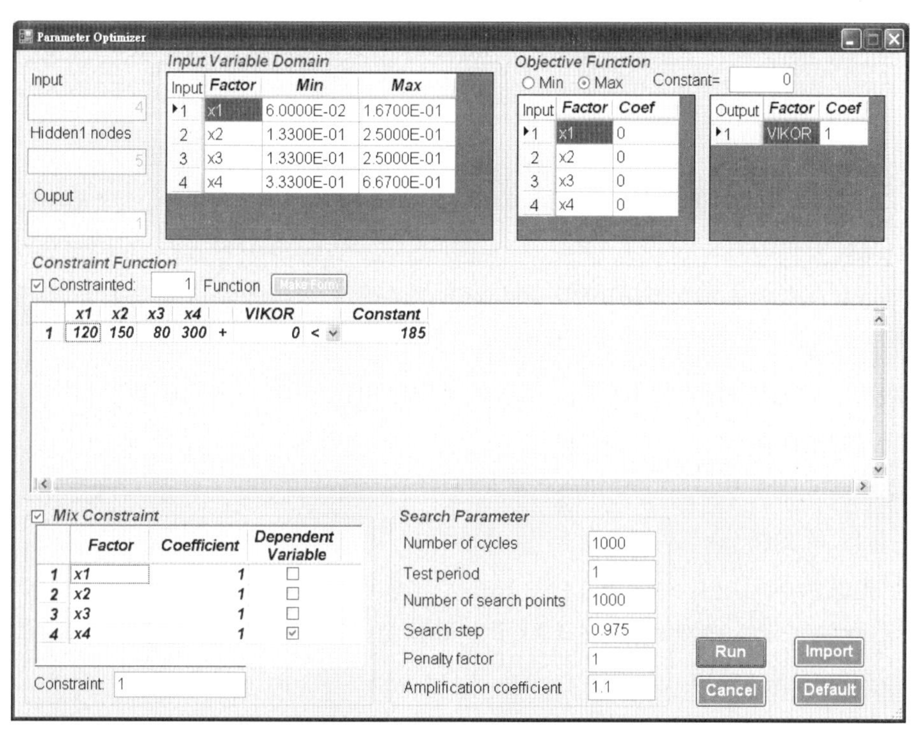

圖 15-46 實例 3：參數優化所用的參數 (以 Model 6 爲例，注意 Number of cycles=1000)

其中 Model 1 同第 11 章實例 4 相同。參數優化所用的參數如圖 15-46(以 Model 6 爲例，注意 Number of cycles=1000)，優化求解結果如表 15-13，顯示 Model 1 的 CAFE 結果與 Design Expert 結果並不一致，二者所建構的反應曲面模型差異可能不小。

表 15-13 實例 3：最佳化結果的比較

因子	因子下限	因子上限	Model 1		Model 2	Model 3	Model 4	Model 5	Model 6
			Design Expert	CAFE 結果	CAFE 結果				
老防劑(x1)	0.06	0.167	0.06	0.0600	0.1290	0.1514	0.1172	0.1531	0.1289
流動助劑 A(x2)	0.133	0.25	0.16	0.2221	0.2453	0.2494	0.1330	0.2497	0.2454
流動助劑 B(x3)	0.133	0.25	0.13	0.2500	0.2500	0.2500	0.1330	0.2500	0.2500
架橋劑(x4)	0.333	0.667	0.64	0.4679	0.3757	0.3492	0.6169	0.3473	0.3758
VIKOR	0.280	0.65	0.67	0.6114	0.5400	0.5000	0.5000	0.4967	0.5401
Cost	177.4	238.7	NA	200.9	185.0	180.3	167.8	180.0	185.0
目標函數	NA	NA	NA	0.6114	185.0	180.3	167.8	0.4967	0.5401

15.6 強效清潔劑配方最佳化

1. 問題描述

同第 11 章實例 5。文獻[6]舉出一個清潔劑的例子，在此將以 CAFE 軟體重作此問題，並加以比較。

2. 品質因子與品質特性

同第 11 章實例 5。

3. 實驗設計

同第 11 章實例 5。

4. 模型建構

模型建構所用的參數如圖 15-47，「交叉驗證法」與「訓練測試法」的誤差收斂曲線如圖 15-48 與圖 15-49。

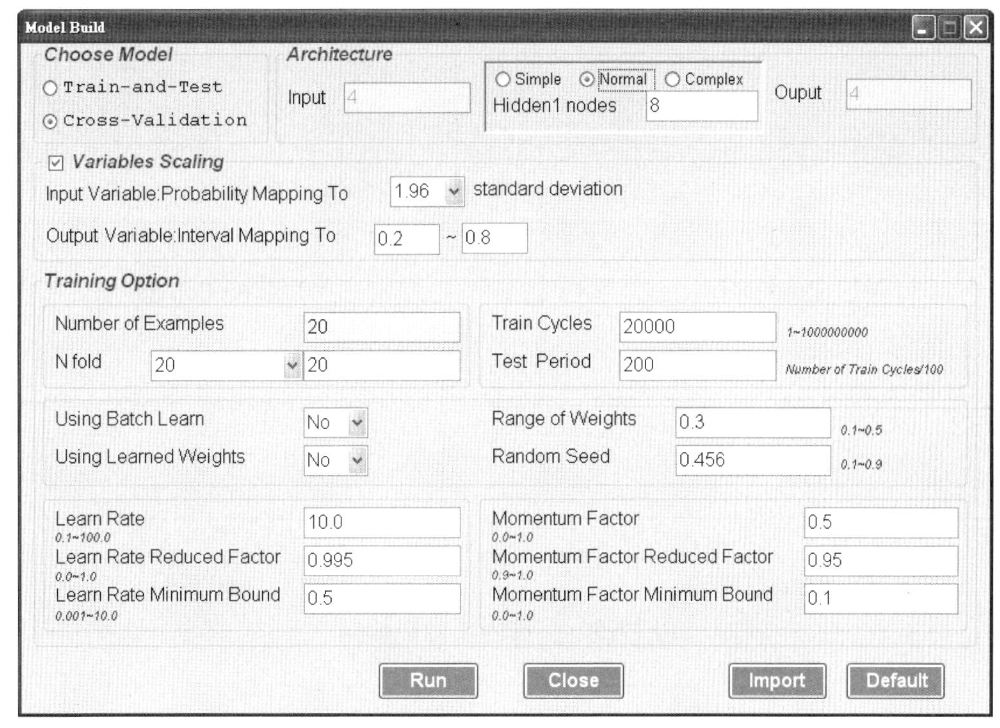

圖 15-47 實例 1：模型建構所用的參數

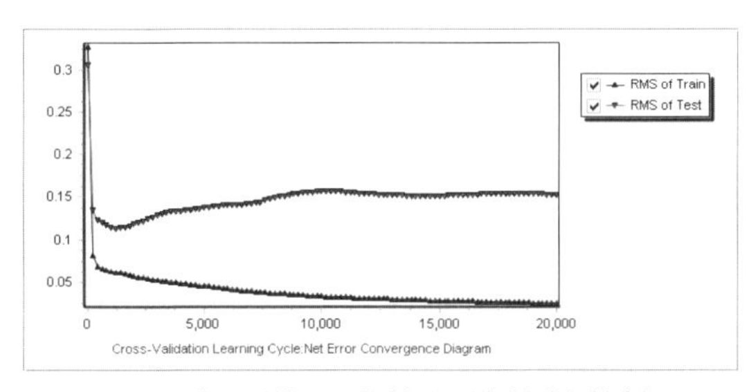

圖 15-48 交叉驗證法的誤差收斂曲線

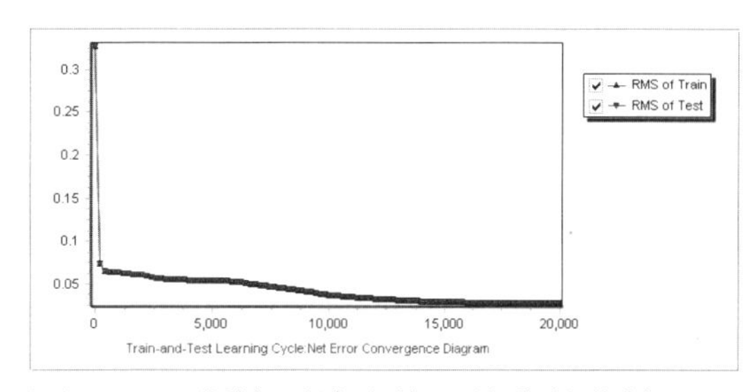

圖 15-49 訓練測試法的誤差收斂曲線

5. 模型分析 1：因子的分析

請參考光碟中的檔案，在此省略。

6. 模型分析 2：效果線(Effect Line)

CAFE 的品質因子效果線圖如圖 15-50，與第 11 章的實例 5 的軌跡圖相較，可發現除了 Y3，大致近似。例如對 Y1 而言，x1 是強烈正相關，x2 與 x3 是弱負相關，且 x2 開口朝下，x3 開口朝上，都與第 11 章實例 5 的軌跡圖相符。

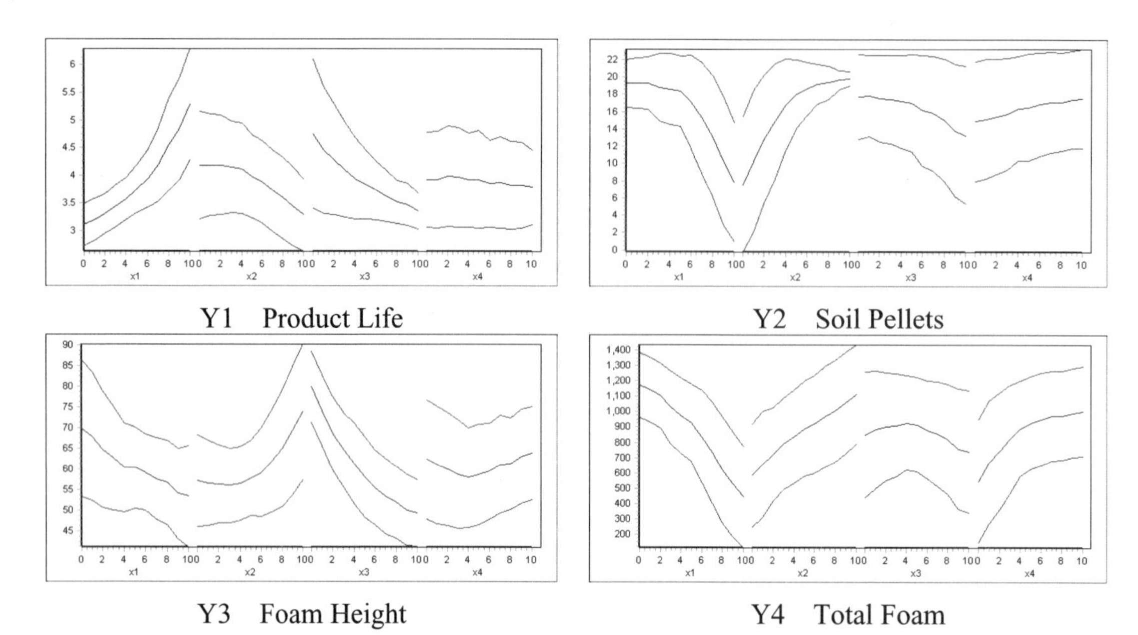

Y1 Product Life　　Y2 Soil Pellets

Y3 Foam Height　　Y4 Total Foam

圖 15-50 品質因子效果線圖

7. 模型分析 3：模型評估

表 15-14 交叉驗證法的評估

Output Variable	Train Corre. Coef.	Train Root Mean Sqrt	Test Corre. Coef.	Test Root Mean Sqrt
y1	0.9855	0.2172	0.9414	0.4570
y2	0.9946	0.6701	0.5204	6.6578
y3	0.9827	3.0208	0.1952	21.7560
y4	0.9940	42.6950	0.7128	381.4800

表 15-15 訓練測試法的評估

Output Variable	Train Corre. Coef.	Train Root Mean Sqrt	Test Corre. Coef.	Test Root Mean Sqrt
y1	0.9828	0.2366	0.9828	0.2366
y2	0.9957	0.5987	0.9957	0.5987
y3	0.9697	3.9798	0.9697	3.9798
y4	0.9963	33.8210	0.9963	33.821

8. 最佳化

最大化 Y1~Y4，即

Max Y1, Y2, Y3, Y4

但 CAFE 的最佳化模式一定要有目標函數，故改最佳化模式爲

Mx Y1

Y2>19.5

Y3>85

Y4>1032

$$x_1 + x_2 + x_3 + x_4 = 1$$

參數優化所用的參數如圖 15-51，優化求解結果如表 15-16，顯示 CAFE 結果與 Design Expert 結果相似。

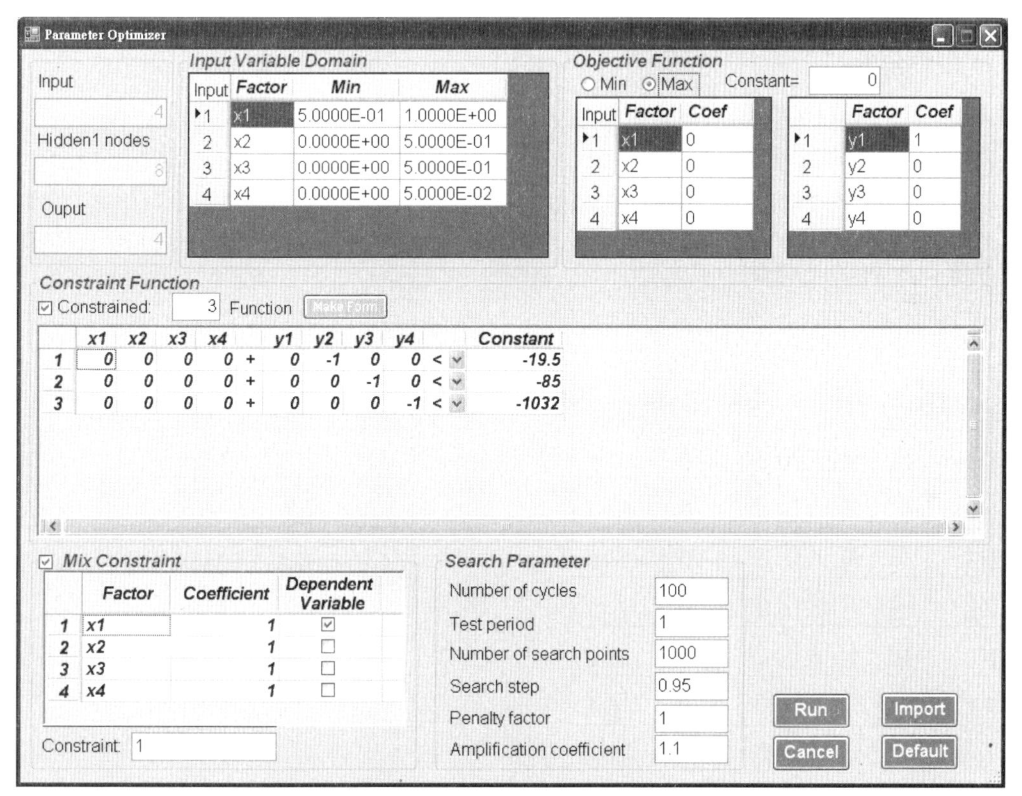

圖 15-51 實例 1：參數優化所用的參數

表 15-16 最佳化結果的比較

因子	因子下限值	因子上限値	Design Expert 結果	CAFE 結果
X1	0.5	1	0.75	0.84
X2	0	0.5	0.21	0.11
X3	0	0.5	0.00	0.00
X4	0	0.05	0.03	0.05
Y1	2.64	7.17	5.00	5.31
Y2	3	20	20.0	20.2
Y3	44	105	85.3	87.2
Y4	12.1	1436	1032	1032

15.7 重組蛋白培養基最佳化

1. 問題描述

文獻[7]舉出一個重組蛋白培養基最佳化的例子，它有六個成份，分成二組，各三成份，混合限制如下：

第一組成份：H1+H2+H3=25

第二組成份：E1+E2+E3=5.1

因為有二組成份限制，因此無法以 Design Expert 軟體建立模型，在此以 CAFE 求解。

2. 品質因子與品質特性

表 15-17 實例 5：品質因子

名稱	成份	Min	Max
H1	第一組成份 1	0	25
H2	第一組成份 2	0	16.67
H3	第一組成份 3	0	25
E1	第二組成份 1	0	4
E2	第二組成份 2	0	5.1
E3	第二組成份 3	0	5.1

表 15-18 實例 5：品質特性

名稱	意義	品質期望
Y1	IVC	Max
Y2	q1	Max
Y3	BA	Max
Y4	q2	Min
Y5	q3	Min

3. 實驗設計

本例題共有六個成份，分成二組，各三成份，混合限制如下：

第一組成份：H1+H2+H3=25

第二組成份：E1+E2+E3=5.1

其中第一組採單體格子{3,2}設計(7 點)，其中三個頂點再重複一次(3 點)，加上軸回合擴充(3 點)，共 7+3+3=13 點。第二組採單體格子{3,1}設計(3 點)，再加中心點，及一個邊中點，共 3+1+1=5 點。這二組交叉得 13*5=65 個實驗點。但有些有缺值，剩 50 個實驗。實驗表省略，請見光碟內的檔案。

4. **模型建構**

模型建構所用的參數如圖 15-52，「交叉驗證法」與「訓練測試法」的誤差收斂曲線如圖 15-53 與圖 15-54。

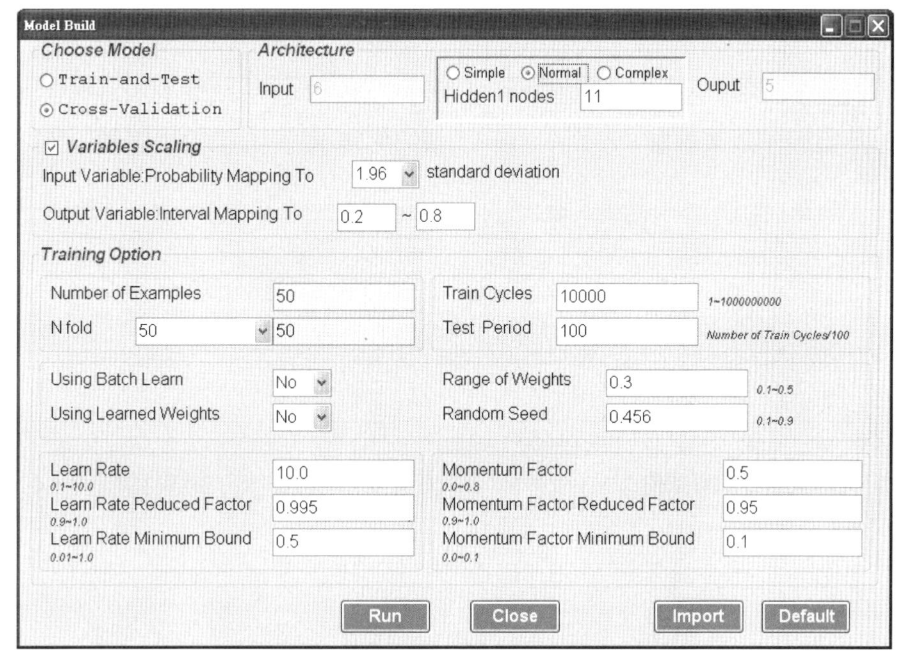

圖 15-52 實例 5：模型建構所用的參數

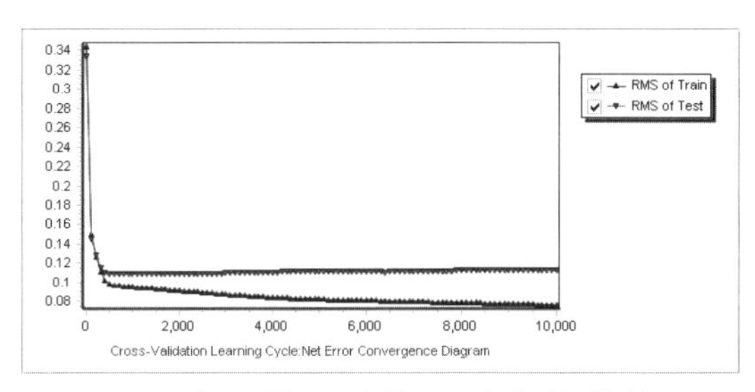

圖 15-53 交叉驗證法的誤差收斂曲線

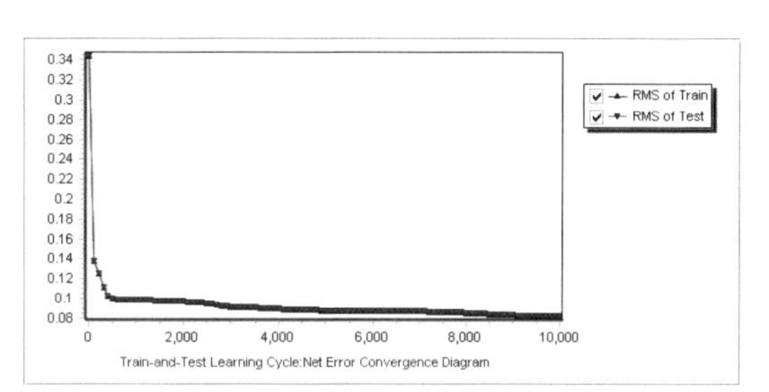

圖 15-54 訓練測試法的誤差收斂曲線

5. 模型分析 1：因子的分析

請參考光碟中的檔案，在此省略。

6. 模型分析 2：效果線(Effect Line)

CAFE 的品質因子效果線圖如圖 15-55~59。

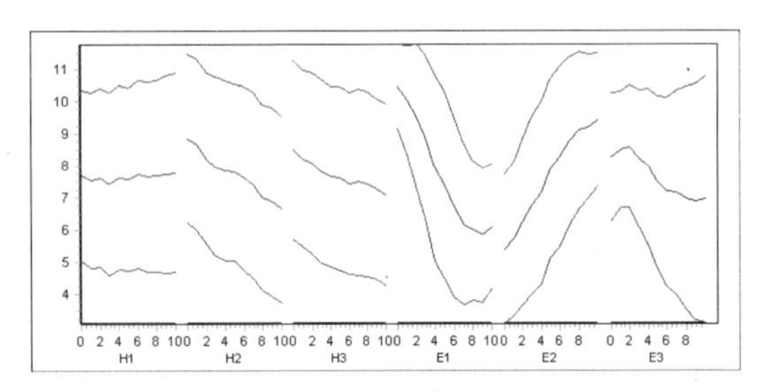

圖 15-55 品質因子效果線圖：Y1

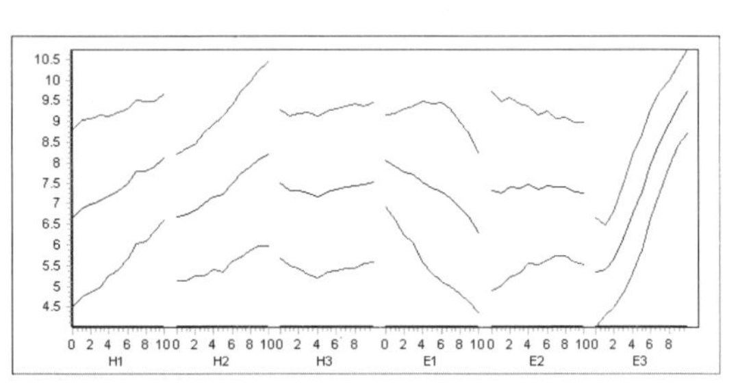

圖 15-56 品質因子效果線圖：Y2

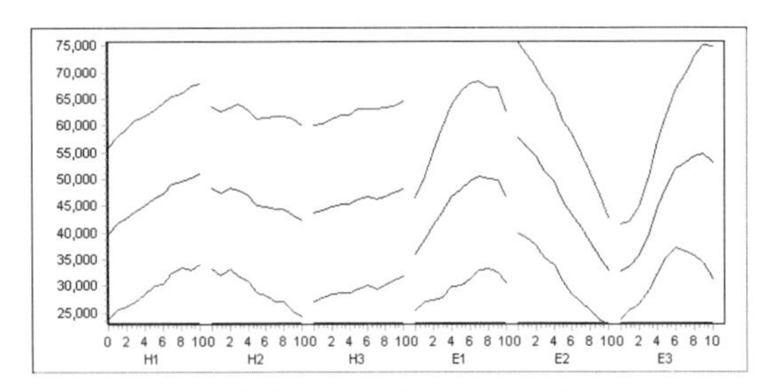

圖 15-57 品質因子效果線圖：Y3

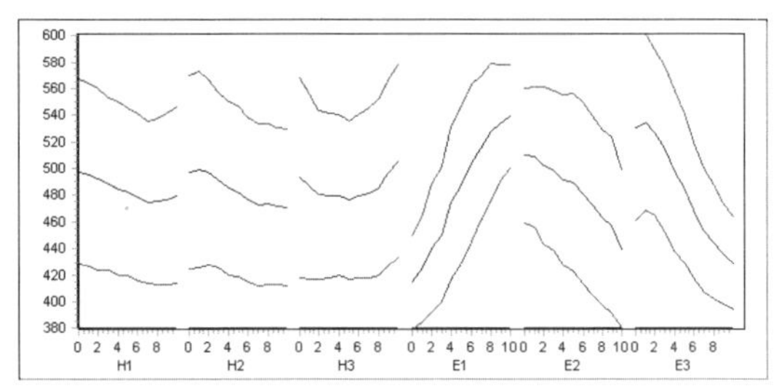

圖 15-58 品質因子效果線圖：Y4

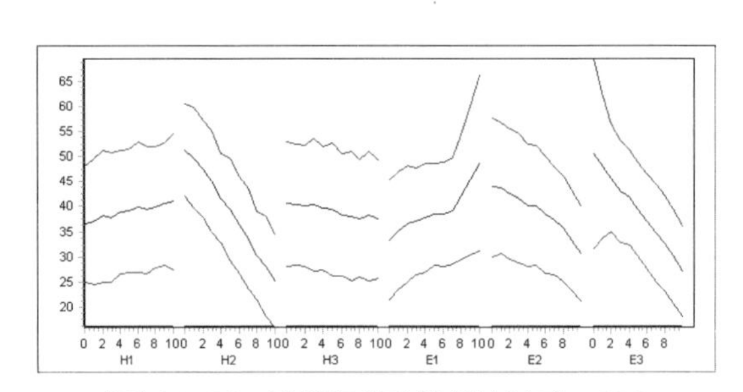

圖 15-59 品質因子效果線圖：Y5

7. 模型分析 3：模型評估(散佈圖與誤差評估)

誤差評估如表 15-19 與 15-20。

表 15-19 實例 5：交叉驗證法的評估

Output Variable	Train Corre. Coef.	Train Root Mean Sqrt	Test Corre. Coef.	Test Root Mean Sqrt
Y1	0.8815	1.6211	0.4933	3.3800
Y2	0.7525	1.8912	0.4572	2.9431
Y3	0.8383	5956.2	0.6861	8439.3
Y4	0.8462	61.793	0.6476	96.137
Y5	0.9161	12.164	0.8488	15.994

表 15-20 實例 5：訓練測試法的評估

Output Variable	Train Corre. Coef.	Train Root Mean Sqrt	Test Corre. Coef.	Test Root Mean Sqrt
Y1	0.8636	1.7311	0.8636	1.7311
Y2	0.6050	2.2940	0.6050	2.2940
Y3	0.8430	5915.4	0.8430	5915.4
Y4	0.8578	59.607	0.8578	59.607
Y5	0.9108	12.764	0.9108	12.764

8. **最佳化**

本例的六個成份，分成二組，各三成份：

第一組成份：H1+H2+H3=25

第二組成份：E1+E2+E3=5.1

因 CAFE 只考慮一組成份限制，故第二組成份限制以普通限制函數用二面包夾的方式處理，即將 E1+E2+E3=5.1 改成 5<E1+E2+E3<5.2。最佳化模式如下：

Max Y1

Y2>7

Y3>45000

Y4<460

Y5<34

5<E1+E2+E3<5.2

H1+H2+H3=25

參數優化設定如圖 15-60，其中左下方的 Mix Constraint 表達 H1+H2+H3=25 這組成份限制。從這個例子可以看出 CAFE 的最佳化模式很有彈性。優化求解結果如表 15-21。

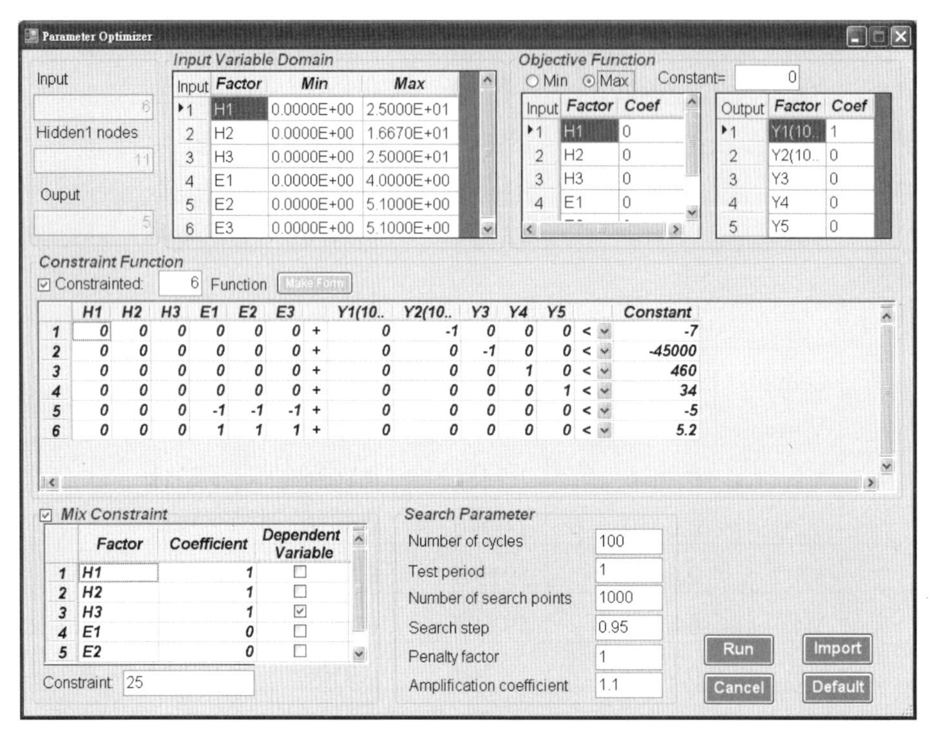

圖 15-60 實例 5：參數優化所用的參數

表 15-21 實例 5：最佳化結果的比較

因子	因子下限值	因子上限值	CAFE 結果
H1	0	25	13.3
H2	0	16.67	7.27
H3	0	25	4.46
E1	0	4	0.220
E2	0	5.1	0.029
E3	0	5.1	4.93
Y1	1.97	13.3	9.74
Y2	1.25	14.7	8.86
Y3	17800	72800	45012
Y4	233	719	402
Y5	6	112	34.0

15.8 高性能混凝土配比設計

1. 問題描述

文獻[8-12]指出，由於高性能混凝土使用的材料眾多，各材料價格會隨物價波動而變化，以往只考慮強度與工作度，忽略經濟性的配比設計作法有改善的空間。因此除了要求配比設計要滿足下列限制：

1. 強度限制，
2. 工作度限制，
3. 各成份上下限限制，
4. 各成份間比例限制，
5. 絕對體積限制；

也應考慮各項材料的成本，以設計出成本最低之合乎需求的高性能混凝土配比。

2. 品質因子與品質特性

表 15-22 實例 6：品質因子

名稱	成份	下限 (kg/m^3)	上限 (kg/m^3)
cement	水泥	140	350
fly-ash	飛灰	0	200
slag	爐石粉	0	240
water	水	150	250
SP	強塑劑	3	15
CA	粗骨材	780	1050
FA	細骨材	640	900

表 15-23 實例 6：品質特性

名稱	意義	品質期望
slump	坍度	依業主需求
flow	坍流度	依業主需求
3-day	3 天抗壓強度	依業主需求
7-day	7 天抗壓強度	依業主需求
14-day	14 天抗壓強度	依業主需求
28-day	28 天抗壓強度	依業主需求
56-day	56 天抗壓強度	依業主需求
90-day	90 天抗壓強度	依業主需求
180-day	180 天抗壓強度	依業主需求
365-day	365 天抗壓強度	依業主需求

3. 實驗設計

本例題共有七成份，選用單體形心設計，共有 $2^7-1=127$ 個點，有些點實驗點的組合超出合理範圍，無法測得數據，因此實際上得到 103 個實驗。實驗表省略，請見光碟內的檔案。

4. 模型建構

模型建構所用的參數如圖 15-61。本題實驗數據較多，因此不採用 leave-one-out，而採用 leave-some-out 的「交叉驗證法」來測試，取 k=10 (見圖 15-61 中的 N fold 格子)。「交叉驗證法」與「訓練測試法」的誤差收斂曲線如圖 15-62 與圖 15-63。

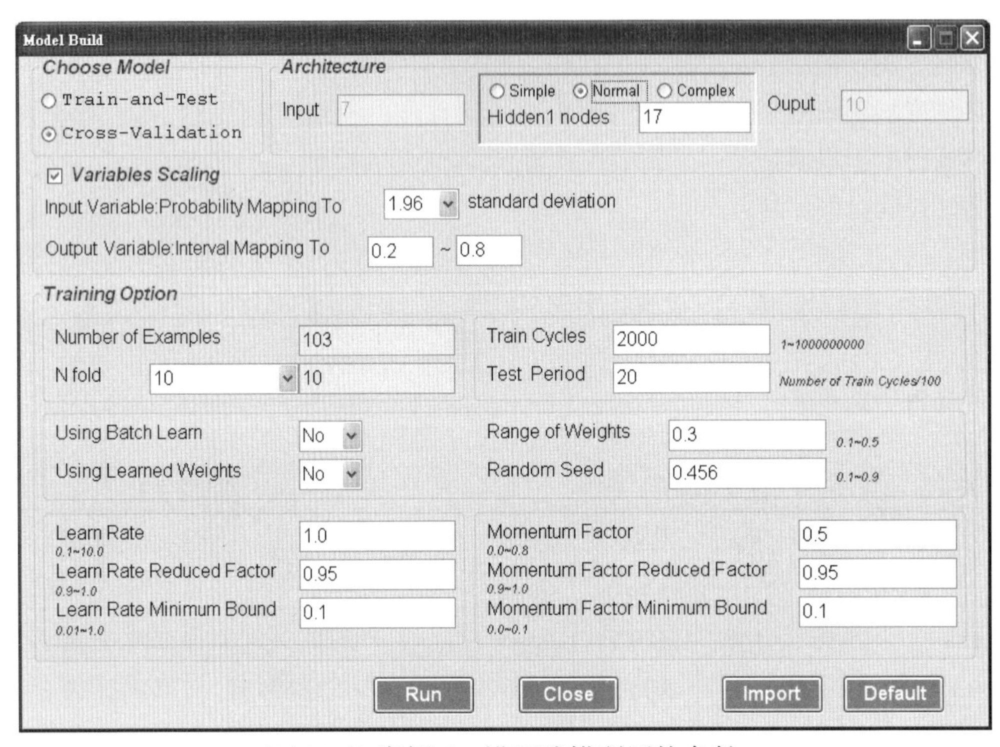

圖 15-61 實例 6：模型建構所用的參數

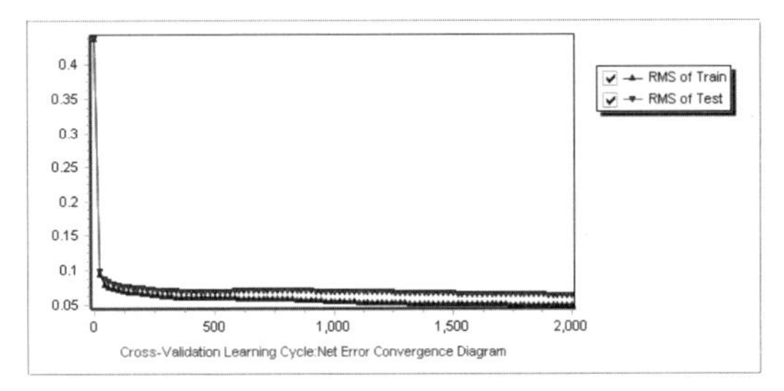

圖 15-62 交叉驗證法的誤差收斂曲線

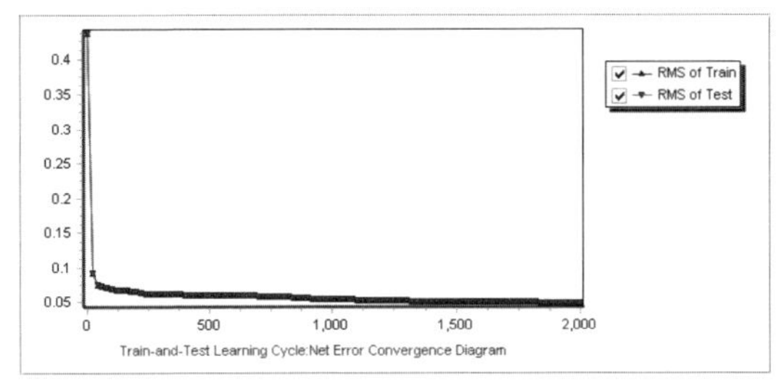

圖 15-63 訓練測試法的誤差收斂曲線

5. 模型分析 1：因子的分析

由於有十個品質特性，為節省篇幅，在此只列出二個品質特性(坍度、56 天抗壓強度)的敏感性分析，如圖 15-64~圖 15-69，其餘請參考光碟中的檔案，在此省略。

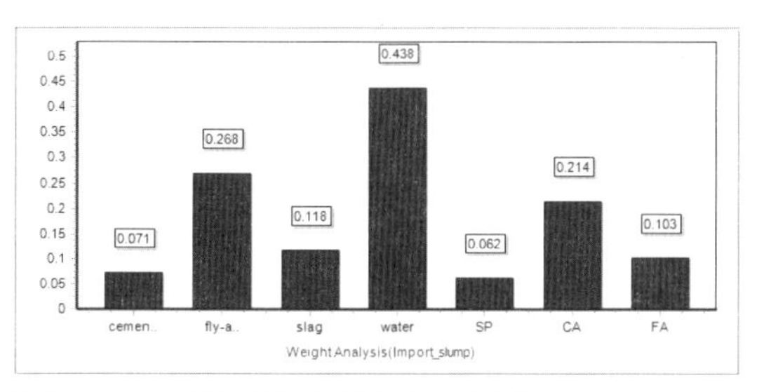

圖 15-64　重要性直條圖：坍度

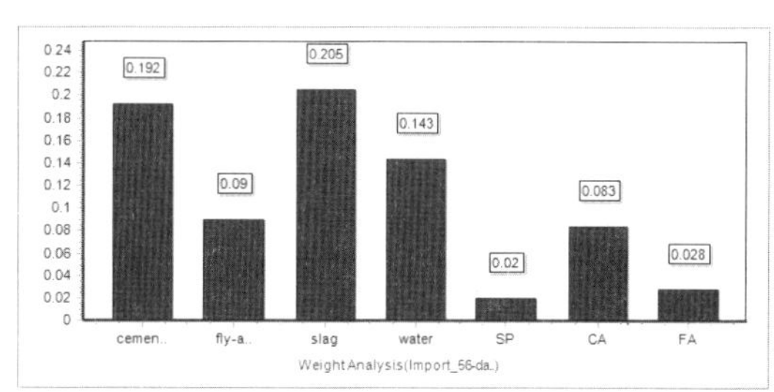

圖 15-65　重要性直條圖：56 天抗壓強度

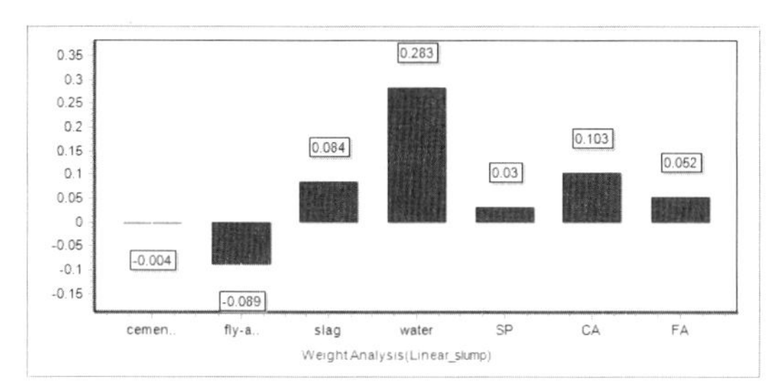

圖 15-66　線性敏感性直條圖：坍度

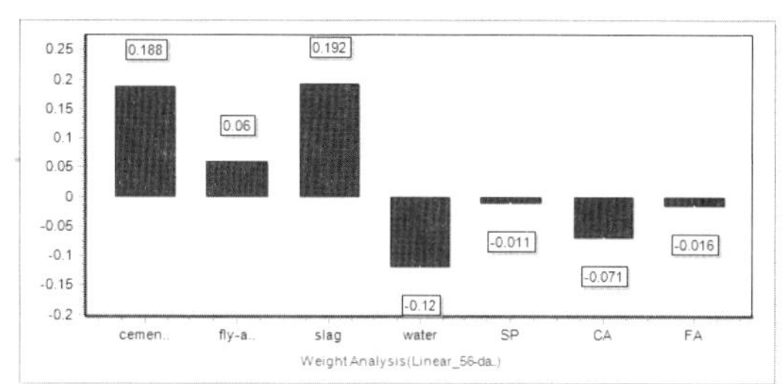

圖 15-67　線性敏感性圖：56 天抗壓強度

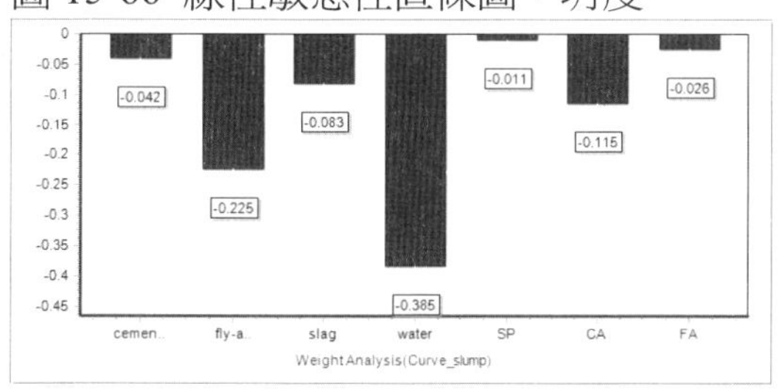

圖 15-68　曲率敏感性直條圖：坍度

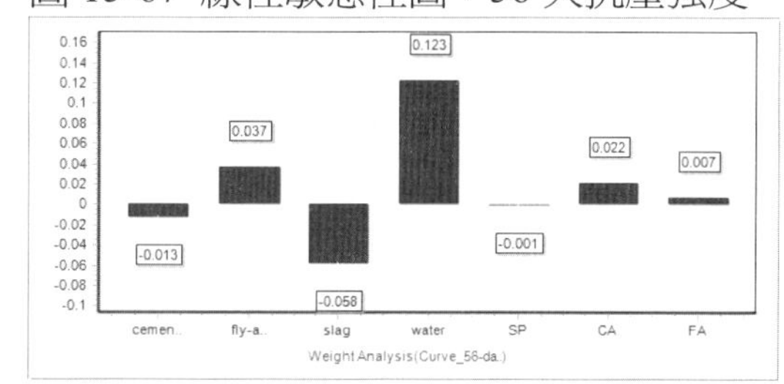

圖 15-69　曲率敏感性圖：56 天抗壓強度

6.　模型分析 2：效果線(Effect Line)

CAFE 的品質因子效果線圖如圖 15-70。

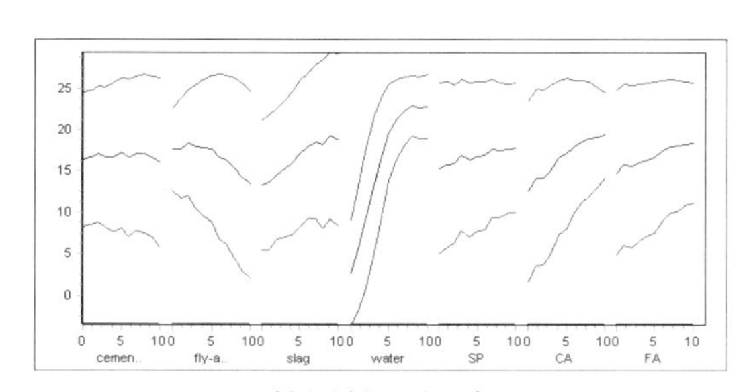

效果線：坍度

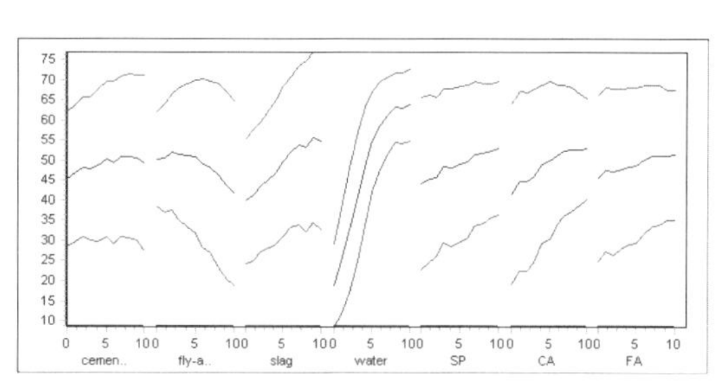

效果線：坍流度

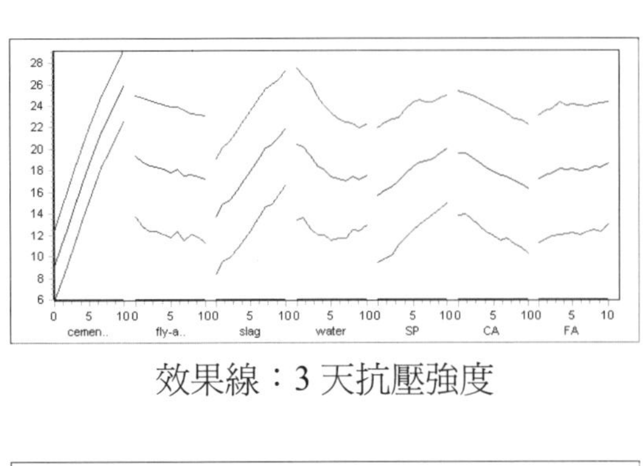

效果線：3 天抗壓強度

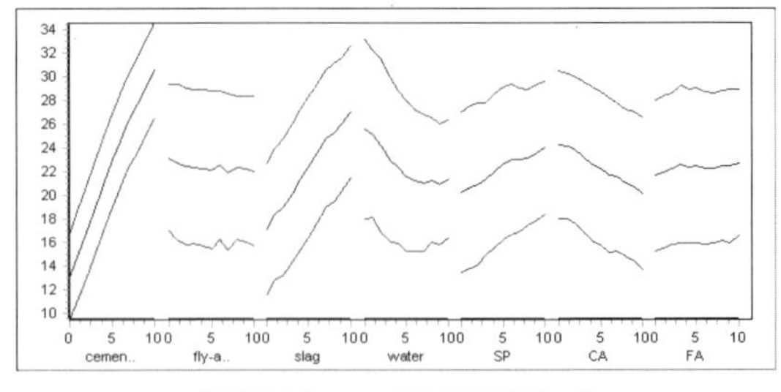

效果線：7 天抗壓強度

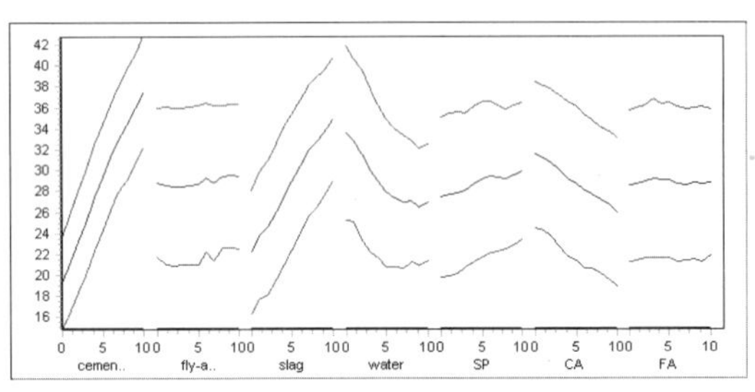

效果線：14 天抗壓強度

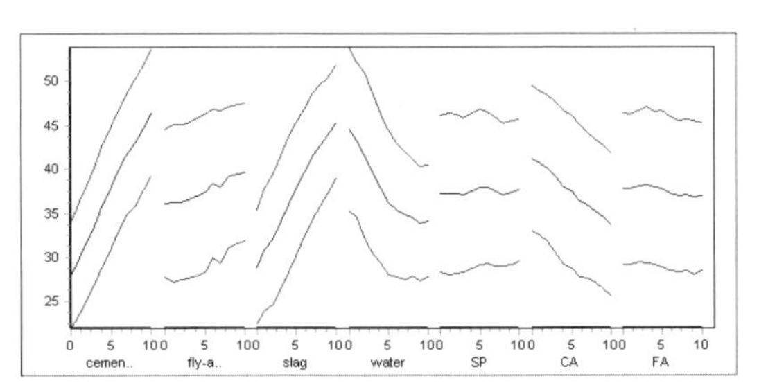

效果線：28 天抗壓強度

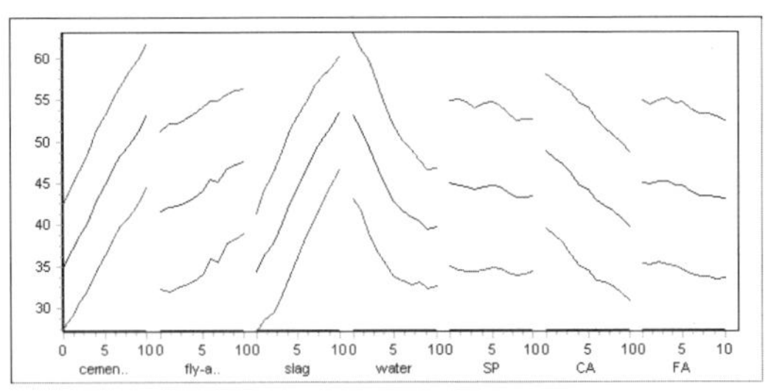

效果線：56 天抗壓強度

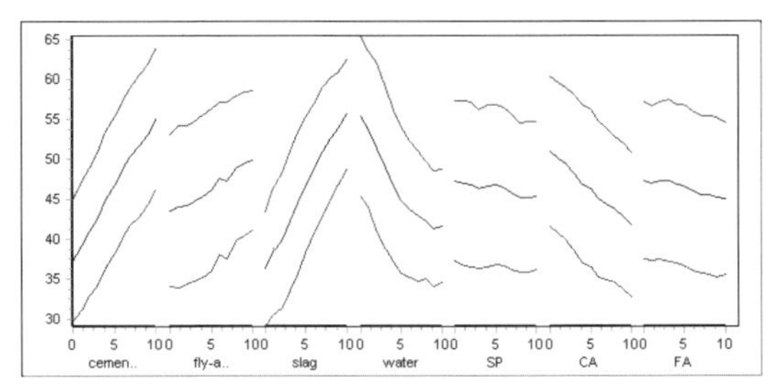

效果線：90 天抗壓強度

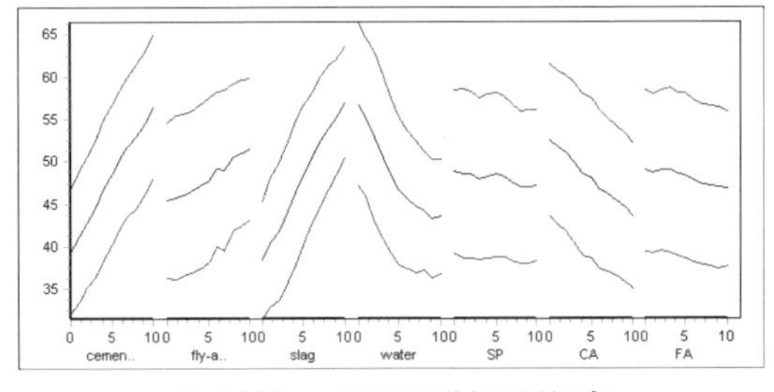

效果線：180 天抗壓強度

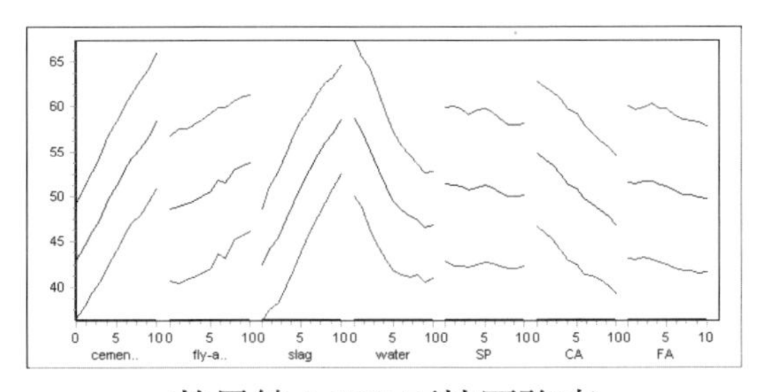

效果線：365 天抗壓強度

圖 15-70 品質因子效果線圖

7. 模型分析 3：模型評估(散佈圖與誤差評估)

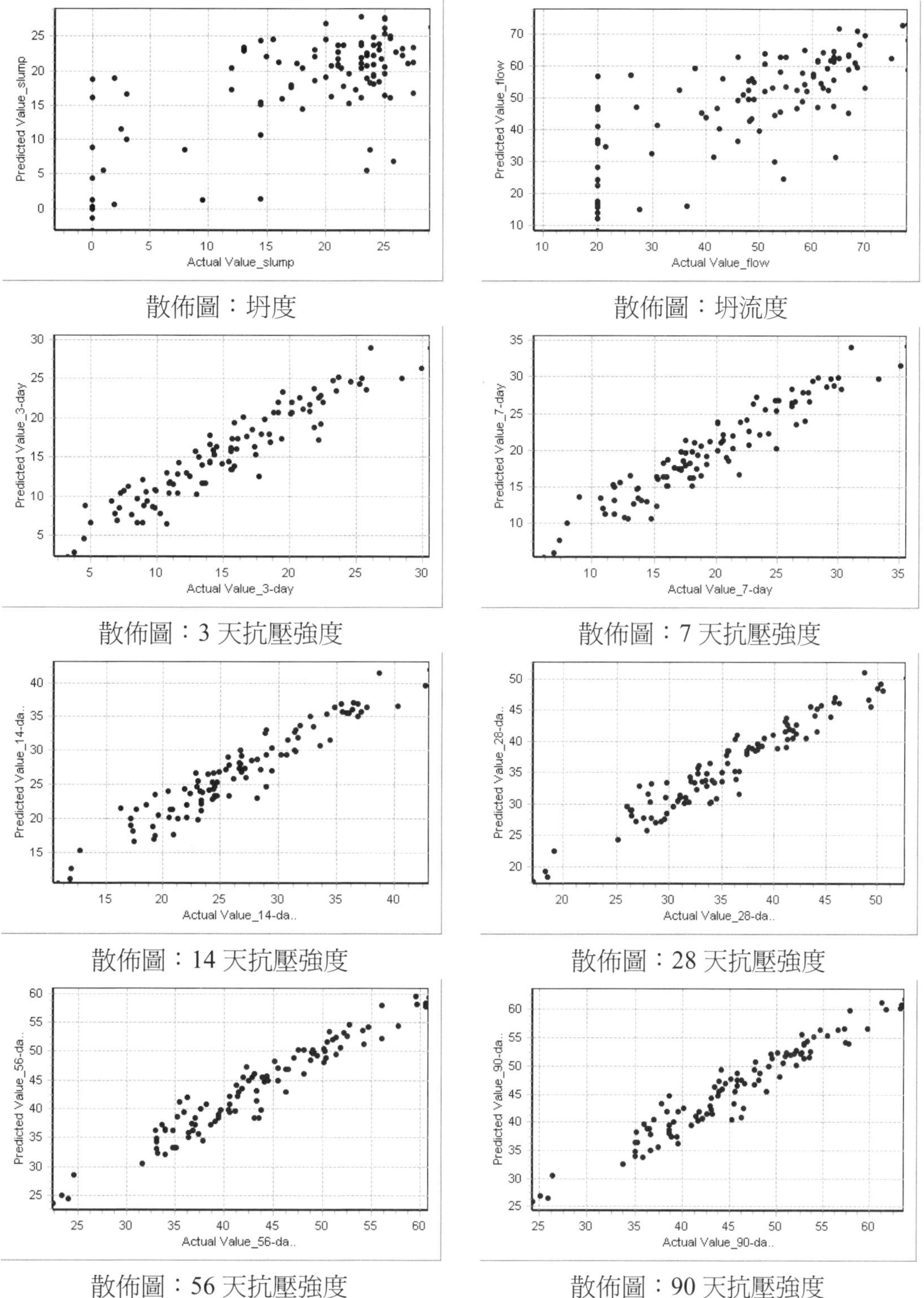

散佈圖：坍度

散佈圖：坍流度

散佈圖：3 天抗壓強度

散佈圖：7 天抗壓強度

散佈圖：14 天抗壓強度

散佈圖：28 天抗壓強度

散佈圖：56 天抗壓強度

散佈圖：90 天抗壓強度

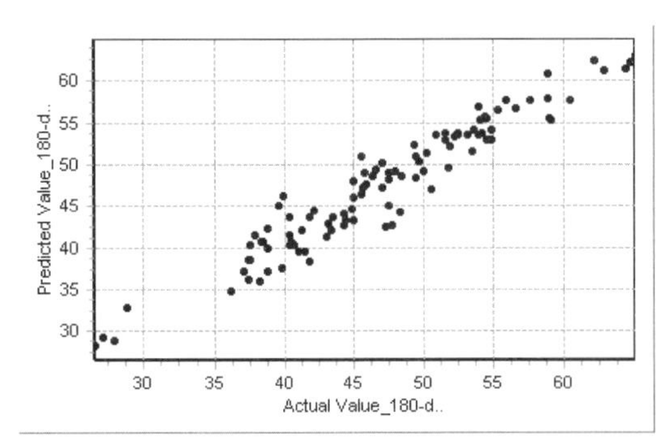

散佈圖：180 天抗壓強度

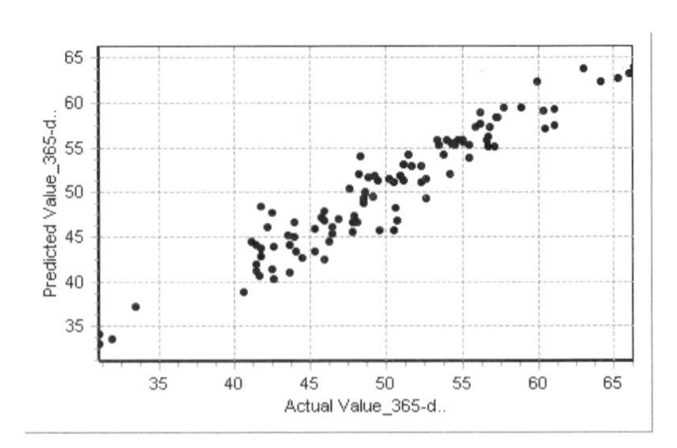

散佈圖：365 天抗壓強度

圖 15-71 交叉驗證法的測試樣本散佈圖 (顯示實際值與預測值集中在對角線)

表 15-24 實例 6：交叉驗證法的評估

Output Variable	Train Corre. Coef.	Train RMS	Train Corre. Coef.	Test RMS
slump	0.8458	4.6520	0.6925	6.3906
flow	0.8639	8.8277	0.7414	11.8890
3-day	0.9596	1.7922	0.9457	2.0179
7-day	0.9618	1.8199	0.9483	2.0492
14-day	0.9664	1.8207	0.9541	2.0529
28-day	0.9721	1.8504	0.9622	2.0803
56-day	0.9741	1.9648	0.9658	2.1962
90-day	0.9734	2.0135	0.9653	2.2411
180-day	0.9704	2.0398	0.9622	2.2437
365-day	0.9625	2.0553	0.9537	2.2152

表 15-25 實例 6：訓練測試法的評估

Output Variable	Train Corre. Coef.	Train RMS	Train Corre. Coef.	Test RMS
slump	0.8464	4.6379	0.8464	4.6379
flow	0.8654	8.7704	0.8654	8.7704
3-day	0.9634	1.7062	0.9634	1.7062
7-day	0.9653	1.7364	0.9653	1.7364
14-day	0.9693	1.7420	0.9693	1.7420
28-day	0.9747	1.7693	0.9747	1.7693
56-day	0.9763	1.8847	0.9763	1.8847
90-day	0.9757	1.9315	0.9757	1.9315
180-day	0.9728	1.9598	0.9728	1.9598
365-day	0.9652	1.9843	0.9652	1.9843

8. 最佳化

1. 成本目標

本例題的特色爲考慮到了材料成本，找出高性能混凝土的最佳配比設計，使得配比除了符合實用性之外，更兼具經濟性的價值，配比可以隨著各材料物價波動調整隨之變化。故最佳化模式的目標函數如下：

$$Min\ Cost = C_c \cdot W_c + C_{fl} \cdot W_{fl} + C_{sl} \cdot W_{sl} + C_w \cdot W_w + C_{SP} \cdot W_{SP} + C_{CA} \cdot W_{CA} + C_{FA} \cdot W_{FA} \quad (1)$$

其中C_c，C_{fl}，C_{sl}，C_w，C_{SP}，C_{CA}，C_{FA}分別爲水泥、飛灰、爐石粉、水、強塑劑、粗骨材、細骨材的單位重量成本；W_c，W_{fl}，W_{sl}，W_w，W_{SP}，W_{CA}，W_{FA}，分別爲一立方公尺體積的混凝土中水泥、飛灰、爐石粉、水、強塑劑、粗骨材、細骨材所佔的重量。

2. 成份上下限限制

利用經驗及規範對各種材料的使用量作限制，可以縮小搜尋空間，並加速最佳化的過程。故定義下列各成份上下限限制：

$$W_c^l \le W_c \le W_c^u \quad (2)$$

$$W_{fl}^l \le W_{fl} \le W_{fl}^u \quad (3)$$

$$W_{sl}^l \le W_{sl} \le W_{sl}^u \quad (4)$$

$$W_w^l \le W_w \le W_w^u \quad (5)$$

$$W_{SP}^l \le W_{SP} \le W_{SP}^u \quad (6)$$

$$W_{CA}^l \le W_{CA} \le W_{CA}^u \quad (7)$$

$$W_{FA}^l \le W_{FA} \le W_{FA}^u \quad (8)$$

3. 工作度需求限制

混凝土的工程性質最爲業主及設計者所關心的除了強度之外，就是工作度。工作度又可分爲坍度及坍流度，混凝土在新拌狀態下的坍度及坍流度可以適切的反應混凝土是否具良好的工作性。因此，本研究之最佳化模式的限制函數考慮坍度及坍流度需求如下：

$$Slump \ge Slump^r \quad (9)$$

$$Flow \ge Flow^r \quad (10)$$

其中 $Slump$ 與 $Slump^r$ =預測之初始坍度與需求之初始坍度； $Flow$ 與 $Flow^r$ =預測之初始坍流度與需求之初始坍流度。

4. 強度需求限制

由於混凝土拆模時間依工程需要不盡相同，所以會有 3 天及 7 天抗壓強度的需求；28 天則為最普遍的工程設計強度標準試驗天數；至於高性能混凝土由於添加了飛灰及爐石粉等攙料，可能會發生早期強度較低，但晚期強度較高的情況。所以，本例題之最佳化模式的限制函數考慮強度需求如下：

$$S^3 \geq f_{cr}^{'3} \tag{11}$$

$$S^7 \geq f_{cr}^{'7} \tag{12}$$

$$S^{14} \geq f_{cr}^{'14} \tag{13}$$

$$S^{28} \geq f_{cr}^{'28} \tag{14}$$

$$S^{56} \geq f_{cr}^{'56} \tag{15}$$

$$S^{90} \geq f_{cr}^{'90} \tag{16}$$

$$S^{180} \geq f_{cr}^{'180} \tag{17}$$

$$S^{365} \geq f_{cr}^{'365} \tag{18}$$

其中 S^3 、 S^7 ...等於預測之 3 天、7 天...之抗壓強度； $f_{cr}^{'3}$ 、 $f_{cr}^{'7}$ ...為需求之 3 天、7 天...之抗壓強度。

5. 成份比例限制

在混凝土科學之中，傳統混凝土強調水灰比的概念，高性能混凝土則是逐漸強調水膠比甚至是水固比。利用經驗及規範對各種材料的使用量作限制，可以縮小搜尋空間，並加速最佳化的過程。故定義下列比例限制：

$$R_{w/c}^{l} \leq R_{w/c} \leq R_{w/c}^{u} \tag{19}$$

$$R_{w/b}^{l} \leq R_{w/b} \leq R_{w/b}^{u} \tag{20}$$

$$R_{w/s}^{l} \leq R_{w/s} \leq R_{w/s}^{u} \tag{21}$$

$$R_{SP/b}^{l} \leq R_{SP/b} \leq R_{SP/b}^{u} \tag{22}$$

$$R_{fl/b}^{l} \leq R_{fl/b} \leq R_{fl/b}^{u} \tag{23}$$

$$R_{sl/b}^{l} \leq R_{sl/b} \leq R_{sl/b}^{u} \tag{24}$$

$$R^l_{po/b} \le R_{po/b} \le R^u_{po/b} \tag{25}$$

$$R^l_{TA/b} \le R_{TA/b} \le R^u_{TA/b} \tag{26}$$

$$R^l_{FA/TA} \le R_{FA/TA} \le R^u_{FA/TA} \tag{27}$$

其中

$$R_{w/c} = \frac{W_w + W_{SP}}{W_c} = \text{water/cement ratio} \tag{28}$$

$$R_{w/b} = \frac{W_w + W_{SP}}{W_c + W_{fl} + W_{sl}} = \text{water/binder ratio} \tag{29}$$

$$R_{w/s} = \frac{W_w + W_{SP}}{W_c + W_{fl} + W_{sl} + W_{CA} + W_{FA}} = \text{water/solid ratio} \tag{30}$$

$$R_{SP/b} = \frac{W_{SP}}{W_c + W_{fl} + W_{sl}} = \text{SP/binder ratio} \tag{31}$$

$$R_{fl/b} = \frac{W_{fl}}{W_c + W_{fl} + W_{sl}} = \text{fly ash/binder ratio} \tag{32}$$

$$R_{sl/b} = \frac{W_{sl}}{W_c + W_{fl} + W_{sl}} = \text{slag/binder ratio} \tag{33}$$

$$R_{po/b} = \frac{W_{fl} + W_{sl}}{W_c + W_{fl} + W_{sl}} = \text{pozzolans/binder ratio} \tag{34}$$

$$R_{TA/b} = \frac{W_{CA} + W_{FA}}{W_c + W_{fl} + W_{sl}} = \text{aggregate/binder ratio} \tag{35}$$

$$R_{FA/TA} = \frac{W_{FA}}{W_{CA} + W_{FA}} = \text{fine aggregate/aggregate ratio} \tag{36}$$

其中 $R_{w/c}$ 爲水灰比；$R_{w/b}$ 爲水膠比；$R_{w/s}$ 爲水固比；$R_{SP/b}$ 爲強塑劑與膠結料之比例；$R_{fl/b}$ 爲飛灰佔膠結料之比例；$R_{sl/b}$ 爲爐石粉佔膠結料之比例；$R_{po/b}$ 爲飛灰與爐石粉之總量佔膠結料之比例；$R_{TA/b}$ 爲骨材總量對膠結料之比例；$R_{FA/TA}$ 爲細骨材佔骨材總量之比例。

6. 絕對體積限制

配比設計問題的特點爲材料組成的總體積需符合一常數。在混凝土配比設計中，由於混凝土是按體積計價，通常以立方公尺爲單位，因此配比設計時需符合體積總和爲一立方公尺的限制：

$$\frac{W_c}{G_c}+\frac{W_{fl}}{G_{fl}}+\frac{W_{sl}}{G_{sl}}+\frac{W_w}{G_w}+\frac{W_{SP}}{G_{SP}}+\frac{W_{CA}}{G_{CA}}+\frac{W_{FA}}{G_{FA}}=1000 \tag{37}$$

其中 G_C、G_F、G_S、G_W、G_{SP}、G_{CA}、G_{FA}爲水泥、飛灰、爐石粉、水、強塑劑、粗骨材、細骨材之比重。(37)式右側等於 1000 是因爲本配比之設計是要求 1 立方公尺混凝土所需之重量，重量 (*W*) 除以比重 (*G*) 所得之數値，爲該成份所佔之體積，以公升爲單位，其總和須爲 1 立方公尺，即 1000 公升。

整理上述之最佳化模式如下：

目標函數爲式(1)

成份用量限制函數爲式(2)-式(8)

工作度限制函數爲式(9)-式(10)

強度限制函數爲式(11)-式(18)

成份比例限制函數爲式(19)-式(27)

絕對體積限制函數爲式(37)

假設單位重量成本、用量限制、成份比重如表 15-26 所示，比例限制如表 15-27 所示。強度與工作度限制如表 15-28 所示。

上述最佳化模式在 CAFE 的設定爲

(1) 由視窗右上方的 Objective Function 表達目標函數式(1)。例如由表 15-34 可知，Cement 的係數爲單位成本爲 2.25。

(2) 由視窗左上方的 Input Variable Domain 表達「成份用量限制函數式(2)-式(8)」。例如由表 15-34 可知，Cement 的 Min=137, Max=374。

(3) 由視窗左下方的 Mix Constraint 表達混合限制式(37)。例如由表 15-34 可知，Cement 的係數爲比重之倒數 0.3175。

(4) 由視窗中間的 Constraint Function 表達

□ 工作度限制函數爲式(9)-式(10)由第 1~2 列表達。例如由表 15-36 可知

$Slump \geq 15$

使用者可在第 1 列 Slump 格子填入「1」，選「>」，在 Constant 格子填入「15」。不過當存檔再次載入後，系統會自動將「>」的限制改爲「<」的限制，即

$-Slump \leq -15$

□ 強度限制函數爲式(11)-式(18)只需考慮 3-day 與 28-day，由第 3~4 列表達。例如由表 15-36 可知

$S^3 \geq 14$

使用者可在第 3 列 3-day 格子填入「1」，選「>」，在 Constant 格子填入「14」。不過當存檔再次載入後，系統會自動將「>」的限制改為「<」的限制，即
$-S^3 \leq -14$

□　成份比例限制函數為式(19)-式(27)由第 5~22 列表達。但要注意限制式必須是線性函數，例如由表 15-35 可知

$$0.6<\frac{W_w+W_{SP}}{W_c}<1.6$$

必須寫成

下限限制 (Constraint Function 第 5 列)	上限限制 (Constraint Function 第 14 列)
將 $\frac{W_w+W_{SP}}{W_c}>0.6$	將 $\frac{W_w+W_{SP}}{W_c}<1.6$
改寫為 $W_w+W_{SP}>0.6\cdot W_c$	改寫為 $W_w+W_{SP}<1.6\cdot W_c$
再改為 $-0.6\cdot W_c+W_w+W_{SP}>0$	再改為 $-1.6\cdot W_w+W_w+W_{SP}<0$

使用者可在第 5 列 cement, water, SP 格子填入-0.6, 1, 1，選「>」，在 Constant 格子填入「0」來表達 $-0.6\cdot W_c+W_w+W_{SP}>0$ 此一下限限制。不過當存檔再次載入後，系統會自動將「>」的限制改為「<」的限制，即改為
$0.6\cdot W_c-1\cdot W_w-1\cdot W_{SP}<0$ 。

表 15-26 單位重量成本、用量限制、成份比重

名稱	成份	單位重量成本 (NT dollar/kg)	下限 (kg/m^3)	上限 (kg/m^3)	比重	1/比重
cement	水泥	2.25	140	350	3.15	0.3175
fly-ash	飛灰	0.6	0	200	2.22	0.4505
slag	爐石粉	1.2	0	240	2.85	0.3509
water	水	0.01	150	250	1.00	1.0000
SP	強塑劑	25.1	3	15	1.20	0.8333
CA	粗骨材	0.236	780	1050	2.54	0.3937
FA	細骨材	0.28	640	900	2.66	0.3759

表 15-27 各種成份間用量的比例限制

名稱	英文意義	中文意義	下限	上限
$R_{w/c}$	Water/cement ratio	水灰比	0.6	1.6
$R_{w/b}$	Water/binder ratio	水膠比	0.3	0.7
$R_{w/s}$	Water/solid ratio	水固比	0.08	0.12
$R_{SP/b}$	SP/binder ratio	強塑劑與膠結料之比例	0.013	0.040
$R_{fl/b}$	fly ash/binder ratio	飛灰佔膠結料之比例	0.0	0.55
$R_{sl/b}$	slag/binder ratio	爐石粉佔膠結料之比例	0.0	0.60
$R_{po/b}$	pozzolans/binder ratio	飛灰爐石粉之總量佔膠結料比例	0.25	0.70
$R_{TA/b}$	aggregate/binder ratio	粗細骨材之總量對膠結料之比例	2.7	6.4
$R_{FA/TA}$	fine aggregate/aggregate ratio	細骨材佔粗細骨材總量之比例	0.40	0.52

表 15-28 強度與工作度限制

名稱	意義	品質期望
slump	坍度	>15 cm
flow	坍流度	> 40 cm
3-day	3 天抗壓強度	>14 MPa
7-day	7 天抗壓強度	NA
14-day	14 天抗壓強度	NA
28-day	28 天抗壓強度	>40 MPa
56-day	56 天抗壓強度	NA
90-day	90 天抗壓強度	NA
180-day	180 天抗壓強度	NA
365-day	365 天抗壓強度	NA

完整的參數優化所用的參數如圖 15-72 與圖 15-73。上述最佳化模式極為複雜，CAFE 可以完整地表達所有的限制，可以看出 CAFE 的最佳化模式很有彈性。最佳化結果如圖 15-74。

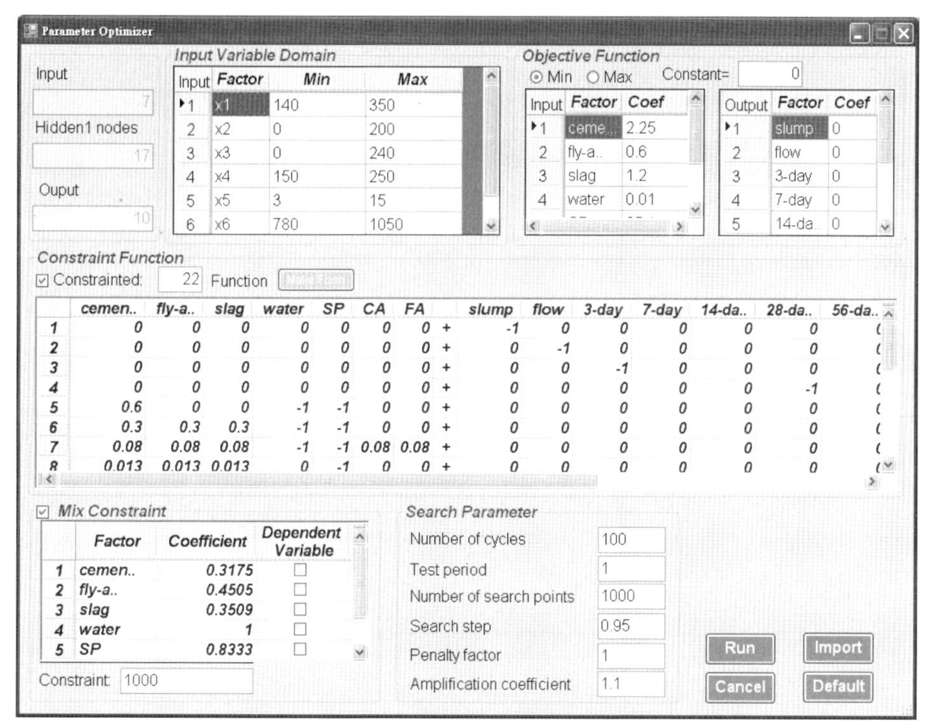

圖 15-72 實例 7：參數優化所用的參數 (1)

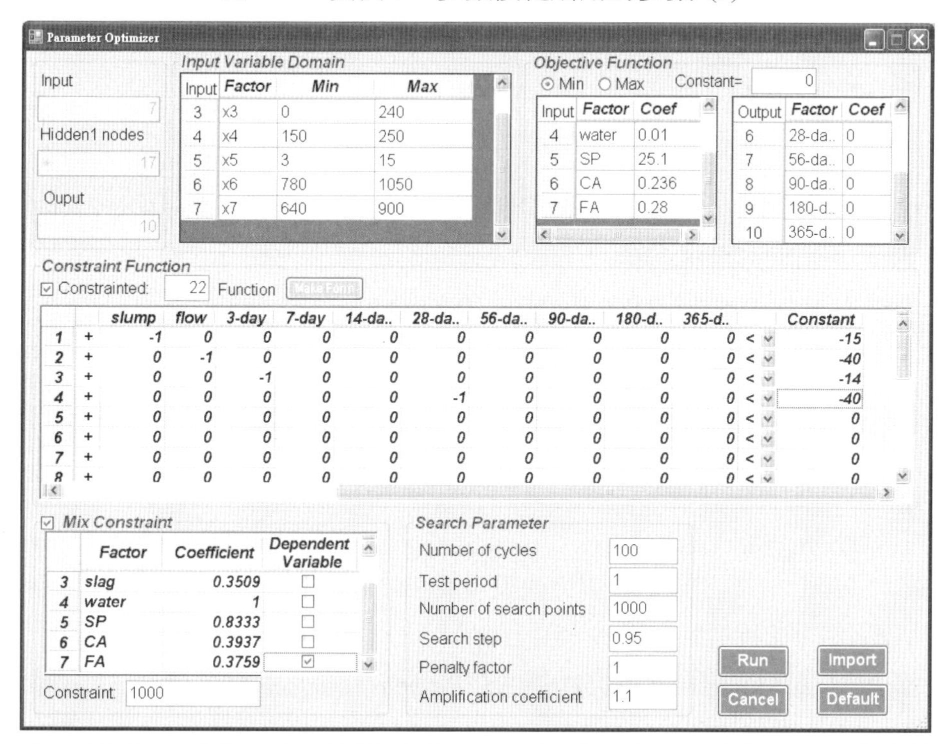

圖 15-73 實例 7：參數優化所用的參數 (2) (因表格太大，將表格向下或向右捲動)

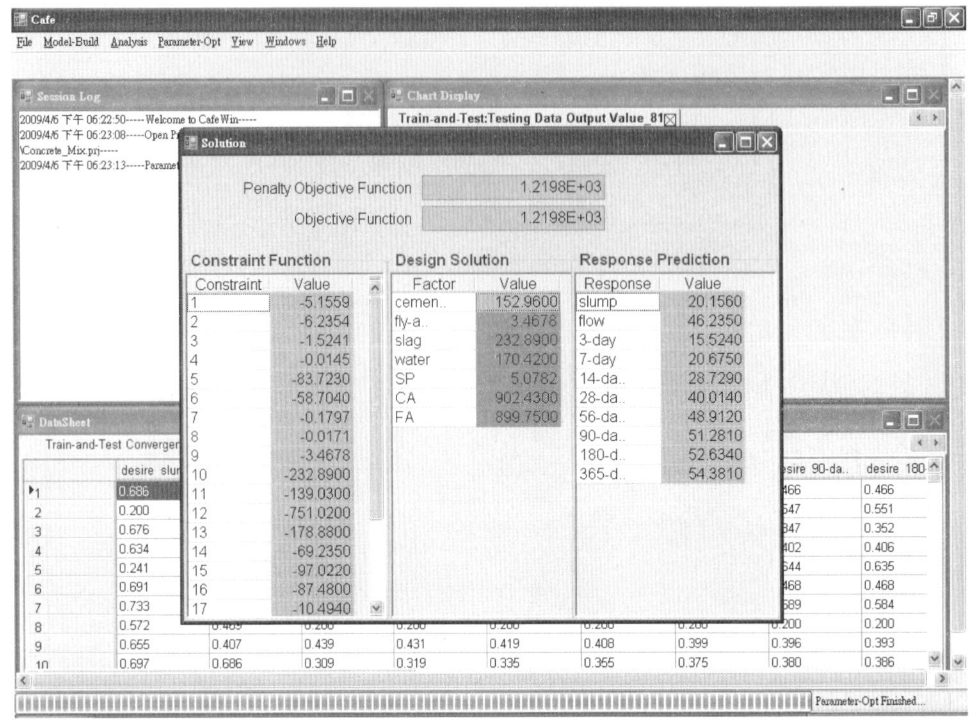

圖 15-74 最佳化結果

本章參考文獻

[1] Myers, R. H. & Montgomery, D. C., 1995, *Response Surface Methodology*, John Wiley & Sons, Inc, New York, 553.

[2] Stat-Ease, *Design Expert Version 6 User's Guide*, Section 7 (2000).

[3] Yin, H., Chen, Z., Gu, Z., and Han, Y., 2009, "Optimization of natural fermentative medium for selenium-enriched yeast by D-optimal mixture design," LWT - *Food Science and Technology*, 42, 327–331.

[4] 壽正琪，2006，「成本受限下混合實驗之最佳化演算法」，國立交通大學，工業工程與管理學系，碩士論文。

[5] 蘇俊榮，2005，「應用灰色多屬性決策演算法於混合實驗最佳化之研究」，國立交通大學，工業工程與管理學系，碩士論文。

[6] Myers, R. H. & Montgomery, D. C., 1995, *Response Surface Methodology*, John Wiley & Sons, Inc, 1995, New York, p.621.

[7] Didier, C., Etcheverrigaray, M., Kratje, R., Goicoechea, H. C., 2007, "Crossed mixture design and multiple response analysis for developing complex culture media used in recombinant protein production," *Chemometrics and Intelligent Laboratory Systems*, 86, 1-9.

[8] Yeh, I-Cheng, 2009, "Optimization of concrete mix proportioning using flatted simplex-centroid mixture design and neural networks," *Engineering with Computers*, 25(2), 179-190.

[9] Yeh, I-Cheng, 2007, "Computer-aided design for optimum concrete mixture," *Cement and Concrete Composites*, 29(3), 193-202.

[10] Yeh, I-Cheng, 2003, "A mix Proportioning Methodology for Fly Ash and Slag Concrete Using Artificial Neural Networks," 中華理工學刊, 1(1), 77-84.

[11] 葉怡成、陳怡成、柯泰至、彭釗哲、柑俊晟與陳家偉，2002，「以類神經網路作高性能混凝土最佳配比設計之研究」，技術學刊，17(4), 第 583-591 頁。

[12] Yeh, I-Cheng, 1999, "Design of High Performance Concrete Mixture Using Neural Networks," *J. of Computing in Civil Engineering*, ASCE, 13(1), 36-42.

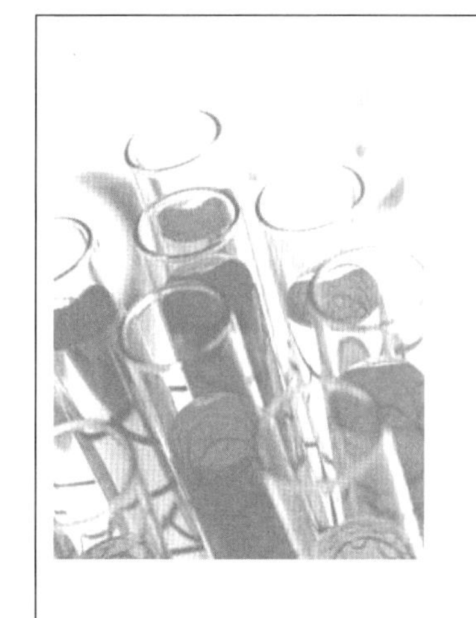

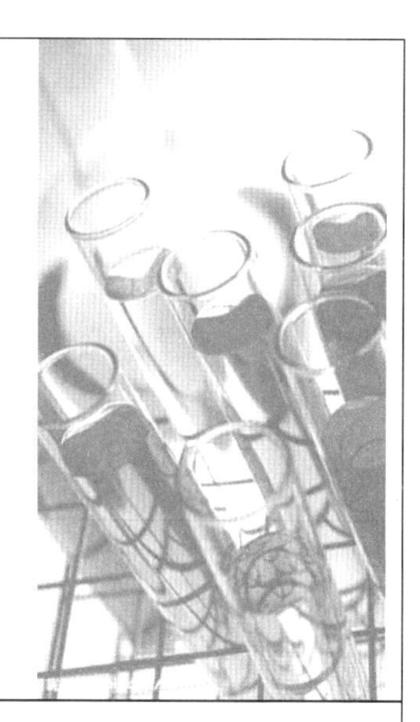

第16章
結論

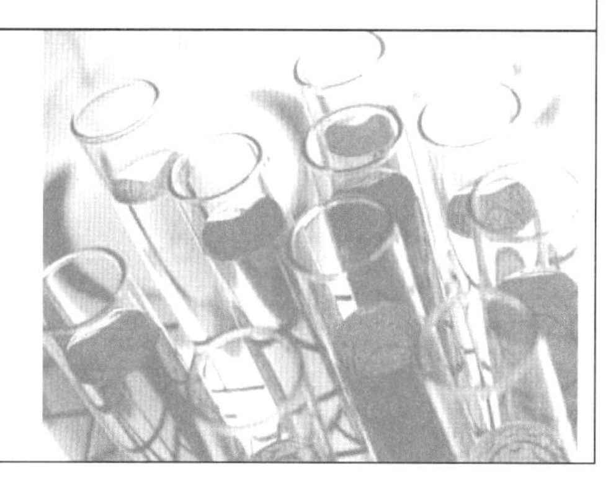

本書以「實驗設計、模型建構、參數優化」三程序的方法論來介紹實驗計畫法，並且盡可能將深奧的理論以淺顯但不失深度的方式介紹給讀者。

本書介紹兩種方法：

☐ 基於迴歸分析的實驗計畫法：本書以 Design Expert 軟體爲例，並提供 45 天試用版軟體。

☐ 基於神經網路的實驗計畫法：本書以 CAFE 軟體爲例，並提供 30 天試用版軟體。

表 16-1 爲這兩種方法的比較。此外，神經網路較易發生過度學習現象，CAFE 採用交叉驗證法，可避免此缺點；以及它本身是一個黑箱模型，缺少解釋輸入、輸出變數之間關係的能力，CAFE 提供敏感性分析與帶狀主效果圖，可改善此缺點。

簡言之，基於迴歸分析的實驗計畫法簡單易用，但對一些高度非線的問題可能準確度不足；而基於神經網路的實驗計畫法正好相反。前者可視爲入門方法，而後者可做爲進階方法，兩者都有其實用價值。

表 16-1 基於迴歸分析的實驗計畫法與基於神經網路的實驗計畫法之比較

	基於迴歸分析的實驗計畫法 (以 Design Expert 爲例)	基於神經網路的實驗計畫法 (以 CAFE 爲例)
優點	(1) 很少參數需設定。 (2) 電腦所需計算時間較短。 (3) 迴歸係數有唯一解。 (4) 可產生公式。	(1) 模型的準確度較高。 (2) 採用交叉驗證法，誤差的評估較可靠。 (3) 最佳化模式具很大的彈性與精準性。
缺點	(1) 模型的準確度較低。 (2) 未採用交叉驗證法，誤差的評估較不可靠(傾向低估)。 (3) 最佳化模式較不具彈性與精準性。	(1) 有較多參數需設定。 (2) 電腦所需計算時間較長。 (3) 網路模型無唯一解。 (4) 無法產生簡明的公式。

附錄A Design Expert使用範例

A.1 簡介

A.2 IC 封裝黏模力之改善（L18 田口方法）

A.3 高速放電製程之改善（L18 田口方法）

A.4 副乾酪乳桿菌培養基最佳化（反應曲面法）

A.5 粗多醣提取最佳化（反應曲面法）

A.6 富硒酵母培養基混合設計最佳化（Mixture Design）

A.1 簡介

本書經由 **Stat-Ease, Inc** 公司書面同意可隨書提供 Design Expert 試用版。本書例題是用 Design Expert 6，但此版本已不再提供，因此本書光碟內版本爲 Design Expert 7(有效期間 45 天)，但兩個版本的操作方式差異很小。

裝機方法十分簡單，只要將光碟內的 dx7-trial 複製貼到桌面，點二下開啓，接著依其指示操作，即可完成裝機，但要注意裝機後只有 45 天的有效期間。

在 Design Expert 建立一個應用的標準步驟如下：

實驗設計階段

步驟 1. 實驗設計：選擇一種實驗設計，設定實驗因子(自變數)的數目與値域，與反應變數(因變數)的數目。系統會產生一個由實驗因子(自變數)組成的實驗表。

步驟 2. 實驗實施：依實驗表實驗因子(自變數)進行實驗，記錄反應變數(因變數)。

步驟 3. 數據輸入：將實驗得到的反應變數(因變數)數據塡入實驗表。

模型建構階段

步驟 4. 變數轉換：對反應變數(因變數)進行非線性變數轉換。

步驟 5. 配適摘要：分析模型中各實驗因子所能解釋的反應變數(因變數)變異。

步驟 6. 模型選擇：挑選變異較大的實驗因子與交互作用留在模型之中。

步驟 7. 變異分析：分析模型中各實驗因子所能解釋的變異，並產生迴歸公式。

步驟 8. 殘差診斷：診斷反應變數(因變數)的殘差是否正常。

步驟 9. 模型圖示：以圖形展示迴歸模型。

參數優化階段

步驟 10. 準則設定：對所有實驗因子(自變數)與反應變數(因變數)設定準則。

步驟 11. 優化求解：系統以內建演算法尋找使「綜合滿意度」最大化的解答。

步驟 12. 解答圖示：在等高線圖上標示最佳解的位置。

本章往後各節將介紹五個使用範例：

- IC 封裝黏模力之改善（L18 田口方法）
- 高速放電製程之改善（L18 田口方法）
- 副乾酪乳桿菌培養基最佳化（反應曲面法）
- 粗多醣提取最佳化（反應曲面法）
- 富硒酵母培養基混合設計最佳化（Mixture Design）

這些範例都可在第 9~11 章找到完整的結果。

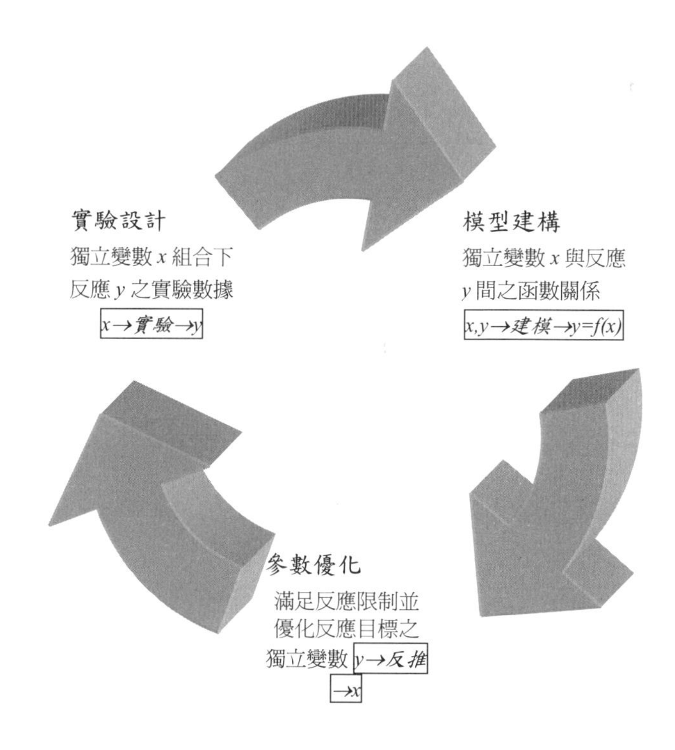

圖 A-1 Design Expert 的程序

A.2 IC 封裝黏模力之改善（L18 田口方法）

本例題詳細內容請參考文獻[1]，文獻中探討模具的表面處理對於封膠材料的黏著效應。實驗因子參考表 A-1，反應變數參考表 A-2，使用 L18 直交表來進行實驗。

表 A-1 使用範例一：實驗因子的水準

因子	水準一	水準二	水準三
A：模具表面粗糙度(Mold Surface Roughness)	Ra2.0	Ra0.5	
B：模具表面處理(Mold Surface Treatment)	Cr-Flon 鍍層	電鍍硬鉻	
C：灌膠壓力(Filling Pressure)	75 kgf/cm^2	90 kgf/cm^2	105 kgf/cm^2
D：模具溫度(Mold Temperature)	160 °C	170 °C	180 °C
E：預熱時間(ResinPreheat Time)	8 sec	15 sec	22 sec
F：固化時間(Curing Time)	100 sec	150 sec	200 sec

表 A-2 使用範例一：反應變數

名稱	意義	品質期望
Y1	黏模力量 S/N(望小訊號雜訊比)	最大化訊號雜訊比
Y2	黏模力量平均值	(望小)
Y3	黏模力量標準差	(望小)

實驗設計階段

步驟 1. 實驗設計

在 Design Expert 建立一個應用的第一個步驟是選擇一種實驗設計，因爲有二個二水準與四個三水準的實驗因子(自變數)，因此選 L18(2^2x3^6) (如圖 A-2)。

接著設定反應變數的數目(如圖 A-3)。系統會產生一個由實驗因子(自變數)組成的實驗表(如圖 A-4，在此階段，末三欄的反應變數空白)。

步驟 2. 實驗實施：依實驗表實驗因子(自變數)進行實驗，記錄反應變數(因變數)。

步驟 3. 數據輸入：將實驗得到的反應變數(因變數)數據填入實驗表(如圖 A-4，在此階段，反應變數數據填入末三欄)。

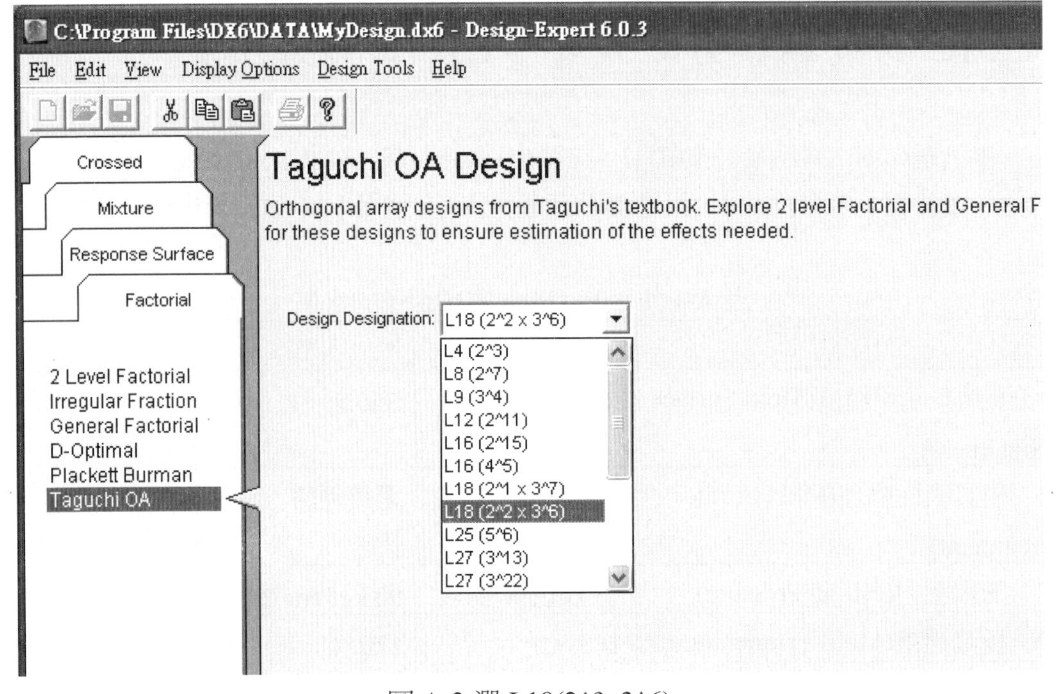

圖 A-2 選 L18(2^2x3^6)

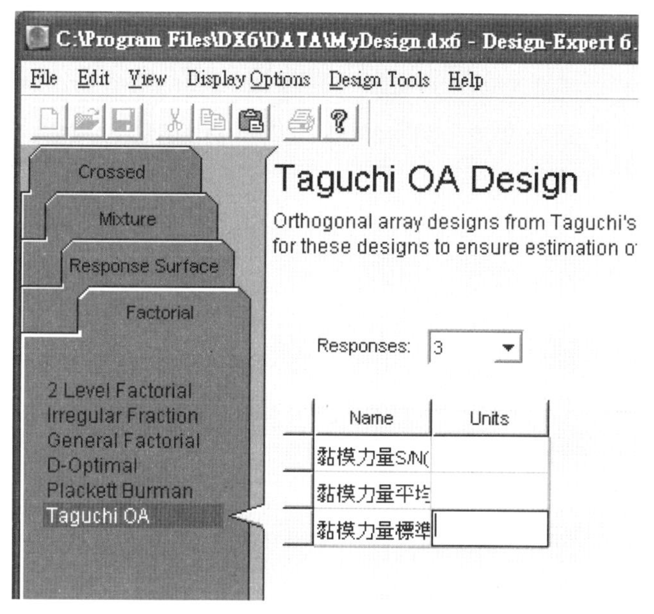

圖 A-3 設定反應變數的數目

C:\Program Files\DX6\DATA\IC_ Adhesion.dx6 - Design-Expert 6.0.3

File Edit View Display Options Design Tools Help

Notes for IC_ Adhesion.dx
Status
Evaluation
Analysis
黏模力量S/N(望小
黏模力量平均值
黏模力量標準差
Optimization
Numerical
Graphical
Point Prediction

Std	Run	Block	Factor 1 A:A	Factor 2 B:B	Factor 3 C:C	Factor 4 D:D	Factor 5 E:E	Factor 6 F:F	Response 1 黏模力量S/N(	Response 2 黏模力量平均	Response 3 黏模力量標準
6	1	Block 1	1	1	1	1	1	1	-36.78	68.52	8.02
12	2	Block 1	1	1	1	2	1	3	-39.67	95.61	10.83
17	3	Block 1	1	1	2	3	2	1	-34.45	52.43	6.23
3	4	Block 1	1	1	2	2	2	2	-35.62	59.71	9.22
2	5	Block 1	1	1	3	3	3	3	-29.15	28.3	4.6
7	6	Block 1	1	1	3	1	3	2	-31.35	35.99	8.36
10	7	Block 1	1	2	1	1	2	2	-38.62	84.89	8.38
1	8	Block 1	1	2	2	2	3	3	-33.75	48.14	7.33
4	9	Block 1	1	2	3	3	1	1	-37.7	75.94	11.21
13	10	Block 1	2	1	1	3	3	2	-36.93	70.14	4.02
11	11	Block 1	2	1	2	1	1	3	-38.42	82.81	9.81
18	12	Block 1	2	1	3	2	2	1	-34.69	53.65	8.17
5	13	Block 1	2	2	1	2	3	1	-37.21	72.4	4.7
8	14	Block 1	2	2	1	3	2	3	-38.93	88.04	7.96
14	15	Block 1	2	2	2	3	1	2	-39.92	97.94	15.18
16	16	Block 1	2	2	2	1	3	1	-36.28	65.1	2.66
9	17	Block 1	2	2	3	2	1	2	-40.47	103.75	19.64
15	18	Block 1	2	2	3	1	2	3	-37.07	71.07	6.93

圖 A-4 將實驗得到的反應變數(因變數)數據填入實驗表

模型建構階段

本題有三個反應變數(因變數)，故要建立三個模型，因此以下步驟要作三次，下面只示範第一個反應變數(因變數)的模型建構過程。

步驟 4. 變數轉換：本題無變數轉換。
步驟 5. 配適摘要：分析模型中各實驗因子所能解釋的反應變數(因變數)的變異。
步驟 6. 模型選擇：挑選變異較大的實驗因子與交互作用留在模型之中。

在田口方法時，步驟 5 與步驟 6 合併爲一個稱爲「Effects」的步驟，即挑選變異較大(即效果較大)的實驗因子與交互作用留在模型之中(圖 A-5 與圖 A-6)。在此挑選 A~F 六個因子。

C:\Program Files\DX6\DATA\IC_ Adhesion.dx6 - Design-Expert 6.0.3

File Edit View Display Options Design Tools Help

Notes for IC_ Adhesion.dx6
Design
Status
Evaluation
Analysis
黏模力量平均值
黏模力量標準差
Optimization
Numerical
Graphical
Point Prediction

Transform | Effects | ANOVA | Diagnostics | Model Graphs

	Term	DF	Sum of Squares	Mean Square	F Value	Prob > F	% Contribution
	Intercept						
e	A	1	28.96	28.96			19.24
e	B	1	14.59	14.59			9.69
e	C	2	26.22	13.11			17.42
e	D	2	1.62	0.81			1.08
e	E	2	66.73	33.36			44.33
e	F	2	3.82	1.91			2.54
e	AB	1	0.31	0.31			0.20
~	AC		Aliased				
e	AD	2	5.25	2.63			3.49

圖 A-5 分析模型中各實驗因子所能解釋的反應變數(因變數)的變異

C:\Program Files\DX6\DATA\IC_ Adhesion.dx6 - Design-Expert 6.0.3

File Edit View Display Options Design Tools Help

Notes for IC_ Adhesion.dx6
Design
Status
Evaluation
Analysis
黏模力量平均值
黏模力量標準差
Optimization
Numerical
Graphical
Point Prediction

Transform | Effects | ANOVA | Diagnostics | Model Graphs

	Term	DF	Sum of Squares	Mean Square	F Value	Prob > F	% Contribution
	Intercept						
M	A	1	28.96	28.96			19.24
M	B	1	14.59	14.59			9.69
M	C	2	26.22	13.11			17.42
M	D	2	1.62	0.81			1.08
M	E	2	66.73	33.36			44.33
M	F	2	3.82	1.91			2.54
e	AB	1	0.31	0.31			0.20
~	AC		Aliased				
e	AD	2	5.25	2.63			3.49

圖 A-6 挑選變異較大的實驗因子與交互作用留在模型之中(圖中標爲 M 的項)

步驟 7. 變異分析：分析模型中各實驗因子所能解釋的變異，並產生迴歸公式(圖 A-7~圖 A-10)。

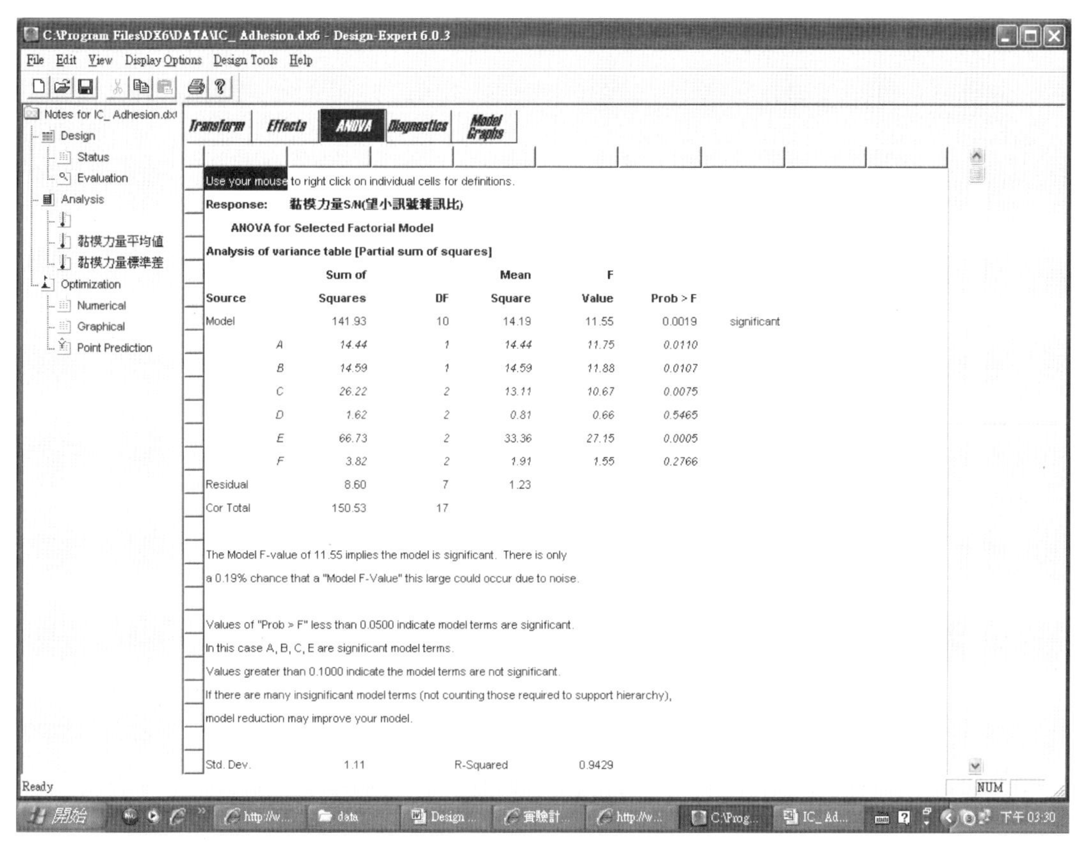

圖 A-7 變異分析 (Part 1)：ANOVA 分析

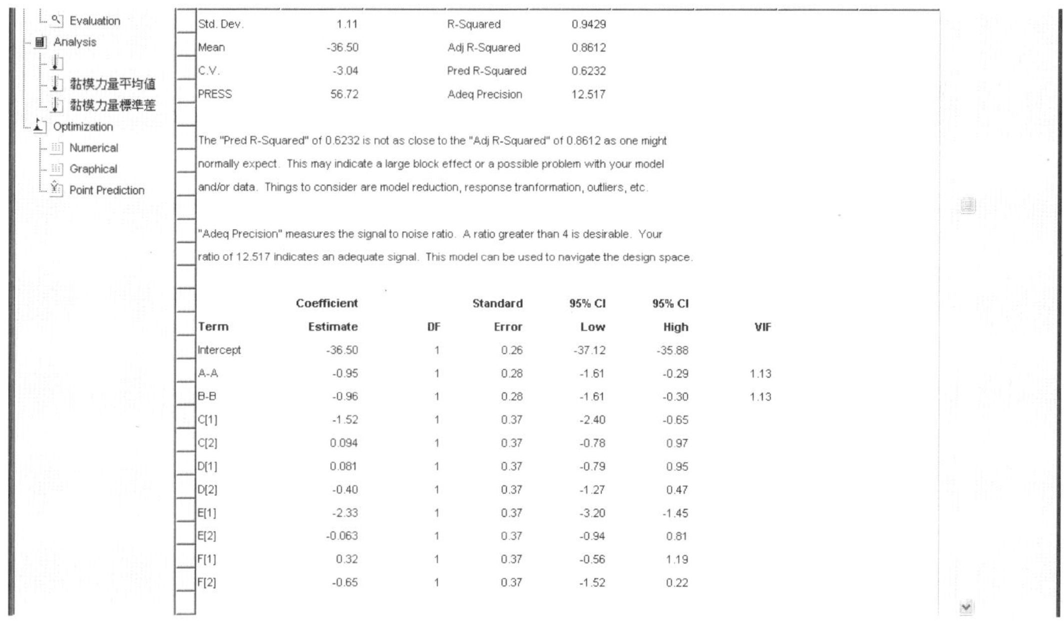

圖 A-8 變異分析 (Part 2)：迴歸係數的統計分析

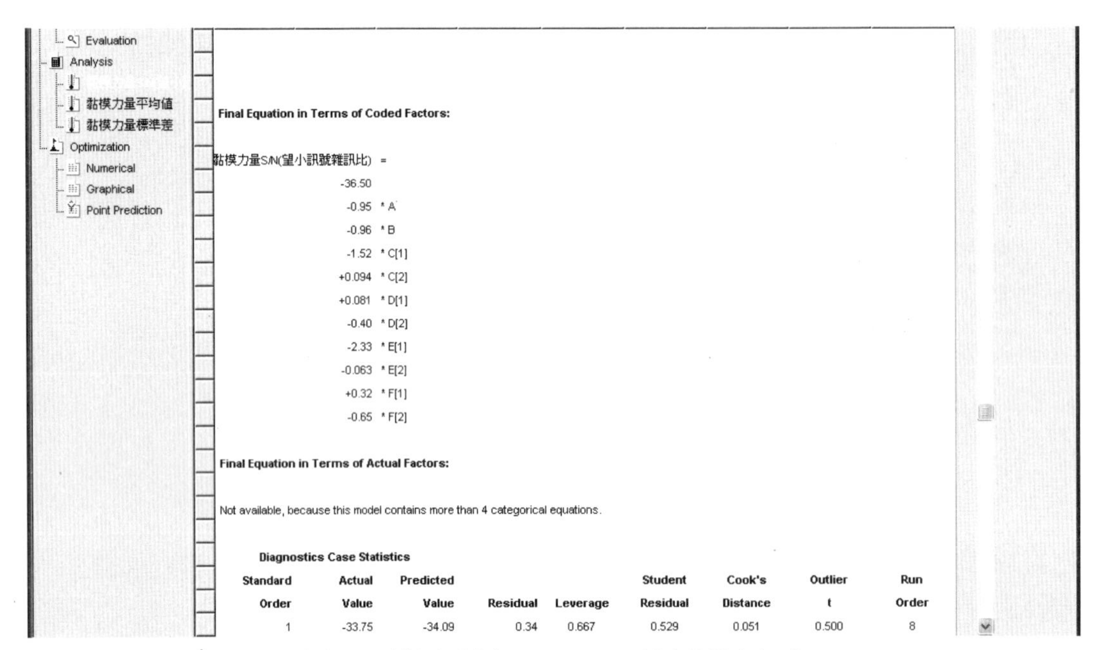

圖 A-9 變異分析 (Part 3)：列出迴歸公式

Standard Order	Actual Value	Predicted Value	Residual	Leverage	Student Residual	Cook's Distance	Outlier t	Run Order
1	-33.75	-34.09	0.34	0.667	0.529	0.051	0.500	8
2	-29.15	-30.12	0.97	0.583	1.358	0.235	1.465	5
3	-35.62	-35.62	-3.333E-003	0.583	-0.005	0.000	-0.004	4
4	-37.70	-36.77	-0.93	0.667	-1.458	0.387	-1.618	9
5	-37.21	-37.63	0.42	0.583	0.580	0.043	0.550	13
6	-36.78	-38.05	1.27	0.583	1.773	0.400	2.210	1
7	-31.35	-31.35	-1.667E-003	0.583	-0.002	0.000	-0.002	6
8	-38.93	-39.33	0.40	0.583	0.566	0.041	0.536	14
9	-40.47	-40.36	-0.11	0.583	-0.161	0.003	-0.149	17
10	-38.62	-38.66	0.042	0.667	0.065	0.001	0.060	7
11	-38.42	-38.31	-0.11	0.667	-0.169	0.005	-0.157	11
12	-39.67	-38.51	-1.16	0.583	-1.621	0.334	-1.899	2
13	-36.93	-35.96	-0.97	0.667	-1.516	0.418	-1.712	10
14	-39.92	-40.97	1.05	0.583	1.465	0.273	1.629	15
15	-37.07	-36.62	-0.45	0.583	-0.624	0.050	-0.595	18
16	-36.28	-35.53	-0.75	0.583	-1.053	0.141	-1.062	16
17	-34.45	-33.93	-0.52	0.583	-0.729	0.068	-0.702	3
18	-34.69	-35.22	0.53	0.667	0.820	0.122	0.799	12

Proceed to Diagnostic Plots (the next icon in progression). Be sure to look at the:

1) Normal probability plot of the studentized residuals to check for normality of residuals.
2) Studentized residuals versus predicted values to check for constant error.
3) Outlier t versus run order to look for outliers, i.e., influential values.
4) Box-Cox plot for power transformations.

If all the model statistics and diagnostic plots are OK, finish up with the Model Graphs icon.

圖 A-10 變異分析 (Part 4)：列出各實驗的實際值與預測值

步驟 8. 殘差診斷：診斷反應變數的殘差是否正常(圖 A-11)。

步驟 9. 模型圖示：以圖形展示迴歸模型。可以看出因子 C 與 E 是影響力最大者(圖 A-12)。

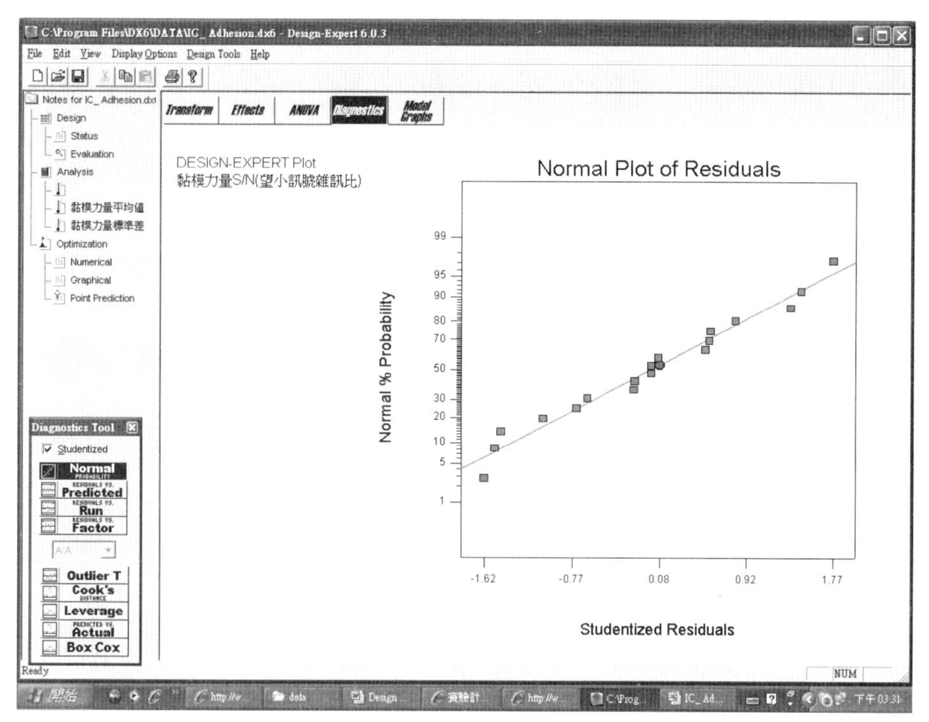

圖 A-11 殘差常態圖

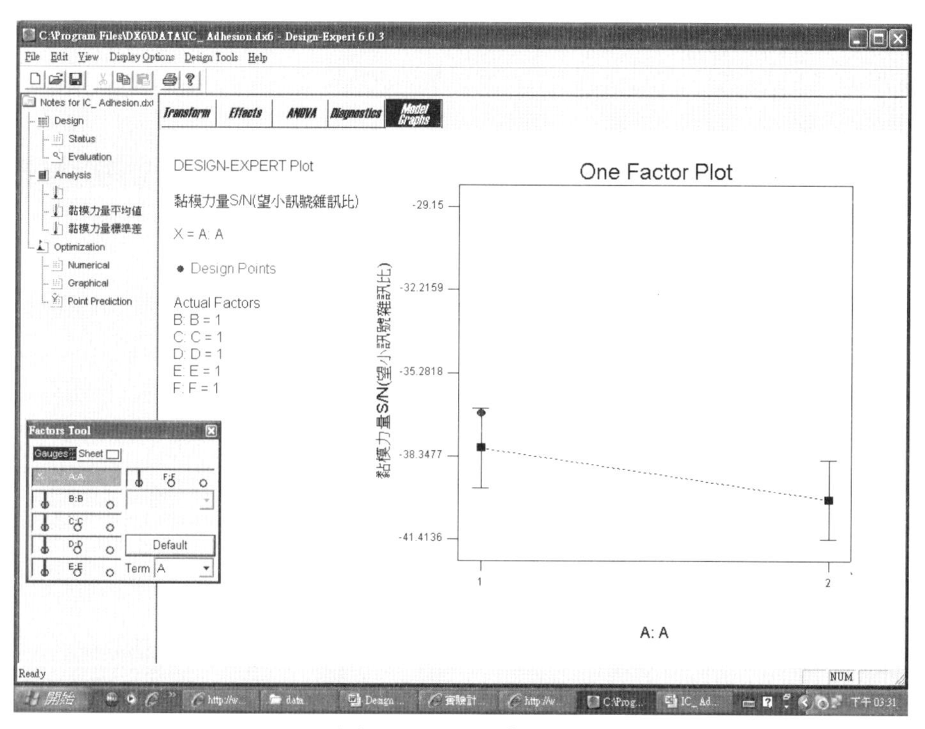

圖 A-12 因子效果圖

參數優化階段

步驟 10. 準則設定：對所有實驗因子(自變數)與反應變數(因變數)設定準則(圖 A-13)。

步驟 11. 優化求解：系統以內建演算法尋找使「綜合滿意度」最大化的解答(圖 A-14)。

步驟 12. 解答圖示：省略。

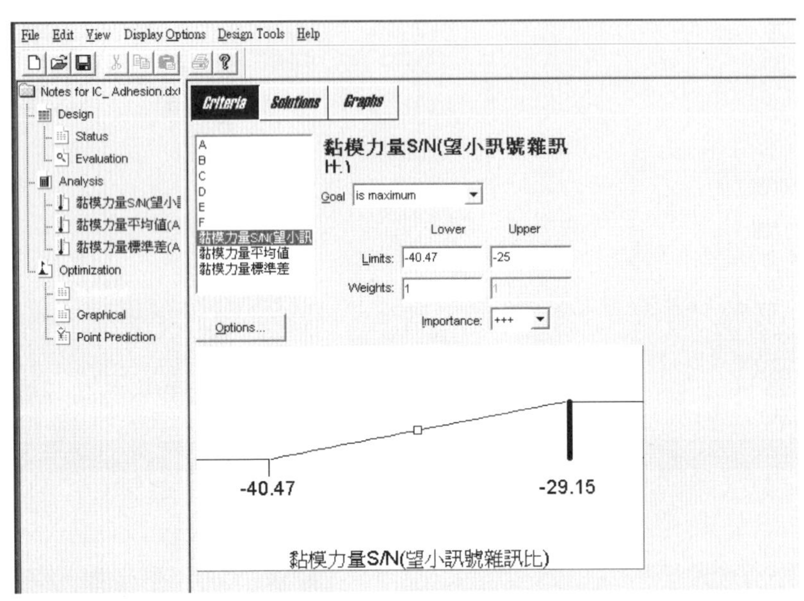

圖 A-13 準則設定：對所有實驗因子(自變數)與反應變數(因變數)設定準則

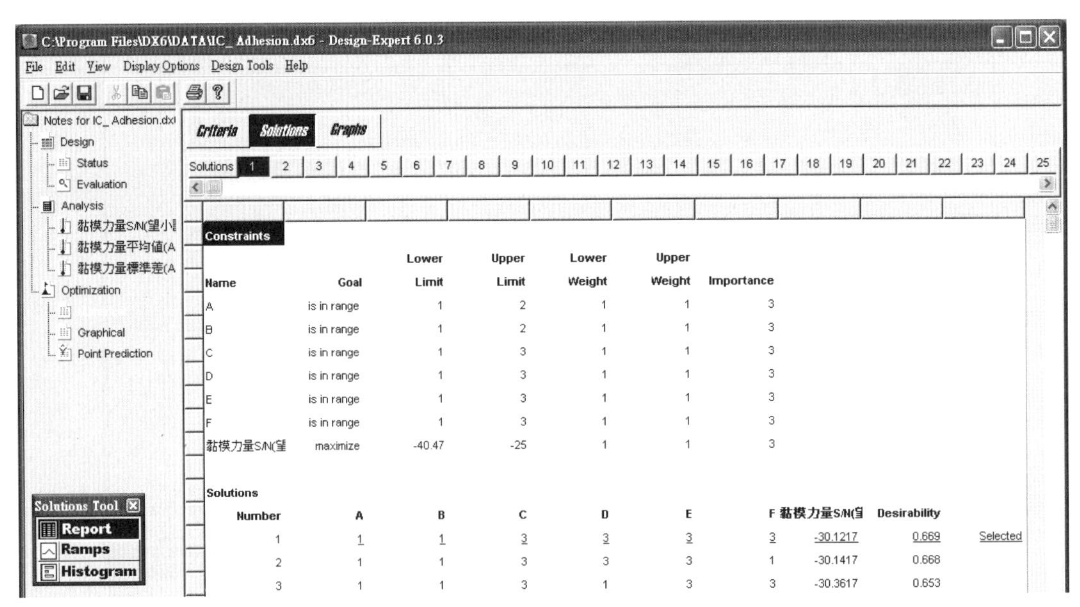

Constraints

Name	Goal	Lower Limit	Upper Limit	Lower Weight	Upper Weight	Importance
A	is in range	1	2	1	1	3
B	is in range	1	2	1	1	3
C	is in range	1	3	1	1	3
D	is in range	1	3	1	1	3
E	is in range	1	3	1	1	3
F	is in range	1	3	1	1	3
黏模力量S/N(望	maximize	-40.47	-25	1	1	3

Solutions

Number	A	B	C	D	E	F	黏模力量S/N(望	Desirability	
1	1	1	3	3	3	3	-30.1217	0.669	Selected
2	1	1	3	3	3	1	-30.1417	0.668	
3	1	1	3	1	3	3	-30.3617	0.653	

圖 A-14 優化求解：系統以內建演算法尋找使「綜合滿意度」最大化的解答

A.3 高速放電製程之改善（L18田口方法）

本例題詳細內容請參考文獻[2]，文獻中探討放電加工的品質特性。設計變數參考表 A-3，反應變數參考表 A-4，使用 L18 直交表來進行實驗。本使用範例的目的在示範如何設定較複雜的「最佳化」模式，因此直接開啓舊專案，並直接設定「最佳化」模式。

表 A-3 使用範例一：因子的水準

	Control factors	水準一	水準二	水準三	
A	Open circuit Voltage(V)	123	230		
B	Pluse time(Ton:Us)	12	75	400	
C	Duty cycle(CD:%)	33	50	66	
D	Peak value of discharge current(Ip:A)	12	18	24	for C1
		8	12	16	for C2
		6	9	12	for C3
E	Powder concentration(Al:cm3/1)	0.1	0.3	0.5	
F	Regular distance for electrode lift(mm)	1	6	12	
G	Time interval for electrode lift(sec)	0.6	2.5	4	
H	Powder size (Um)	1	15	40	

表 A-4 使用範例一：反應變數

名稱	意義	品質期望
Y1	尺寸精度　(望小訊號雜訊比)	最大化訊號雜訊比
Y2	尺寸準度　(beta)	望目 1.0
Y3	表面粗造糙度（望小訊號雜訊比)	最大化訊號雜訊比

本題與前一題十分相似，但在實驗設計時，因爲有一個二水準與七個三水準的實驗因子(自變數)，因此選 L18(2^1x3^7)。以下只顯示「步驟 10 準則設定」與「步驟 11 優化求解」。

步驟 10. 準則設定：對所有實驗因子(自變數)與反應變數(因變數)設定準則。

假設此問題的最佳化模式如下(圖 A-15)：

Max Y1

0.980<Y2<1.02

Y3>-16

步驟 11. 優化求解：系統以內建演算法尋找使「綜合滿意度」最大化的解答(圖 A-16)。最佳設計為{A1B1C3D1E3F3G1H3}。

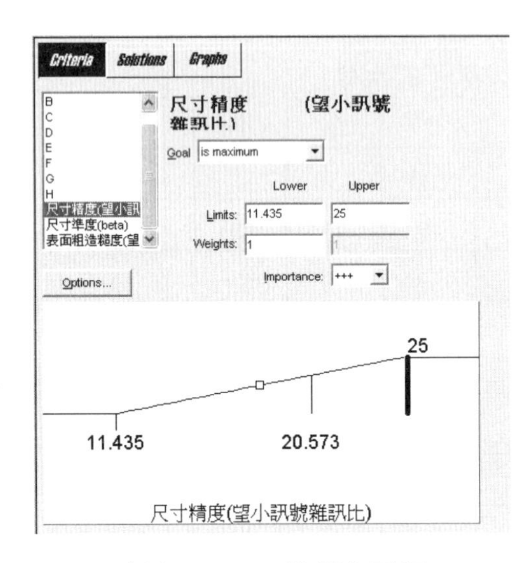

(表達 Max Y1 的優化目標)

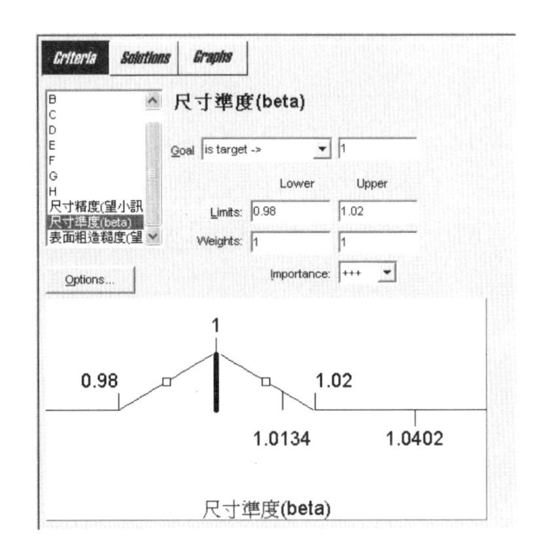

(表達 0.980<Y2<1.02 的限制)

(表達 Y3>-16 的限制)

圖 A-15 準則設定：對所有實驗因子(自變數)與反應變數(因變數)設定準則。

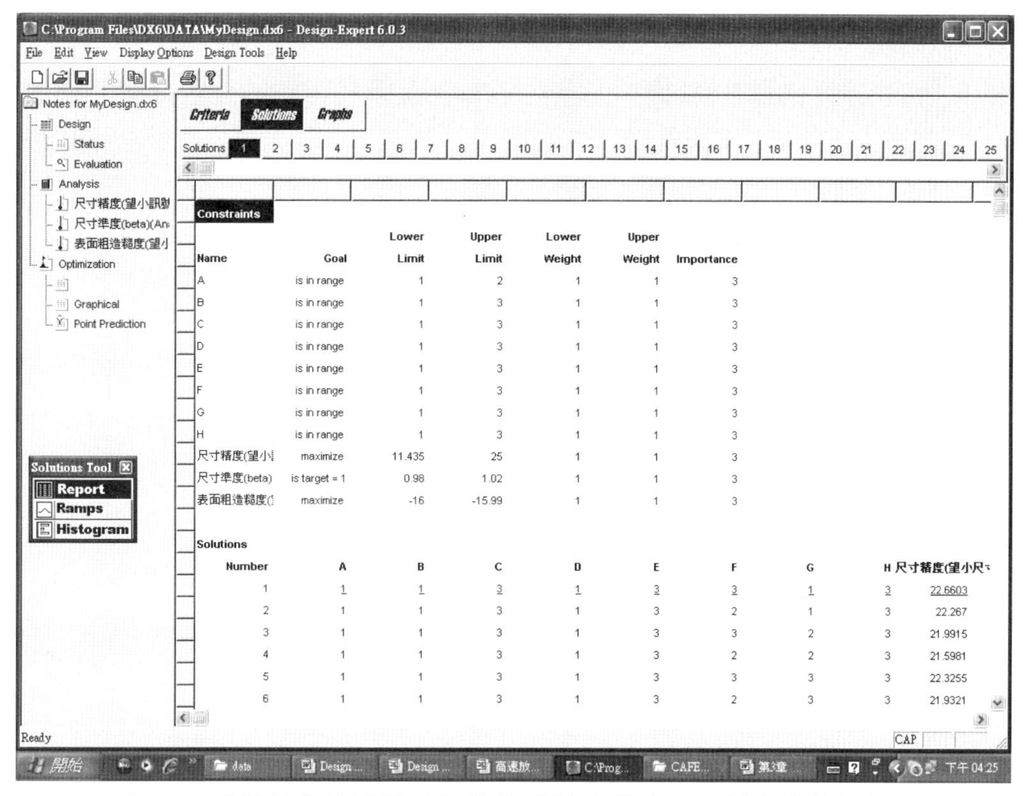

圖 A-16 系統以內建演算法尋找使「綜合滿意度」最大化的解答。

A.4 副乾酪乳桿菌培養基最佳化（反應曲面法）

本例題詳細內容請參考文獻[3]。設計變數參考表 A-5，反應變數參考表 A-6，使用中央合成設計(CCD)來進行實驗。

表 A-5 使用範例一：因子的水準

		-1.682	-1	0	1	1.682
X1	葡萄糖	2.08	2.24	2.48	2.72	2.88
X2	酵母粉	0.206	0.22	0.24	0.26	0.274
X3	牛肉膏	0.763	0.79	0.83	0.88	0.897

表 A-6 使用範例一：反應變數

名稱	意義	品質期望
Y	細菌素的效價(IU/mL)	最大化

實驗設計階段

步驟 1. 實驗設計：選擇 RSM 的中央合成設計，設定實驗因子(自變數)的數目與值域，如圖 A-17，與反應變數(因變數)的數目，如圖 A-18。系統會產生一個由實驗因子(自變數)組成的實驗表，如圖 A-19。

步驟 2. 實驗實施：依實驗表實驗因子(自變數)進行實驗，記錄反應變數(因變數)。

步驟 3. 數據輸入：將實驗得到的反應變數(因變數)數據填入實驗表，如圖 A-20。

模型建構階段

步驟 4. 變數轉換：對反應變數(因變數)進行非線性變數轉換，如圖 A-21。

步驟 5. 配適摘要：分析模型中各實驗因子所能解釋的反應變數變異，如圖 A-22 與 23。

步驟 6. 模型選擇：挑選變異較大的實驗因子與交互作用留在模型之中(如圖 A-24)。

步驟 7. 變異分析：分析模型中各實驗因子所能解釋的變異，並產生迴歸公式，如圖 A-25~28。

步驟 8. 殘差診斷：診斷反應變數的殘差是否正常，如圖 A-29~30。

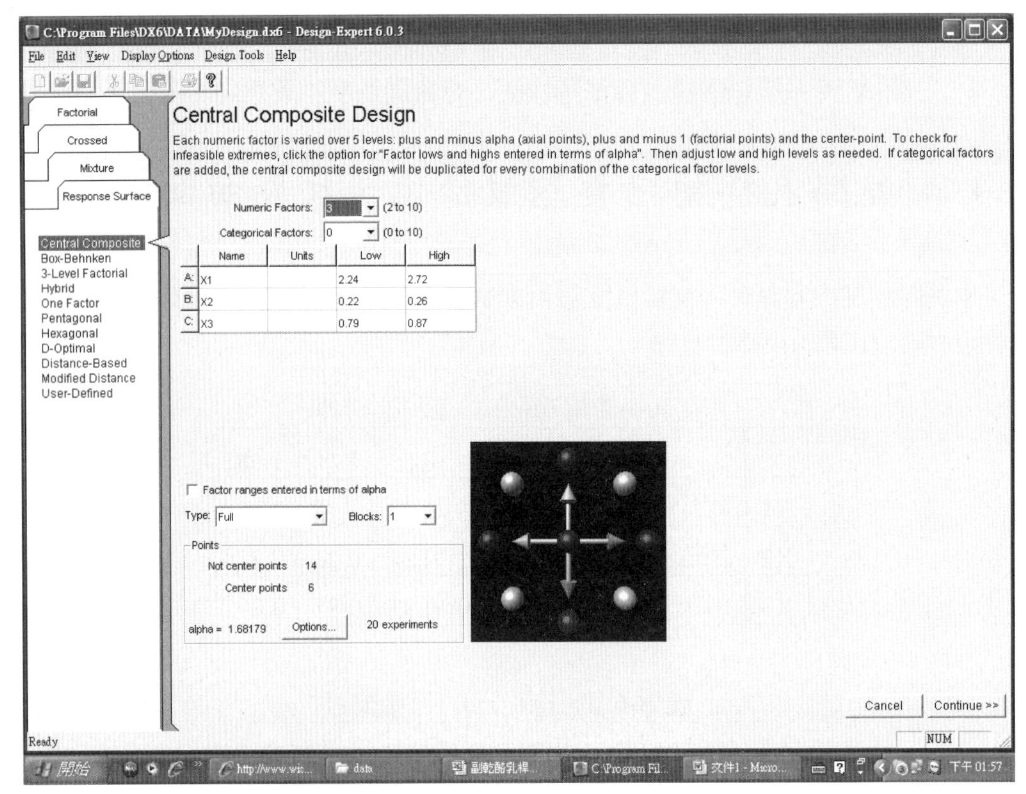

圖 A-17 選擇 RSM 的中央合成設計，設定實驗因子(自變數)的數目與值域

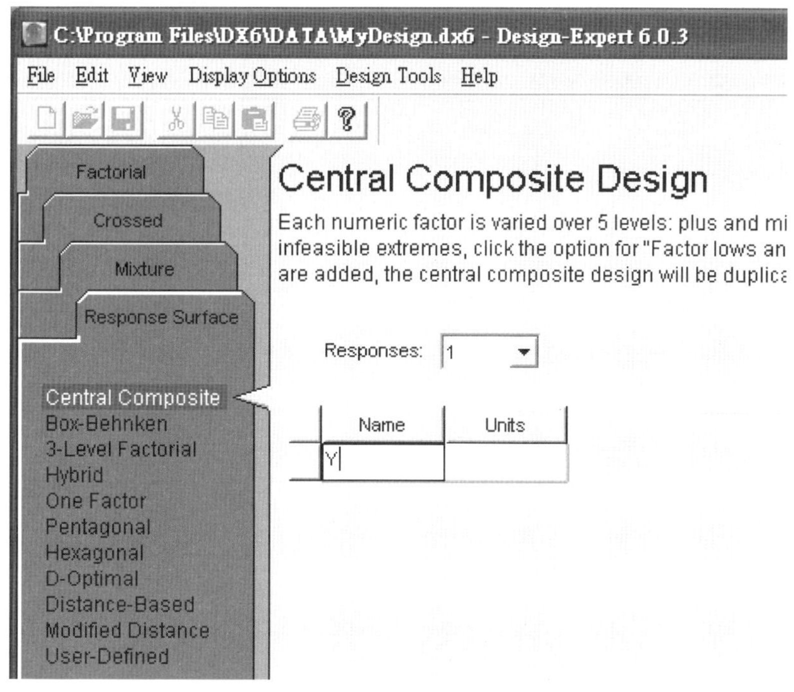

圖 A-18 設定反應變數(因變數)的數目

C:\Program Files\DX6\DATA\MyDesign.dx6 - Design-Expert 6.0.3

File Edit View Display Options Design Tools Help

Notes for MyDesign.dx6 / Status / Evaluation / Analysis / Y(Empty) / Optimization / Numerical / Graphical / Point Prediction

Std	Run	Block	Factor 1 A:X1	Factor 2 B:X2	Factor 3 C:X3	Response 1 Y
1	17	Block 1	2.24	0.22	0.79	
2	18	Block 1	2.72	0.22	0.79	
3	15	Block 1	2.24	0.26	0.79	
4	20	Block 1	2.72	0.26	0.79	
5	16	Block 1	2.24	0.22	0.87	
6	10	Block 1	2.72	0.22	0.87	
7	4	Block 1	2.24	0.26	0.87	
8	12	Block 1	2.72	0.26	0.87	
9	11	Block 1	2.08	0.24	0.83	
10	2	Block 1	2.88	0.24	0.83	
11	9	Block 1	2.48	0.21	0.83	
12	14	Block 1	2.48	0.27	0.83	
13	5	Block 1	2.48	0.24	0.76	
14	6	Block 1	2.48	0.24	0.90	
15	7	Block 1	2.48	0.24	0.83	
16	8	Block 1	2.48	0.24	0.83	
17	1	Block 1	2.48	0.24	0.83	
18	3	Block 1	2.48	0.24	0.83	
19	13	Block 1	2.48	0.24	0.83	
20	19	Block 1	2.48	0.24	0.83	

圖 A-19 系統會產生一個由實驗因子(自變數)組成的實驗表

C:\Program Files\DX6\DATA\MyDesign.dx6 - Design-Expert 6.0.3

File Edit View Display Options Design Tools Help

Notes for MyDesign.dx6
Status
Evaluation
Analysis
Y(Empty)
Optimization
Numerical
Graphical
Point Prediction

Std	Run	Block	Factor 1 A:X1	Factor 2 B:X2	Factor 3 C:X3	Response 1 Y
1	17	Block 1	2.24	0.22	0.79	67.88
2	18	Block 1	2.72	0.22	0.79	285.13
3	15	Block 1	2.24	0.26	0.79	122.22
4	20	Block 1	2.72	0.26	0.79	184.46
5	16	Block 1	2.24	0.22	0.87	100.07
6	10	Block 1	2.72	0.22	0.87	163.99
7	4	Block 1	2.24	0.26	0.87	390.15
8	12	Block 1	2.72	0.26	0.87	385.28
9	11	Block 1	2.08	0.24	0.83	160.18
10	2	Block 1	2.88	0.24	0.83	262.5
11	9	Block 1	2.48	0.21	0.83	169.88
12	14	Block 1	2.48	0.27	0.83	265.6
13	5	Block 1	2.48	0.24	0.76	220.04
14	6	Block 1	2.48	0.24	0.90	410.4
15	7	Block 1	2.48	0.24	0.83	435.26
16	8	Block 1	2.48	0.24	0.83	425.13
17	1	Block 1	2.48	0.24	0.83	445.61
18	3	Block 1	2.48	0.24	0.83	435.26
19	13	Block 1	2.48	0.24	0.83	440.17
20	19	Block 1	2.48	0.24	0.83	400.41

圖 A-20 數據輸入：將實驗得到的反應變數(因變數)數據填入實驗表。

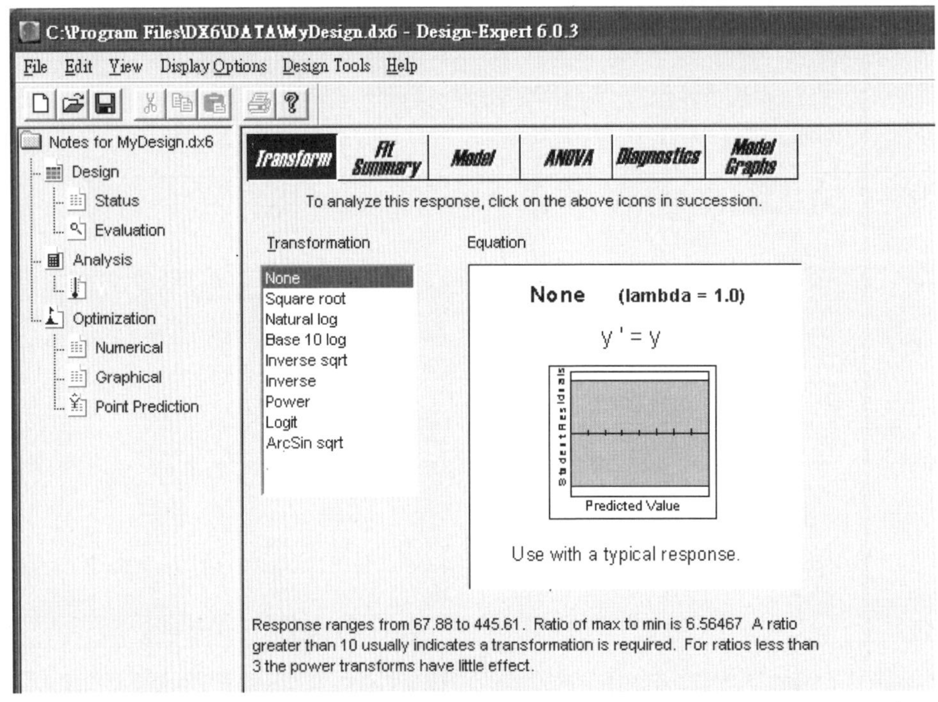

圖 A-21 對實驗因子(自變數)與反應變數(因變數)進行非線性變數轉換 (本題無變換)

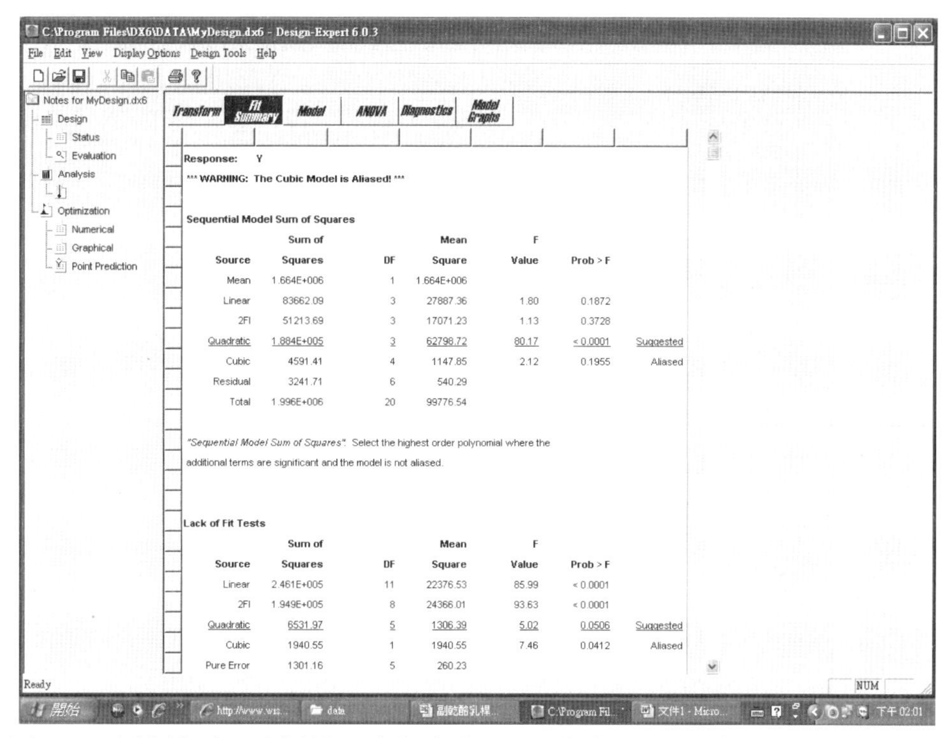

Response: Y

*** WARNING: The Cubic Model is Aliased! ***

Sequential Model Sum of Squares

Source	Sum of Squares	DF	Mean Square	F Value	Prob > F	
Mean	1.664E+006	1	1.664E+006			
Linear	83662.09	3	27887.36	1.80	0.1872	
2FI	51213.69	3	17071.23	1.13	0.3728	
Quadratic	1.884E+005	3	62798.72	80.17	< 0.0001	Suggested
Cubic	4591.41	4	1147.85	2.12	0.1955	Aliased
Residual	3241.71	6	540.29			
Total	1.996E+006	20	99776.54			

"Sequential Model Sum of Squares": Select the highest order polynomial where the additional terms are significant and the model is not aliased.

Lack of Fit Tests

Source	Sum of Squares	DF	Mean Square	F Value	Prob > F	
Linear	2.461E+005	11	22376.53	85.99	< 0.0001	
2FI	1.949E+005	8	24366.01	93.63	< 0.0001	
Quadratic	6531.97	5	1306.39	5.02	0.0506	Suggested
Cubic	1940.55	1	1940.55	7.46	0.0412	Aliased
Pure Error	1301.16	5	260.23			

圖 A-22 配適摘要：分析模型中各實驗因子所能解釋的反應變數變異 (Part 1)

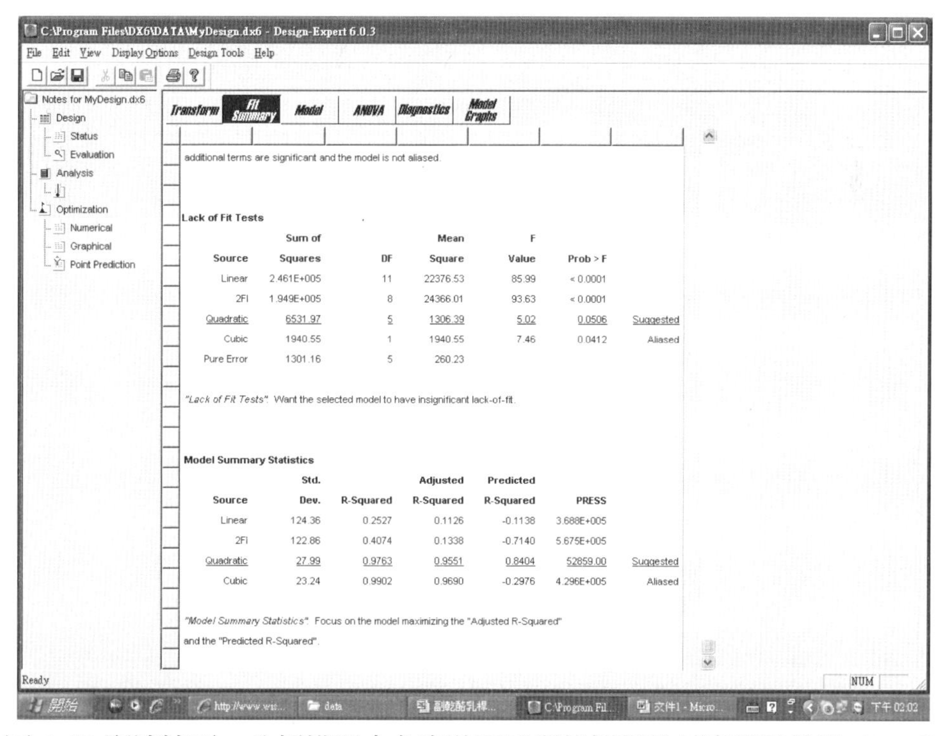

additional terms are significant and the model is not aliased.

Lack of Fit Tests

Source	Sum of Squares	DF	Mean Square	F Value	Prob > F	
Linear	2.461E+005	11	22376.53	85.99	< 0.0001	
2FI	1.949E+005	8	24366.01	93.63	< 0.0001	
Quadratic	6531.97	5	1306.39	5.02	0.0506	Suggested
Cubic	1940.55	1	1940.55	7.46	0.0412	Aliased
Pure Error	1301.16	5	260.23			

"Lack of Fit Tests": Want the selected model to have insignificant lack-of-fit.

Model Summary Statistics

Source	Std. Dev.	R-Squared	Adjusted R-Squared	Predicted R-Squared	PRESS	
Linear	124.36	0.2527	0.1126	-0.1138	3.688E+005	
2FI	122.86	0.4074	0.1338	-0.7140	5.675E+005	
Quadratic	27.99	0.9763	0.9551	0.8404	52859.00	Suggested
Cubic	23.24	0.9902	0.9690	-0.2976	4.296E+005	Aliased

"Model Summary Statistics": Focus on the model maximizing the "Adjusted R-Squared" and the "Predicted R-Squared".

圖 A-23 配適摘要：分析模型中各實驗因子所能解釋的反應變數變異 (Part 2)

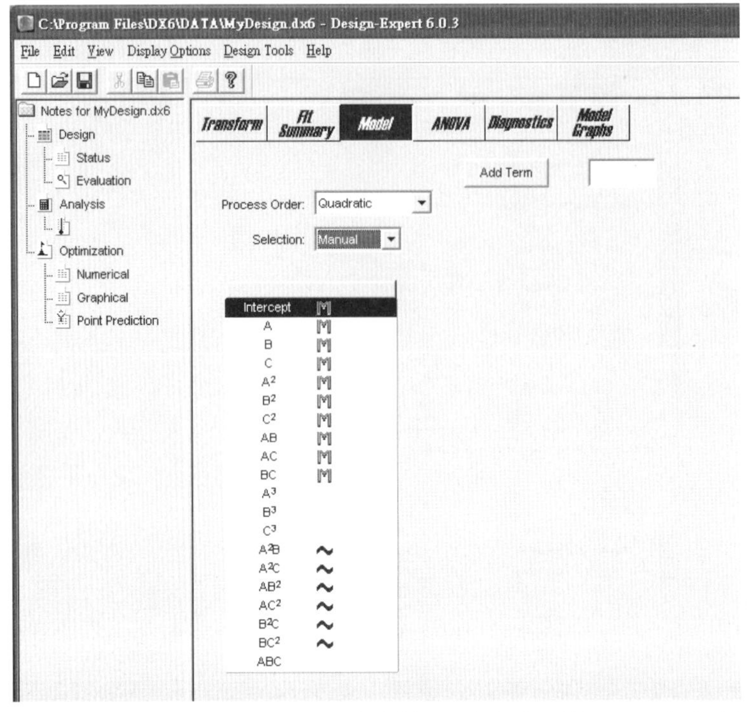

圖 A-24 模型選擇：挑選變異較大的實驗因子與交互作用留在模型之中。

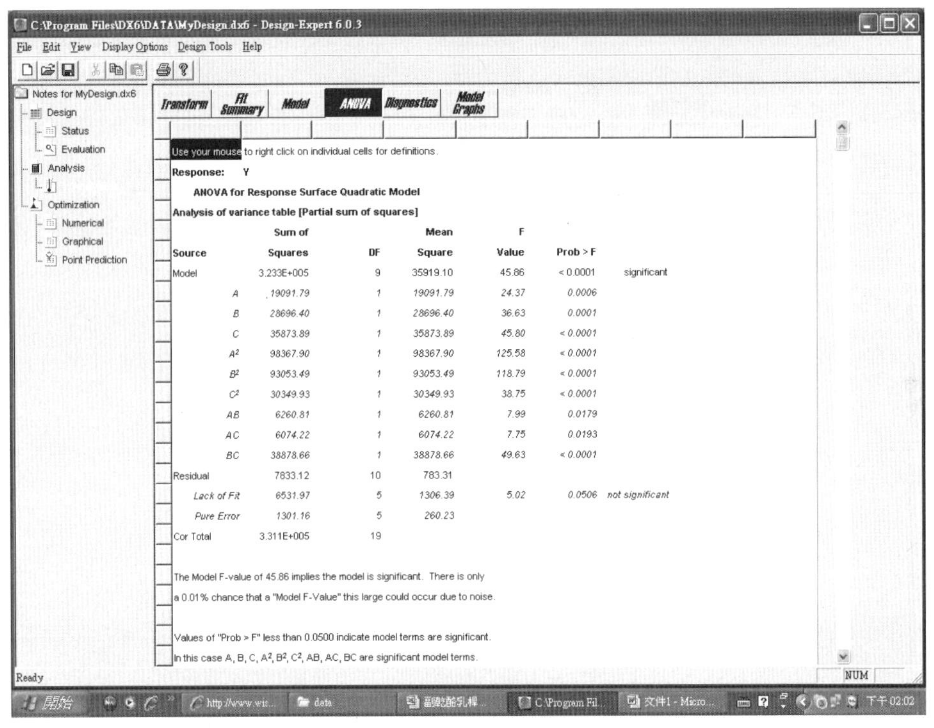

圖 A-25 變異分析(Part 1)：分析模型中各實驗因子所能解釋的變異

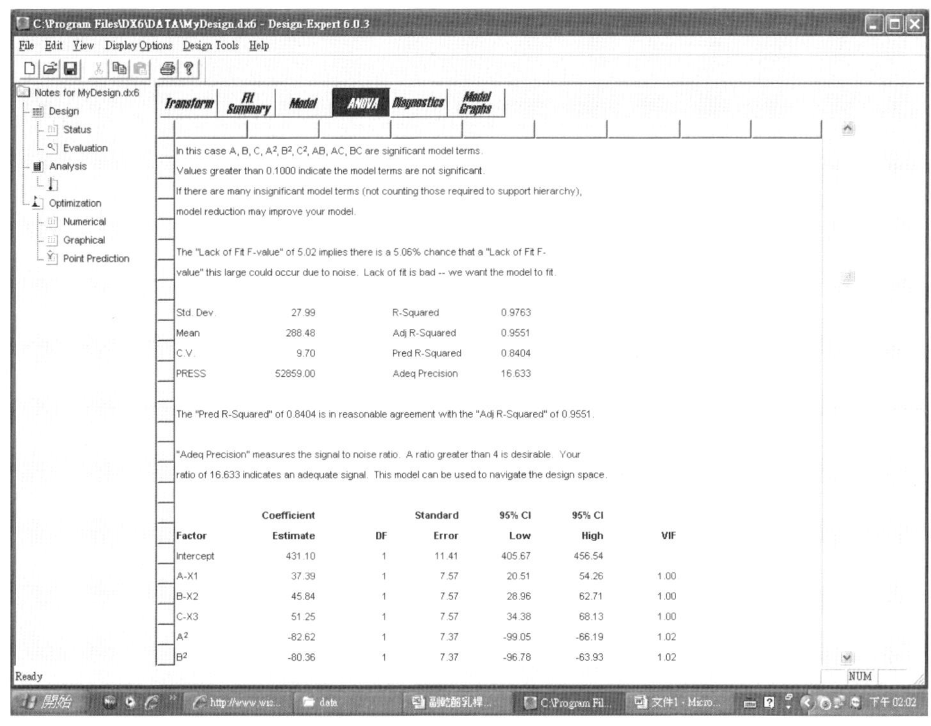

圖 A-26 變異分析(Part 2)：迴歸係數的統計分析

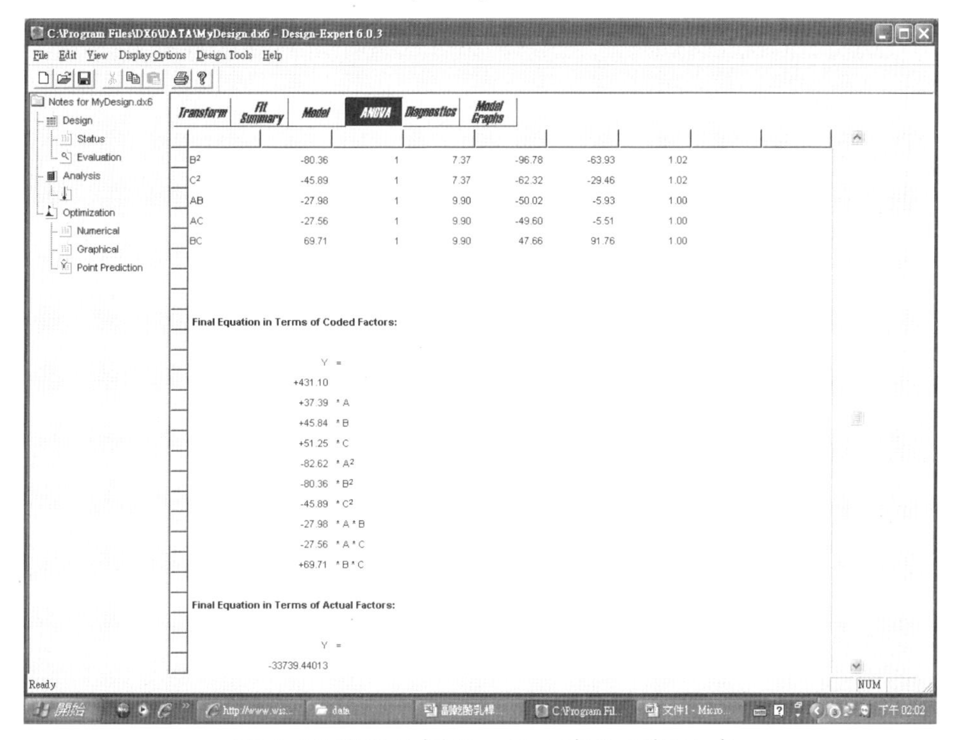

圖 A-27 變異分析(Part 3)：產生迴歸公式

C:\Program Files\DX6\DATA\MyDesign.dx6 - Design-Expert 6.0.3

File Edit View Display Options Design Tools Help

Notes for MyDesign.dx6
- Design
  - Status
  - Evaluation
- Analysis
- Optimization
  - Numerical
  - Graphical
  - Point Prediction

Transform | Fit Summary | Model | ANOVA | Diagnostics | Model Graphs

```
-33739.44013
+11051.23570  * X1
+40845.44139  * X2
+35097.83075  * X3
-1434.34220   * X1²
-2.00888E+005 * X2²
-28681.86543  * X3²
-5828.12500   * X1 * X2
-2870.31250   * X1 * X3
+87140.62500  * X2 * X3
```

Diagnostics Case Statistics

Standard Order	Actual Value	Predicted Value	Residual	Leverage	Student Residual	Cook's Distance	Outlier t	Run Order
1	67.88	101.94	-34.06	0.670	-2.118	0.910	-2.705	17
2	285.13	287.78	-2.65	0.670	-0.165	0.005	-0.156	18
3	122.22	110.14	12.08	0.670	0.751	0.114	0.733	15
4	184.46	184.08	0.38	0.670	0.024	0.000	0.022	20
5	100.07	120.13	-20.06	0.670	-1.247	0.315	-1.288	16
6	163.99	195.75	-31.76	0.670	-1.975	0.791	-2.398	10
7	390.15	407.18	-17.03	0.670	-1.059	0.227	-1.066	4
8	385.28	370.90	14.38	0.670	0.894	0.162	0.884	12
9	160.18	134.54	25.64	0.607	1.462	0.330	1.564	11
10	262.50	260.30	2.20	0.607	0.125	0.002	0.119	2
11	169.88	126.73	43.15	0.607	2.460	0.936	3.715 *	9

Ready NUM

圖 A-28 變異分析(Part 4)：列出各實驗的實際值與預測值

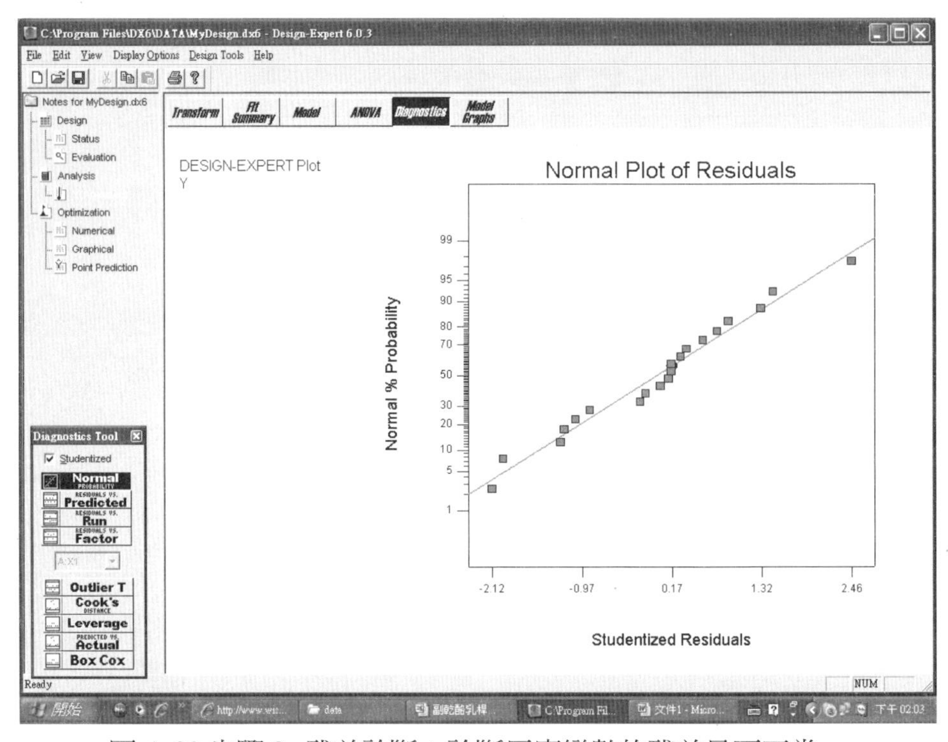

圖 A-29 步驟 8. 殘差診斷：診斷反應變數的殘差是否正常。

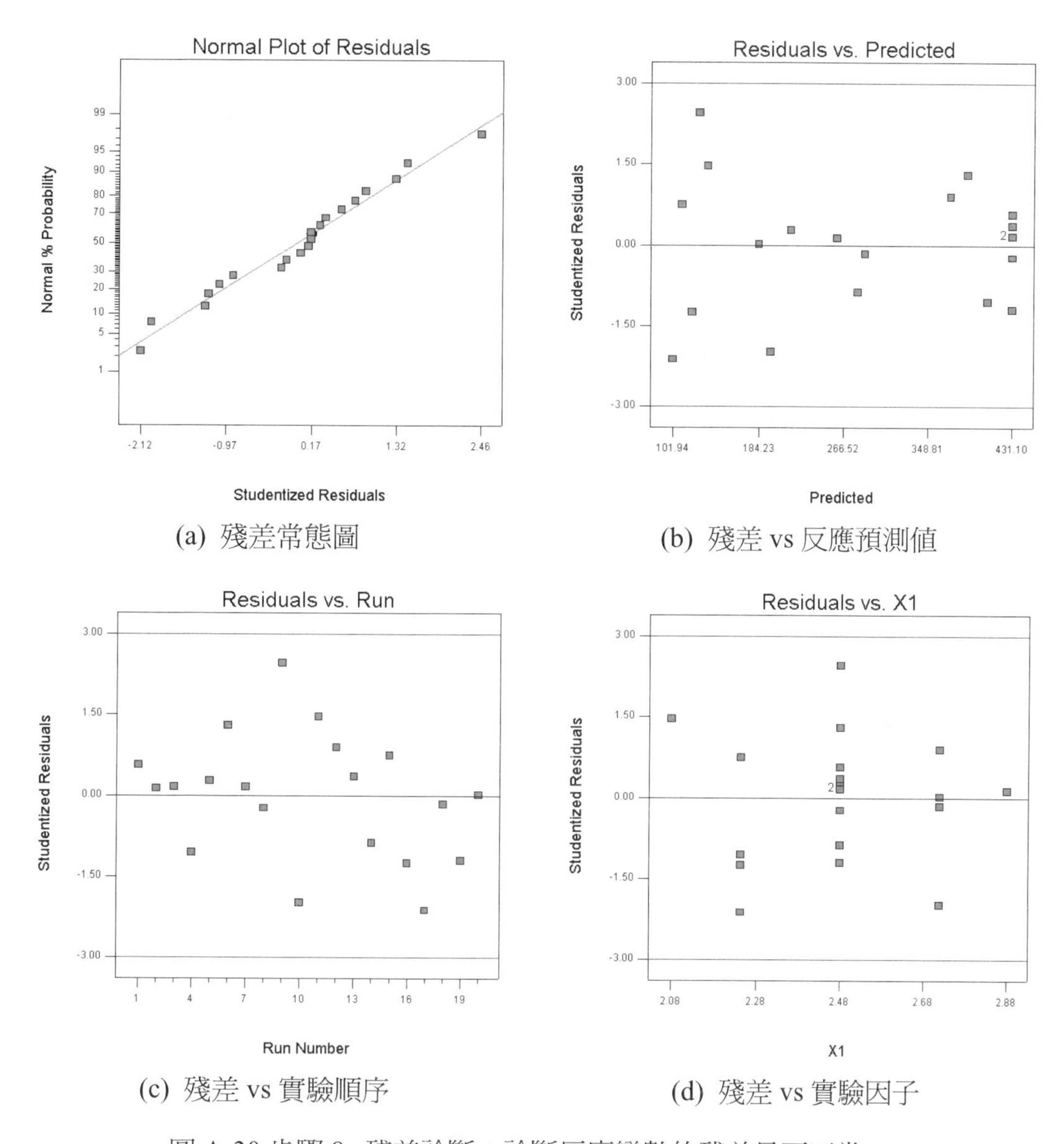

(a) 殘差常態圖　(b) 殘差 vs 反應預測值

(c) 殘差 vs 實驗順序　(d) 殘差 vs 實驗因子

圖 A-30 步驟 8. 殘差診斷：診斷反應變數的殘差是否正常。

步驟 9. 模型圖示：以圖形展示迴歸模型，如圖 A-31，包括因子擾動圖、單因子圖、交互作用圖、等高線圖、反應曲面圖。

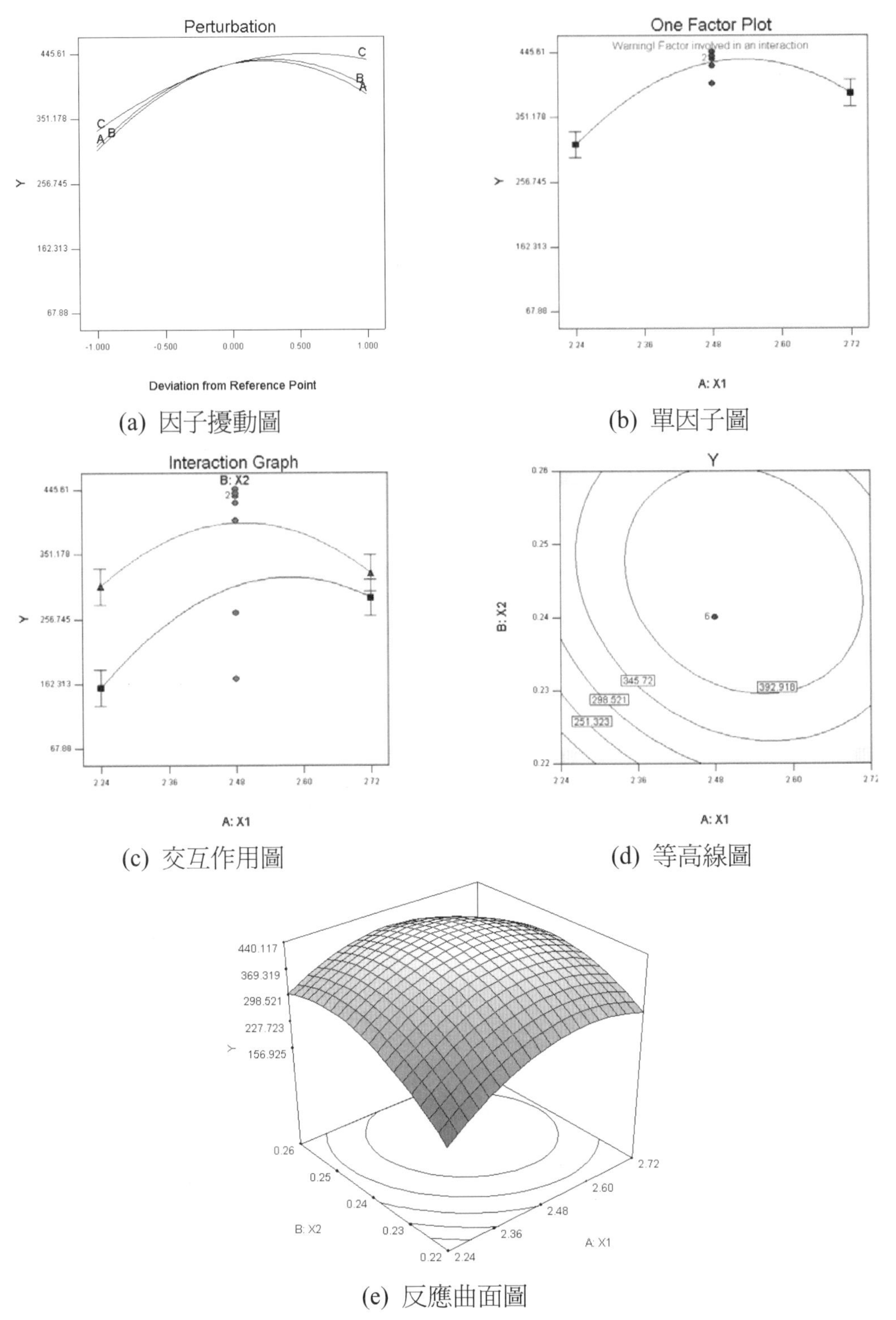

(a) 因子擾動圖

(b) 單因子圖

(c) 交互作用圖

(d) 等高線圖

(e) 反應曲面圖

圖 A-31 模型圖示：以圖形展示迴歸模型

參數優化階段

步驟 10. 準則設定：對所有實驗因子(自變數)與反應變數(因變數)設定準則。

Design Expert 的準則設定如圖 A-32，爲避免產生「多解」的情形，將 Y 的 Max 準則的上限放大到 500。

步驟 11. 優化求解：系統以內建演算法尋找使「綜合滿意度」最大化的解答，如圖 A-33。

步驟 12. 解答圖示：在等高線圖上標示最佳解的位置，如圖 A-34。

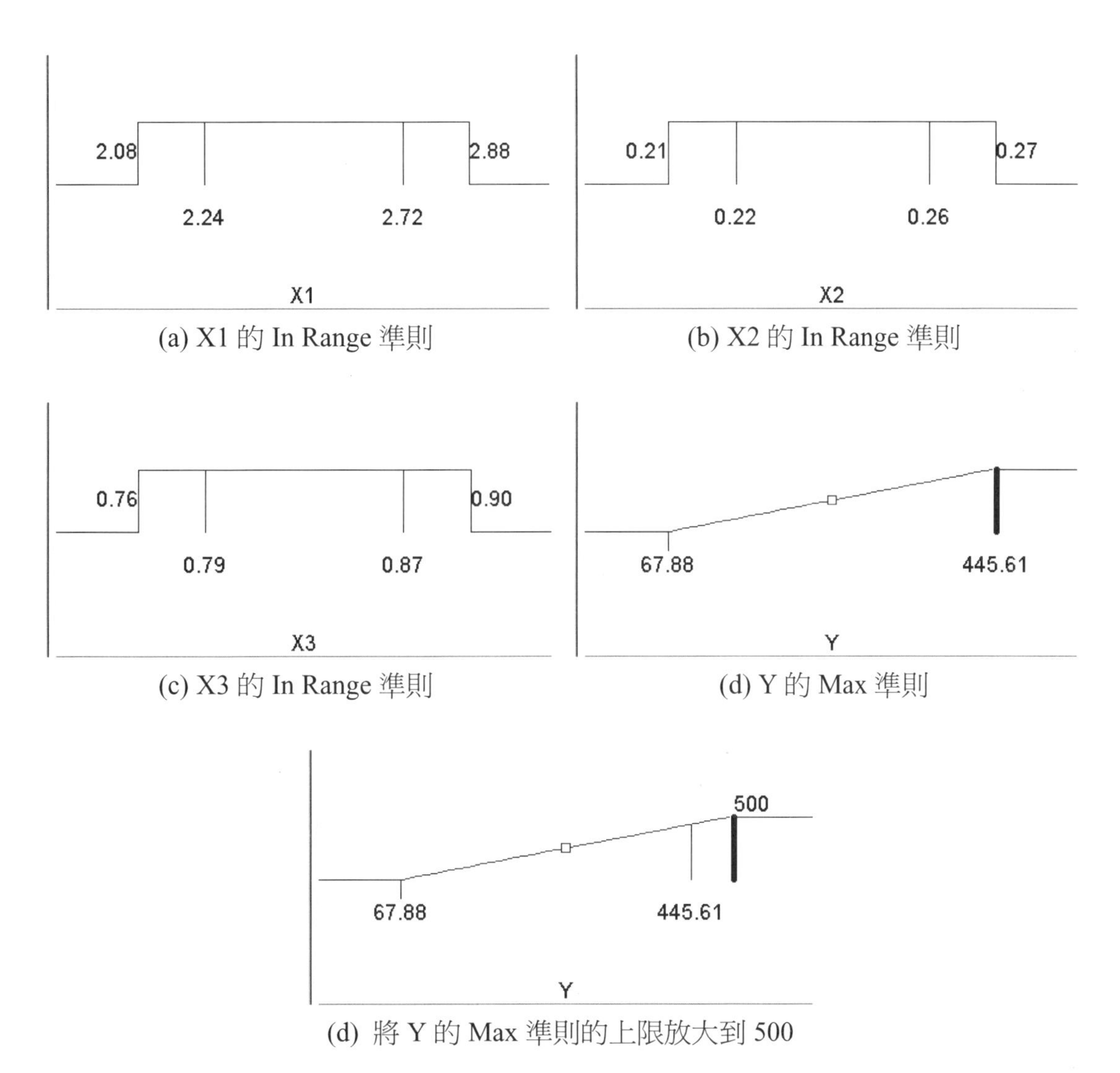

(a) X1 的 In Range 準則

(b) X2 的 In Range 準則

(c) X3 的 In Range 準則

(d) Y 的 Max 準則

(d) 將 Y 的 Max 準則的上限放大到 500

圖 A-32 準則設定：對所有實驗因子(自變數)與反應變數(因變數)設定準則。

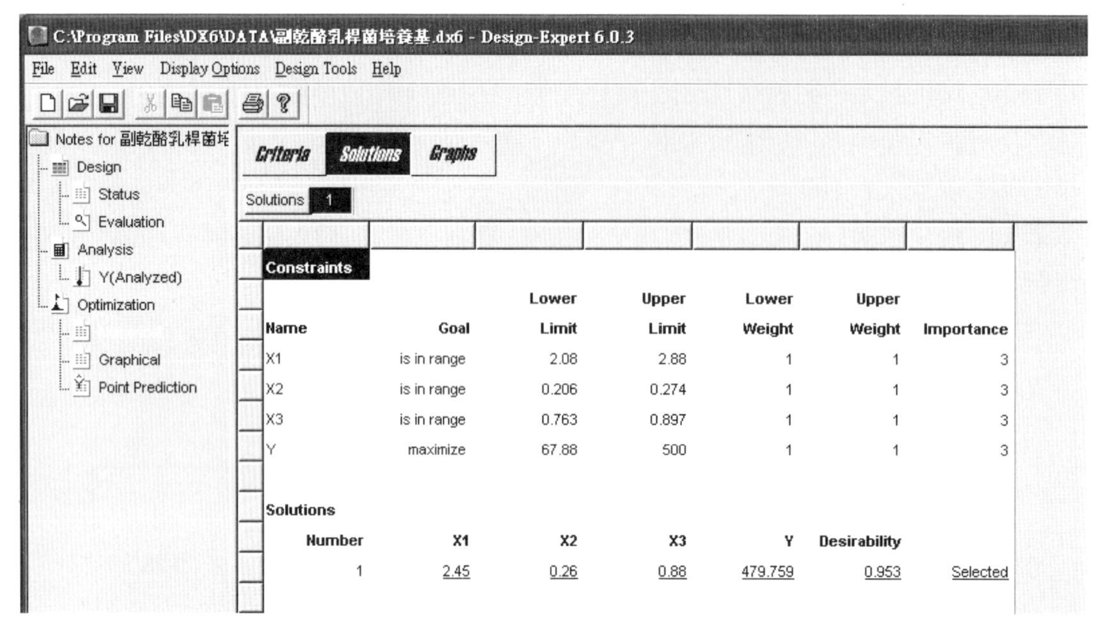

圖 A-33 優化求解：系統以內建演算法尋找使「綜合滿意度」最大化的解答

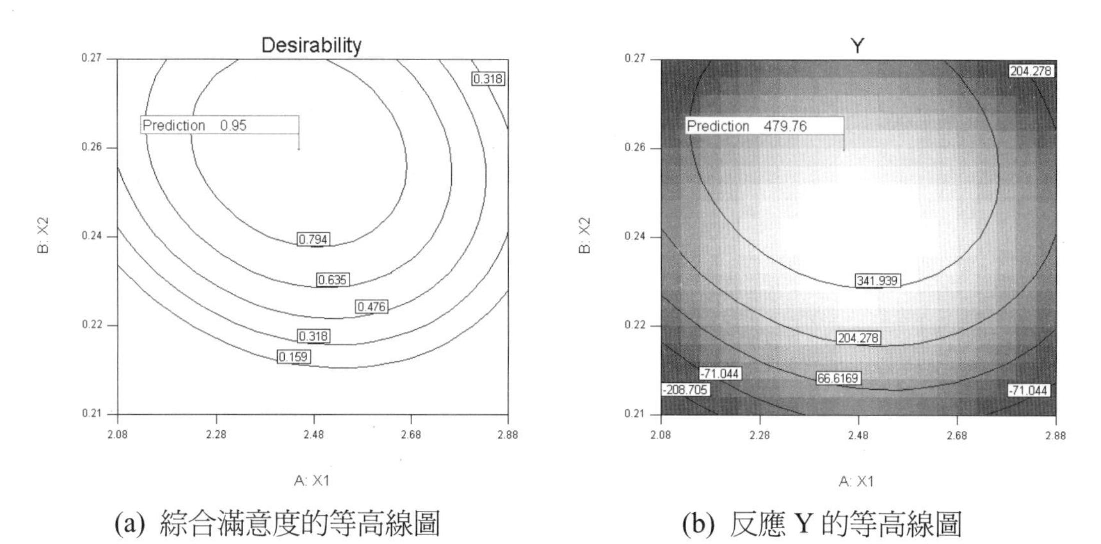

(a) 綜合滿意度的等高線圖　　(b) 反應 Y 的等高線圖

圖 A-34 解答圖示：在等高線圖上標示最佳解的位置。

A.5 粗多醣提取最佳化（反應曲面法）

本例題詳細內容請參考文獻[4]。設計變數參考表 A-7，反應變數參考表 A-8，使用 CCD 來進行實驗。本題與前一題十分相似，因此以下只顯示部份步驟。

表 A-7 使用範例一：因子的水準

名稱	意義	-2	-1	0	1	2
X1	溫度	30	45	60	75	90
X2	pH	3.5	5	6.5	8	9.5
X3	時間	0.5	1.5	2.5	3.5	4.5
X4	Water to seed ratio	45	60	75	90	105

表 A-8 使用範例一：反應變數

名稱	意義	品質期望
Y1	Yield (%)	
Y2	Purity (%)	
Y3	Relative viscosity	

實驗設計階段

步驟 3. 數據輸入：將實驗得到的反應變數(因變數)數據填入實驗表，如圖 A-35。

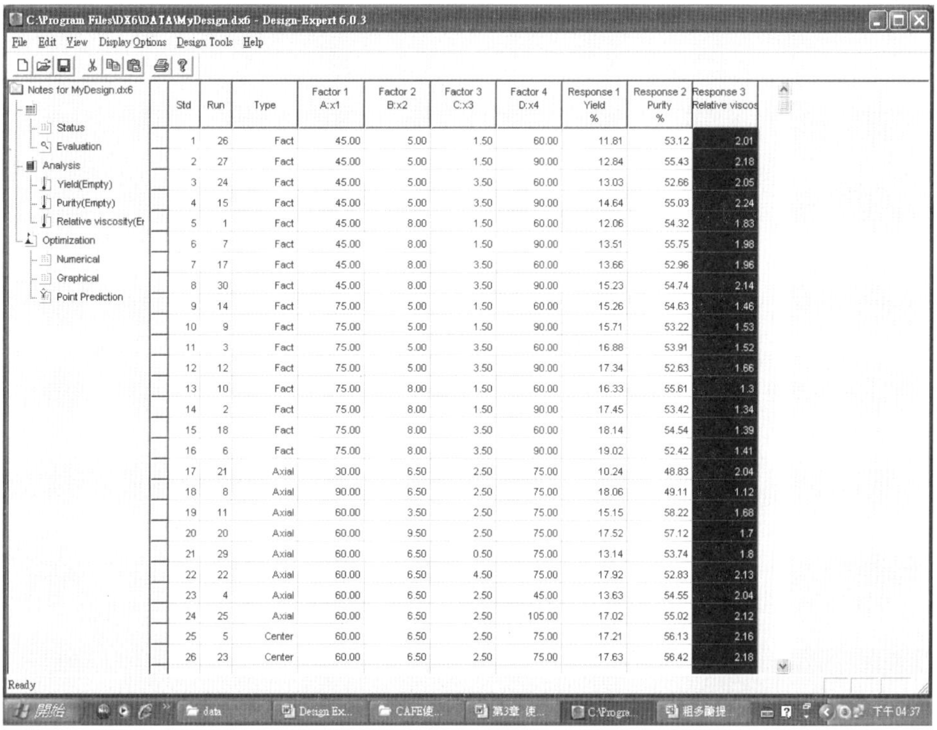

C:\Program Files\DX6\DATA\MyDesign.dx6 - Design-Expert 6.0.3

File Edit View Display Options Design Tools Help

Notes for MyDesign.dx6
Status
Evaluation
Analysis
Yield(Empty)
Purity(Empty)
Relative viscosity(Er
Optimization
Numerical
Graphical
Point Prediction

Std	Run	Type	Factor 1 A:x1	Factor 2 B:x2	Factor 3 C:x3	Factor 4 D:x4	Response 1 Yield %	Response 2 Purity %	Response 3 Relative viscos
1	26	Fact	45.00	5.00	1.50	60.00	11.81	53.12	2.01
2	27	Fact	45.00	5.00	1.50	90.00	12.84	55.43	2.18
3	24	Fact	45.00	5.00	3.50	60.00	13.03	52.66	2.05
4	15	Fact	45.00	5.00	3.50	90.00	14.64	55.03	2.24
5	1	Fact	45.00	8.00	1.50	60.00	12.06	54.32	1.83
6	7	Fact	45.00	8.00	1.50	90.00	13.51	55.75	1.98
7	17	Fact	45.00	8.00	3.50	60.00	13.66	52.96	1.96
8	30	Fact	45.00	8.00	3.50	90.00	15.23	54.74	2.14
9	14	Fact	75.00	5.00	1.50	60.00	15.26	54.63	1.46
10	9	Fact	75.00	5.00	1.50	90.00	15.71	53.22	1.53
11	3	Fact	75.00	5.00	3.50	60.00	16.88	53.91	1.52
12	12	Fact	75.00	5.00	3.50	90.00	17.34	52.63	1.66
13	10	Fact	75.00	8.00	1.50	60.00	16.33	55.61	1.3
14	2	Fact	75.00	8.00	1.50	90.00	17.45	53.42	1.34
15	18	Fact	75.00	8.00	3.50	60.00	18.14	54.54	1.39
16	6	Fact	75.00	8.00	3.50	90.00	19.02	52.42	1.41
17	21	Axial	30.00	6.50	2.50	75.00	10.24	48.83	2.04
18	8	Axial	90.00	6.50	2.50	75.00	18.06	49.11	1.12
19	11	Axial	60.00	3.50	2.50	75.00	15.15	58.22	1.68
20	20	Axial	60.00	9.50	2.50	75.00	17.52	57.12	1.7
21	29	Axial	60.00	6.50	0.50	75.00	13.14	53.74	1.8
22	22	Axial	60.00	6.50	4.50	75.00	17.92	52.83	2.13
23	4	Axial	60.00	6.50	2.50	45.00	13.63	54.55	2.04
24	25	Axial	60.00	6.50	2.50	105.00	17.02	55.02	2.12
25	5	Center	60.00	6.50	2.50	75.00	17.21	56.13	2.16
26	23	Center	60.00	6.50	2.50	75.00	17.63	56.42	2.18

Ready

開始 data Design Ex... CAFE使... 第3章 使... C:\Progra... 粗多醣提... 下午 04:37

圖 A-35 數據輸入：將實驗得到的反應變數(因變數)數據填入實驗表。

模型建構階段

步驟 9. 模型圖示：以圖形展示迴歸模型，如圖 A-36。

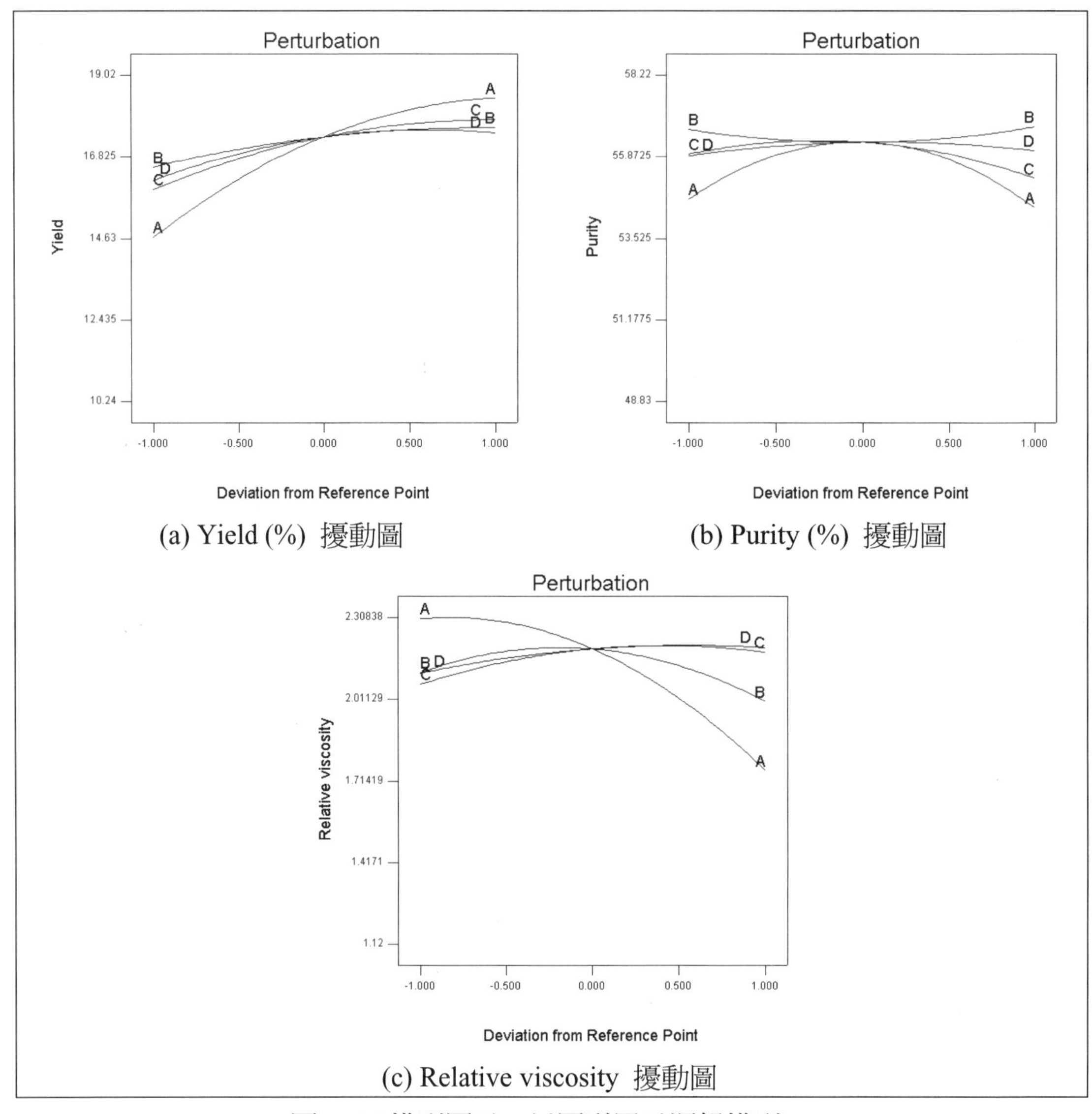

(a) Yield (%) 擾動圖

(b) Purity (%) 擾動圖

(c) Relative viscosity 擾動圖

圖 A-36 模型圖示：以圖形展示迴歸模型。

參數優化階段

步驟 10. 準則設定：對所有實驗因子(自變數)與反應變數(因變數)設定準則。

假設此問題的最佳化模式如下(如圖 A-37)：

Max Y1

Y2>55.6

Y3>2.1

步驟 11. 優化求解：系統以內建演算法尋找使「綜合滿意度」最大化的解答，如圖 A-38。

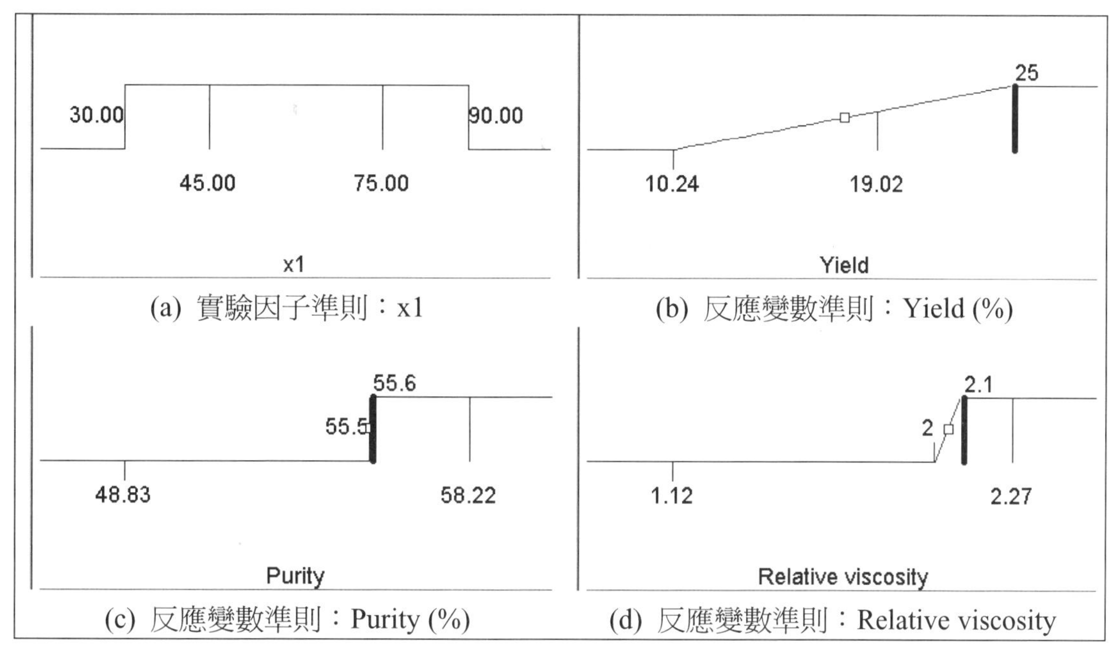

(a) 實驗因子準則：x1　(b) 反應變數準則：Yield (%)

(c) 反應變數準則：Purity (%)　(d) 反應變數準則：Relative viscosity

圖 A-37 準則設定：對所有實驗因子(自變數)與反應變數(因變數)設定準則。

Constraints

Name	Goal	Lower Limit	Upper Limit	Lower Weight	Upper Weight	Importance
x1	is in range	30	90	1	1	3
x2	is in range	3.5	9.5	1	1	3
x3	is in range	0.5	4.5	1	1	3
x4	is in range	45	105	1	1	3
Yield	maximize	10.24	25	1	1	3
Purity	maximize	55.5	55.6	1	1	3
Relative viscosit	maximize	2	2.1	1	1	3

Solutions

Number	x1	x2	x3	x4	Yield	Purity	Relative viscos	Desirability	
1	63.73	7.03	3.06	82.33	18.5188	55.6	2.1	0.825	Selected
2	63.47	7.08	3.11	81.57	18.5188	55.6001	2.1	0.825	
3	63.77	7.02	3.08	81.56	18.5183	55.6	2.1	0.825	
4	63.22	7.14	3.13	81.62	18.5156	55.6	2.10001	0.825	

圖 A-38 優化求解：系統以內建演算法尋找使「綜合滿意度」最大化的解答。

步驟 12. 解答圖示：在等高線圖上標示最佳解的位置。綜合滿意度等高線圖會成爲新月形(圖 A-39(a))的主因是 Y2>55.6 與 Y3>2.1 這二個限制，由圖(c)與(d)可以看出，Y2>55.6 形成了新月形的左邊界；Y3>2.1 形成了右邊界。最佳解在新月形的右上方則是因爲 Max Y1，而 Y1 的最大值是在圖的右上方(圖(b))。

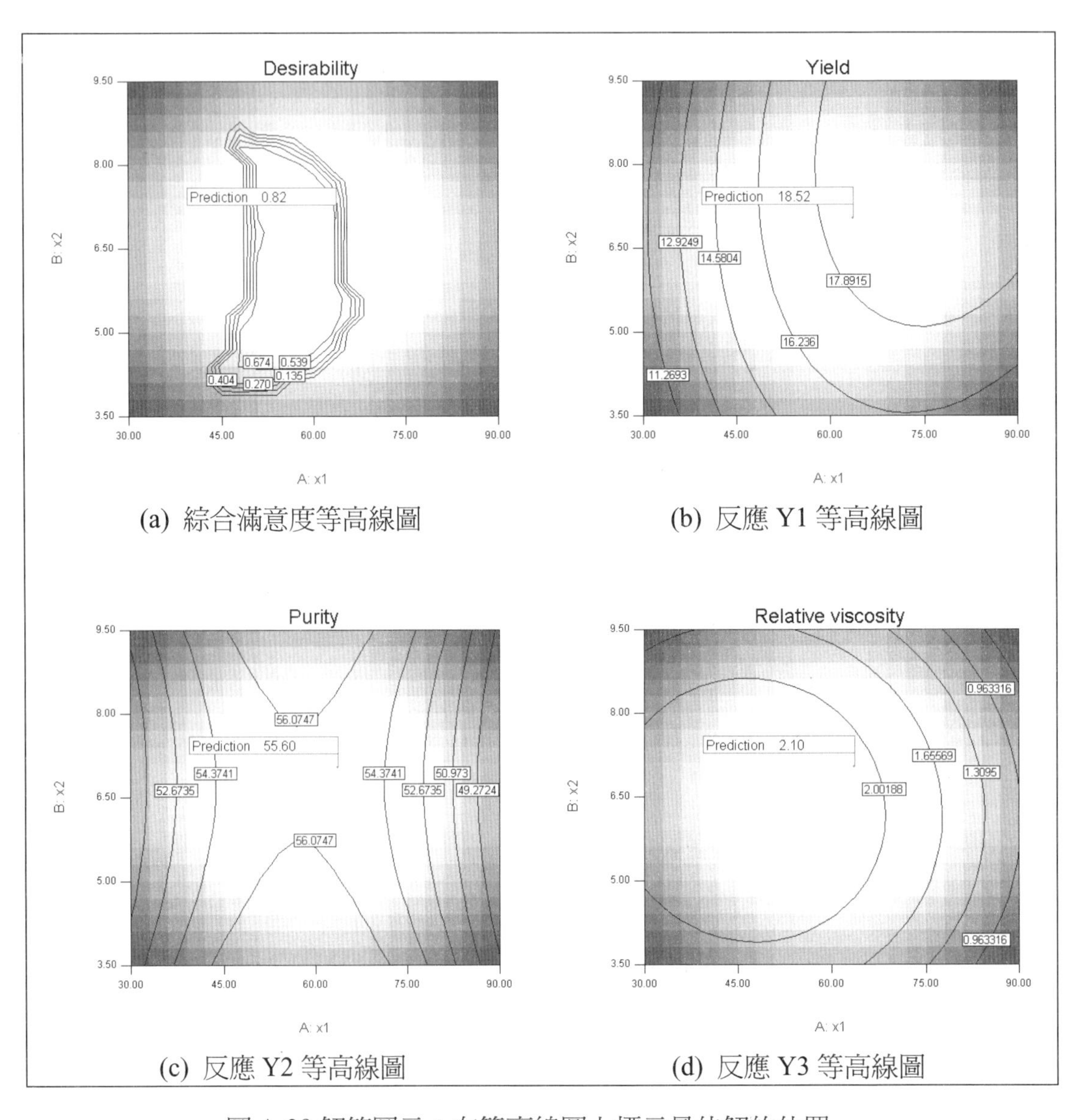

(a) 綜合滿意度等高線圖　(b) 反應 Y1 等高線圖

(c) 反應 Y2 等高線圖　(d) 反應 Y3 等高線圖

圖 A-39 解答圖示：在等高線圖上標示最佳解的位置。

A.6 富硒酵母培養基混合設計最佳化（Mixture Design）

本例題詳細內容請參考文獻[5]。設計變數參考表 A-9，反應變數參考表 A-10。

表 A-9 使用範例一：因子的水準

名稱	意義	上下限		編碼變數與實際變數對照					
		上限	下限	1	2/3	1/2	1/3	1/6	0
X1	Germinated brown rice juice	0.8	0.4	0.80	0.67	0.60	0.53	0.47	0.40
X2	Beerwort	0.5	0.1	0.50	0.37	0.30	0.23	0.17	0.10
X3	Soybean sprout	0.5	0.1	0.50	0.37	0.30	0.23	0.17	0.10

表 A-10 使用範例一：反應變數

名稱	單位	意義	品質期望
Biomass	g/L		最大化
Total_Se	mg/L		最大化

實驗設計階段

步驟 1. 實驗設計：選擇一種實驗設計，如圖 A-40。設定實驗因子(成份)的數目、值域與成份總合(Total)，與反應變數(因變數)的數目，如圖 A-41。系統會產生一個由實驗因子(自變數)組成的實驗表。

步驟 2. 實驗實施：依實驗表實驗因子(自變數)進行實驗，記錄反應變數(因變數)。

步驟 3. 數據輸入：將實驗得到的反應變數(因變數)數據填入實驗表。雖然文獻中使用 D-Optimal 設計，但要用軟體重建完全一樣的設計並不容易，因此在此採單體形心設計，並調整其實驗數與文獻的 D-Optimal 相同，再將文獻的實驗數據表的實驗因子、反應變數逐欄貼到 Design Expert 的實驗數據表中，如圖 A-42。

模型建構階段

步驟 4. 變數轉換：本題無變數轉換。

步驟 5. 配適摘要：分析模型中各實驗因子所能解釋的反應變數變異，如圖 A-43。

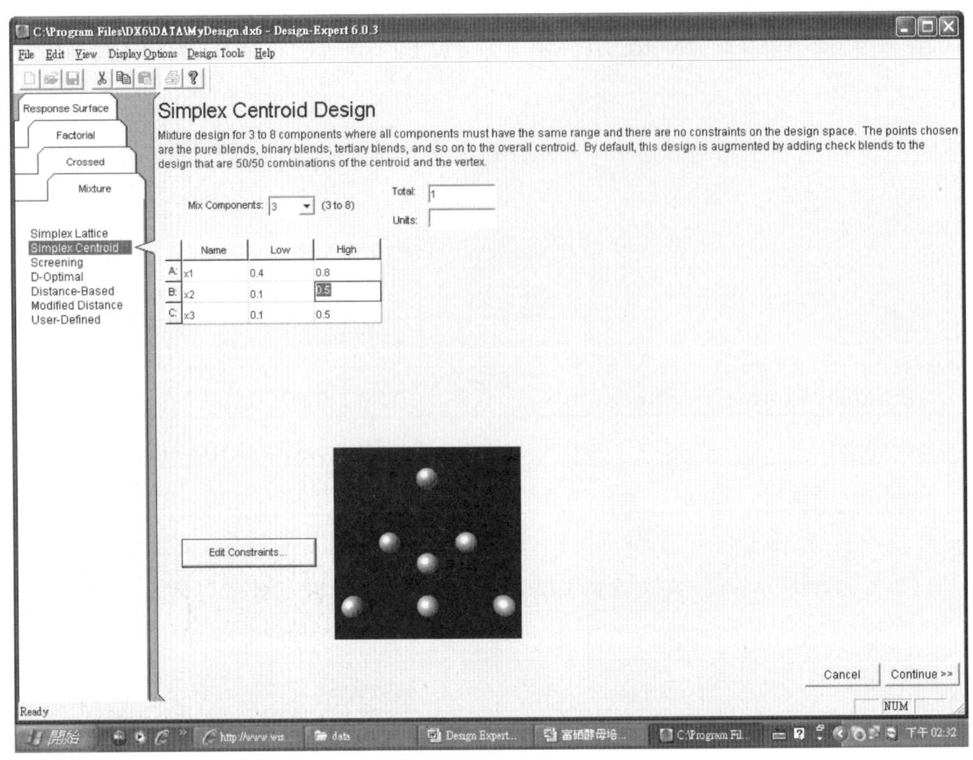

圖 A-40 實驗設計：選擇一種實驗設計。

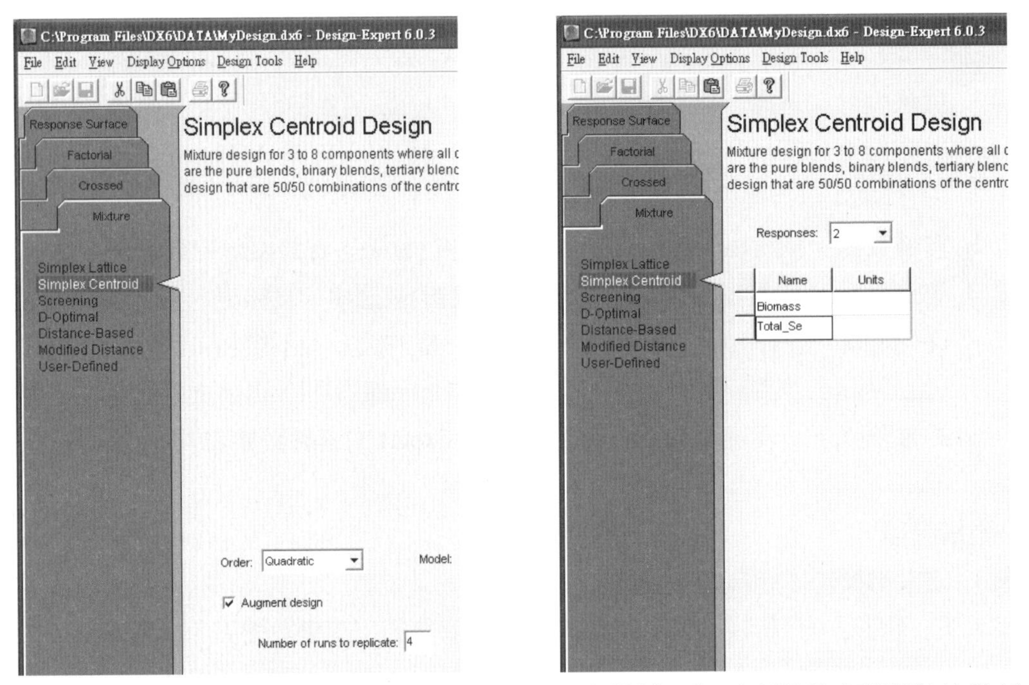

圖 A-41 實驗設計：設定實驗因子(自變數)的數目與值域，與反應變數(因變數)的數目。

C:\Program Files\DX6\DATA\MyDesign.dx6 - Design-Expert 6.0.3

File　Edit　View　Display Options　Design Tools　Help

Notes for MyDesign.dx6
- Status
- Evaluation
- Constraints
- Analysis
  - Biomass
  - Total_Se
- Optimization
  - Numerical
  - Graphical
  - Point Prediction

Std	Run	Type	Component 1 A:x1	Component 2 B:x2	Component 3 C:x3	Response 1 Biomass	Response 2 Total_Se
1	3	Vertex	0.80	0.10	0.10	6.19	2.6
2	4	Vertex	0.40	0.50	0.10	8.35	3.53
3	5	Vertex	0.40	0.10	0.50	7.57	2.78
4	10	CentEdge	0.60	0.30	0.10	7.59	3.28
5	13	CentEdge	0.60	0.10	0.30	7.59	3.08
6	7	CentEdge	0.40	0.30	0.30	8.49	3.51
7	2	Center	0.53	0.23	0.23	8.09	3.37
8	1	AxialCB	0.67	0.17	0.17	7.21	2.84
9	9	AxialCB	0.47	0.37	0.17	8.13	3.25
10	6	AxialCB	0.47	0.17	0.37	7.85	3.08
11	8	Vertex	0.80	0.10	0.10	6.19	2.6
12	12	Vertex	0.40	0.10	0.50	7.57	2.78
13	14	Vertex	0.40	0.50	0.10	8.35	3.53
14	15	CentEdge	0.60	0.10	0.30	7.59	3.08

圖 A-42 數據輸入：將實驗得到的反應變數(因變數)數據填入實驗表。

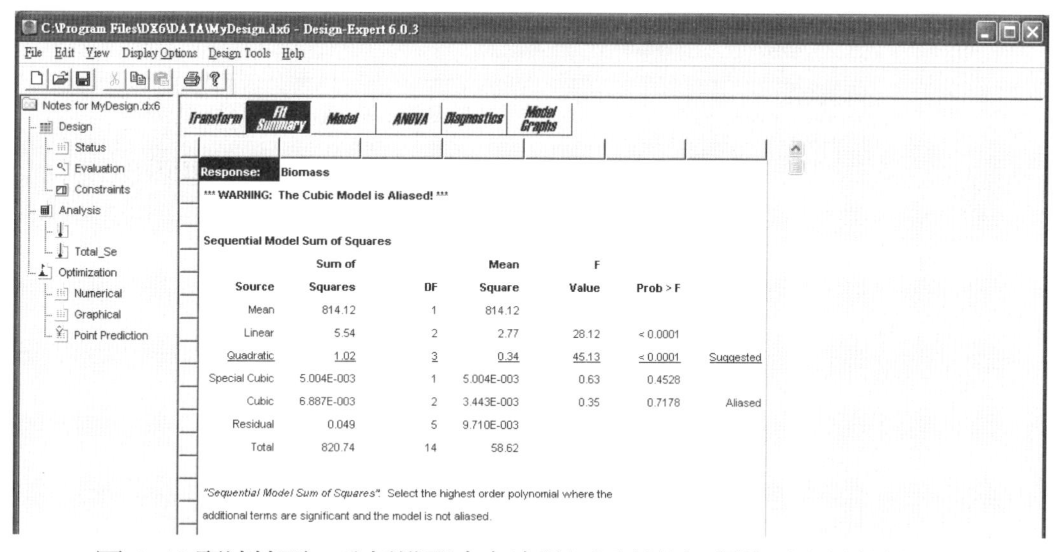
C:\Program Files\DX6\DATA\MyDesign.dx6 - Design-Expert 6.0.3

File　Edit　View　Display Options　Design Tools　Help

Transform　Fit Summary　Model　ANOVA　Diagnostics　Model Graphs

Response:　Biomass

*** WARNING: The Cubic Model is Aliased! ***

Sequential Model Sum of Squares

Source	Sum of Squares	DF	Mean Square	F Value	Prob > F	
Mean	814.12	1	814.12			
Linear	5.54	2	2.77	28.12	< 0.0001	
Quadratic	1.02	3	0.34	45.13	< 0.0001	Suggested
Special Cubic	5.004E-003	1	5.004E-003	0.63	0.4528	
Cubic	6.887E-003	2	3.443E-003	0.35	0.7178	Aliased
Residual	0.049	5	9.710E-003			
Total	820.74	14	58.62			

"Sequential Model Sum of Squares": Select the highest order polynomial where the additional terms are significant and the model is not aliased.

圖 A-43 配適摘要：分析模型中各實驗因子所能解釋的反應變數變異。

步驟 6. 模型選擇：挑選變異較大的實驗因子與交互作用留在模型之中，如圖 A-44。

步驟 7. 變異分析：分析模型中各實驗因子所能解釋的變異，並產生迴歸公式，如圖 A-45~48。

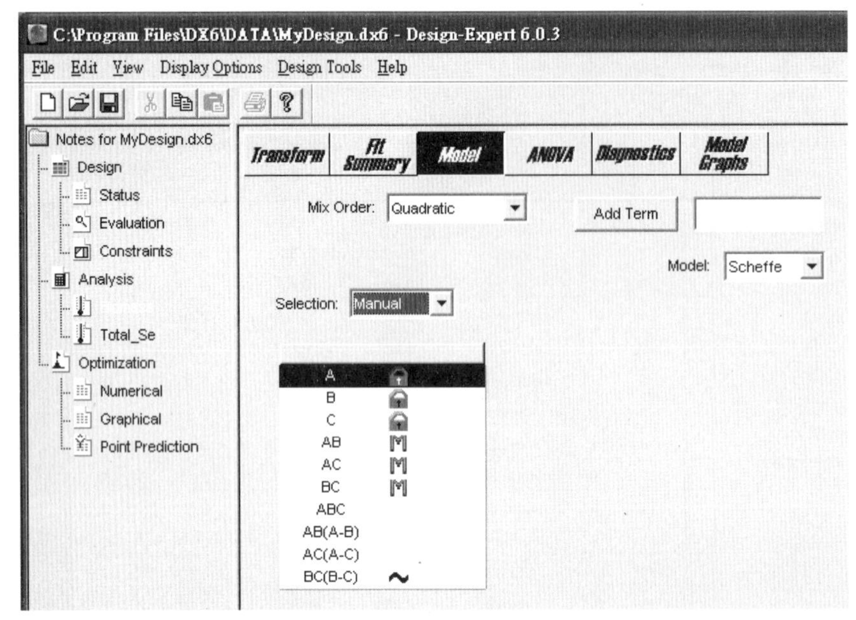

圖 A-44 模型選擇：挑選變異較大的實驗因子與交互作用留在模型之中。

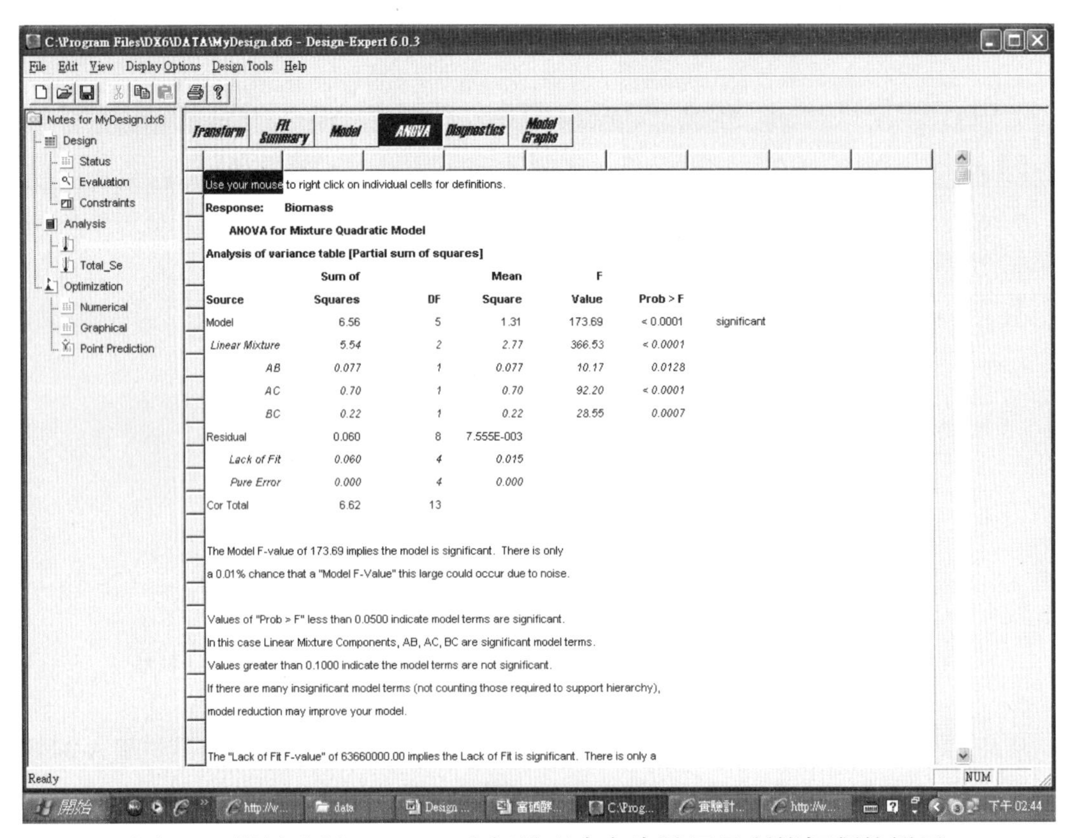

Source	Sum of Squares	DF	Mean Square	F Value	Prob > F	
Model	6.56	5	1.31	173.69	< 0.0001	significant
Linear Mixture	5.54	2	2.77	366.53	< 0.0001	
AB	0.077	1	0.077	10.17	0.0128	
AC	0.70	1	0.70	92.20	< 0.0001	
BC	0.22	1	0.22	28.55	0.0007	
Residual	0.060	8	7.555E-003			
Lack of Fit	0.060	4	0.015			
Pure Error	0.000	4	0.000			
Cor Total	6.62	13				

圖 A-45 變異分析(Part 1)：分析模型中各實驗因子所能解釋的變異

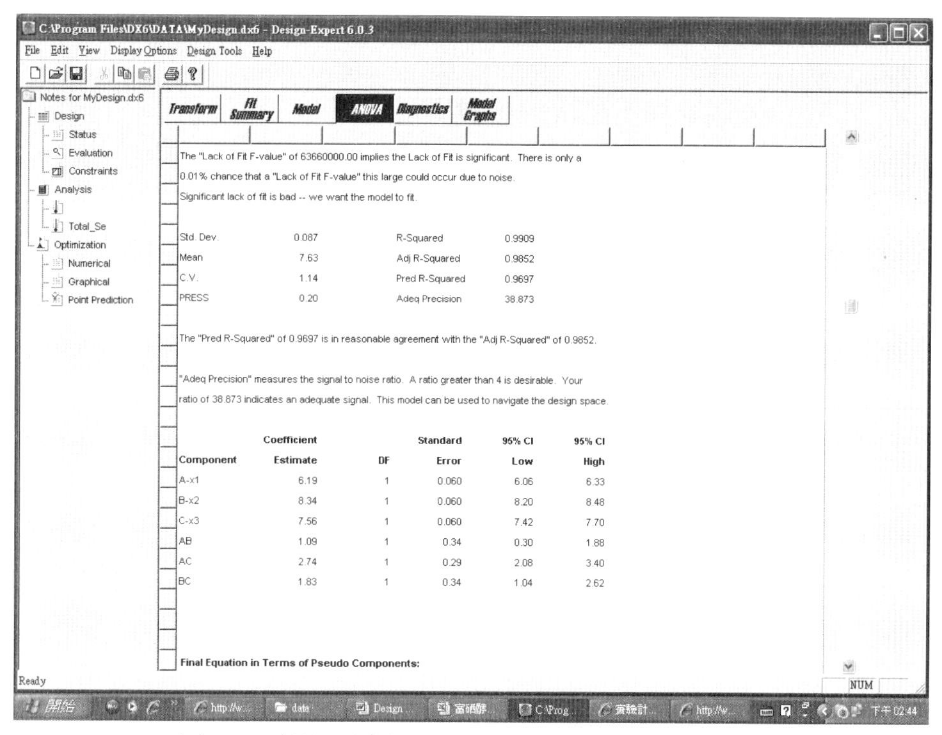

圖 A-46 變異分析(Part 2)：迴歸係數的統計分析

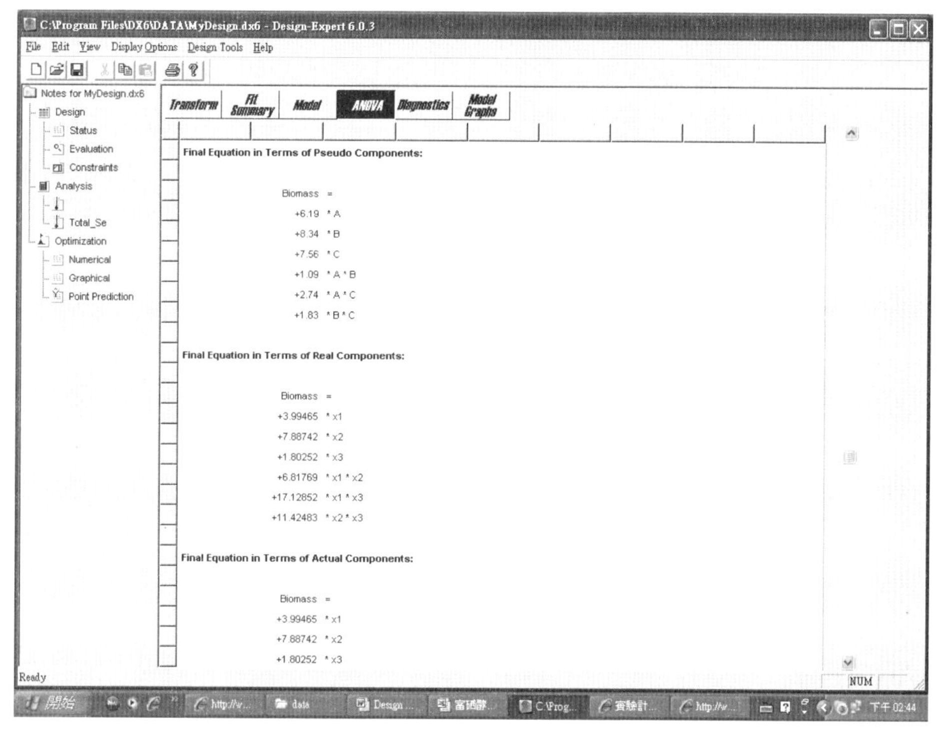

圖 A-47 變異分析(Part 3)：產生迴歸公式

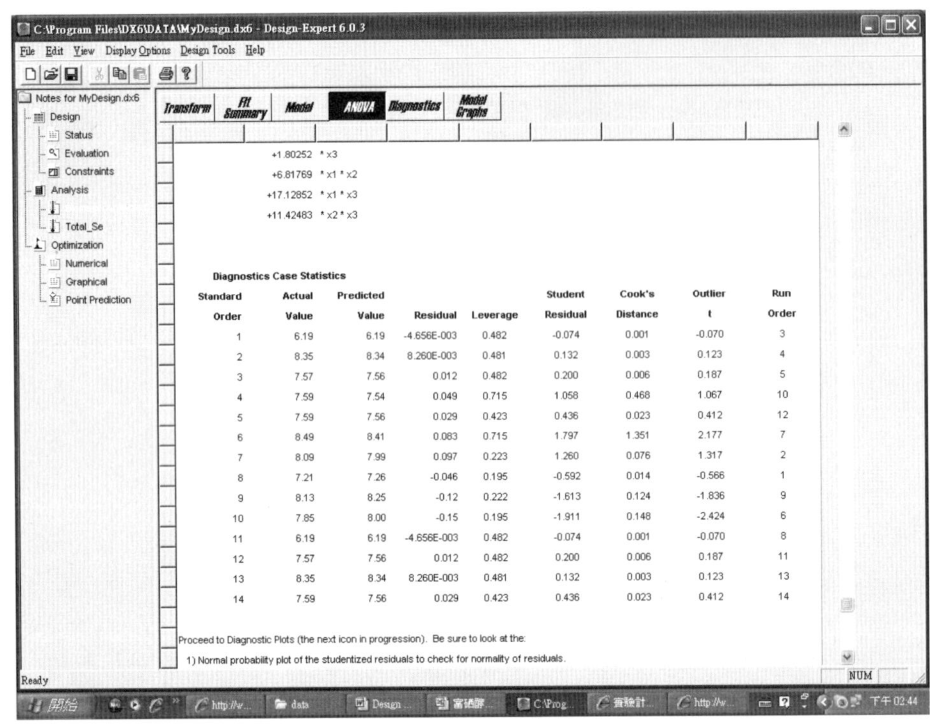

Standard Order	Actual Value	Predicted Value	Residual	Leverage	Student Residual	Cook's Distance	Outlier t	Run Order
1	6.19	6.19	-4.656E-003	0.482	-0.074	0.001	-0.070	3
2	8.35	8.34	8.260E-003	0.481	0.132	0.003	0.123	4
3	7.57	7.56	0.012	0.482	0.200	0.006	0.187	5
4	7.59	7.54	0.049	0.715	1.058	0.468	1.067	10
5	7.59	7.56	0.029	0.423	0.436	0.023	0.412	12
6	8.49	8.41	0.083	0.715	1.797	1.351	2.177	7
7	8.09	7.99	0.097	0.223	1.260	0.076	1.317	2
8	7.21	7.26	-0.046	0.195	-0.592	0.014	-0.566	1
9	8.13	8.25	-0.12	0.222	-1.613	0.124	-1.836	9
10	7.85	8.00	-0.15	0.195	-1.911	0.148	-2.424	6
11	6.19	6.19	-4.656E-003	0.482	-0.074	0.001	-0.070	8
12	7.57	7.56	0.012	0.482	0.200	0.006	0.187	11
13	8.35	8.34	8.260E-003	0.481	0.132	0.003	0.123	13
14	7.59	7.56	0.029	0.423	0.436	0.023	0.412	14

圖 A-48 變異分析(Part 4)：列出各實驗的實際值與預測值

步驟 8. 殘差診斷：診斷反應變數的殘差是否正常，如圖 A-49~50。

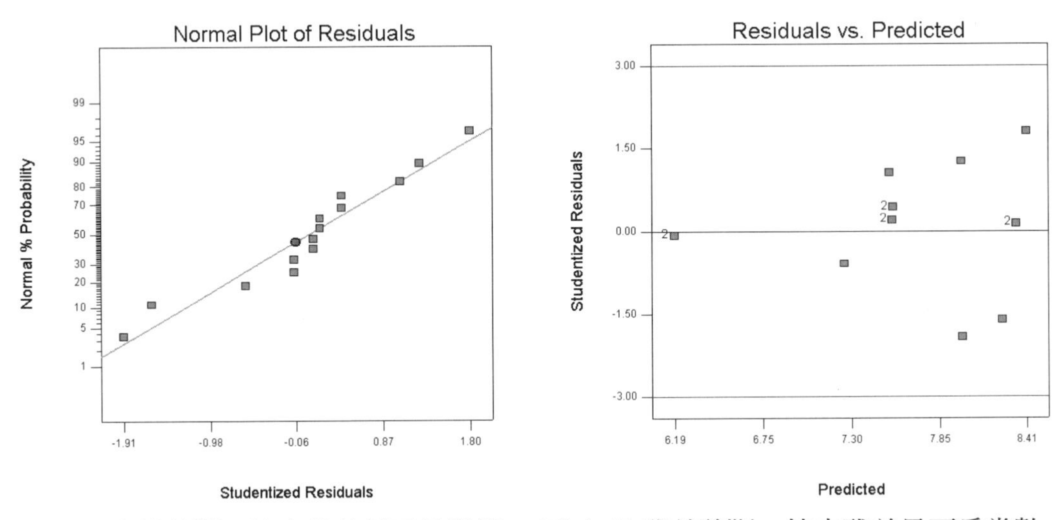

圖 A-49 殘差診斷：檢查殘差是否爲常態分佈。

圖 A-50 殘差診斷：檢查殘差是否爲常數。

步驟 9. 模型圖示：以圖形展示迴歸模型，如圖 A-51。圖(a)與圖(b)中頂點「A:x1 0.80」表示此處成份 x1 爲 0.80，底邊中點「0.40」表示此處成份 x1 爲 0.40。同理，頂點「B:x2 0.50」與其對邊中點「0.10」表示成份 x2 的範圍上限 0.50 與下限 0.10。軌跡圖即三個底邊中點到三個頂點的三個剖面的反應曲線，例如 A(x1)的底邊中點到頂點的剖面的反應快速遞減，因此其軌跡爲向下之曲線，而 C(x3)的剖面的反應先增後減，因此其軌跡爲開口朝下之曲線。

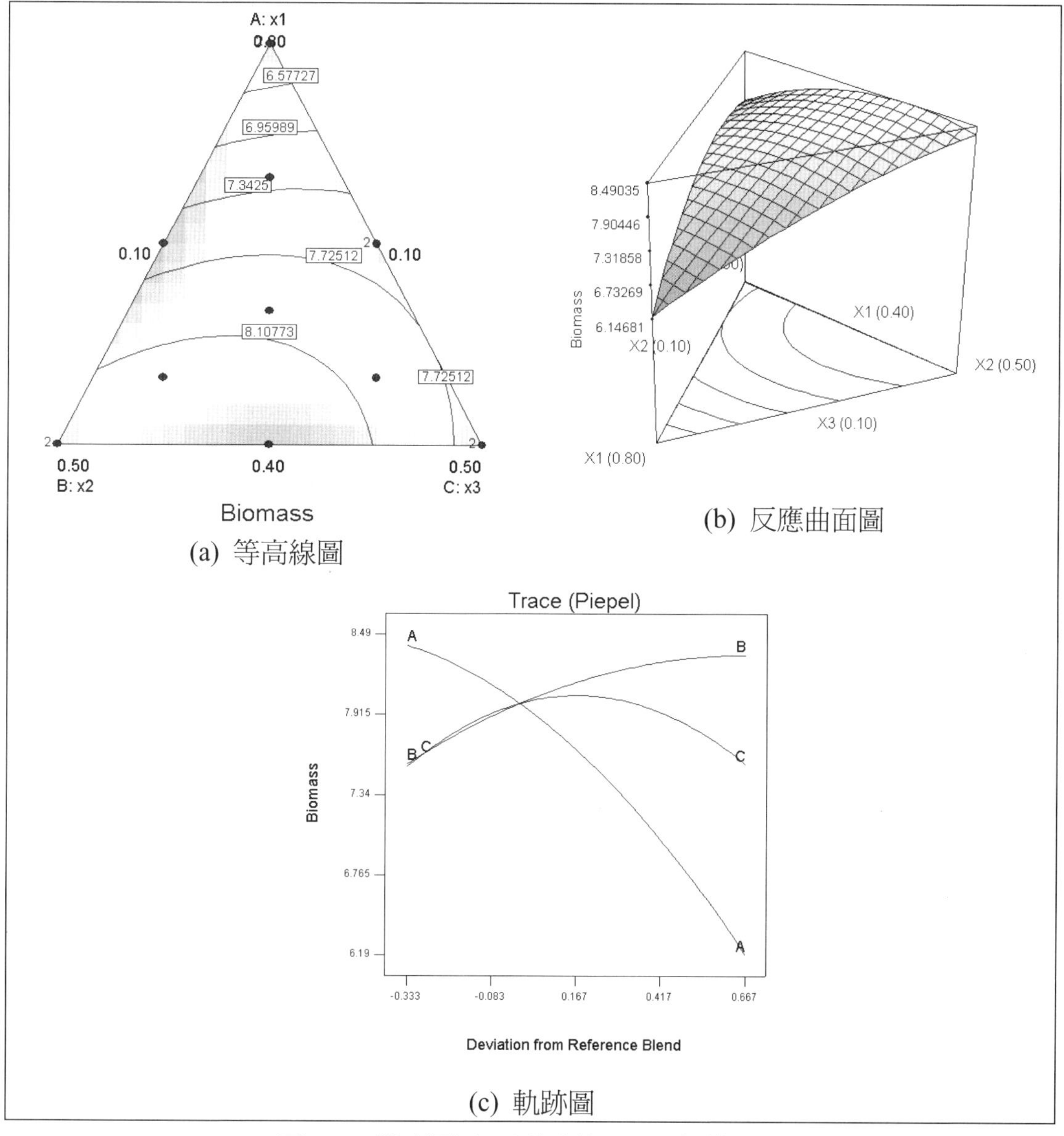

圖 A-51 模型圖示：以圖形展示迴歸模型。

參數優化階段

步驟 10. 準則設定：對所有實驗因子(自變數)與反應變數(因變數)設定準則。

最大化「Biomass」，且限 Total_Se>3.5，並且各成份總合爲 1，即

Max Biomass

Total_Se>3.5

x1+x2+x3=1

其中成份總合已在圖 A-40 的 Total 格子中輸入，另二個準則設定如圖 A-52。要注意本題使用 In Range[3.5,4.0]來表示 Total_Se>3.5，這是因爲在實驗數據中 Total_Se 的最大值爲 3.53，預期優化的最大值不會超過 4.0，因此可用 In Range[3.5,4.0]是可以接受的。另一個方法是使用 Max 準則來表達「大於」的限制，這可參考前一個例題的作法。

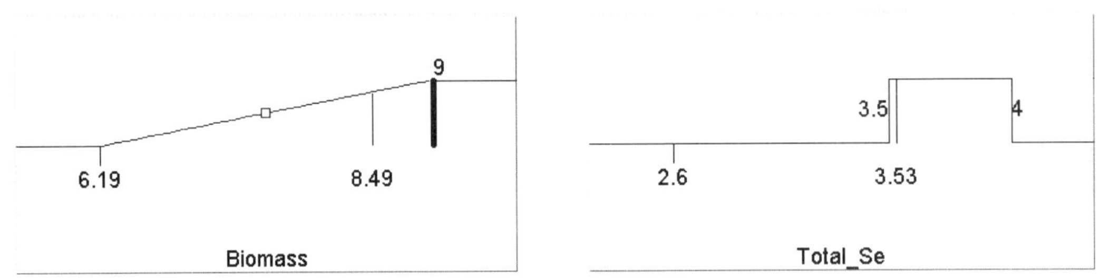

圖 A-52 準則設定：對所有實驗因子(自變數)與反應變數(因變數)設定準則。

步驟 11. 優化求解：系統以內建演算法尋找使「綜合滿意度」最大化的解答，如圖 A-53。

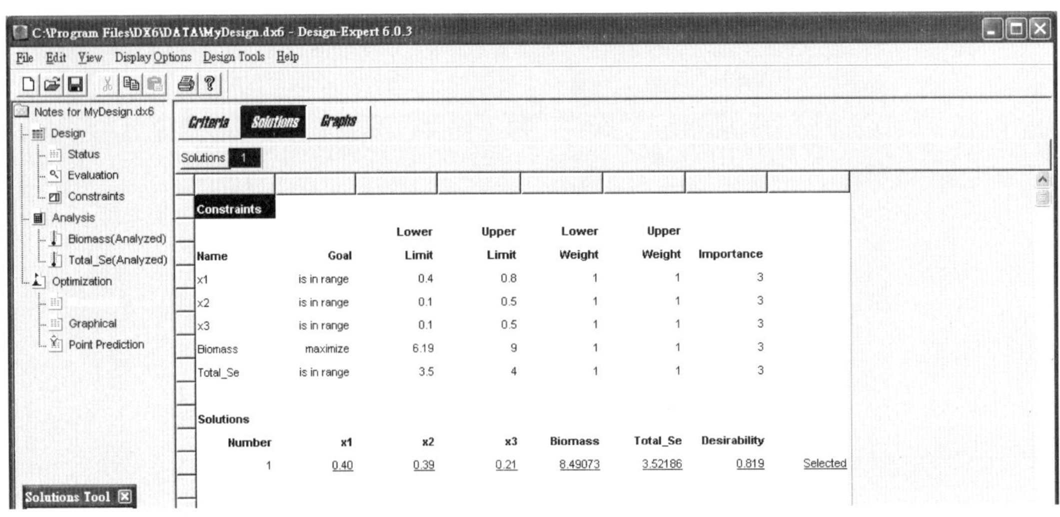

Name	Goal	Lower Limit	Upper Limit	Lower Weight	Upper Weight	Importance
x1	is in range	0.4	0.8	1	1	3
x2	is in range	0.1	0.5	1	1	3
x3	is in range	0.1	0.5	1	1	3
Biomass	maximize	6.19	9	1	1	3
Total_Se	is in range	3.5	4	1	1	3

Solutions

Number	x1	x2	x3	Biomass	Total_Se	Desirability	
1	0.40	0.39	0.21	8.49073	3.52186	0.819	Selected

圖 A-53 優化求解：系統以內建演算法尋找使「綜合滿意度」最大化的解答。

步驟 12. 解答圖示：在等高線圖上標示最佳解的位置。由圖 A-54(a)可知綜合滿意度反應曲面圖的最高點在 x2 與 x3 頂點的連線上。由圖(b)可以看出，此處的{x1,x2,x3}={0.40, 0.39, 0.21}。由圖(c)與(d)可以看出，此處 Biomass=8.49；Total_Se=3.52，都接近其最高點。

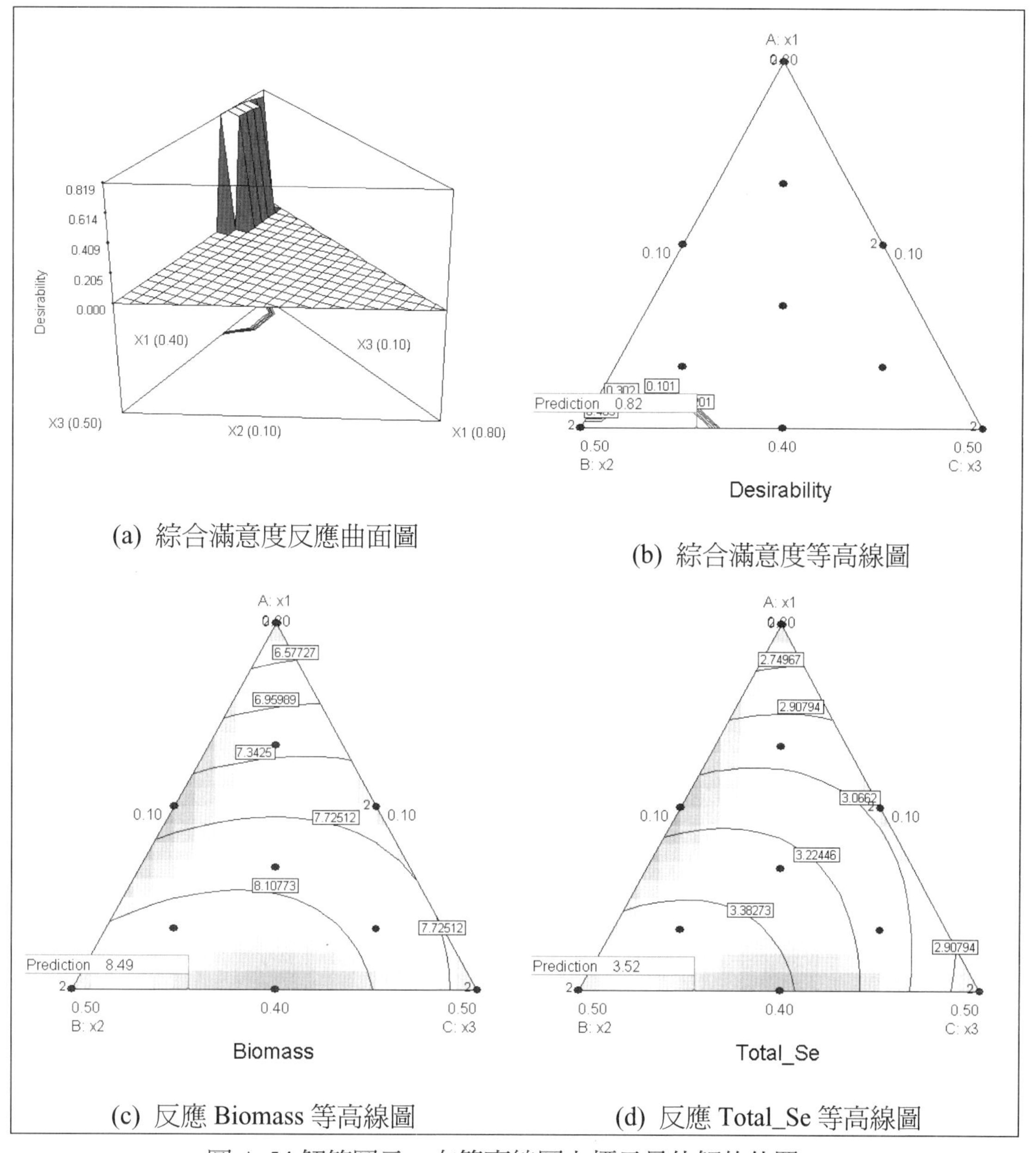

(a) 綜合滿意度反應曲面圖

(b) 綜合滿意度等高線圖

(c) 反應 Biomass 等高線圖

(d) 反應 Total_Se 等高線圖

圖 A-54 解答圖示：在等高線圖上標示最佳解的位置。

本章參考文獻

[1] 張祥傑，「IC 封裝黏模力之量測與分析」，國立成功大學，機械工程學系，碩士論文，2004。

[2] 黃信銘，「機械加工法多重品質特性最佳化製程參數研究」，國立高雄第一科技大學，機械與自動化工程所，碩士論文，2005。

[3] 李秀涼、 陳建偉、 張玉娟、 平文祥，「利用 RSM 法優化副乾酪乳桿菌 HDl · 7 產細菌素發酵培養基」，黑龍江大學自然科學學報，第 25 卷，第 5 期，第 621-624 頁(2008)

[4] Wu, Y., Cui, S. W., Tang, J., and Gua, X. "Optimization of extraction process of crude polysaccharides from boat-fruited sterculia seeds by response surface methodology," Food Chemistry, 105, 1599 – 1605 (2007).

[5] Yin, H., Chen, Z., Gu, Z., and Han, Y., "Optimization of natural fermentative medium for selenium-enriched yeast by D-optimal mixture design," LWT - Food Science and Technology, 42, 327–331 (2009).

附錄B CAFE使用介面

B.1 系統功能

B.2 系統裝機與啓動

B.3 使用者介面簡介

B.4 檔案管理 (File)

B.5 模型建構 (Model-Build)

B.6 模型分析 (Analysis)

B.7 參數優化 (Parameter-Opt)

B.8 其他功能

B.1 系統功能

CAFE (Computer-Aided Formula Environment)為一套基於神經網路的實驗設計軟體，其友善性與中文視窗將可提供使用者快速且便利地完成(參考圖 B-1(a))：

- 模型建構：用實驗因子(自變數)與反應變數(因變數)的數據集，以神經網路建立迴歸模型。
- 模型分析：分析模型的實驗因子(自變數)與反應變數(因變數)之間的關係。
- 參數優化：尋找能滿足特定限制(由實驗因子、反應變數組成)，並最佳化特定目標(由實驗因子、反應變數組成，例如成本、良率...)的品質改善方案(實驗因子組合)。

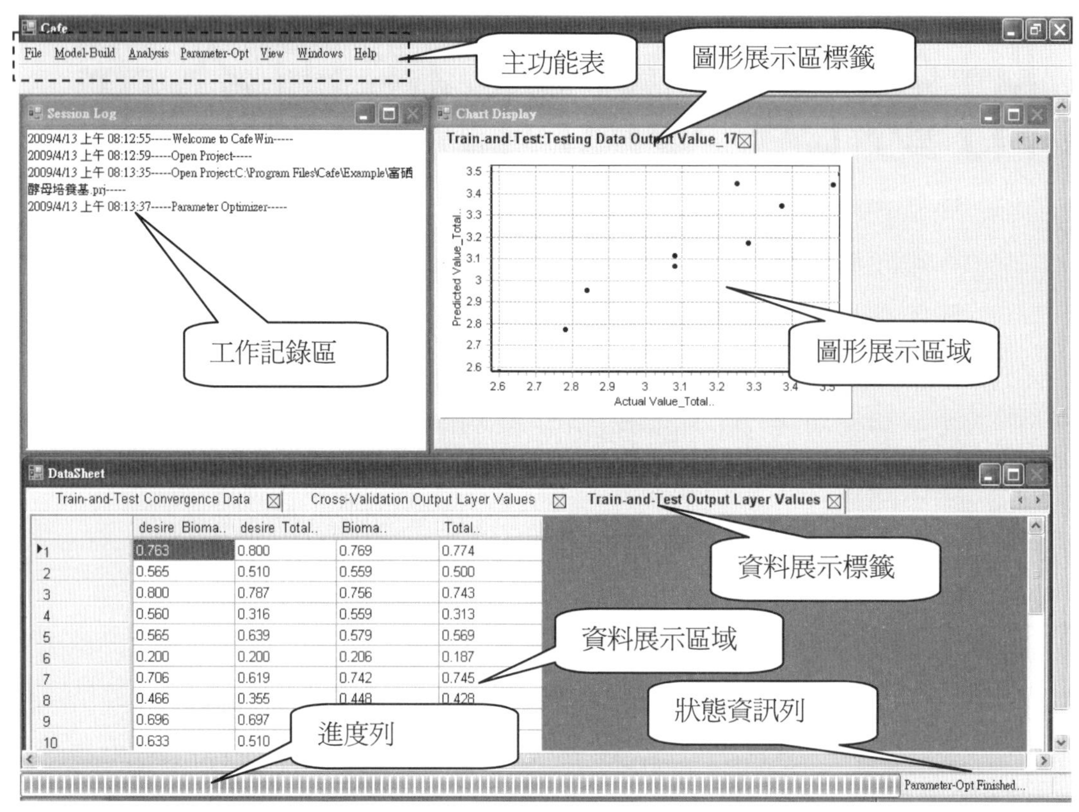

	desire Bioma..	desire Total..	Bioma..	Total..
1	0.763	0.800	0.769	0.774
2	0.565	0.510	0.559	0.500
3	0.800	0.787	0.756	0.743
4	0.560	0.316	0.559	0.313
5	0.565	0.639	0.579	0.569
6	0.200	0.200	0.206	0.187
7	0.706	0.619	0.742	0.745
8	0.466	0.355	0.448	0.428
9	0.696	0.697		
10	0.633	0.510		

圖 B-1(a) CAFE—基於神經網路的實驗計畫法軟體(主畫面)

CAFE 與傳統的實驗計劃法(DOE)軟體或田口方法軟體相較，有下列優點：

- 可靠的模型驗證方式：傳統的 DOE 或田口方法不區分樣本內、樣本外實驗數據之作法，其誤差被嚴重低估。CAFE 採用交叉驗證法，可以在不需要增加實驗數目下，達到區分樣本內、樣本外的效果，使誤差能被準確估計。

- 精確的模型建構能力：傳統的 DOE 使用迴歸分析，傳統的田口方法使用效果分析，而 CAFE 使用人工智慧中的類神經網路來建構模型。在同樣使用交叉驗證法下，類神經網路可能比迴歸分析、效果分析更準確。
- 實用的品質改善模式：實務上，製程效能、產品品質經常有許多限制(如成本上限及品質特性上限、下限)與目標(如成本最小化，良率、產率最大化)。傳統的 DOE 將品質上的限制與目標混為一談，將限制最佳化問題以「綜合滿意度」轉化為無限制最佳化問題；傳統的田口方法只能處理單一品質目標。因此這些方法描述實務問題的彈性與精準性經常不足。CAFE 採用下列品質改善模式，可以解決上述問題(參考圖 B-1(b))：

$$Find\ X_1, X_2, \ldots X_m$$

$$Min\ (or\ Max)\ F(X) = C + \sum_{i=1}^{m} D_i X_i + \sum_{i=1}^{n} E_j Y_j(X)$$

受限於

$$G_k(X) = \sum_{i=1}^{m} Q_{ik} X_i + \sum_{j=1}^{n} R_{jk} Y_j(X) - P_k \le 0 \quad \text{其中}\ k = 1,2,\ldots,L$$

$$X_i^{Min} \le X_i \le X_i^{Max} \quad \text{其中}\ i = 1,2,\ldots,m$$

$$\sum_{i=1}^{m} A_i X_i = B$$

其中

$X_1, X_2, \ldots X_m$ 為 m 個實驗因子。

$Y_1(X), Y_2(X), \ldots Y_n(X)$ 為 n 個品質特性，為實驗因子的函數，其函數由實驗數據經建模後產生。

$F(X)$ 為目標函數，為由實驗因子、品質特性與使用者指定的係數組成的線性函數。

$G_1(X), G_2(X), \ldots G_L(X)$ 為 L 個限制函數，為由實驗因子、品質特性與使用者指定的係數組成的線性函數。

$A_1, A_1, \ldots A_m$ 為成份總合限制的係數。

B 為成份總合限制的總合值。

如此一來，使用者有極大的彈性來精準地設計能滿足各行各業的各式各樣實務需求的最佳化模式。此外，CAFE 具有「敏 感性分析」與「帶狀主效果圖」功能，可以表現因子與反應間的關係，改善類神經網路黑箱模型的缺點(參考圖 B-1(a)右上方視窗)。

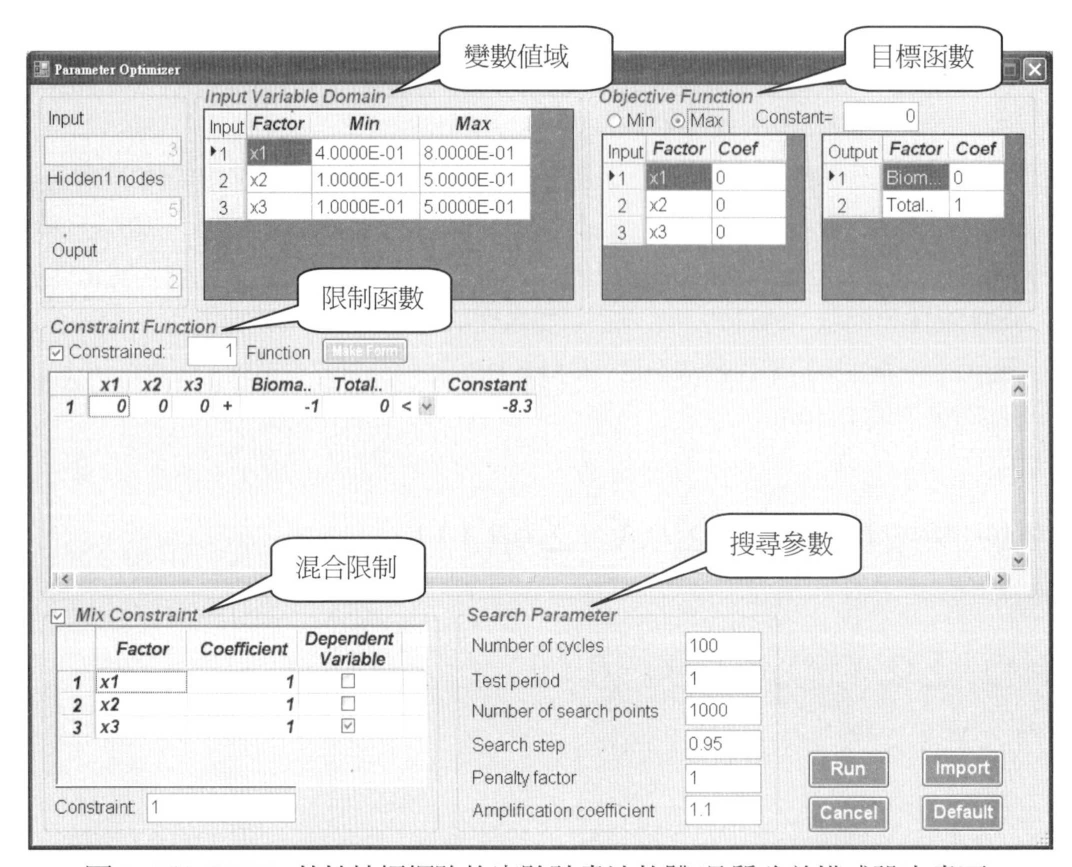

圖 B-1(b) CAFE—基於神經網路的實驗計畫法軟體(品質改善模式設定畫面)

B.2 系統裝機與啟動

B.2.1 系統裝機與啟動

CAFE 軟體安裝步驟如下：

(1) 將光碟放入光碟機，會自動產生圖 B-2(a)畫面。

(2) 點選左上方「Install Cafe」按鍵，依其指示安裝軟體。其中一個步驟需要輸入軟體的序列號，每一個正式版軟體有自己的特定序列號，而試用版軟體的序列號一律使用「7777-CAFE-7777-TRAY」。

(3) 點選左上方「Install Example」按鍵，依其指示安裝範例。

(4) 點選左上方「Exit」按鍵，結束裝機。

(5) 在桌面會出現捷徑 CafeWin，點選後進入圖 B-2(b)說明畫面。

(6) 點選圖 B-4 說明畫面後進入圖 B-2(c)系統畫面。

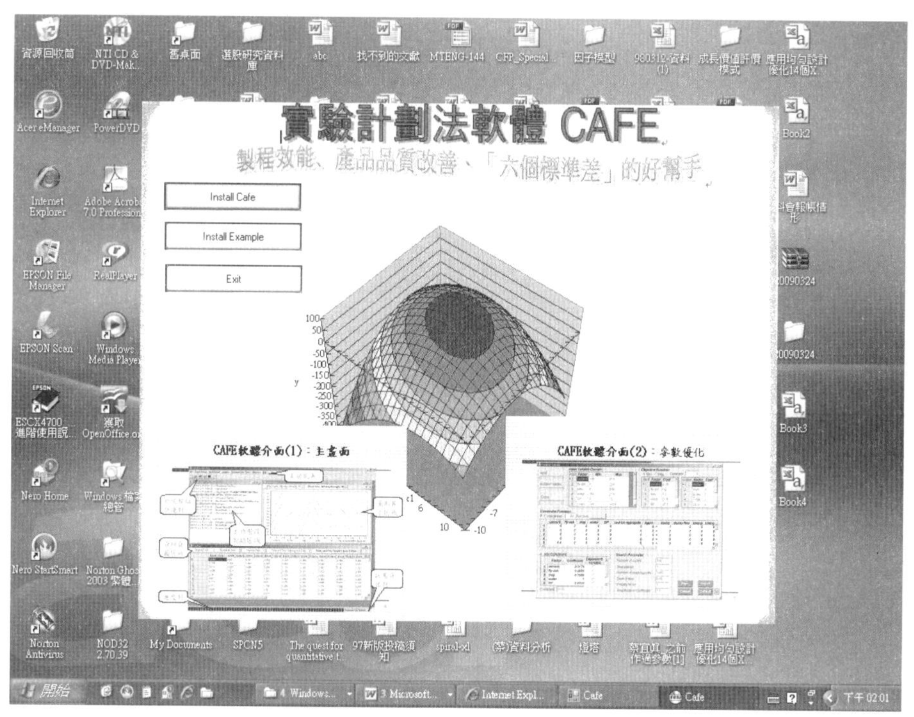

圖 B-2(a) CAFE 軟體安裝畫面

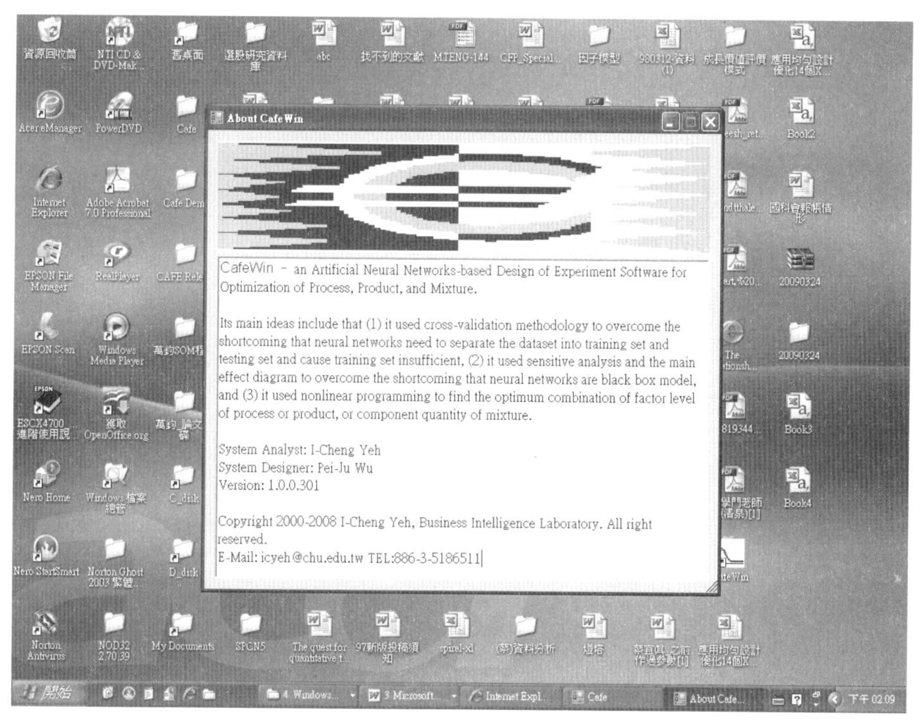

圖 B-2(b) CAFE 軟體說明畫面

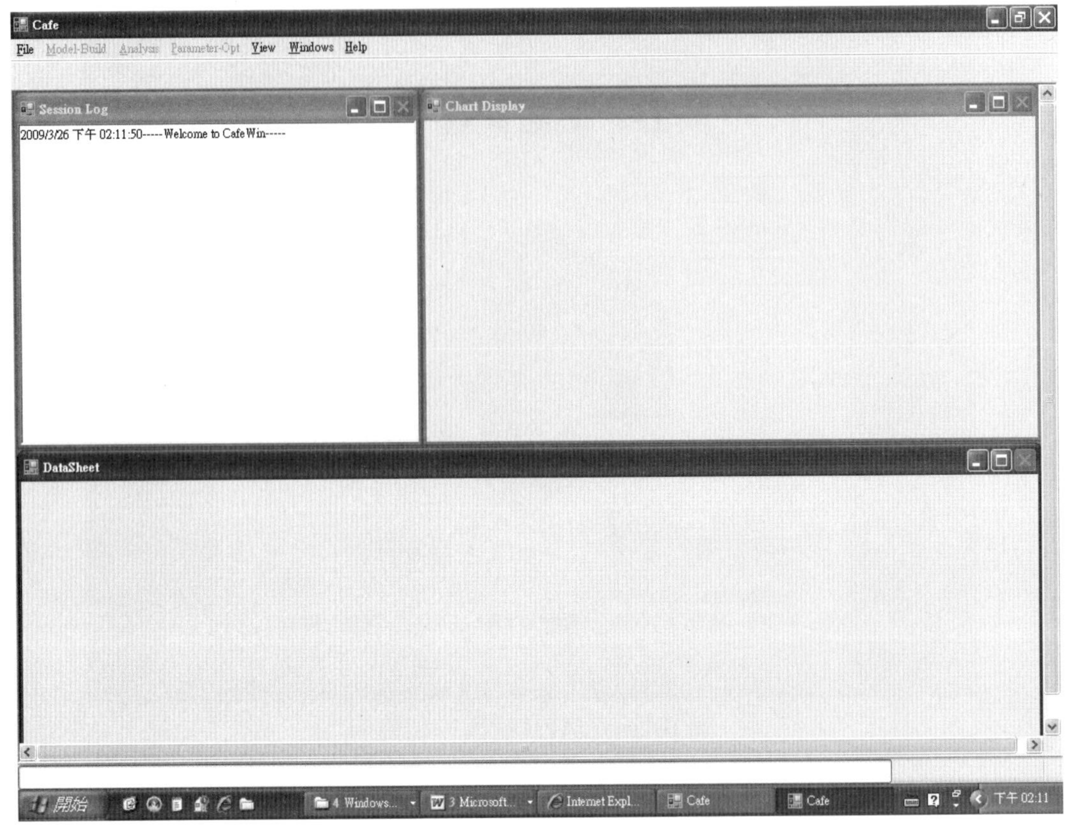

圖 B-2(c) CAFE 軟體系統畫面

B.2.2 試用版限制與正式版購買資訊

CAFE 軟體試用版有以下的功能限制：

- 輸入變數數目：不超過 6 個。
- 輸出變數數目：不超過 3 個。
- 資料數據筆數：訓練範例不超過 25 個。
- 試用期 30 天。

CAFE 軟體購買資訊與相關訊息可以由網站取得：www.wisdomsoft.com.tw/cafe/

B.2.3 參考書籍

對實驗計劃法原理有興趣的讀者建議您可閱讀下列書籍：

- 葉怡成，實驗計劃法─製程與產品最佳化，五南圖書公司，2002。

- Myers, R. H. & Montgomery, D. C. *Response Surface Methodology*, John Wiley & Sons, Inc, 1995.
- Montgomery, D. C. *Design and Analysis of Experiments*, John Wiley & Sons, Inc, 1996.

對神經網路原理有興趣的讀者建議您可閱讀下列書籍：

- 葉怡成，類神經網路 - 模式應用與實作，儒林圖書，2009。
- 葉怡成，應用類神經網路，儒林圖書，2004。

B.3 使用者介面簡介

CAFE 軟體的各項功能簡介如下(參考圖 B-1(a))：

- 主功能表：可供使用者選擇各功能。
  - □ 檔案管理 (File)：包括開啓新專案、載入實驗資料檔、開啓舊專案、關閉專案、離開系統。
  - □ 模型建構 (Model-Build)：設定神經網路學習參數，以神經網路建立反應變數的模型 (反應變數為實驗因子的函數)。
  - □ 模型分析 (Analysis)：在已建立的模型上，分析反應變數與實驗因子之間的關係，以及產生重新尺度化後的反應變數預測値，以及誤差統計値。
  - □ 參數優化 (Parameter-Opt)：依使用者設定的目標(最小化、最大化)與限制(上限、下線、成份總合限制)，在已建立的模型上，搜尋能滿足限制，且最佳化目標的實驗因子(輸入變數)水準組合。
  - □ 其他功能：檔案觀覽(View)與視窗功能。
- 工作記錄區域：可記錄使用者在專案中的使用歷程。
- 圖形展示區域：所有關於執行期間的圖形
  - □ 誤差收斂圖
  - □ 實驗因子對反應變數的敏感性分析直條圖
  - □ 實驗因子對反應變數的效果線圖
  - □ 反應變數散佈圖

皆會顯示在該區中。使用者可以放大圖形、移動圖形。此外還可以在圖形上按滑鼠右鍵會彈出功能表，提供 Copy to clipboard 的功能。一個專案中各種圖只有最新一個會被存檔，例如重複執行二次模型建構會產生二組誤差收斂圖，但下次載入專案時，只剩最新的一組。

- 資料展示區域：使用的數據檔或是結果檔會透過表格的形式顯示在該區域。
- 進度列：模型建構、模型分析、參數優化等執行的進度皆會顯示在該區域中。
- 狀態資訊列：執行期間的狀態資訊會顯示在該區中。

往後各節介紹 CAFE 各功能，舉例時大部份以附錄 C「使用範例」中的第一個例題「IC 封裝黏模力之改善 (L18)」為例。

B.4 檔案管理 (File)

在 CAFE 建立一個應用的第一個步驟是先以 Excel 建置實驗數據(圖 B-3)，再以 Excel 存成「CSV(逗號分隔)」(圖 B-4)，以便 CAFE 載入。在 CAFE 中每一應用都以一個「專案」(project)的方式存在，包含一個附加名為 prj 的專案檔與同名的次目錄。

No	A	B	C	D	E	F	Y1	Y2	Y3
1	2	2	1	2	3	1	-37.21	72.4	4.7
2	2	2	3	2	1	2	-40.47	103.75	19.64
3	1	2	1	1	2	2	-38.62	84.89	8.38
4	1	1	2	3	2	1	-34.45	52.43	6.23
5	1	1	2	2	2	2	-35.62	59.71	9.22
6	2	1	1	3	3	2	-36.93	70.14	4.02
7	1	1	1	1	1	1	-36.78	68.52	8.02
8	2	1	3	2	2	1	-34.69	53.65	8.17
9	2	2	3	1	2	3	-37.07	71.07	6.93
10	1	1	1	2	1	3	-39.67	95.61	10.83
11	2	2	1	3	2	3	-38.93	88.04	7.96
12	1	1	3	3	3	3	-29.15	28.3	4.6
13	2	2	2	3	1	2	-39.92	97.94	15.18
14	2	1	2	1	1	3	-38.42	82.81	9.81
15	2	2	2	1	3	1	-36.28	65.1	2.66
16	1	2	2	2	3	3	-33.75	48.14	7.33
17	1	1	3	1	3	2	-31.35	35.99	8.36
18	1	2	3	3	1	1	-37.7	75.94	11.21

圖 B-3 以 Excel 建實驗數據：IC 封裝黏模力之改善 (L18)

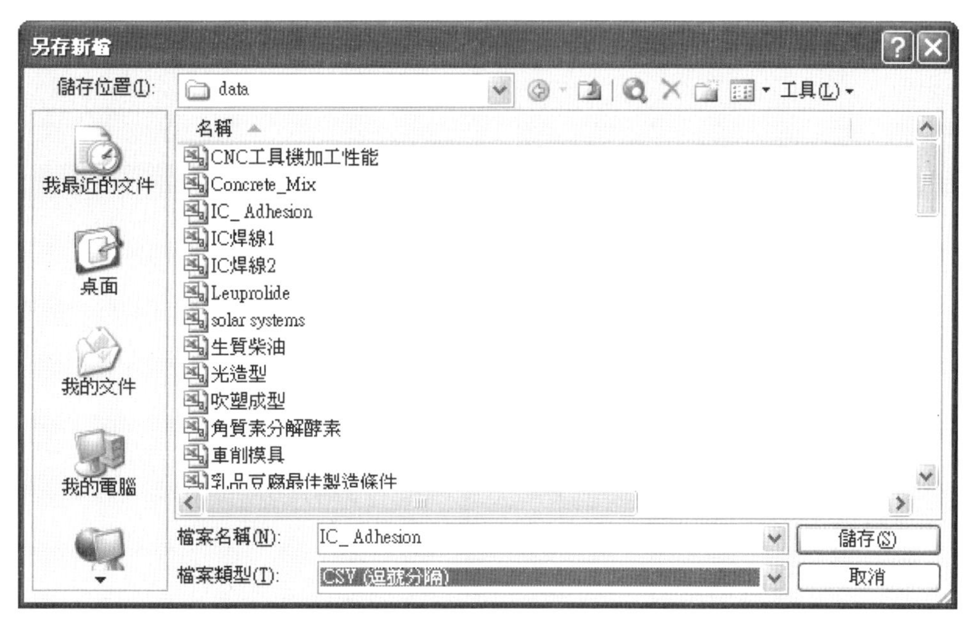

圖 B-4 實驗數據以 Excel 存成「CSV(逗號分隔)」

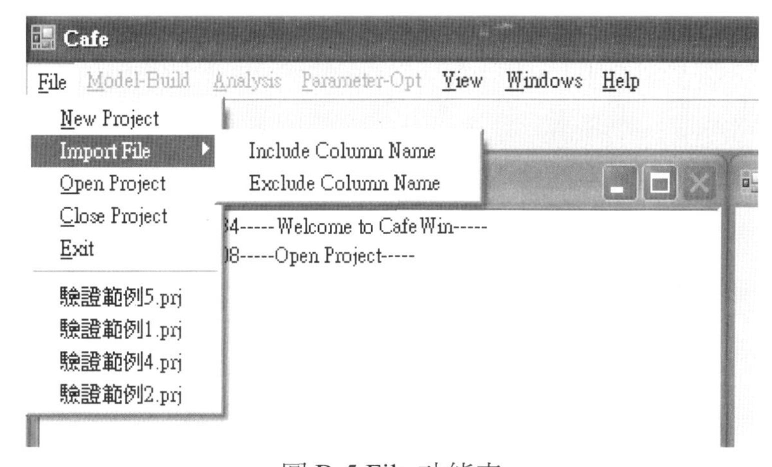

圖 B-5 File 功能表

主功能表的 File 功能表包括(圖 B-5)：

- New project：開啓新專案。
- Import File：載入實驗資料檔。有二個選項

□　Include Column Name：要讀入的 csv 檔(Excel 的 CSV 逗號分隔檔)含「欄名」。點選此功能後會出現「Variables Configuration」視窗(圖 B-6)，選擇需要的輸入變數後，按「>」鍵可將變數指派到「Input　Variables」；同理，選擇需要的輸出變數後，按「>」鍵可將變數指派到「Output Variables」。

☐ Exclude Column Name：要讀入的 csv 檔(Excel 的 CSV 逗號分隔檔)不含「欄名」。

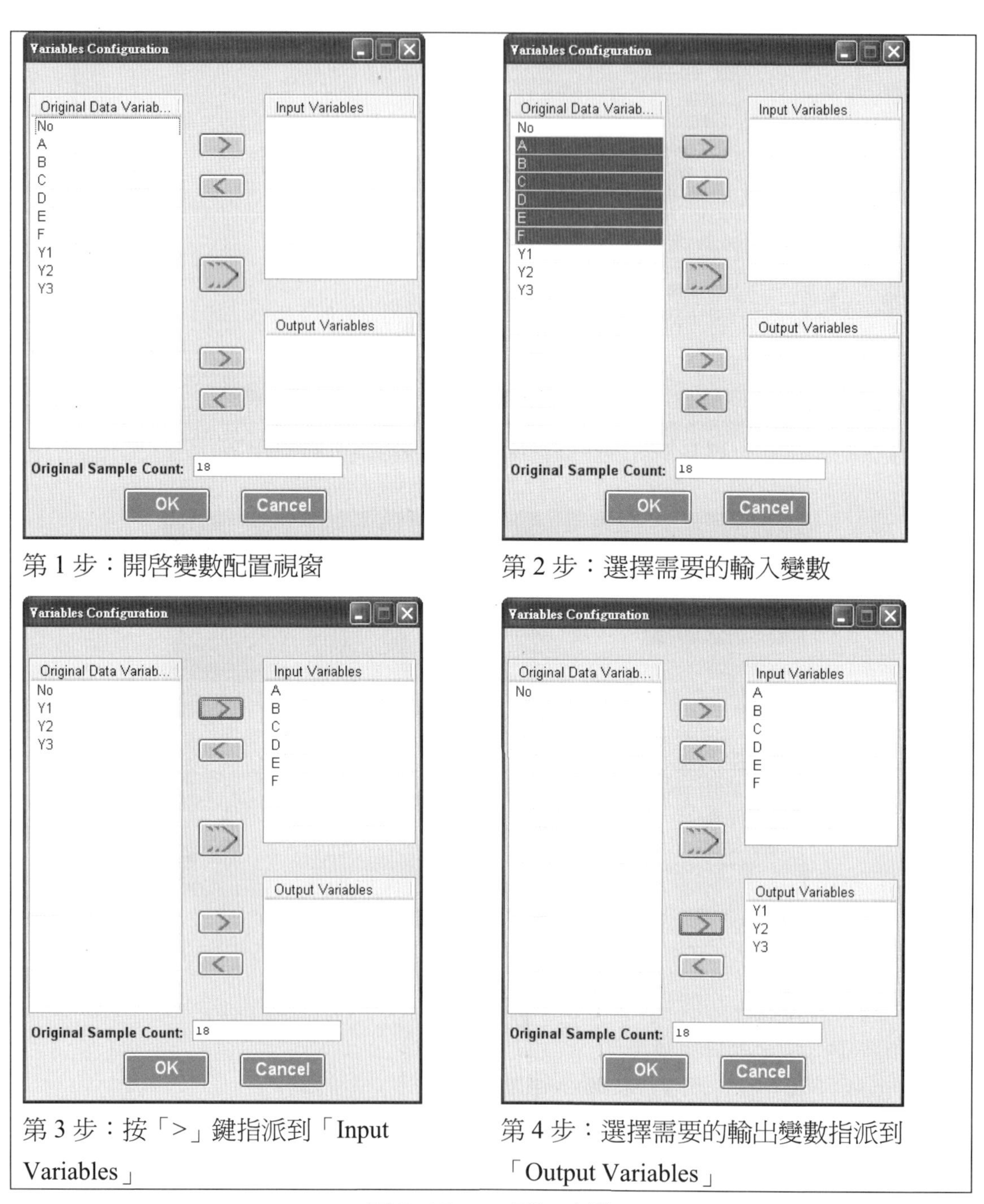

圖 B-6 Import File 功能

- Open Project：開啓舊專案。
- Close Project：關閉專案。
- Exit：離開系統。

CAFE 自動存檔(整個專案)，故無「儲存檔案」與「另存新檔」選項。

B.5 模型建構 (Model-Build)

點選主功能表的 Model-Build 功能後，開啓一個 Model-Build 視窗(圖 B-7)，包括建立神經網路模型所需的參數，所有參數都有內定值。

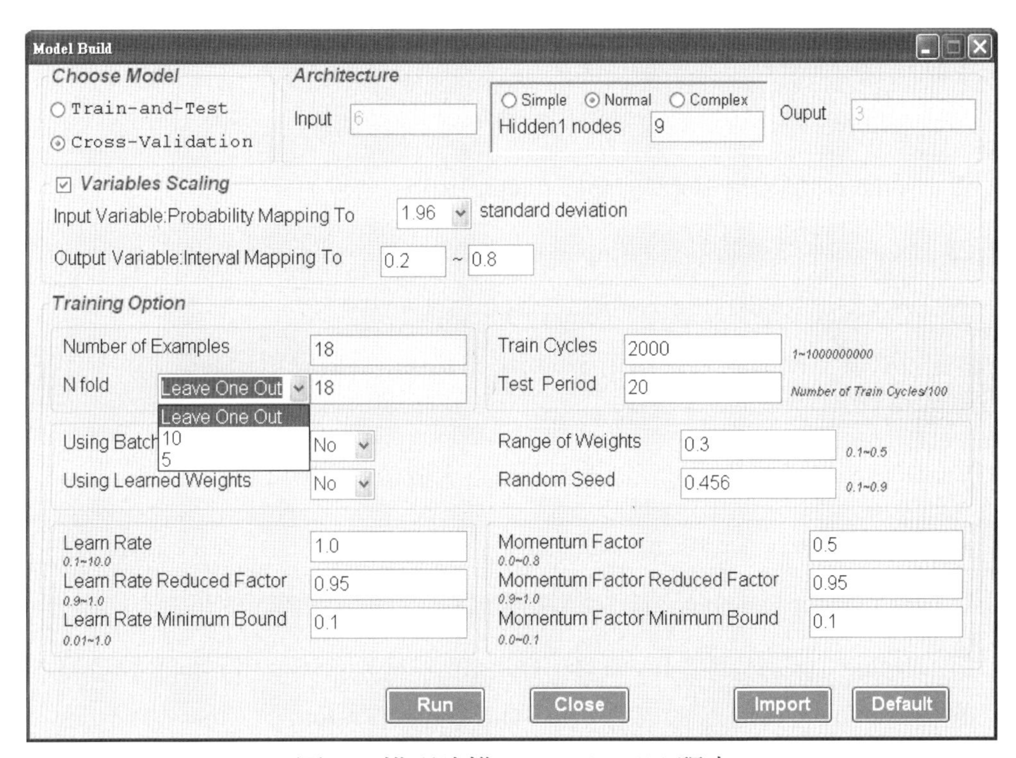

圖 B-7 模型建構 (Model-Build)視窗

- Choose Model：有二個選項

  □ Train-and-Test：系統會將 Data 檔的上方視爲訓練範例，下方視爲測試範例，內定比例爲 7：3。當 Data 數較多時(上百個以上)可採此種方式建模，但注意 Data

不可有特定順序，以免訓練範例的取樣不具代表性，可在載入 Data 前將 Data 隨機排序來解決此一問題。

□ Cross-Validation：系統會將 Data 檔以 Cross-Validation 方式進行建模。當採用交叉驗證法時，在作完交叉驗證法後，會將樣本複製，一份做訓練樣本，一份做測試樣本，二份樣本一樣，再加作一次 Train-and-Test。要如此作的原因是 Cross-Validation 每次都用很大部份 data 建模，很小部份 data 驗證，再將各次的小部份 data 驗證結果整合成全部 data 的測試結果。因此其測試範例的收斂曲線可以判斷是否有過度學習現象產生。如果過度學習現象未出現或很輕微，則將全部 data 以相同的參數(學習循環數、學習速率、隱藏層單元數…)再建模一次，應該可以得到更精確但無過度學習顧慮的模型。

當 Data 數較少時(小於 100 個)內定模式爲 Cross-Validation；當 Data 數較多時(100 個以上)內定模式爲 Train-and-Test。因實驗設計所得到的 Data 數目通常較少，因此通常都使用 Cross-Validation 方式進行建模。

■ Architecture：用來設定隱藏層單元數目，有三個選項

□ Simple：隱藏層單元取(Input+Output)×0.5。

□ Normal：隱藏層單元取(Input+Output)×1。

□ Complex：隱藏層單元取(Input+Output)×2。

內定模式爲 Normal。通常採用 Normal 方式決定隱藏層單元數都可以有良好的結果，故此功能很少需要使用者調整。

■ Variables Scaling：此功能原則上不需使用者調整，使用者不必操心。

■ Training Option

□ Number of Examples：此功能原則上不需使用者調整，使用者不必操心。

□ N fold：有三個選項 Leave One Out, 10, 5，分別代表使用 n-fold, 10-fold, 5-fold 的 Cross-Validation。一般使用 Leave One Out，即 n-fold 的 Cross-Validation。

當採用「Train-and-Test」時，上述二項改爲

□ Number of Train Examples：內定爲 70%的 Data 數。

□ Number of Test Examples：內定爲 30%的 Data 數。

☐ Train Cycles：學習循環數。內定為 2000，建議如果建模後發現誤差仍很大，可改設為 20000，重作一次。

☐ Test Period：測試週期。內定為 20 (Train Cycles 的 1/100)。在設完 Train Cycles 後，將遊標移至此，按一下滑鼠左鍵，會自動設為 Train Cycles 的 1/100。

☐ Using Batch Learn：是否使用 Batch 學習。內定為不使用。此功能很少需要調整。

☐ Using Learned Weights：是否使用已學習的權值。內定為不使用。此功能很少需要調整。

☐ Range of Weights：初始權值範圍。內定為 0.3。此功能很少需要調整。

☐ Random Seed：初始權值亂數種子。內定為 0.456。此功能很少需要調整。

☐ Learn Rate：學習速率初始值。

☐ Learn Rate Reduced Factor：學習速率折減因子。

☐ Learn Rate Minimum Bound：學習速率下限值。

上述三個值的內定值為 1.0, 0.95, 0.1。如果建模後發現誤差仍很大，可改設上述三個值為 10, 0.995, 0.5，重作一次。

☐ Momentum Factor：慣性因子初始值。

☐ Momentum Factor Reduced Factor：慣性因子折減因子。

☐ Momentum Factor Minimum Bound：慣性因子下限值。

上述三個值的內定值為 0.5, 0.95, 0.1。此功能很少需要調整。

視窗右下方：

- Run 按鈕：開始執行建立神經網路模型。
- Close 按鈕：關閉 Model-Build 視窗。
- Import 按鈕：讀入已存在的參數檔。此功能很少使用。
- Default 按鈕：重設所有參數為內定值。

Model-Build 的技巧

Model-Build 視窗中的參數雖多，但大多數使用內定值即可。只有二組參數需使用者調整：

- ☐ Train Cycles：學習循環數。內定為 2000。如果建模後發現誤差仍很大，可改設為 20000，重作一次。
- ☐ Test Period：宜設為 Train Cycles 的 1/100。

- ☐ Learn Rate：學習速率初始值。
- ☐ Learn Rate Reduced Factor：學習速率折減因子。
- ☐ Learn Rate Minimum Bound：學習速率下限值。

上述三個值的內定值為 1.0, 0.95, 0.1。如果建模後發現誤差仍很大，可改設上述三個值為 10, 0.995, 0.5，重作一次。

因為增加學習循環數會增加執行所需時間，修改學習速率等參數則否，故如果建模後發現誤差仍很大，建議改進的步驟如下：

(1) Train Cycles 仍用 2000，但學習速率等參數值改為 10, 0.995, 0.5，重作一次。
(2) Train Cycles 增為 20000，但學習速率等參數值仍用 1.0, 0.95, 0.1，重作一次。
(3) Train Cycles 增為 20000，且學習速率等參數改為 10, 0.995, 0.5，重作一次。

如果觀察測試範例誤差收斂圖發現在某一學習循環後有非常明顯的過度學習，可考慮將 Train Cycles 設為該學習循環，重作一次。如果只有輕微的過度學習，不需如此調整。

B.6 模型分析 (Analysis)

點選主功能表的 Analysis 功能後，有三個次功能(圖 B-8)：

- ■ Variable Sensitivity：變數敏感性分析。可分析實驗因子(輸入變數)對反應變數(輸出變數)的敏感性分析。
- ■ Effect Line：帶狀主效果圖。可分析實驗因子對反應變數的效果。

■ Re-Scaling：重新尺度化。可產生重新尺度化(即恢復原始尺度)後的反應變數預測值，並計算誤差均方根與繪製散佈圖(反應變數實際值 vs 預測值)。

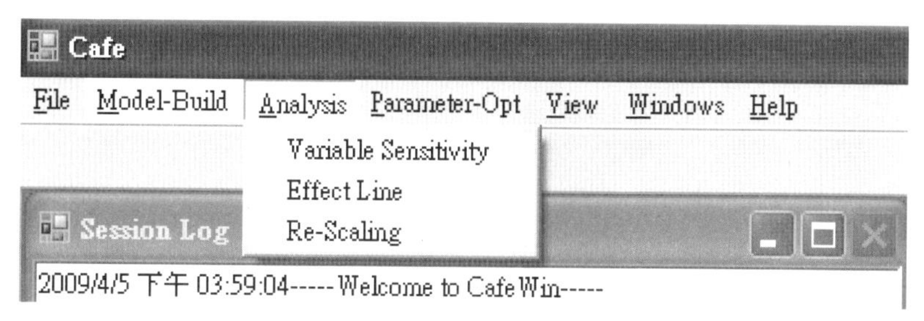

圖 B-8 模型分析 (Analysis)功能表

B.6.1 變數敏感性分析

選擇功能表的 Analysis->Variable Sensitivity，可發現在圖形展示區域呈現三類圖：

□ 重要性指標直條圖：可以定量衡量輸入變數對輸出變數的重要程度，無論輸入變數對輸出變數具有線性、曲率、交互作用，都會有高的重要性指標。
□ 線性敏感度直條圖：可以定量衡量輸入變數對輸出變數的線性作用。
□ 曲率敏感度直條圖：可以定量衡量輸入變數對輸出變數的曲率作用。

上述三種指標的原理是基於函數微分的概念，詳細理論請參考第 12 章。

以下列函數爲例 (請參考附錄D的「驗證範例5：線性、二次與交互作用混合函數」)：

$$Y = X_1 + 2X_2^2 + 2X_3X_4 + 0 \cdot X_5 \tag{1}$$

此函數具有下列特徵：

(1) X_1, X_2, X_3, X_4 是重要變數；X_5 是無關變數。
(2) X_1 爲具有正比線性效果的變數。
(3) X_2 爲具有正曲率效果的變數。
(4) X_3, X_4 爲具有交互作用的變數。

假設 $X_1 \sim X_5$ 的值域都是-1.0~+1.0，隨機取 1000 個點，以 700 個爲訓練範例，300 個爲測試範例。其敏感性分析如圖 B-9~圖 B-11 所示：

□ 圖 B-9 顯示重要變數有 X_1, X_2, X_3, X_4；不重要變數有 X_5。
□ 圖 B-10 顯示 X_1 具有正斜率。
□ 圖 B-11 顯示 X_2 具有正曲率。
□ 由圖 B-9 來看，X_3, X_4 是重要變數，但在「線性敏感度直條圖」與「曲率敏感度直條圖」均看不出二者有明顯的線性作用或曲率作用，這代表 X_3, X_4 可能具有交互作用。

上述推論與(1)式比較，可發現完全吻合各自變數與因變數間的關係。更多的變數敏感性分析實例可參考附錄 D。

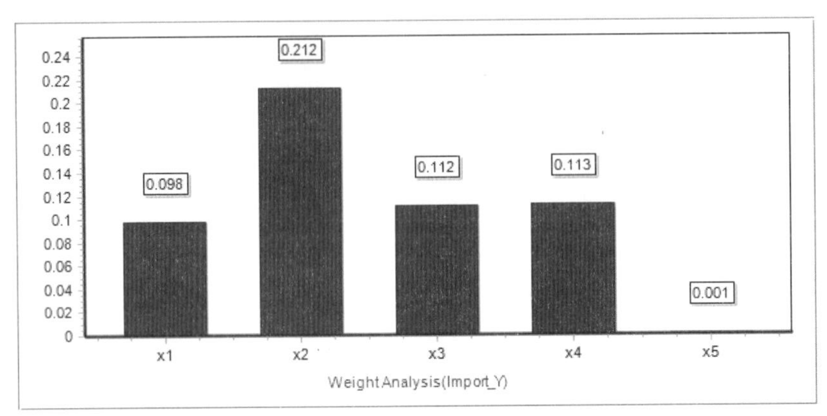

圖 B-9　重要性指標

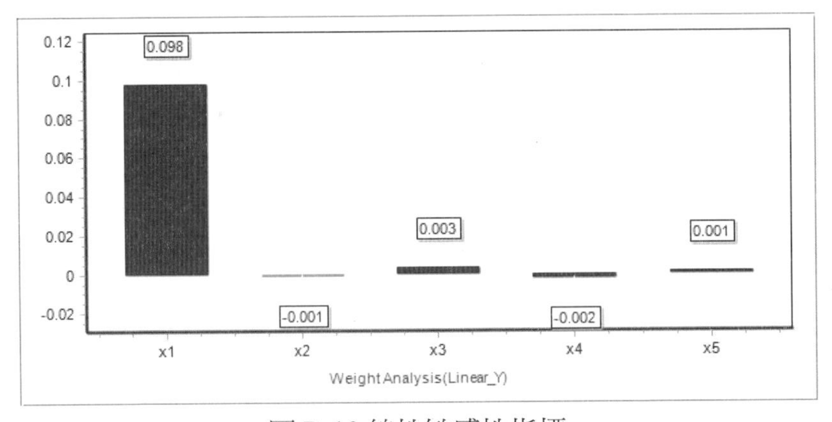

圖 B-10 線性敏感性指標

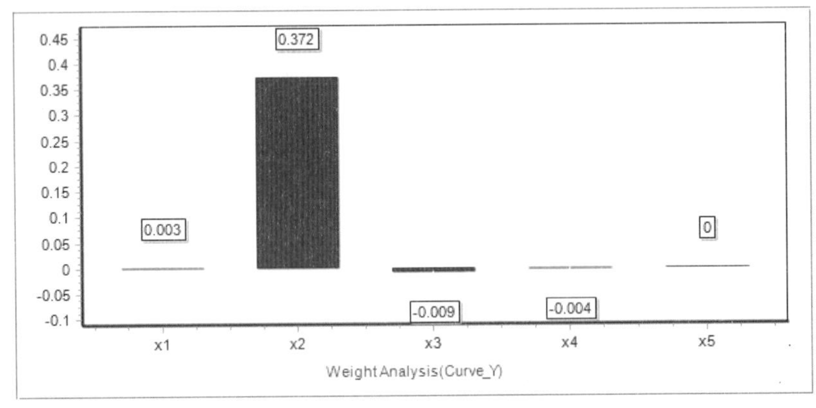

圖 B-11 曲率敏感性指標

B.6.2 帶狀主效果圖

選擇功能表的 Analysis->Effect Line，可發現在圖形展示區域呈現「帶狀主效果圖」，其橫軸爲各輸入變數之大小，縱軸爲輸出變數的大小。圖中有三條「影響曲線」，一條曲線代表該輸入變數固定在特定值之下，其它輸入變數爲各自值域內之隨機值之下，一定數目之組合下，模型所預測之該輸出變數之値的平均值 μ。另外兩根曲線爲前述之平均曲線，加減一個前述預測值之標準差 σ。

帶狀主效果圖可顯示各個輸入變數對各個輸出變數影響之傾向關係，亦可顯示該輸入變數在不同的值下輸出變數之變異。X 與 Y 之斜率代表 X 與 Y 之間的關係是呈現正相關或負相關；如果斜率幾乎呈現水平，代表 X 與 Y 之間沒有關係；如果平均值曲線與標準差曲線之間的寬度明顯不是常數，代表該輸入變數可能與其他輸入變數之間具有交互作用。

以前述例題爲例，其帶狀主效果圖如圖 B-12 所示：

- □ X_1 爲上升的直線；
- □ X_2 爲開口朝上的二次曲線；
- □ X_3, X_4 的平均值爲水平線，但平均值曲線與標準差曲線之間的寬度明顯不是常數，代表該輸入變數可能與其他輸入變數之間具有交互作用，事實上正是這二個變數之間具有交互作用。
- □ X_5 爲水平線，代表它是一個不重要的變數。

因此帶狀主效果圖不只能顯示包括一次或二次甚至更高次的「主效果」，也可以鑑定那些變數之間具有「交互作用」。更多的變數敏感性分析實例可參考附錄 D。

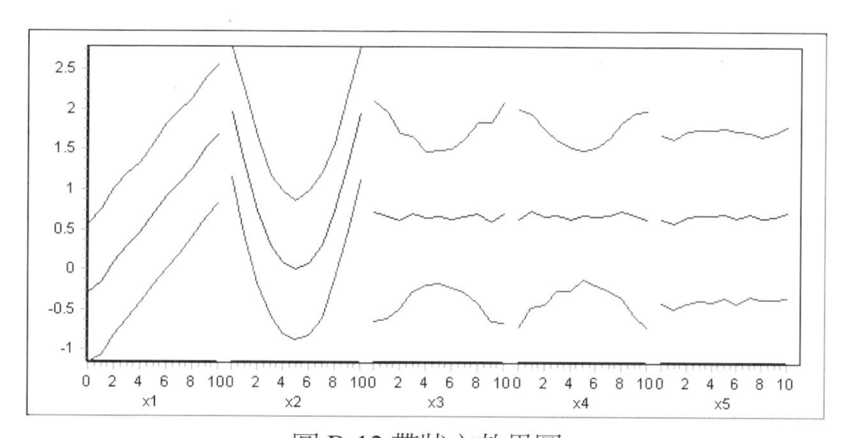

圖 B-12 帶狀主效果圖

B.6.3 重新尺度化(誤差估計與散佈圖)

選擇功能表的 Analysis->Re-Scaling，將出現「Re-Scaling」視窗(圖 B-13)，以表格的方式呈現重新尺度化後的反應變數預測值，以及誤差統計值(RMS Error 與預測值與實際值之間的相關係數)。如果建模時選

- Train-and-Test：只會有 Train-and-Test 的預測值與誤差統計值。
- Cross-Validation：會有 Cross-Validation 與 Train-and-Test 的預測值與誤差統計值。這是因爲當採用交叉驗證法時，在作完交叉驗證法後，會將樣本複製，一份做訓練樣本，一份做測試樣本，二份樣本一樣，再加作一次 Train-and-Test，故會多出 Train-and-Test 的結果。其中只有 Cross-Validation 的測試範例誤差統計值是對誤差的保守估計。

關閉「Re-Scaling」視窗，可發現在圖形展示區域呈現重新尺度化後的反應變數預測值與實際值的散佈圖(圖 B-14)。如果建模時選

- Train-and-Test：每一個反應變數都有訓練範例、測試範例等二幅散佈圖。
- Cross-Validation：每一個反應變數都有 Cross-Validation 的訓練範例、測試範例，以及 Train-and-Test 的訓練範例、測試範例等四幅散佈圖。這是因爲當採用交叉驗證法時，在作完交叉驗證法後，會將樣本複製，一份做訓練樣本，一份做測試樣本，二份樣本一樣，再加作一次 Train-and-Test，故會多出 Train-and-Test 的訓練範例、測試範例等二幅散佈圖，但這二幅圖完全相同。其中只有 Cross-Validation 的測試範例散佈圖是對誤差的保守估計。

B.7 參數優化 (Parameter-Opt)

實務上，製程效能、產品品質經常有許多限制(如成本上限及品質特性上限、下限)與目標(如成本最小化，良率、產率最大化)。傳統的 DOE 將品質上的限制與目標混爲一談，將限制最佳化問題以「綜合滿意度」轉化爲無限制最佳化問題；傳統的田口方法只能處理單一品質目標。因此這些方法描述實務問題的彈性與精準性經常不足。CAFE 採用下列品質改善模式，可以解決上述問題：

$$Find\ X_1, X_2, \ldots X_m$$

$$Min\ (or\ Max)\ F(X) = C + \sum_{i=1}^{m} D_i X_i + \sum_{i=1}^{n} E_j Y_j(X)$$

受限於

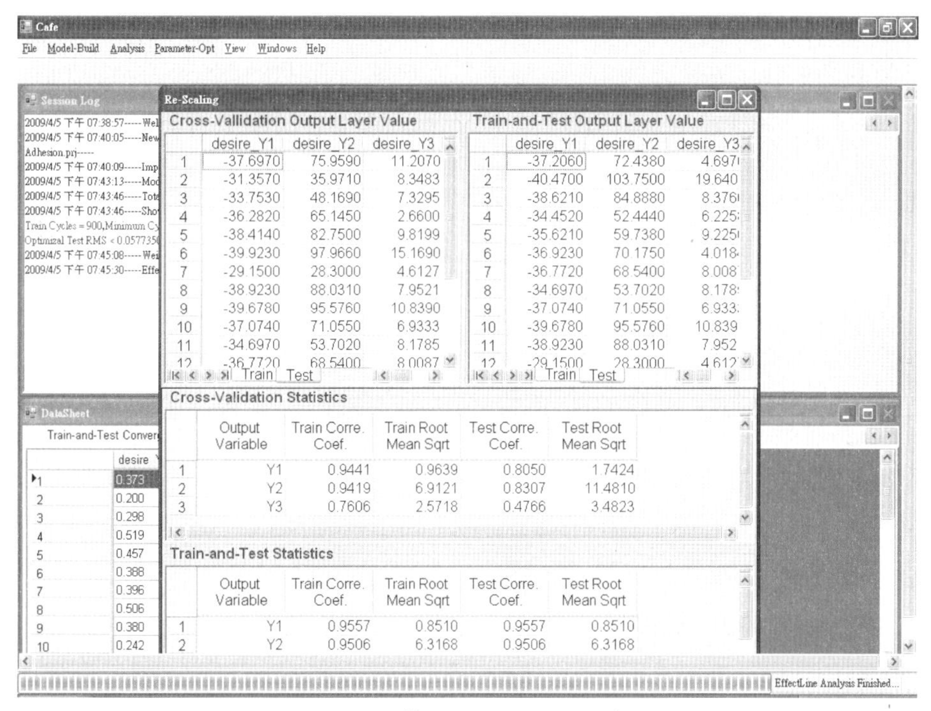

圖 B-13「Re-Scaling」視窗

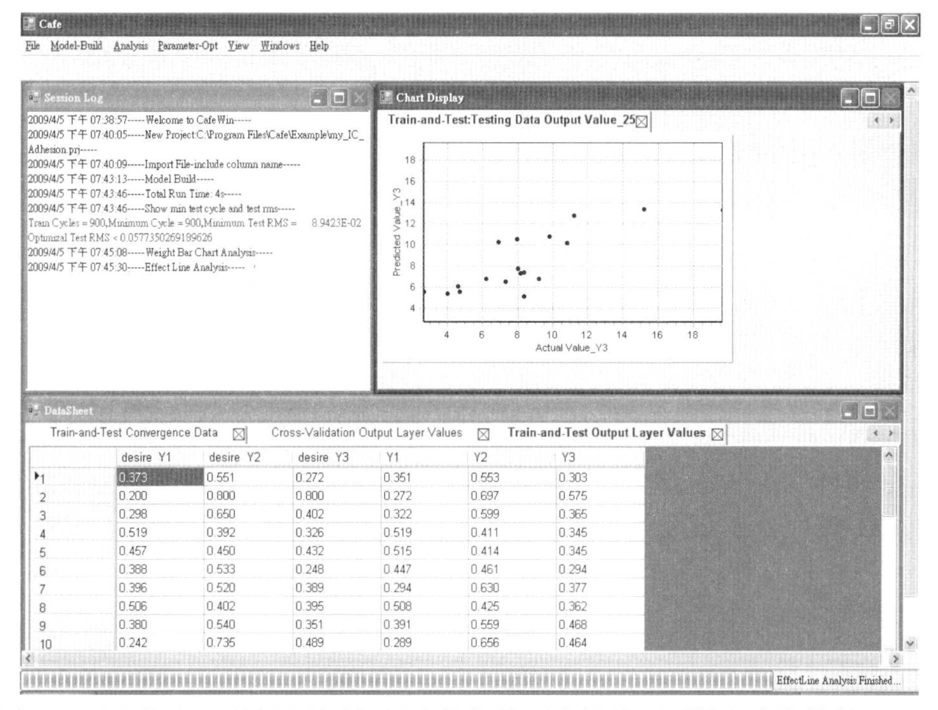

圖 B-14 圖形展示區域呈現重新尺度化後的反應變數預測值與實際值的散佈圖

$$G_k(X)=\sum_{i=1}^{m}Q_{ik}X_i+\sum_{j=1}^{n}R_{jk}Y_j(X)-P_k\le 0 \quad 其中 k=1,2,...,L$$

$$X_i^{Min}\le X_i\le X_i^{Max} \quad 其中 i=1,2,...,m$$

$$\sum_{i=1}^{m}A_iX_i=B$$

其中

$X_1, X_2, ...X_m$ 爲 m 個實驗因子。

$Y_1(X), Y_2(X), ...Y_n(X)$ 爲 n 個品質特性，爲實驗因子的函數，其函數由實驗數據經建模後產生。

$F(X)$ 爲目標函數，爲由實驗因子、品質特性與使用者指定的係數組成的線性函數。

$G_1(X), G_2(X), ...G_L(X)$ 爲 L 個限制函數，爲由實驗因子、品質特性與使用者指定的係數組成的線性函數。

$A_1, A_1, ...A_m$ 爲成份總合限制的係數；

B 爲成份總合限制的總合值；

如此一來，使用者有極大的彈性來精準地設計能滿足各行各業的各式各樣實務需求的最佳化模式。

點選主功能表的 Parameter-Opt 功能後，開啓一個「Parameter-Optimizer」視窗(圖 B-15)，可以建立各種最佳化模式。

- 視窗右上方的 Objective Function 有 Min/Max 選項，並可設定 ***C, D, E*** 參數將輸入變數與輸出變數組成「目標函數」：

$$F(X)=C+\sum_{i=1}^{m}D_iX_i+\sum_{i=1}^{n}E_jY_j(X)$$

- 視窗左上方的 Input Variable Domain 可填入 ***Min, Max*** 表達「成份用量限制」：

$$X_i^{Min}\le X_i\le X_i^{Max} \quad 其中 i=1,2,...,m$$

Min, Max 內定值爲實驗數據資料的最小、最大值。

- 視窗中間的 Constraint Function，可勾選「Constrained」，代表有限制函數，並在其後輸入「限制函數」數目，再按「Make Form」按鍵，可產生限制函數表格。可設定 ***P, Q, R*** 參數將輸入變數與輸出變數組成「限制函數」：

$$\sum_{i=1}^{m}Q_{ik}X_i+\sum_{j=1}^{n}R_{jk}Y_j\le (或\ge)\ P_k$$

如果使用者選「≥」，系統會自動改爲

$$-\sum_{i=1}^{m} Q_{ik} X_i - \sum_{j=1}^{n} R_{jk} Y_j \le -P_k$$

系統內部會將限制函數定義爲

$$G_k(X) = \sum_{i=1}^{m} Q_{ik} X_i + \sum_{j=1}^{n} R_{jk} Y_j(X) - P_k \le 0$$

當限制函數小於等於 0 代表滿足限制函數，否則不滿足限制函數。

■ 視窗左下方的「Mix Constraint」可勾選 Check Box，代表有成份總合限制，並在各成份變數的 Coefficient(係數)格內輸入 ***A*** 參數，最下方 Constraint 格內輸入 ***B*** 參數，組成「混合限制」：

$$\sum_{i=1}^{m} A_i X_i = B$$

在 Dependent Variable 可勾選一個變數爲依賴變數，該變數會由其他變數決定：

$$X_{i*} = B - \sum_{\substack{i=1 \\ i \ne i*}}^{m} A_i X_i$$

Dependent Variable 一般可選成份範圍限制(Input Variable Domain 的 ***Min, Max***)較寬鬆的變數，或當差別不大時，選最後一個成份變數即可。

視窗右下方的 Search Parameter 是搜尋最佳解的控制參數 (通常用內定值即可，不需調整)：

□ Number of cycles = 搜尋的次數。內定值 100。當找不到合法解時可增至 1000。

□ Test Period = 搜尋的輸出週期。內定值 1。當 Number of cycles=1000 時可用 10。

□ Number of search points = 每次搜尋的點數。內定值 100。當實驗因子數目≥5 時建議用 1000。

□ Search step = 設計變數之值域縮小係數(<1)。內定值 0.95。當 Number of cycles=1000 時建議用 0.995。

□ Penalty factor = 懲罰係數(>0)。內定值 1.0。當無法得到合法解時可放大，當解的品質太差時可縮小。

□ Amplification coefficient = 懲罰係數之放大係數(>1)。內定值 1.1。當 Number of cycles=1000 時建議用 1.01。

視窗右下方

■ Run 按鈕：開始執行參數優化。

■ Close 按鈕：關閉參數優化視窗。

■ Import 按鈕：讀入已存在的「參數優化」參數檔。此功能很少使用。

■ Default 按鈕：重設所有「參數優化」參數爲內定值。此功能很少使用。

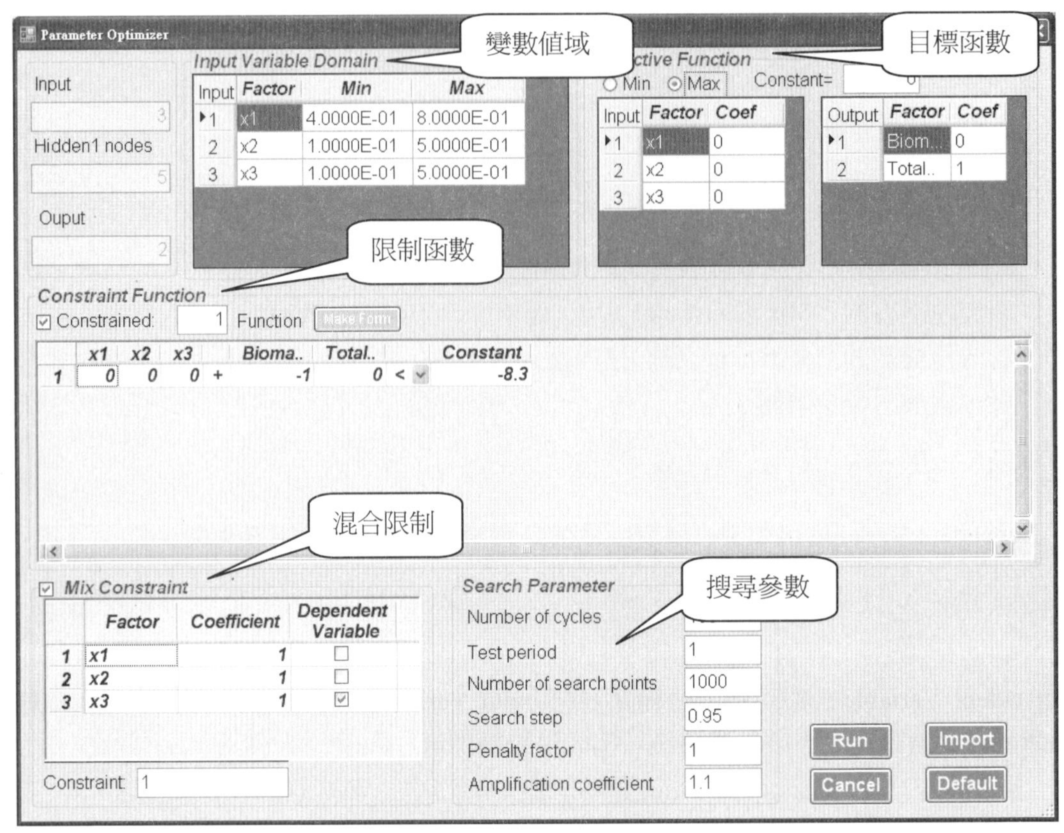

圖 B-15「Parameter-Optimizer」視窗

B.8 其他功能

B.8.1 檔案觀覽 (View)

在 CAFE 中每一應用都以一個「專案」(project)的方式存在，包含一個附加名爲 prj 的專案檔與同名的次目錄。有時 User 可能需要這些檔案作進一步的加工，因此 CAFE 提供檔案觀覽 (View)功能。

點選主功能表的 View 功能後(圖 B-16)，可選專案的各檔案，然後系統會以「記事本」開啓該檔案(圖 B-17)。該檔案內容可直接標示，然後複製(圖 B-18)，貼到 Excel 上，以便作進一步的加工。

檔案觀覽(View)的功能表中將檔案依其來源區隔成四區塊：

- 檔案管理(File)中載入使用者建立的實驗資料檔產生的檔案。
- 模型建構(Model-Build)過程產生的檔案。
- 模型分析(Analysis)過程產生的檔案。
- 參數優化(Parameter-Opt)過程產生的檔案。

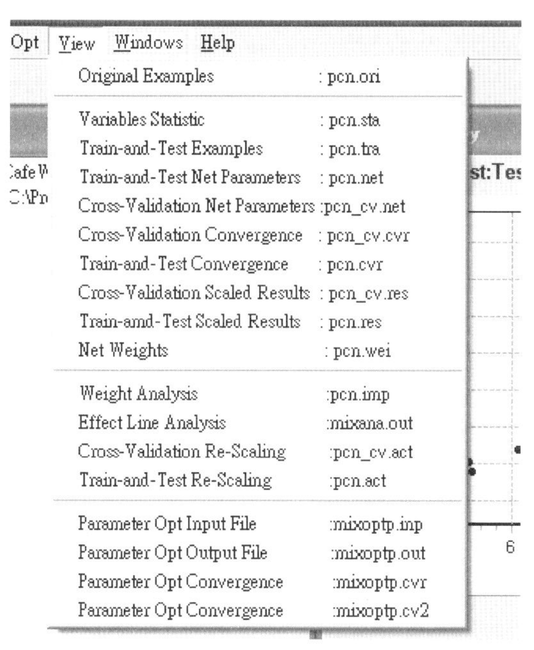

圖 B-16 檔案觀覽 (View)功能表

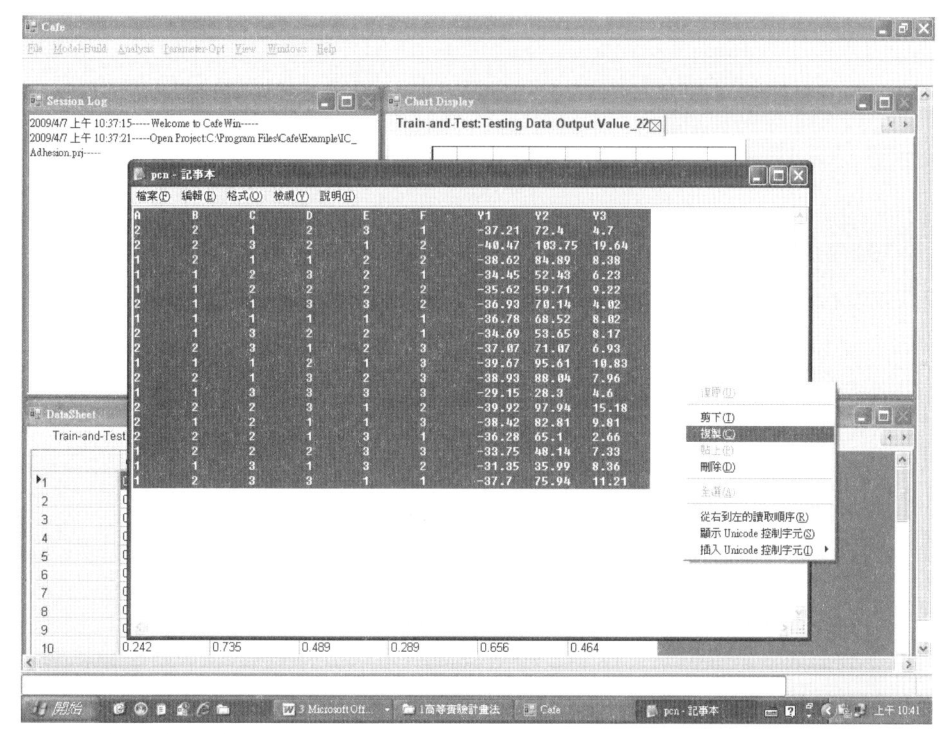

圖 B-17 點選主功能表的 View 功能後，選 Original Exampls 檔案，可直接標示，然後複製，貼到 Excel 上。

B.8.2 視窗功能 (Windows)

點選主功能表的 Windows 功能後，可選視窗功能，其功能簡單易懂，不再贅述。

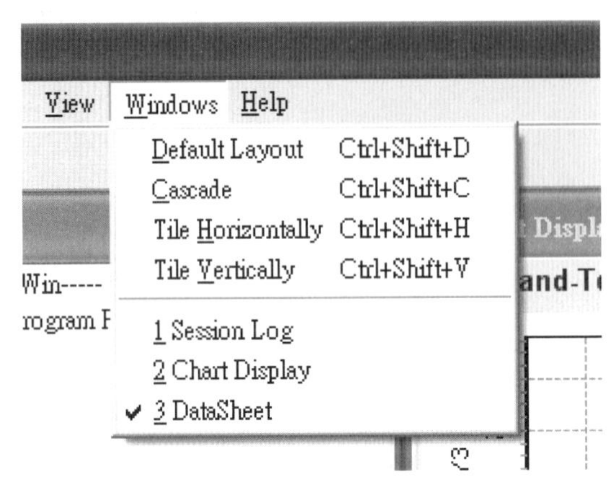

圖 B-18 視窗功能 (Windows) 功能表

附錄C　CAFE使用範例

C.1　簡介

C.2　IC 封裝黏模力之改善（L18 田口方法）

C.3　高速放電製程之改善（L18 田口方法）

C.4　副乾酪乳桿菌培養基最佳化（反應曲面法）

C.5　粗多醣提取最佳化（反應曲面法）

C.6　富硒酵母培養基混合設計最佳化（Mixture Design）

C.1 簡介

在 CAFE 建立一個應用的標準步驟如下：

步驟 1. 建立實驗數據檔

步驟 2. 開啓新專案

步驟 3. 載入實驗數據檔

步驟 4. 建立模型

步驟 5. 分析模型：敏感性分析

步驟 6. 分析模型：帶狀主效果圖

步驟 7. 分析模型：重新尺度化 (誤差估計與散佈圖)

步驟 8. 最佳化

在 CAFE 建立一個應用的第一個步驟是先將實驗數據以 Excel 存成「CSV(逗號分隔)」。其餘七個步驟與 CAFE 的主功能表上的功能順序一致：

- 檔案管理 (File)：包括開啓新專案、載入實驗資料檔。(步驟 2~3)
- 模型建構 (Model-Build)：設定神經網路學習參數，以神經網路建立反應變數的模型 (反應變數爲實驗因子的函數)。(步驟 4)
- 模型分析 (Analysis)：在已建立的模型上，分析反應變數爲實驗因子之間的關係，以及產生重新尺度化後的反應變數預測值，以及誤差統計值。(步驟 5~7)
- 參數優化 (Parameter-Opt)：依使用者設定的目標(最小化、最大化)與限制(上限、下線、成份總合限制)，在已建立的模型上，搜尋能滿足限制，且最佳化目標的實驗因子(輸入變數)水準組合。(步驟 8)

本章往後各節將介紹五個使用範例：

- IC 封裝黏模力之改善（L18 田口方法）
- 高速放電製程之改善（L18 田口方法）
- 副乾酪乳桿菌培養基最佳化（反應曲面法）
- 粗多醣提取最佳化（反應曲面法）
- 富硒酵母培養基混合設計最佳化（Mixture Design）

這些範例都可在第 13~15 章找到完整的結果。

本書光碟中的 CAFE 軟體爲試用版，其功能有以下限制：

- 輸入變數數目：不超過 6 個。
- 輸出變數數目：不超過 3 個。
- 資料數據筆數：訓練範例不超過 25 個。

因此本章「高速放電製程之改善」與「粗多醣提取最佳化」無法執行模型建構與最佳化功能，但仍可載入已建好的使用範例(專案)，並執行模型分析功能。

C.2 IC 封裝黏模力之改善（L18 田口方法）

本例題詳細內容請參考文獻[1]，文獻中探討模具的表面處理對於封膠材料的黏著效應。設計變數參考表 C-1，反應變數參考表 C-2，使用 L18 直交表來進行實驗。

表 C-1 使用範例一：因子的水準

因子	水準一	水準二	水準三
A：模具表面粗糙度(Mold Surface Roughness)	Ra2.0	Ra0.5	
B：模具表面處理(Mold Surface Treatment)	Cr-Flon 鍍層	電鍍硬鉻	
C：灌膠壓力(Filling Pressure)	75 kgf/cm^2	90 kgf/cm^2	105 kgf/cm^2
D：模具溫度(Mold Temperature)	160 °C	170 °C	180 °C
E：預熱時間(ResinPreheat Time)	8 sec	15 sec	22 sec
F：固化時間(Curing Time)	100 sec	150 sec	200 sec

表 C-2 使用範例一：反應變數

名稱	意義	品質期望
Y1	黏模力量 S/N(望小訊號雜訊比)	最大化訊號雜訊比
Y2	黏模力量平均值	(望小)
Y3	黏模力量標準差	(望小)

步驟 1. 建立實驗數據檔(CSV 檔)

在 CAFE 建立一個應用的第一個步驟是先將實驗數據以 Excel 存成「CSV(逗號分隔)」。本軟體正常裝機是安裝在 C:\Program Files\CAFE，其下有 Example 次目錄，故一般可將實驗數據檔存在此目錄下。

使用者可先用 Excel 將實驗數據建檔(圖 C-1)，並存成「CSV(逗號分隔)」檔案(圖 C-2)。因爲本軟體已將此實驗數據檔 IC_ Adhesion.csv 儲存在 C:\Program Files\CAFE\Example 下，因此使用者在練習時，可免去本步驟。

No	A	B	C	D	E	F	Y1	Y2	Y3
1	2	2	1	2	3	1	-37.21	72.4	4.7
2	2	2	3	2	1	2	-40.47	103.75	19.64
3	1	2	1	1	2	2	-38.62	84.89	8.38
4	1	1	2	3	2	1	-34.45	52.43	6.23
5	1	1	2	2	2	2	-35.62	59.71	9.22
6	2	1	1	3	3	2	-36.93	70.14	4.02
7	1	1	1	1	1	1	-36.78	68.52	8.02
8	2	1	3	2	2	1	-34.69	53.65	8.17
9	2	2	3	1	2	3	-37.07	71.07	6.93
10	1	1	1	2	1	3	-39.67	95.61	10.83
11	2	2	1	3	2	3	-38.93	88.04	7.96
12	1	1	3	3	3	3	-29.15	28.3	4.6
13	2	2	2	3	1	2	-39.92	97.94	15.18
14	2	1	2	1	1	3	-38.42	82.81	9.81
15	2	2	2	1	3	1	-36.28	65.1	2.66
16	1	2	2	2	3	3	-33.75	48.14	7.33
17	1	1	3	1	3	2	-31.35	35.99	8.36
18	1	2	3	3	1	1	-37.7	75.94	11.21

圖 C-1 用 Excel 將實驗數據建檔。

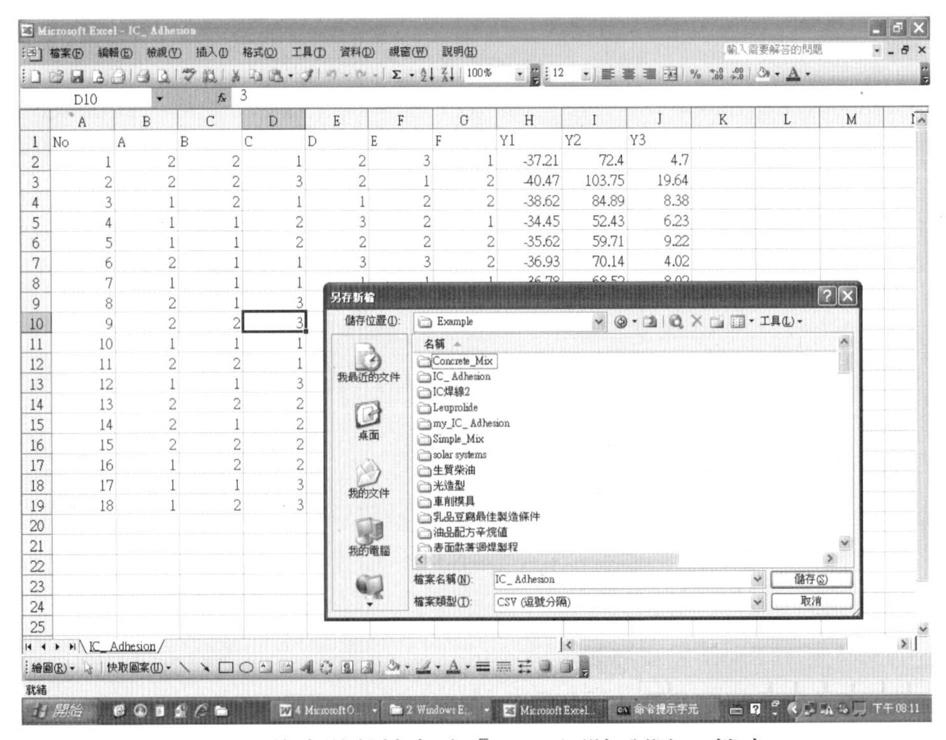

圖 C-2 將實驗數據存成「CSV(逗號分隔)」檔案

步驟 2. 開啓新專案

每個專案會有一個專案檔(附加名 prj)與一個與專案檔檔名相同的次目錄。因爲在軟體的 C:\Program Files\CAFE\Example 次目錄中已有已完成的專案「IC_ Adhesion」，因此使用者在練習時可用「my_IC_ Adhesion」做爲專案名。

請選擇功能表的 File->New Project，並設檔名爲 my_IC_ Adhesion (見圖 C-3)。

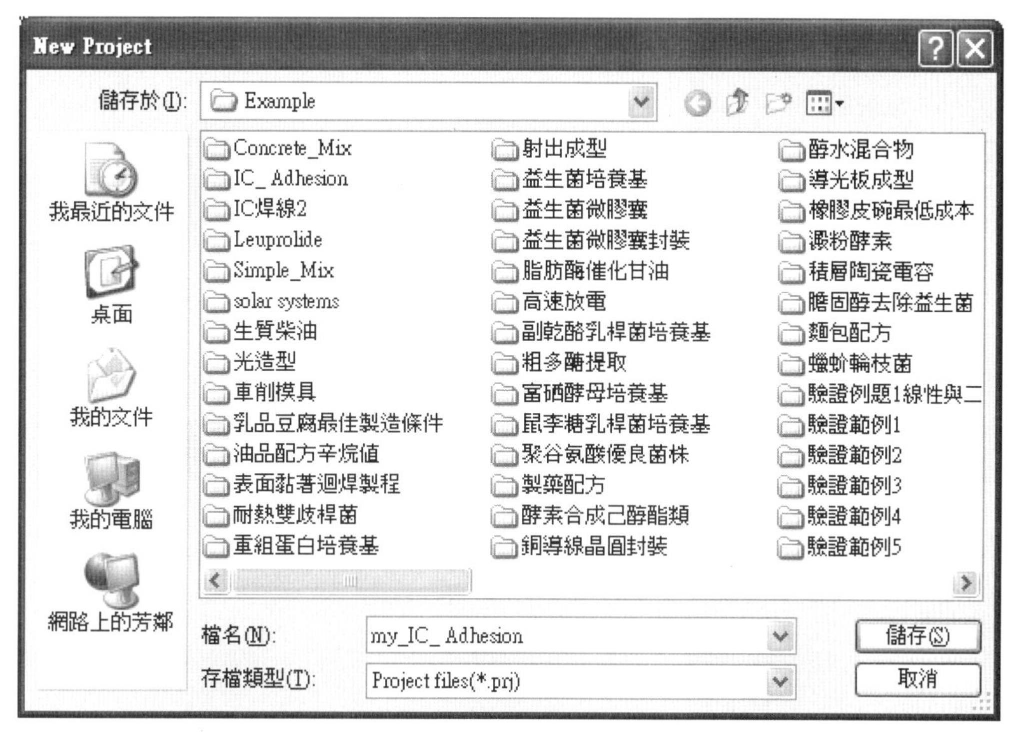

圖 C-3 開啓新專案(my_IC_ Adhesion.prj 專案檔)

步驟 3. 載入實驗數據檔

(1) 請選擇功能表的 File->Import File-> Include Column Name(見圖 C-4)
(2) 在 C:\Program Files\CAFE\Example 次目錄中選「IC_ Adhesion」(見圖 C-5)。
(3) 點選此功能後會出現「Variables Configuration」視窗，選擇需要的輸入變數後，按「>」鍵可將變數指派到「Input Variables」(圖 C-6)。
(4) 同理，選擇需要的輸出變數後，按「>」鍵可將變數指派到「Output Variables」。
(5) 按下「OK」鍵後，載入檔案到 CAFE 的下方表格(圖 C-7)。

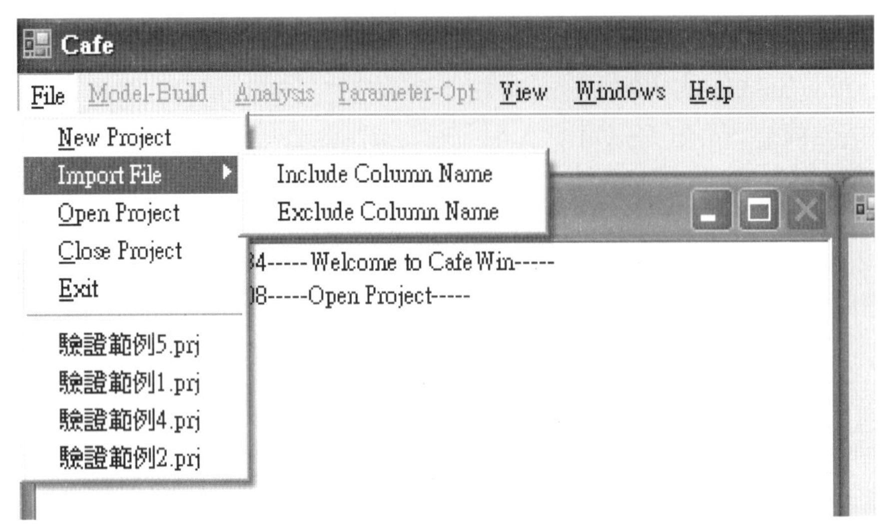

圖 C-4 選擇功能表的 File->Import File-> Include Column Name

圖 C-5 在 C:\Program Files\CAFE\Example 次目錄中選「IC_ Adhesion」

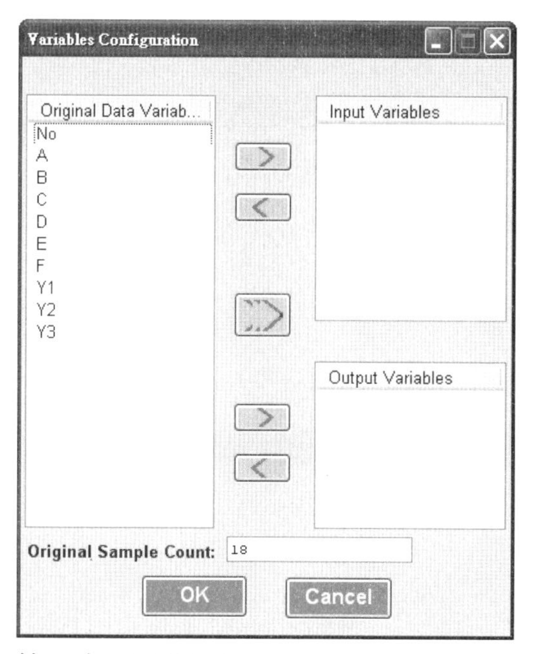

第 1 步：開啓變數配置視窗

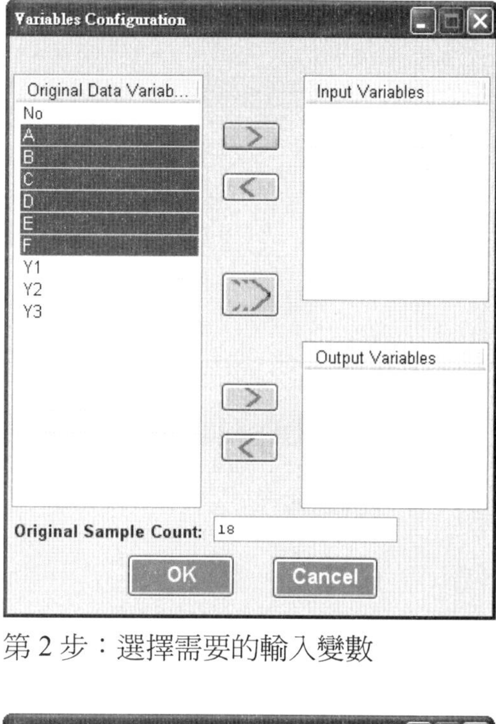

第 2 步：選擇需要的輸入變數

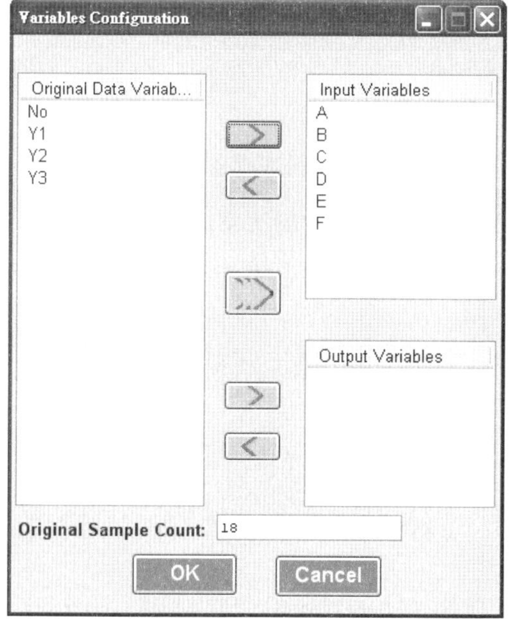

第 3 步：按「>」鍵指派到「Input Variables」

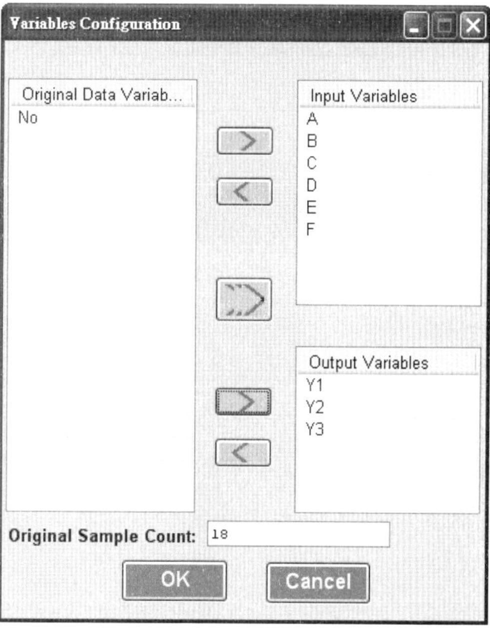

第 4 步：選擇需要的輸出變數指派到「Output Variables」

圖 C-6 Import File 功能的「Variables Configuration」視窗

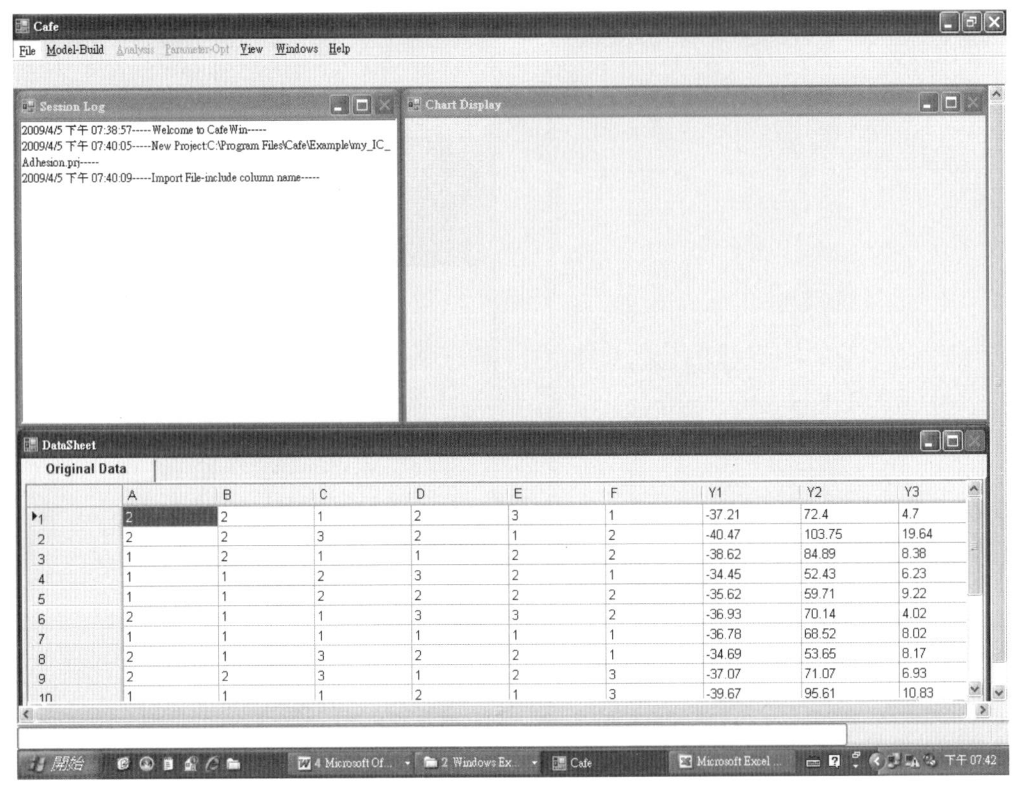

圖 C-7 載入檔案後的畫面。

步驟 4. 建立模型

(1) 選擇功能表的 Model Build，將出現「Model Build」視窗(見圖 C-8)，所有內定值都不改(注意 Train Cycles=2000；Test Period=20)，按下右下方的 Run 按鍵，約十餘秒後產生模型，在圖形展示區域呈現網路建模後的收斂曲線。

(2) 點選右上方的 Cross-Validation Convergence 標籤，得到收斂曲線圖(圖 C-9)，可知大約在 900 個循環，測試範例的誤差即達最小值。

(3) 修改 Train Cycles=900；Test Period=9，其餘內定值不改(圖 C-10)，按下右下方的 Run 按鍵，約十餘秒後產生模型，在圖形展示區域呈現網路建模後的收斂曲線(圖 C-11)。

(4) 點選右上方的 Cross-Validation Convergence 標籤，可觀察收斂曲線圖(圖 C-11)。

(5) 點選右上方的 Train-and-Test Convergence 標籤，可觀察收斂曲線圖(圖 C-12)。

Model Build

Choose Model
○ Train-and-Test
⊙ Cross-Validation

Architecture
Input 6
○ Simple ⊙ Normal ○ Complex
Hidden1 nodes 9
Ouput 3

☑ Variables Scaling
Input Variable:Probability Mapping To 1.96 standard deviation
Output Variable:Interval Mapping To 0.2 ~ 0.8

Training Option

Number of Examples	18	Train Cycles	2000	1~1000000000
N fold	Leave One Out 18	Test Period	20	Number of Train Cycles/100
Using Batch Learn	No	Range of Weights	0.3	0.1~0.5
Using Learned Weights	No	Random Seed	0.456	0.1~0.9
Learn Rate 0.1~10.0	1.0	Momentum Factor 0.0~0.8	0.5	
Learn Rate Reduced Factor 0.9~1.0	0.95	Momentum Factor Reduced Factor 0.9~1.0	0.95	
Learn Rate Minimum Bound 0.01~1.0	0.1	Momentum Factor Minimum Bound 0.0~0.1	0.1	

Run　Close　Import　Default

圖 C-8 Model-Build 的畫面(內定值)

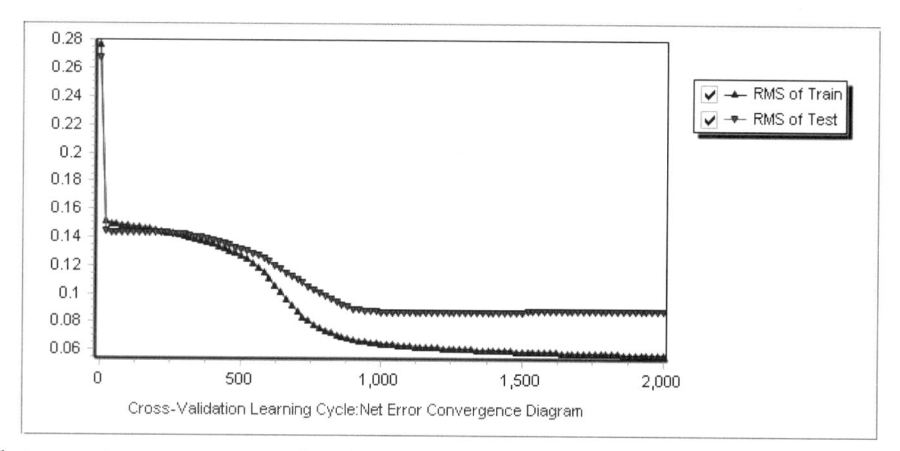

圖 C-9 Train Cycles=2000 之下的交叉驗證法的誤差收斂曲線(Cross-Validation Convergence)

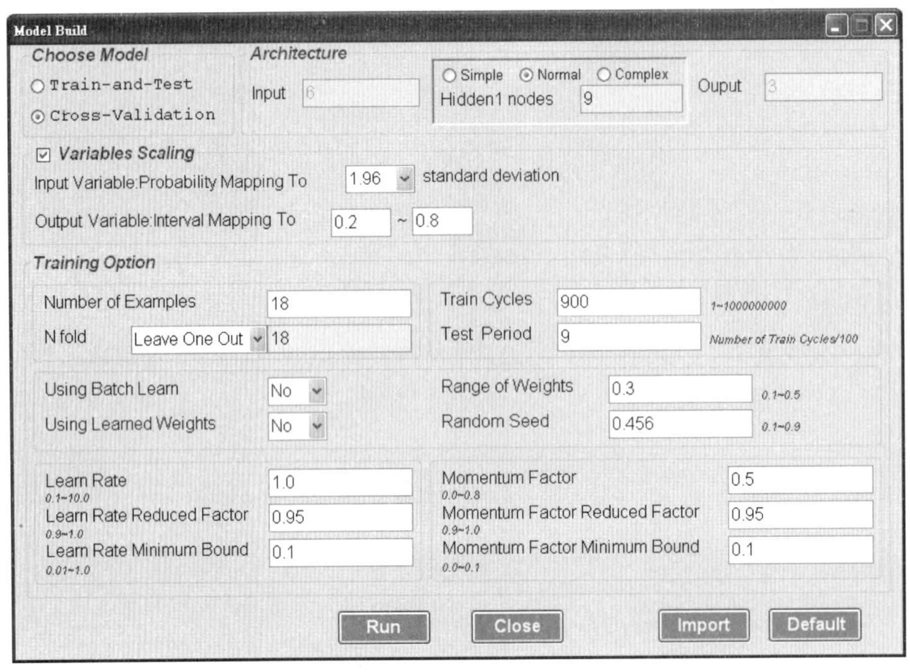

圖 C-10 Model-Build 的畫面(修改 Train Cycles=900)

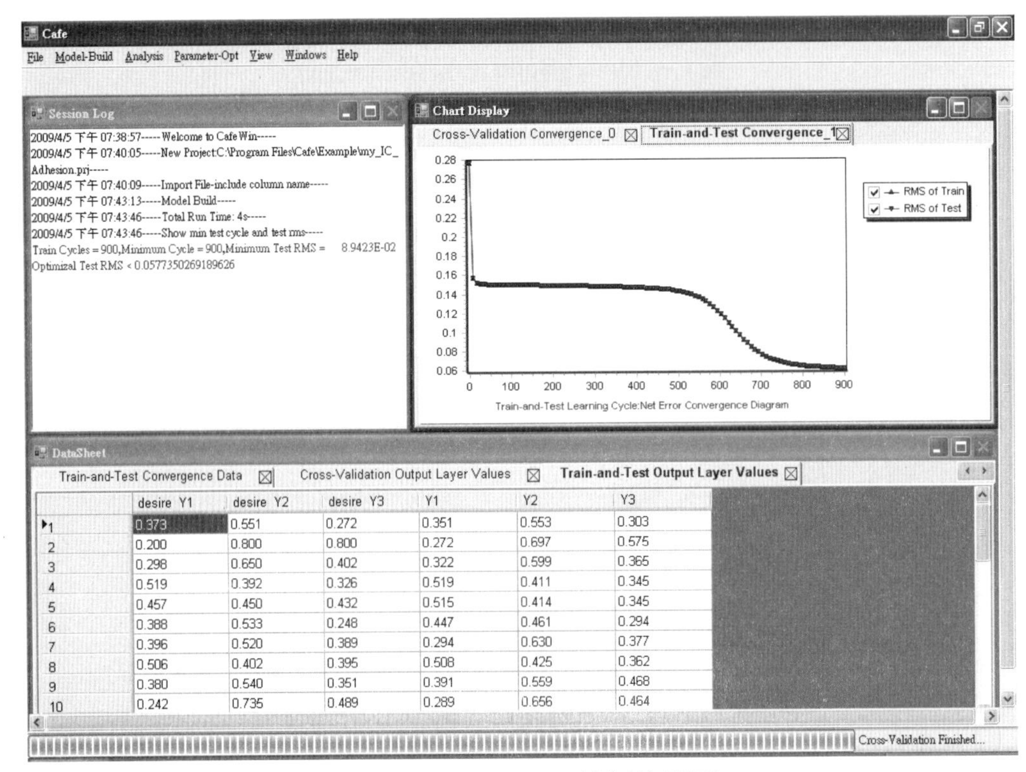

圖 C-11 Model-Build 執行後畫面

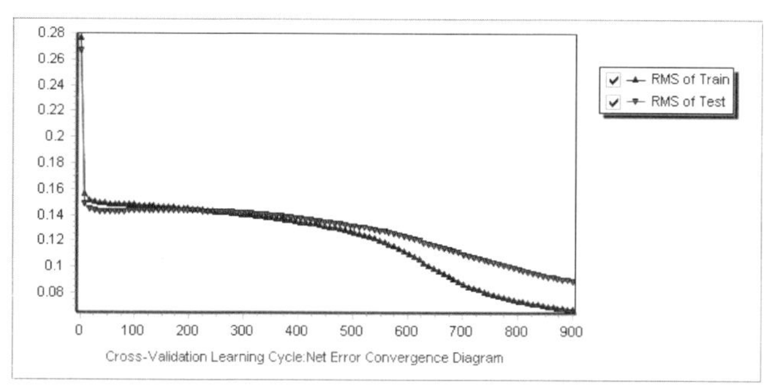

圖 C-12 Train Cycles=900 之下的交叉驗證法的誤差收斂曲線

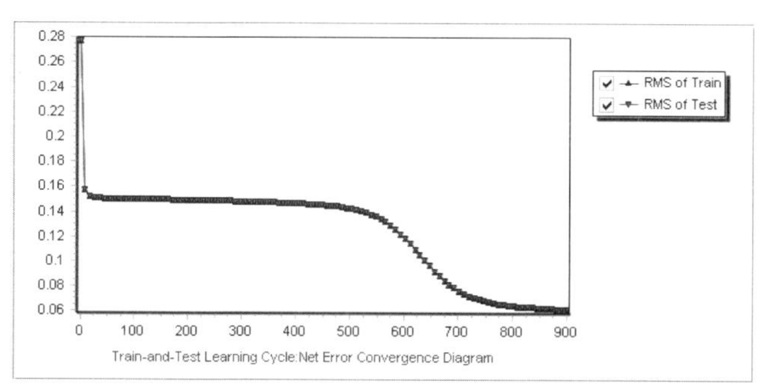

圖 C-13 訓練測試法的誤差收斂曲線（當採用交叉驗證法時，在作完交叉驗證法後，會將樣本複製，一份做訓練樣本，一份做測試樣本，二份樣本一樣，故二誤差收斂曲線疊)

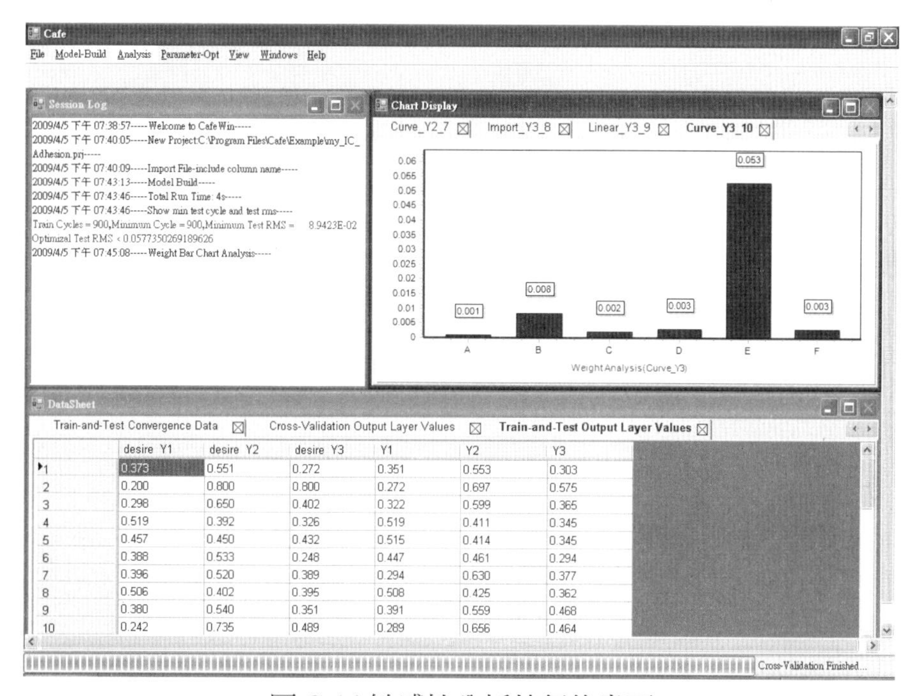

圖 C-14 敏感性分析執行後畫面

步驟 5. 分析模型：敏感性分析

選擇功能表的 Analysis->Variable Sensitivity，於圖形展示區域呈現模型的敏感性分析(見圖 C-14)。點選圖形展示區域各標籤，可觀察敏感性分析直條圖(圖 C-15 與 C-16)。

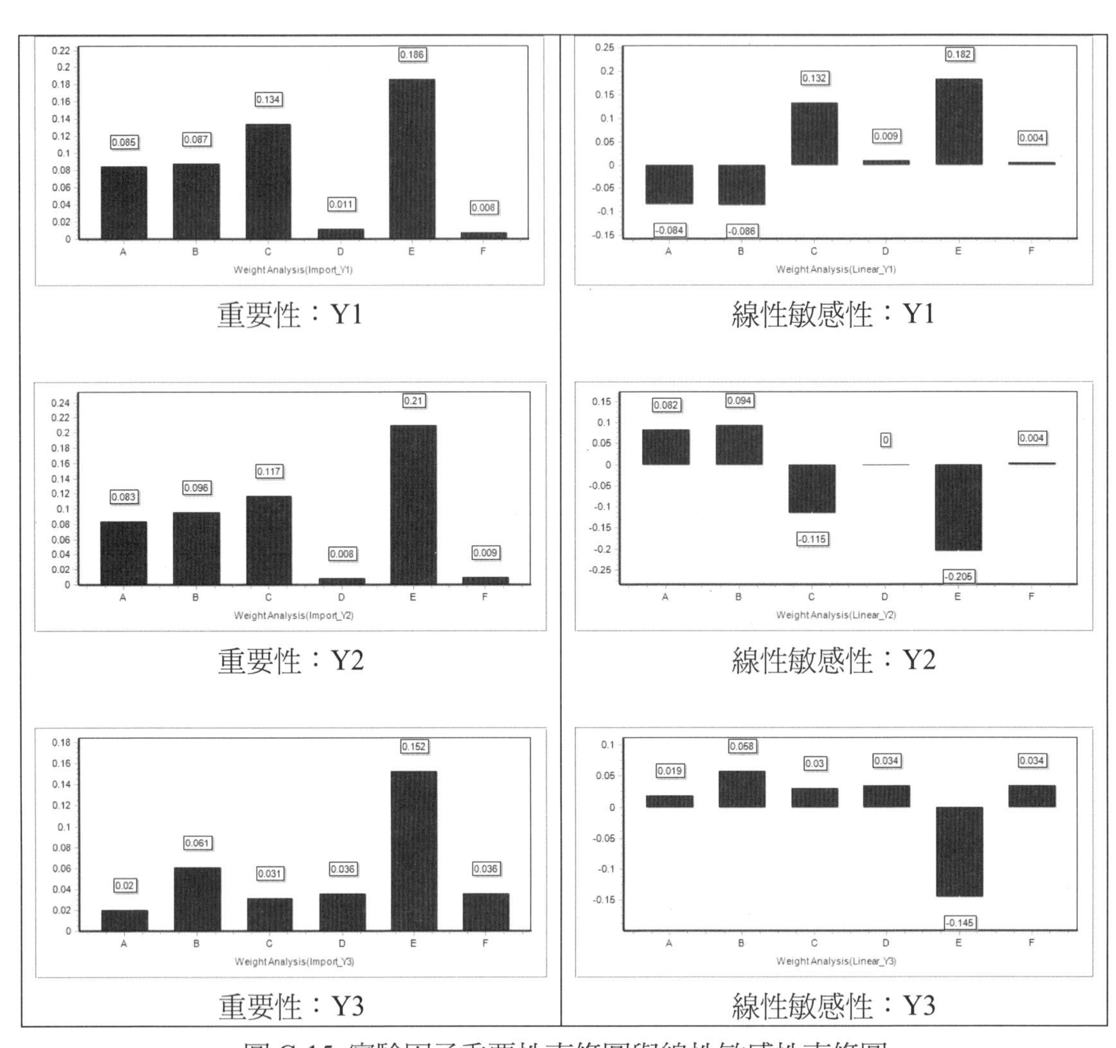

圖 C-15 實驗因子重要性直條圖與線性敏感性直條圖

步驟 6. 分析模型：帶狀主效果圖

選擇功能表的 Analysis->Effect Line，將出現「Effect Line Analysis」視窗(見圖 C-17)，使用內定值，直接按下下方的 OK 按鍵，約十餘秒後產生效果線(見圖 C-18)。點選圖形展示區域各標籤，可觀察敏感性分析直條圖(圖 C-19)。

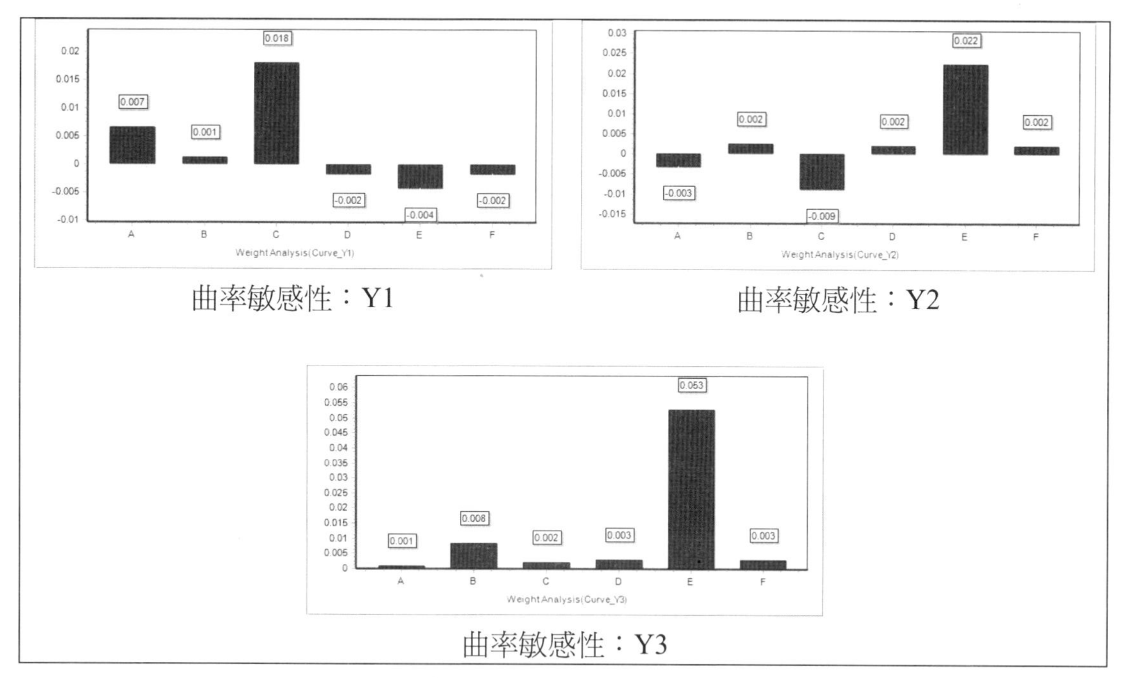

圖 C-16　實驗因子曲率線性敏感性直條圖

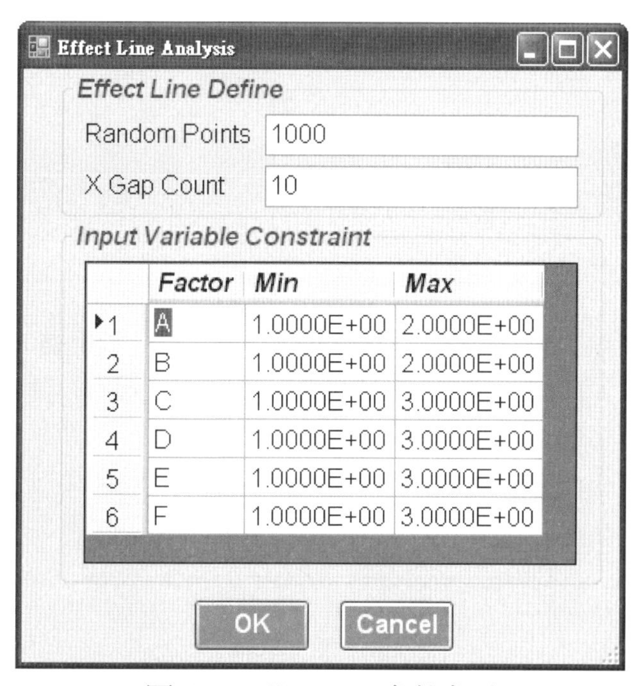

圖 C-17 Effect Line 參數畫面

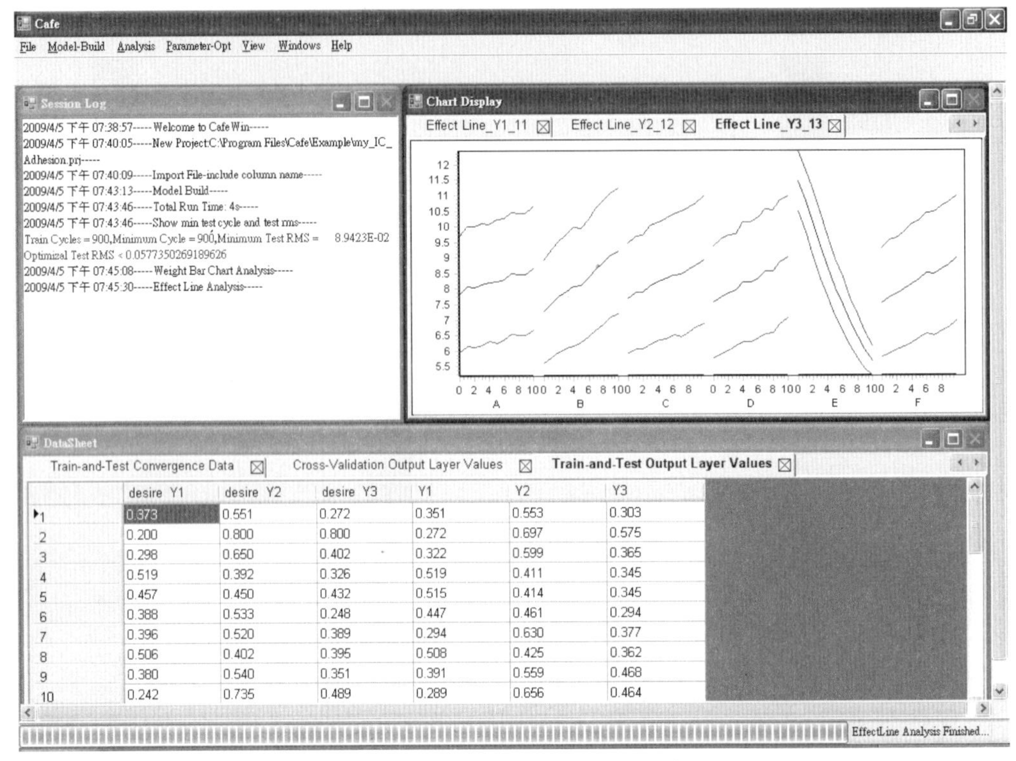

圖 C-18 帶狀主效果圖執行後畫面

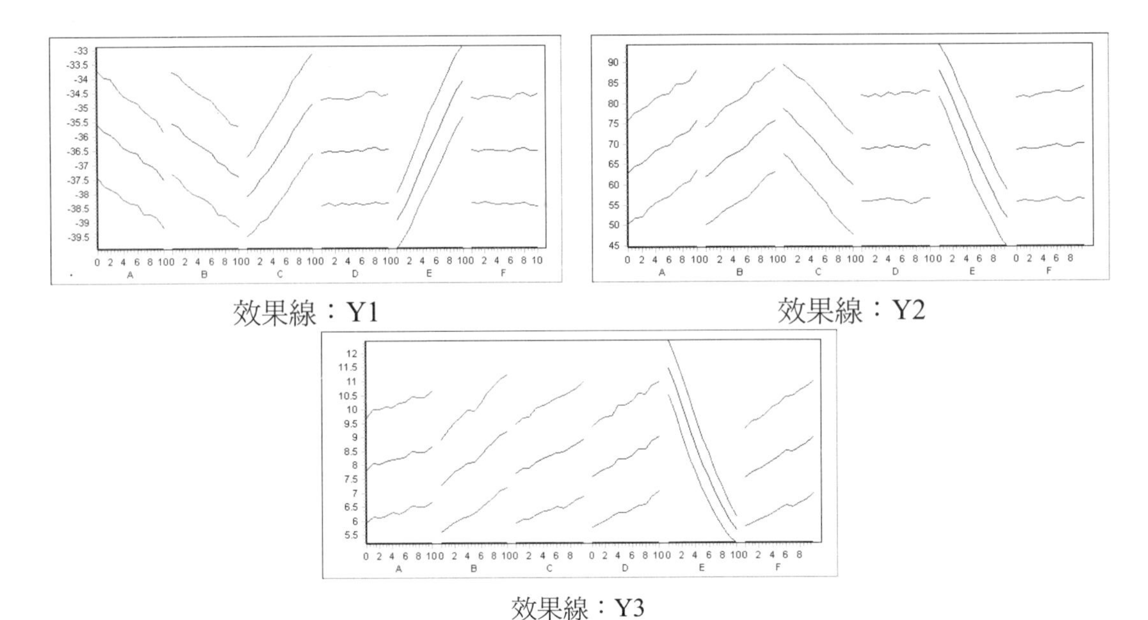

效果線：Y1

效果線：Y2

效果線：Y3

圖 C-19 實驗因子帶狀主效果圖

步驟 7. 分析模型：重新尺度化(誤差估計與散佈圖)

(1) 選擇功能表的 Analysis->Re-Scaling，將出現「Re-Scaling」視窗(見圖 C-20)，以表格的方式呈現尺度化後的反應變數預測值，以及誤差統計值(RMS Error 與預測值與實際值之間的相關係數)。

(2) 關閉「Re-Scaling」視窗，可發現在圖形展示區域呈現反尺度化後預測值與實際值的散佈圖(見圖 C-21)。觀察右上方的散佈圖，共有 12 幅。其中前六幅分別為 Y1, Y2, Y3 的交叉驗證法下的訓練範例散佈圖、測試範例散佈圖(見圖 C-22)。後六幅分別為 Y1, Y2, Y3 的 Train-and-Test 下的訓練範例散佈圖、測試範例散佈圖(見圖 C-23)。

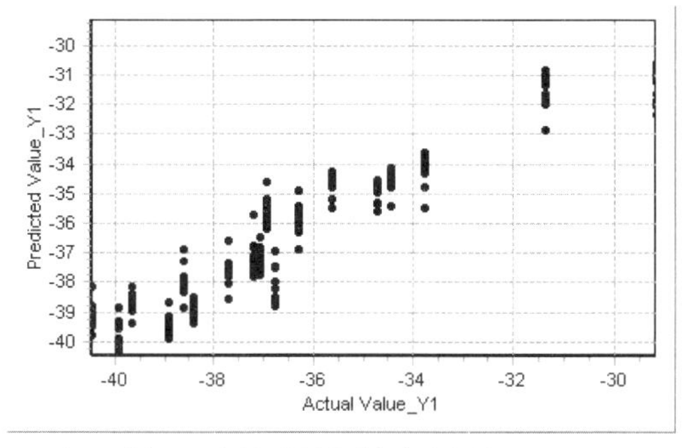

(1)交叉驗證法的訓練樣本散佈圖：Y1

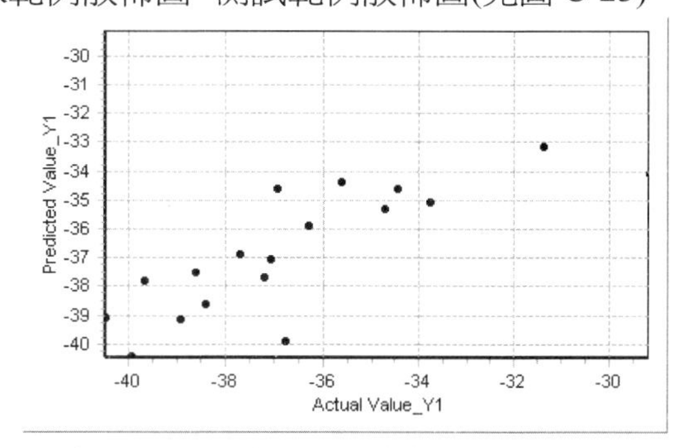

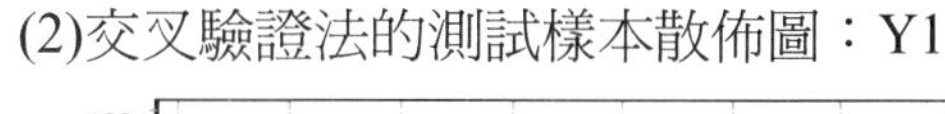
(2)交叉驗證法的測試樣本散佈圖：Y1

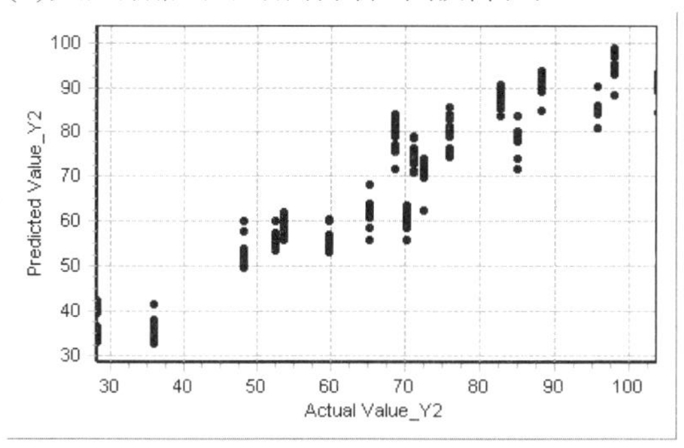

(3)交叉驗證法的訓練樣本散佈圖：Y2

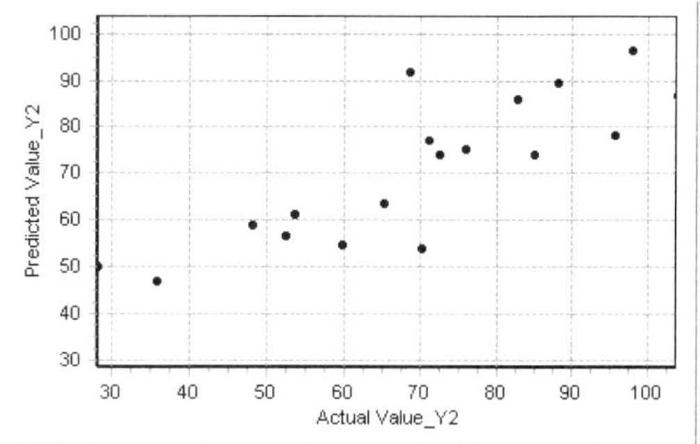

(4)交叉驗證法的測試樣本散佈圖：Y2

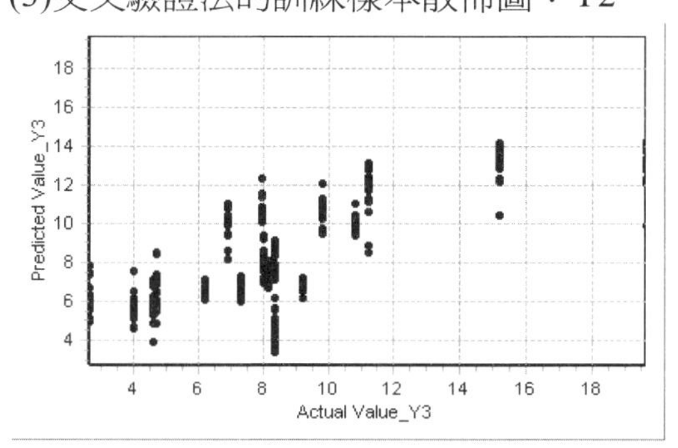

(5)交叉驗證法的訓練樣本散佈圖：Y3

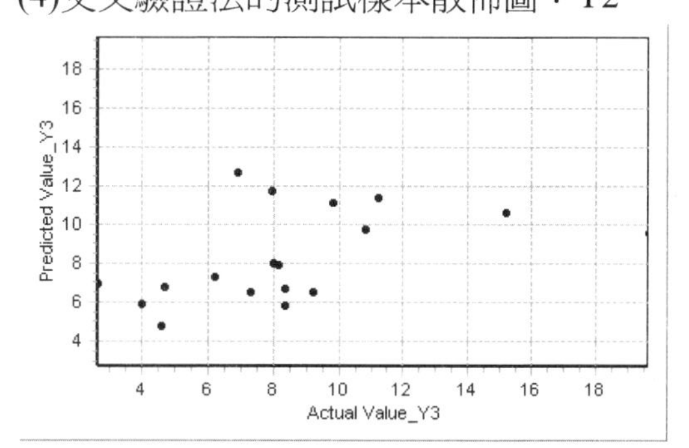

(6)交叉驗證法的測試樣本散佈圖：Y3

圖 C-22 交叉驗證法的訓練樣本散佈圖與測試樣本散佈圖

Cafe

File Model-Build Analysis Parameter-Opt View Windows Help

Re-Scaling

Cross-Vallidation Output Layer Value

	desire_Y1	desire_Y2	desire_Y3
1	-37.6970	75.9590	11.2070
2	-31.3570	35.9710	8.3483
3	-33.7530	48.1690	7.3295
4	-36.2820	65.1450	2.6600
5	-38.4140	82.7500	9.8199
6	-39.9230	97.9660	15.1690
7	-29.1500	28.3000	4.6127
8	-38.9230	88.0310	7.9521
9	-39.6780	95.5760	10.8390
10	-37.0740	71.0550	6.9333
11	-34.6970	53.7020	8.1785
12	-36.7720	68.5400	8.0087

Train-and-Test Output Layer Value

	desire_Y1	desire_Y2	desire_Y3
1	-37.2060	72.4380	4.697
2	-40.4700	103.7500	19.640
3	-38.6210	84.8880	8.376
4	-34.4520	52.4440	6.225
5	-35.6210	59.7380	9.225
6	-36.9230	70.1750	4.018
7	-36.7720	68.5400	8.008
8	-34.6970	53.7020	8.178
9	-37.0740	71.0550	6.933
10	-39.6780	95.5760	10.839
11	-38.9230	88.0310	7.952
12	-29.1500	28.3000	4.612

Cross-Validation Statistics

	Output Variable	Train Corre. Coef.	Train Root Mean Sqrt	Test Corre. Coef.	Test Root Mean Sqrt
1	Y1	0.9441	0.9639	0.8050	1.7424
2	Y2	0.9419	6.9121	0.8307	11.4810
3	Y3	0.7606	2.5718	0.4766	3.4823

Train-and-Test Statistics

	Output Variable	Train Corre. Coef.	Train Root Mean Sqrt	Test Corre. Coef.	Test Root Mean Sqrt
1	Y1	0.9557	0.8510	0.9557	0.8510
2	Y2	0.9506	6.3168	0.9506	6.3168

EffectLine Analysis Finished...

圖 C-20 重新尺度化執行後畫面

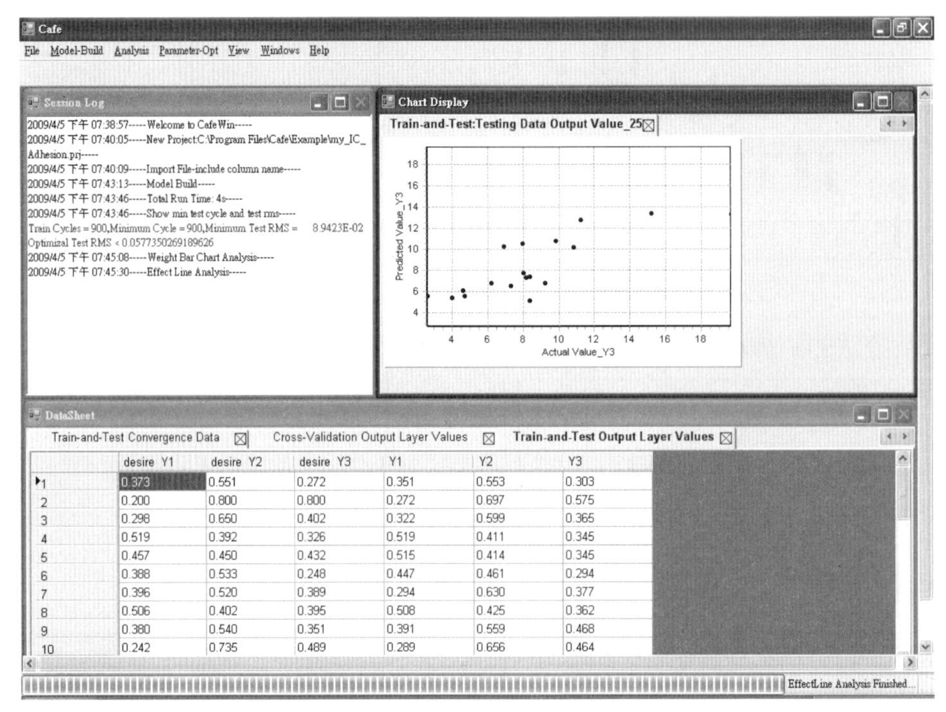

圖 C-21 圖形展示區域呈現反尺度化後預測值與實際值的散佈圖

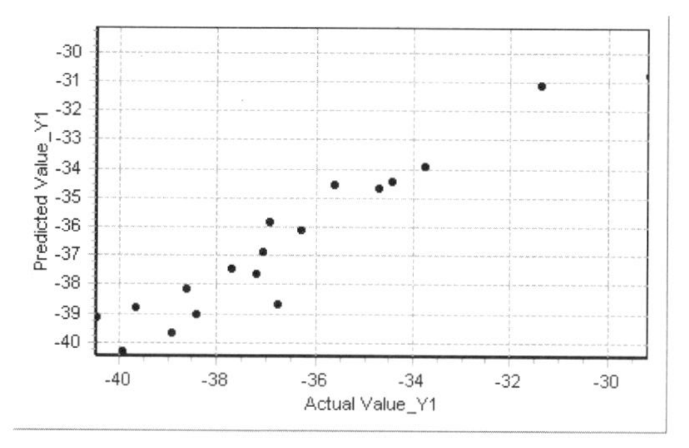

(1) 訓練測試法的訓練樣本散佈圖：Y1

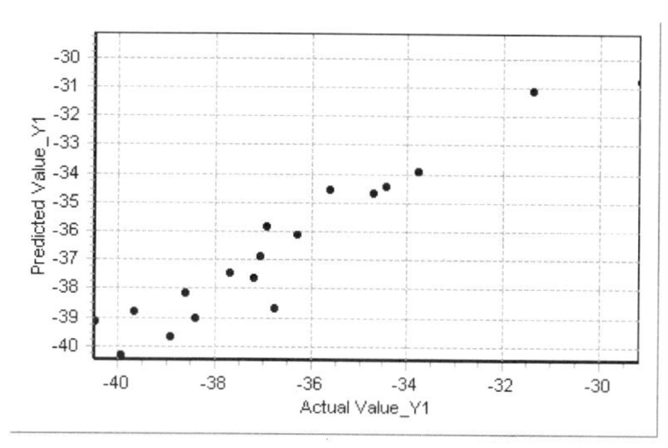

(2) 訓練測試法的測試樣本散佈圖：Y1

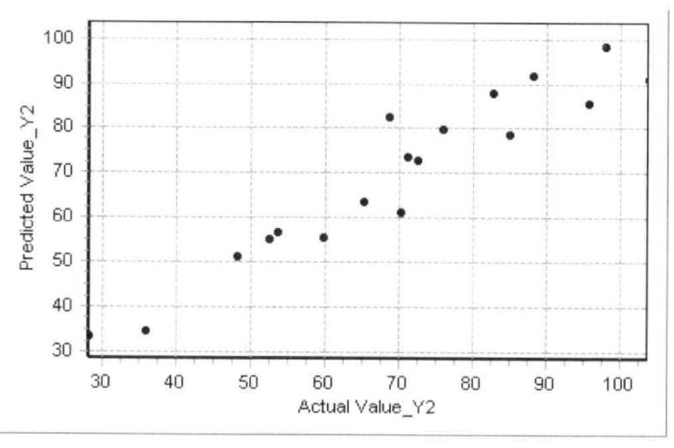

(3) 訓練測試法的訓練樣本散佈圖：Y2

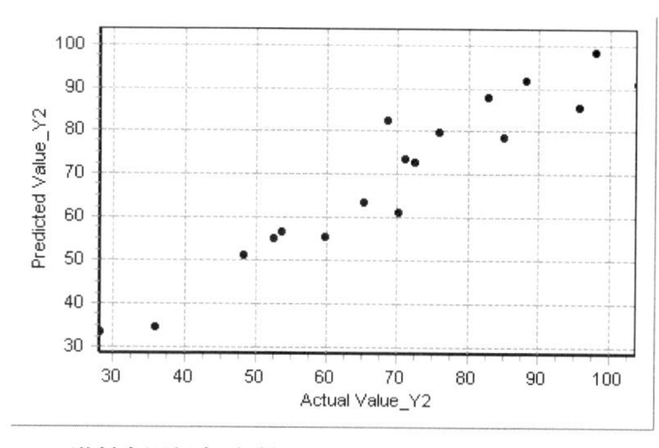

(4) 訓練測試法的測試樣本散佈圖：Y2

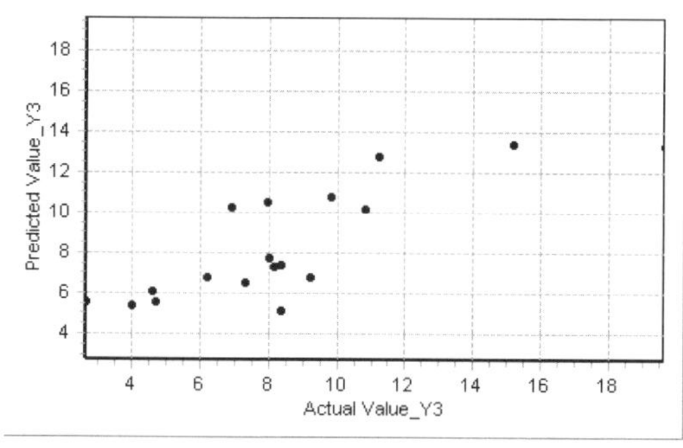

(5) 訓練測試法的訓練樣本散佈圖：Y3

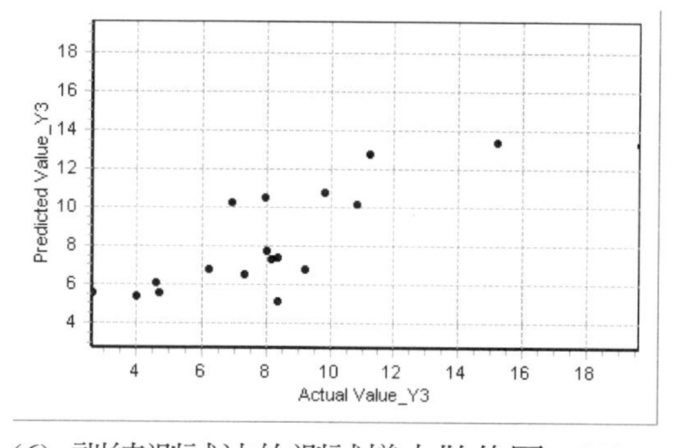

(6) 訓練測試法的測試樣本散佈圖：Y3

圖 C-23 訓練測試法的樣本散佈圖 (注意：樣本被複製，一份訓練樣本，一份測試樣本)

步驟 8. 最佳化

假設最佳化模式為

Max Y1

(1) 選擇功能表的 Parameter-Opt，將出現「Parameter Optimizer」視窗(見圖 C-24)。
(2) 因為此問題要求最大化 Y1，無限制函數(Constraint Function)，也無混合限制(Mix Constraint)，故只要將右上方的 Objective Function 的 Min 選項修改為 Max 選項，其餘內定值不改。
(3) 按下右下方的 Run 按鍵，約十餘秒後產生最佳化結果(見圖 C-25)。
(4) 最佳設計為 A=1.0, B=1.0, C=3.0, D=3.0, E=3.0, F=2.9。

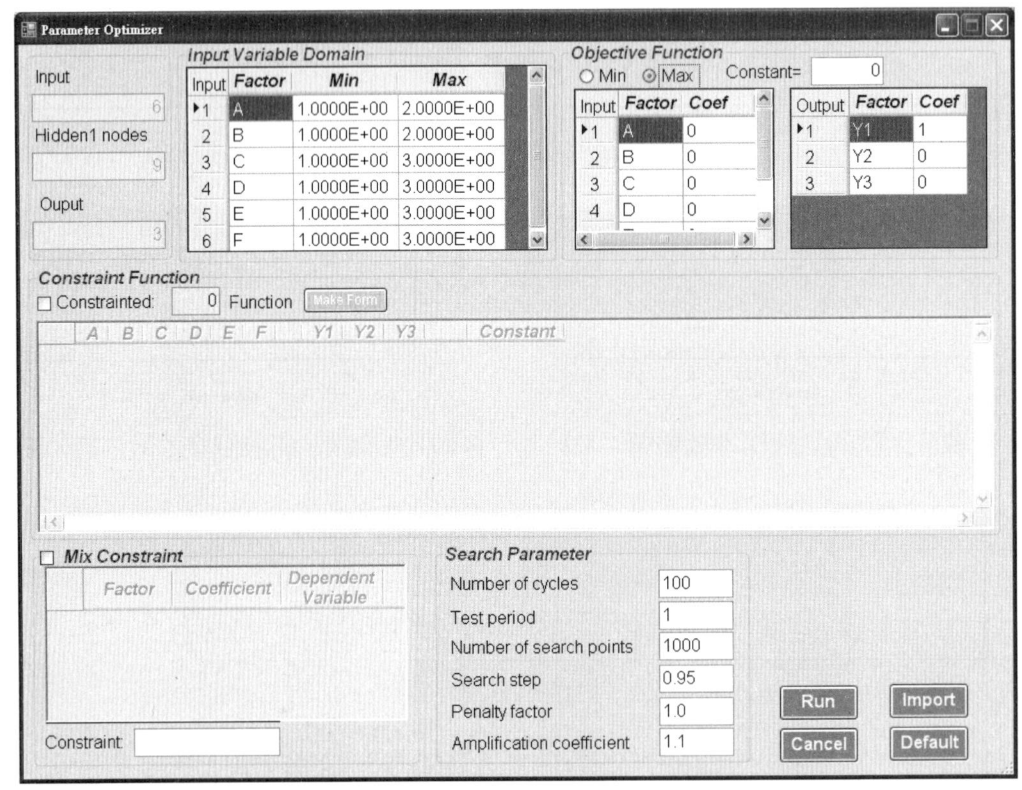

圖 C-24「Parameter Optimizer」視窗

C.3 高速放電製程之改善（L18 田口方法）

本例題詳細內容請參考文獻[2]，文獻中探討放電加工的品質特性。設計變數參考表 C-3，反應變數參考表 C-4，使用 L18 直交表來進行實驗。本使用範例的目的在示範如何設定較複雜的「最佳化」模式，因此直接開啓舊專案，並直接設定「最佳化」模式。

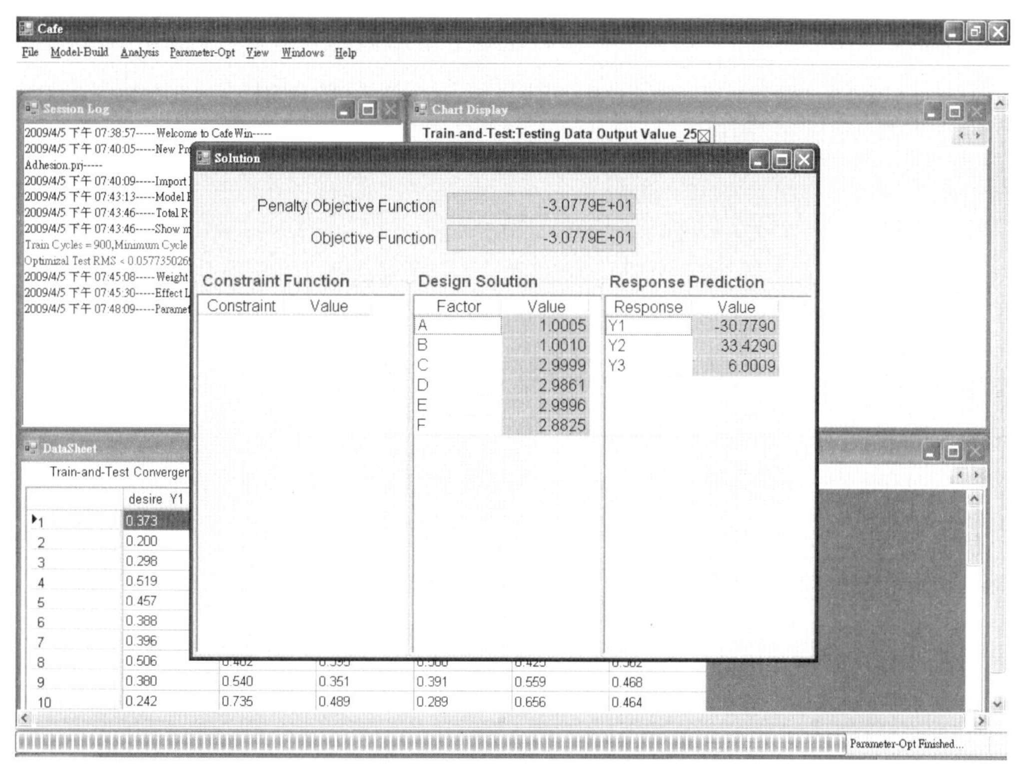

圖 C-25Parameter-Opt 執行後畫面

表 C-3 使用範例一：因子的水準

	Control factors	水準一	水準二	水準三	
A	Open circuit Voltage(V)	123	230		
B	Pluse time(Ton:Us)	12	75	400	
C	Duty cycle(CD:%)	33	50	66	
D	Peak value of discharge current(Ip:A)	12	18	24	for C1
		8	12	16	for C2
		6	9	12	for C3
E	Powder concentration(Al:cm3/1)	0.1	0.3	0.5	
F	Regular distance for electrode lift(mm)	1	6	12	
G	Time interval for electrode lift(sec)	0.6	2.5	4	
H	Powder size (Um)	1	15	40	

表 C-4 使用範例一：反應變數

名稱	意義	品質期望
Y1	尺寸精度　(望小訊號雜訊比)	最大化訊號雜訊比
Y2	尺寸準度　(beta)	望目 1.0
Y3	表面粗造糙度 (望小訊號雜訊比)	最大化訊號雜訊比

步驟 1. 開啓舊專案

(1) 因爲在軟體的 C:\Program Files\CAFE\Example 次目錄中已有已完成的專案「高速放電」，因此用主功能表的 File\Open Project 直接開啓專案(見圖 C-26)。

(2) 開啓專案後，畫面上有原專案的「Solution」視窗與「Re-Scaling」視窗，如圖 C-27。關閉這二個視窗後，剩下主畫面，如圖 C-28。

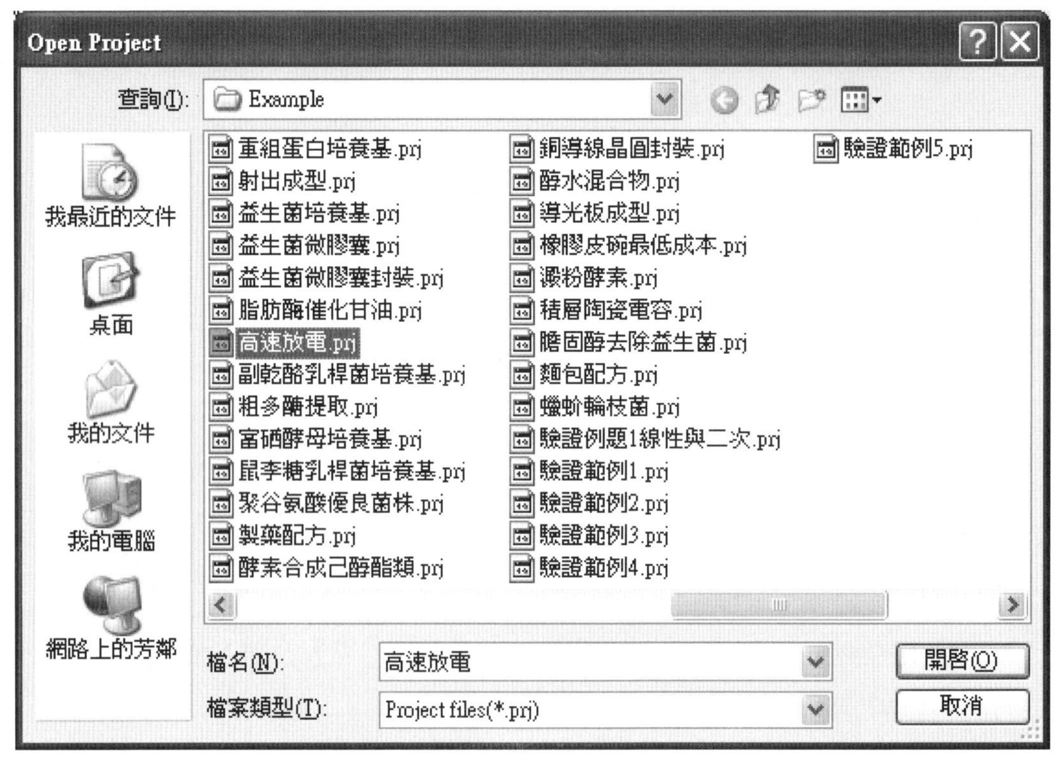

圖 C-26 開啓「高速放電」專案

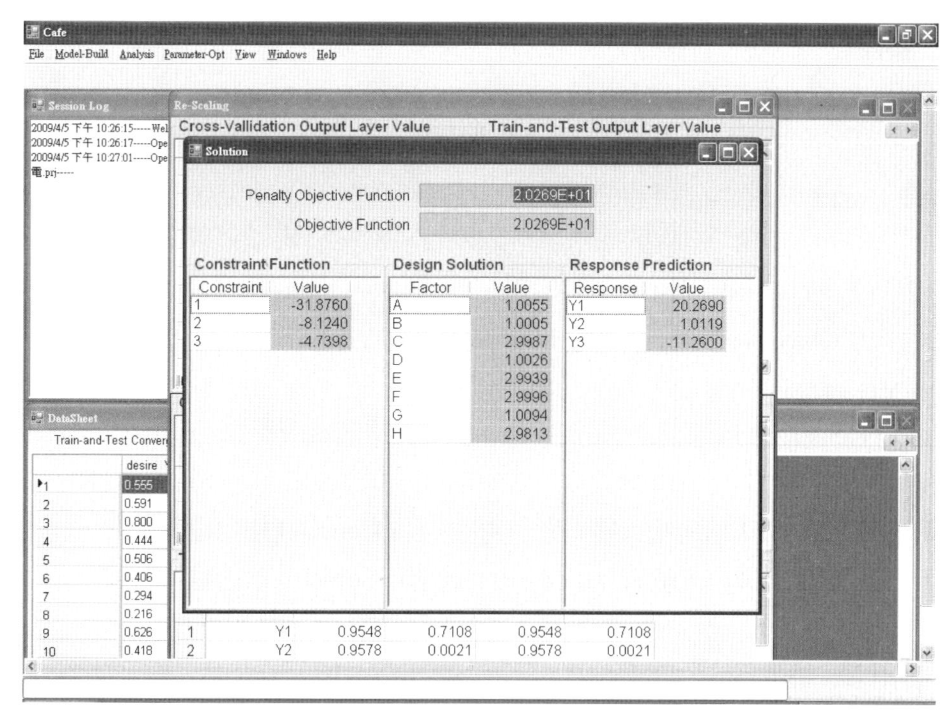

圖 C-27 開啓「高速放電」專案後之畫面(1)

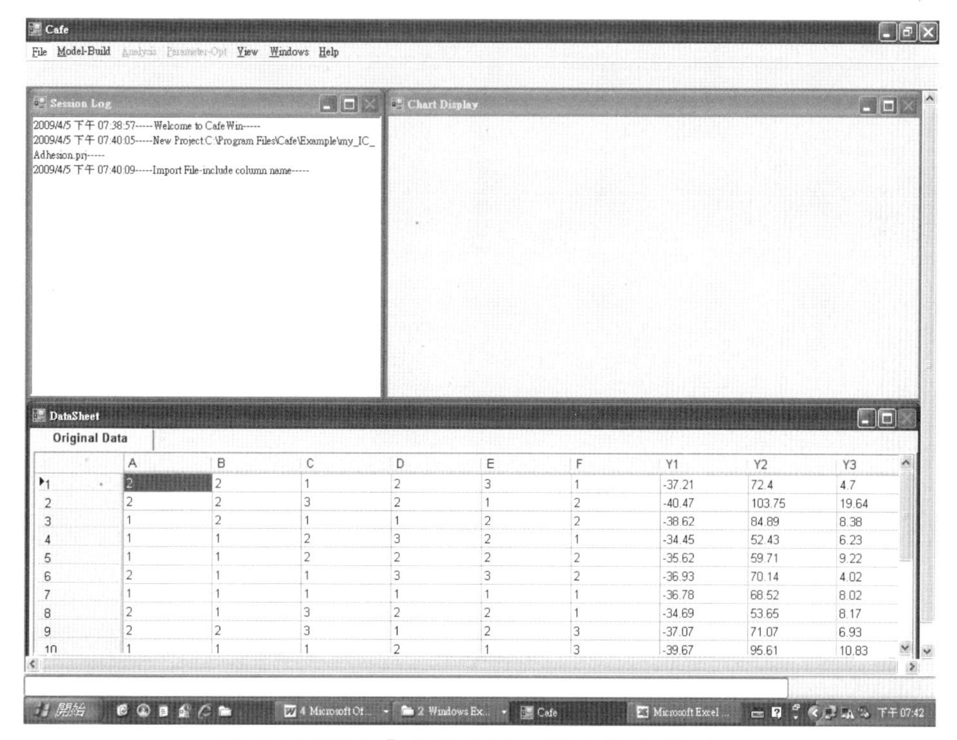

圖 C-28 開啓「高速放電」專案後之畫面(2)

步驟 2. 最佳化

假設此問題的最佳化模式如下：

Max Y1

0.980<Y2<1.02

Y3>-16

(1) 選擇功能表的 Parameter-Opt，將出現「Parameter Optimizer」視窗(見圖 C-29)。

(2) 在右上方 Objective Function，選 Max 選項，將 Y1 的係數設為 1，代表最佳化的 Max Y1

(3) 在中間 Constraint Function，勾選「Constrained」並輸入「3」，再按「Make Form」按鍵。

- ☐ 第 1 列：Y2 格內輸入 1，選「>」選項，Constant 格內輸入 0.98
- ☐ 第 2 列：Y2 格內輸入 1，選「<」選項，Constant 格內輸入 1.02
- ☐ 第 3 列：Y3 格內輸入 1，選「>」選項，Constant 格內輸入-16

分別代表三個限制式：Y2>0.98，Y2<1.02，Y3>-16。

(4) 按下右下方的 Run 按鍵，約十餘秒後產生最佳化結果。

(5) 最佳設計為 A=1.0, B=1.0, C=3.0, D=1.0, E=3.0, F=3.0, G=1.0, H=3.0。

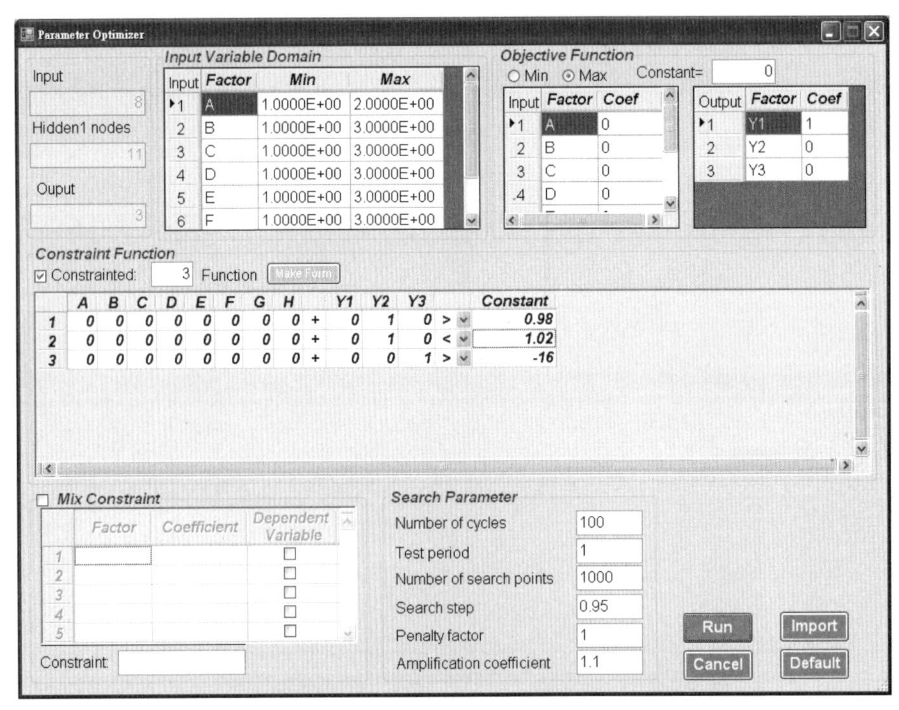

圖 C-29「Parameter Optimizer」視窗

C.4 副乾酪乳桿菌培養基最佳化（反應曲面法）

本例題詳細內容請參考文獻[3]。設計變數參考表 C-5，反應變數參考表 C-6，使用 CCD 來進行實驗。

表 C-5 使用範例一：因子的水準

		-1.682	-1	0	1	1.682
X1	葡萄糖	2.08	2.24	2.48	2.72	2.88
X2	酵母粉	0.206	0.22	0.24	0.26	0.274
X3	牛肉膏	0.763	0.79	0.83	0.88	0.897

表 C-6 使用範例一：反應變數

名稱	意義	品質期望
Y	細菌素的效價(IU/mL)	最大化

步驟 1. 建立實驗數據檔(CSV 檔)

使用者可先用 Excel 將實驗數據建檔(圖 C-30)，並存成「CSV(逗號分隔)」檔案。因爲本軟體已將此實驗數據檔「副乾酪乳桿菌培養基」儲存在 C:\Program Files\CAFE\Example 下，因此使用者在練習時，可免去此步驟。

步驟 2. 開啓新專案

因爲在軟體的 C:\Program Files\CAFE\Example 次目錄中已有已完成的專案「副乾酪乳桿菌培養基」，因此使用者在練習時可用「my_副乾酪乳桿菌培養基」做爲專案名。請選擇功能表的 File->New Project，並設檔名爲 my_副乾酪乳桿菌培養基。

步驟 3. 載入實驗數據檔

(1) 請選擇功能表的 File->Import File-> Include Column Name，並在 C:\Program Files\CAFE\Example 次目錄中選「副乾酪乳桿菌培養基」。

(2) 點選此功能後會出現「Variables Configuration」視窗(圖 C-31)，選擇需要的輸入變數後，按「>」鍵可將變數指派到「Input Variables」。

(3) 同理，選擇需要的輸出變數後，按「>」鍵可將變數指派到「Output Variables」。

注意本題採用實際變數(x1(%), x2(%), x3(%))爲輸入變數，故編碼變數(X1, X2, X3)不要選爲輸入變數。

Microsoft Excel - 副乾酪乳桿菌培養基

No	X1	X2	X3	x1(%)	x2(%)	x3(%)	Y
1	-1	-1	-1	2.24	0.22	0.79	67.88
2	-1	-1	1	2.24	0.22	0.87	100.07
3	-1	1	-1	2.24	0.26	0.79	122.22
4	-1	1	1	2.24	0.26	0.87	390.15
5	1	-1	-1	2.72	0.22	0.79	285.13
6	1	-1	1	2.72	0.22	0.87	163.99
7	1	1	-1	2.72	0.26	0.79	184.46
8	1	1	1	2.72	0.26	0.87	385.28
9	-1.682	0	0	2.07632	0.24	0.83	160.18
10	1.682	0	0	2.88368	0.24	0.83	262.5
11	0	-1.682	0	2.48	0.20636	0.83	169.88
12	0	1.682	0	2.48	0.27364	0.83	265.6
13	0	0	-1.682	2.48	0.24	0.76272	220.04
14	0	0	1.682	2.48	0.24	0.89728	410.4
15	0	0	0	2.48	0.24	0.83	435.26
16	0	0	0	2.48	0.24	0.83	425.13
17	0	0	0	2.48	0.24	0.83	445.61
18	0	0	0	2.48	0.24	0.83	435.26
19	0	0	0	2.48	0.24	0.83	440.17
20	0	0	0	2.48	0.24	0.83	400.41

圖 C-30 實驗數據建檔

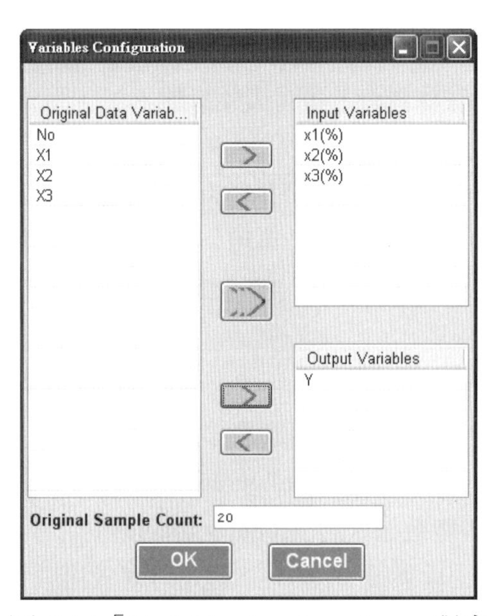

圖 C-31「Variables Configuration」視窗

步驟 4. 建立模型

(1) 選擇功能表的 Model Build，將出現「Model Build」視窗，所有內定值都不改，按下右下方的 Run 按鍵，約十餘秒後產生模型，在圖形展示區域呈現網路建模後的收斂曲線。發現誤差仍很大。

(2) 選擇功能表的 Model Build，將出現「Model Build」視窗(圖 C-32)，將參數作下修改

- Learn Rate：10。
- Learn Rate Reduced Factor：0.995。
- Learn Rate Minimum Bound：0.5。

其餘用內定值，按下右下方的 Run 按鍵，約數十秒後產生模型，在圖形展示區域呈現網路建模後的收斂曲線(圖 C-33)。發現誤差改善很多。

步驟 5. 分析模型：敏感性分析

選擇功能表的 Analysis->Variable Sensitivity，於圖形展示區域呈現模型的敏感性分析(見圖 C-34)。

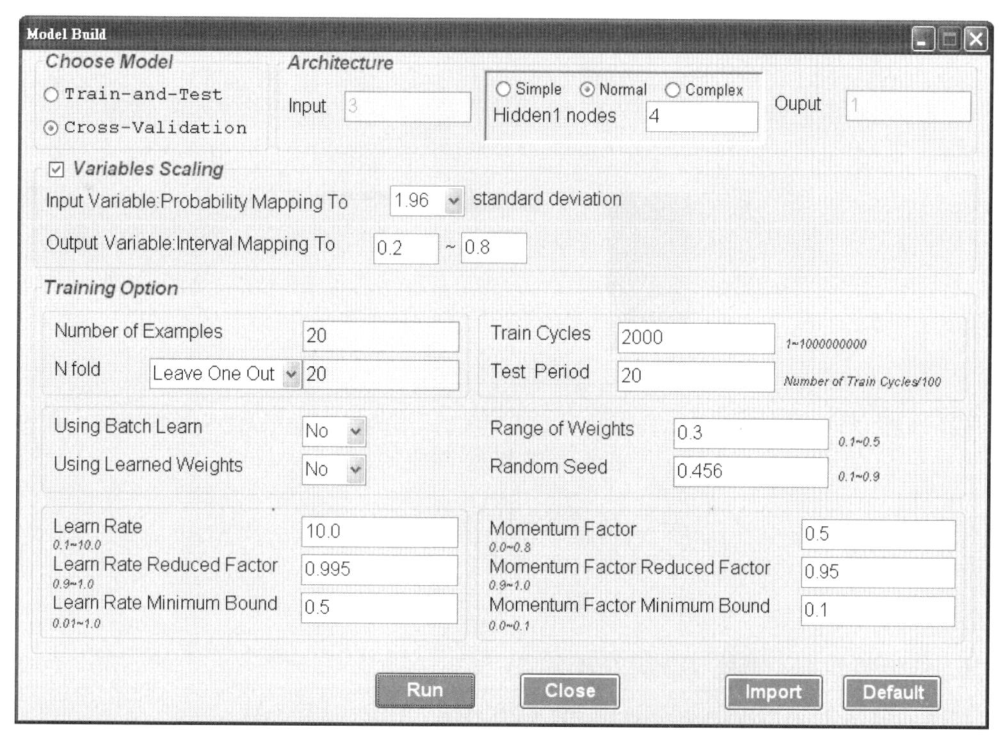

圖 C-32「Model Build」視窗(修改參數後)

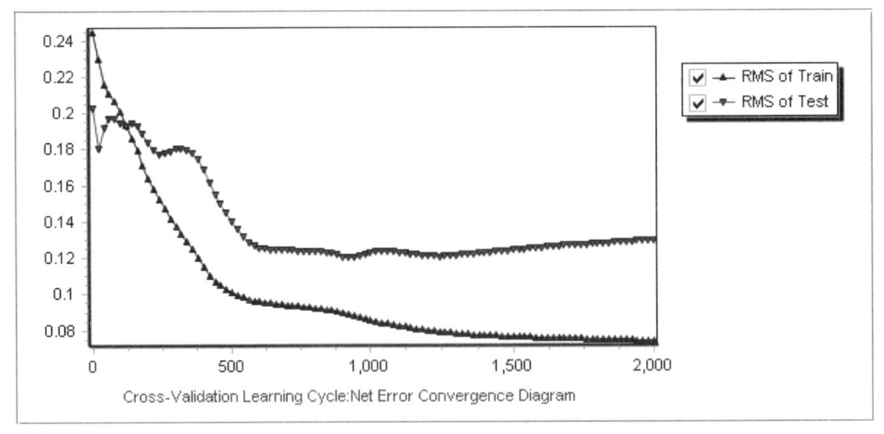

圖 C-33 交叉驗證法的誤差收斂曲線

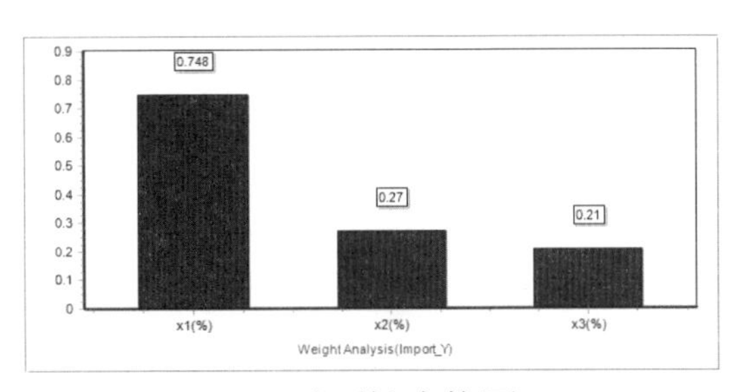

(1) 重要性直條圖

(2) 線性敏感性直條圖

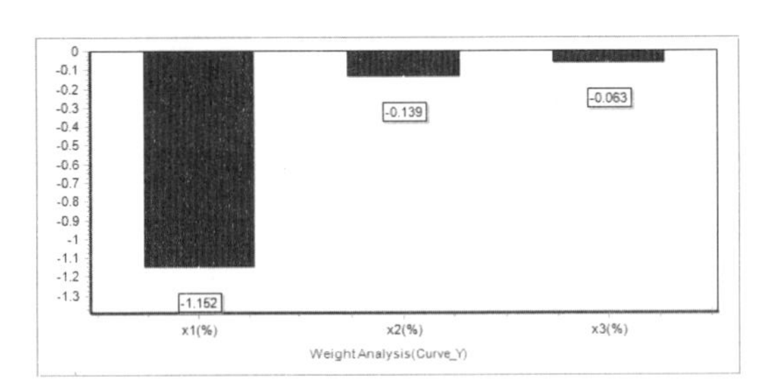

(3) 曲率線性敏感性直條圖

圖 C-34 實驗因子敏感性分析

步驟 6. 分析模型：效果線 (帶狀主效果圖)

選擇功能表的 Analysis->Effect Line，將出現「Effect Line Analysis」視窗，使用內定值，直接按下下方的 OK 按鍵，約十餘秒後產生效果線(圖 C-35)。

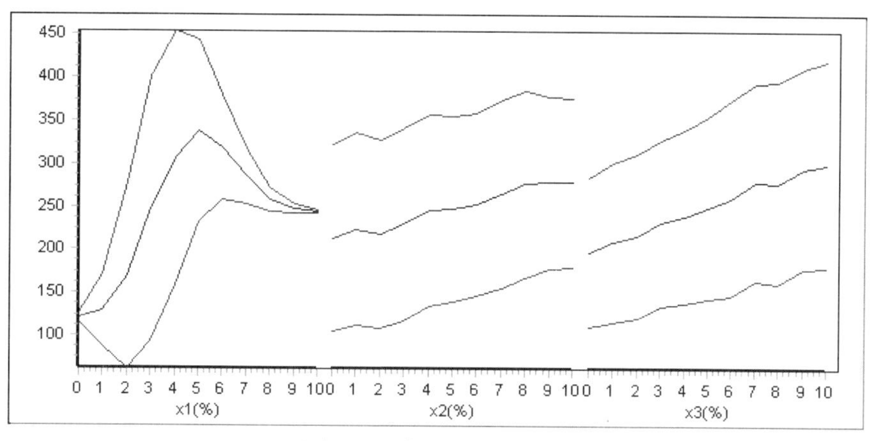

圖 C-35 帶狀主效果圖

步驟 7. 分析模型：重新尺度化(誤差估計與散佈圖)

(1) 選擇功能表的 Analysis->Re-Scaling，將出現「Re-Scaling」視窗，以表格的方式呈現尺度化後的反應變數預測值，以及誤差統計值。

(2) 關閉「Re-Scaling」視窗，可發線在圖形展示區域呈現反尺度化後預測值與實際值的散佈圖。觀察右上方的散佈圖，共有 4 幅。其中前二幅分別爲「交叉驗證法」下的訓練範例散佈圖、測試範例散佈圖(圖 C-36)。後二幅分別爲「Train-and-Test」下的訓練範例散佈圖、測試範例散佈圖(圖 C-37)。

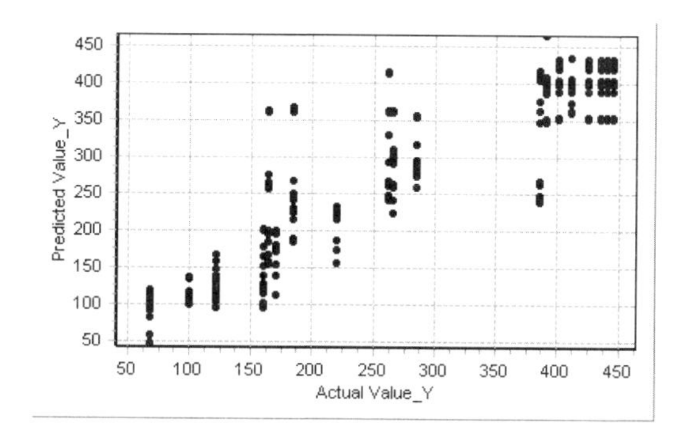

(1)交叉驗證法的訓練樣本散佈圖

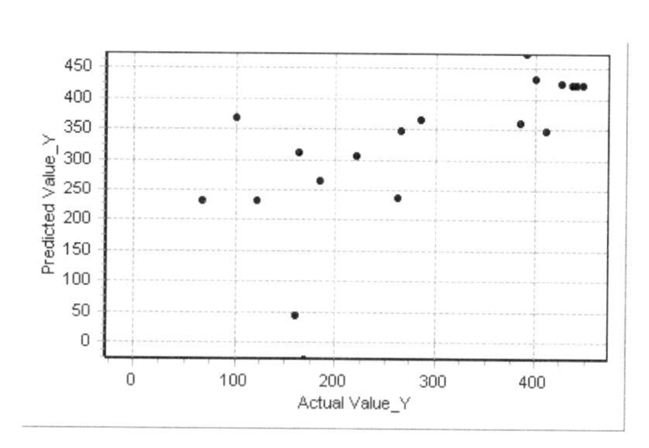

(2)交叉驗證法的測試樣本散佈圖

圖 C-36 交叉驗證法的訓練樣本散佈圖與測試樣本散佈圖

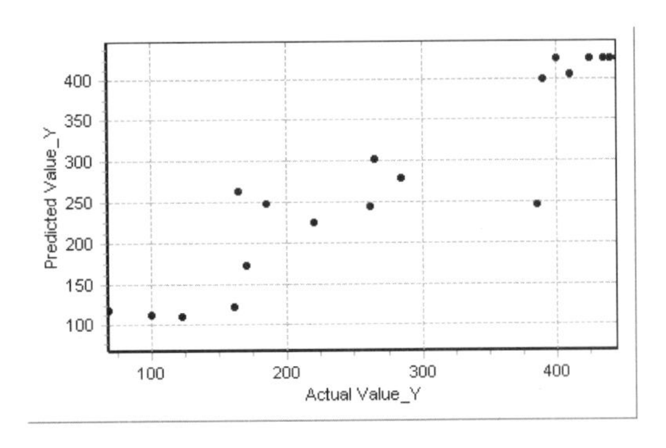

(1) 訓練測試法的樣本散佈圖

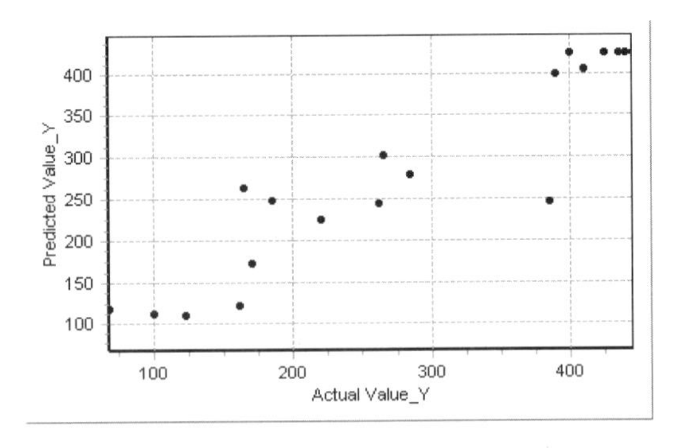

(2) 訓練測試法的樣本散佈圖

圖 C-37 訓練測試法的樣本散佈圖（注意：樣本被複製，一份訓練樣本，一份測試樣本）

步驟 8. 最佳化

(1) 選擇功能表的 Parameter-Opt，將出現「Parameter Optimizer」視窗。

(2) 因爲此問題要求最大化 Y，無限制函數(Constraint Function)，也無混合限制(Mix Constraint)，故只要將右上方的 Objective Function 的 Min 選項修改爲 Max 選項，其餘內定值不改。

(3) 按下右下方的 Run 按鍵，約十餘秒後產生最佳化結果。

優化求解如表 C-7，顯示 CAFE 結果與文獻結果略有差異。雖然其最佳設計的反應之預測值(522.3)高於文獻預測值(479.8)，但不能斷定其最佳設計優於後者，因爲二者都是一種預測值。

表 C-7 最佳化結果的比較

因子	因子下限值	因子上限值	文獻結果	CAFE 結果	因子重要性
X1	2.08	2.88	2.45	2.23	重要
X2	0.206	0.274	0.26	0.274	重要
X3	0.763	0.897	0.88	0.897	重要
Y	67.88	445.61	479.8	522.3	

C.5 粗多醣提取最佳化（反應曲面法）

本例題詳細內容請參考文獻[4]。設計變數參考表C-8，反應變數參考表C-9，使用CCD來進行實驗。本使用範例的目的在示範如何設定較複雜的「最佳化」模式，因此直接開啓舊專案，並直接設定「最佳化」模式。

表C-8 使用範例一：因子的水準

名稱	意義	-2	-1	0	1	2
X1	溫度	30	45	60	75	90
X2	pH	3.5	5	6.5	8	9.5
X3	時間	0.5	1.5	2.5	3.5	4.5
X4	Water to seed ratio	45	60	75	90	105

表C-9 使用範例一：反應變數

名稱	意義	品質期望
Y1	Yield (%)	
Y2	Purity (%)	
Y3	Relative viscosity	

步驟1. 開啓舊專案

因爲在軟體的C:\Program Files\CAFE\Example次目錄中已有已完成的專案「粗多醣」，因此直接載入。

步驟2. 觀察模型

爲了了解因子與反應的關係，可開啓右上方「Effect Line」的標籤，由圖C-38可知

- ☐ Y1：在x1, x2, x4最大以及x3在中間偏大處有最大值。
- ☐ Y2：在x2最大以及x1, x3, x4在中間處有最大值。
- ☐ Y3：在x4最大、x2最小、x1在中間、x3在中間偏大處有最大值。

此外，可知x1對Y1, Y2, Y3均有很大的影響。

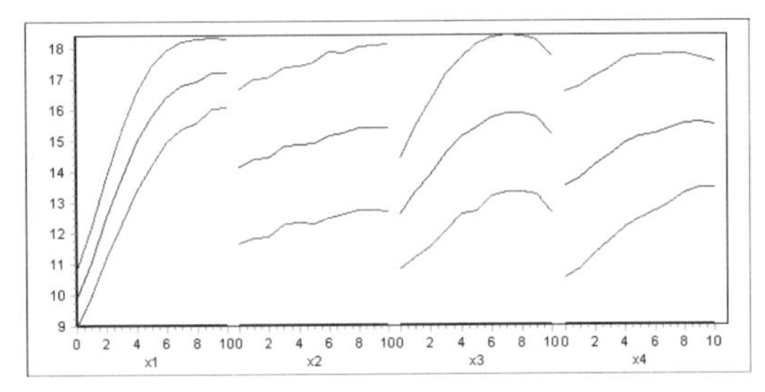

(1) 實驗因子效果線圖：Y1

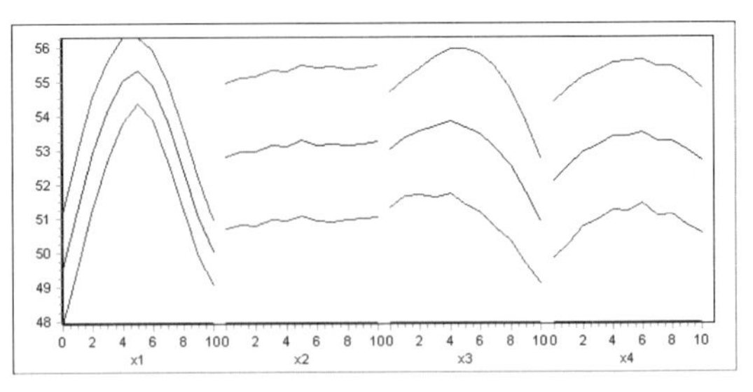

(2) 實驗因子效果線圖：Y2

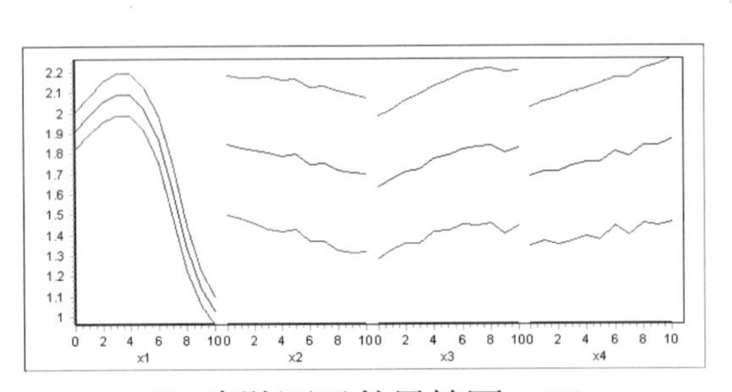

(3) 實驗因子效果線圖：Y3

圖 C-38 實驗因子效果線圖

步驟 3. 最佳化

　　假設此問題的最佳化模式如下：

Max Y1

Y2>55.6

Y3>2.1

(1) 選擇功能表的 Parameter-Opt，將出現「Parameter Optimizer」視窗(圖 C-39)。
(2) 在右上方 Objective Function，選 Max 選項，將 Y1 的係數設爲 1，代表最佳化的 Max Y1
(3) 在中間 Constraint Function，勾選「Constrained」並輸入「2」，再按「Make Form」按鍵。
   - □　第 1 列：Y2 格內輸入 1，選「>」選項，Constant 格內輸入 55.6
   - □　第 2 列：Y3 格內輸入 1，選「>」選項，Constant 格內輸入 2.1

   分別代表上述二個限制式。
(4) 按下右下方的 Run 按鍵，約十餘秒後產生最佳化結果。最佳設計如表 C-10。比對上述的效果線圖，因爲要求 Y2>55.6，Y3>2.1 可以判斷 x1 應在其值域的中間左右。圖中橫軸 0~10 是相對大小，0 代表最小，10 代表最大，不是絕對大小。因 x1 的最小、最大值為 30、90，故 x1 的最佳解應該會出現在 x1=60 左右。結果 x1 的最佳值為 62.4，與預期相近。

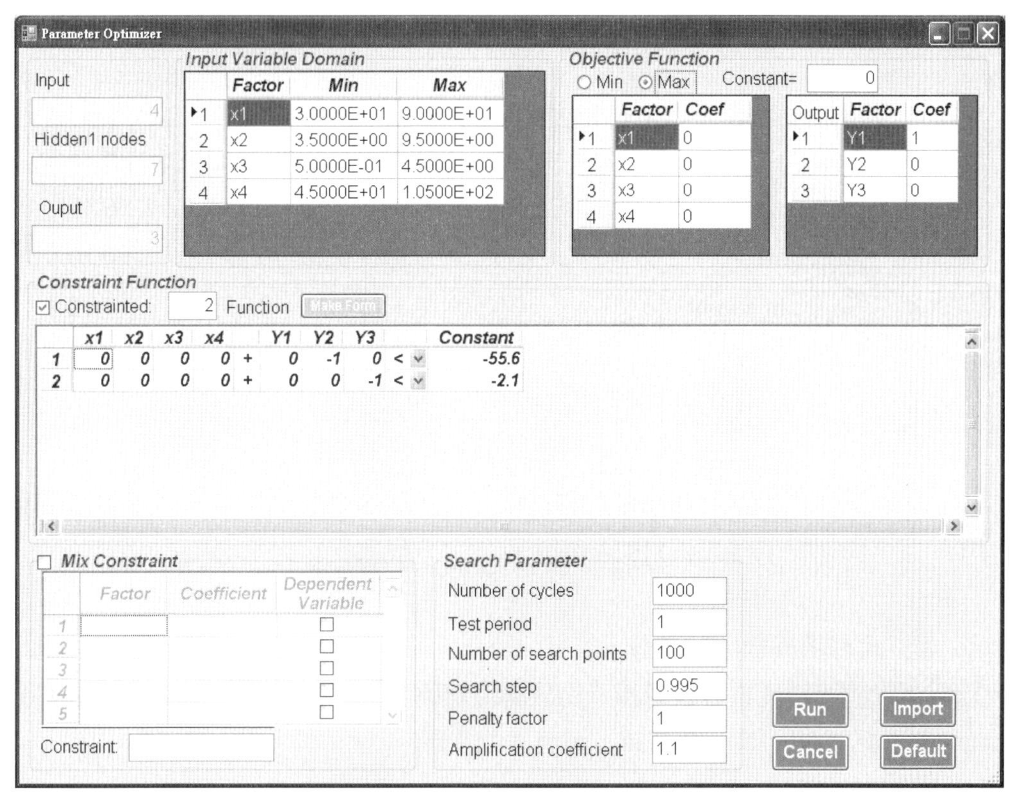

圖 C-39「Parameter Optimizer」視窗

表 C-10 最佳化結果的比較

因子	因子下限值	因子上限值	文獻結果	CAFE 結果	因子重要性
X1	30	90	60-65	62.4	非常重要
X2	3.5	9.5	7.0	6.18	重要
X3	0.5	4.5	2.3-3.1	3.27	重要
X4	45	105	75	86.6	重要
Y1	10.24	19.02	17.62	17.8	
Y2	48.83	58.22	56.4	55.8	
Y3	1.12	2.27	2.15	2.10	

C.6 富硒酵母培養基混合設計最佳化（Mixture Design）

本例題詳細內容請參考文獻[5]。設計變數參考表 C-11，反應變數參考表 C-12，使用 D-Optimal 來進行實驗。

表 C-11 使用範例一：因子的水準

名稱	意義	1	2/3	1/2	1/3	1/6	0
X1	Germinated brown rice juice	0.80	0.67	0.60	0.53	0.47	0.40
X2	Beerwort	0.50	0.37	0.30	0.23	0.17	0.10
X3	Soybean sprout	0.50	0.37	0.30	0.23	0.17	0.10

表 C-12 使用範例一：反應變數

名稱	單位	意義	品質期望
Biomass	g/L		最大化
Total_Se	mg/L		最大化

步驟 1. 建立實驗數據檔(CSV 檔)

因爲本軟體已將此實驗數據檔「富硒酵母培養基」儲存在 C:\Program Files\CAFE\Example 下，因此使用者在練習時，可免去此步驟。

步驟 2. 開啓新專案

因爲在軟體的 C:\Program Files\CAFE\Example 次目錄中已有已完成的專案「副乾酪富硒酵母培養基」，因此使用者在練習時可用「my_富硒酵母培養基」做爲專案名。請選擇功能表的 File->New Project，並設檔名爲「my_富硒酵母培養基」。

步驟 3. 載入實驗數據檔

請選擇功能表的 File->Import File-> Include Column Name，並在 C:\Program Files\CAFE\Example 次目錄中選「富硒酵母培養基」。將變數指派到「Input Variables」與「Output Variables」。

步驟 4. 建立模型

(1) 選擇功能表的 Model Build，出現「Model Build」視窗，所有內定值都不改，按下右下方的 Run 按鍵，約十餘秒後產生模型，在圖形展示區域呈現網路建模後的收斂曲線。發現誤差仍很大。

(2) 再次選擇功能表的 Model Build，出現「Model Build」視窗，將參數作下修改(圖 C-40)

- Learn Rate：10。
- Learn Rate Reduced Factor：0.995。

其餘用內定值，按下右下方的 Run 按鍵，約數十秒後產生模型，在圖形展示區域呈現網路建模後的收斂曲線。發現誤差改善很多。

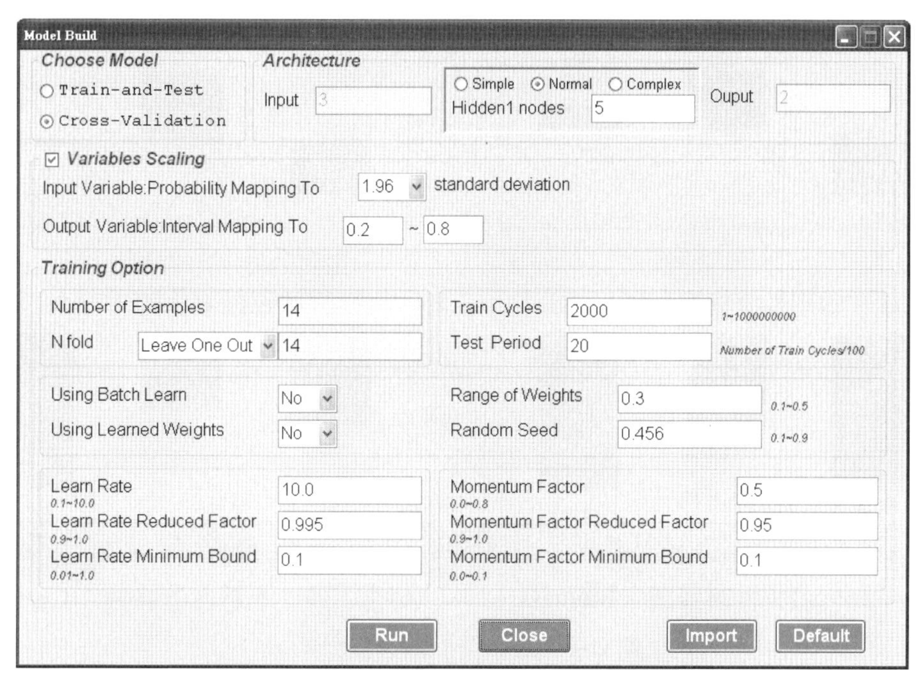

圖 C-40「Model Build」視窗(修改參數後)

步驟 5. 分析模型：敏感性分析

選擇功能表的 Analysis->Variable Sensitivity，於圖形展示區域呈現敏感性分析(圖 C-41)。

步驟 6. 分析模型：效果線 (帶狀主效果圖)

選擇功能表的 Analysis->Effect Line，將出現「Effect Line Analysis」視窗，使用內定值，直接按下下方的 OK 按鍵，約十餘秒後產生效果線(圖 C-42)。由圖可知，反應 Biomass 與 Total_Se 的帶狀主效果圖相當相似，要最大化兩者，在不考慮各成份的成本下，顯然 X1 宜小，X2 宜大，而 X3 宜取中間左右的數值。

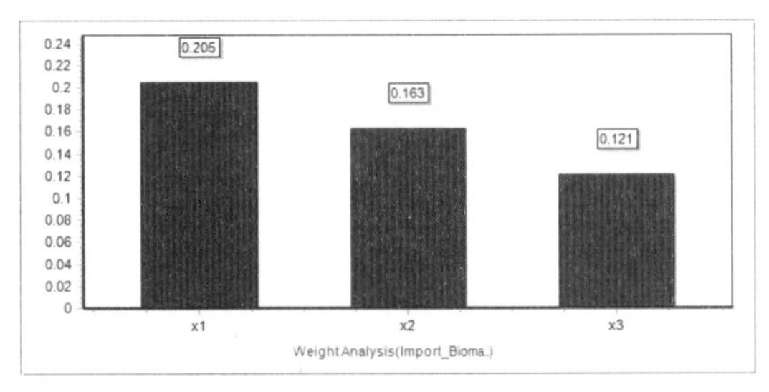

(1) 重要性直條圖：Biomass

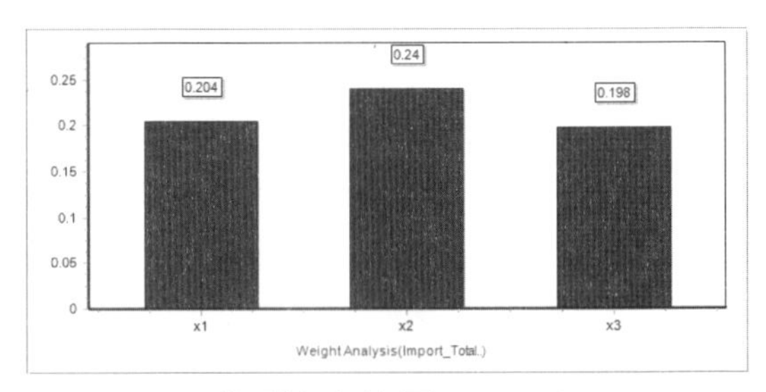

(2)重要性直條圖：Total_Se

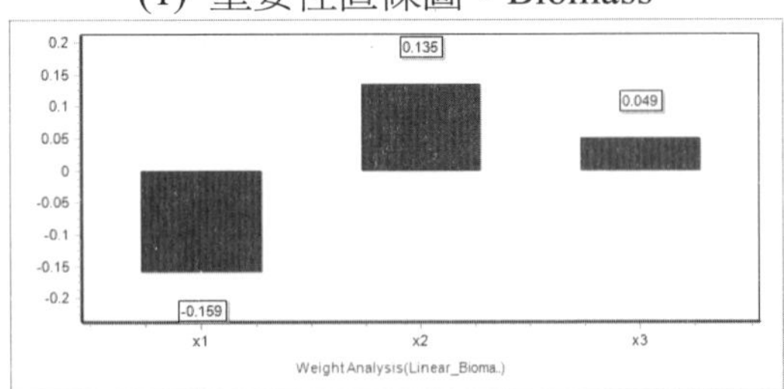

(3)線性敏感性直條圖：Biomass

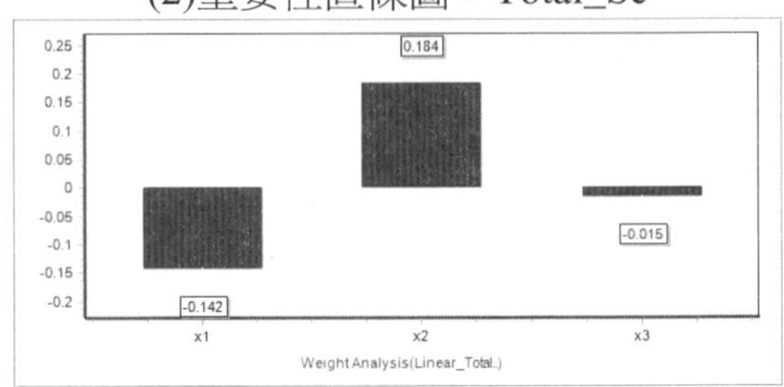

(4)線性敏感性直條圖：Total_Se

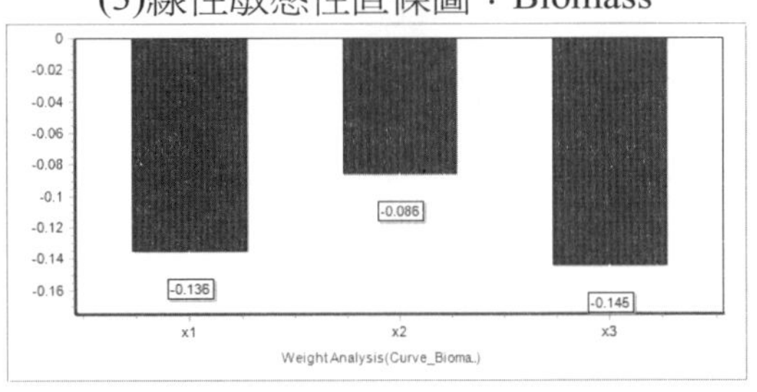

(5)曲率線性敏感性直條圖：Biomass

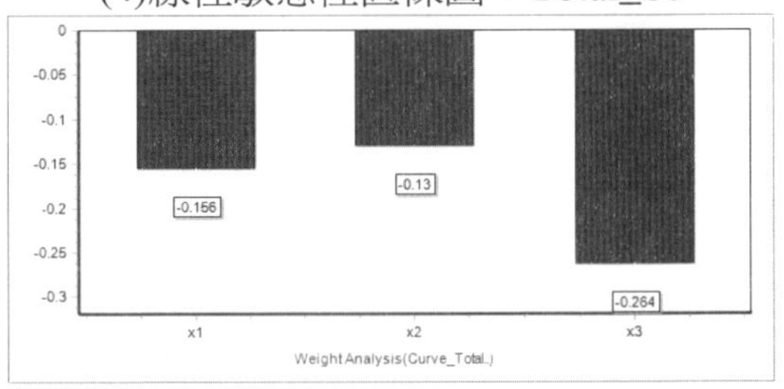

(6)曲率線性敏感性直條圖：Total_Se

圖 C-41 實驗因子敏感性分析

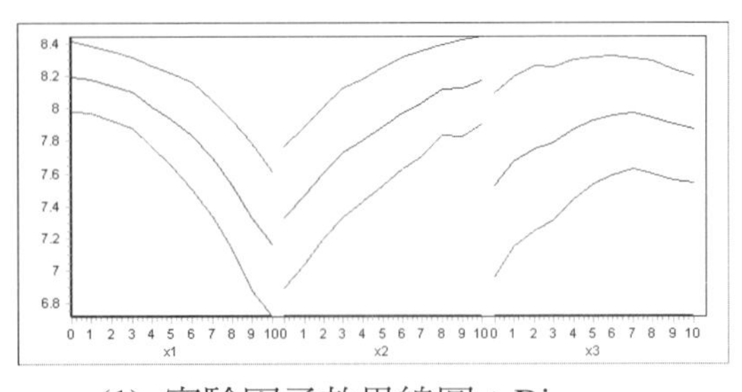

(1) 實驗因子效果線圖：Biomass

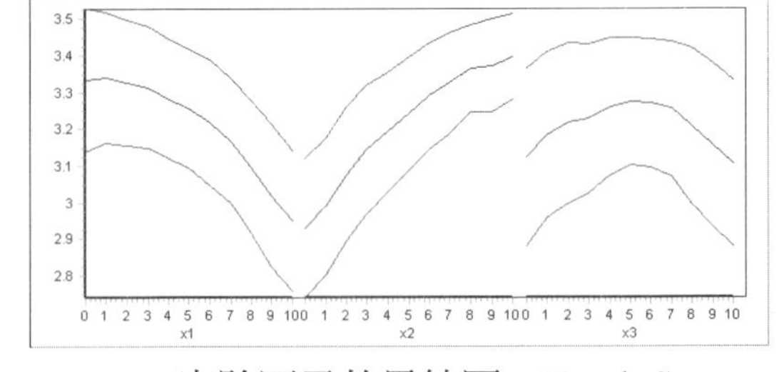

(2) 實驗因子效果線圖：Total_Se

圖 C-42 實驗因子效果線圖

步驟 7. 分析模型：重新尺度化(誤差估計與散佈圖)

(1) 選擇功能表的 Analysis->Re-Scaling，將出現「Re-Scaling」視窗，以表格的方式呈現尺度化後的反應變數預測值，以及誤差統計值。

(2) 關閉「Re-Scaling」視窗，可發線在圖形展示區域呈現反尺度化後預測值與實際值的散佈圖。觀察右上方的散佈圖，共有 8 幅。其中前四幅分別爲 Y1, Y2 的「交叉驗證法」下的訓練範例散佈圖、測試範例散佈圖。後四幅分別爲 Y1, Y2 的「Train-and-Test」下的訓練範例散佈圖、測試範例散佈圖。在此只列出交叉驗證法的測試樣本散佈圖 (第 2 與 4 幅) 如圖 C-43。

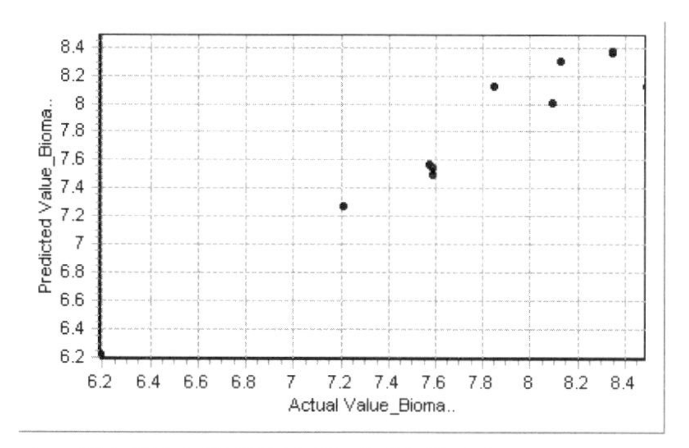

交叉驗證法的測試樣本散佈圖：Biomass

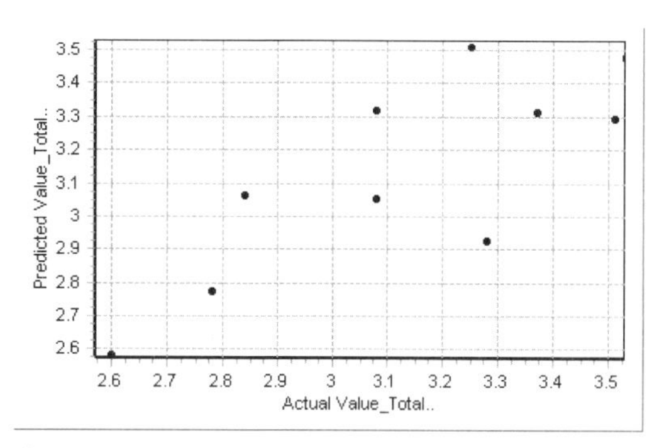

交叉驗證法的測試樣本散佈圖：Total_Se

圖 C-43 交叉驗證法的訓練樣本散佈圖與測試樣本散佈圖

步驟 8. 最佳化

Model 1：最大化「Biomass」，且限 Total_Se>3.5，並且各成份總合為 1，即

Max Y1(Biomass)

Y2(Total_Se)>3.5

x1+x2+x3=1

(1) 選擇功能表的 Parameter-Opt，將出現「Parameter Optimizer」視窗(圖 C-44)。

(2) 將右上方的 Objective Function 的 Min 選項修改爲 Max 選項，Biomass 係數設 1，Total_Se 係數設 0。

(3) 在中間 Constraint Function，勾選「Constrained」並輸入「1」，再按「Make Form」按鍵。Totel_Se 格內輸入 1，選「>」選項，Constant 格內輸入 3.5，代表限制式。

(4) 在左下方勾選「Mix Constraint」，並在 x1, x2, x3 的 Coefficient(係數)格內輸入「1」，在最下方 Constraint 格內輸入「1」，代表$1\cdot x1+1\cdot x2+1\cdot x3=1$的 Mix Constraint。在 Dependent Variable 勾選 x3，代表在最佳化時，x3 是依賴變數，即 x3=1-x2-x3。Dependent Variable 一般可選成份範圍限制(Input Variable Domain 的 Min 與 Max)較寬鬆的變數，或當差別不大時，選最後一個成份變數即可。

(5) 按下右下方的 Run 按鍵，約十餘秒後產生最佳化結果。

Model 1 的「Parameter Optimizer」視窗見圖 C-44。

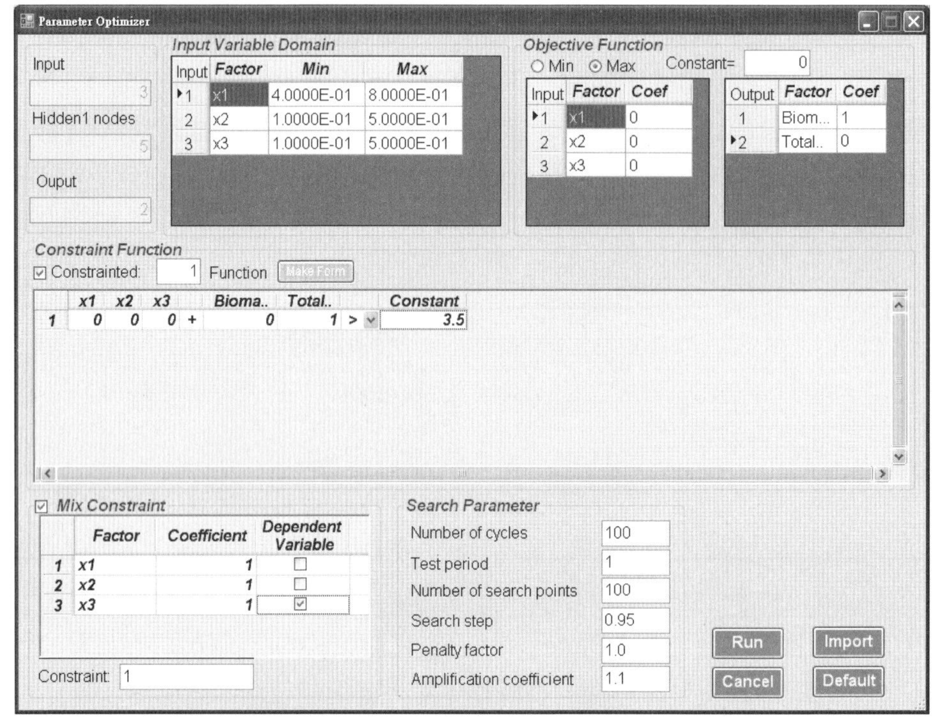

圖 C-44「Parameter Optimizer」視窗：Model 1

Model 2：最大化「Total_Se」，且限 Biomass>8.3，並且各成份總合為 1，即

Max Y2(Total_Se)

Y1(Biomass)>8.3

x1+x2+x3=1

Model 2 的「Parameter Optimizer」視窗見圖 C-45。

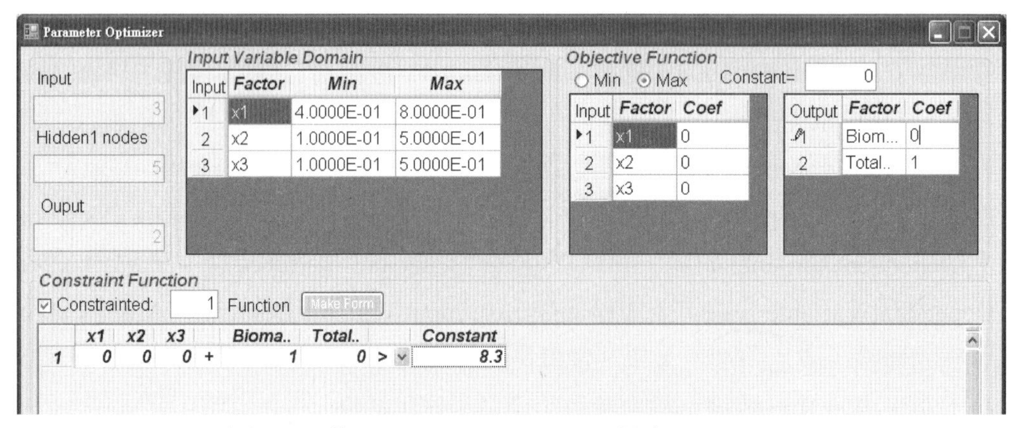

圖 C-45「Parameter Optimizer」視窗：Model 2

Model 3：最小化「成本」，且限 Biomass>8.3, Total_Se>3.5，並且各成份總合爲 1，即

Min Cost= $3x_1 + 2x_2 + 1x_3$

Y1>8.3

Y2>3.5

x1+x2+x3=1

Model 3 的「Parameter Optimizer」視窗見圖 C-46。

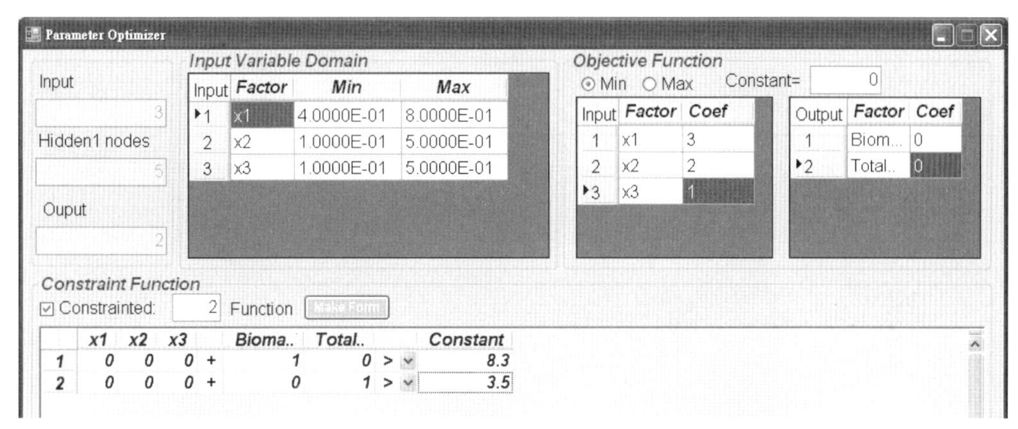

圖 C-46「Parameter Optimizer」視窗：Model 3

Model 4：最大化「Biomass+ Total_Se」，且限成本<2.23，並且各成份總合爲 1，即

Max Y1+Y2

Cost= $3x_1 + 2x_2 + 1x_3$ <2.23

x1+x2+x3=1

Model 4 的「Parameter Optimizer」視窗見圖 C-47。

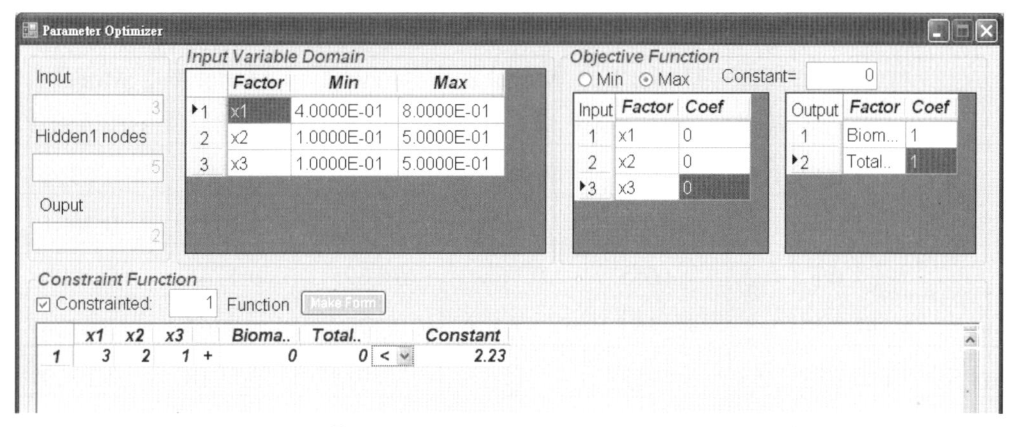

圖 C-47「Parameter Optimizer」視窗：Model 4

Model 5：與 Model 4 相似，但成本結構不同。

Max Y1+Y2

$\text{Cost}=1x_1+2x_2+3x_3<1.5$

x1+x2+x3=1

Model 5 的「Parameter Optimizer」視窗見圖 C-48。

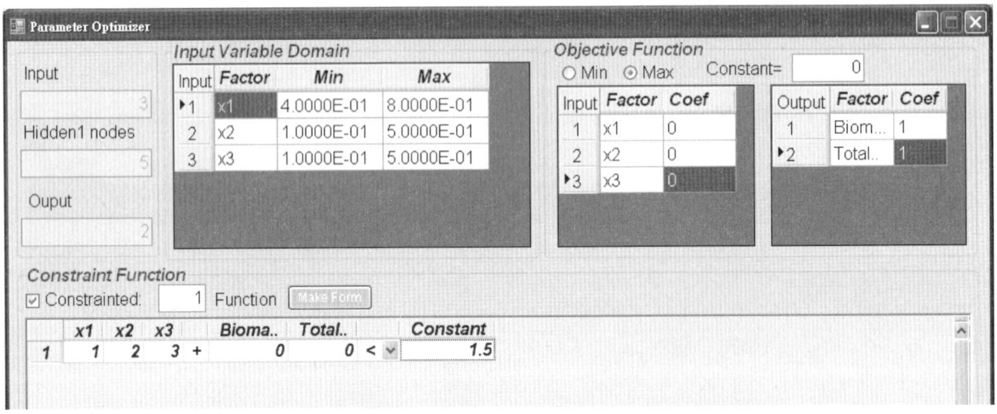

圖 C-48「Parameter Optimizer」視窗：Model 5

將上述五個 Model 的結果彙集爲表 C-13，其中 Model 1~4 的結果相當接近，這是因爲這四個 Model 都希望 Biomass、Total_Se 越大越好，或設有下限，而 X1 越小 Biomass、Total_Se 越大，正好成本結構是 X1 最昂貴，因此其 X1 用量都是下限 0.40。而 Model 5 因成本結構是 X1 最便宜，X3 最昂貴，故最佳設計傾向使用中量的 X1，以及最小量的 X3。

表 C-13 最佳化結果的比較

因子	因子下限	因子上限	文獻結果	Model 1 CAFE 結果	Model 2 CAFE 結果	Model 3 CAFE 結果	Model 4 CAFE 結果	Model 5 CAFE 結果
X1	0.4	0.8	0.4	0.4000	0.400	0.4000	0.4000	0.5998
X2	0.1	0.5	0.4	0.4385	0.432	0.4305	0.4252	0.3001
X3	0.1	0.5	0.2	0.1615	0.168	0.1695	0.1748	0.1000
Biomass	6.19	8.49	8.5	8.3762	8.38	8.3765	8.3767	7.6424
Total_Se	2.60	3.53	3.53	3.4918	3.49	3.4918	3.4918	3.1719
目標函數	NA	NA	NA	NA	NA	2.23	11.869	10.81

本章參考文獻

[1] 張祥傑，「IC 封裝黏模力之量測與分析」，國立成功大學，機械工程學系，碩士論文，2004。

[2] 黃信銘，「機械加工法多重品質特性最佳化製程參數研究」，國立高雄第一科技大學，機械與自動化工程所，碩士論文，2005。

[3] 李秀涼、 陳建偉、 張玉娟、 平文祥，「利用 RSM 法優化副乾酪乳桿菌 HDl · 7 產細菌素發酵培養基」，黑龍江大學自然科學學報，第 25 卷，第 5 期，第 621-624 頁(2008)

[4] Wu, Y., Cui, S. W., Tang, J., and Gua, X. “Optimization of extraction process of crude polysaccharides from boat-fruited sterculia seeds by response surface methodology,” Food Chemistry, 105, 1599–1605 (2007).

[5] Yin, H., Chen, Z., Gu, Z., and Han, Y., “Optimization of natural fermentative medium for selenium-enriched yeast by D-optimal mixture design,” LWT - Food Science and Technology, 42, 327–331 (2009).

附錄D CAFE驗證範例

D.1 簡介

D.2 驗證範例 1：線性函數

D.3 驗證範例 2：二次函數(不同彎曲程度與方向)

D.4 驗證範例 3：二次函數(不同最低點)

D.5 驗證範例 4：線性與交互作用混合函數

D.6 驗證範例 5：線性、二次與交互作用混合函數

D.7 驗證範例 6：非線性函數

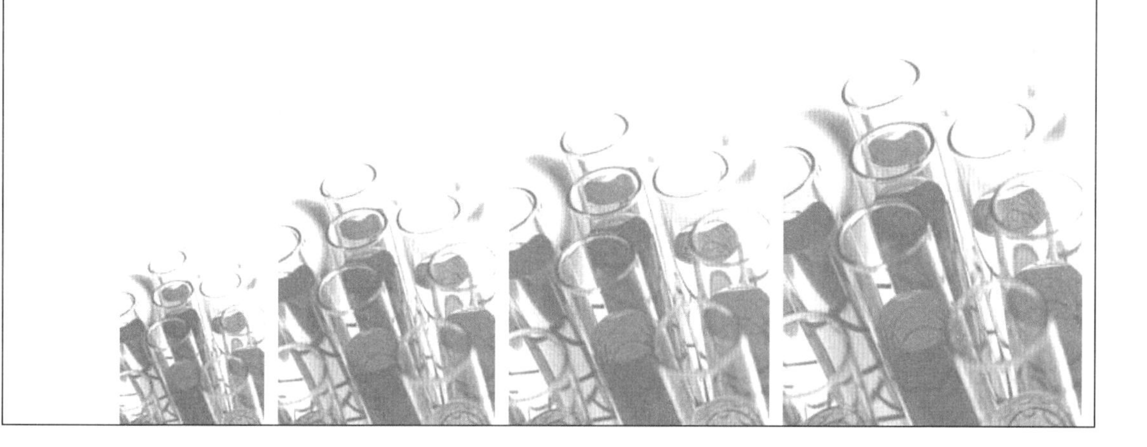

D.1 簡介

本章將以六個驗證範例驗證 CAFE 的可信度。

- ☐ 驗證範例 1：線性函數
- ☐ 驗證範例 2：二次函數 (不同彎曲程度與方向)
- ☐ 驗證範例 3：二次函數 (不同最低點)
- ☐ 驗證範例 4：線性與交互作用混合函數
- ☐ 驗證範例 5：線性、二次與交互作用混合函數
- ☐ 驗證範例 6：非線性函數

表 D-1 驗證範例摘要表

	驗證範例	輸入變數	輸出變數	專案名稱
1	線性函數	5	1	驗證範例 1
2	二次函數 (不同彎曲程度與方向)	5	1	驗證範例 2
3	二次函數 (不同最低點)	5	1	驗證範例 3
4	線性與交互作用混合函數	6	1	驗證範例 4
5	線性、二次與交互作用混合函數	5	1	驗證範例 5
6	非線性函數	5	1	驗證範例 6

每一題都分成四個部份來介紹：

1. 問題描述
2. 模型建構
3. 模型分析
4. 最佳化

D.2 驗證範例 1：線性函數

1. 問題描述

假設反應變數是一個線性函數：

$$Y = 1 \cdot X_1 - 2 \cdot X_2 + 3 \cdot X_3 - 4 \cdot X_4 + 5 \cdot X_5 \tag{1}$$

此函數具有下列特徵：

(1) X_1, X_2, X_3, X_4, X_5 的重要性指標的比例應為 1 : 2 : 3 : 4 : 5。

(2) X_1, X_2, X_3, X_4, X_5 的線性敏感性指標的比例應為 1 : -2 : 3 : -4 : 5。

(3) X_1, X_2, X_3, X_4, X_5 無曲率效果。

假設 $X_1 \sim X_5$ 的值域都是 -1.0~+1.0，隨機取 300 個點，以 210 個爲訓練範例，90 個爲測試範例。

2. 模型建構

模型建構所用的參數如下圖 D-1，其收斂曲線如圖 D-2，可見模型十分完善。

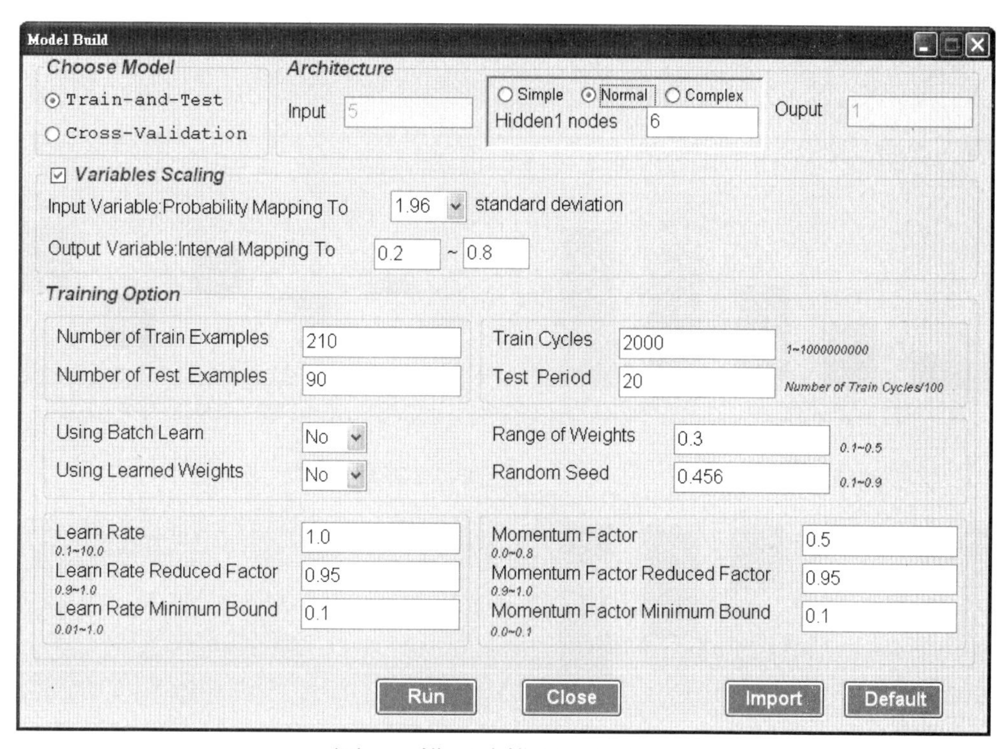

圖 D-1 模型建構所用的參數

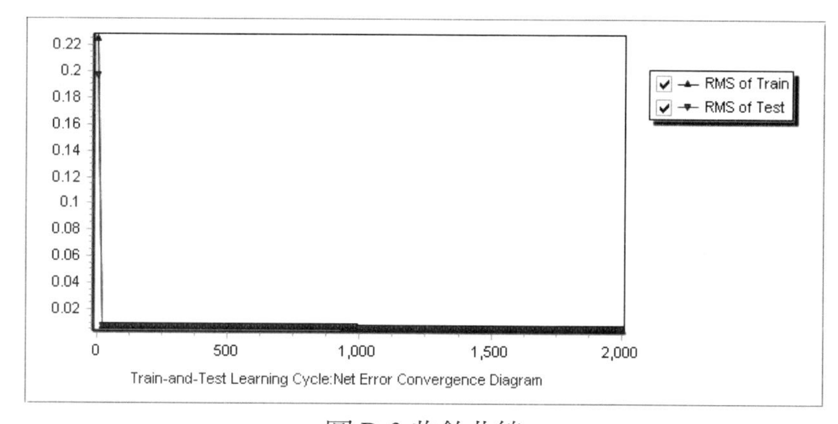

圖 D-2 收斂曲線

3. 模型分析

敏感性分析如圖 D-3~4-5 所示，將圖與(1)式比較可發現十分吻合各自變數與因變數間的關係，例如

(1) X_1, X_2, X_3, X_4, X_5 的重要性指標為 0.031, 0.06, 0.091, 0.119, 0.139，其比例為 1 : 1.9 : 2.9 : 3.8 : 4.5，與應有的比例 1 : 2 : 3 : 4 : 5 十分接近。

(2) X_1, X_2, X_3, X_4, X_5 的線性敏感性指標為 0.03, -0.059, 0.09, -0.118, 0.18，其比例為 1 : -2.0 : 3.0 : -3.9 : 4.6，與應有的比例 1 : -2 : 3 :- 4 : 5 十分接近。

(3) X_1, X_2, X_3, X_4, X_5 的曲率敏感性指標的絕對值最大只有 0.003，因此並無曲率效果，與原式吻合。

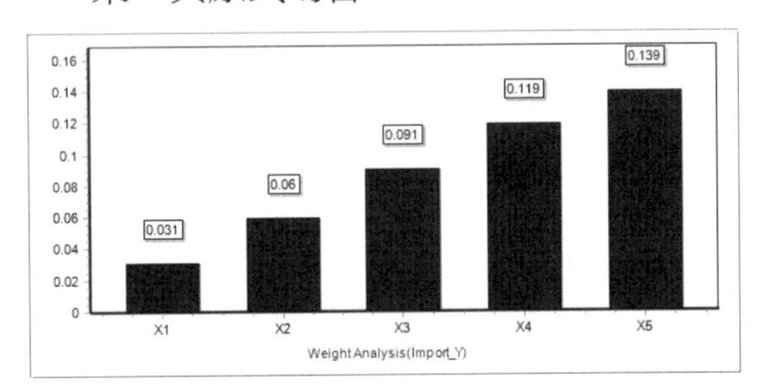

圖 D-3 重要性指標

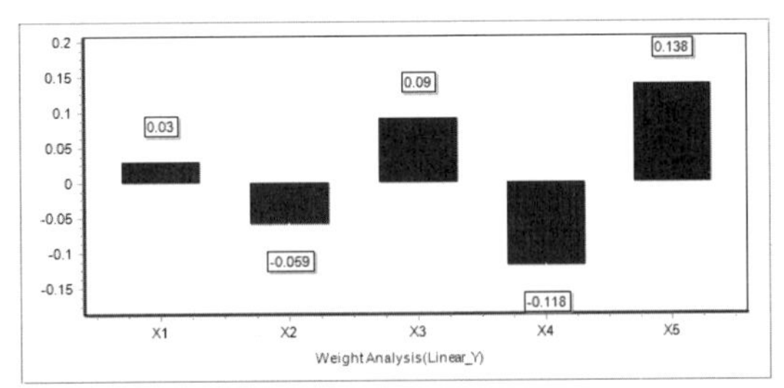

圖 D-4 線性敏感性指標

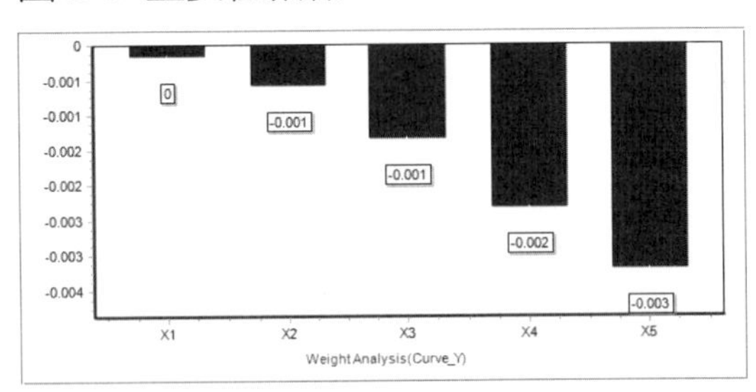

圖 D-5 曲率敏感性指標

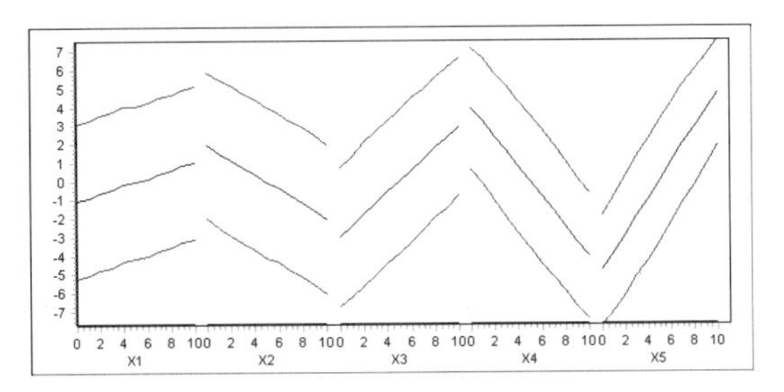

圖 D-6 效果圖

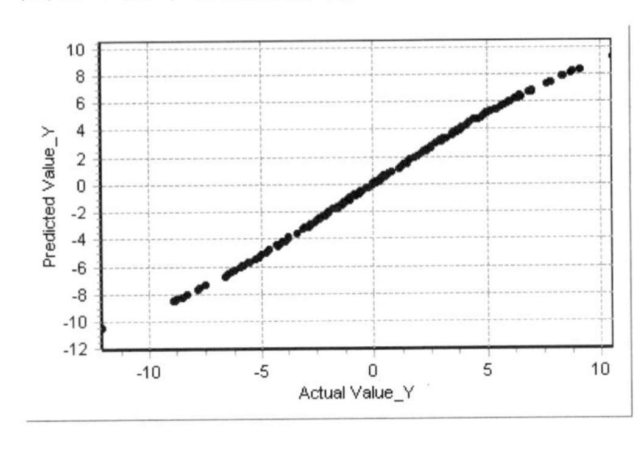

(1) 訓練樣本

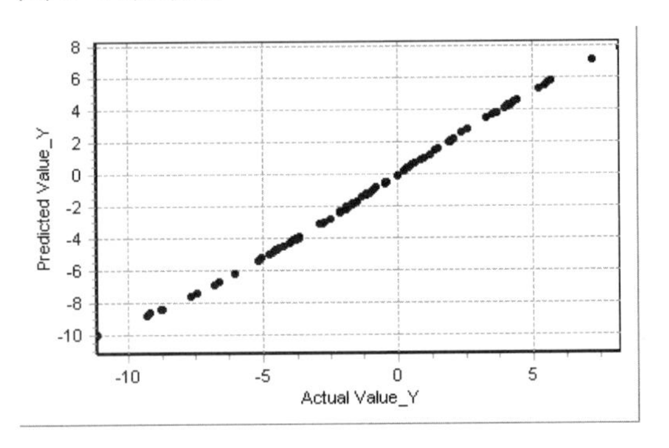

(2) 測試樣本

圖 D-7 交叉驗證法樣本散佈圖

效果圖如圖 D-6 所示。可以看出 X_1, X_3, X_5 與 Y 成正比，且越來越強；X_2, X_4 與 Y 成反比，且越來越強。這些現象與原式吻合。

4. 最佳化

假設最佳化模式如下：

Model 1: Min Y

Model 2: Max Y

其結果如表 D-2，可見與理論解十分相同。

表 D-2 最佳化結果的比較

因子	因子下限	因子上限	Model 1		Model 2		因子重要性
			理論解	CAFE 結果	理論解	CAFE 結果	
X1	-1	1	-1	-0.9965	1	0.9941	重要
X2	-1	1	1	0.9848	-1	-0.9834	重要
X3	-1	1	-1	-0.9917	1	0.9865	重要
X4	-1	1	1	0.9957	-1	-0.9963	重要
X5	-1	1	-1	-0.9722	1	0.9619	重要
Y	-12.1	10.5	-15	-11.7	15	11.1	

D.3 驗證範例 2：二次函數(不同彎曲程度與方向)

1. 問題描述

假設反應變數是一個二次函數：

$$Y = -2 \cdot X_1^2 - 1 \cdot X_1^2 + 0 \cdot X_1^2 + 1 \cdot X_1^2 + 2 \cdot X_1^2 \quad (2)$$

此函數具有下列特徵：

(1) X_1, X_2, X_3, X_4, X_5 的重要性指標的比例應為 2 : 1 : 0 : 1 : 2。

(2) X_1, X_2, X_3, X_4, X_5 無線性效果。

(3) X_1, X_2, X_3, X_4, X_5 的曲率敏感性指標的比例應為 -2 : -1 : 0 : 1 : 2。

假設 $X_1 \sim X_5$ 的值域都是 -1.0~+1.0，隨機取 1000 個點，以 700 個為訓練範例，300 個為測試範例。

2. 模型建構

模型建構所用的參數如下圖 D-8，其收斂曲線如圖 D-9，可見模型十分完善。

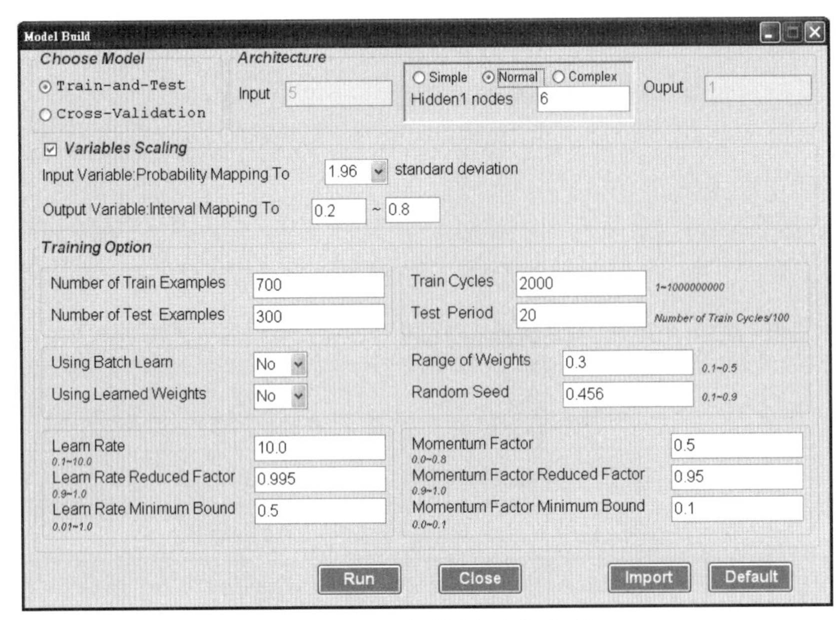

圖 D-8 模型建構所用的參數

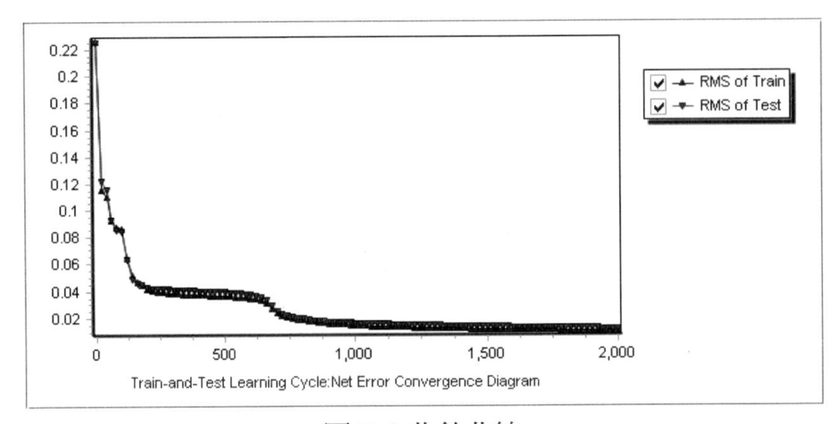

圖 D-9 收斂曲線

3. 模型分析

敏感性分析如圖 D-10~4-12 所示，將圖與(2)式比較可發現十分吻合各自變數與因變數間的關係，例如

(1) X_1, X_2, X_3, X_4, X_5 的重要性指標為 0.267, 0.128, 0.003, 0.123, 0.256，其比例為 2.09 : 1.0 : 0.02 : 0.96 : 2.0，與應有的比例 2 : 1 : 0 : 1 : 2 十分接近。

(2) X_1, X_2, X_3, X_4, X_5 的線性敏感性指標的絕對值最大只有 0.003，因此並無線性效果，與原式吻合。

(3) X_1, X_2, X_3, X_4, X_5 的曲率敏感性指標爲-0.456, -0.197, 0, 0.131, 0.29，其比例爲-3.0 : -1.3 : 0 : 0.9 : 1.9，與應有的比例-2 : -1 : 0 : 1 : 2 十分接近。

效果圖如圖 D-13 所示，可以看出其曲線與原式吻合。

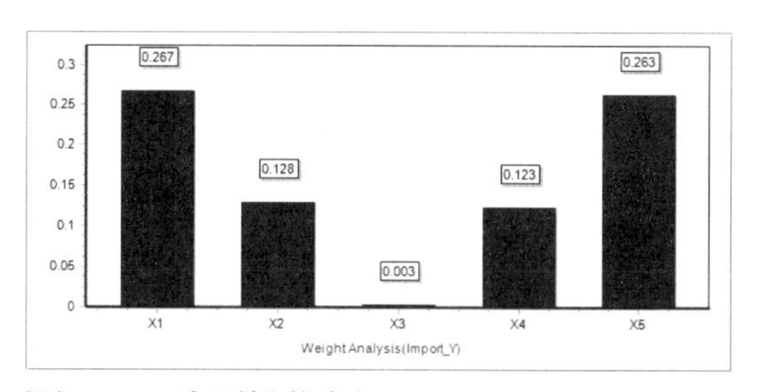

圖 D-10 重要性指標

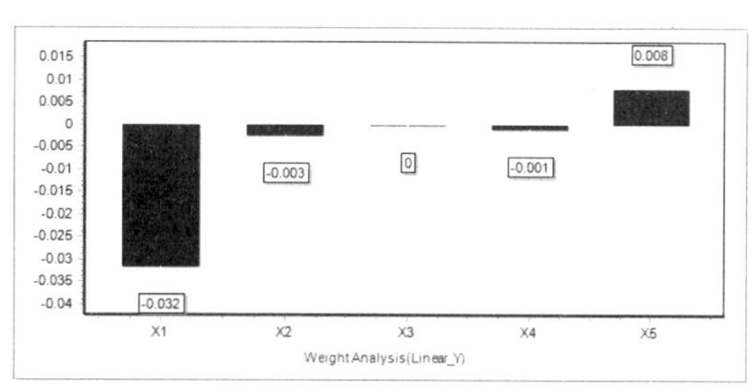

圖 D-11 線性敏感性指標

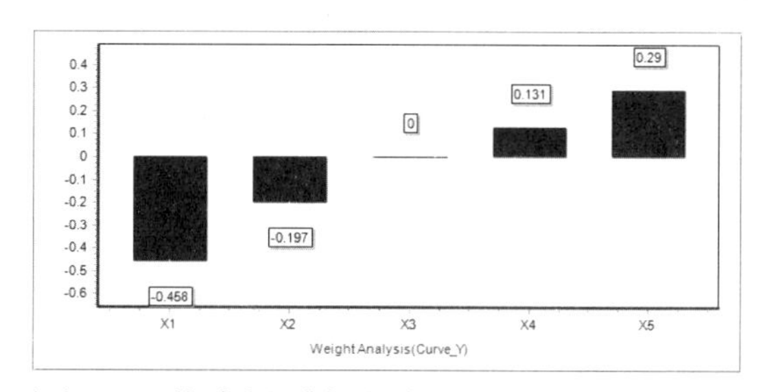

圖 D-12 曲率敏感性指標

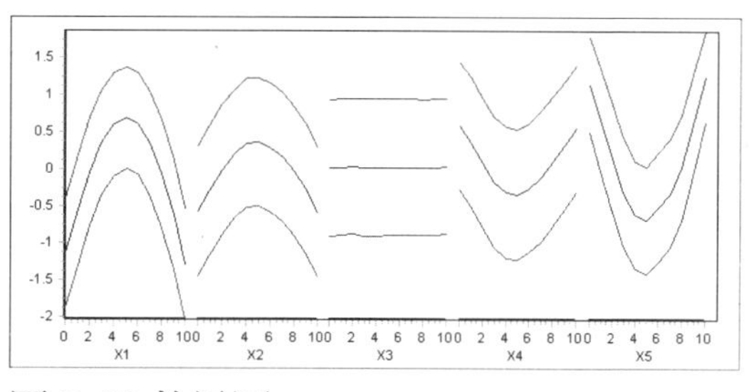

圖 D-13 效果圖

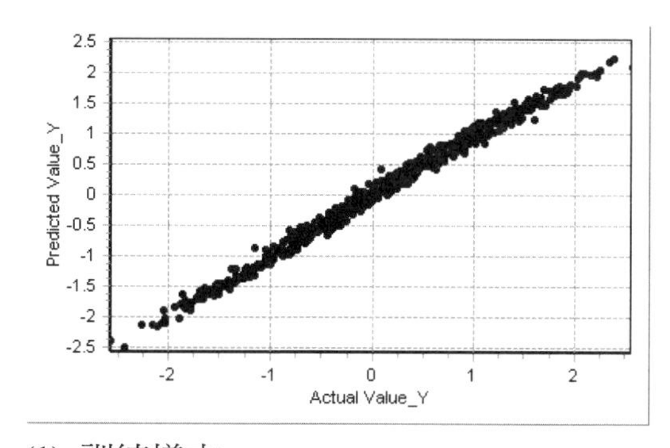

(1) 訓練樣本

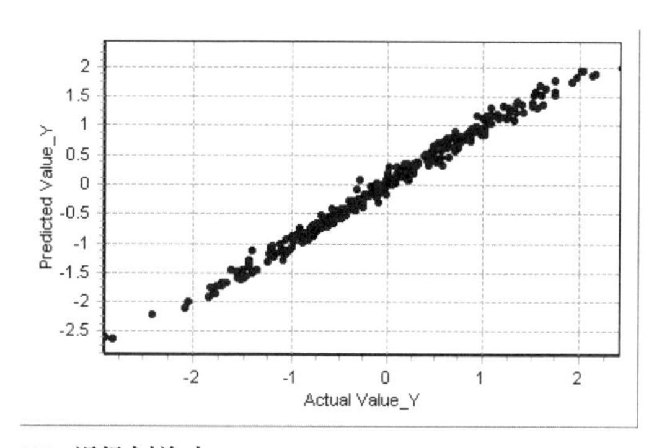

(2) 測試樣本

圖 D-14 交叉驗證法樣本散佈圖

4. 最佳化

假設最佳化模式如下：

Model 1: Min Y

Model 2: Max Y

其結果如表 D-3，可見與理論解十分相同。

表 D-3 最佳化結果的比較

因子	因子下限	因子上限	Model 1		Model 2		因子重要性
			理論解	CAFE 結果	理論解	CAFE 結果	
X1	-1	1	-1 或 1	0.9952	0	0.0367	重要
X2	-1	1	-1 或 1	0.9958	0	-0.0321	重要
X3	-1	1	-1~1	0.9714	-1~1	-0.5246	無關
X4	-1	1	0	-0.0139	-1 或 1	-0.9935	重要
X5	-1	1	0	-0.0704	-1 或 1	-0.9996	重要
Y	-2.90	2.56	-3	-2.7682	3	2.5542	

D.4 驗證範例 3：二次函數(不同最低點)

1. 問題描述

假設反應變數是一個二次函數：

$$Y = (X_1 - 0.666)^2 + (X_2 - 0.333)^2 + (X_3 + 0)^2 + (X_4 + 0.333)^2 + (X_5 + 0.666)^2 \tag{3}$$

此函數具有下列特徵：

(1) X_1, X_2, X_3, X_4, X_5 都是重要變數。而且 X_1, X_5 應最大；X_2, X_4 次之；X_3 最小；但差距不會太大。

(2) X_1, X_2, X_3, X_4, X_5 的線性敏感性指標由負而正，其中 X_3 的指標接近 0。

(3) X_1, X_2, X_3, X_4, X_5 都有曲率效果，且都是大小相近的正值。

假設 $X_1 \sim X_5$ 的值域都是 -1.0~+1.0，隨機取 300 個點，以 210 個爲訓練範例，90 個爲測試範例。

2. 模型建構

模型建構所用的參數如下圖 D-15，其收斂曲線如圖 D-16，可見模型十分完善。

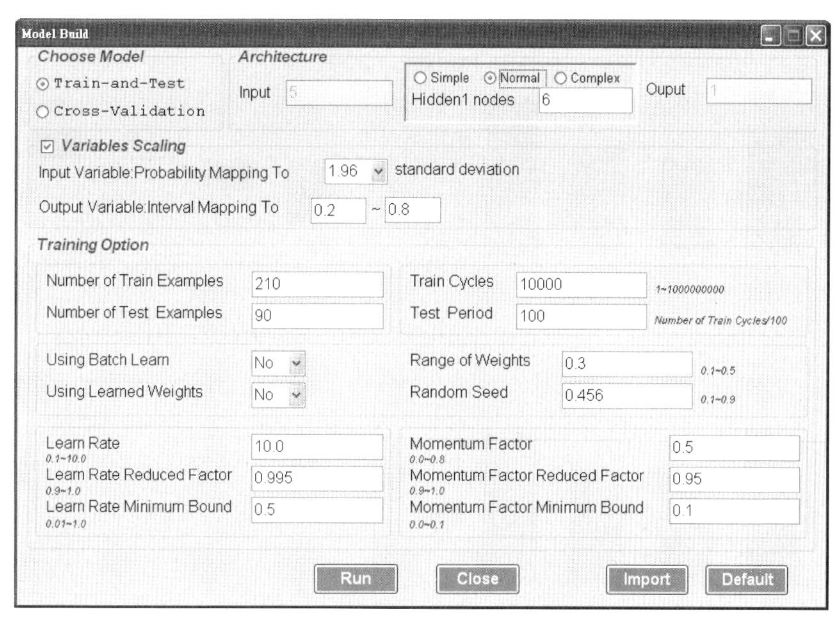

圖 D-15 模型建構所用的參數

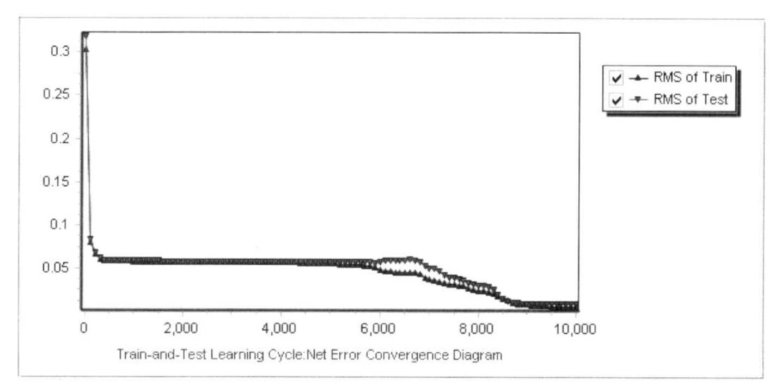

圖 D-16 收斂曲線

3. 模型分析

敏感性分析如圖 D-17~4-19 所示，將圖與(3)式比較可發現十分吻合各自變數與因變數間的關係，例如

(1) X_1, X_2, X_3, X_4, X_5 的重要性指標皆很高，且 X_1, X_5 最大，X_2, X_4 次之，X_3 最小。

(2) X_1, X_2, X_3, X_4, X_5 的線性敏感性指標由負而正，X_3 的指標接近 0。

(3) X_1, X_2, X_3, X_4, X_5 的曲率敏感性指標皆很高，且相近，與應有的關係吻合。

效果圖如圖 D-20 所示，可以看出與原式吻合。

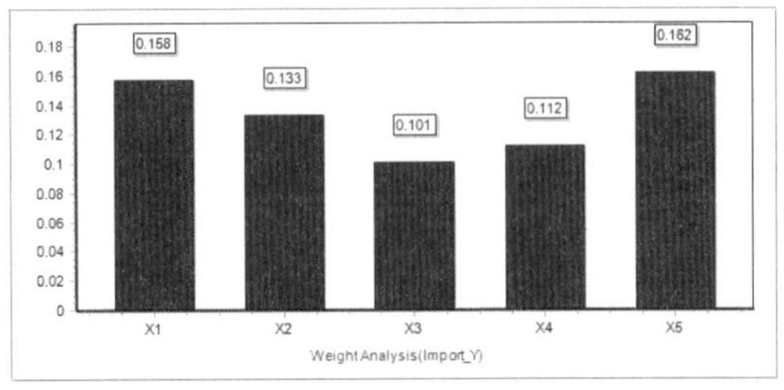

圖 D-17 重要性指標

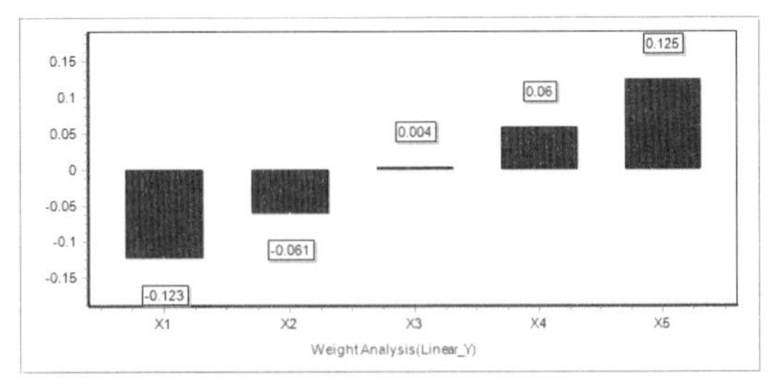

圖 D-18 線性敏感性指標

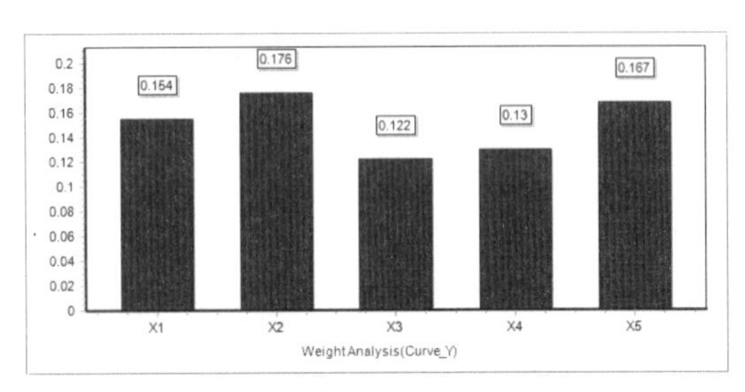

圖 D-19 曲率敏感性指標

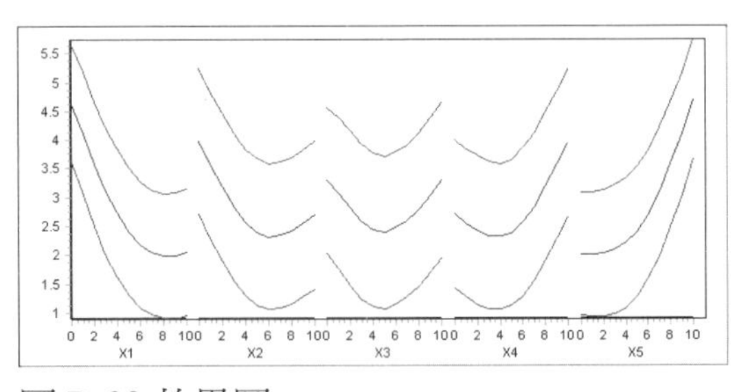

圖 D-20 效果圖

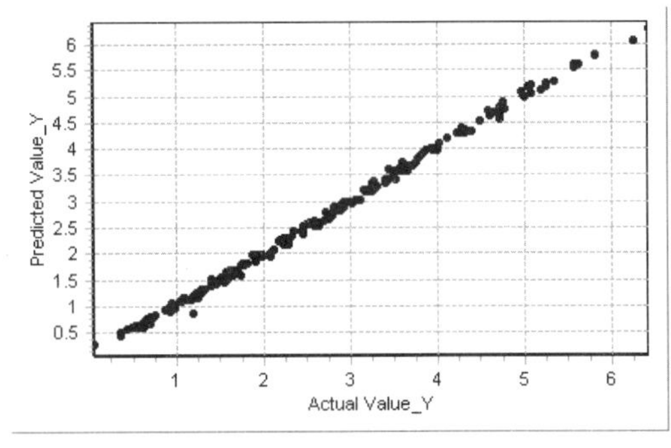

(1) 訓練樣本

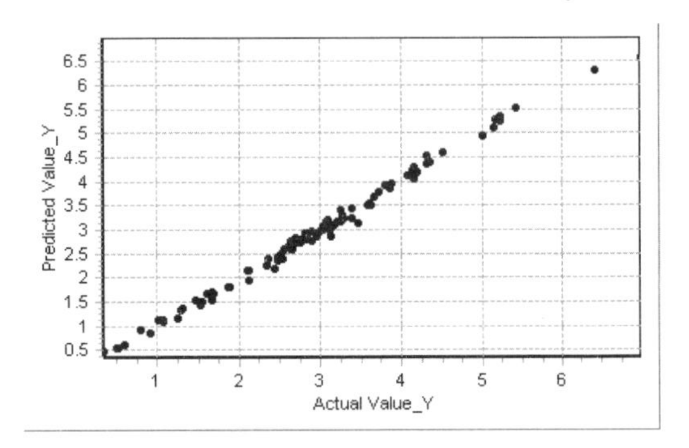

(2) 測試樣本

圖 D-21 交叉驗證法樣本散佈圖

4. 最佳化

假設最佳化模式如下：

Model 1: Min Y

Model 2: Max Y

其結果如表 D-4，可見與理論解十分相同。

表 D-4 最佳化結果的比較

因子	因子下限	因子上限	Model 1		Model 2		因子重要性
			理論解	CAFE 結果	理論解	CAFE 結果	
X1	-1	1	0.666	0.6979	-1	-0.9961	重要
X2	-1	1	0.333	0.2803	-1	-0.9894	重要
X3	-1	1	0.000	-0.0664	-1 或 1	0.9972	重要
X4	-1	1	-0.333	-0.2738	1	0.9988	重要
X5	-1	1	-0.666	-0.6348	1	0.9778	重要
Y	0.05	6.99	0.00	0.2404	10.10	8.0967	

D.5 驗證範例 4：線性與交互作用混合函數

1. 問題描述

假設反應變數是一個線性與交互作用混合的函數：

$$Y = X_1 - X_2 + X_3 + X_4 + X_3 \cdot X_4 + 0 \cdot X_5 + 0 \cdot X_6 \tag{4}$$

此函數具有下列特徵：

(1) X_1, X_2, X_3, X_4 是重要變數；X_5, X_6 是無關變數。

(2) X_1, X_3, X_4 爲正比變數，X_2 爲反比變數。X_3, X_4 同時也是一組交互作用變數。

(3) $X_1, X_2, X_3, X_4, X_5, X_6$ 無曲率效果。

假設 $X_1 \sim X_6$ 的值域都是 -1.0~+1.0，隨機取 1000 個點，以 700 個爲訓練範例，300 個爲測試範例。

2. 模型建構

模型建構所用的參數如下圖 D-22，其收斂曲線如圖 D-23，可見模型十分完善。

3. 模型分析

敏感性分析如圖 D-24~4-26 所示，將圖與(4)式比較可發現十分吻合各自變數與因變數間的關係，例如

(1) 重要性指標指出，X_1, X_2, X_3, X_4 是重要變數，X_5, X_6 是無關變數。

(2) 線性敏感性指標指出，X_1, X_3, X_4 爲正比變數，X_2 爲反比變數。

(3) $X_1, X_2, X_3, X_4, X_5, X_6$的曲率敏感性指標的絕對值最大只有 0.0035，因此並無曲率效果，與原式吻合。

效果圖如圖 D-27 所示，可以看出X_1, X_3, X_4為正比變數，X_2為反比變數。此外X_3, X_4的上界與下界的寬度並非常數，顯示有交互作用存在。這些現象與原式吻合。

Model Build

Choose Model
Train-and-Test
Cross-Validation

Architecture
Input 6
Simple / Normal / Complex
Hidden1 nodes 7
Ouput 1

Variables Scaling
Input Variable:Probability Mapping To 1.96 standard deviation
Output Variable:Interval Mapping To 0.2 ~ 0.8

Training Option

Number of Train Examples	700	Train Cycles	2000	1~1000000000
Number of Test Examples	300	Test Period	20	Number of Train Cycles/100
Using Batch Learn	No	Range of Weights	0.3	0.1~0.5
Using Learned Weights	No	Random Seed	0.456	0.1~0.9
Learn Rate (0.1~10.0)	10.0	Momentum Factor (0.0~0.8)	0.5	
Learn Rate Reduced Factor (0.9~1.0)	0.995	Momentum Factor Reduced Factor (0.9~1.0)	0.95	
Learn Rate Minimum Bound (0.01~1.0)	0.5	Momentum Factor Minimum Bound (0.0~0.1)	0.1	

Run　Close　Import　Default

圖 D-22 模型建構所用的參數

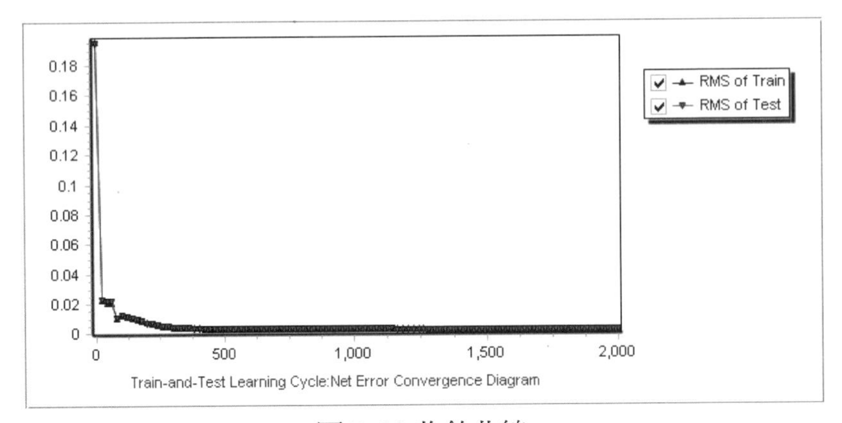

圖 D-23 收斂曲線

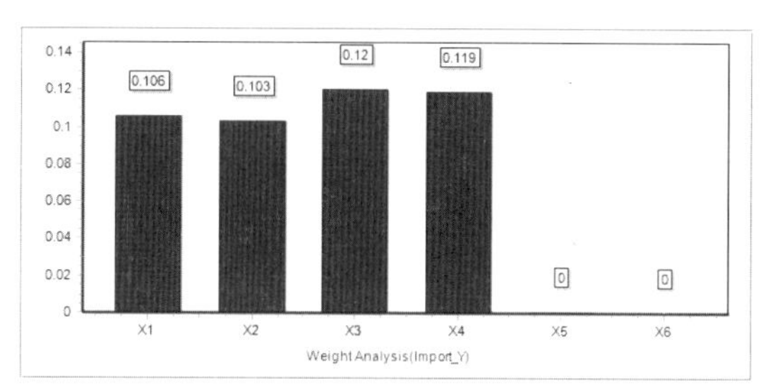

圖 D-24 重要性指標

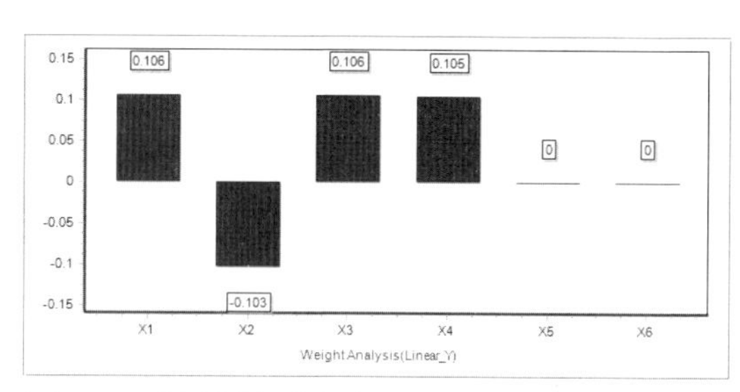

圖 D-25 線性敏感性指標

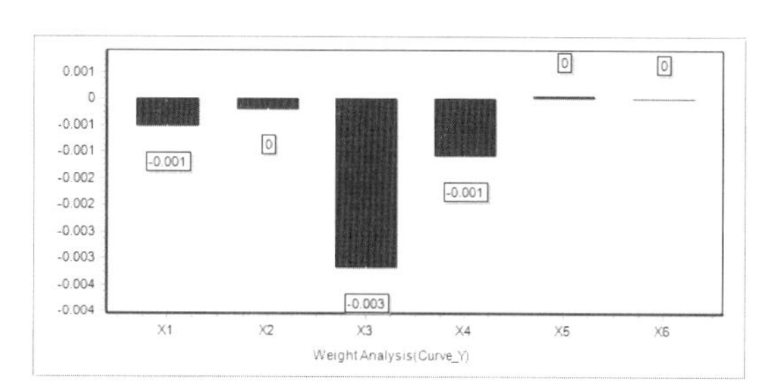

圖 D-26 曲率敏感性指標

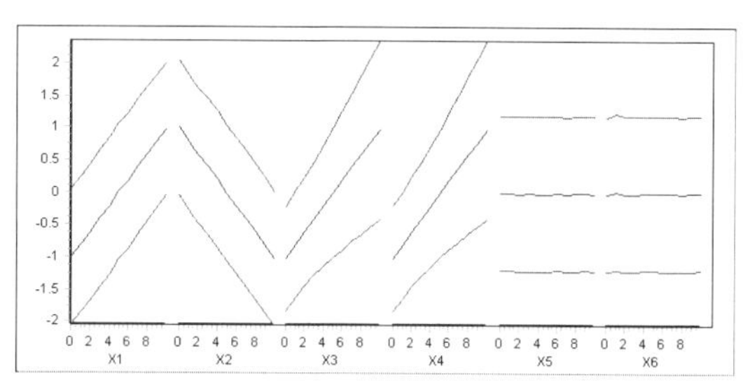

圖 D-27 效果圖

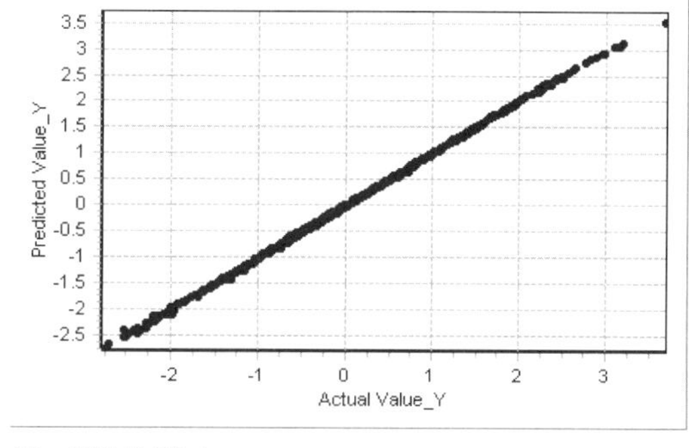

(1) 訓練樣本

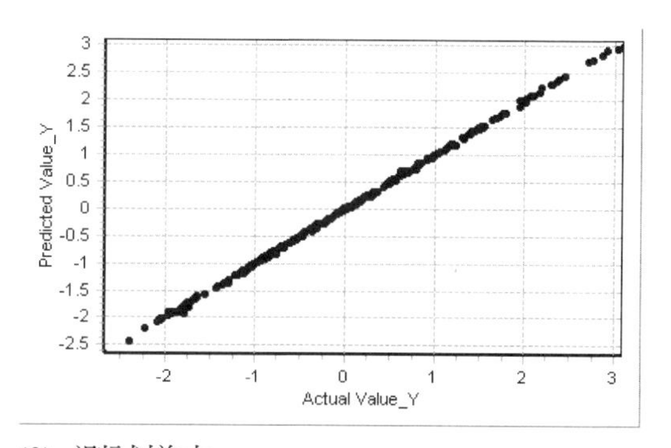

(2) 測試樣本

圖 D-28 交叉驗證法樣本散佈圖

4. **最佳化**

假設最佳化模式如下：

Model 1: Min Y

Model 2: Max Y

其結果如表 D-5，可見與理論解十分相同。

表 D-5 最佳化結果的比較

因子	因子下限	因子上限	Model 1		Model 2		因子重要性
			理論解	CAFE 結果	理論解	CAFE 結果	
X1	-1	1	-1	-0.9986	1	0.9948	重要
X2	-1	1	1	0.9969	-1	-0.9971	重要
X3	-1	1	-1 -1 1	-0.9912	1	0.9976	重要
X4	-1	1	-1 1 -1	-0.9966	1	0.9962	重要
X5	-1	1	-1~1	-0.4869	-1~1	0.9385	無關
X6	-1	1	-1~1	-0.3842	-1~1	-0.3868	無關
Y	-2.79	3.72	-3	-3.0915	5	4.2971	

D.6 驗證範例 5：線性、二次與交互作用混合函數

1. 問題描述

假設反應變數是一個非線性函數：

$$Y = X_1 + 2X_2^2 + 2X_3X_4 + 0 \cdot X_5 \tag{5}$$

此函數具有下列特徵：

(1) X_1, X_2, X_3, X_4 是重要變數；X_5 是無關變數。

(2) X_1 爲正比變數。

(3) X_2 爲正曲率效果。

(4) X_3, X_4 是交互作用變數。

假設 $X_1 \sim X_5$ 的值域都是 -1.0~+1.0，隨機取 1000 個點，以 700 個爲訓練範例，300 個爲測試範例。

2. 模型建構

模型建構所用的參數如下圖 D-29，其收斂曲線如圖 D-30，可見模型十分完善。

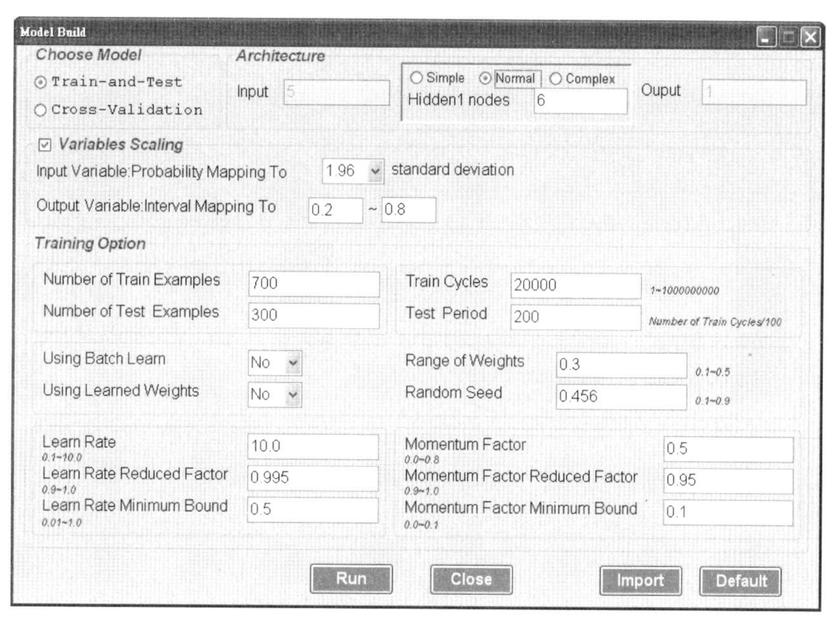

圖 D-29 模型建構所用的參數

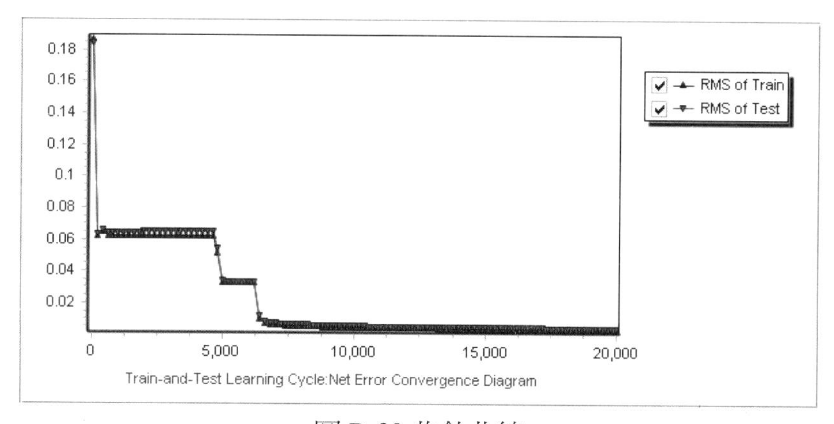

圖 D-30 收斂曲線

3. 模型分析

敏感性分析如圖 D-31~4-33 所示，將圖與(5)式比較可發現十分吻合各自變數與因變數間的關係，例如

(1) 重要性指標指出，X_1, X_2, X_3, X_4 是重要變數，X_5 是無關變數。

(2) 線性敏感性指標指出，X_1 爲正比變數。

(3) 曲率敏感性指標指出，X_2 有正曲率效果。

(4) X_3, X_4 是重要變數，但既無線性作用，也無曲率作用，這代表 X_3, X_4 可能具有交互作用。

效果圖如圖 D-34 所示。注意 X_3, X_4 的上界與下界的寬度並非常數，顯示有交互作用存在，而且可能是鞍形曲面。這些現象與原式吻合。

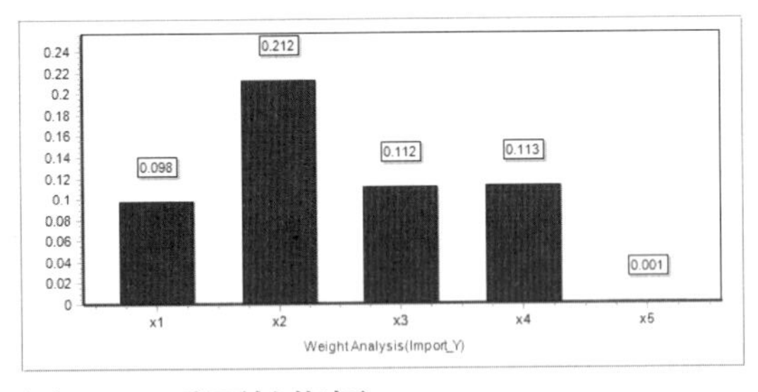

圖 D-31 重要性指標

圖 D-32 線性敏感性指標

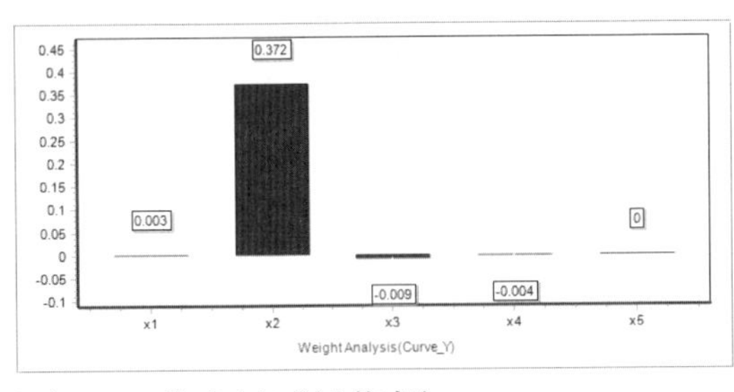

圖 D-33 曲率敏感性指標

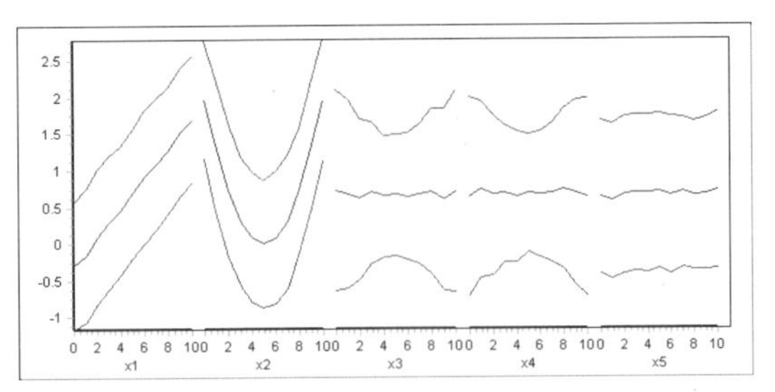

圖 D-34 效果圖

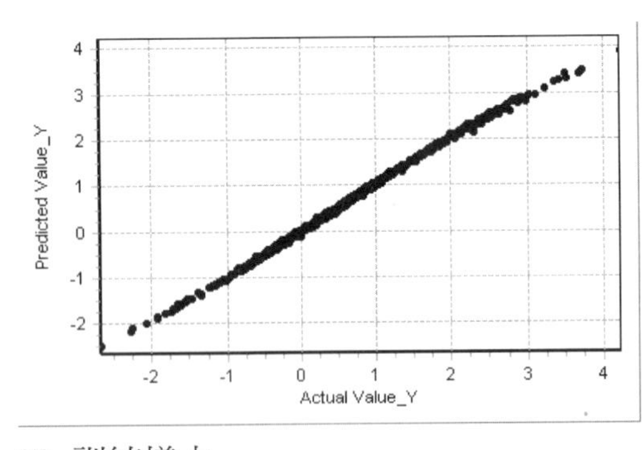

(1) 訓練樣本

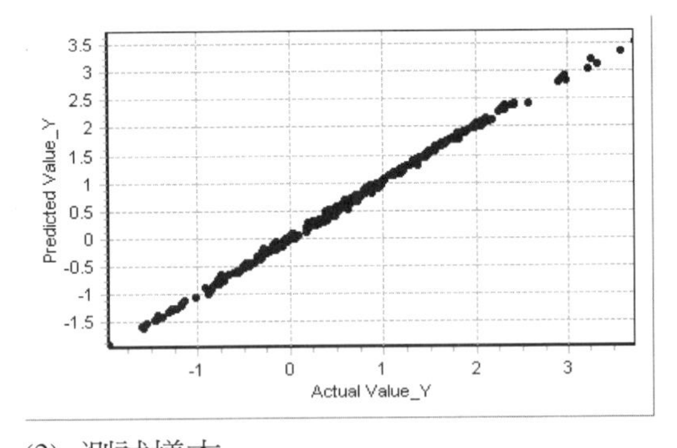

(2) 測試樣本

圖 D-35 交叉驗證法樣本散佈圖

4. 最佳化

假設最佳化模式如下：

Model 1: Min Y

Model 2: Max Y

其結果如表 D-6，可見與理論解十分相同。

表 D-6 最佳化結果的比較

<table>
<tr><td rowspan="2">因子</td><td rowspan="2">因子下限</td><td rowspan="2">因子上限</td><td colspan="3">Model 1</td><td colspan="3">Model 2</td><td rowspan="2">因子重要性</td></tr>
<tr><td colspan="2">理論解</td><td>CAFE 結果</td><td colspan="2">理論解</td><td>CAFE 結果</td></tr>
<tr><td>X1</td><td>-1</td><td>1</td><td colspan="2">-1</td><td>-1</td><td colspan="2">1</td><td>1</td><td>重要</td></tr>
<tr><td>X2</td><td>-1</td><td>1</td><td colspan="2">0</td><td>0</td><td colspan="2">-1 or 1</td><td>1</td><td>重要</td></tr>
<tr><td>X3</td><td>-1</td><td>1</td><td>-1</td><td>1</td><td>1</td><td>-1</td><td>1</td><td>-1</td><td>重要</td></tr>
<tr><td>X4</td><td>-1</td><td>1</td><td>1</td><td>-1</td><td>-1</td><td>-1</td><td>1</td><td>-1</td><td>重要</td></tr>
<tr><td>X5</td><td>-1</td><td>1</td><td colspan="2">-1~1</td><td>0.79</td><td colspan="2">-1~1</td><td>0.41</td><td>無關</td></tr>
<tr><td>Y</td><td>-2.67</td><td>4.23</td><td colspan="2">-3</td><td>-2.7</td><td colspan="2">5</td><td>4.2</td><td></td></tr>
</table>

D.7 驗證範例 6：非線性函數

1. 問題描述

假設反應變數是一個非線性函數：

$$Y = f_1(X_1) + f_2(X_2) + f_3(X_3) + f_4(X_4) + 0 \cdot X_5 \tag{6}$$

$$\begin{cases} f_1(X_1) = -1 & \text{if } X_1 < 0 \\ f_1(X_1) = 1 & \text{if } X_1 \geq 0 \end{cases}$$

$$\begin{cases} f_2(X_2) = 1 & \text{if } X_2 < 0 \\ f_2(X_2) = -1 & \text{if } X_2 \geq 0 \end{cases}$$

$$f_3(X_3) = \exp(-(X_3 / 0.25)^2)$$

$$f_4(X_4) = -\exp(-(X_4 / 0.25)^2)$$

此函數具有下列特徵：

(1) X_1, X_2, X_3, X_4 是重要變數；X_5 是無關變數。

(2) X_1 為正比變數，X_2 為反比變數。

(3) X_1, X_2, X_3, X_4, X_5 無曲率效果。其中 $f_3(X_3)$ 與 $f_4(X_4)$ 的曲線中其曲率有正有負，相互抵銷，故無曲率效果。

假設 $X_1 \sim X_5$ 的值域都是 -1.0~+1.0，隨機取 1000 個點，以 700 個為訓練範例，300 個為測試範例。

2. 模型建構

模型建構所用的參數如下圖 D-36，其收斂曲線如圖 D-37，可見模型十分完善。

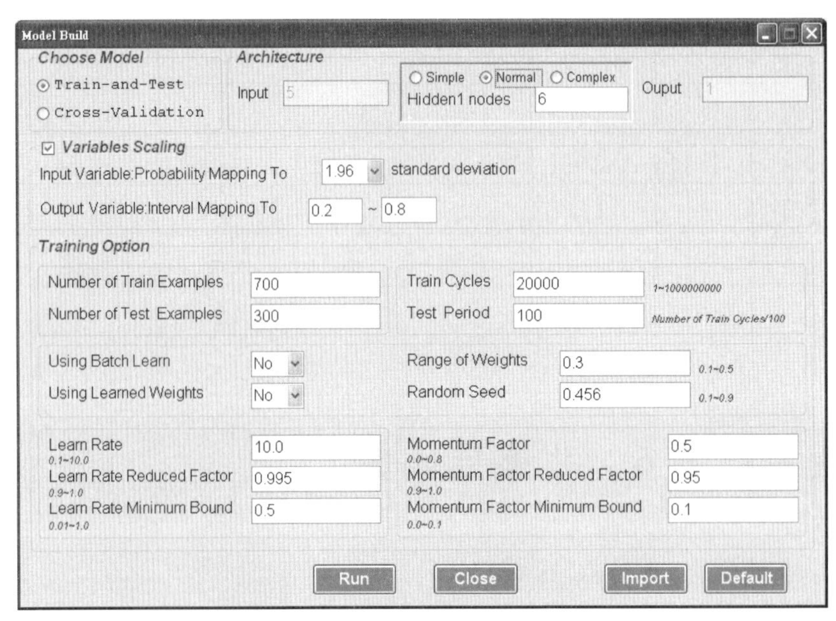

圖 D-36 模型建構所用的參數

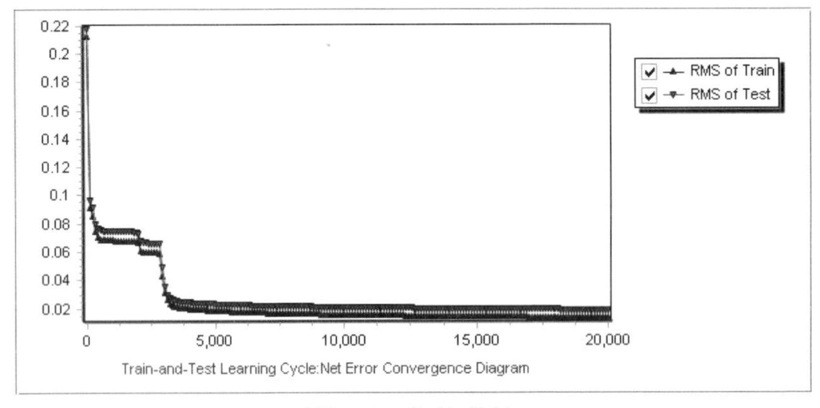

圖 D-37 收斂曲線

3. 模型分析

敏感性分析如圖 D-38~4-40 所示，將圖與(6)式比較可發現十分吻合各自變數與因變數間的關係，例如

(1) 重要性指標指出，X_1, X_2, X_3, X_4 是重要變數，X_5 是無關變數。

(2) 線性敏感性指標指出，X_1 爲正比變數，X_2 爲反比變數。

(3) 曲率敏感性指標並無特別明顯者。

效果圖如圖 D-41 所示，可以看出與原式吻合。

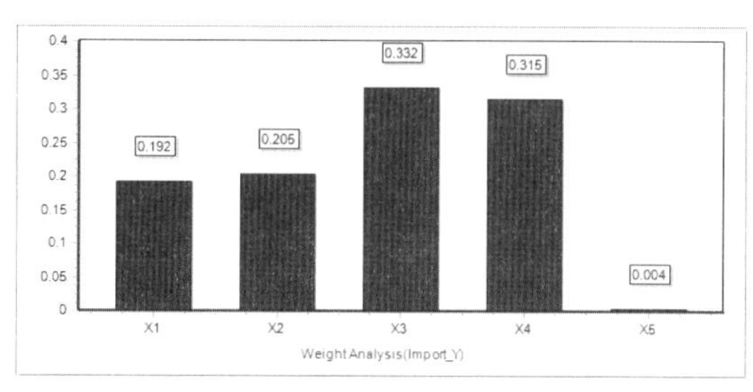

圖 D-38　重要性指標

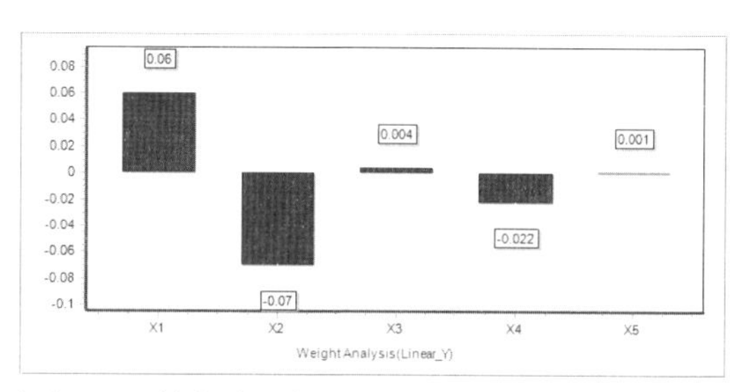

圖 D-39 線性敏感性指標

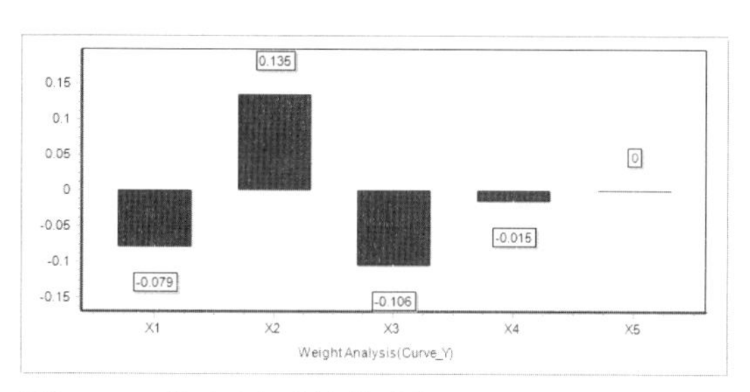

圖 D-40 曲率敏感性指標

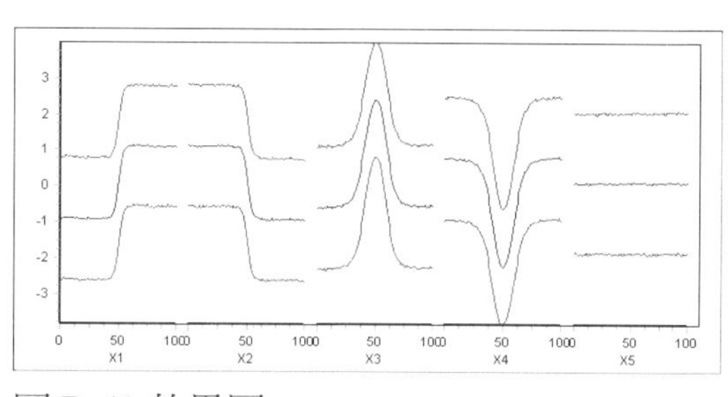

圖 D-41 效果圖

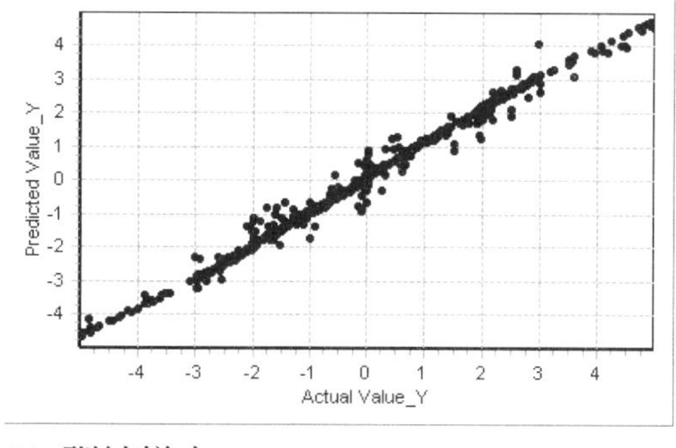

(1) 訓練樣本

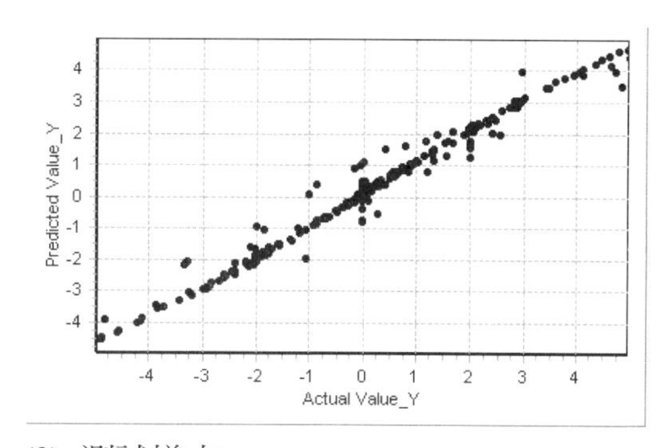

(2) 測試樣本

圖 D-42 交叉驗證法樣本散佈圖

4. 最佳化

假設最佳化模式如下：

Model 1: Min Y

Model 2: Max Y

其結果如表 D-7，可見與理論解十分相同。

表 D-7 最佳化結果的比較

因子	因子下限	因子上限	Model 1		Model 2		因子重要性
			理論解	CAFE 結果	理論解	CAFE 結果	
X1	-1	1	-1~0	-0.2712	0~1	0.2405	重要
X2	-1	1	0~1	0.2918	-1~0	-0.9982	重要
X3	-1	1	-1 or 1	-0.9995	0	0.0011	重要
X4	-1	1	0	-0.0045	-1 or 1	-0.9976	重要
X5	-1	1	-1~1	0.9981	-1~1	0.9973	無關
Y	-5.0	5.0	-3	-4.6614	3	4.7986	

附錄E 光碟目錄

E.1 簡介

E.2 第 1 片光碟：習題與 Design Expert

E.3 第 2 片光碟：CAFE 試用版(含例題)

E.1 簡介

本書所附二片光碟內容如下：

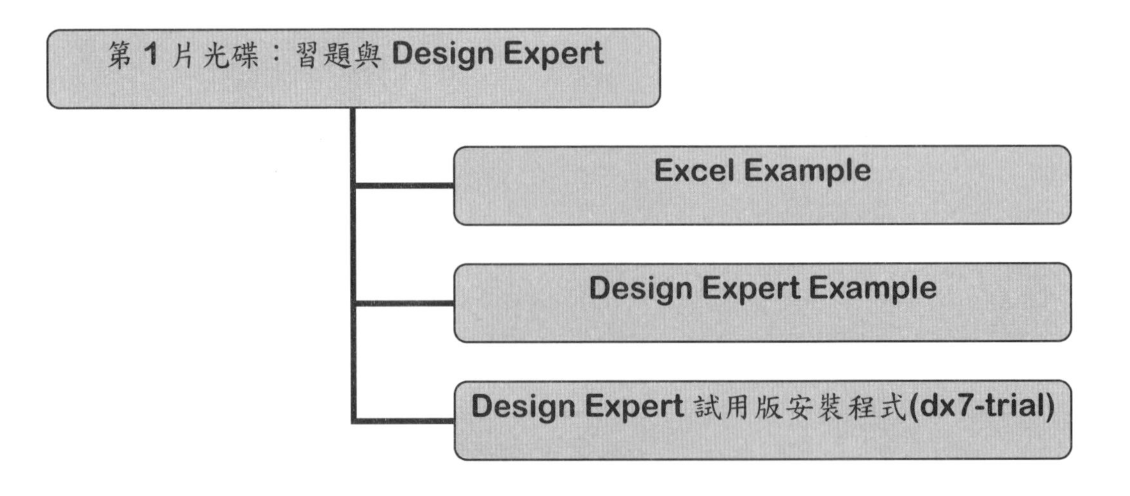

E.2 第 1 片光碟：習題與 Design Expert

第 1 片光碟分成三部份：

- Excel 檔案：含本書第一篇的範例、習題。
- Design Expert 範例：含本書第二篇的範例。
- Design Expert 試用版安裝程式(dx7-trial)。

本書經由 Stat-Ease, Inc 公司書面同意可隨書提供 Design Expert 試用版。本書例題是用 Design Expert 6，但此版本已不再提供，因此本書光碟內版本為 Design Expert 7(有效期間 45 天)，但兩個版本的操作方式差異很小。

裝機方法十分簡單，只要將光碟內的 dx7-trial 複製貼到桌面，點二下開啓，接著依其指示操作，即可完成裝機，但要注意裝機後只有 45 天的有效期間。

除了使用本書的檔案裝機，也可到該公司網頁下載最新版(要填一些基本資料)。

http://www.statease.com/soft_ftp.html

但無法保證上述網站不改變下載試用版的政策。

Design Expert 是一套極為精緻、專業的實驗設計軟體，可說是此類軟體中的翹楚，如需購買正式版，請洽該公司網站 http://www.statease.com

Excel Example 目錄

在此目錄下，有「第一篇實驗計畫法原理」的相關檔案：

第 2 章　實驗設計法一：田口方法原理

檔名	例題	內容
EX2-1.XLS	例題 2.1	田口方法：無不可控制因子
EX2-2.XLS	例題 2.2	田口方法：有不可控制因子
第 2 章習題.xls	習題 3	田口方法：有不可控制因子
第 2 章習題.xls	習題 4	蛋黃酥油酥皮生產最佳化
第 2 章習題.xls	習題 5	雕模放電加工製程參數最適化
第 2 章習題.xls	習題 6	銑削最佳化設計
第 2 章習題.xls	習題 7	面銑刀具製程參數最適化

第 3 章　實驗設計法二：反應曲面法原理

檔名	例題	內容
EX3-1.XLS	例題 3.1	三因子反應曲面法
EX3-2.XLS	例題 3.2	三因子反應曲面法
EX3-3.XLS	例題 3.3	三因子反應曲面法
EX3-4.XLS	例題 3.4	三因子反應曲面法
第 3 章習題.xls	習題 1	以乙醇提取銀杏葉的總黃酮類含量

第 4 章　實驗設計法三：配方設計原理

檔名	例題	內容
EX4-2.XLS	例題 4.2	三元配方設計
第 4 章習題.xls	習題 1	工甜味劑的四種成份配比設計
第 4 章習題.xls	習題 2	四元配方設計

第 5 章　模型建構法一：迴歸分析

檔名	例題	內容
EX5-1.XLS	例題 5.1	迴歸模型之建構
EX5-2.XLS	例題 5.2	迴歸模型之檢定：顯著性
EX5-3.XLS	例題 5.3	迴歸模型之檢定：充份性
EX5-4.XLS	例題 5.4	迴歸模型之診斷：殘差分析
EX5-5.XLS	例題 5.5	迴歸模型之應用：反應信賴區間
EX5-6.XLS	例題 5.6	多項式函數之迴歸分析：生化製藥數據
EX5-7.XLS	例題 5.7	多項式函數之迴歸分析：二階實驗設計
EX5-8.XLS	例題 5.8	非線性函數之迴歸分析：因變數轉換
EX5-9.XLS	例題 5.9	定性變數之迴歸分析

Design Expert Example 目錄

在此目錄下，有「第二篇　基於迴歸分析的實驗計畫法」的相關檔案：

第 9 章　Design Expert 田口方法實例

應用實例	品質因子	品質特性	實驗設計	檔名
IC 封裝黏模力之改善	6	3	L18	IC 封裝黏模力
導光板製程之改善	8	6	L18	導光板
高速放電製程之改善	8	3	L18	高速放電
積層陶瓷電容製程之改善	8	1	L18	積層陶瓷電容
射出成型製程之改善	9	1	L27	射出成型

第 10 章 Design Expert 反應曲面法實例

應用實例	品質因子	品質特性	實驗數目	檔名
副乾酪乳桿菌培養基	3	1	20	副乾酪乳桿菌培養基
醇水混合物	3	2	20	醇水混合物
粗多醣	4	3	31	粗多醣
益生菌培養基	5	2	50	益生菌培養基
酵素合成乙酸己烯酯	5	1	32	酵素合成乙酸己烯酯

第 11 章 Design Expert 配方設計實例

應用實例	成份	品質特性	實驗數目	檔名
蝕刻配方最佳化	3	1	14	蝕刻配方
清潔劑配方最佳化	3	2	14	清潔劑配方
富硒酵母培養基配方最佳化	3	2	14	富硒酵母培養基
橡膠皮碗配方最佳化	4	1	15	橡膠皮碗最低成本
強效清潔劑配方最佳化	4	4	20	強效清潔劑配方

E.3 第 2 片光碟：CAFE 試用版(含例題)

第 2 片光碟分成二部份：

- CAFE 範例：含本書第三篇的範例。
- CAFE 試用版安裝程式。

本書隨書提供 CAFE 試用版。CAFE 試用版安裝請參考本書附錄 B。CAFE 是一套基於神經網路的實驗設計軟體，此類軟體在市場上還十分罕見，如需購買正式版，請洽網站 http://www.wisdomsoft.com.tw/cafe/

CAFE 試用版中有「第三篇　基於神經網路的實驗計畫法」的相關檔案：

第 12 章 CAFE 軟體簡介

應用實例	品質因子	品質特性	實驗設計	專案名
實例 1：導光板製程	8	6	L18	導光板製程之改善
實例 2：醇水混合物製程	3	2	20	醇水混合物 Y1
實例 3：富硒酵母培養基	3	2	14	富硒酵母培養基配方最佳化

*實例 2：醇水混合物製程只有一個輸出，與第 14 章的例題不同。

第 13 章 CAFE 田口方法實例

應用實例	品質因子	品質特性	實驗設計	專案名
IC 封裝黏模力之改善	6	3	L18	IC 封裝黏模力
導光板製程之改善	8	6	L18	導光板
高速放電製程之改善	8	3	L18	高速放電
積層陶瓷電容製程之改善	8	1	L18	積層陶瓷電容
射出成型製程之改善	9	1	L27	射出成型

第 14 章 CAFE 反應曲面法實例

應用實例	品質因子	品質特性	實驗數目	專案名
副乾酪乳桿菌培養基	3	1	20	副乾酪乳桿菌培養基
醇水混合物	3	2	20	醇水混合物
粗多醣	4	3	31	粗多醣
益生菌培養基	5	2	50	益生菌培養基
酵素合成乙酸己烯酯	5	1	32	酵素合成乙酸己烯酯

第 15 章 CAFE 配方設計實例

應用實例	成份	品質特性	實驗數目	專案名
蝕刻配方最佳化	3	1	14	蝕刻配方
清潔劑配方最佳化	3	2	14	清潔劑配方
富硒酵母培養基配方最佳化	3	2	14	富硒酵母培養基
橡膠皮碗配方最佳化	4	1	15	橡膠皮碗最低成本
強效清潔劑配方最佳化	4	4	20	強效清潔劑配方
重組蛋白培養基配方最佳化	6	5	65	重組蛋白培養基
高性能混凝土配比設計	7	10	103	高性能混凝土配比

附錄D　CAFE 驗證範例

	驗證範例	輸入變數	輸出變數	專案名稱
1	線性函數	5	1	驗證範例 1
2	二次函數 (不同彎曲程度與方向)	5	1	驗證範例 2
3	二次函數 (不同最低點)	5	1	驗證範例 3
4	線性與交互作用混合函數	6	1	驗證範例 4
5	線性、二次與交互作用混合函數	5	1	驗證範例 5
6	非線性函數	5	1	驗證範例 6

參考文獻

李輝煌，2003，*田口方法─品質設計的原理與實務*，高立圖書有限公司，台北。

柑俊晟，2000，「以類神經網路爲基礎之品質設計系統之研究」，中華大學土木工程學系碩士論文。

柑俊晟、陳怡成、葉怡成，2000，「基於類神經網路之反應曲面法在品質設計上之應用」，*義守大學品質管理技術應用研討會論文集*，高雄。

紀勝財、徐立章、饒瑞倫，2004，「電漿電弧銲參數最佳化之研究 - 田口方法與類神經網路之應用」，*銲接與切割*，14(2)，28~35。

張祥傑，2004，「IC 封裝黏模力之量測與分析」，國立成功大學機械工程學系博士論文。

陳文欽、蔡志弘、劉康勇，2005，「應用類神經網路於半導體氧化製程最佳化之研究」，*品質月刊*，41(6)，70-76。

葉怡成，2005，*實驗計劃法 – 製程與產品最佳化*，五南書局，台北。

葉怡成，2006，*類神經網路模式應用與實作*，儒林圖書公司，台北。

黎正中(譯)，Montgomery, D.C.(原著)，1998，*實驗設計與分析*，高立圖書，台北。

賴懷恩，2004，「導光板成型品質與射出成型製程參數之研究」，國立清華大學碩士論文。

簡明德，2004，「應用類神經網路模擬微銲被覆表面之製程發展分析」，*材料科學與工程*，36(4)，210-222。

Chen, R.S., Lee, H.H. and Yu, C.Y., 1997, “Application of Taguchi’s Method on the optimal process design of an injection molded PC/PBT automobile bumper,” *Composite Structures*, 39(3), 209-214.

Lin, J.L., Wang, K. S., Yan, B. H., Tarng, Y. S., 2000, “Optimization of the electrical discharge machining process based on the Taguchi method with fuzzy logics,” *Journal of Materials Processing Technology*, 102(1), 48-55.

Miyamoto, M., 2004, “Theoretical study on design method combining the Taguchi Method and neural networks for machine systems - combine harvester as a system example,” *Agricultural Information Research*, 13(3), 247-254.

Montgomery, D.C., 1996, *Design and Analysis of Experiments,* John Wiley & Sons, Inc, New York.

Myers, R.H. and Montgomery, D.C., 1995, *Response Surface Methodology*, John Wiley &

Sons, Inc., New York.

Su, C. T. and Chiang, T. L., 2003, "Optimizing the IC wire bonding process using a neural networks/genetic algorithms approach," *Journal of Intelligent Manufacturing*, 14(2), 229-238.

Taguchi, G., 1990, *Introduction to Quality Engineering*, Asian Productivity Organization, Tokyo.

Tarng, Y. S., W. H. Yang, and Juang, S. C., 2000, "The use of fuzzy logic in the Taguchi method for the optimization of the submerged arc welding process," *International Journal of Advanced Manufacturing Technology*, 16(9), 688-694.

Tong, L. I., Su, C. T., and Wang, C. H., 1997, "The optimization of multi-response problems in the Taguchi method," *International Journal of Quality & Reliability Management*, 14(4), 367-380.

Tong, L. I. and Su, C. T., 1997, "Optimizing multi-response problems in the Taguchi method by fuzzy multiple attribute decision making," *Quality & Reliability Engineering International*, 13(1), 25-34.

Wang, G. J., Tsai, J. C., Tzeng, P. C., and Cheng, T. C., 1998, "Neural-Taguchi Method for robust design analysis," *Journal of the Chinese Society of Mechanical Engineers*, 19(2), 223-230.

Wang, G. J. and Chou, M. H., 2005, "A neural-Taguchi-based quasi time-optimization control strategy for chemical-mechanical polishing processes," *The International Journal of Advanced Manufacturing Technology*, 26(7), 759-765.

Wu, C., 2002, "Optimization of multiple quality characteristics based on reduction percent of Taguchi's quality loss," *International Journal of Advanced Manufacturing Technology*, 20(10), 749-753.

Yanga, T., Linb, H. C., and Chena, M. L., 2006, "Metamodeling approach in solving the machine parameters optimization problem using neural network and genetic algorithms: A case study," *Robotics and Computer-Integrated Manufacturing*, 22(4), 322-331.

國家圖書館出版品預行編目資料

高等實驗計畫法／葉怡成著.
--初版.--臺北市：五南, 2009.08
面； 公分
參考書目：面
ISBN 978-957-11-5745-0（平裝）
1.實驗計畫法
494.56 98013527

5F48

高等實驗計畫

作　　者 — 葉怡成(321.3)
發 行 人 — 楊榮川
總 編 輯 — 龐君豪
主　　編 — 穆文娟
責任編輯 — 蔡曉雯
封面設計 — 郭佳慈
出 版 者 — 五南圖書出版股份有限公司
地　　址：106台北市大安區和平東路二段339號4樓
電　　話：(02)2705-5066　傳　　真：(02)2706-6100
網　　址：http://www.wunan.com.tw
電子郵件：wunan@wunan.com.tw
劃撥帳號：01068953
戶　　名：五南圖書出版股份有限公司

台中市駐區辦公室/台中市中區中山路6號
電　　話：(04)2223-0891　傳　　真：(04)2223-3549
高雄市駐區辦公室/高雄市新興區中山一路290號
電　　話：(07)2358-702　傳　　真：(07)2350-236

法律顧問　元貞聯合法律事務所　張澤平律師

出版日期　2009年8月初版一刷
定　　價　新臺幣550元